2019 全国勘察设计注册工程师执业资格考试用书

Zhuce Yantu Gongchengshi Zhiye Zige Kaoshi Jichu Kaoshi Shijuan

注册岩土工程师执业资格考试 基础考试试卷

（2011～2018）

注册工程师考试复习用书编委会 / 编

曹纬浚 / 主编

人民交通出版社股份有限公司
China Communications Press Co.,Ltd.

内 容 提 要

本书收录2011～2018年度注册岩土工程师执业资格考试基础考试真题(含上下午各7套,共14套,2015年缺考),每套真题均参考实际考试试卷排版,提供详细解析及参考答案,部分解析配有视频讲解,考生可扫描书中二维码观看学习。

本书可供参加2019年注册岩土工程师执业资格考试基础考试的考生模拟练习。

图书在版编目(CIP)数据

2019注册岩土工程师执业资格考试基础考试试卷. 2011－2018 / 曹纬浚主编. — 北京 : 人民交通出版社股份有限公司, 2019.1

ISBN 978-7-114-15300-6

Ⅰ.①2… Ⅱ.①曹… Ⅲ.①岩土工程—资格考试—习题集 Ⅳ.①TU4-44

中国版本图书馆CIP数据核字(2019)第002435号

书　　名:**2019注册岩土工程师执业资格考试基础考试试卷**(2011～2018)
著 作 者:曹纬浚
责任编辑:刘彩云　李　梦
责任校对:宿秀英
责任印制:张　凯
出版发行:人民交通出版社股份有限公司
地　　址:(100011)北京市朝阳区安定门外外馆斜街3号
网　　址:http://www.ccpress.com.cn
销售电话:(010)59757973
总 经 销:人民交通出版社股份有限公司发行部
经　　销:各地新华书店
印　　刷:北京鑫正大印刷有限公司
开　　本:787×1092　1/16
印　　张:29.75
字　　数:510千
版　　次:2019年1月　第1版
印　　次:2019年1月　第1次印刷
书　　号:ISBN 978-7-114-15300-6
定　　价:106.00元

注册工程师考试复习用书
编 委 会

目　录

2011年度全国勘察设计注册工程师

执业资格考试试卷

基础考试
(上)

二〇一一年九月

应考人员注意事项

1. 本试卷科目代码为“1”，考生务必将此代码填涂在答题卡“科目代码”相应的栏目内，否则，无法评分。
2. 书写用笔：**黑色或蓝色钢笔、签字笔或圆珠笔**；
   填涂答题卡用笔：**黑色 2B 铅笔**。
3. 必须用书写用笔将工作单位、姓名、准考证号填写在答题卡和试卷相应的栏目内。
4. 本试卷由 120 题组成，每题 1 分，满分 120 分，本试卷全部为单项选择题，每小题的四个备选项中只有一个正确答案，错选、多选、不选均不得分。
5. 考生作答时，必须**按题号在答题卡上**将相应试题所选选项对应的**字母用 2B 铅笔涂黑**。
6. 在答题卡上书写与题意无关的语言，或在答题卡上作标记的，均按违纪试卷处理。
7. 考试结束时，由监考人员当面将试卷、答题卡一并收回。
8. 草稿纸由各地统一配发，考后收回。

单项选择题(共 120 题,每题 1 分。每题的备选项中只有一个最符合题意。)

1. 设直线方程为 $x=y-1=z$,平面方程为 $x-2y+z=0$,则直线与平面:

A. 重合　　B. 平行不重合

C. 垂直相交　　D. 相交不垂直

2. 在三维空间中,方程 $y^2-z^2=1$ 所代表的图形是:

A. 母线平行 x 轴的双曲柱面　　B. 母线平行 y 轴的双曲柱面

C. 母线平行 z 轴的双曲柱面　　D. 双曲线

3. 当 $x\to 0$ 时,3^x-1 是 x 的:

A. 高阶无穷小　　B. 低阶无穷小

C. 等价无穷小　　D. 同阶但非等价无穷小

4. 函数 $f(x)=\dfrac{x-x^2}{\sin\pi x}$ 的可去间断点的个数为:

A. 1 个　　B. 2 个

C. 3 个　　D. 无穷多个

5. 如果 $f(x)$ 在 x_0 点可导,$g(x)$ 在 x_0 点不可导,则 $f(x)g(x)$ 在 x_0 点:

A. 可能可导也可能不可导　　B. 不可导

C. 可导　　D. 连续

6. 当 $x>0$ 时,下列不等式中正确的是:

A. $e^x<1+x$　　B. $\ln(1+x)>x$

C. $e^x<ex$　　D. $x>\sin x$

7. 若函数 $f(x,y)$ 在闭区域 D 上连续，下列关于极值点的陈述中正确的是：

A. $f(x,y)$ 的极值点一定是 $f(x,y)$ 的驻点

B. 如果 P_0 是 $f(x,y)$ 的极值点，则 P_0 点处 $B^2-AC<0\left(其中,A=\frac{\partial^2 f}{\partial x^2},B=\frac{\partial^2 f}{\partial x\partial y},\right.$ $\left.C=\frac{\partial^2 f}{\partial y^2}\right)$

C. 如果 P_0 是可微函数 $f(x,y)$ 的极值点，则在 P_0 点处 $\mathrm{d}f=0$

D. $f(x,y)$ 的最大值点一定是 $f(x,y)$ 的极大值点

8. $\int \frac{\mathrm{d}x}{\sqrt{x}(1+x)}=$

A. $\arctan\sqrt{x}+C$

B. $2\arctan\sqrt{x}+C$

C. $\tan(1+x)$

D. $\frac{1}{2}\arctan x+C$

9. 设 $f(x)$ 是连续函数，且 $f(x)=x^2+2\int_0^2 f(t)\mathrm{d}t$，则 $f(x)=$

A. x^2

B. x^2-2

C. $2x$

D. $x^2-\frac{16}{9}$

10. $\int_{-2}^{2}\sqrt{4-x^2}\,\mathrm{d}x=$

A. π

B. 2π

C. 3π

D. $\frac{\pi}{2}$

11. 设 L 为连接 $(0,2)$ 和 $(1,0)$ 的直线段，则对弧长的曲线积分 $\int_L (x^2+y^2)\mathrm{d}S=$

A. $\frac{\sqrt{5}}{2}$

B. 2

C. $\frac{3\sqrt{5}}{2}$

D. $\frac{5\sqrt{5}}{3}$

12. 曲线 $y=e^{-x}(x\geqslant 0)$ 与直线 $x=0, y=0$ 所围图形，绕 ox 轴旋转所得旋转体的体积为：

A. $\frac{\pi}{2}$

B. π

C. $\frac{\pi}{3}$

D. $\frac{\pi}{4}$

13. 若级数$\sum_{n=1}^{\infty} u_n$收敛，则下列级数中不收敛的是：

A. $\sum_{n=1}^{\infty} ku_n(k\neq 0)$

B. $\sum_{n=1}^{\infty} u_{n+100}$

C. $\sum_{n=1}^{\infty}\left(u_{2n}+\frac{1}{2^n}\right)$

D. $\sum_{n=1}^{\infty}\frac{50}{u_n}$

14. 设幂级数$\sum_{n=0}^{\infty} a_n x^n$的收敛半径为 2，则幂级数$\sum_{n=1}^{\infty} na_n(x-2)^{n+1}$的收敛区间是：

A. $(-2,2)$

B. $(-2,4)$

C. $(0,4)$

D. $(-4,0)$

15. 微分方程 $xy\mathrm{d}x=\sqrt{2-x^2}\,\mathrm{d}y$ 的通解是：

A. $y=e^{-C\sqrt{2-x^2}}$

B. $y=e^{-\sqrt{2-x^2}}+C$

C. $y=Ce^{-\sqrt{2-x^2}}$

D. $y=C-\sqrt{2-x^2}$

16. 微分方程$\frac{\mathrm{d}y}{\mathrm{d}x}-\frac{y}{x}=\tan\frac{y}{x}$的通解是：

A. $\sin\frac{y}{x}=Cx$

B. $\cos\frac{y}{x}=Cx$

C. $\sin\frac{y}{x}=x+C$

D. $Cx\sin\frac{y}{x}=1$

17. 设$\boldsymbol{A}=\begin{bmatrix}1&0&1\\0&1&2\\-2&0&-3\end{bmatrix}$，则$\boldsymbol{A}^{-1}=$

A. $\begin{bmatrix}3&0&1\\4&1&2\\2&0&1\end{bmatrix}$

B. $\begin{bmatrix}3&0&1\\4&1&2\\-2&0&-1\end{bmatrix}$

C. $\begin{bmatrix}-3&0&-1\\4&1&2\\-2&0&-1\end{bmatrix}$

D. $\begin{bmatrix}3&0&1\\-4&-1&-2\\2&0&1\end{bmatrix}$

18. 设 3 阶矩阵$\boldsymbol{A}=\begin{bmatrix}1&1&a\\1&a&1\\a&1&1\end{bmatrix}$，已知$\boldsymbol{A}$的伴随矩阵的秩为 1，则 $a=$

A. -2

B. -1

C. 1

D. 2

19. 设 $\boldsymbol{A}$ 是 3 阶矩阵，$\boldsymbol{P}=(\alpha_1,\alpha_2,\alpha_3)$ 是 3 阶可逆矩阵，且 $\boldsymbol{P}^{-1}\boldsymbol{AP}=\begin{bmatrix}1&0&0\\0&2&0\\0&0&0\end{bmatrix}$。

若矩阵 $\boldsymbol{Q}=(\alpha_2,\alpha_1,\alpha_3)$，则 $\boldsymbol{Q}^{-1}\boldsymbol{AQ}=$

A. $\begin{bmatrix}1&0&0\\0&2&0\\0&0&0\end{bmatrix}$　　B. $\begin{bmatrix}2&0&0\\0&1&0\\0&0&0\end{bmatrix}$

C. $\begin{bmatrix}0&1&0\\2&0&0\\0&0&0\end{bmatrix}$　　D. $\begin{bmatrix}0&2&0\\1&0&0\\0&0&0\end{bmatrix}$

20. 齐次线性方程组 $\begin{cases}x_1-x_2+x_4=0\\x_1-x_3+x_4=0\end{cases}$ 的基础解系为：

A. $\alpha_1=(1,1,1,0)^{\mathrm{T}},\alpha_2=(-1,-1,1,0)^{\mathrm{T}}$

B. $\alpha_1=(2,1,0,1)^{\mathrm{T}},\alpha_2=(-1,-1,1,0)^{\mathrm{T}}$

C. $\alpha_1=(1,1,1,0)^{\mathrm{T}},\alpha_2=(-1,0,0,1)^{\mathrm{T}}$

D. $\alpha_1=(2,1,0,1)^{\mathrm{T}},\alpha_2=(-2,-1,0,1)^{\mathrm{T}}$

21. 设 A,B 是两个事件，$P(A)=0.3$，$P(B)=0.8$，则当 $P(A\cup B)$ 为最小值时，$P(AB)=$

A. 0.1　　B. 0.2

C. 0.3　　D. 0.4

22. 三个人独立地破译一份密码，每人能独立译出这份密码的概率分别为 $\frac{1}{5}$、$\frac{1}{3}$、$\frac{1}{4}$，则这份密码被译出的概率为：

A. $\frac{1}{3}$　　B. $\frac{1}{2}$

C. $\frac{2}{5}$　　D. $\frac{3}{5}$

23. 设随机变量 X 的概率密度为 $f(x)=\begin{cases}2x, 0<x<1\\0,其他\end{cases}$，$Y$ 表示对 X 的 3 次独立重复观察中事件$\{X\leqslant\frac{1}{2}\}$出现的次数，则 $P\{Y=2\}$等于：

A. $\frac{3}{64}$

B. $\frac{9}{64}$

C. $\frac{3}{16}$

D. $\frac{9}{16}$

24. 设随机变量 X 和 Y 都服从 $N(0,1)$分布，则下列叙述中正确的是：

A. $X+Y\sim$正态分布

B. $X^2+Y^2\sim\chi^2$ 分布

C. X^2 和 Y^2 都$\sim\chi^2$ 分布

D. $\frac{X^2}{Y^2}\sim F$ 分布

25. 一瓶氦气和一瓶氮气，它们每个分子的平均平动动能相同，而且都处于平衡态，则它们：

A. 温度相同，氦分子和氮分子的平均动能相同

B. 温度相同，氦分子和氮分子的平均动能不同

C. 温度不同，氦分子和氮分子的平均动能相同

D. 温度不同，氦分子和氮分子的平均动能不同

26. 最概然速率 v_p 的物理意义是：

A. v_p 是速率分布中的最大速率

B. v_p 是大多数分子的速率

C. 在一定的温度下，速率与 v_p 相近的气体分子所占的百分率最大

D. v_p 是所有分子速率的平均值

27. 1mol 理想气体从平衡态 $2p_1$、V_1 沿直线变化到另一平衡态 p_1、$2V_1$，则此过程中系统的功和内能的变化是：

A. $W>0, \Delta E>0$

B. $W<0, \Delta E<0$

C. $W>0, \Delta E=0$

D. $W<0, \Delta E>0$

28. 在保持高温热源温度 T_1 和低温热源温度 T_2 不变的情况下，使卡诺热机的循环曲线所包围的面积增大，则会：

A. 净功增大，效率提高

B. 净功增大，效率降低

C. 净功和功率都不变

D. 净功增大，效率不变

29. 一平面简谐波的波动方程为 $y=0.01\cos 10\pi(25t-x)$(SI)，则在 $t=0.1$s 时刻，$x=2$m 处质元的振动位移是：

A. 0.01cm
B. 0.01m
C. −0.01m
D. 0.01mm

30. 对于机械横波而言，下面说法正确的是：

A. 质元处于平衡位置时，其动能最大，势能为零
B. 质元处于平衡位置时，其动能为零，势能最大
C. 质元处于波谷处时，动能为零，势能最大
D. 质元处于波峰处时，动能与势能均为零

31. 在波的传播方向上，有相距为 3m 的两质元，两者的相位差为 $\frac{\pi}{6}$，若波的周期为 4s，则此波的波长和波速分别为：

A. 36m 和 6m/s
B. 36m 和 9m/s
C. 12m 和 6m/s
D. 12m 和 9m/s

32. 在双缝干涉实验中，入射光的波长为 λ，用透明玻璃纸遮住双缝中的一条缝(靠近屏一侧)，若玻璃纸中光程比相同厚度的空气的光程大 2.5λ，则屏上原来的明纹处：

A. 仍为明条纹
B. 变为暗条纹
C. 既非明纹也非暗纹
D. 无法确定是明纹还是暗纹

33. 在真空中，可见光的波长范围为：

A. 400～760nm
B. 400～760mm
C. 400～760cm
D. 400～760m

34. 有一玻璃劈尖，置于空气中，劈尖角为 θ，用波长为 λ 的单色光垂直照射时，测得相邻明纹间距为 l，若玻璃的折射率为 n，则 θ、λ、l 与 n 之间的关系为：

A. $\theta=\frac{\lambda n}{2l}$
B. $\theta=\frac{l}{2n\lambda}$
C. $\theta=\frac{l\lambda}{2n}$
D. $\theta=\frac{\lambda}{2nl}$

35. 一束自然光垂直穿过两个偏振片，两个偏振片的偏振化方向成 45°角。已知通过此两偏振片后的光强为 I，则入射至第二个偏振片的线偏振光强度为：

A. I
B. $2I$
C. $3I$
D. $\frac{I}{2}$

36. 一单缝宽度 $a=1\times10^{-4}$m，透镜焦距 $f=0.5$m，若用 $\lambda=400$nm 的单色平行光垂直入射，中央明纹的宽度为：

A. 2×10^{-3}m　　B. 2×10^{-4}m

C. 4×10^{-4}m　　D. 4×10^{-3}m

37. 29 号元素的核外电子分布式为：

A. $1s^2 2s^2 2p^6 3s^2 3p^6 3d^9 4s^2$　　B. $1s^2 2s^2 2p^6 3s^2 3p^6 3d^{10} 4s^1$

C. $1s^2 2s^2 2p^6 3s^2 3p^6 4s^1 3d^{10}$　　D. $1s^2 2s^2 2p^6 3s^2 3p^6 4s^2 3d^9$

38. 下列各组元素的原子半径从小到大排序错误的是：

A. Li＜Na＜K　　B. Al＜Mg＜Na

C. C＜Si＜Al　　D. P＜As＜Se

39. 下列溶液混合，属于缓冲溶液的是：

A. 50mL0.2mol·$L^{-1}$$CH_3COOH$ 与 50mL0.1mol·L^{-1}NaOH

B. 50mL0.1mol·$L^{-1}$$CH_3COOH$ 与 50mL0.1mol·L^{-1}NaOH

C. 50mL0.1mol·$L^{-1}$$CH_3COOH$ 与 50mL0.2mol·L^{-1}NaOH

D. 50mL0.2mol·L^{-1}HCl 与 50mL0.1mol·$L^{-1}$$NH_3H_2O$

40. 在一容器中，反应 $2NO_2(g) \rightleftharpoons 2NO(g)+O_2(g)$，恒温条件下达到平衡后，加一定量 Ar 气体保持总压力不变，平衡将会：

A. 向正方向移动　　B. 向逆方向移动

C. 没有变化　　D. 不能判断

41. 某第 4 周期的元素，当该元素原子失去一个电子成为正 1 价离子时，该离子的价层电子排布式为 $3d^{10}$，则该元素的原子序数是：

A. 19　　B. 24

C. 29　　D. 36

42. 对于一个化学反应，下列各组中关系正确的是：

A. $\Delta_r G_m^\ominus>0, K^\ominus<1$　　B. $\Delta_r G_m^\ominus>0, K^\ominus>1$

C. $\Delta_r G_m^\ominus<0, K^\ominus=1$　　D. $\Delta_r G_m^\ominus<0, K^\ominus<1$

43. 价层电子构型为 $4d^{10}5s^1$ 的元素在周期表中属于：

A. 第四周期 VIIB 族　　B. 第五周期 IB 族

C. 第六周期 VIIB 族　　D. 镧系元素

44. 下列物质中，属于酚类的是：

A. C_3H_7OH　　　　B. $C_6H_5CH_2OH$

C. C_6H_5OH　　　　D. $\underset{\displaystyle OH}{\underset{|}{CH_2}}-\underset{\displaystyle OH}{\underset{|}{CH}}-\underset{\displaystyle OH}{\underset{|}{CH_2}}$

45. 有机化合物 $H_3C-\underset{\displaystyle CH_3}{\underset{|}{CH}}-\underset{\displaystyle CH_3}{\underset{|}{CH}}-CH_2-CH_3$ 的名称是：

A. 2-甲基-3-乙基丁烷　　　　B. 3,4-二甲基戊烷

C. 2-乙基-3-甲基丁烷　　　　D. 2,3-二甲基戊烷

46. 下列物质中，两个氢原子的化学性质不同的是：

A. 乙炔　　　　B. 甲酸

C. 甲醛　　　　D. 乙二酸

47. 两直角刚杆 AC、CB 支承如图所示，在铰 C 处受力 F 作用，则 A、B 两处约束力的作用线与 x 轴正向所成的夹角分别为：

A. 0°；90°

B. 90°；0°

C. 45°；60°

D. 45°；135°

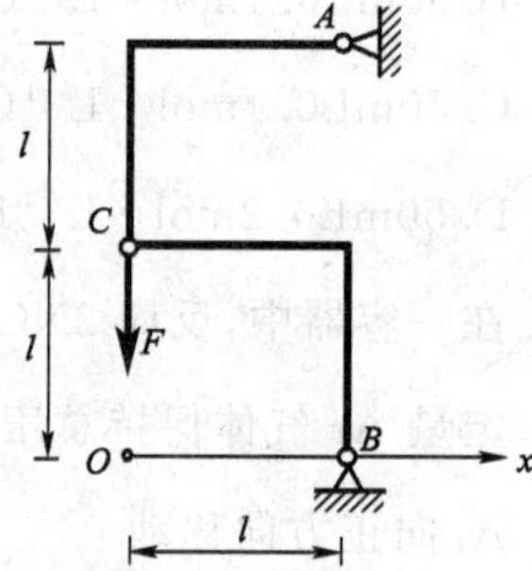

48. 在图示四个力三角形中，表示 $\boldsymbol{F}_R=\boldsymbol{F}_1+\boldsymbol{F}_2$ 的图是：

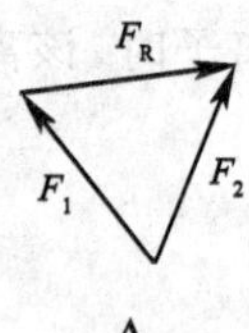

A.

B.

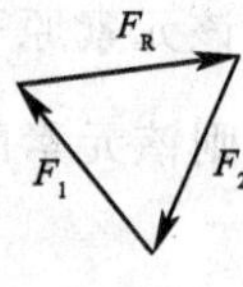

C.

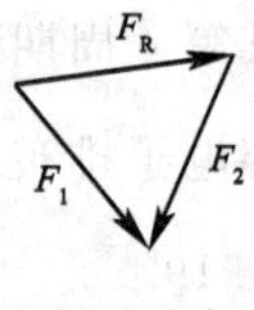

D.

49. 均质杆 AB 长为 l，重为 $\boldsymbol{W}$，受到如图所示的约束，绳索 ED 处于铅垂位置，A、B 两处为光滑接触，杆的倾角为 α，又 $CD=l/4$，则 A、B 两处对杆作用的约束力大小关系为：

A. $F_{NA}=F_{NB}=0$

B. $F_{NA}=F_{NB}\neq 0$

C. $F_{NA}\leqslant F_{NB}$

D. $F_{NA}\geqslant F_{NB}$

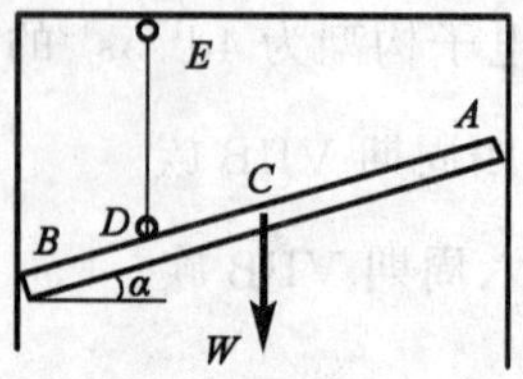

50. 一重力大小为 $W=60\text{kN}$ 的物块，自由放置在倾角为 $\alpha=30°$ 的斜面上，如图所示，若物块与斜面间的静摩擦系数为 $f=0.4$，则该物块的状态为：

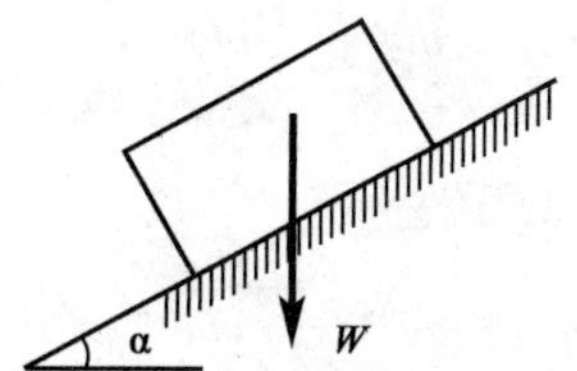

A. 静止状态

B. 临界平衡状态

C. 滑动状态

D. 条件不足，不能确定

51. 当点运动时，若位置矢大小保持不变，方向可变，则其运动轨迹为：

A. 直线　　B. 圆周

C. 任意曲线　　D. 不能确定

52. 刚体做平动时，某瞬时体内各点的速度和加速度为：

A. 体内各点速度不相同，加速度相同

B. 体内各点速度相同，加速度不相同

C. 体内各点速度相同，加速度也相同

D. 体内各点速度不相同，加速度也不相同

53. 在图示机构中，杆 $O_1A=O_2B$，$O_1A \parallel O_2B$，杆 $O_2C=$ 杆 O_3D，$O_2C \parallel O_3D$，且 $O_1A=20\text{cm}$，$O_2C=40\text{cm}$，若杆 O_1A 以角速度 $\omega=3\text{rad/s}$ 匀速转动，则杆 CD 上任意点 M 速度及加速度的大小分别为：

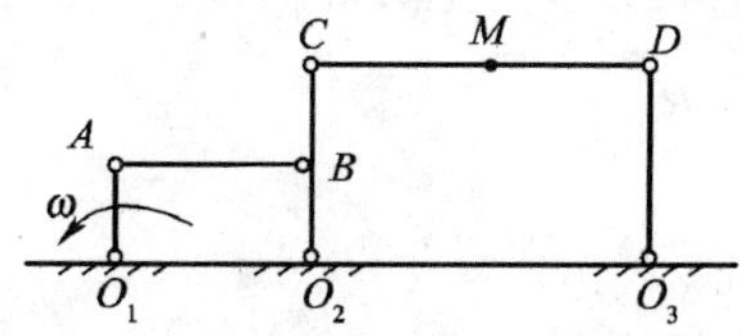

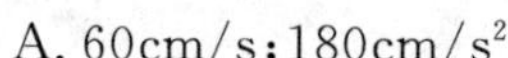

A. $60\text{cm/s}; 180\text{cm/s}^2$

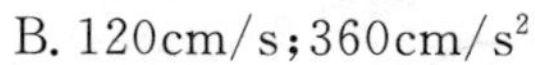

B. $120\text{cm/s}; 360\text{cm/s}^2$

C. $90\text{cm/s}; 270\text{cm/s}^2$

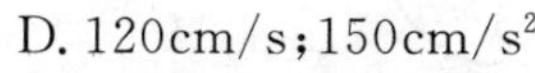

D. $120\text{cm/s}; 150\text{cm/s}^2$

54. 图示均质圆轮，质量为 m，半径为 r，在铅垂图面内绕通过圆轮中心 O 的水平轴以匀角速度 ω 转动。则系统动量、对中心 O 的动量矩、动能的大小分别为：

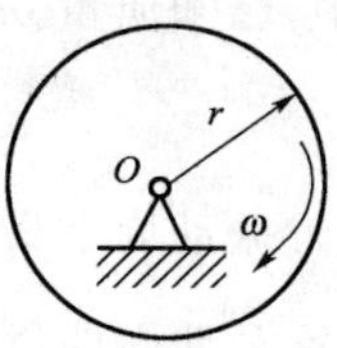

A. $0; \frac{1}{2}mr^2\omega; \frac{1}{4}mr^2\omega^2$

B. $mr\omega; \frac{1}{2}mr^2\omega; \frac{1}{4}mr^2\omega^2$

C. $0; \frac{1}{2}mr^2\omega; \frac{1}{2}mr^2\omega^2$

D. $0; \frac{1}{4}mr^2\omega; \frac{1}{4}mr^2\omega^2$

55. 如图所示，两重物 M_1 和 M_2 的质量分别为 m_1 和 m_2，两重物系在不计质量的软绳上，绳绕过均质定滑轮，滑轮半径 r，质量为 m，则此滑轮系统的动量为：

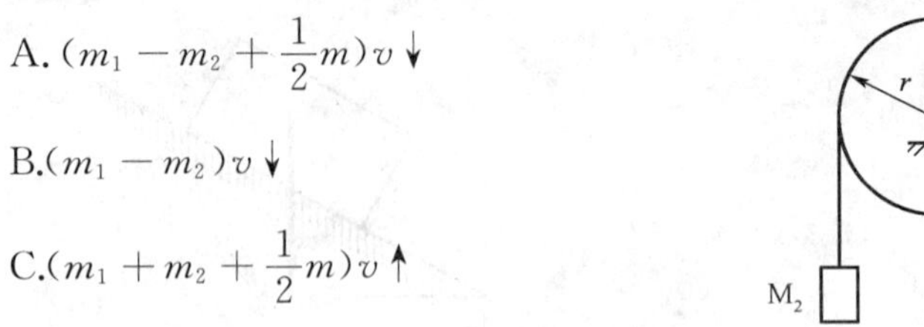

A. $(m_1 - m_2 + \frac{1}{2}m)v\downarrow$

B. $(m_1 - m_2)v\downarrow$

C. $(m_1 + m_2 + \frac{1}{2}m)v\uparrow$

D. $(m_1 - m_2)v\uparrow$

56. 均质细杆 AB 重力为 $\boldsymbol{P}$、长 $2L$，A 端铰支，B 端用绳系住，处于水平位置，如图所示，当 B 端绳突然剪断瞬时，AB 杆的角加速度大小为：

A. 0

B. $\frac{3g}{4L}$

C. $\frac{3g}{2L}$

D. $\frac{6g}{L}$

57. 质量为 m，半径为 R 的均质圆盘，绕垂直于图面的水平轴 O 转动，其角速度为 ω。在图示瞬间，角加速度为 0，盘心 C 在其最低位置，此时将圆盘的惯性力系向 O 点简化，其惯性力主矢和惯性力主矩的大小分别为：

A. $m\frac{R}{2}\omega^2$；0

B. $mR\omega^2$；0

C. 0；0

D. 0；$\frac{1}{2}m\frac{R}{2}\omega^2$

58. 图示装置中，已知质量 $m=200\text{kg}$，弹簧刚度 $k=100\text{N/cm}$，则图中各装置的振动周期为：

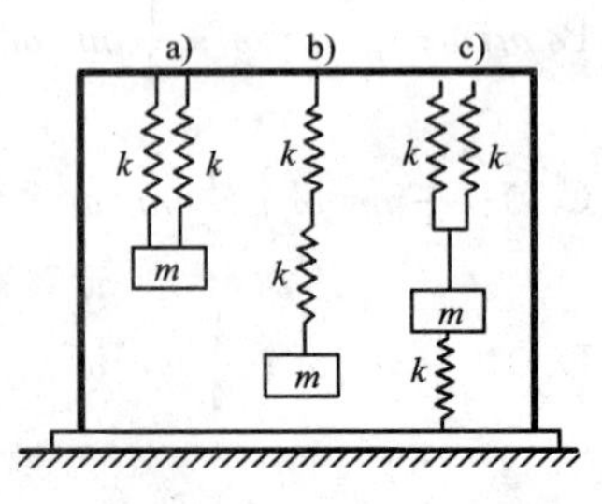

A. 图 a)装置振动周期最大

B. 图 b)装置振动周期最大

C. 图 c)装置振动周期最大

D. 三种装置振动周期相等

59. 圆截面杆 ABC 轴向受力如图，已知 BC 杆的直径 $d=100\text{mm}$，AB 杆的直径为 $2d$。杆的最大的拉应力为：

A. 40MPa

B. 30MPa

C. 80MPa

D. 120MPa

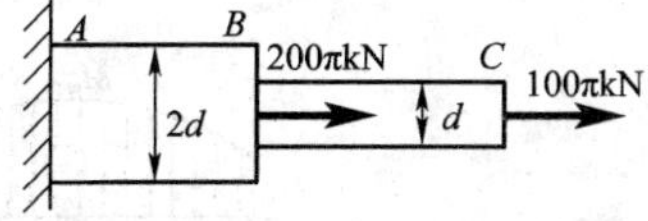

60. 已知铆钉的许可切应力为$[\tau]$，许可挤压应力为$[\sigma_{bs}]$，钢板的厚度为 t，则图示铆钉直径 d 与钢板厚度 t 的关系是：

A. $d=\dfrac{8t[\sigma_{bs}]}{\pi[\tau]}$

B. $d=\dfrac{4t[\sigma_{bs}]}{\pi[\tau]}$

C. $d=\dfrac{\pi[\tau]}{8t[\sigma_{bs}]}$

D. $d=\dfrac{\pi[\tau]}{4t[\sigma_{bs}]}$

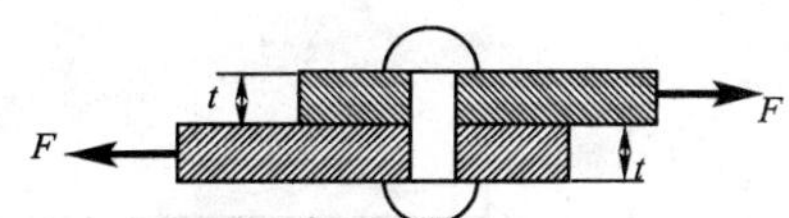

61. 图示受扭空心圆轴横截面上的切应力分布图中，正确的是：

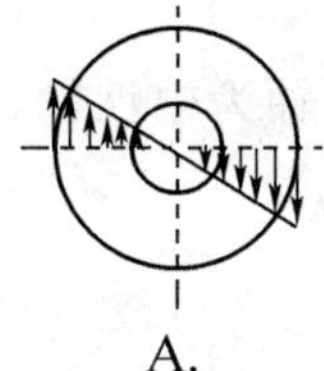
A.

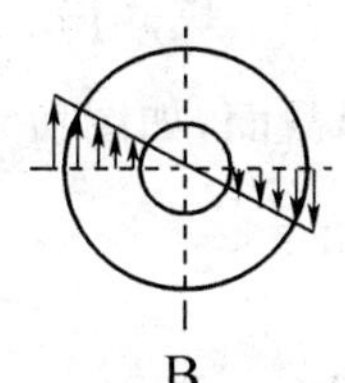
B.

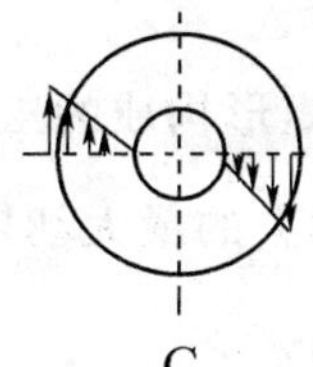
C.

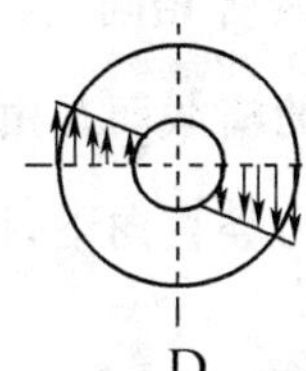
D.

62. 图示截面的抗弯截面模量 W_z 为：

A. $W_z=\dfrac{\pi d^3}{32}-\dfrac{a^3}{6}$

B. $W_z=\dfrac{\pi d^3}{32}-\dfrac{a^4}{6d}$

C. $W_z=\dfrac{\pi d^3}{32}-\dfrac{a^3}{6d}$

D. $W_z=\dfrac{\pi d^4}{64}-\dfrac{a^4}{12}$

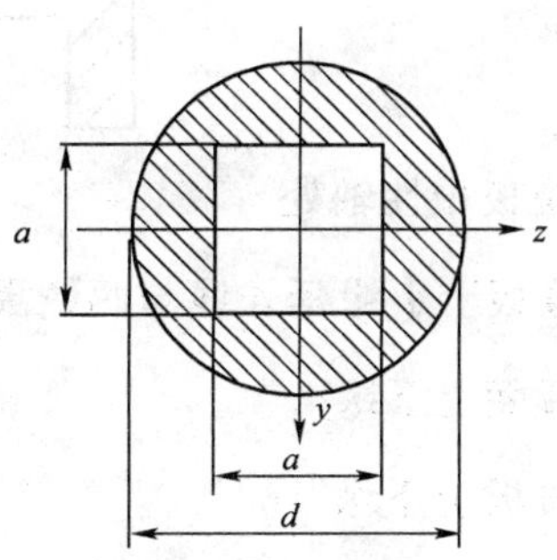

63. 梁的弯矩图如图所示，最大值在 B 截面。在梁的 A、B、C、D 四个截面中，剪力为 0 的截面是：

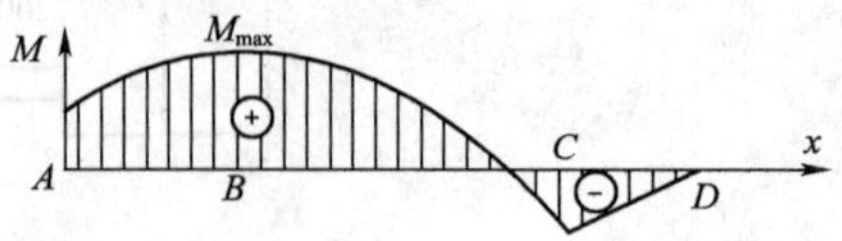

A. A 截面　　B. B 截面

C. C 截面　　D. D 截面

64. 图示悬臂梁 AB，由三根相同的矩形截面直杆胶合而成，材料的许可应力为$[\sigma]$。若胶合面开裂，假设开裂后三根杆的挠曲线相同，接触面之间无摩擦力，则开裂后的梁承载能力是原来的：

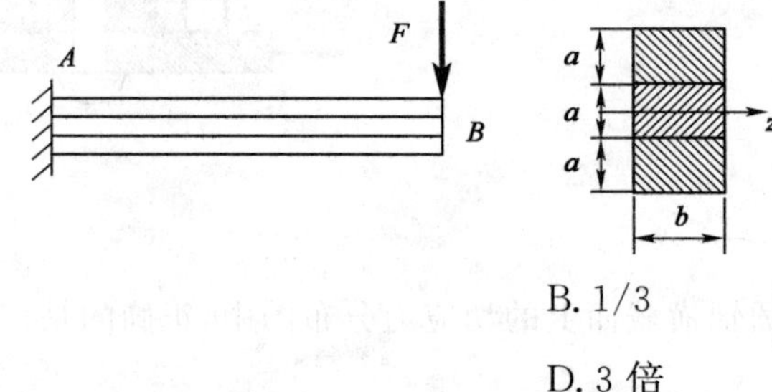

A. 1/9　　B. 1/3

C. 两者相同　　D. 3 倍

65. 梁的横截面是由狭长矩形构成的工字形截面，如图所示，z 轴为中性轴，截面上的剪力竖直向下，该截面上的最大切应力在：

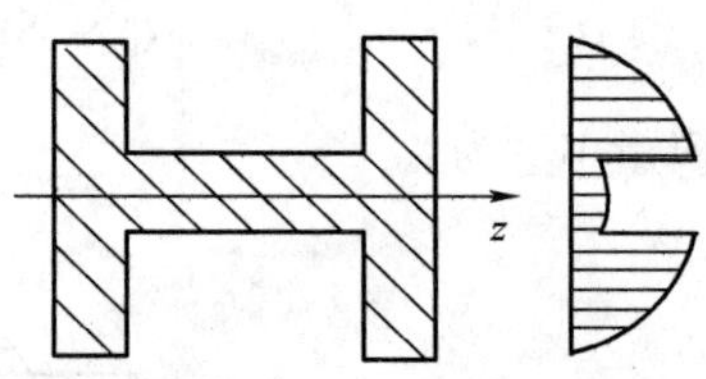

A. 腹板中性轴处

B. 腹板上下缘延长线与两侧翼缘相交处

C. 截面上下缘

D. 腹板上下缘

66. 矩形截面简支梁中点承受集中力 F。若 $h=2b$，分别采用图 a)、图 b)两种方式放置，图 a)梁的最大挠度是图 b)梁的：

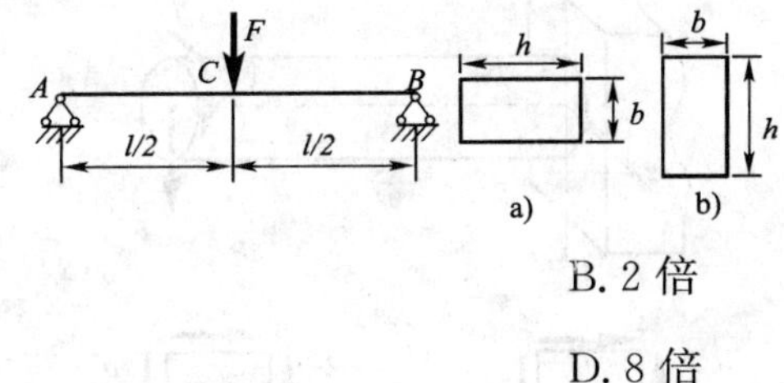

A. 1/2　　　　B. 2 倍

C. 4 倍　　　　D. 8 倍

67. 在图示 xy 坐标系下，单元体的最大主应力 σ_1 大致指向：

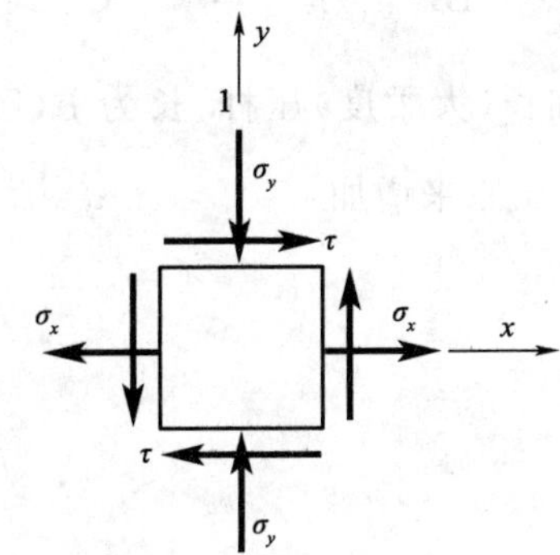

A. 第一象限，靠近 x 轴

B. 第一象限，靠近 y 轴

C. 第二象限，靠近 x 轴

D. 第二象限，靠近 y 轴

68. 图示变截面短杆，AB 段压应力 σ_{AB} 与 BC 段压应力 σ_{BC} 的关系是：

A. σ_{AB} 比 σ_{BC} 大 1/4

B. σ_{AB} 比 σ_{BC} 小 1/4

C. σ_{AB} 是 σ_{BC} 的 2 倍

D. σ_{AB} 是 σ_{BC} 的 1/2

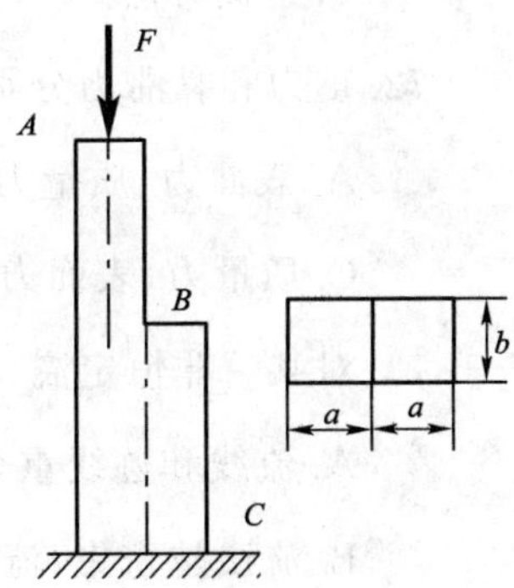

69. 图示圆轴,固定端外圆上 $y=0$ 点(图中 A 点)的单元体的应力状态是:

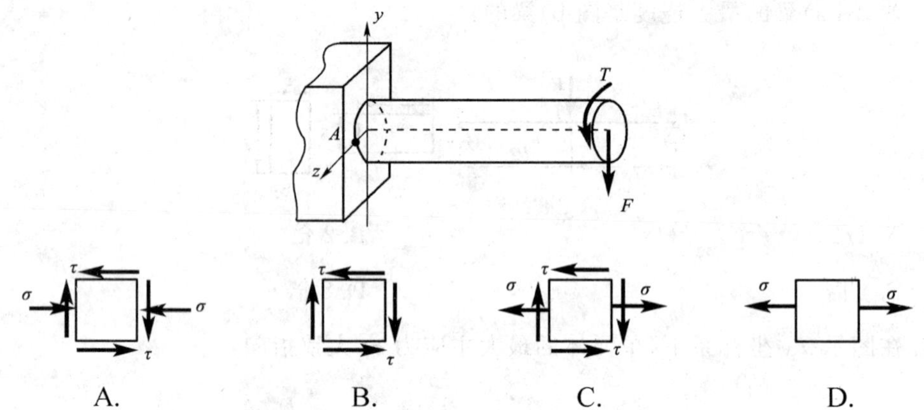

70. 一端固定一端自由的细长(大柔度)压杆,长为 L(图 a),当杆的长度减小一半时(图 b),其临界荷载 F_{cr} 比原来增加:

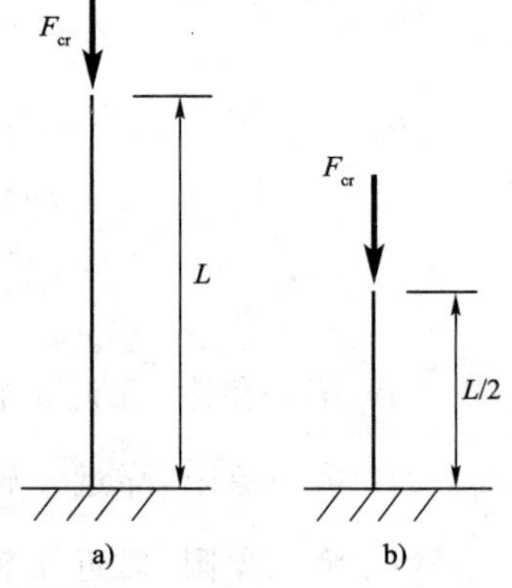

A. 4 倍

B. 3 倍

C. 2 倍

D. 1 倍

71. 空气的黏滞系数与水的黏滞系数 μ 分别随温度的降低而:

A. 降低,升高　　B. 降低,降低

C. 升高,降低　　D. 升高,升高

72. 重力和黏滞力分别属于:

A. 表面力、质量力　　B. 表面力、表面力

C. 质量力、表面力　　D. 质量力、质量力

73. 对某一非恒定流,以下对于流线和迹线的正确说法是:

A. 流线和迹线重合

B. 流线越密集,流速越小

C. 流线曲线上任意一点的速度矢量都与曲线相切

D. 流线可能存在折弯

74. 对某一流段，设其上、下游两断面 1-1、2-2 的断面面积分别为 A_1、A_2，断面流速分别为 v_1、v_2，两断面上任一点相对于选定基准面的高程分别为 Z_1、Z_2，相应断面同一选定点的压强分别为 p_1、p_2，两断面处的流体密度分别为 ρ_1、ρ_2，流体为不可压缩流体，两断面间的水头损失为 $h_{l1\text{-}2}$。下列方程表述一定错误的是：

A. 连续性方程：$v_1A_1=v_2A_2$

B. 连续性方程：$\rho_1v_1A_1=\rho_2v_2A_2$

C. 恒定总流能量方程：$\dfrac{p_1}{\rho_1 g}+Z_1+\dfrac{v_1^2}{2g}=\dfrac{p_2}{\rho_2 g}+Z_2+\dfrac{v_2^2}{2g}$

D. 恒定总流能量方程：$\dfrac{p_1}{\rho_1 g}+Z_1+\dfrac{v_1^2}{2g}=\dfrac{p_2}{\rho_2 g}+Z_2+\dfrac{v_2^2}{2g}+h_{l1\text{-}2}$

75. 水流经过变直径圆管，管中流量不变，已知前段直径 $d_1=30\text{mm}$，雷诺数为 5000，后段直径变为 $d_2=60\text{mm}$，则后段圆管中的雷诺数为：

A. 5000　　B. 4000　　C. 2500　　D. 1250

76. 两孔口形状、尺寸相同，一个是自由出流，出流流量为 Q_1；另一个是淹没出流，出流流量为 Q_2。若自由出流和淹没出流的作用水头相等，则 Q_1 与 Q_2 的关系是：

A. $Q_1>Q_2$　　B. $Q_1=Q_2$

C. $Q_1<Q_2$　　D. 不确定

77. 水力最优断面是指当渠道的过流断面面积 A、粗糙系数 n 和渠道底坡 i 一定时，其：

A. 水力半径最小的断面形状　　B. 过流能力最大的断面形状

C. 湿周最大的断面形状　　D. 造价最低的断面形状

78. 图示溢水堰模型试验，实际流量为 $Q_n=537\text{m}^3/\text{s}$，若在模型上测得流量 $Q_n=300\text{L/s}$，则该模型长度比尺为：

A. 4.5　　B. 6

C. 10　　D. 20

79. 点电荷 $+q$ 和点电荷 $-q$ 相距 30cm，那么，在由它们构成的静电场中：

A. 电场强度处处相等

B. 在两个点电荷连线的中点位置，电场力为 0

C. 电场方向总是从 $+q$ 指向 $-q$

D. 位于两个点电荷连线的中点位置上，带负电的可移动体将向 $-q$ 处移动

80. 设流经图示电感元件的电流 $i=2\sin1000t$ A，若 $L=1$mH，则电感电压：

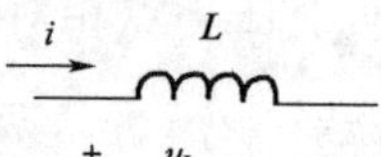

A. $u_L=2\sin1000t$V

B. $u_L=-2\cos1000t$V

C. u_L 的有效值 $U_L=2$V

D. u_L 的有效值 $U_L=1.414$V

81. 图示两电路相互等效，由图 b)可知，流经 10Ω 电阻的电流 $I_R=1$A，由此可求得流经图 a)电路中 10Ω 电阻的电流 I 等于：

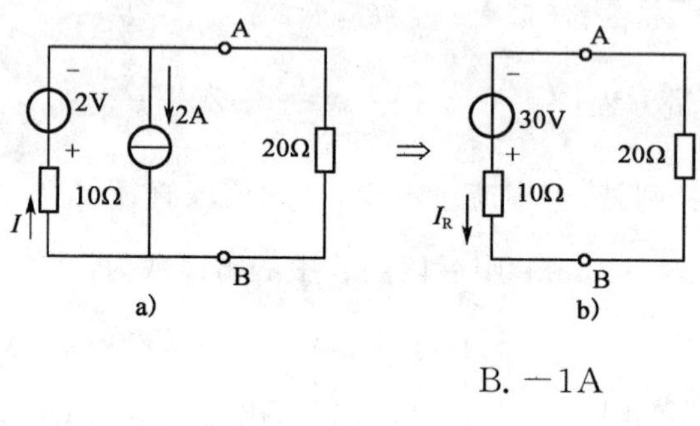

A. 1A

B. −1A

C. −3A

D. 3A

82. RLC 串联电路如图所示，在工频电压 $u(t)$ 的激励下，电路的阻抗等于：

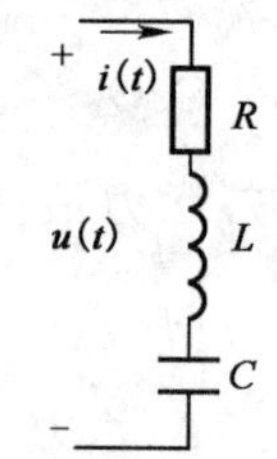

A. $R+314L+314C$

B. $R+314L+1/314C$

C. $\sqrt{R^2+(314L-1/314C)^2}$

D. $\sqrt{R^2+(314L+1/314C)^2}$

83. 图示电路中，$u=10\sin(1000t+30°)$V，如果使用相量法求解图示电路中的电流 i，那么，如下步骤中存在错误的是：

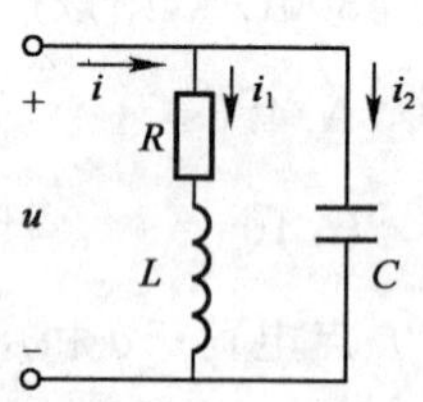

步骤 1：$\dot{I}_1=\dfrac{10}{R+j1000L}$；步骤 2：$\dot{I}_2=10\cdot j1000C$；

步骤 3：$\dot{I}=\dot{I}_1+\dot{I}_2=I\angle\Psi_i$；步骤 4：$\dot{I}=I\sqrt{2}\sin\Psi_i$。

A. 仅步骤 1 和步骤 2 错

B. 仅步骤 2 错

C. 步骤 1、步骤 2 和步骤 4 错

D. 仅步骤 4 错

84. 图示电路中，开关 k 在 $t=0$ 时刻打开，此后，电流 i 的初始值和稳态值分别为：

A. $\frac{U_s}{R_2}$和 0

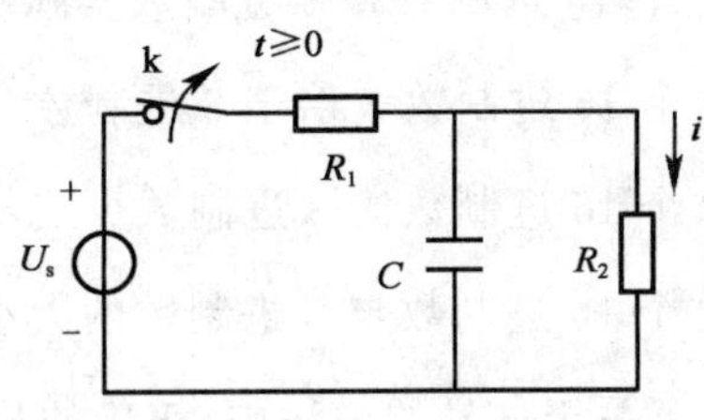

B. $\frac{U_s}{R_1+R_2}$和 0

C. $\frac{U_s}{R_1}$和$\frac{U_s}{R_1+R_2}$

D. $\frac{U_s}{R_1+R_2}$和$\frac{U_s}{R_1+R_2}$

85. 在信号源（u_s，R_s）和电阻 R_L 之间接入一个理想变压器，如图所示。若 $u_s=80\sin\omega t\text{V}$，$R_L=10\Omega$，且此时信号源输出功率最大，那么，变压器的输出电压 u_2 等于：

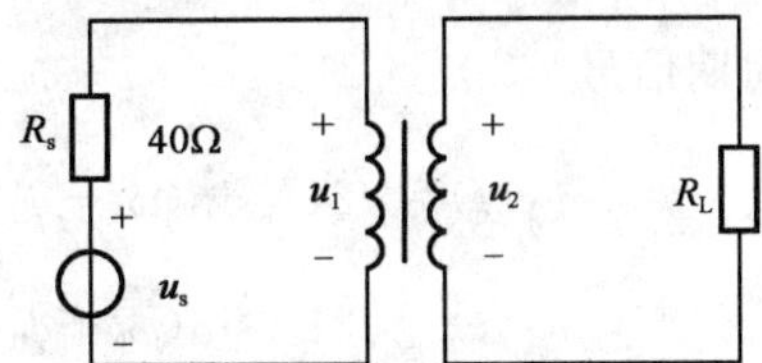

A. $40\sin\omega t\text{V}$

B. $20\sin\omega t\text{V}$

C. $80\sin\omega t\text{V}$

D. 20V

86. 接触器的控制线圈如图 a)所示，动合触点如图 b)所示，动断触点如图 c)所示，当有额定电压接入线圈后：

A. 触点 KM 1 和 KM 2 因未接入电路均处于断开状态

B. KM1 闭合，KM2 不变

C. KM1 闭合，KM2 断开

D. KM1 不变，KM2 断开

KM　　KM1　　KM2

a)　　b)　　c)

87. 某空调器的温度设置为 25℃，当室温超过 25℃后，它便开始制冷，此时红色指示灯亮，并在显示屏上显示“正在制冷”字样，那么：

A. “红色指示灯亮”和“正在制冷”均是信息

B. “红色指示灯亮”和“正在制冷”均是信号

C. “红色指示灯亮”是信号，“正在制冷”是信息

D. “红色指示灯亮”是信息，“正在制冷”是信号

88. 如果一个 16 进制数和一个 8 进制数的数字信号相同，那么：

A. 这个 16 进制数和 8 进制数实际反映的数量相等

B. 这个 16 进制数 2 倍于 8 进制数

C. 这个 16 进制数比 8 进制数少 8

D. 这个 16 进制数与 8 进制数的大小关系不定

89. 在以下关于信号的说法中，正确的是：

A. 代码信号是一串电压信号，故代码信号是一种模拟信号

B. 采样信号是时间上离散、数值上连续的信号

C. 采样保持信号是时间上连续、数值上离散的信号

D. 数字信号是直接反映数值大小的信号

90. 设周期信号 $u(t)=\sqrt{2}U_1\sin(\omega t+\psi_1)+\sqrt{2}U_3\sin(3\omega t+\psi_3)+\cdots$

$$u_1(t)=\sqrt{2}U_1\sin(\omega t+\psi_1)+\sqrt{2}U_3\sin(3\omega t+\psi_3)$$

$$u_2(t)=\sqrt{2}U_1\sin(\omega t+\psi_1)+\sqrt{2}U_5\sin(5\omega t+\psi_5)$$

则：

A. $u_1(t)$较 $u_2(t)$更接近 $u(t)$

B. $u_2(t)$较 $u_1(t)$更接近 $u(t)$

C. $u_1(t)$与 $u_2(t)$接近 $u(t)$的程度相同

D. 无法做出三个电压之间的比较

91. 某模拟信号放大器输入与输出之间的关系如图所示，那么，能够经该放大器得到 5 倍放大的输入信号 $u_i(t)$最大值一定：

A. 小于 2V

B. 小于 10V 或大于 −10V

C. 等于 2V 或等于 −2V

D. 小于等于 2V 且大于等于 −2V

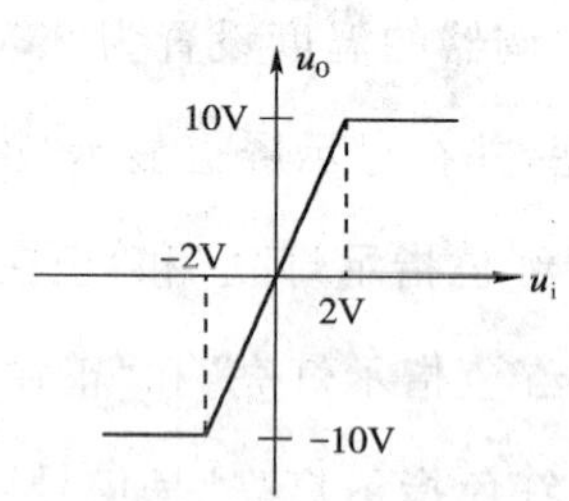

92. 逻辑函数  $F=\overline{\overline{AB}+\overline{BC}}$的化简结果是：

A. F＝AB＋BC

B. $F=\overline{A}+\overline{B}+\overline{C}$

C. F＝A＋B＋C

D. F＝ABC

93. 图示电路中，$u_i = 10\sin\omega t$，二极管 D_2 因损坏而断开，这时输出电压的波形和输出电压的平均值为：

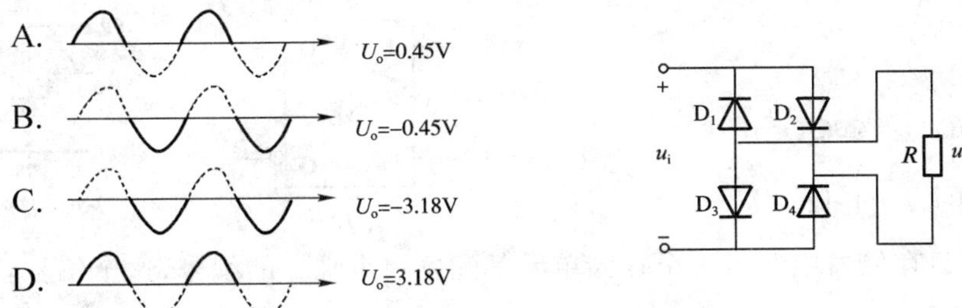

94. 图 a)所示运算放大器的输出与输入之间的关系如图 b)所示，若 $u_i = 2\sin\omega t$ mV，则 u_o 为：

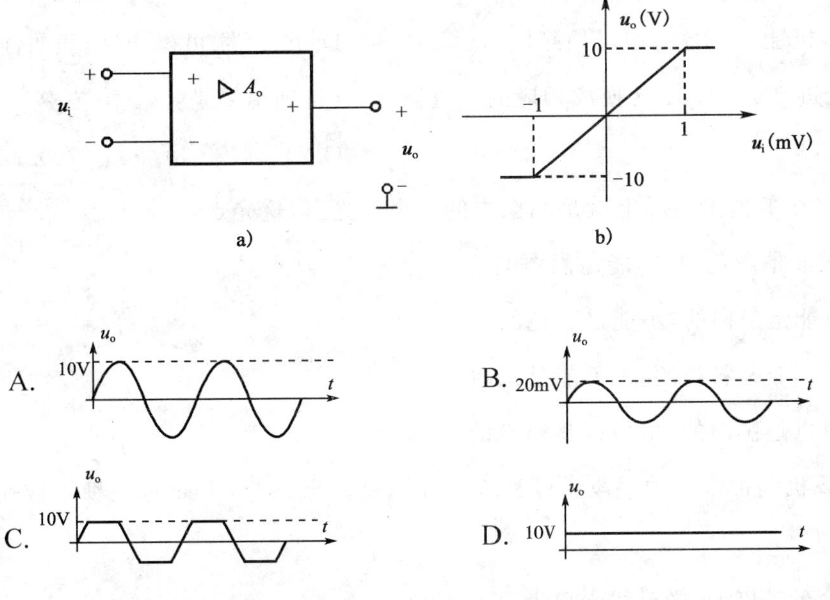

95. 基本门如图 a)所示，其中，数字信号 A 由图 b)给出，那么，输出 F 为：

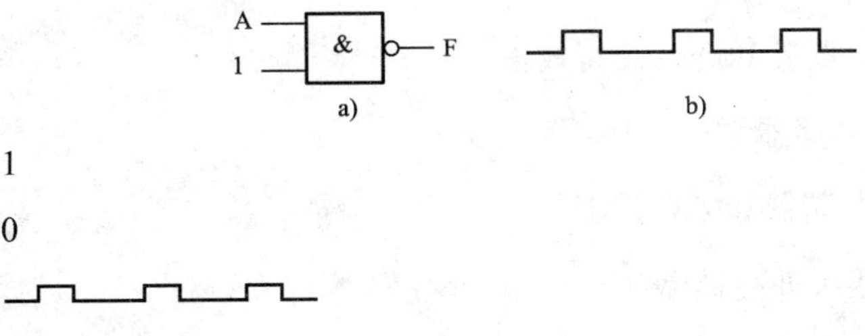

A. 1

B. 0

C.

D.

96. JK 触发器及其输入信号波形如图所示，那么，在 $t=t_0$ 和 $t=t_1$ 时刻，输出 Q 分别为：

A. $Q(t_0)=1, Q(t_1)=0$

B. $Q(t_0)=0, Q(t_1)=1$

C. $Q(t_0)=0, Q(t_1)=0$

D. $Q(t_0)=1, Q(t_1)=1$

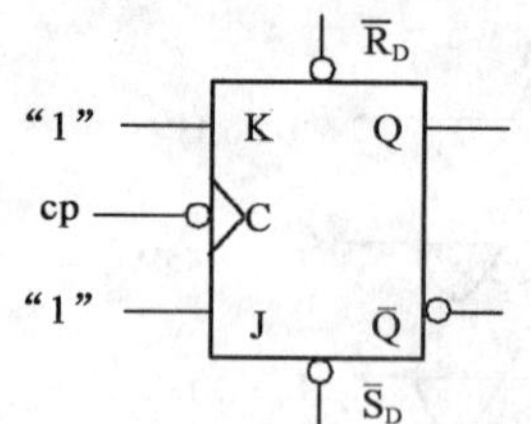

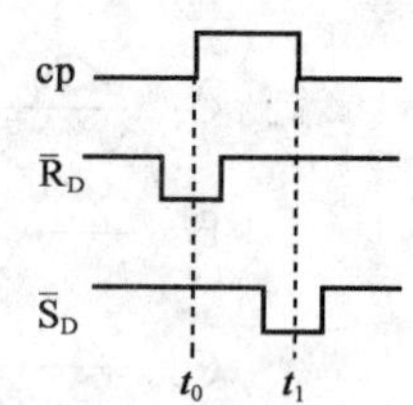

97. 计算机存储器中的每一个存储单元都配置一个唯一的编号，这个编号就是：

A. 一种寄存标志
B. 寄存器地址
C. 存储器的地址
D. 输入/输出地址

98. 操作系统作为一种系统软件，存在着与其他软件明显不同的三个特征是：

A. 可操作性、可视性、公用性
B. 并发性、共享性、随机性
C. 随机性、公用性、不可预测性
D. 并发性、可操作性、脆弱性

99. 将二进制数 11001 转换成相应的十进制数，其正确结果是：

A. 25
B. 32
C. 24
D. 22

100. 图像中的像素实际上就是图像中的一个个光点，这光点：

A. 只能是彩色的，不能是黑白的

B. 只能是黑白的，不能是彩色的

C. 既不能是彩色的，也不能是黑白的

D. 可以是黑白的，也可以是彩色的

101. 计算机病毒以多种手段入侵和攻击计算机信息系统，下面有一种不被使用的手段是：

A. 分布式攻击、恶意代码攻击

B. 恶意代码攻击、消息收集攻击

C. 删除操作系统文件、关闭计算机系统

D. 代码漏洞攻击、欺骗和会话劫持攻击

102. 计算机系统中，存储器系统包括：

A. 寄存器组、外存储器和主存储器

B. 寄存器组、高速缓冲存储器(Cache)和外存储器

C. 主存储器、高速缓冲存储器(Cache)和外存储器

D. 主存储器、寄存器组和光盘存储器

103. 在计算机系统中，设备管理是指对：

A. 除 CPU 和内存储器以外的所有输入/输出设备的管理

B. 包括 CPU 和内存储器及所有输入/输出设备的管理

C. 除 CPU 外，包括内存储器及所有输入/输出设备的管理

D. 除内存储器外，包括 CPU 及所有输入/输出设备的管理

104. Windows 提供了两种十分有效的文件管理工具，它们是：

A. 集合和记录

B. 批处理文件和目标文件

C. 我的电脑和资源管理器

D. 我的文档、文件夹

105. 一个典型的计算机网络主要由两大部分组成，即：

A. 网络硬件系统和网络软件系统

B. 资源子网和网络硬件系统

C. 网络协议和网络软件系统

D. 网络硬件系统和通信子网

106. 局域网是指将各种计算机网络设备互联在一起的通信网络，但其覆盖的地理范围有限，通常在：

A. 几十米之内　　B. 几百公里之内

C. 几公里之内　　D. 几十公里之内

107. 某企业年初投资 5000 万元，拟 10 年内等额回收本利，若基准收益率为 8%，则每年年末应回收的资金是：

A. 540.00 万元　　B. 1079.46 万元

C. 745.15 万元　　D. 345.15 万元

108. 建设项目评价中的总投资包括：

A. 建设投资和流动资金

B. 建设投资和建设期利息

C. 建设投资、建设期利息和流动资金

D. 固定资产投资和流动资产投资

109. 新设法人融资方式，建设项目所需资金来源于：

A. 资本金和权益资金　　B. 资本金和注册资本

C. 资本金和债务资金　　D. 建设资金和债务资金

110. 财务生存能力分析中，财务生存的必要条件是：

A. 拥有足够的经营净现金流量

B. 各年累计盈余资金不出现负值

C. 适度的资产负债率

D. 项目资本金净利润率高于同行业的净利润率参考值

111. 交通运输部门拟修建一条公路，预计建设期为一年，建设期初投资为 100 万元，建成后即投入使用，预计使用寿命为 10 年，每年将产生的效益为 20 万元，每年需投入保养费 8000 元。若社会折现率为 10%，则该项目的效益费用比为：

A. 1.07　　B. 1.17

C. 1.85　　D. 1.92

112. 建设项目经济评价有一整套指标体系，敏感性分析可选定其中一个或几个主要指标进行分析，最基本的分析指标是：

A. 财务净现值　　B. 内部收益率

C. 投资回收期　　D. 偿债备付率

113. 在项目无资金约束、寿命不同、产出不同的条件下，方案经济比选只能采用：

A. 净现值比较法

B. 差额投资内部收益率法

C. 净年值法

D. 费用年值法

114. 在对象选择中，通过对每个部件与其他各部件的功能重要程度进行逐一对比打分，相对重要的得 1 分，不重要的得 0 分，此方法称为：

A. 经验分析法　　B. 百分比法

C. ABC 分析法　　D. 强制确定法

115. 按照《中华人民共和国建筑法》的规定，下列叙述中正确的是：

A. 设计文件选用的建筑材料、建筑构配件和设备，不得注明其规格、型号

B. 设计文件选用的建筑材料、建筑构配件和设备，不得指定生产厂、供应商

C. 设计单位应按照建设单位提出的质量要求进行设计

D. 设计单位对施工过程中发现的质量问题应当按照监理单位的要求进行改正

116. 根据《中华人民共和国招标投标法》的规定，招标人对已发出的招标文件进行必要的澄清或修改的，应该以书面形式通知所有招标文件收受人，通知的时间应当在招标文件要求提交投标文件截止时间至少：

A. 20 日前　　B. 15 日前

C. 7 日前　　D. 5 日前

117. 按照《中华人民共和国合同法》的规定，下列情形中，要约不失效的是：

A. 拒绝要约的通知到达要约人

B. 要约人依法撤销要约

C. 承诺期限届满，受要约人未作出承诺

D. 受要约人对要约的内容作出非实质性变更

118. 根据《中华人民共和国节约能源法》的规定，国家实施的能源发展战略是：

A. 限制发展高耗能、高污染行业，发展节能环保型产业

B. 节约与开发并举，把节约放在首位

C. 合理调整产业结构、企业结构、产品结构和能源消费结构

D. 开发和利用新能源、可再生能源

119. 根据《中华人民共和国环境保护法》的规定，下列关于企业事业单位排放污染物的规定中，正确的是：(注：《环境保护法》2014 年进行了修订，此题已过时)

A. 排放污染物的企业事业单位，必须申报登记

B. 排放污染物超过标准的企业事业单位，或者缴纳超标准排污费，或者负责治理

C. 征收的超标准排污费必须用于该单位污染的治理，不得挪作他用

D. 对造成环境严重污染的企业事业单位，限期关闭

120. 根据《建设工程勘察设计管理条例》的规定，建设工程勘察、设计方案的评标一般不考虑：

A. 投标人资质　　　　　　　　　B. 勘察、设计方案的优劣

C. 设计人员的能力　　　　　　　D. 投标人的业绩

2011年度全国勘察设计注册土木工程师(岩土)

执业资格考试试卷

基础考试

(下)

二〇一一年九月

应考人员注意事项

1. 本试卷科目代码为“2”，考生务必将此代码填涂在答题卡“科目代码”相应的栏目内，否则，无法评分。
2. 书写用笔：**黑色或蓝色钢笔、签字笔或圆珠笔**；
   填涂答题卡用笔：**黑色 2B 铅笔**。
3. 必须用书写用笔将工作单位、姓名、准考证号填写在答题卡和试卷相应的栏目内。
4. 本试卷由 60 题组成，每题 2 分，满分 120 分，本试卷全部为单项选择题，每小题的四个备选项中只有一个正确答案，错选、多选、不选均不得分。
5. 考生作答时，必须**按题号在答题卡上**将相应试题所选选项对应的**字母用 2B 铅笔涂黑**。
6. 在答题卡上书写与题意无关的语言，或在答题卡上作标记的，均按违纪试卷处理。
7. 考试结束时，由监考人员当面将试卷、答题卡一并收回。
8. 草稿纸由各地统一配发，考后收回。

单项选择题(共 60 题,每题 2 分。每题的备选项中只有一个最符合题意。)

1. 材料吸水率越大,则:

A. 强度越低　　　　B. 含水率越低

C. 孔隙率越大　　　　D. 毛细孔越多

2. 在三合土中,不同材料组分间可发生的反应为:

A. $3CaO \cdot SiO_2$ 与土作用,生成了不溶性的水化硅酸钙和水化铝酸钙

B. $2CaO \cdot SiO_2$ 与土作用,生成了不溶性的水化硅酸钙和水化铝酸钙

C. $CaSO_4 \cdot 2H_2O$ 与土作用,生成了不溶性的水化硅酸钙和水化铝酸钙

D. CaO 与土作用,生成了不溶性的水化硅酸钙和水化铝酸钙

3. 水泥混凝土遭受最严重的化学腐蚀为:

A. 溶出性腐蚀　　　　B. 一般酸腐蚀

C. 镁盐腐蚀　　　　D. 硫酸盐腐蚀

4. 大体积混凝土施工时,一般不掺:

A. 速凝剂　　　　B. 缓凝剂

C. 减水剂　　　　D. 防水剂

5. 钢材的冷加工对钢材的力学性能会有影响,下列说法不正确的是:

A. 冷拉后钢材塑性和韧性降低

B. 冷拉后钢材抗拉强度与抗压强度均提高

C. 冷拔后钢材抗拉强度与抗压强度均提高

D. 钢筋冷拉并经过时效处理后屈服强度与抗拉强度均能明显提高

6. 木材在生长、采伐、储运、加工和使用过程中会产生一些缺陷,这些缺陷会降低木材的力学性能,其中对下述木材强度影响最大的是:

A. 顺纹抗压强度　　　　B. 顺纹抗拉强度

C. 横纹抗压强度　　　　D. 顺纹抗剪强度

7. 沥青老化后,其组成变化规律为:

A. 油分增多　　　　B. 树脂增多

C. 地沥青质增多　　　　D. 沥青碳增多

8. 测量工作的基准面是：

A. 旋转椭球面　　B. 水平面

C. 大地水准面　　D. 水准面

9. 测量误差来源有三大类，下面表述完全正确的是：

A. 偶然误差、系统误差、仪器误差

B. 偶然误差、观测误差、外界环境的影响

C. 偶然误差、系统误差、观测误差

D. 仪器误差、观测误差、系统误差

10. 在测量坐标计算中，已知某边 AB 长 $D_{AB}=78.000$m，该边坐标方位角 $\alpha_{AB}=320°10'40''$，则该边的坐标增量为：

A. $\Delta X_{AB}=+60$m；$\Delta Y_{AB}=-50$m

B. $\Delta X_{AB}=-50$m；$\Delta Y_{AB}=+60$m

C. $\Delta X_{AB}=-49.952$m；$\Delta Y_{AB}=+59.907$m

D. $\Delta X_{AB}=+59.907$m；$\Delta Y_{AB}=-49.952$m

11. 比例尺为 1：2000 的地形图，量得某地块的图上面积为 250cm^2，则该地块的实地面积为：

A. 0.25km^2　　B. 0.5km^2

C. 25 公顷　　D. 150 亩

12. 下述测量工作不属于变形测量的是：

A. 竣工测量　　B. 位移观测

C. 倾斜观测　　D. 挠度观测

13. 根据《中华人民共和国建筑法》的规定，建设单位自领取施工许可证之日起应当最迟的开工法定时间是：

A. 一个月　　B. 三个月

C. 六个月　　D. 九个月

14. 根据《中华人民共和国招投标法》的规定，依法必须进行招标的项目，自招标文件发出之日起至招标文件要求投标人提交投标文件截止日期之日止，最短不得少于：

A. 10 天　　B. 20 天

C. 30 天　　D. 45 天

15. 根据《建设工程质量管理条例》，下述关于在正常使用条件下建设工程的最低保修期限表述错误的选项是：

A. 基础设施工程、房屋建筑的地基基础和主体结构工程，为设计文件规定的该工程合理使用年限

B. 屋面防水工程，有防水要求的卫生间和外墙面的防渗漏，为 5 年

C. 供热与供冷系统，为 1 个采暖期和供冷期

D. 电气管线、给排水管道、设备安装和装修工程，为 2 年

16. 根据《建设工程质量管理条例》的规定，设计单位的质量责任：

A. 在初步设计文件中注明建设工程的合理使用年限

B. 根据勘察设计成果文件进行建筑设计

C. 满足业主提出的设计深度要求

D. 参与建设工程质量事故处理

17. 关于土方填筑与压实，下列表述正确的是：

A. 夯实法多用于大面积填土工程

B. 碾压法多用于建筑物基坑土方回填

C. 震动压实法主要用于黏性土的压实

D. 有机质含量为 8%(质量分数)的土，仅用于无压实要求的填土

18. 按规定以不超过 20t 的同级别的同直径的钢筋为一验收批，从每批中抽取两根钢筋，每根取两个试件分别进行拉伸和冷弯，该钢筋是：

A. 热轧钢筋　　B. 冷拉钢筋　　C. 冷拔钢筋　　D. 碳素钢筋

19. 既可用于水平混凝土构件，也可用于垂直混凝土构件的模板是：

A. 爬升模板　　B. 压型钢板永久性模板

C. 组合钢模板　　D. 大模板

20. 某工程各施工阶段的流水节拍见表，

n \ m	一	二	三
A	3	2	2
B	4	4	3
C	5	4	4

则该工程的工期是：

A. 13 天　　B. 17 天　　C. 20 天　　D. 21 天

21. 某工作 A 持续时间 5 天，最早开始时间为 3 天，该工作有三个紧后工作 B、C、D，持续时间分别是 4 天、3 天、6 天，最迟完成时间分别是 15 天、16 天、18 天，则工作 A 的总时差是：

A. 3 天　　　　B. 4 天

C. 5 天　　　　D. 6 天

22. 对图示体系的几何组成，描述正确的是：

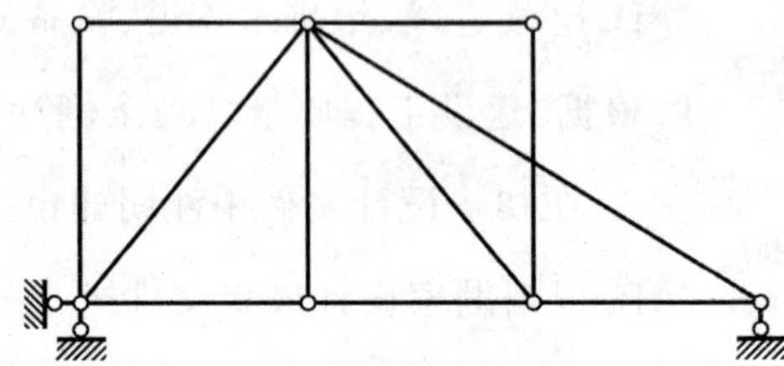

A. 常变体系

B. 瞬变体系

C. 无多余约束的几何不变体

D. 有多余约束的几何不变体

23. 对图(1)、(2)、(3)、(4)中，关于 BC 杆中轴力的描述正确的是：

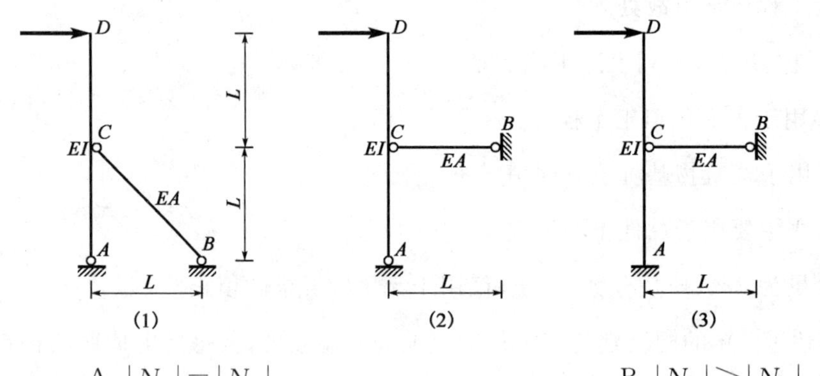

A. $|N_1|=|N_2|$　　　　B. $|N_1|>|N_2|$

C. $|N_2|<|N_3|$　　　　D. $|N_3|=|N_4|$

24. 如图所示结构，B 点处的支座反力 R_B 为：

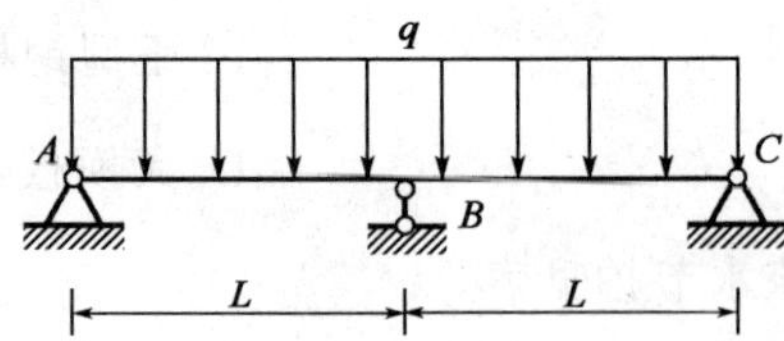

A. $R_B=ql$　　　　B. $R_B=0.75ql$

C. $R_B=1.25ql$　　　　D. $R_B=1.5ql$

25. 如图所示的拱结构，其超静定次数为：

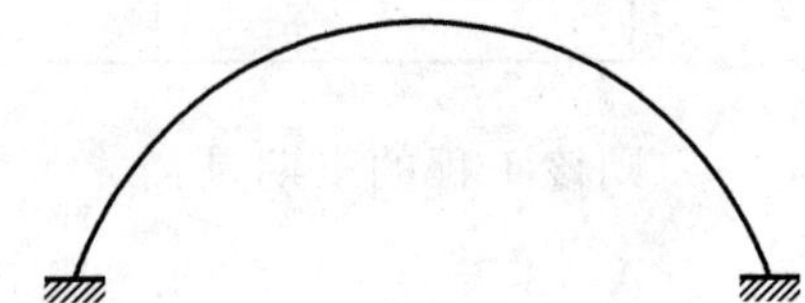

A. 1　　　　B. 2

C. 3　　　　D. 4

26. 如图所示结构中，各杆件 EI 均相同，则节点 A 处 AB 杆的弯矩分配系数 μ_{AB} 为：

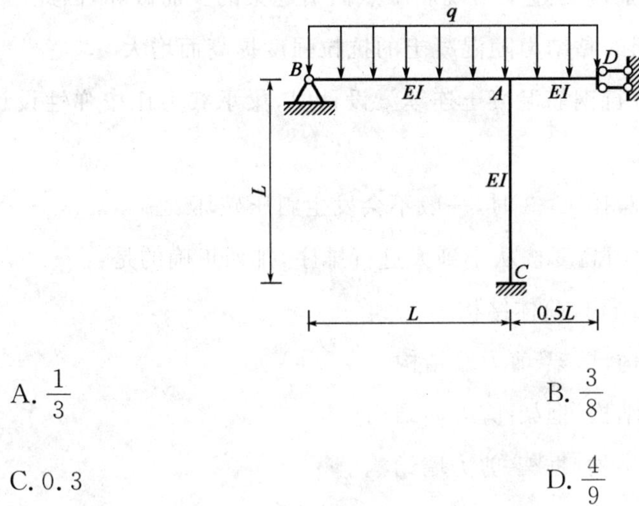

A. $\frac{1}{3}$

B. $\frac{3}{8}$

C. 0.3

D. $\frac{4}{9}$

27. 如图所示结构，若不计柱质量，则其自振频率为：

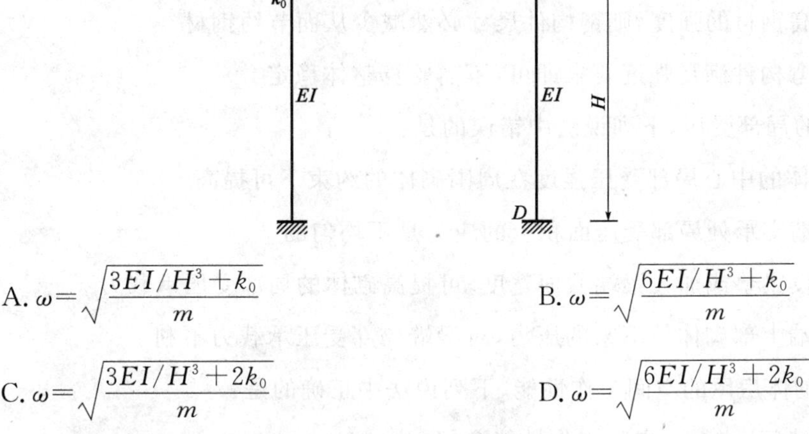

A. $\omega=\sqrt{\frac{3EI/H^3+k_0}{m}}$

B. $\omega=\sqrt{\frac{6EI/H^3+k_0}{m}}$

C. $\omega=\sqrt{\frac{3EI/H^3+2k_0}{m}}$

D. $\omega=\sqrt{\frac{6EI/H^3+2k_0}{m}}$

28. 关于抗震设计，下列叙述中不正确的是：

A. 基本烈度在结构使用年限内的超越概率是 10%

B. 乙类建筑的地震作用应符合本地区设防烈度的要求，其抗震措施应符合本地区设防烈度提高一度的要求

C. 应保证框架结构的塑性铰有足够的转动能力和耗能能力，并保证塑性铰首先发生在梁上，而不是柱上

D. 应保证结构具有多道防线，防止出现连续倒塌的状况

29. 关于钢筋混凝土梁，下列叙述中不正确的是：

A. 少筋梁受弯时，钢筋应力过早出现屈服点而引起梁的少筋破坏，因此不安全

B. 钢筋和混凝土之间的黏结力随混凝土的抗拉强度提高而增大

C. 利用弯矩调幅法进行钢筋混凝土连续梁设计时，梁承载力比按弹性设计大，梁中裂缝宽度也大

D. 受剪破坏时，若剪跨比 $\lambda>3$ 时，一般不会发生斜压破坏

30. 高层建筑结构体系适用高度按从小到大进行排序，排列正确的是：

A. 框架结构，剪力墙结构，筒体结构

B. 框架结构，筒体结构，框架-剪力墙结构

C. 剪力墙结构，筒体结构，框架-剪力墙结构

D. 剪力墙结构，框架结构，框架-剪力墙结构

31. 关于钢结构构件，下列说法中正确的是：

A. 轴心受压构件的长细比相同，则整体稳定系数相同

B. 轴线受拉构件的对接焊缝连接必须采用一级焊缝

C. 提高钢材的强度，则钢构件尺寸必然减少从而节约钢材

D. 受弯构件满足强度要求即可，不需验算整体稳定

32. 砌体的局部受压，下列说法中错误的是：

A. 砌体的中心局部受压强度在周围砌体的约束下可提高

B. 梁端支承处局部受压面积上的应力是不均匀的

C. 增设梁垫或加大梁端截面宽度，可提高砌体的局部受压承载力

D. 梁端上部砌体传下来的压力，对梁端局部受压承载力不利

33. 关于砌体房屋的空间工作性能，下列说法中正确的是：

A. 横墙间距越大，空间工作性能愈好

B. 现浇钢筋混凝土屋(楼)盖的房屋，其空间工作性能比木屋(楼)盖的房屋好

C. 多层砌体结构中，横墙承重体系比纵墙承重体系的空间刚度小

D. 墙的高厚比与房屋的空间刚度无关

34. 岩石试样单向压缩试验应力-应变曲线的 3 个阶段(如图)OA、AB、BC 分别是：

A. 弹性阶段、压密阶段、塑性阶段

B. 弹性阶段、弹塑性阶段、塑性阶段

C. 压密阶段、弹性阶段、弹塑性阶段

D. 压密阶段、弹性阶段、塑性阶段

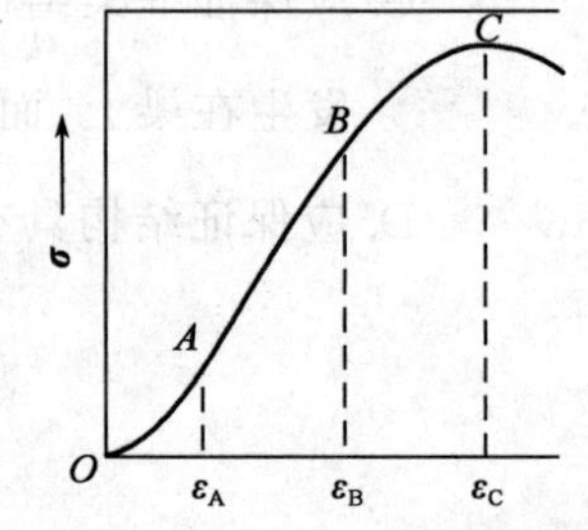

35. 某饱和土样天然含水率 $w_0=20\%$，土粒比重 $d_s=2.75$，该土样的孔隙比为：

A. 0.44　　B. 0.55

C. 0.62　　D. 0.71

36. 某方形基础底面尺寸 6m×6m，埋深 2.0m，其上作用中心荷载 $P=1600\text{kN}$，基础埋深范围内为粉质黏土，重度 $\gamma=18.6\text{kN/m}^3$，饱和重度 $\gamma_{sat}=19.0\text{kN/m}^3$，地下水位在地表下 1.0m，水的重度 $\gamma_w=10\text{kN/m}^3$。求基底中心点下 3m 处土中的竖向附加应力。(基础及其上填方的重度取为 $\gamma_0=20\text{kN/m}^3$)

A. 18.3kPa　　B. 23.1kPa

C. 40.0kPa　　D. 45.1kPa

37. 某饱和黏土层厚 5m，其上为砂层，底部为不透水的岩层。在荷载作用下黏土层中的附加应力分布呈倒梯形，$\sigma_{z0}=400\text{kPa}$，$\sigma_{z1}=200\text{kPa}$。已知，荷载作用半年后土层中的孔隙水压力呈三角形分布，见图中阴影，则此时黏土层平均固结度为：

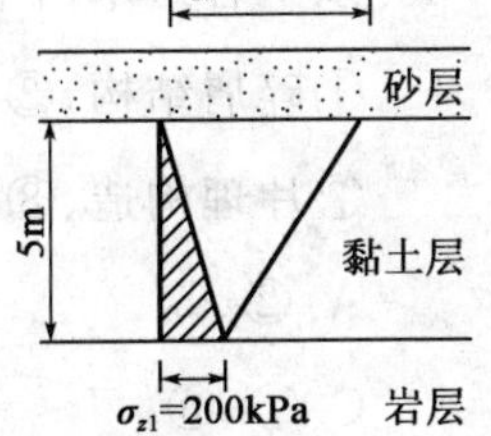

A. 10%

B. 15%

C. 33%

D. 67%

38. 某饱和砂土($c'=0$)试样进行 CU 试验，已知：围压 $\sigma_3=200\text{kPa}$，土样破坏时的轴向应力 $\sigma_{1f}=400\text{kPa}$，孔隙水压力 $u_f=100\text{kPa}$，则该土样的有效内摩擦角 φ' 为：

A. 20°　　B. 25°

C. 30°　　D. 35°

39. 某条形基础宽 10m，埋深 2m，埋深范围内土的重度 $\gamma_0=18\text{kN/m}^3$，$\varphi=22°$，$c=10\text{kPa}$；地下水位于基底；地基持力层的饱和重度 $\gamma_{sat}=20\text{kN/m}^3$，$\varphi=20°$，$c=12\text{kPa}$；按太沙基理论求得地基发生整体剪切破坏时的地基极限承载力为：($\varphi=20°$时，承载力系数 $N_r=5.0$，$N_q=7.42$，$N_c=17.6$。$\varphi=22°$时，承载力系数 $N_r=6.5$，$N_q=9.17$，$N_c=20.2$)。

A. 728.32kPa　　B. 897.52kPa

C. 978.32kPa　　D. 1147.52kPa

40. 某地基土的临塑荷载 P_{cr}，临界荷载 $P_{1/4}$、$P_{1/3}$ 及极限荷载 P_u 之间的数值大小关系是：

A. $P_{cr} < P_{1/4} < P_{1/3} < P_u$
B. $P_{cr} < P_u < P_{1/3} < P_{1/4}$
C. $P_{1/3} < P_{1/4} < P_{cr} < P_u$
D. $P_{1/4} < P_{1/3} < P_{cr} < P_u$

41. 以下不属于河流地质作用的地貌是：

A. 泻湖
B. 牛轭湖
C. 基座阶地
D. 冲积平原

42. 以下属于原生结构面的一组是：

①沉积间断面、②卸荷裂隙、③层间错动面、④侵入岩体与围岩的接触面、⑤风化裂隙、⑥绿泥石片岩夹层。

A. ①、③、⑤
B. ①、④、⑥
C. ②、③、⑥
D. ②、④、⑤

43. 以下各组术语中，属于描述沉积岩结构、构造特征的是：

①碎屑结构、②斑状结构、③变晶结构、④气孔构造、⑤块状构造、⑥层理构造、⑦片理构造、⑧流纹构造。

A. ②、⑤
B. ③、⑦
C. ①、⑥
D. ④、⑧

44. 以下与地震相关的叙述中正确的是：

A. 地震主要是由火山活动和陷落引起的
B. 地震波中传播最慢的是面波
C. 地震震级是地震对地面和建筑物的影响或者破坏程度
D. 地震烈度是表示地震能量大小的量度

45. 以下关于地下水的化学性质等方面的表述中正确的是：

A. 地下水的酸碱度是由水中的 HCO_3^- 离子的浓度决定的
B. 地下水中各离子分子、化合物(不含气体)的总和称为矿化度
C. 水的硬度由水中 Na^+、K^+ 离子的含量决定
D. 根据各种化学腐蚀所起的破坏作用，将侵蚀性 CO_2、HCO_3^- 离子和 pH 值归纳为结晶类腐蚀性的评价指标

46. 为施工图设计提供依据所对应的勘察阶段为：

A. 可行性研究勘察
B. 初步勘察
C. 详细勘察
D. 施工勘察

47. 以下关于原位测试的表述中不正确的是：

A. 扁铲侧胀试验是用于碎石土、极软岩、软岩

B. 载荷试验可用于测定承压板下应力主要影响范围内的承载力和变形模量

C. 静力触探试验可测定土体的比贯入阻力、锥尖阻力、侧壁摩阻力和贯入时的孔隙水压力等

D. 圆锥动力触探试验的类型可分为轻型、重型和超重型三种

48. 沉积岩层中缺一地层，但上下两套岩层产状一致，此两套沉积岩层的接触关系是：

A. 角度不整合接触

B. 沉积接触

C. 假整合接触

D. 整合接触

49. 在花岗岩类岩石中不含有的矿物是：

A. 黑云母

B. 长石

C. 石英

D. 方解石

50. 在斜坡将要发生滑动的时候，由于拉力的作用滑坡后部产生一些张开的弧形裂缝，此种裂缝称为：

A. 鼓张裂缝

B. 扇形裂缝

C. 剪切裂缝

D. 拉张裂缝

51. 天然应力场下，边坡形成后，边坡面附近的主应力迹线发生明显的偏转，最小主应力方向与坡面的关系表现为：

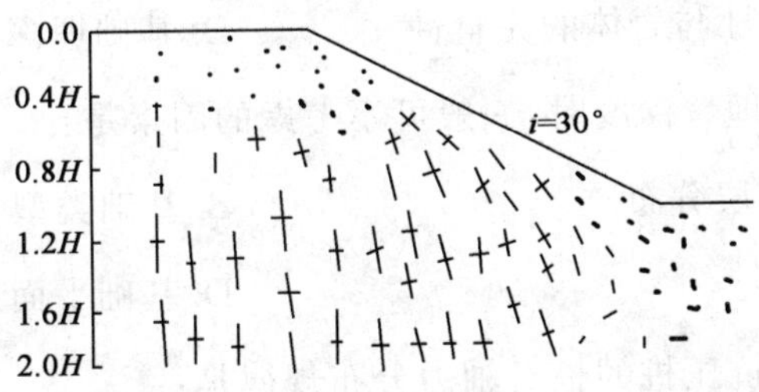

A. 近于平行

B. 近于正交

C. 近于斜交

D. 无规律

52. 下列各项中不是岩基极限承载力的是：

A. 通过理论计算得出的岩基承载力值

B. 通过室内试验和理论计算后得出的岩基承载力值

C. 按有关规范规定的标准测试方法测定的基本值并经统计处理后的承载力值

D. 通过现场试验测出的岩基实际承载力值

53. 软土基坑开挖到底时，不正确的操作事项是：

A. 通常在坑底面欠挖保留 200mm 厚的土层，待垫层施工时，再铲除

B. 为满足坑底挖深标高，先超挖 200mm 厚的土层，再用挖出的土回填至坑底标高

C. 如坑底不慎扰动，应将已扰动的土挖出，并用砂、碎石回填夯实

D. 如采用坑内降水的基坑，则开挖到底时应继续保持降水

54. 群桩的竖向承载力不能按各单桩承载力之和进行计算的是：

A. 桩数少于 3 根的端承桩　　B. 桩数少于 3 根的非端承桩

C. 桩数大于 3 根的端承桩　　D. 桩数大于 3 根的摩擦桩

55. 预压固结的地基处理工程中，对缩短工期更有效的措施是：

A. 设置水平向排水砂层　　B. 加大地面预压荷载

C. 减少地面预压荷重　　D. 用高能量机械压实

56. 下列影响岩体边坡稳定性的各因素中，影响最小的因素是：

A. 岩体边坡的形状　　B. 岩体内温度场

C. 岩石的物理力学特性　　D. 岩体内地下水运动

57. 岩基上的浅基础的极限承载力主要取决于：

A. 基础尺寸及形状　　B. 地下水位

C. 岩石的力学特性与岩体的完整性　　D. 基础埋深

58. 确定常规浅基础埋置深度时，一般可不考虑的因素是：

A. 土的类别与土层分布　　B. 基础类型

C. 地下水位　　D. 基础平面形状

59. 均质土中等截面抗压桩的桩身轴力分布规律是：

A. 从桩顶到桩端逐渐减小

B. 从桩顶到桩端逐渐增大

C. 从桩顶到桩端均匀分布

D. 桩身中部最大，桩顶与桩端处变小

60. 砂桩复合地基提高天然地基承载力的机理是：

A. 置换作用与排水作用　　B. 挤密作用与排水作用

C. 预压作用与挤密作用　　D. 置换作用与挤密作用

2011年度全国勘察设计注册工程师执业资格考试基础考试(上)试题解析及参考答案

1. **解**　直线方向向量$\vec{s}=\{1,1,1\}$,平面法线向量$\vec{n}=\{1,-2,1\}$,计算$\vec{s}\cdot\vec{n}=0$,即$|1\times 1|+1\times(-2)+|1\times 1|=0$,$\vec{s}\perp\vec{n}$,从而知直线∥平面,或直线与平面重合;再在直线上取一点(0,1,0),验证该点是否满足平面方程。

答案:B

2. **解**　方程$F(x,y,z)=0$中缺少一个字母,空间解析几何中这样的曲面方程表示为柱面。本题方程中缺少字母x,方程$y^2-z^2=1$表示以平面yoz曲线$y^2-z^2=1$为准线,母线平行于x轴的双曲柱面。

答案:A

3. **解**　可通过求$\lim\limits_{x\to 0}\dfrac{3^x-1}{x}$的极限判断。$\lim\limits_{x\to 0}\dfrac{3^x-1}{x}\overset{\frac{0}{0}}{=\!=}\lim\limits_{x\to 0}\dfrac{3^x\ln 3}{1}=\ln 3\neq 1$。

答案:D

4. **解**　使分母为0的点为间断点,令$\sin\pi x=0$,得$x=0,\pm 1,\pm 2,\cdots$为间断点,再利用可去间断点定义,找出可去间断点。

当$x=0$时,$\lim\limits_{x\to 0}\dfrac{x-x^2}{\sin\pi x}\overset{\frac{0}{0}}{=\!=}\lim\limits_{x\to 0}\dfrac{1-2x}{\pi\cos\pi x}=\dfrac{1}{\pi}$,极限存在,可知$x=0$为函数的一个可去间断点。

同样,可计算当$x=1$时,$\lim\limits_{x\to 1}\dfrac{x-x^2}{\sin\pi x}=\lim\limits_{x\to 1}\dfrac{1-2x}{\pi\cos\pi x}=\dfrac{1}{\pi}$,极限存在,因而$x=1$也是一个可去间断点。其余点求极限都不存在,均不满足可去间断点定义。

答案:B

5. **解**　举例说明。

如$f(x)=x$在$x=0$可导,$g(x)=|x|=\begin{cases}x & ,x\geqslant 0\\ -x, & x<0\end{cases}$在$x=0$处不可导,

$f(x)g(x)=x|x|=\begin{cases}x^2 & ,x\geqslant 0\\ -x^2, & x<0\end{cases}$,通过计算$f'_+(0)=f'_-(0)=0$,知$f(x)g(x)$在$x=0$处可导。

如 $f(x)=2$ 在 $x=0$ 处可导，$g(x)=|x|$ 在 $x=0$ 处不可导，$f(x)g(x)=2|x|=\begin{cases}2x\ ,x\geqslant 0\\-2x,x<0\end{cases}$，通过计算函数 $f(x)g(x)$ 在 $x=0$ 处的右导为 2，左导为 -2，可知 $f(x)g(x)$ 在 $x=0$ 处不可导。

答案：A

6. **解**　利用逐项排除判定。当 $x>0$，幂函数比对数函数趋向无穷大的速度快，指数函数又比幂函数趋向无穷大的速度快，故选项 A、B、C 均不成立，从而可知选项 D 成立。

还可利用函数的单调性证明。设 $f(x)=x-\sin x, x\subset(0,+\infty)$，得 $f'(x)=1-\cos x\geqslant 0$，所以 $f(x)$ 单增，当 $x=0$ 时，$f(0)=0$，从而当 $x>0$ 时，$f(x)>0$，即 $x-\sin x>0$。

答案：D

7. **解**　在题目中只给出 $f(x,y)$ 在闭区域 D 上连续这一条件，并未讲函数 $f(x,y)$ 在 P_0 点是否具有一阶、二阶连续偏导，而选项 A、B 判定中均利用了这个未给的条件，因而选项 A、B 不成立。选项 D 中，$f(x,y)$ 的最大值点可以在 D 的边界曲线上取得，因而不一定是 $f(x,y)$ 的极大值点，故选项 D 不成立。

在选项 C 中，给出 P_0 是可微函数的极值点这个条件，因而 $f(x,y)$ 在 P_0 偏导存在，且 $\left.\frac{\partial f}{\partial x}\right|_{P_0}=0, \left.\frac{\partial f}{\partial y}\right|_{P_0}=0$。

故 $\mathrm{d}f=\left.\frac{\partial f}{\partial x}\right|_{P_0}\mathrm{d}x+\left.\frac{\partial f}{\partial y}\right|_{P_0}\mathrm{d}y=0$

答案：C

8. **解**　方法 1：凑微分再利用积分公式计算。

原式 $=2\int\frac{1}{1+x}\mathrm{d}\sqrt{x}=2\int\frac{1}{1+(\sqrt{x})^2}\mathrm{d}\sqrt{x}=2\arctan\sqrt{x}+C$。

方法 2：换元，设 $\sqrt{x}=t, x=t^2, \mathrm{d}x=2t\mathrm{d}t$。

原式 $=\int\frac{2t}{t(1+t^2)}\mathrm{d}t=2\int\frac{1}{1+t^2}\mathrm{d}t=2\arctan t+C$，回代 $t=\sqrt{x}$。

答案：B

9. **解**　$f(x)$ 是连续函数，$\int_0^2 f(t)\mathrm{d}t$ 的结果为一常数，设为 A，那么已知表达式化为 $f(x)=x^2+2A$，两边作定积分，$\int_0^2 f(x)\mathrm{d}x=\int_0^2(x^2+2A)\mathrm{d}x$，化为 $A=\int_0^2 x^2\mathrm{d}x+2A\int_0^2\mathrm{d}x$，通过计算得到 $A=-\frac{8}{9}$。

计算如下：$A=\frac{1}{3}x^3\Big|_0^2+2Ax\Big|_0^2=\frac{8}{3}+4A$，得 $A=-\frac{8}{9}$，所以 $f(x)=x^2+2\times\left(-\frac{8}{9}\right)=x^2-\frac{16}{9}$。

答案：D

10. **解**　利用偶函数在对称区间的积分公式得原式 $=2\int_0^2\sqrt{4-x^2}\,\mathrm{d}x$，而积分 $\int_0^2\sqrt{4-x^2}\,\mathrm{d}x$ 为圆 $x^2+y^2=4$ 面积的 $\frac{1}{4}$，即为 $\frac{1}{4}\cdot\pi\cdot 2^2=\pi$，从而原式 $=2\pi$。

另一方法：可设 $x=2\sin t,\mathrm{d}x=2\cos t\mathrm{d}t$，则 $\int_0^2\sqrt{4-x^2}\,\mathrm{d}x=\int_0^{\frac{\pi}{2}}4\cos^2t\mathrm{d}t=4\cdot\frac{1}{2}\int_0^{\frac{\pi}{2}}(1+\cos 2t)\mathrm{d}t=2\left(t+\frac{1}{2}\sin 2t\right)\Big|_0^{\frac{\pi}{2}}=2\cdot\frac{\pi}{2}=\pi$，从而原式 $=2\int_0^2\sqrt{4-x^2}\,\mathrm{d}x=2\pi$。

答案：B

11. **解**　利用已知两点求出直线方程 $L:y=-2x+2$

L 的参数方程 $\begin{cases}y=-2x+2\\x=x\end{cases}(0\leqslant x\leqslant 1)$

$\mathrm{d}S=\sqrt{1^2+(-2)^2}\,\mathrm{d}x=\sqrt{5}\,\mathrm{d}x$，

$$\begin{aligned}S&=\int_0^1[x^2+(-2x+2)^2]\sqrt{5}\,\mathrm{d}x\\&=\sqrt{5}\int_0^1(5x^2-8x+4)\mathrm{d}x\\&=\sqrt{5}\left(\frac{5}{3}x^3-4x^2+4x\right)\Big|_0^1=\frac{5}{3}\sqrt{5}\text{。}\end{aligned}$$

答案：D

12. **解**　$y=e^{-x}$，即 $y=\left(\frac{1}{e}\right)^x$，画出平面图形(见解图)。根据 $V=\int_0^{+\infty}\pi(e^{-x})^2\mathrm{d}x$，可计算结果。

$$V=\int_0^{+\infty}\pi e^{-2x}\mathrm{d}x=-\frac{\pi}{2}\int_0^{+\infty}e^{-2x}\mathrm{d}(-2x)=-\frac{\pi}{2}e^{-2x}\Big|_0^{\infty}=\frac{\pi}{2}$$

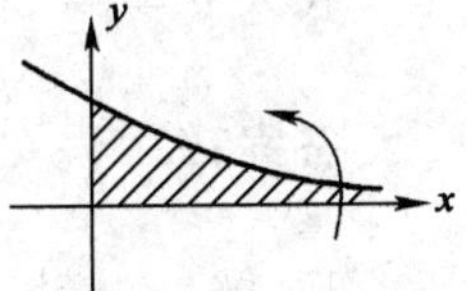

题 12 解图

答案：A

13. **解**　利用级数性质易判定选项 A、B、C 均收敛。对于选项 D，因 $\sum\limits_{n=1}^{\infty}u_n$ 收敛，则有 $\lim\limits_{x\to\infty}u_n=0$，而级数 $\sum\limits_{n=1}^{\infty}\frac{50}{u_n}$ 的一般项为 $\frac{50}{u_n}$，计算 $\lim\limits_{x\to\infty}\frac{50}{u_n}\to\infty$，故级数 D 发散。

答案：D

14. **解**　由已知条件可知 $\lim\limits_{n\to\infty}\left|\frac{a_{n+1}}{a_n}\right|=\frac{1}{2}$，设 $x-2=t$，幂级数 $\sum\limits_{n=1}^{\infty}na_n(x-2)^{n+1}$ 化为

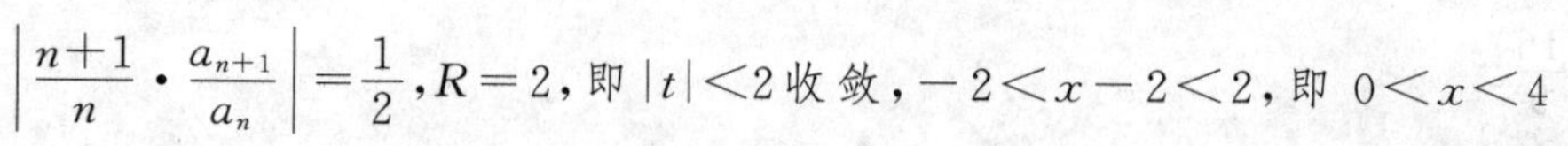

$\sum\limits_{n=1}^{\infty} na_n t^{n+1}$，求系数比的极限确定收敛半径，$\lim\limits_{n\to\infty}\left|\dfrac{(n+1)a_{n+1}}{na_n}\right| = \lim\limits_{n\to\infty}$

$\left|\dfrac{n+1}{n}\cdot\dfrac{a_{n+1}}{a_n}\right| = \dfrac{1}{2}$，$R=2$，即 $|t|<2$ 收敛，$-2<x-2<2$，即 $0<x<4$

收敛。

答案：C

15. **解**　分离变量，化为可分离变量方程 $\dfrac{x}{\sqrt{2-x^2}}\mathrm{d}x = \dfrac{1}{y}\mathrm{d}y$，两边进行不定积分，得到最后结果。

注意左边式子的积分 $\displaystyle\int\dfrac{x}{\sqrt{2-x^2}}\mathrm{d}x = -\dfrac{1}{2}\int\dfrac{\mathrm{d}(2-x^2)}{\sqrt{2-x^2}} = -\sqrt{2-x^2}$，右边式子积分 $\displaystyle\int\dfrac{1}{y}\mathrm{d}y = \ln y + C_1$，所以 $-\sqrt{2-x^2} = \ln y + C_1$，$\ln y = -\sqrt{2-x^2} - C_1$，$y = e^{-C_1-\sqrt{2-x^2}} = Ce^{-\sqrt{2-x^2}}$，其中 $C = e^{-C_1}$。

答案：C

16. **解**　微分方程为一阶齐次方程

设 $u=\dfrac{y}{x}$，$y=xu$，$\dfrac{\mathrm{d}y}{\mathrm{d}x}=u+x\dfrac{\mathrm{d}u}{\mathrm{d}x}$

代入化简得 $\cot u\,\mathrm{d}u=\dfrac{1}{x}\mathrm{d}x$

两边积分 $\displaystyle\int\cot u\,\mathrm{d}u = \int\dfrac{1}{x}\mathrm{d}x$，$\ln\sin u = \ln x + C_1$，$\sin u = e^{C_1+\ln x} = e^{C_1}\cdot e^{\ln x}$，$\sin u = Cx$（其中 $C = e^{C_1}$）

代入 $u = \dfrac{y}{x}$，得 $\sin\dfrac{y}{x} = Cx$。

答案：A

17. **解**　方法 1：用一般方法求 $\boldsymbol{A}^{-1} = \dfrac{1}{|\boldsymbol{A}|}\boldsymbol{A}^*$，但较麻烦。

方法 2：简便方法，试探一下给出的哪一个矩阵满足 $\boldsymbol{AB}=\boldsymbol{E}$

如：$\begin{bmatrix}1&0&1\\0&1&2\\-2&0&-3\end{bmatrix}\begin{bmatrix}3&0&1\\4&1&2\\-2&0&-1\end{bmatrix}=\begin{bmatrix}1&0&0\\0&1&0\\0&0&1\end{bmatrix}$

方法 3：用矩阵初等变换，求逆阵。

答案:B

18. **解**　求出 $\boldsymbol{A}^{*}=\begin{bmatrix} a-1 & a-1 & -(a-1)(a+1) \\ a-1 & -(a+1)(a-1) & a-1 \\ -(a-1)(a+1) & a-1 & a-1 \end{bmatrix}$,将选项A、B、C、D分别代入,当 $a=-2$ 时,$R(\boldsymbol{A}^{*})=1$。

答案:A

19. **解**　当 $\boldsymbol{P}^{-1}\boldsymbol{AP}=\boldsymbol{\Lambda}$ 时,$\boldsymbol{P}=(\alpha_1,\alpha_2,\alpha_3)$ 中 α_1、α_2、α_3 的排列满足对应关系,α_1 对应 λ_1,α_2 对应 λ_2,α_3 对应 λ_3,可知 α_1 对应特征值 $\lambda_1=1$,α_2 对应特征值 $\lambda_2=2$,α_3 对应特征值 $\lambda_3=0$,由此可知当 $\boldsymbol{Q}=(\alpha_2,\alpha_1,\alpha_3)$ 时,对应 $\boldsymbol{\Lambda}=\begin{bmatrix} 2 & 0 & 0 \\ 0 & 1 & 0 \\ 0 & 0 & 0 \end{bmatrix}$。

答案:B

20. **解**　对方程组的系数矩阵进行初等行变换,

$$\begin{bmatrix} 1 & -1 & 0 & 1 \\ 1 & 0 & -1 & 1 \end{bmatrix} \to \begin{bmatrix} 1 & -1 & 0 & 1 \\ 0 & 1 & -1 & 0 \end{bmatrix}$$

即 $\begin{cases} x_1-x_2+x_4=0 \\ x_2-x_3=0 \end{cases}$

得到方程组的同解方程组 $\begin{cases} x_1=x_2-x_4 \\ x_3=x_2+0x_4 \end{cases}$

当 $x_2=1,x_4=0$ 时,得 $x_1=1,x_3=1$;当 $x_2=0,x_4=1$ 时,得 $x_1=-1,x_3=0$,写成基础解系 ξ_1,ξ_2,即 $\xi_1=\begin{bmatrix} 1 \\ 1 \\ 1 \\ 0 \end{bmatrix}$,$\xi_2=\begin{bmatrix} -1 \\ 0 \\ 0 \\ 1 \end{bmatrix}$。

答案:C

21. **解**　$P(A\cup B)=P(A)+P(B)-P(AB)$,$P(A\cup B)+P(AB)=P(A)+P(B)=1.1$,$P(A\cup B)$ 取最小值时,$P(AB)$ 取最大值,因 $P(A)<P(B)$,所以 $P(AB)$ 的最大值等于 $P(A)=0.3$。或用图示法(面积表示概率),见解图。

题21解图

答案:C

22.解　设甲、乙、丙单人译出密码分别记为 A、B、C,则这份密码被破译出可记为 $A\cup B\cup C$,因为 A、B、C 相互独立,

所以 $P(A\cup B\cup C)=P(A)+P(B)+P(C)-P(AB)-P(AC)-P(BC)+P(ABC)$

$$=P(A)+P(B)+P(C)-P(A)P(B)-P(A)P(C)-P(B)P(C)+P(A)P(B)P(C)=\frac{3}{5}$$

或由 $\overline{A}$、$\overline{B}$、$\overline{C}$ 也相互独立,

$$P(A\cup B\cup C)=1-P(\overline{A\cup B\cup C})=1-P(\overline{A}\overline{B}\overline{C})=1-P(\overline{A})P(\overline{B})P(\overline{C})$$

$$=1-[1-P(A)][1-P(B)][1-P(C)]=\frac{3}{5}$$

答案:D

23.解　由题意可知 $Y\sim B(3,p)$,其中 $p=P\{X\leqslant\frac{1}{2}\}=\int_0^{\frac{1}{2}}2x\mathrm{d}x=\frac{1}{4}$,$P(Y=2)=\mathrm{C}_3^2\left(\frac{1}{4}\right)^2\frac{3}{4}=\frac{9}{64}$。

答案:B

24.解　由 χ^2 分布定义,$X^2\sim\chi^2(1)$,$Y^2\sim\chi^2(1)$,因不能确定 X 与 Y 是否相互独立,所以选项 A、B、D 都不对。当 $X\sim N(0,1)$,$Y=-X$ 时,$Y\sim N(0,1)$,但 $X+Y=0$ 不是随机变量。

答案:C

25.解　①分子的平均平动动能 $\overline{w}=\frac{3}{2}kT$,分子的平均动能 $\bar{\varepsilon}=\frac{i}{2}kT$。

②分子的平均动能=平均(平动动能+转动动能)$=\frac{i}{2}kT$。i 为分子自由度,$i(\mathrm{He})=3$,$i(\mathrm{N_2})=5$,故氦分子和氮分子的平均动能不同。

答案:B

26.解　由最概然速率定义得正确选项 C。

答案:C

27.解　理想气体从平衡态 $\mathrm{A}(2p_1,V_1)$ 变化到平衡态 $\mathrm{B}(p_1,2V_1)$,体积膨胀,做功 $W>0$。

判断内能变化情况:方法1,画 p-V 图,注意到平衡态 $\mathrm{A}(2p_1,V_1)$ 和平衡态 $\mathrm{B}(p_1,2V_1)$ 都在同一等温线上,$\Delta T=0$,故 $\Delta E=0$。方法2,气体处于平衡态 A 时,其温度为 $T_\mathrm{A}=\frac{2p_1\times V_1}{R}$;处于平衡态 B 时,温度 $T_\mathrm{B}=\frac{2p_1\times V_1}{R}$,显然 $T_\mathrm{A}=T_\mathrm{B}$,温度不变,内能不变,$\Delta E=0$。

答案:C

28. **解**　循环过程的净功数值上等于闭合循环曲线所围的面积。若循环曲线所包围的面积增大，则净功增大。而卡诺循环的循环效率由下式决定：$\eta_{卡诺}=1-\frac{T_2}{T_1}$。若 T_1，T_2 不变，则循环效率不变。

答案：D

29. **解**　按题意，$y=0.01\cos10\pi(25\times0.1-2)=0.01\cos5\pi=-0.01\text{m}$。

答案：C

30. **解**　质元在机械波动中，动能和势能是同相位的，同时达到最大值，又同时达到最小值，质元在最大位移处（波峰或波谷），速度为零，“形变”为零，此时质元的动能为零，势能为零。

答案：D

31. **解**　由 $\Delta\phi=\frac{2\pi\nu\Delta x}{u}$，今 $\nu=\frac{1}{T}=\frac{1}{4}=0.25$，$\Delta x=3\text{m}$，$\Delta\phi=\frac{\pi}{6}$，故 $u=9\text{m/s}$，$\lambda=\frac{u}{\nu}=36\text{m}$。

答案：B

32. **解**　如图所示，考虑 O 处的明纹怎样变化。

①玻璃纸未遮住时：光程差 $\delta=r_1-r_2=0$，O 处为零级明纹。

②玻璃纸遮住后：光程差 $\delta'=\frac{5}{2}\lambda$，根据干涉条件知 $\delta'=\frac{5}{2}\lambda=(2\times2+1)\frac{\lambda}{2}$，满足暗纹条件。

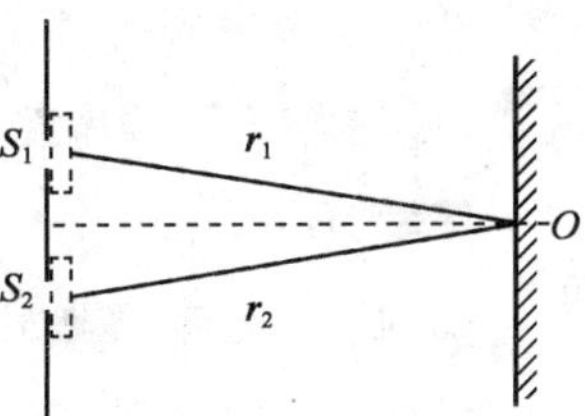

题 32 解图

答案：B

33. **解**　光学常识，可见光的波长范围 400～760nm，注意 $1\text{nm}=10^{-9}\text{m}$。

答案：A

34. **解**　玻璃劈尖的干涉条件为 $\delta=2nd+\frac{\lambda}{2}=k\lambda(k=1,2,\cdots)$（明纹），相邻两明（暗）纹对应的空气层厚度差为 $d_{k+1}-d_k=\frac{\lambda}{2n}$（见解图）。若劈尖的夹角为 θ，则相邻两明（暗）纹的间距 a 应满足关系式：

$$a\sin\theta=d_{k+1}-d_k=\frac{\lambda}{2n}\ 或\ a\sin\theta=\frac{\lambda}{2n},a=\frac{\lambda}{2n\sin\theta}\approx\frac{\lambda}{2n\theta}。$$

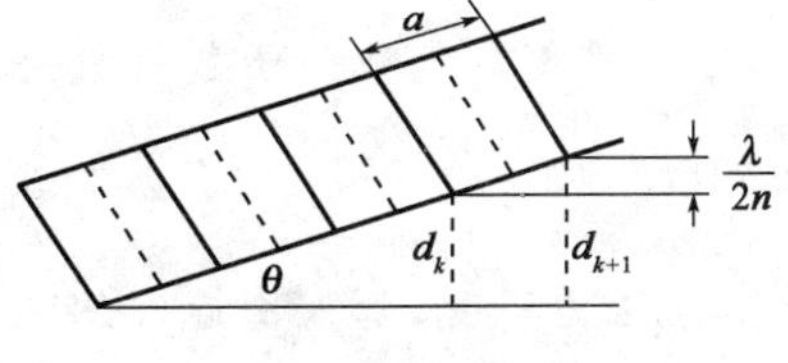

题 34 解图

答案：D

35. **解**　自然光垂直通过第一偏振后，变为线偏振光，光强设为 I'，此即入射至第二个偏振片的线偏振光强度。今 $\alpha=45°$，已知自然光通过两个偏振片后光强为 I'，根据马吕斯定律，$I=I'\cos^2 45°=\dfrac{I'}{2}$，所以 $I'=2I$。

答案:B

36. **解**　单缝衍射中央明纹宽度 $\Delta x=\dfrac{2\lambda f}{a}=\dfrac{2\times 400\times 10^{-9}\times 0.5}{10^{-4}}=4\times 10^{-3}\text{m}$。

答案:D

37. **解**　原子核外电子排布服从三个原则:泡利不相容原理、能量最低原理、洪特规则。

(1)泡利不相容原理:在同一个原子中，不允许两个电子的四个量子数完全相同，即，同一个原子轨道最多只能容纳自旋相反的两个电子。

(2)能量最低原理:电子总是尽量占据能量最低的轨道。多电子原子轨道的能级取决于主量子数 n 和角量子数 l，主量子数 n 相同时，l 越大，能量越高；当主量子数 n 和角量子数 l 都不相同时，可以发生能级交错现象。轨道能级顺序:1s;2s,2p;3s,3p;4s,3d,4p;5s,4d,5p;6s,4f,5d,6p;7s,5f,6d,…。

(3)洪特规则:电子在 n,l 相同的数个等价轨道上分布时，每个电子尽可能占据磁量子数不同的轨道且自旋方向相同。

原子核外电子分布式书写规则:根据三大原则和近似能级顺序将电子一次填入相应轨道，再按电子层顺序整理，相同电子层的轨道排在一起。

答案:B

38. **解**　元素周期表中，同一主族元素从上往下随着原子序数增加，原子半径增大；同一周期主族元素随着原子序数增加，原子半径减小。选项 D As 和 Se 是同一周期主族元素，Se 的原子半径小于 As。

答案:D

39. **解**　缓冲溶液的组成:弱酸、共轭碱或弱碱及其共轭酸所组成的溶液。选项 A CH_3COOH 过量，和 NaOH 反应生成 CH_3COONa，形成 CH_3COOH/CH_3COONa 缓冲溶液。

答案:A

40. **解**　压力对固相或液相的平衡没有影响；对反应前后气体计量系数不变的反应的平衡也没有影响。反应前后气体计量系数不同的反应:增大压力，平衡向气体分子数减少的方向；减少压力，平衡向气体分子数增加的方向移动。

总压力不变，加入惰性气体 Ar，相当于减少压力，反应方程式中各气体的分压减小，平衡向气体分子数增加的方向移动。

答案:A

41. **解** 原子得失电子原则:当原子失去电子变成正离子时,一般是能量较高的最外层电子先失去,而且往往引起电子层数的减少;当原子得到电子变成负离子时,所得的电子总是分布在它的最外电子层。

本题中原子失去的为4s上的一个电子,该原子的价电子构型为$3d^{10}4s^1$,为29号Cu原子的电子构型。

答案:C

42. **解** 根据吉布斯等温方程$\Delta_r G_m^\ominus = -RT\ln K^\ominus$推断,$K^\ominus < 1, \Delta_r G_m^\ominus > 0$。

答案:A

43. **解** 元素的周期数为价电子构型中的最大主量子数,最大主量子数为5,元素为第五周期;元素价电子构型特点为$(n-1)d^{10}ns^1$,为IB族元素特征价电子构型。

答案:B

44. **解** 酚类化合物为苯环直接和羟基相连。A为丙醇,B为苯甲醇,C为苯酚,D为丙三醇。

答案:C

45. **解** 系统命名法:

(1)链烃及其衍生物的命名

①选择主链:选择最长碳链或含有官能团的最长碳链为主链;

②主链编号:从距取代基或官能团最近的一端开始对碳原子进行编号;

③写出全称:将取代基的位置编号、数目和名称写在前面,将母体化合物的名称写在后面。

(2)芳香烃及其衍生物的命名

①选择母体:选择苯环上所连官能团或带官能团最长的碳链为母体,把苯环视为取代基;

②编号:将母体中碳原子依次编号,使官能团或取代基位次具有最小值。

答案:D

46. **解** 甲酸结构式为 $\mathrm{H-\overset{\overset{\displaystyle O}{\|}}{C}-O-H}$,两个氢处于不同化学环境。

答案:B

47. **解** AC与BC均为二力杆件,分析铰链C的受力即可。

答案:D

48. **解** 根据力多边形法则,分力首尾相连,合力为力三角形的封闭边。

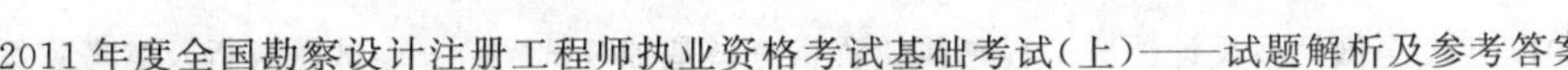

答案:B

49.**解**　A、B 处为光滑约束,其约束力均为水平并组成一力偶,与力 $\boldsymbol{W}$ 和 DE 杆约束力组成的力偶平衡。

答案:B

50.**解**　根据摩擦定律 $F_{\max}=W\cos30^{\circ}\times f=20.8\text{kN}$,沿斜面向下的主动力为 $W\sin30^{\circ}=30\text{kN}>F_{\max}$。

答案:C

51.**解**　点的运动轨迹为位置矢端曲线。

答案:B

52.**解**　可根据平行移动刚体的定义判断。

答案:C

53.**解**　杆 AB 和 CD 均为平行移动刚体,所以 $v_{\mathrm{M}}=v_{\mathrm{C}}=2v_{\mathrm{B}}=2v_{\mathrm{A}}=2\omega\cdot O_1A=120\text{cm/s}$,$a_{\mathrm{M}}=a_{\mathrm{C}}=2a_{\mathrm{B}}=2a_{\mathrm{A}}=2\omega^2\cdot O_1A=360\text{cm/s}$。

答案:B

54.**解**　根据动量、动量矩、动能的定义,刚体做定轴转动时:

$$\boldsymbol{p}=m\boldsymbol{v}_{\mathrm{C}},L_{\mathrm{O}}=J_{\mathrm{O}}\boldsymbol{\omega},\ T=\frac{1}{2}J_{\mathrm{O}}\boldsymbol{\omega}^2$$

此题中,$v_{\mathrm{C}}=0,J_{\mathrm{O}}=\frac{1}{2}mr^2$ 。

答案:A

55.**解**　根据动量的定义 $\boldsymbol{p}=\sum m_i\boldsymbol{v}_i$,所以,$p=(m_1-m_2)v$(向下)。

答案:B

56.**解**　用定轴转动微分方程 $J_{\mathrm{A}}\varepsilon=M_{\mathrm{A}}(F)$,见解图,$\frac{1}{3}\frac{P}{g}(2L)^2\varepsilon=PL$,所以角加速度 $\varepsilon=\frac{3g}{4L}$。

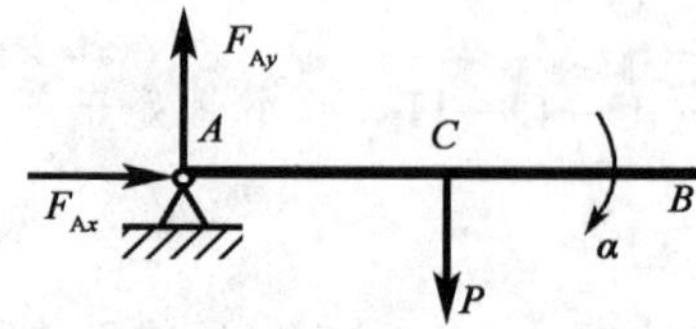

题 56 解图

答案:B

57. **解**　根据定轴转动刚体惯性力系向 O 点简化的结果，其主矩大小为 $M_{IO}=J_O\alpha=0$，主矢大小为 $F_I=ma_C=m\cdot\frac{R}{2}\omega^2$。

答案：A

58. **解**　装置 a)、b)、c) 的自由振动频率分别为 $\omega_{0a}=\sqrt{\frac{2k}{m}}$；$\omega_{0b}=\sqrt{\frac{k}{2m}}$；$\omega_{0c}=\sqrt{\frac{3k}{m}}$，且周期为 $T=\frac{2\pi}{\omega_0}$。

答案：B

59. **解**

$$\sigma_{AB}=\frac{F_{NAB}}{A_{AB}}=\frac{300\pi\times10^3\,\mathrm{N}}{\frac{\pi}{4}\times(200)^2\,\mathrm{mm}^2}=30\mathrm{MPa}$$

$$\sigma_{BC}=\frac{F_{NBC}}{A_{BC}}=\frac{100\pi\times10^3\,\mathrm{N}}{\frac{\pi}{4}\times(100)^2\,\mathrm{mm}^2}=40\mathrm{MPa}=\sigma_{max}$$

答案：A

60. **解**

$$\tau=\frac{Q}{A_Q}=\frac{F}{\frac{\pi}{4}d^2}=\frac{4F}{\pi d^2}=[\tau] \qquad ①$$

$$\sigma_{bs}=\frac{P_{bs}}{A_{bs}}=\frac{F}{dt}=[\sigma_{bs}] \qquad ②$$

再用②式除①式，可得 $\frac{\pi d}{4t}=\frac{[\sigma_{bs}]}{[\tau]}$。

答案：B

61. **解**　受扭空心圆轴横截面上的切应力分布与半径成正比，而且在空心圆内径中无应力，只有选项 B 图是正确的。

答案：B

62. **解**

$$W_z=\frac{I_z}{y_{max}}=\frac{\frac{\pi}{64}d^4-\frac{a^4}{12}}{\frac{d}{2}}=\frac{\pi d^3}{32}-\frac{a^4}{6d}$$

答案:B

63. **解** 根据$\frac{\mathrm{d}M}{\mathrm{d}x}=Q$可知,剪力为零的截面弯矩的导数为零,也即是弯矩有极值。

答案:B

64. **解** 开裂前 $\sigma_{\max}=\frac{M}{W_z}=\frac{M}{\frac{b}{6}(3a)^2}=\frac{2M}{3ba^2}$

开裂后 $\sigma_{1\max}=\frac{\frac{M}{3}}{W_{z1}}=\frac{\frac{M}{3}}{\frac{ba^2}{6}}=\frac{2M}{ba^2}$

开裂后最大正应力是原来的3倍,故梁承载能力是原来的1/3。

答案:B

65. **解** 由矩形和工字形截面的切应力计算公式可知$\tau=\frac{QS_z}{bI_z}$,切应力沿截面高度呈抛物线分布。由于腹板上截面宽度b突然加大,故z轴附近切应力突然减小。

答案:B

66. **解** 承受集中力的简支梁的最大挠度$f_c=\frac{Fl^3}{48EI}$,与惯性矩I成反比。$I_a=\frac{hb^3}{12}=\frac{b^4}{6}$,而$I_b=\frac{bh^3}{12}=\frac{4}{6}b^4$,因图a)梁$I_a$是图b)梁$I_b$的$\frac{1}{4}$,故图a)梁的最大挠度是图b)梁的4倍。

答案:C

67. **解** 图示单元体的最大主应力σ_1的方向,可以看作是σ_x的方向(沿x轴)和纯剪切单元体的最大拉应力的主方向(在第一象限沿45°向上),叠加后的合应力的指向。

答案:A

68. **解** AB段是轴向受压,$\sigma_{AB}=\frac{F}{ab}$;

BC段是偏心受压,$\sigma_{BC}=\frac{F}{2ab}+\frac{F\cdot\frac{a}{2}}{\frac{b}{6}(2a)^2}=\frac{5F}{4ab}$。

答案:B

69. **解** 图示圆轴是弯扭组合变形,在固定端处既有弯曲正应力,又有扭转切应力。

但是图中 A 点位于中性轴上，故没有弯曲正应力，只有切应力，属于纯剪切应力状态。

答案:B

70. **解**　由压杆临界荷载公式 $F_{cr}=\frac{\pi^2 EI}{(\mu l)^2}$可知，$F_{cr}$与杆长 l^2 成反比，故杆长度为$\frac{l}{2}$时，F_{cr}是原来的 4 倍。

答案:B

71. **解**　空气的黏滞系数，随温度降低而降低；而水的黏滞系数相反，随温度降低而升高。

答案:A

72. **解**　质量力是作用在每个流体质点上，大小与质量成正比的力；表面力是作用在所设流体的外表，大小与面积成正比的力。

答案:C

73. **解**　根据流线定义及性质以及非恒定流定义可得。

答案:C

74. **解**　题中已给出两断面间有水头损失 $h_{l1\text{-}2}$，而选项 C 中未计及 $h_{l1\text{-}2}$，所以是错误的。

答案:C

75. **解**　根据雷诺数公式 $\mathrm{Re}=\frac{vd}{\nu}$及连续方程 $v_1A_1=v_2A_2$ 联立求解可得。

$$v_2=v_1\left(\frac{d_1}{d_2}\right)^2=\left(\frac{30}{60}\right)^2 v_1=\frac{v_1}{4}$$

$$\mathrm{Re}_2=\frac{v_2 d_2}{\nu}=\frac{\frac{v_1}{4}\times 2d_1}{\nu}=\frac{1}{2}\mathrm{Re}_1=\frac{1}{2}\times 5000=2500$$

答案:C

76. **解**　当自由出流孔口与淹没出流孔口的形状、尺寸相同，且作用水头相等时，则出流量应相等。

答案:B

77. **解**　水力最优断面是过流能力最大的断面形状。

答案:B

78. **解**　依据弗劳德准则，流量比尺 $\lambda_Q=\lambda_L^{2.5}$，所以长度比尺 $\lambda_L=\lambda_Q^{1/2.5}$，代入题设数据后有：$\lambda_L=\left(\frac{537}{0.3}\right)^{1/2.5}=(1790)^{0.4}=20$。

答案:D

79. **解** 此题选项 A、C、D 明显不符合静电荷物理特征。关于选项 B 可以用电场强度的叠加定理分析,两个异性电荷连线的中心位置电场强度也不为零,因此,本题的四个选项均不正确。

答案:无可选项

80. **解** 电感电压与电流之间的关系是微分关系,即 $u=L\dfrac{\mathrm{d}i}{\mathrm{d}t}$;

或用相量法分析:$\dot{U}_\mathrm{L}=jwl\dot{I}=\sqrt{2}\angle 90°\mathrm{V}$;$\dot{I}=\sqrt{2}\angle 90°\mathrm{A}$,$jwL=j1\Omega$。

答案:D

81. **解** 根据线性电路的戴维南定理,图 a)和图 b)电路等效指的是对外电路电压和电流相同,即电路中 20Ω 电阻中的电流均为 1A,方向自下向上;然后利用节电电流关系可知,流过图 a)电路 10Ω 电阻中的电流是 1A。

答案:A

82. **解** RLC 串联的交流电路中,阻抗的计算公式是 $Z=R+jX_\mathrm{L}-jX_\mathrm{C}=R+j\omega L-j\dfrac{1}{\omega C}$,阻抗的模 $|Z|=\sqrt{R^2+\left(\omega L-\dfrac{1}{\omega C}\right)^2}$;频电源 $\omega=314\mathrm{rad/s}$。

答案:C

83. **解** 该电路是 RLC 混联的正弦交流电路,根据给定电压,将其写成复数为 $\dot{U}=U\angle 30°=\dfrac{10}{\sqrt{2}}\angle 30°\mathrm{V}$;电流 $\dot{I}=\dot{I}_1+\dot{I}_2=\dfrac{U\angle 30°}{R+j\omega L}+\dfrac{U\angle 30°}{-j\left(\dfrac{1}{\omega C}\right)}=I\angle\psi_i$;$i=I\sqrt{2}\sin(1000\mathrm{t}+30°)\mathrm{A}$。

答案:C

84. **解** 在暂态电路中电容电压符合换路定则 $U_\mathrm{C}(t_{0+})=U_\mathrm{C}(t_{0-})$,开关闭合以前 $U_\mathrm{C}(t_{0-})=\dfrac{R_2}{R_1+R_2}U_\mathrm{s}$,$I(0_+)=U_\mathrm{C}(0_+)/R_2$;电路达到稳定以后电容能量放光,电路中稳态电流 $I(\infty)=0$。

答案:B

85. **解** 信号源输出最大功率的条件是电源内阻与负载电阻相等,电路中的实际负载电阻折合到变压器的原边数值为 $R'_\mathrm{L}=\left(\dfrac{U_1}{U_2}\right)^2 R_\mathrm{L}=R_\mathrm{S}=40\Omega$;$K=\dfrac{u_1}{u_2}=2$,$u_1=u_\mathrm{s}\dfrac{R'_\mathrm{L}}{R_\mathrm{S}+R'_\mathrm{L}}=40\sin\omega t$;$u_2=\dfrac{u_1}{K}=20\sin\omega t$。

答案:B

86. **解** 在继电接触控制电路中，电器符号均表示电器没有动作的状态，当接触器线圈 KM 通电以后常开触点 KM1 闭合，常闭触点 KM2 断开。

答案:C

87. **解** 信息是通过感官接收的关于客观事物的存在形式或变化情况。信号是消息的表现形式，是可以直接观测到的物理现象(如电、光、声、电磁波等)。通常认为“信号是信息的表现形式”。红灯亮的信号传达了开始制冷的信息。

答案:C

88. **解** 八进制和十六进制都是数字电路中采用的数制，本质上都是二进制，在应用中是根据数字信号的不同要求所选取的不同的书写格式。

答案:A

89. **解** 模拟信号是幅值和时间均连续的信号，采样信号是时间离散、数值连续的信号，离散信号是指在某些不连续时间定义函数值的信号，数字信号是将幅值量化后并以二进制代码表示的离散信号。

答案:B

90. **解** 题中给出非正弦周期信号的傅里叶级数展开式。周期信号中各次谐波的幅值随着频率的增加而减少，但是 $u_1(t)$ 中包含基波和三次谐波，而 $u_2(t)$ 包含的谐波次数是基波和五次谐波，$u_1(t)$ 包含的信息较 $u_2(t)$ 更加完整。

答案:A

91. **解** 由图可以分析，当信号 $|u_i(t)| \leqslant 2V$ 时，放大电路工作在线性工作区，$u_o(t) = 5u_i(t)$；当信号 $|u_i(t)| \geqslant 2V$ 时，放大电路工作在非线性工作区，$u_o(t) = \pm 10V$。

答案:D

92. **解** 由逻辑电路的基本关系可得结果，变换中用到了逻辑电路的摩根定理。

$$F = \overline{\overline{AB} + \overline{BC}} = AB \cdot BC = ABC$$

答案:D

93. **解** 该电路为二极管的桥式整流电路，当 D_2 二极管断开时，电路变为半波整流电路，输入电压的交流有效值和输出直流电压的关系为 $U_o = 0.45U_i$，同时根据二极管的导通电流方向可得 $U_o = -3.18V$。

答案:C

94. **解** 由图可以分析，当信号 $|u_i(t)| \leqslant 1V$ 时，放大电路工作在线性工作区，$u_o(t) = 10u_i(t)$；当信号 $|u_i(t)| \geqslant 1V$ 时，放大电路工作在非线性工作区，$u_o(t) = \pm 10V$；输入信号

$u_i(t)$最大值为2V，则有一部分工作区进入非线性区。

答案：C

95. **解** 图a)示电路是与非门逻辑电路，$F=\overline{A}$（注：$A \cdot 1=A$）。

答案：D

96. **解** 图示电路是下降沿触发的JK触发器，$\overline{R}_D$是触发器的异步清零端，由触发器的逻辑功能分析即可得答案。

答案：B

97. **解** 计算机存储单元是按一定顺序编号，这个编号被称为存储地址。

答案：C

98. **解** 操作系统的特征有并发性、共享性和随机性。

答案：B

99. **解** 二进制最后一位是1，转换后则一定是十进制数的奇数。

答案：A

100. **解** 像素实际上就是图像中的一个个光点，光点可以是黑白的，也可以是彩色的。

答案：D

101. **解** 删除操作系统文件，计算机将无法正常运行。

答案：C

102. **解** 存储器系统包括主存储器、高速缓冲存储器和外存储器。

答案：C

103. **解** 设备管理是对除CPU和内存储器之外的所有输入/输出设备的管理。

答案：A

104. **解** 两种十分有效的文件管理工具是“我的电脑”和“资源管理器”。

答案：C

105. **解** 计算机网络主要由网络硬件系统和网络软件系统两大部分组成。

答案：A

106. **解** 局域网覆盖的地理范围通常在几公里之内。

答案：C

107. **解** 按等额支付资金回收公式计算（已知P求A）。

$$A = P(A/P,i,n) = 5000 \times (A/P,8\%,10) = 5000 \times 0.14903 = 745.15\text{ 万元}$$

答案:C

108.**解**　建设项目经济评价中的总投资,由建设投资、建设期利息和流动资金组成。

答案:C

109.**解**　新设法人项目融资的资金来源于项目资本金和债务资金,权益融资形成项目的资本金,债务融资形成项目的债务资金。

答案:C

110.**解**　在财务生存能力分析中,各年累计盈余资金不出现负值是财务生存的必要条件。

答案:B

111.**解**　分别计算效益流量的现值和费用流量的现值,二者的比值即为该项目的效益费用比。建设期1年,使用寿命10年,计算期共11年。注意:第1年为建设期,投资发生在第0年(即第1年的年初),第2年开始使用,效益和费用从第2年末开始发生。该项目的现金流量图如解图所示。

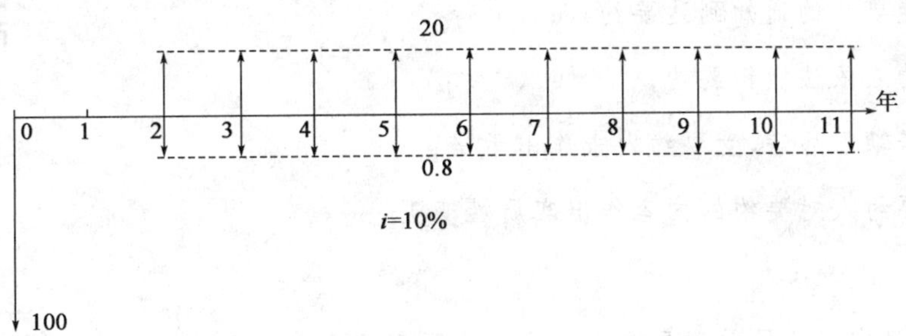

题111解图

效益流量的现值:$B=20\times(P/A,10\%,10)\times(P/F,10\%,1)$

$$=20\times6.144\times0.9091=111.72\text{ 万元}$$

费用流量的现值:$C=0.8\times(P/A,10\%,10)\times(P/F,10\%,1)$

$$=0.8\times6.1446\times0.9091+100=104.47\text{ 万元}$$

该项目的效益费用比为:$R_{BC}=B/C=111.72/104.47=1.07$

答案:A

112.**解**　投资项目敏感性分析最基本的分析指标是内部收益率。

答案:B

113.**解**　净年值法既可用于寿命期相同,也可用于寿命期不同的方案比选。

答案:C

114.**解**　强制确定法是以功能重要程度作为选择价值工程对象的一种分析方法,包括 01 评分法、04 评分法等。其中，01 评分法通过对每个部件与其他各部件的功能重要程度进行逐一对比打分，相对重要的得 1 分，不重要的得 0 分，最后计算各部件的功能重要性系数。

答案：D

115. **解** 参见 2008 年 216 号文件《建筑工程设计文件编制深度的规定》。

答案：B

116. **解** 《中华人民共和国招标投标法》第二十三条规定，招标人对已发出的招标文件进行必要的澄清或者修改的，应当在招标文件要求提交投标文件截止时间至少十五日前，以书面形式通知所有招标文件收受人。该澄清或者修改的内容为招标文件的组成部分。

答案：B

117. **解** 《中华人民共和国合同法》第二十条规定有下列情形之一的，要约失效：

（一）拒绝要约的通知到达要约人；

（二）要约人依法撤销要约；

（三）承诺期限届满，受要约人未作出承诺；

（四）受要约人对要约的内容作出实质性变更。

答案：D

118. **解** 《中华人民共和国节约能源法》第四条规定，节约资源是我国的基本国策。国家实施节约与开发并举，把节约放在首位的能源发展战略。

答案：B

119. **解** 注：《中华人民共和国环境保护法》2014 年进行了修订，新法第四十五条规定：国家依照法律规定实行排污许可管理制度，此题已过时，未作解答。

120. **解** 《建设工程勘察设计管理条例》第十四条规定，建设工程勘察、设计方案评标，应当以投标人的业绩、信誉和勘察、设计人员的能力以及勘察、设计方案的优劣为依据，进行综合评定。

答案：A

2011年度全国勘察设计注册土木工程师(岩土)执业资格考试基础考试(下)试题解析及参考答案

1.**解** 材料中的孔隙按照孔隙特征分为封闭孔和连通孔,按照孔径大小分为大孔、细微孔等。其中,封闭孔隙不会吸水,粗大孔隙中的水分不易留存。材料中的毛细孔属于细微的毛细孔,其越多,吸水率越大。

答案:D

2.**解** 三合土是由石灰粉(生石灰或熟石灰)、黏土和砂子(或煤渣、碎石等)按照一定比例混合而成,主要用于建筑物的基础、路面或路基的垫层。在长期的使用环境下,石灰中的氧化钙在有水分存在的条件下,与黏土中的氧化硅和氧化铝发生反应,生成水化硅酸钙和水化铝酸钙。

答案:D

3.**解** 溶出性腐蚀是混凝土中的$Ca(OH)_2$被水溶解流失的腐蚀,会导致孔隙率增大。一般酸腐蚀指酸(如HCl,HNO_3等)与$Ca(OH)_2$反应生成溶解度大的产物(如$CaCl_2$,$Ca(NO_3)_2$等),使孔隙率增大。镁盐腐蚀是指Mg^{2+}与$Ca(OH)_2$反应生成没有胶凝能力的$Mg(OH)_2$的腐蚀。在含有硫酸盐的腐蚀环境中,混凝土中的氢氧化钙与硫酸根离子反应生成硫酸钙,然后硫酸钙与混凝土中的水化铝酸钙反应生成高硫型水化硫铝酸钙(钙矾石),体积膨胀1~1.5倍;同时,生成的硫酸钙也可以二水硫酸钙的形式结晶,体积比氢氧化钙增大1.2倍。两种膨胀性产物的生成,会导致混凝土开裂、强度降低甚至破坏。因为生成的高硫型水化硫铝酸钙的晶体为针状,被形象地称为"水泥杆菌"。总之比较四种腐蚀程度,硫酸盐腐蚀的危害最大。

答案:D

4.**解** 就大体积混凝土而言,主要是控制温升,主要方法之一是控制水化速度。速凝剂可以加速水化速度,所以在大体积混凝土中不能掺加速凝剂。

答案:A

5.**解** 钢筋经冷加工后,屈服强度提高,塑性和韧性降低;再经过时效后,屈服强度和抗拉强度都提高,塑性和韧性进一步降低。与冷拉相比,冷拔过程中钢筋不仅受到拉力,也受压力,所以还可以提高抗压强度。

答案:B

6.**解**　木材顺纹方向与纤维生长方向一致,顺纹抗拉强度即拉伸纤维的强度,而各种缺陷的存在会使纤维断裂,所以对顺纹抗拉强度的影响最大。

答案:B

7.**解**　沥青的主要组分为油分、树脂和地沥青质。沥青碳是沥青中的杂质成分。老化过程使沥青中低分子组分向大分子组分转化,即油分转化为树脂,树脂转化为地沥青质,最终使沥青的塑性降低,黏性提高,脆硬性增大。所以老化后,地沥青质含量增多。

答案:C

8.**解**　测量工作的基准面是大地水准面。

答案:C

9.**解**　测量误差的来源主要有三类,仪器误差、观测误差(人为误差)、外界条件影响。偶然误差主要由外界干扰等原因引起,系统误差主要由仪器误差、使用误差、影响误差、方法和理论误差等引起。

答案:C

10.**解**　已知边长和坐标方位角的情况下,坐标增量计算公式为:

$$\Delta X = D\cos\alpha$$

$$\Delta Y = D\sin\alpha$$

将已知边长及方位角代入计算得:$\Delta X_{AB} = +59.907\text{m}$;$\Delta Y_{AB} = -49.952\text{m}$

答案:D

11.**解**　实地面积计算:

$$S_{实地} = S_{图} \times M^2 = 250 \times 10^{-4} \times 2000^2 = 100000\text{m}^2$$

$$1\text{ 亩} \approx 666.7\text{m}^2\text{,即 } 100000\text{m}^2 = \frac{100000}{666.7}\text{ 亩} = 150\text{ 亩}$$

答案:D

12.**解**　变形测量主要包括位移、沉降、挠度、倾斜测量等,不含竣工测量。

答案:A

13.**解**　《中华人民共和国建筑法》第九条规定,建设单位应当自领取施工许可证之日起三个月内开工。因故不能按期开工的,应当向发证机关提出申请延期;延期以两次为限,每次不超过三个月。既不开工又不申请延期或者超过延期时限的,施工许可证自行废止。

答案:B

14. **解** 《中华人民共和国招投标标法》第二十四条规定,招标人应当确定投标人编制投标文件所需要的合理时间;但是,依法必须进行招标的项目,自招标文件开始发出之日起至投标人提交投标文件截止之日止,最短不得少于二十日。

答案:B

15. **解** 《建设工程质量管理条例》第四十条规定,在正常使用条件下,建设工程的最低保修期限为:

(一)基础设施工程、房屋建筑的地基基础工程和主体结构工程,为设计文件规定的该工程的合理使用年限;

(二)屋面防水工程、有防水要求的卫生间、房间和外墙面的防渗漏,为5年;

(三)供热与供冷系统,为2个采暖期、供冷期;

(四)电气管线、给排水管道、设备安装和装修工程,为2年。

答案:C

16. **解** 《建设工程质量管理条例》第二十一条规定,设计单位应当根据勘察成果文件进行建设工程设计。设计文件应当符合国家规定的设计深度要求,注明工程合理使用年限。在方案阶段就应确定结构的使用年限,而不是在初设阶段,所以选项A是不准确的。设计深度要按国家规定要求,如果业主有特殊要求,要签订合同,同时满足国家标准和业主要求,所以选项C的说法也不全面。

答案:B

17. **解** 夯实法多用于建筑物基坑、沟槽土方回填压实。碾压法多用于大面积填土工程。震动压实法主要用于非黏性土的压实。《土方与爆破工程施工及验收规范》(GB 50201—2012)第4.5.3条第2款规定,草皮土和有机质含量大于8%的土,不应用于有压实要求的回填区域,而对无压实要求的填土无明确的规定。因此,有机质含量大于8%(质量分数)的土,用于无压实要求的填土工程是正确说法。

答案:D

18. **解** 钢筋的抽样检测,热轧钢筋抽取量为不少于60t,冷轧钢筋抽取量为不少于50t,冷拉钢筋抽取量不超过20t,冷拔钢筋和碳素钢筋抽取量为不少于5t。

答案:B

19. **解** 用于竖向墙体和筒体混凝土结构的模板以大模板与爬升板为优先选取。压型钢板永久性模板施工时起模板作用,当混凝土成型后就成为了结构的组成部分,仅用于楼板(水平构件)模板。只有组合钢模板使用灵活、通用性强,可以拼出多种几何尺寸,适用于梁、板、柱、墙的施工,即既可用于水平混凝土构件,也可用于垂直混凝土构件的模板。

答案:C

20. **解** 该工程属于无节奏流水施工,采用分别流水法,其工期计算公式为:

$$T=\sum K+t_n$$

采用节拍累加数列相减取大差的方法求流水步距:

$$\begin{array}{ccccc} & 3 & 5 & 7 & \\ - & & 4 & 8 & 11 \\ \hline & 3 & 1 & -1 & -11 \end{array}$$

取最大值 3。

得 $K_{AB}=3$;同理,$K_{BC}=4$

则工期 $T=3+4+5+4+4=20$ 天

答案:C

21. **解** 某项工作的总时差=本工作最迟开始时间－本工作最早开始时间,或者是某项工作的总时差=本工作最迟完成时间－本工作最早完成时间。

A 工作的最迟完成时间=各个紧后工作最迟开始时间取最小值,A 的紧后工作 B、C、D 的最迟开始时间分别为 15－4=11、16－3=13,18－6=12,三者最小值为 11。计算总时差上述两种方法都可以。

第一种方法,按最早、最迟开始时间计算:本工作 A 最早开始时间是 3,本工作 A 最迟开始时间=工作 A 的最迟完成时间－工作 A 持续时间=11－5=6 天,A 工作的总时差=A 工作最迟开始时间－A 工作最早开始时间=6－3 =3 天。

第二种方法,按最早、最迟完成时间计算:本工作 A 最早完成时间是 3+5=8,本工作 A 最迟完成时间是 11 天,则 A 工作的总时差=A 工作最迟完成时间－A 工作最早完成时间=11－8 =3 天

两个公式,两种方法,计算结果总时差都是 3 天。

答案:A

22. **解** 从任一杆件开始用逐次增加二元体的办法,即可知除支座外的上部为几何不变且无多余约束,可视为一刚片,再与大地用不交于一点的三链杆相连,符合两刚片规则。

答案:C

23. **解**　图(1)及图(2)为静定结构，其内力由静力平衡条件唯一确定，对 A 取矩平衡，可知 N_2 的值等于 N_1 水平分力的值，即 N_2 小于 N_1，故可排除选项 A，选 B；而图(3)及图(4)为超静定结构，其内力取决于平衡条件及变形协调条件，两图链杆布置不同其轴力不可能相同，可排除选项 D；由于固定端 A 的嵌固作用，N_3 应小于 N_2，故可排除选项 C。

答案：B

24. **解**　如果两跨刚度相同，有如下解答。

利用对称性，并引用载常数，可知 BC 跨的受力状态如图所示。

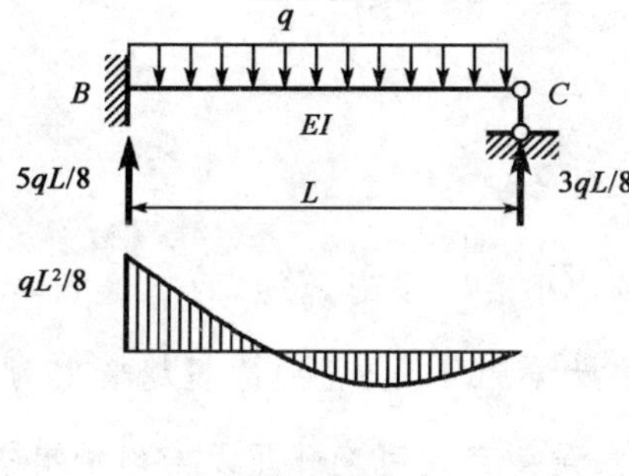

题 24 解图

AB 跨类似。

由结点 B 平衡　5qL/8　B　5qL/8　R_B

可得：$R_B=5ql/4$

答案：C

25. **解**　撤去一个固定端(相当于撤去三个约束)即变为静定结构，故原结构有三个多余约束，三次超静定。

答案：C

26. **解**　计算弯矩分配系数

$$\mu_{AB}=\frac{S_{AB}}{\sum\limits_{A}S}=\frac{3i_{AB}}{3i_{AB}+4i_{AC}+i_{AD}}=\frac{3\,\dfrac{EI}{L}}{3\,\dfrac{EI}{L}+4\,\dfrac{EI}{L}+\dfrac{EI}{0.5L}}=\frac{3}{9}=\frac{1}{3}$$

转动刚度汇总：远端固定，$S=4i$；远端简支，$S=3i$；远端滑动，$S=i$；远端自由，$S=0$。

答案：A

27. **解**　求沿振动方向的侧移刚度系数 $k=2\left(\dfrac{3EI}{H^3}\right)+k_0=\dfrac{6EI}{H^3}+k_0$

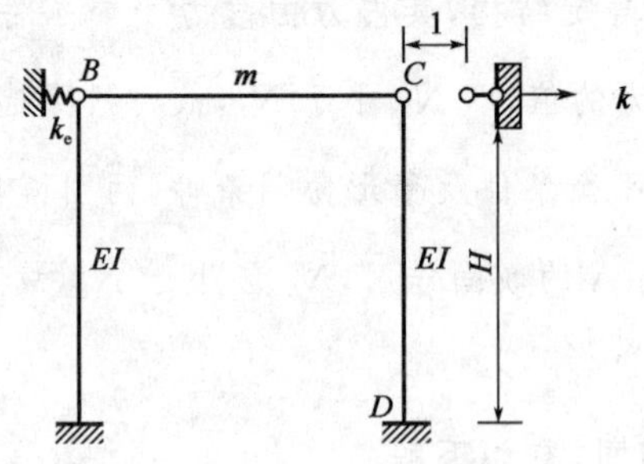

题 27 解图

代入频率计算公式 $\omega=\sqrt{\frac{k}{m}}=\sqrt{\frac{\frac{6EI}{H^3}+k_0}{m}}$

答案:B

28.**解**　在设计基准期内,“小震”(多遇地震)的超越概率为 63.2%,“中震”(基本设防烈度)的超越概率为 10%,“大震”(罕遇地震)的超越概率为 2%～3%。我国采用的设计基准期为 50 年,设计基准期是为确定可变作用及与时间有关的材料性能取值而选用的时间参数,它不等同于建筑结构的设计使用年限。

答案:A

29.**解**　对于 A 选项,设计中应避免少筋梁和超筋梁,会发生脆性破坏,应采用适筋梁,破坏前有明显的预兆,属于延性破坏。对于 B 选项,光圆钢筋及变形钢筋与混凝土之间的黏结强度均随混凝土的强度等级(抗拉强度)的提高而提高。对于 C 选项,弯矩调幅法是一种适用的设计方法,是在弹性弯矩的基础上,在满足静力平衡的条件下,通常是减小支座的负弯矩,增大跨内的正弯矩,但不会改变构件的承载能力。由于增大跨内正弯矩使得配筋增加,因此按弹性内力分析计算的梁中裂缝宽度会相应减小。对于 D 选项,剪跨比 $\lambda>3$ 时,一般发生斜拉破坏;剪跨比 $1\leqslant\lambda\leqslant3$ 时,通常发生剪压破坏,破坏前有一定的预兆;剪跨比 $\lambda<1$ 时,常发生斜压破坏。

答案:C

30.**解**　框架结构、剪力墙结构、筒体结构的侧向刚度依次增大,抵抗水平地震作用的能力逐渐增强,因此适用高度逐渐加大,见《高层建筑混凝土结构技术规程》(JGJ 3—2010)第 3.3 节“房屋适用高度和高宽比”。

答案:A

31.**解**　轴心受压构件的稳定系数与构件的长细比、截面分类和钢材牌号有关,选项 A 错误。《钢结构设计标准》规定,在需要进行疲劳计算的轴心受拉构件的对接焊缝,其焊缝质量等级为一级，选项B错误。受弯构件在满足一定的条件下可以不进行整体稳定计算，选项D错误。

答案:C

32. **解** 砌体在局部压应力作用下，一方面压应力向四周扩散，同时没有直接承受压应力的部分像套箍一样约束其横向变形，使其处于三向受压的应力状态，从而间接提高了砌体的局部抗压强度，选项A正确，选项D错误。对于选项B，由于梁的弯曲作用，梁端支承处的局部受压面积上的应力是不均匀的。对于选项C，增设梁垫或加大梁端截面宽度，均可提高砌体的局部受压面积，是防止砌体局部受压破坏的有效措施。

答案:D

33. **解** 横墙间距，屋盖或楼盖的类别是影响砌体结构房屋空间工作性能的主要因素，见《砌体结构设计规范》(GB 50003—2011)第4.2.1条表4.2.1。横墙间距越小，其空间工作性能越好，选项A、C错误。现浇混凝土屋(楼)盖较木屋(楼)盖房屋的空间工作性能好，选项B正确。墙体的高厚比越大，在墙体厚度一定的条件下，构件越细长，稳定性越差，将影响房屋的空间刚度，选项D错误。

答案:B

34. **解** 岩石应力与应变关系曲线，一般划分为5个区间，反映岩石在应力作用下变形与破坏的不同阶段。其中，第一阶段曲线呈上凹型的非线性曲线，代表岩石在应力作用下内部孔隙被压密、试件端部与试验机压板之间的找平；随着应力的逐渐增大，岩石进入弹性变形阶段，应力与应变关系曲线近似为直线；当应力超过了岩石的屈服应力后，开始产生塑性变形，应力与应变关系曲线由第2阶段的直线开始发生偏离。图中OA、AB、BC分别代表上述三个阶段。

答案:D

35. **解** 孔隙比的定义 $e=\frac{wd_s}{S_r}$，代入数据 $w=20\%$，$d_s=2.75$，饱和度 $S_r=100\%$，可求得 $e=0.55$。

答案:B

36. **解** 基底压力 $p_k=\frac{F_k+G_k}{A}=\frac{1600+6^2\times1\times(20+10)}{6\times6}=74.4\text{kPa}$

基底附加应力 $p_0=p_k-\sigma_c=74.4-(18.6\times1+9\times1)=46.8\text{kPa}$

据 $m=1$，$b=1$，$n=z/b=1$ 查矩形面积均布荷载作用角点下附加应力系数表，$K_c=0.175$，则基底中心点下3m处的竖向附加应力为 $\sigma_z=4\times0.175\times46.8=32.8\text{kPa}$。

本题无正确答案。

37. **解** 平均固结度等于时间 t 时，土层骨架在黏土层中承担的有效应力与初始(全部)附加(即土层初始总应力＝初始孔隙水压力或最终有效应力)应力面积的比值。

$$U=\frac{\text{总应力图形面积}-\text{孔隙水压力图形面积}}{\text{总应力图形面积}}$$

$$=\frac{\frac{1}{2}(200+400)\times 5-\frac{1}{2}\times 200\times 5}{\frac{1}{2}(200+400)\times 5}$$

$$=\frac{1500-500}{1500}=67\%$$

答案:D

38. **解** 根据题意可画出有效应力条件下摩尔-库仑强度关系图。

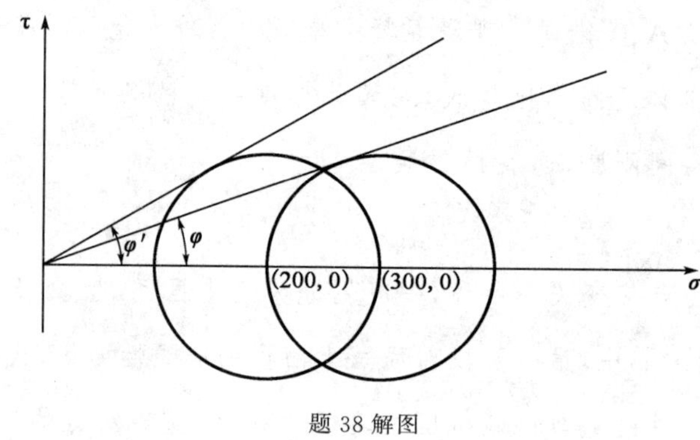

题 38 解图

据图可求得有效内摩擦角 $\varphi'=\arcsin\left(\frac{100}{200}\right)=30°$。

答案:A

39. **解** 根据条形基础整体剪切破坏的地基极限承载力计算公式计算：

$$p_u=\frac{1}{2}\gamma bN_\gamma+qN_q+cN_c$$

$$=0.5\times 5\times 10\times 10+7.42\times 2\times 18+12\times 17.6=728.32\text{kPa}$$

答案:A

40. **解** 临塑荷载 P_{cr} 是指地基中刚要出现塑性剪切区的荷载。塑性荷载是指地基中出现规定的塑性区深度时对应的荷载。如基础底面宽度为 b，塑性区开展深度为 $b/4$ 或 $b/3$ 时，相应的荷载为 $P_{1/4}$ 或 $P_{1/3}$ 称为临界荷载。极限荷载 P_u 是指地基中塑性区连成一片，地基出现完整连续的剪切破坏面时对应的荷载。它们之间数值大小关系是 $P_{cr}<P_{1/4}<P_{1/3}<P_u$。

答案:A

41. **解** 河流地貌包括河谷、冲积平原、河口三角洲、河间地块及水系地貌等单元;河谷地貌包括河床、河漫滩、牛轭湖、阶地等,牛轭湖是河流裁弯取直后弯曲河道淤塞而成,基座阶地是下部为基岩上部为河流冲积物的阶地。

泻湖是海岸带沙堤和海岸之间与大海隔离的部分海面。

答案:A

42. **解** 原生结构面包括沉积结构面、火成结构面和变质结构面;卸荷裂隙、风化裂隙为次生结构面,层间错动面为构造结构面;而沉积间断面、侵入岩体与围岩的接触面和绿泥石片岩夹层均为原生结构面。

答案:B

43. **解** 沉积岩的结构,包括碎屑结构、泥质结构、化学结构和生物结构;沉积岩的构造,包括层理构造、层面构造和生物化石等。斑状结构、气孔构造、流纹构造和块状构造是火成岩的结构和构造;变晶结构、片理构造、块状构造为变质岩的结构和构造。碎屑结构、层理构造是沉积岩的典型结构与构造。

答案:C

44. **解** 地震主要是由断裂活动引起的,火山活动和陷落也会导致地震,选项A错;地震产生的地震波包括体波与面波,体波包括纵波与横波,其中纵波传播速度最快,横波次之,面波最慢,选项B正确;地震震级是表示地震能量大小的量度,选项C错;地震烈度是地震对地面和建筑物的影响或者破坏程度,选项D错。

答案:B

45. **解** 地下水的酸碱度是由水中的H^+离子的浓度以10为底的负对数的值即pH值决定的,选项A错;地下水中各离子、分子、化合物(不含气体)的总含量称为矿化度,选项B正确;地下水的硬度由水中Ca^{2+}、Mg^{2+}离子的含量决定,选项C错;结晶类腐蚀主要是SO_4^{2-}与混凝土中$Ca(OH)_2$生成二水石膏体,再与水化铝酸钙反应生成硫铝酸钙,其体积增大导致混凝土结构破坏,选项D错。

答案:B

46. **解** 勘察阶段与设计阶段对应,一般分为可行性研究勘察阶段、初步勘察阶段和详细勘察阶段;对场地条件复杂的,宜进行施工勘察;详勘阶段在于针对建筑物地基及具体工程地质问题,为施工图设计和施工提供设计计算参数和可靠的依据,因此正确答案为C。

答案:C

47. **解** 扁铲侧胀试验适用于一般黏性土、粉土、中密以下砂土、黄土等,不适用于碎石土、极软岩、软岩等较坚硬岩土,故选项A错;其他选项B、C、D均正确。

答案:A

48. **解** 角度不整合接触是指上下地层间有明显的沉积间断,且上下地层产状不一致;沉积接触是指侵入岩先形成,之后地壳上升风化剥蚀后,接受新的地层沉积;整合接触是指上下地层间在沉积层序上是连续的,在时间空间上无沉积间断,且上下地层产状一致;假整合接触又称为平行不整合,是指上下地层产状一致,但有明显的地层沉积间断,缺失某一时期的地层。

答案:C

49. **解** 花岗岩为侵入岩,呈肉红色,其主要矿物成分为石英、长石,含少量的黑云母、角闪石等;方解石主要成分为碳酸钙,其成因主要为沉积形成。

答案:D

50. **解** 滑坡由滑动体、滑动面和滑坡床三部分组成。滑坡的侧壁称为滑坡壁,滑坡体前缘称为滑坡舌,滑坡体由于整体滑动速度及位移的差异在滑坡体上形成阶梯状的滑坡台阶。滑坡体由于整体滑动速度及受力不均,形成一系列不同性质的裂隙,称为滑坡裂隙。滑坡前缘的裂隙称为鼓张裂隙,滑坡体两侧形成的裂隙称为剪切裂隙,滑坡前缘形成的放射状裂隙称为扇形裂隙,而滑坡体后缘受拉力作用形成的平行于滑坡后壁的弧形裂隙称为拉张裂缝。

答案:D

51. **解** 无论是地下工程,还是边坡工程,坡面、坡底面、开挖面等自由面附近的应力场分布,均具有最大主应力平行于自由面、最小主应力垂直于自由面的特点。因此,最小主应力作用方向与坡面的关系表现为近于正交。

答案:B

52. **解** 《建筑地基基础设计规范》(GB 50007—2011)规定,确定岩基承载力特征值的方法为岩基荷载试验方法或根据室内岩石饱和单轴抗压强度计算的方法,根据岩基破坏模式,也可通过理论计算确定,分别对应四个选项中的A、B、D,而选项C所述的方法不在规定方法内。

答案:C

53. **解** 《建筑地基基础设计规范》(GB 50007—2011)第4.3.5条规定:基坑土方开

挖过程应避免坑底土层受扰动，严禁扰动垫层下的软弱土层。

答案:B

54. **解** 考虑群桩作用下，桩数超过 3 根的摩擦桩基础，群桩承载力需考虑群桩效应。

答案:D

55. **解** 设置排水层可以增大排水能力。加大地面预压荷载有发生地基强度破坏的可能。持续作用荷载才有利于孔隙水排出。

答案:A

56. **解** 影响岩质边坡稳定性的因素，有内在因素和外在因素两大类。内在因素，包括地形地貌条件、岩体性质、岩体结构类型与地质构造等；外在因素，包括水文地质条件、风化作用、水的作用、地震作用以及人类活动因素等。岩体内的温度场，应属于内在因素，但是与选项中的其他因素相比，地温变化对边坡稳定性的影响远小于其他因素。

答案:B

57. **解** 岩基在荷载作用下其变形量的大小和破坏方式受岩体自身结构条件、力学性质及受力情况等多方面因素制约。对于浅基础，除极软岩外，地下水位对基岩岩体的软化作用有限；基础大小与形状、埋深的影响也不如岩体自身性质的影响大。

答案:C

58. **解** 依据《建筑地基基础设计规范》(GB 50007—2011)第 5.1.1 条，基础埋置深度与基础平面形状无关。

答案:D

59. **解** 对于摩擦桩，随着深度的增加，桩的轴力由于桩周摩阻力的作用不断减小。

答案:A

60. **解** 软弱黏土中砂桩复合地基的承载力，它是由置换后的密实砂桩和被挤密排水的桩周软弱黏土共同提供的；对于桩周天然土体来说由于砂桩成桩过程，对桩周土有排水、挤密作用。

答案:D

2012年度全国勘察设计注册工程师执业资格考试试卷

基础考试
（上）

二〇一二年九月

应考人员注意事项

1. 本试卷科目代码为“1”，考生务必将此代码填涂在答题卡“科目代码”相应的栏目内，否则，无法评分。
2. 书写用笔：**黑色或蓝色钢笔、签字笔或圆珠笔；**
   填涂答题卡用笔：**黑色 2B 铅笔**。
3. 必须用书写用笔将工作单位、姓名、准考证号填写在答题卡和试卷相应的栏目内。
4. 本试卷由 120 题组成，每题 1 分，满分 120 分，本试卷全部为单项选择题，每小题的四个备选项中只有一个正确答案，错选、多选、不选均不得分。
5. 考生作答时，必须**按题号在答题卡上**将相应试题所选选项对应的**字母用 2B 铅笔涂黑**。
6. 在答题卡上书写与题意无关的语言，或在答题卡上作标记的，均按违纪试卷处理。
7. 考试结束时，由监考人员当面将试卷、答题卡一并收回。
8. 草稿纸由各地统一配发，考后收回。

单项选择题(共 120 题,每题 1 分。每题的备选项中只有一个最符合题意。)

1. 设 $f(x)=\begin{cases}\cos x+x\sin\dfrac{1}{x}, & x<0\\ x^2+1, & x\geqslant 0\end{cases}$,则 $x=0$ 是 $f(x)$ 的下面哪一种情况:

A. 跳跃间断点　　B. 可去间断点

C. 第二类间断点　　D. 连续点

2. 设 $\alpha(x)=1-\cos x$,$\beta(x)=2x^2$,则当 $x\to 0$ 时,下列结论中正确的是:

A. $\alpha(x)$ 与 $\beta(x)$ 是等价无穷小

B. $\alpha(x)$ 是 $\beta(x)$ 的高阶无穷小

C. $\alpha(x)$ 是 $\beta(x)$ 的低阶无穷小

D. $\alpha(x)$ 与 $\beta(x)$ 是同阶无穷小但不是等价无穷小

3. 设 $y=\ln(\cos x)$,则微分 $\mathrm{d}y$ 等于:

A. $\dfrac{1}{\cos x}\mathrm{d}x$

B. $\cot x\mathrm{d}x$

C. $-\tan x\mathrm{d}x$

D. $-\dfrac{1}{\cos x\sin x}\mathrm{d}x$

4. $f(x)$ 的一个原函数为 e^{-x^2},则 $f'(x)=$

A. $2(-1+2x^2)e^{-x^2}$

B. $-2xe^{-x^2}$

C. $2(1+2x^2)e^{-x^2}$

D. $(1-2x)e^{-x^2}$

5. $f'(x)$ 连续,则 $\int f'(2x+1)\mathrm{d}x$ 等于:

A. $f(2x+1)+C$

B. $\dfrac{1}{2}f(2x+1)+C$

C. $2f(2x+1)+C$

D. $f(x)+C$

(C 为任意常数)

6. 定积分$\int_0^{\frac{1}{2}}\frac{1+x}{\sqrt{1-x^2}}dx=$

A. $\frac{\pi}{3}+\frac{\sqrt{3}}{2}$

B. $\frac{\pi}{6}-\frac{\sqrt{3}}{2}$

C. $\frac{\pi}{6}-\frac{\sqrt{3}}{2}+1$

D. $\frac{\pi}{6}+\frac{\sqrt{3}}{2}+1$

7. 若 D 是由 $y=x,x=1,y=0$ 所围成的三角形区域，则二重积分 $\iint\limits_D f(x,y)dxdy$ 在极坐标系下的二次积分是：

A. $\int_0^{\frac{\pi}{4}}d\theta\int_0^{\cos\theta}f(r\cos\theta,r\sin\theta)rdr$

B. $\int_0^{\frac{\pi}{4}}d\theta\int_0^{\frac{1}{\cos\theta}}f(r\cos\theta,r\sin\theta)rdr$

C. $\int_0^{\frac{\pi}{4}}d\theta\int_0^{\frac{1}{\cos\theta}}rdr$

D. $\int_0^{\frac{\pi}{4}}d\theta\int_0^{\frac{1}{\cos\theta}}f(x,y)dr$

8. 当 $a<x<b$ 时，有 $f'(x)>0,f''(x)<0$，则在区间 (a,b) 内，函数 $y=f(x)$ 图形沿 x 轴正向是：

A. 单调减且凸的

B. 单调减且凹的

C. 单调增且凸的

D. 单调增且凹的

9. 函数在给定区间上不满足拉格朗日定理条件的是：

A. $f(x)=\frac{x}{1+x^2}$，$[-1,2]$

B. $f(x)=x^{\frac{2}{3}}$，$[-1,1]$

C. $f(x)=e^{\frac{1}{x}}$，$[1,2]$

D. $f(x)=\frac{x+1}{x}$，$[1,2]$.

10. 下列级数中，条件收敛的是：

A. $\sum_{n=1}^{\infty}\frac{(-1)^n}{n}$

B. $\sum_{n=1}^{\infty}\frac{(-1)^n}{n^3}$

C. $\sum_{n=1}^{\infty}\frac{(-1)^n}{n(n+1)}$

D. $\sum_{n=1}^{\infty}(-1)^n\frac{n+1}{n+2}$

11. 当 $|x|<\frac{1}{2}$ 时，函数 $f(x)=\frac{1}{1+2x}$ 的麦克劳林展开式正确的是：

A. $\sum_{n=0}^{\infty}(-1)^{n+1}(2x)^n$

B. $\sum_{n=0}^{\infty}(-2)^n x^n$

C. $\sum_{n=1}^{\infty}(-1)^n 2^n x^n$

D. $\sum_{n=1}^{\infty}2^n x^n$

12. 已知微分方程 $y'+p(x)y=q(x)[q(x)\neq 0]$ 有两个不同的特解 $y_1(x)$，$y_2(x)$，C 为任意常数，则该微分方程的通解是：

A. $y=C(y_1-y_2)$

B. $y=C(y_1+y_2)$

C. $y=y_1+C(y_1+y_2)$

D. $y=y_1+C(y_1-y_2)$

13. 以 $y_1=e^x$，$y_2=e^{-3x}$ 为特解的二阶线性常系数齐次微分方程是：

A. $y''-2y'-3y=0$

B. $y''+2y'-3y=0$

C. $y''-3y'+2y=0$

D. $y''+3y'+2y=0$

14. 微分方程$\frac{dy}{dx}+\frac{x}{y}=0$的通解是：

A. $x^2+y^2=C(C\in R)$

B. $x^2-y^2=C(C\in R)$

C. $x^2+y^2=C^2(C\in R)$

D. $x^2-y^2=C^2(C\in R)$

15. 曲线 $y=(\sin x)^{\frac{3}{2}}(0\leqslant x\leqslant\pi)$与 x 轴围成的平面图形绕 x 轴旋转一周而成的旋转体体积等于：

A. $\frac{4}{3}$

B. $\frac{4}{3}\pi$

C. $\frac{2}{3}\pi$

D. $\frac{2}{3}\pi^2$

16. 曲线 $x^2+4y^2+z^2=4$ 与平面 $x+z=a$ 的交线在 yOz 平面上的投影方程是：

A. $\begin{cases}(a-z)^2+4y^2+z^2=4\\x=0\end{cases}$

B. $\begin{cases}x^2+4y^2+(a-x)^2=4\\z=0\end{cases}$

C. $\begin{cases}x^2+4y^2+(a-x)^2=4\\x=0\end{cases}$

D. $(a-z)^2+4y^2+z^2=4$

17. 方程 $x^2-\frac{y^2}{4}+z^2=1$，表示：

A. 旋转双曲面

B. 双叶双曲面

C. 双曲柱面

D. 锥面

18. 设直线 L 为$\begin{cases}x+3y+2z+1=0\\2x-y-10z+3=0\end{cases}$，平面 π 为 $4x-2y+z-2=0$，则直线和平面的关系是：

A. L 平行于 π

B. L 在 π 上

C. L 垂直于 π

D. L 与 π 斜交

19. 已知 n 阶可逆矩阵 $\boldsymbol{A}$ 的特征值为 λ_0，则矩阵 $(2\boldsymbol{A})^{-1}$ 的特征值是：

A. $\dfrac{2}{\lambda_0}$

B. $\dfrac{\lambda_0}{2}$

C. $\dfrac{1}{2\lambda_0}$

D. $2\lambda_0$

20. 设 $\vec{\alpha}_1,\vec{\alpha}_2,\vec{\alpha}_3,\vec{\beta}$ 为 n 维向量组，已知 $\vec{\alpha}_1,\vec{\alpha}_2,\vec{\beta}$ 线性相关，$\vec{\alpha}_2,\vec{\alpha}_3,\vec{\beta}$ 线性无关，则下列结论中正确的是：

A. $\vec{\beta}$ 必可用 $\vec{\alpha}_1,\vec{\alpha}_2$ 线性表示

B. $\vec{\alpha}_1$ 必可用 $\vec{\alpha}_2,\vec{\alpha}_3,\vec{\beta}$ 线性表示

C. $\vec{\alpha}_1,\vec{\alpha}_2,\vec{\alpha}_3$ 必线性无关

D. $\vec{\alpha}_1,\vec{\alpha}_2,\vec{\alpha}_3$ 必线性相关

21. 要使得二次型 $f(x_1,x_2,x_3)=x_1^2+2tx_1x_2+x_2^2-2x_1x_3+2x_2x_3+2x_3^2$ 为正定的，则 t 的取值条件是：

A. $-1<t<1$

B. $-1<t<0$

C. $t>0$

D. $t<-1$

22. 若事件 A、B 互不相容，且 $P(A)=p$，$P(B)=q$，则 $P(\overline{A}\,\overline{B})$ 等于：

A. $1-p$

B. $1-q$

C. $1-(p+q)$

D. $1+p+q$

23. 若随机变量 X 与 Y 相互独立，且 X 在区间$[0,2]$上服从均匀分布，Y 服从参数为 3 的指数分布，则数学期望 $E(XY)=$

A. $\frac{4}{3}$

B. 1

C. $\frac{2}{3}$

D. $\frac{1}{3}$

24. 设 $x_1, x_2, \cdots, x_n$ 是来自总体 $N(\mu, \sigma^2)$的样本，μ、σ^2 未知，$\overline{x}=\frac{1}{n}\sum_{i=1}^{n}x_i$，$Q^2=\sum_{i=1}^{n}(x_i-\overline{x})^2$，$Q>0$。则检验假设 $H_0: \mu=0$ 时应选取的统计量是：

A. $\sqrt{n(n-1)}\frac{\overline{x}}{Q}$

B. $\sqrt{n}\frac{\overline{x}}{Q}$

C. $\sqrt{n-1}\frac{\overline{x}}{Q}$

D. $\sqrt{n}\frac{\overline{x}}{Q^2}$

25. 一瓶氦气和一瓶氮气，它们每个分子的平均平动动能相同，而且都处于平衡态。则它们：

A. 温度相同，氦分子和氮分子平均动能相同

B. 温度相同，氦分子和氮分子平均动能不同

C. 温度不同，氦分子和氮分子平均动能相同

D. 温度不同，氦分子和氮分子平均动能不同

26. 最概然速率 v_p 的物理意义是：

A. v_p 是速率分布中的最大速率

B. v_p 是最大多数分子的速率

C. 在一定的温度下，速率与 v_p 相近的气体分子所占的百分率最大

D. v_p 是所有分子速率的平均值

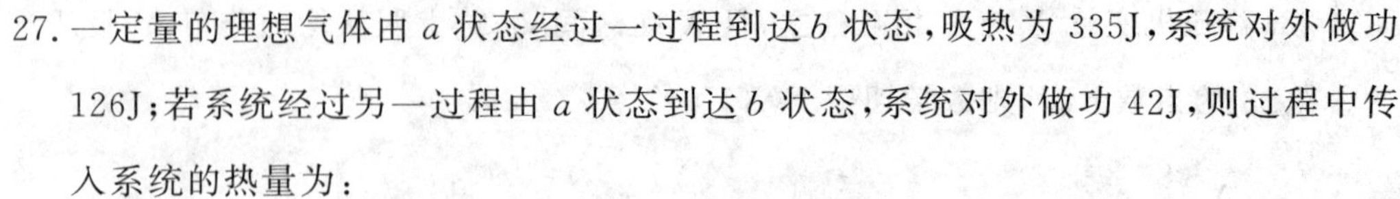

27. 一定量的理想气体由 a 状态经过一过程到达 b 状态，吸热为 335J，系统对外做功 126J；若系统经过另一过程由 a 状态到达 b 状态，系统对外做功 42J，则过程中传入系统的热量为：

A. 530J　　B. 167J

C. 251J　　D. 335J

28. 一定量的理想气体，经过等体过程，温度增量 ΔT，内能变化 ΔE_1，吸收热量 Q_1；若经过等压过程，温度增量也为 ΔT，内能变化 ΔE_2，吸收热量 Q_2，则一定是：

A. $\Delta E_2=\Delta E_1, Q_2>Q_1$

B. $\Delta E_2=\Delta E_1, Q_2<Q_1$

C. $\Delta E_2>\Delta E_1, Q_2>Q_1$

D. $\Delta E_2<\Delta E_1, Q_2<Q_1$

29. 一平面简谐波的波动方程为 $y=2\times10^{-2}\cos2\pi\left(10t-\frac{x}{5}\right)$(SI)。$t=0.25$s 时，处于平衡位置，且与坐标原点 $x=0$ 最近的质元的位置是：

A. ±5m

B. 5m

C. ±1.25m

D. 1.25m

30. 一平面简谐波沿 x 轴正方向传播，振幅 $A=0.02$m，周期 $T=0.5$s，波长 $\lambda=100$m，原点处质元的初相位 $\phi=0$，则波动方程的表达式为：

A. $y=0.02\cos2\pi\left(\frac{t}{2}-0.01x\right)$(SI)

B. $y=0.02\cos2\pi(2t-0.01x)$(SI)

C. $y=0.02\cos2\pi\left(\frac{t}{2}-100x\right)$(SI)

D. $y=0.02\cos2\pi(2t-100x)$(SI)

31. 两人轻声谈话的声强级为 40dB，热闹市场上噪声的声强级为 80dB。市场上噪声的声强与轻声谈话的声强之比为：

A. 2　　B. 20

C. 10^2　　D. 10^4

32. P_1 和 P_2 为偏振化方向相互垂直的两个平行放置的偏振片，光强为 I_0 的自然光垂直入射在第一个偏振片 P_1 上，则透过 P_1 和 P_2 的光强分别为：

A. $\frac{I_0}{2}$和 0

B. 0 和$\frac{I_0}{2}$

C. I_0 和 I_0

D. $\frac{I_0}{2}$和$\frac{I_0}{2}$

33. 一束自然光自空气射向一块平板玻璃，设入射角等于布儒斯特角，则反射光为：

A. 自然光

B. 部分偏振光

C. 完全偏振光

D. 圆偏振光

34. 波长 $\lambda=550\text{nm}(1\text{nm}=10^{-9}\text{m})$的单色光垂直入射于光栅常数为 $2\times10^{-4}\text{cm}$ 的平面衍射光栅上，可能观察到光谱线的最大级次为：

A. 2　　B. 3　　C. 4　　D. 5

35. 在单缝夫琅禾费衍射实验中，波长为 λ 的单色光垂直入射到单缝上，对应于衍射角为 30°的方向上，若单缝处波阵面可分成 3 个半波带。则缝宽 a 为：

A. λ

B. 1.5λ

C. 2λ

D. 3λ

36. 以双缝干涉实验中，波长为 λ 的单色平行光垂直入射到缝间距为 a 的双缝上，屏到双缝的距离为 D，则某一条明纹与其相邻的一条暗纹的间距为：

A. $\frac{D\lambda}{a}$

B. $\frac{D\lambda}{2a}$

C. $\frac{2D\lambda}{a}$

D. $\frac{D\lambda}{4a}$

37. 钴的价层电子构型是 $3d^7 4s^2$，钴原子外层轨道中未成对电子数为：

A. 1　　　　B. 2

C. 3　　　　D. 4

38. 在 HF、HCl、HBr、HI 中，按熔、沸点由高到低顺序排列正确的是：

A. HF、HCl、HBr、HI

B. HI、HBr、HCl、HF

C. HCl、HBr、HI、HF

D. HF、HI、HBr、HCl

39. 对于 HCl 气体溶解于水的过程，下列说法正确的是：

A. 这仅是一个物理变化过程

B. 这仅是一个化学变化过程

C. 此过程既有物理变化又有化学变化

D. 此过程中溶质的性质发生了变化，而溶剂的性质未变

40. 体系与环境之间只有能量交换而没有物质交换，这种体系在热力学上称为：

A. 绝热体系

B. 循环体系

C. 孤立体系

D. 封闭体系

41. 反应 $PCl_3(g) + Cl_2(g) \rightleftharpoons PCl_5(g)$，298K 时 $K^\ominus = 0.767$，此温度下平衡时，如 $p(PCl_5) = p(PCl_3)$，则 $p(Cl_2) =$

A. 130.38kPa

B. 0.767kPa

C. 7607kPa

D. 7.67×10^{-3}kPa

42. 在铜锌原电池中，将铜电极的 $C(H^+)$ 由 1mol/L 增加到 2mol/L，则铜电极的电极电势：

A. 变大

B. 变小

C. 无变化

D. 无法确定

43. 元素的标准电极电势图如下：

$$Cu^{2+} \xrightarrow{0.159} Cu^{+} \xrightarrow{0.52} Cu$$

$$Au^{3+} \xrightarrow{1.36} Au^{+} \xrightarrow{1.83} Au$$

$$Fe^{3+} \xrightarrow{0.771} Fe^{2+} \xrightarrow{-0.44} Fe$$

$$MnO_4^{-} \xrightarrow{1.51} Mn^{2+} \xrightarrow{-1.18} Mn$$

在空气存在的条件下，下列离子在水溶液中最稳定的是：

A. Cu^{2+}　　　B. Au^{+}

C. Fe^{2+}　　　D. Mn^{2+}

44. 按系统命名法，下列有机化合物命名正确的是：

A. 2-乙基丁烷　　　B. 2，2-二甲基丁烷

C. 3，3-二甲基丁烷　　　D. 2，3，3-三甲基丁烷

45. 下列物质使溴水褪色的是：

A. 乙醇　　　B. 硬脂酸甘油酯

C. 溴乙烷　　　D. 乙烯

46. 昆虫能分泌信息素。下列是一种信息素的结构简式：

$$CH_3(CH_2)_5CH=CH(CH_2)_9CHO$$

下列说法正确的是：

A. 这种信息素不可以与溴发生加成反应

B. 它可以发生银镜反应

C. 它只能与 1mol H_2 发生加成反应

D. 它是乙烯的同系物

47. 图示刚架中，若将作用于 B 处的水平力 P 沿其作用线移至 C 处，则 A、D 处的约束力：

A. 都不变

B. 都改变

C. 只有 A 处改变

D. 只有 D 处改变

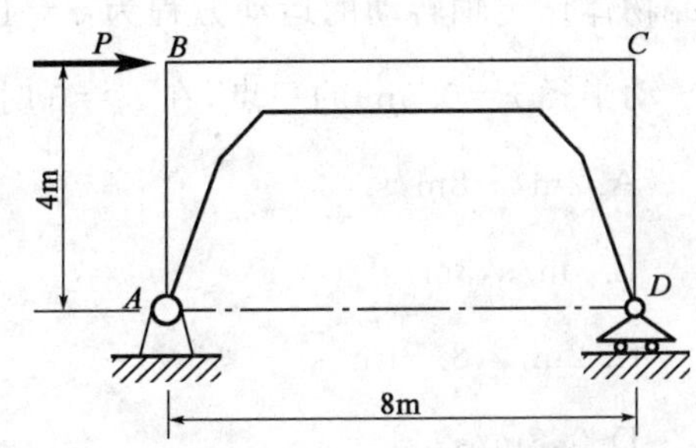

48. 图示绞盘有三个等长为 l 的柄，三个柄均在水平面内，其间夹角都是 120°。如在水平面内，每个柄端分别作用一垂直于柄的力 F_1、F_2、F_3，且有 $F_1=F_2=F_3=F$，该力系向 O 点简化后的主矢及主矩应为：

A. $F_R=0$，$M_O=3Fl$(↷)

B. $F_R=0$，$M_O=3Fl$(↶)

C. $F_R=2F$(水平向右)，$M_O=3Fl$(↷)

D. $F_R=2F$(水平向左)，$M_O=3Fl$(↶)

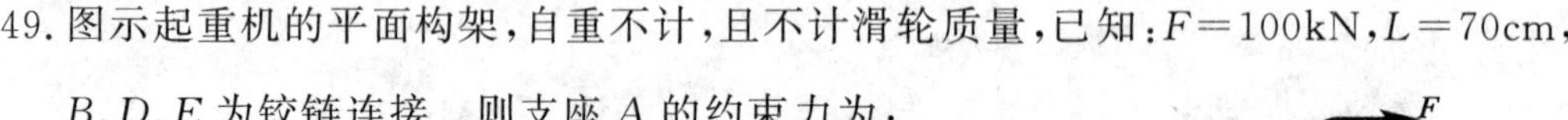

49. 图示起重机的平面构架，自重不计，且不计滑轮质量，已知：$F=100\text{kN}$，$L=70\text{cm}$，B、D、E 为铰链连接。则支座 A 的约束力为：

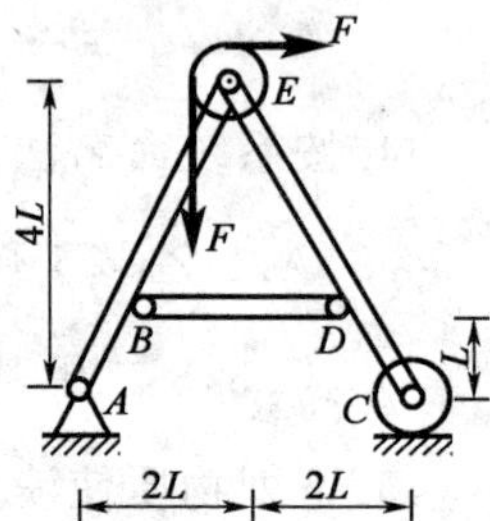

A. $F_{Ax}=100\text{kN}(\leftarrow)$　　$F_{Ay}=150\text{kN}(\downarrow)$

B. $F_{Ax}=100\text{kN}(\rightarrow)$　　$F_{Ay}=50\text{kN}(\uparrow)$

C. $F_{Ax}=100\text{kN}(\leftarrow)$　　$F_{Ay}=50\text{kN}(\downarrow)$

D. $F_{Ax}=100\text{kN}(\leftarrow)$　　$F_{Ay}=100\text{kN}(\downarrow)$

50. 平面结构如图所示，自重不计。已知：$F=100\text{kN}$。判断图示 BCH 桁架结构中，内力为零的杆数是：

A. 3 根杆

B. 4 根杆

C. 5 根杆

D. 6 根杆

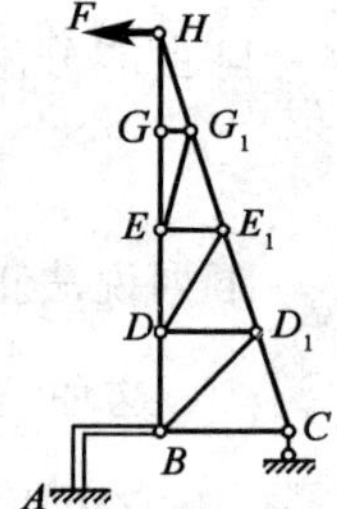

51. 动点以常加速度 2m/s^2 作直线运动。当速度由 5m/s 增加到 8m/s 时，则点运动的路程为：

A. 7.5m　　B. 12m

C. 2.25m　　D. 9.75m

52. 物体作定轴转动的运动方程为 $\varphi=4t-3t^2$（φ 以 rad 计，t 以 s 计）。此物体内，转动半径 $r=0.5\text{m}$ 的一点，在 $t_0=0$ 时的速度和法向加速度的大小分别为：

A. 2m/s，8m/s^2

B. 3m/s，3m/s^2

C. 2m/s，8.54m/s^2

D. 0，8m/s^2

53. 一木板放在两个半径 $r=0.25\text{m}$ 的传输鼓轮上面。在图示瞬时，木板具有不变的加速度 $a=0.5\text{m/s}^2$，方向向右；同时，鼓动边缘上的点具有一大小为 3m/s^2 的全加速度。如果木板在鼓轮上无滑动，则此木板的速度为：

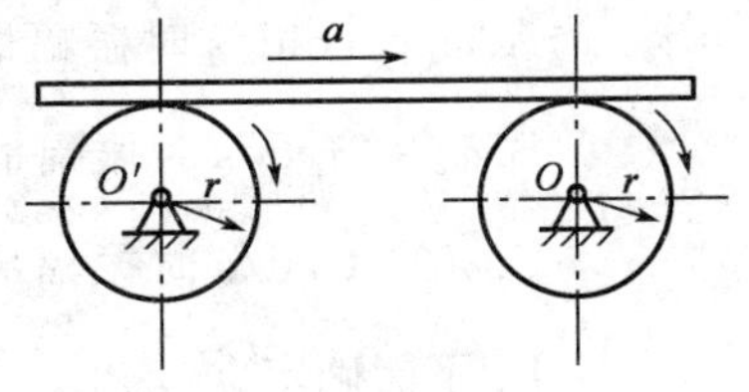

A. 0.86m/s

B. 3m/s

C. 0.5m/s

D. 1.67m/s

54. 重为 W 的人乘电梯铅垂上升，当电梯加速上升、匀速上升及减速上升时，人对地板的压力分别为 p_1、p_2、p_3，它们之间的关系为：

A. $p_1=p_2=p_3$　　B. $p_1>p_2>p_3$

C. $p_1<p_2<p_3$　　D. $p_1<p_2>p_3$

55. 均质细杆 AB 重力为 W，A 端置于光滑水平面上，B 端用绳悬挂，如图所示。当绳断后，杆在倒地的过程中，质心 C 的运动轨迹为：

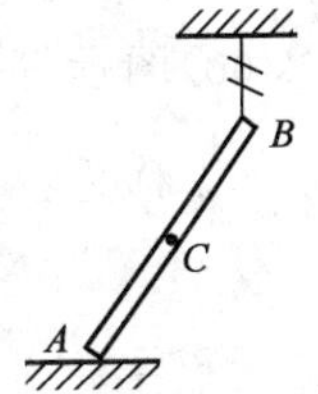

A. 圆弧线

B. 曲线

C. 铅垂直线

D. 抛物线

56. 杆 OA 与均质圆轮的质心用光滑铰链 A 连接，如图所示，初始时它们静止于铅垂面内，现将其释放，则圆轮 A 所作的运动为：

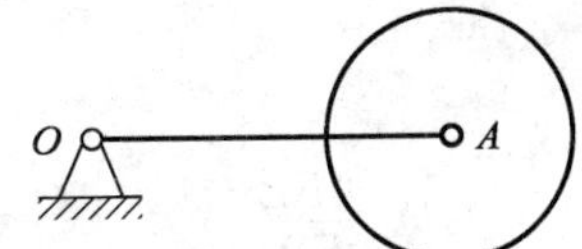

A. 平面运动

B. 绕轴 O 的定轴转动

C. 平行移动

D. 无法判断

57. 图示质量为 m、长为 l 的均质杆 OA 绕 O 轴在铅垂平面内作定轴转动。已知某瞬时杆的角速度为 ω，角加速度为 α，则杆惯性力系合力的大小为：

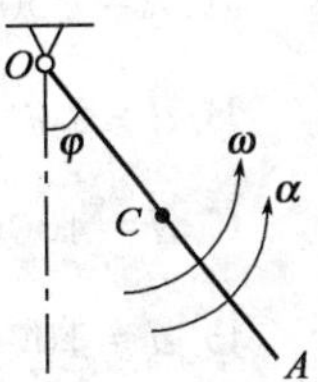

A. $\frac{l}{2}m\sqrt{\alpha^2+\omega^2}$

B. $\frac{l}{2}m\sqrt{\alpha^2+\omega^4}$

C. $\frac{l}{2}m\alpha$

D. $\frac{l}{2}m\omega^2$

58. 已知单自由度系统的振动固有频率 $\omega_n=2\text{rad/s}$，若在其上分别作用幅值相同而频率为 $\omega_1=1\text{rad/s}$，$\omega_2=2\text{rad/s}$，$\omega_3=3\text{rad/s}$ 的简谐干扰力，则此系统强迫振动的振幅为：

A. $\omega_1=1\text{rad/s}$ 时振幅最大

B. $\omega_2=2\text{rad/s}$ 时振幅最大

C. $\omega_3=3\text{rad/s}$ 时振幅最大

D. 不能确定

59. 截面面积为 A 的等截面直杆，受轴向拉力作用。杆件的原始材料为低碳钢，若将材料改为木材，其他条件不变，下列结论中正确的是：

A. 正应力增大，轴向变形增大

B. 正应力减小，轴向变形减小

C. 正应力不变，轴向变形增大

D. 正应力减小，轴向变形不变

60. 图示等截面直杆，材料的拉压刚度为 EA，杆中距离 A 端 $1.5L$ 处横截面的轴向位移是：

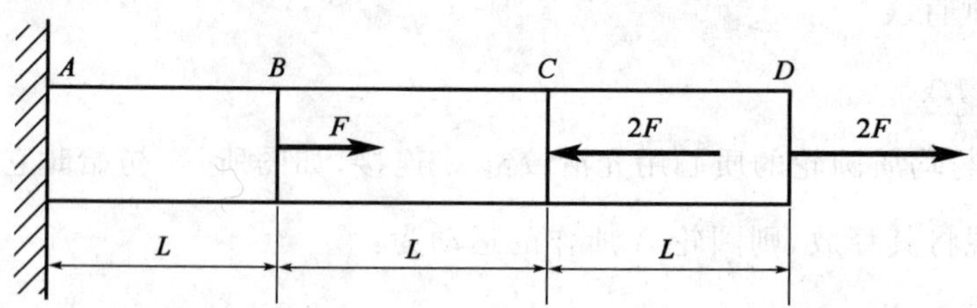

A. $\dfrac{4FL}{EA}$　　B. $\dfrac{3FL}{EA}$

C. $\dfrac{2FL}{EA}$　　D. $\dfrac{FL}{EA}$

61. 图示冲床的冲压力 $F=300\pi\text{kN}$，钢板的厚度 $t=10\text{mm}$，钢板的剪切强度极限 $\tau_b=300\text{MPa}$。冲床在钢板上可冲圆孔的最大直径 d 是：

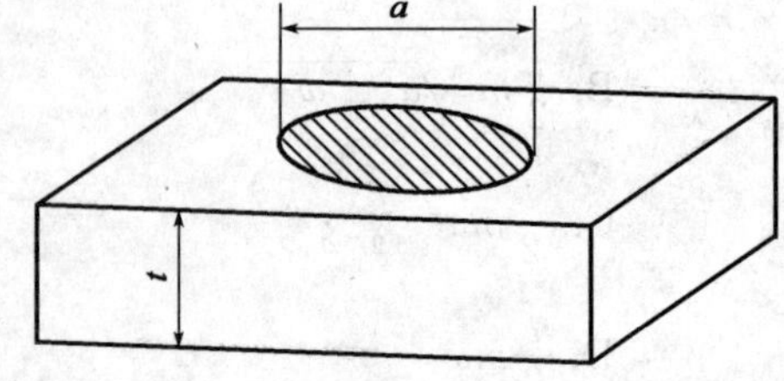

A. $d=200\text{mm}$

B. $d=100\text{mm}$

C. $d=4000\text{mm}$

D. $d=1000\text{mm}$

62. 图示两根木杆连接结构，已知木材的许用切应力为$[\tau]$，许用挤压应力为$[\sigma_{bs}]$，则 a 与 h 的合理比值是：

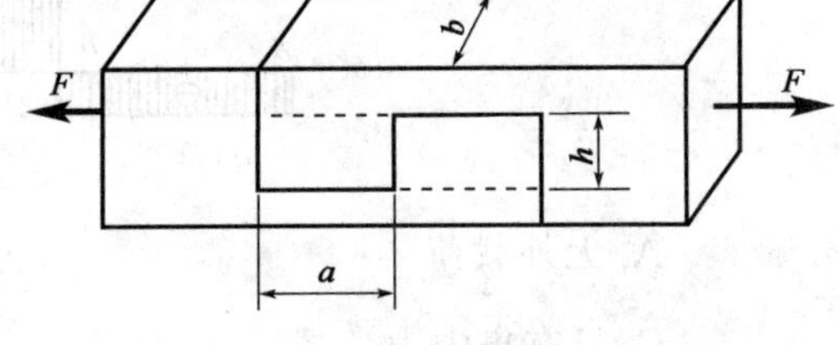

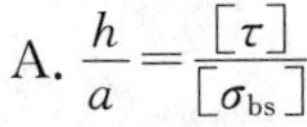

A. $\frac{h}{a}=\frac{[\tau]}{[\sigma_{bs}]}$

B. $\frac{h}{a}=\frac{[\sigma_{bs}]}{[\tau]}$

C. $\frac{h}{a}=\frac{[\tau]a}{[\sigma_{bs}]}$

D. $\frac{h}{a}=\frac{[\sigma_{bs}]a}{[\tau]}$

63. 圆轴受力如图所示，下面 4 个扭矩图中正确的是：

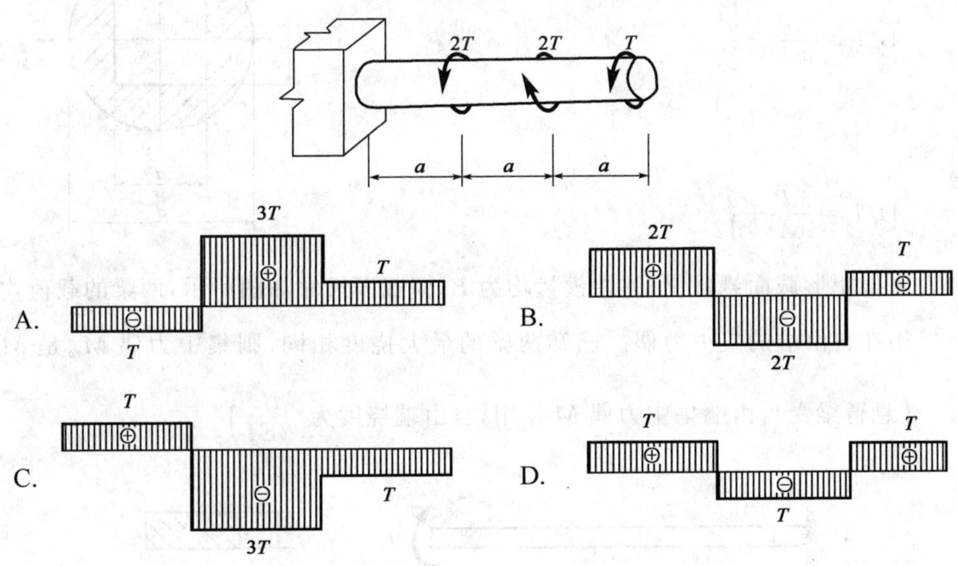

64. 直径为 d 的实心圆轴受扭，若使扭转角减小一半，圆轴的直径需变为：

A. $\sqrt[4]{2}d$

B. $\sqrt[3]{2}d$

C. $0.5d$

D. $\frac{8}{3}d$

65. 梁 ABC 的弯矩如图所示，根据梁的弯矩图，可以断定该梁 B 点处：

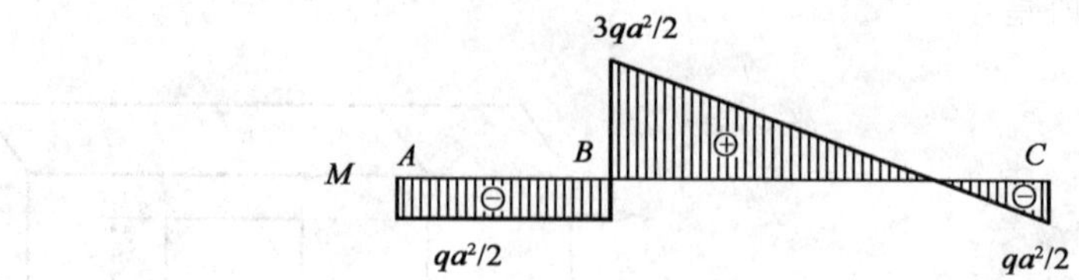

A. 无外载荷

B. 只有集中力偶

C. 只有集中力

D. 有集中力和集中力偶

66. 图示空心截面对 z 轴的惯性矩 I_z 为：

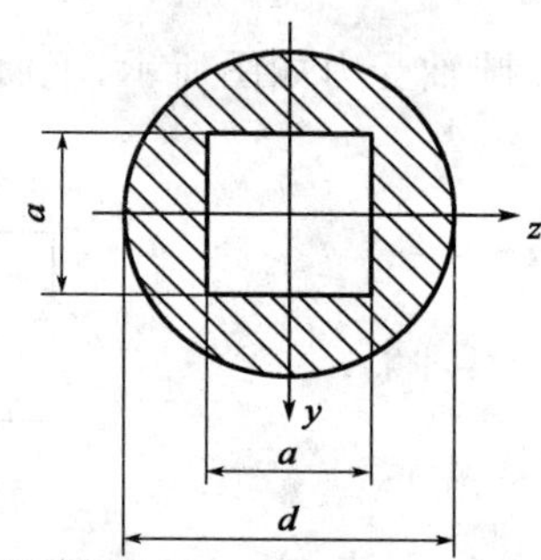

A. $I_z=\frac{\pi d^4}{32}-\frac{a^4}{12}$

B. $I_z=\frac{\pi d^4}{64}-\frac{a^4}{12}$

C. $I_z=\frac{\pi d^4}{32}+\frac{a^4}{12}$

D. $I_z=\frac{\pi d^4}{64}+\frac{a^4}{12}$

67. 两根矩形截面悬臂梁，弹性模量均为 E，横截面尺寸如图所示，两梁的载荷均为作用在自由端的集中力偶。已知两梁的最大挠度相同，则集中力偶 M_{e2} 是 M_{e1} 的：

$\left(\text{悬臂梁受自由端集中力偶 } M \text{ 作用，自由端挠度为 } \frac{ML^2}{2EI}\right)$

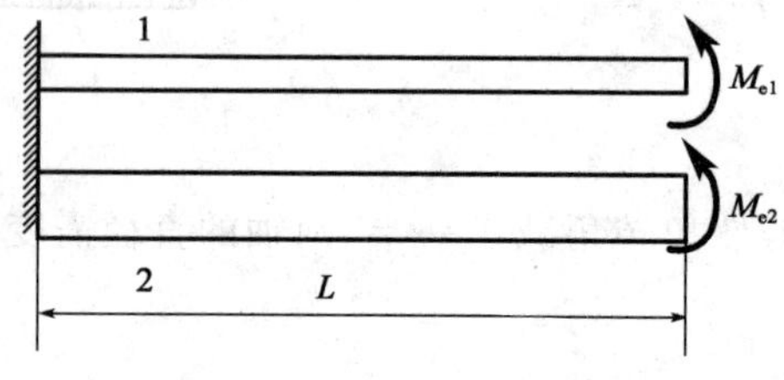

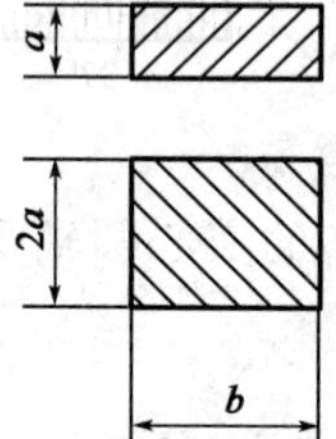

A. 8 倍

B. 4 倍

C. 2 倍

D. 1 倍

68. 图示等边角钢制成的悬臂梁 AB，c 点为截面形心，x' 为该梁轴线，y'、z' 为形心主轴。集中力 F 竖直向下，作用线过角钢两个狭长矩形边中线的交点，梁将发生以下变形：

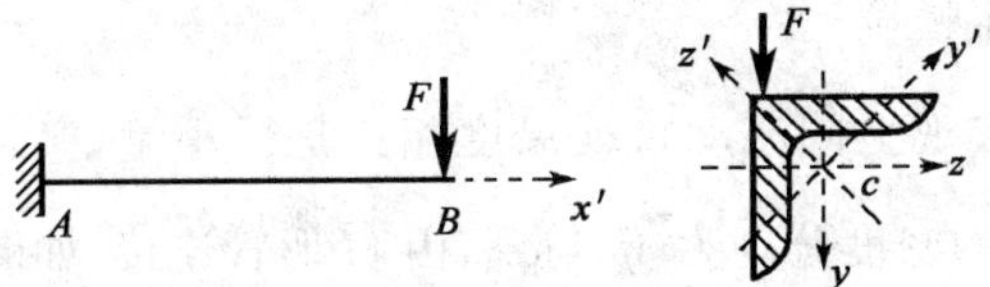

A. $x'z'$ 平面内的平面弯曲

B. 扭转和 $x'z'$ 平面内的平面弯曲

C. $x'y'$ 平面和 $x'z'$ 平面内的双向弯曲

D. 扭转和 $x'y'$ 平面、$x'z'$ 平面内的双向弯曲

69. 图示单元体，法线与 x 轴夹角 $\alpha=45°$ 的斜截面上切应力 τ_α 是：

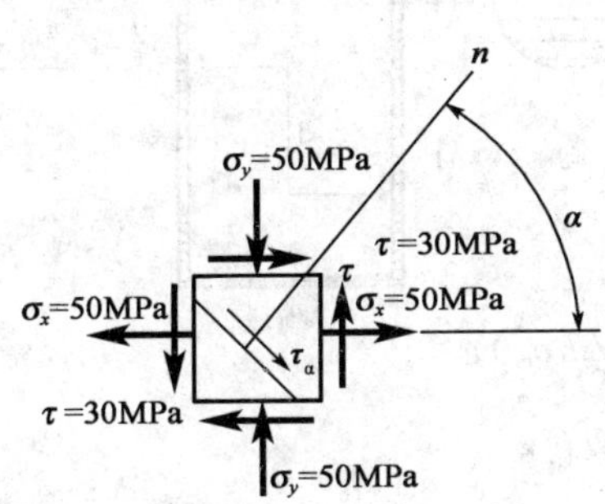

A. $\tau_\alpha=10\sqrt{2}\,\text{MPa}$

B. $\tau_\alpha=50\text{MPa}$

C. $\tau_\alpha=60\text{MPa}$

D. $\tau_\alpha=0$

70. 图示矩形截面细长（大柔度）压杆，弹性模量为 E。该压杆的临界荷载 F_{cr} 为：

A. $F_{cr}=\dfrac{\pi^2 E}{(L)^2}\left(\dfrac{bh^3}{12}\right)$

B. $F_{cr}=\dfrac{\pi^2 E}{(L)^2}\left(\dfrac{hb^3}{12}\right)$

C. $F_{cr}=\dfrac{\pi^2 E}{(2L)^2}\left(\dfrac{bh^3}{12}\right)$

D. $F_{cr}=\dfrac{\pi^2 E}{(2L)^2}\left(\dfrac{hb^3}{12}\right)$

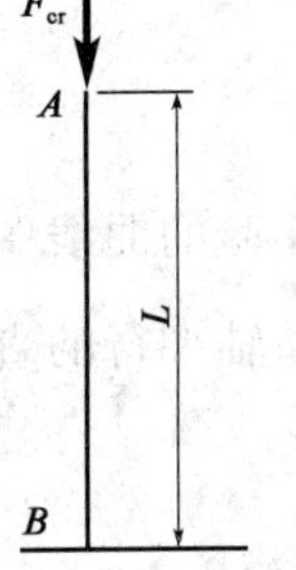

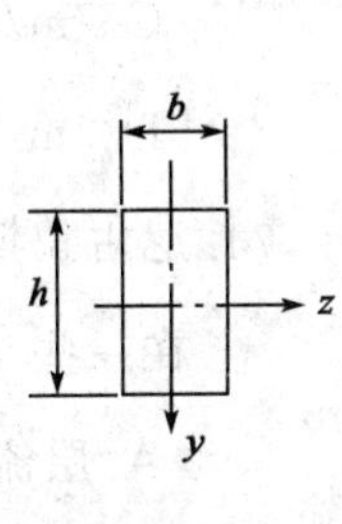

71. 按连续介质概念，流体质点是：

A. 几何的点

B. 流体的分子

C. 流体内的固体颗粒

D. 几何尺寸在宏观上同流动特征尺度相比是微小量，又含有大量分子的微元体

72. 设 A、B 两处液体的密度分别为 ρ_A 与 ρ_B，由 U 形管连接，如图所示，已知水银密度为 ρ_m，1、2 面的高度差为 Δh，它们与 A、B 中心点的高度差分别是 h_1 与 h_2，则 AB 两中心点的压强差 $P_A - P_B$ 为：

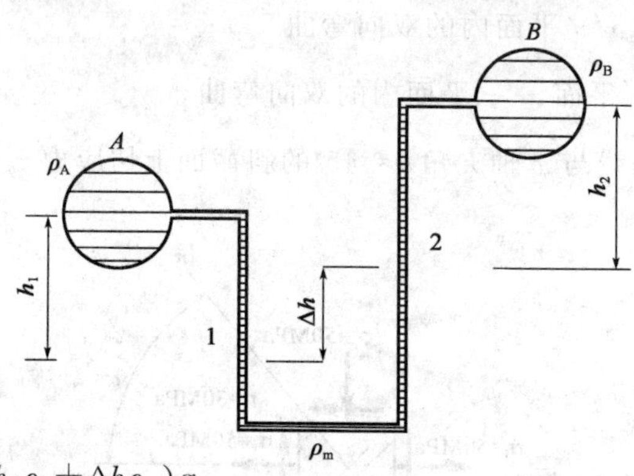

A. $(-h_1\rho_A + h_2\rho_B + \Delta h\rho_m)g$

B. $(h_1\rho_A - h_2\rho_B - \Delta h\rho_m)g$

C. $[-h_1\rho_A + h_2\rho_B + \Delta h(\rho_m - \rho_A)]g$

D. $[h_1\rho_A - h_2\rho_B - \Delta h(\rho_m - \rho_A)]g$

73. 汇流水管如图所示，已知三部分水管的横截面积分别为 $A_1 = 0.01\text{m}^2$，$A_2 = 0.005\text{m}^2$，$A_3 = 0.01\text{m}^2$，入流速度 $v_1 = 4\text{m/s}$，$v_2 = 6\text{m/s}$，求出流的流速 v_3 为：

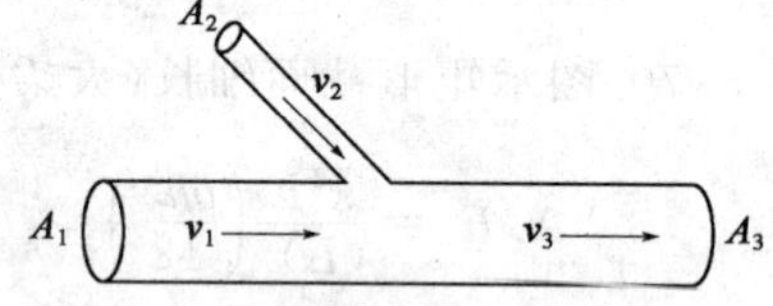

A. 8m/s

B. 6m/s

C. 7m/s

D. 5m/s

74. 尼古拉斯实验的曲线图中，在以下哪个区域里，不同相对粗糙度的试验点，分别落在一些与横轴平行的直线上，阻力系数 λ 与雷诺数无关：

A. 层流区

B. 临界过渡区

C. 紊流光滑区

D. 紊流粗糙区

75. 正常工作条件下，若薄壁小孔口直径为 d，圆柱形管嘴的直径为 d_2，作用水头 H 相等，要使得孔口与管嘴的流量相等，则直径 d_1 与 d_2 的关系是：

A. $d_1 > d_2$　　B. $d_1 < d_2$

C. $d_1 = d_2$　　D. 条件不足无法确定

76. 下面对明渠均匀流的描述哪项是正确的：

A. 明渠均匀流必须是非恒定流

B. 明渠均匀流的粗糙系数可以沿程变化

C. 明渠均匀流可以有支流汇入或流出

D. 明渠均匀流必须是顺坡

77. 有一完全井，半径 $r_0 = 0.3\text{m}$，含水层厚度 $H = 15\text{m}$，土壤渗透系数 $k = 0.0005\text{m/s}$，抽水稳定后，井水深 $h = 10\text{m}$，影响半径 $R = 375\text{m}$，则由达西定律得出的井的抽水量 Q 为：(其中计算系数为 1.366)

A. $0.0276\text{m}^3/\text{s}$　　B. $0.0138\text{m}^3/\text{s}$

C. $0.0414\text{m}^3/\text{s}$　　D. $0.0207\text{m}^3/\text{s}$

78. 量纲和谐原理是指：

A. 量纲相同的量才可以乘除

B. 基本量纲不能与导出量纲相运算

C. 物理方程式中各项的量纲必须相同

D. 量纲不同的量才可以加减

79. 关于电场和磁场，下述说法中正确的是：

A. 静止的电荷周围有电场，运动的电荷周围有磁场

B. 静止的电荷周围有磁场，运动的电荷周围有电场

C. 静止的电荷和运动的电荷周围都只有电场

D. 静止的电荷和运动的电荷周围都只有磁场

80. 如图所示，两长直导线的电流 $I_1 = I_2$，L 是包围 I_1、I_2 的闭合曲线，以下说法中正确的是：

A. L 上各点的磁场强度 H 的量值相等，不等于 0

B. L 上各点的 H 等于 0

C. L 上任一点的 H 等于 I_1、I_2 在该点的磁场强度的叠加

D. L 上各点的 H 无法确定

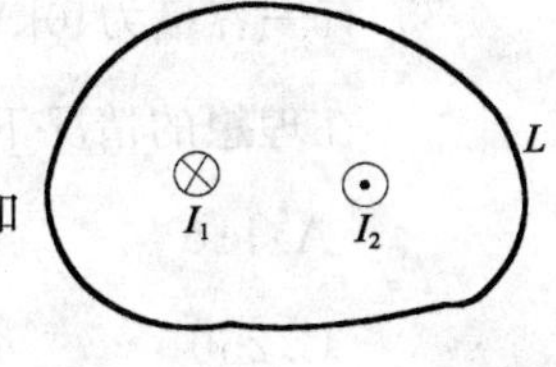

81. 电路如图所示，U_s 为独立电压源，若外电路不变，仅电阻 R 变化时，将会引起下述哪种变化？

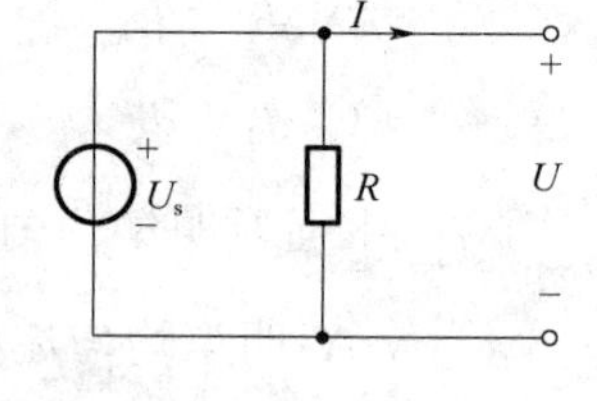

A. 端电压 U 的变化

B. 输出电流 I 的变化

C. 电阻 R 支路电流的变化

D. 上述三者同时变化

82. 在图 a) 电路中有电流 I 时，可将图 a) 等效为图 b)，其中等效电压源电动势 E_S 和等效电源内阻 R_0 分别为：

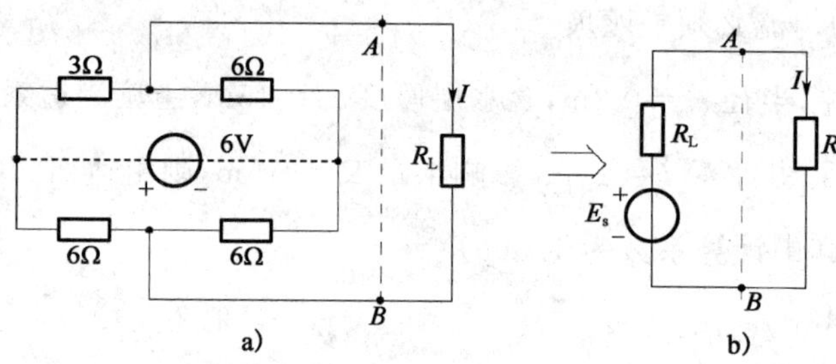

A. −1V，5.143Ω

B. 1V，5Ω

C. −1V，5Ω

D. 1V，5.143Ω

83. 某三相电路中，三个线电流分别为：

$$i_A = 18\sin(314t + 23°)(A)$$

$$i_B = 18\sin(314t - 97°)(A)$$

$$i_C = 18\sin(314t + 143°)(A)$$

当 $t=10$s 时，三个电流之和为：

A. 18A

B. 0A

C. $18\sqrt{2}$ A

D. $18\sqrt{3}$ A

84. 电路如图所示，电容初始电压为零，开关在 $t=0$ 时闭合，则 $t \geqslant 0$ 时，$u(t)$ 为：

A. $(1-e^{-0.5t})$V

B. $(1+e^{-0.5t})$V

C. $(1-e^{-2t})$V

D. $(1+e^{-2t})$V

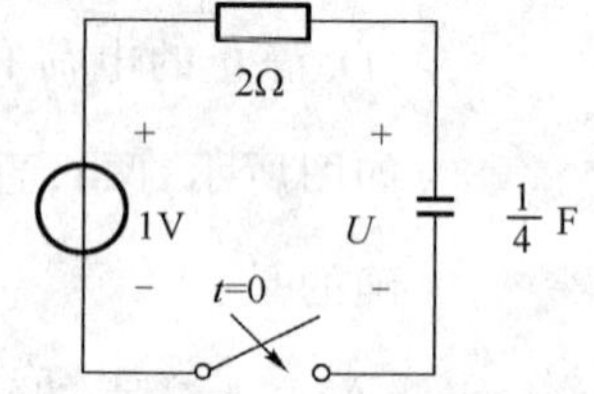

85. 有一容量为10kV·A 的单相变压器，电压为 3300/220V，变压器在额定状态下运行。在理想的情况下副边可接 40W、220V、功率因数 $\cos\phi=0.44$ 的日光灯多少盏？

A. 110

B. 200

C. 250

D. 125

86. 整流滤波电路如图所示，已知 $U_1=30V$，$U_o=12V$，$R=2k\Omega$，$R_L=4k\Omega$，稳压管的稳定电流 $I_{Zmin}=5mA$ 与 $I_{Zmax}=18mA$。通过稳压管的电流和通过二极管的平均电流分别是：

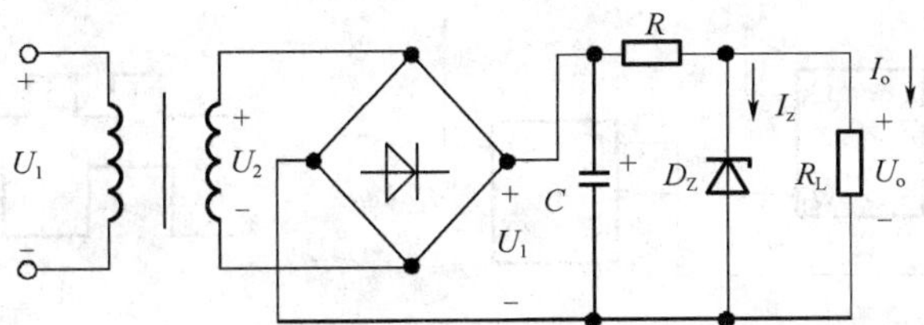

A. 5mA，2.5mA
B. 8mA，8mA
C. 6mA，2.5mA
D. 6mA，4.5mA

87. 晶体管非门电路如图所示，已知 $U_{CC}=15V$，$U_B=-9V$，$R_C=3k\Omega$，$R_B=20k\Omega$，$\beta=40$，当输入电压 $U_1=5V$ 时，要使晶体管饱和导通，R_X 的值不得大于：(设 $U_{BE}=0.7V$，集电极和发射极之间的饱和电压 $U_{CES}=0.3V$)

A. 7.1kΩ
B. 35kΩ
C. 3.55kΩ
D. 17.5kΩ

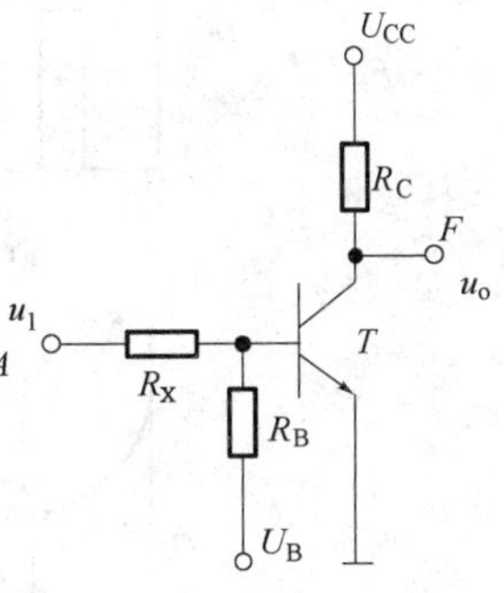

88. 图示为共发射极单管电压放大电路，估算静态点 I_B、I_C、V_{CE}分别为：

A. 57μA，2.8mA，3.5V
B. 57μA，2.8mA，8V
C. 57μA，4mA，0V
D. 30μA，2.8mA，3.5V

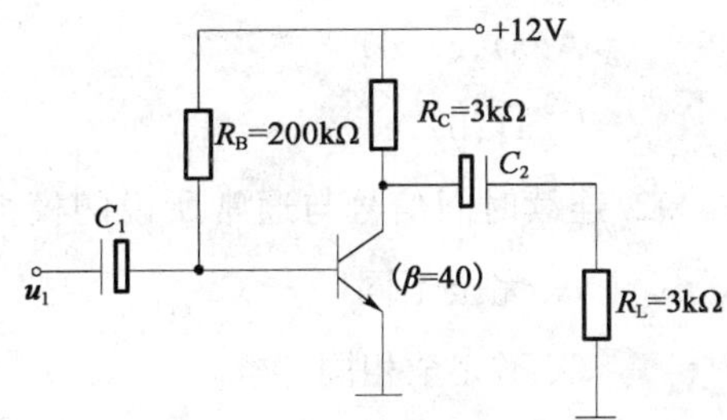

89. 图为三个二极管和电阻 R 组成的一个基本逻辑门电路，输入二极管的高电平和低电平分别是 3V 和 0V，电路的逻辑关系式是：

A. Y＝ABC
B. Y＝A＋B＋C
C. Y＝AB＋C
D. Y＝(A＋B)C

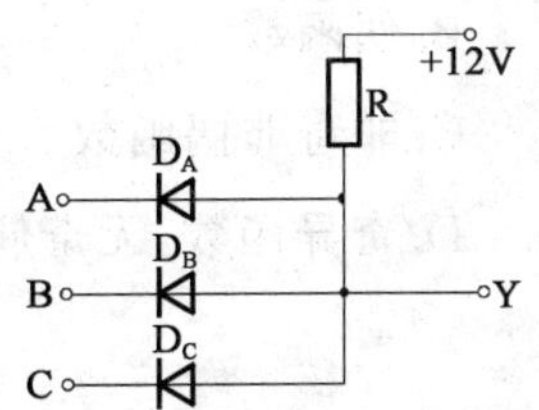

90. 由两个主从型JK触发器组成的逻辑电路如图a)所示，设Q_1、Q_2的初始态是0、0，已知输入信号A和脉冲信号cp的波形，如图b)所示，当第二个cp脉冲作用后，Q_1、Q_2将变为：

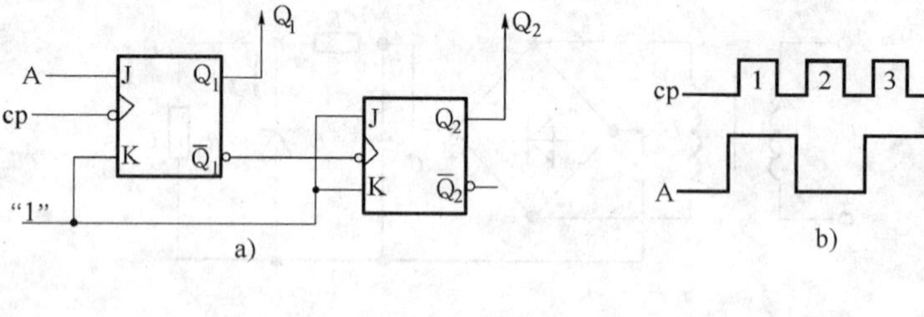

a)　　b)

A. 1、1　　B. 1、0

C. 0、1　　D. 保持0、0不变

91. 图示为电报信号、温度信号、触发脉冲信号和高频脉冲信号的波形，其中是连续信号的是：

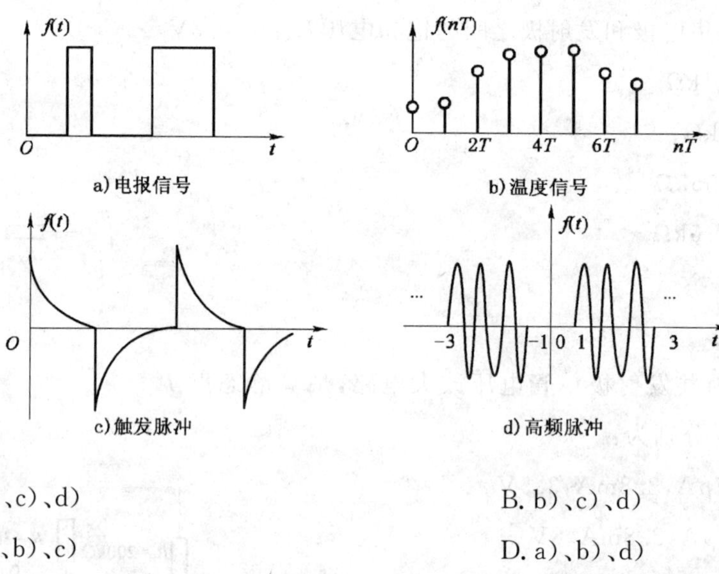

a) 电报信号　　b) 温度信号

c) 触发脉冲　　d) 高频脉冲

A. a)、c)、d)　　B. b)、c)、d)

C. a)、b)、c)　　D. a)、b)、d)

92. 连续时间信号与通常所说的模拟信号的关系是：

A. 完全不同　　B. 是同一个概念

C. 不完全相同　　D. 无法回答

93. 单位冲激信号$\delta(t)$是：

A. 奇函数

B. 偶函数

C. 非奇非偶函数

D. 奇异函数，无奇偶性

94. 单位阶跃信号 $\varepsilon(t)$ 是物理量单位跃变现象，而单位冲激信号 $\delta(t)$ 是物理量产生单位跃变什么的现象：

A. 速度　　　　B. 幅度

C. 加速度　　　　D. 高度

95. 如图所示的周期为 T 的三角波信号，在用傅氏级数分析周期信号时，系数 a_0、a_n 和 b_n 判断正确的是：

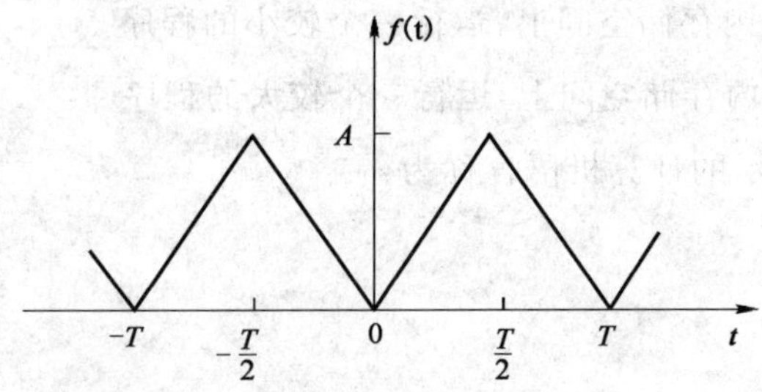

A. 该信号是奇函数且在一个周期的平均值为零，所以傅立叶系数 a_0 和 b_n 是零

B. 该信号是偶函数且在一个周期的平均值不为零，所以傅立叶系数 a_0 和 a_n 不是零

C. 该信号是奇函数且在一个周期的平均值不为零，所以傅立叶系数 a_0 和 b_n 不是零

D. 该信号是偶函数且在一个周期的平均值为零，所以傅立叶系数 a_0 和 b_n 是零

96. 将 $(11010010.01010100)_2$ 表示成十六进制数是：

A. $(\text{D2.54})_H$　　　　B. D2.54

C. $(\text{D2.A8})_H$　　　　D. $(\text{D2.54})_B$

97. 计算机系统内的系统总线是：

A. 计算机硬件系统的一个组成部分

B. 计算机软件系统的一个组成部分

C. 计算机应用软件系统的一个组成部分

D. 计算机系统软件的一个组成部分

98. 目前，人们常用的文字处理软件有：

A. Microsoft Word 和国产字处理软件 WPS

B. Microsoft Excel 和 Auto CAD

C. Microsoft Access 和 Visual Foxpro

D. Visual BASIC 和 Visual C＋＋

99. 下面所列各种软件中，最靠近硬件一层的是：

A. 高级语言程序　　B. 操作系统

C. 用户低级语言程序　　D. 服务性程序

100. 操作系统中采用虚拟存储技术，实际上是为实现：

A. 在一个较小内存储空间上，运行一个较小的程序

B. 在一个较小内存储空间上，运行一个较大的程序

C. 在一个较大内存储空间上，运行一个较小的程序

D. 在一个较大内存储空间上，运行一个较大的程序

101. 用二进制数表示的计算机语言称为：

A. 高级语言

B. 汇编语言

C. 机器语言

D. 程序语言

102. 下面四个二进制数中，与十六进制数 AE 等值的一个是：

A. 10100111

B. 10101110

C. 10010111

D. 11101010

103. 常用的信息加密技术有多种，下面所述四条不正确的一条是：

A. 传统加密技术、数字签名技术

B. 对称加密技术

C. 密钥加密技术

D. 专用 ASCII 码加密技术

104. 广域网，又称为远程网，它所覆盖的地理范围一般：

A. 从几十米到几百米

B. 从几百米到几公里

C. 从几公里到几百公里

D. 从几十公里到几千公里

105. 我国专家把计算机网络定义为：

A. 通过计算机将一个用户的信息传送给另一个用户的系统

B. 由多台计算机、数据传输设备以及若干终端连接起来的多计算机系统

C. 将经过计算机储存、再生，加工处理的信息传输和发送的系统

D. 利用各种通信手段，把地理上分散的计算机连在一起，达到相互通信、共享软/硬件和数据等资源的系统

106. 在计算机网络中，常将实现通信功能的设备和软件称为：

A. 资源子网

B. 通信子网

C. 广域网

D. 局域网

107. 某项目拟发行1年期债券。在年名义利率相同的情况下，使年实际利率较高的复利计息期是：

A. 1年

B. 半年

C. 1季度

D. 1个月

108. 某建设工程建设期为2年。其中第一年向银行贷款总额为1000万元，第二年无贷款，贷款年利率为6%，则该项目建设期利息为：

A. 30万元

B. 60万元

C. 61.8万元

D. 91.8万元

109. 某公司向银行借款5000万元，期限为5年，年利率为10%，每年年末付息一次，到期一次还本，企业所得税率为25%。若不考虑筹资费用，该项借款的资金成本率是：

A. 7.5%

B. 10%

C. 12.5%

D. 37.5%

110. 对于某常规项目(IRR 唯一),当设定折现率为 12%时,求得的净现值为 130 万元;当设定折现率为 14%时,求得的净现值为 −50 万元,则该项目的内部收益率应是:

A. 11.56%　　B. 12.77%

C. 13%　　D. 13.44%

111. 下列财务评价指标中,反映项目偿债能力的指标是:

A. 投资回收期　　B. 利息备付率

C. 财务净现值　　D. 总投资收益率

112. 某企业生产一种产品,年固定成本为 1000 万元,单位产品的可变成本为 300 元、售价为 500 元,则其盈亏平衡点的销售收入为:

A. 5 万元　　B. 600 万元

C. 1500 万元　　D. 2500 万元

113. 下列项目方案类型中,适于采用净现值法直接进行方案选优的是:

A. 寿命期相同的独立方案

B. 寿命期不同的独立方案

C. 寿命期相同的互斥方案

D. 寿命期不同的互斥方案

114. 某项目由 A、B、C、D 四个部分组成,当采用强制确定法进行价值工程对象选择时,它们的价值指数分别如下所示。其中不应作为价值工程分析对象的是:

A. 0.7559

B. 1.0000

C. 1.2245

D. 1.5071

115. 建筑工程开工前,建设单位应当按照国家有关规定申请领取施工许可证,颁发施工许可证的单位应该是:

A. 县级以上人民政府建设行政主管部门

B. 工程所在地县级以上人民政府建设工程监督部门

C. 工程所在地省级以上人民政府建设行政主管部门

D. 工程所在地县级以上人民政府建设行政主管部门

116. 根据《安全生产法》的规定，生产经营单位主要负责人对本单位的安全生产负总责，某生产经营单位的主要负责人对本单位安全生产工作的职责是：

A. 建立、健全本单位安全生产责任制

B. 保证本单位安全生产投入的有效使用

C. 及时报告生产安全事故

D. 组织落实本单位安全生产规章制度和操作规程

117. 根据《招标投标法》的规定，某建设工程依法必须进行招标，招标人委托了招标代理机构办理招标事宜，招标代理机构的行为合法的是：

A. 编制投标文件和组织评标

B. 在招标人委托的范围内办理招标事宜

C. 遵守《招标投标法》关于投标人的规定

D. 可以作为评标委员会成员参与评标

118.《合同法》规定的合同形式中不包括：

A. 书面形式　　B. 口头形式

C. 特定形式　　D. 其他形式

119. 根据《行政许可法》规定，下列可以设定行政许可的事项是：

A. 企业或者其他组织的设立等，需要确定主体资格的事项

B. 市场竞争机制能够有效调节的事项

C. 行业组织或者中介机构能够自律管理的事项

D. 公民、法人或者其他组织能够自主决定的事项

120. 根据《建设工程质量管理条例》的规定，施工图必须经过审查批准，否则不得使用，某建设单位投资的大型工程项目施工图设计已经完成，该施工图应该报审的管理部门是：

A. 县级以上人民政府建设行政主管部门

B. 县级以上人民政府工程设计主管部门

C. 县级以上政府规划部门

D. 工程监理单位

2012年度全国勘察设计注册土木工程师(岩土)执业资格考试试卷

基础考试
(下)

二〇一二年九月

应考人员注意事项

1. 本试卷科目代码为“2”,考生务必将此代码填涂在答题卡“科目代码”相应的栏目内,否则,无法评分。
2. 书写用笔:**黑色或蓝色钢笔、签字笔或圆珠笔;**
填涂答题卡用笔:**黑色2B铅笔**。
3. 必须用书写用笔将工作单位、姓名、准考证号填写在答题卡和试卷相应的栏目内。
4. 本试卷由60题组成,每题2分,满分120分,本试卷全部为单项选择题,每小题的四个备选项中只有一个正确答案,错选、多选、不选均不得分。
5. 考生作答时,必须**按题号在答题卡上**将相应试题所选选项对应的**字母用2B铅笔涂黑**。
6. 在答题卡上书写与题意无关的语言,或在答题卡上作标记的,均按违纪试卷处理。
7. 考试结束时,由监考人员当面将试卷、答题卡一并收回。
8. 草稿纸由各地统一配发,考后收回。

单项选择题(共 60 题,每题 2 分。每题的备选项中只有一个最符合题意。)

1. 以下哪种微观结构或性质的材料不属于晶体?

A. 结构单元在三维空间规律性排列

B. 非固定熔点

C. 材料的任一部分都具有相同的性质

D. 在适当的环境中能自发形成封闭的几何多面体

2. 某种多孔材料密度为 2.4g/cm^3,表观密度为 1.8g/cm^3。该多孔材料的孔隙率为:

A. 20%　　B. 25%

C. 30%　　D. 35%

3. 我国通用的硅酸盐水泥标准中,符号“P.C”代表:

A. 普通硅酸盐水泥　　B. 硅酸盐水泥

C. 粉煤灰硅酸盐水泥　　D. 复合硅酸盐水泥

4. 混凝土的强度受到其材料的组成、养护条件和试验方法的影响,其中试验方法的影响体现在:

A. 试验设备的选择　　B. 试验地点的选择

C. 试验尺寸的选择　　D. 温湿环境的选择

5. 减水剂能够使混凝土在保持相同坍落度的前提下,大幅减小其用水量,因此能够提高混凝土的:

A. 流动性　　B. 强度

C. 黏聚性　　D. 捣实性

6. 当含碳量等于 0.8%时,钢材的晶体组织全部是:

A. 珠光体　　B. 渗碳体

C. 铁素体　　D. 奥氏体

7. 将木材破碎浸泡,研磨成木浆,加入一定量黏合剂,经热压成型、干燥处理而制成的人造板材,称为:

A. 胶合板　　B. 纤维板

C. 刨花板　　D. 大芯板

8. 测量学中高斯平面直角坐标系 X 轴、Y 轴的定义：

A. X 轴正向指东、Y 轴正向指北　　B. X 轴正向指西、Y 轴正向指南

C. X 轴正向指南、Y 轴正向指东　　D. X 轴正向指北、Y 轴正向指东

9. DS_3 型微倾式水准仪的主要组成部分是：

A. 物镜、水准器、基座　　B. 望远镜、水准器、基座

C. 望远镜、三角架、基座　　D. 仪器箱、照准器、三角架

10. 用视距测量方法求 A、B 两点间高差，通过观测得尺间距 $L=0.365\text{m}$，竖直角 $\alpha=3°15'00''$，仪器高 $i=1.460\text{m}$，中丝读数 2.379m，则 A、B 两点间高差 h_{AB} 为：

A. 1.15m　　B. 1.14m

C. 1.16m　　D. 1.51m

11. 地形图是按一定比例，用规定的符号表示下列哪一项的正射投影图？

A. 地物的平面位置

B. 地物、地貌的平面位置和高程

C. 地貌高程位置

D. 地面高低状态

12. 同一张地形图上等高距是相等的，则地形图上陡坡的等高线是：

A. 汇合的　　B. 密集的

C. 相交的　　D. 稀疏的

13. 设计单位的安全责任，不包含的是：

A. 在设计文件中注明安全的重点部位和环节

B. 对防范生产安全事故提出指导意见

C. 提出保障施工作业人员安全和预防生产安全事故的措施建议

D. 要求施工单位整改存在的安全事故隐患

14. 某勘察设计咨询企业 A 与其他事业单位合作的成果，其著作权、专利权、专有技术权归属，下列叙述正确的是：

A. 应归勘察设计咨询企业 A 所有

B. 应为合作各方共有

C. 应为提供最多资金的企业所有

D. 应为建设单位所有

15. 根据《建设工程质量管理条例》第七至十七条的规定，建设单位质量责任与义务具体是：

A. 向勘察、设计、施工、监理等单位提供有关的资料

B. 为求工程迅速完成而任意压缩工程

C. 肢解分包以加快发包速度

D. 为了赶进度而暗示承包方在施工过程中忽略工程强制性标准

16. 若投标人组成联合投标体进行投标，联合体的资质正确认定的是：

A. 以资质等级最低为基准

B. 以资质等级最高为基准

C. 以相关专业人数比例最高的单位资质等级为基准

D. 以投入资金比例最高的单位资质等级为基准

17. 反铲挖土机的挖土特点是：

A. 后退向下，强制切土

B. 前进向上，强制切土

C. 后退向下，自重切土

D. 直上直下，自重切土

18. 某悬挑长度为 1.5m、强度等级为 C30 的现浇阳台板，当可以拆除其底模时，混凝土立方体抗压强度至少应达到：

A. $15N/mm^2$　　B. $22.5N/mm^2$

C. $21N/mm^2$　　D. $30N/mm^2$

19. 与工程网络计划方法相比，横道图进度计划方法的缺点是不能：

A. 直观表达计划中工作的持续时间

B. 确定实施计划所需要的资源数量

C. 直观表示计划完成所需要的时间

D. 确定计划中的关键工作和时差

20. 下列关于网络计划的工期优化的表述不正确的是：

A. 一般通过压缩关键工作来实现

B. 可将关键工作压缩为非关键工作

C. 应优先压缩对成本、质量和安全影响小的工作

D. 当优化过程中出现多条关键线路时，必须同时压缩各关键线路的持续时间

21. 流水施工的时间参数不包括：

A. 总工期　　　　　　　　　　　B. 流水节拍和流水步距

C. 组织和技术间歇时间　　　　　D. 平行搭接时间

22. 图示结构，节点 C 处的弯矩是：

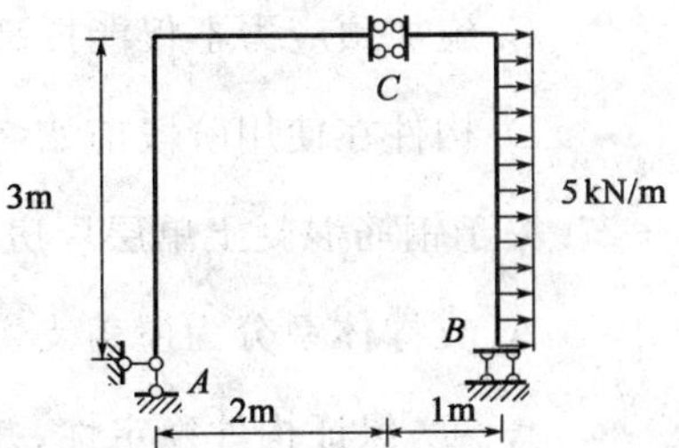

A. 30kN · m，上侧受拉

B. 30kN · m，下侧受拉

C. 45kN · m，上侧受拉

D. 45kN · m，下侧受拉

23. 图示结构，EI＝常数。节点 C 处弹性支座刚度系数 $k=3EI/L^3$，B 点的竖向位移为：

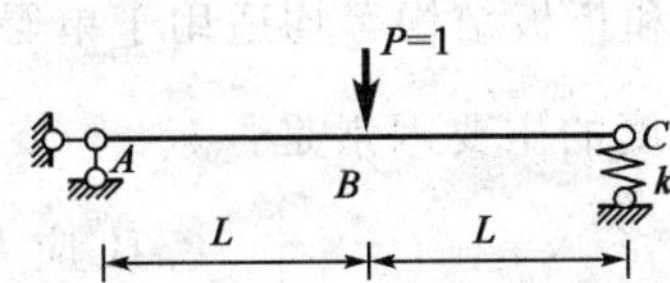

A. $L^3/2EI$

B. $L^3/3EI$

C. $L^3/4EI$

D. $L^3/6EI$

24. 图示结构，EA＝常数，线膨胀系数为 α，若环境温度降低 t℃，则两个铰支座 A、B 的水平支座反力大小为：

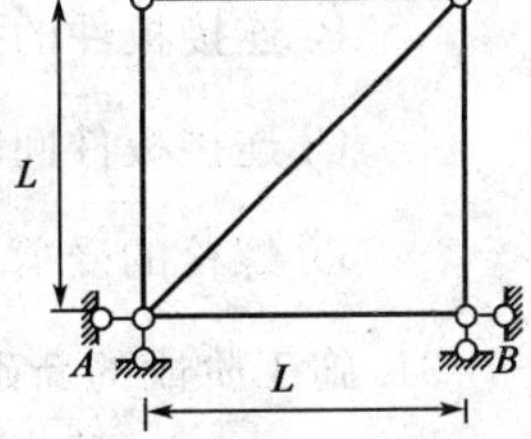

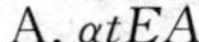

A. αtEA

B. $\alpha tEA/2$

C. $2\alpha tEA/L$

D. $\alpha tEA/L$

25. 钢筋混凝土结构抗震设计时，要求“强柱弱梁”是为了防止：

A. 梁支座处发生剪切破坏，从而造成结构倒塌

B. 柱较早进入受弯屈服，从而造成结构倒塌

C. 柱出现失稳破坏，从而造成结构倒塌

D. 柱出现剪切破坏，从而造成结构倒塌

26. 关于预应力混凝土轴心受拉构件的描述，下列说法不正确的是：

A. 即使张拉控制应力、材料强度等级、混凝土截面尺寸及预应力钢筋和截面面积相同，后张法构件的有效预压应力值也比先张法高

B. 对预应力钢筋超张拉，可减少预应力钢筋的损失

C. 施加预应力不仅能提高构件抗裂度，也能提高其极限承载能力

D. 构件在使用阶段前始终处于受压状态，发挥了混凝土受压性能

27. 关于钢筋混凝土单层厂房结构的布置与功能，下列说法不正确的是：

A. 支撑体系分为屋盖支撑和柱间支撑，主要作用是加强厂房结构的整体性和刚度，保证构件稳定性，并传递水平荷载

B. 屋盖分为有檩体系和无檩体系，起到承重和围护双重作用

C. 抗风柱与圈梁形成框架，提高了结构整体性，共同抵抗结构所遭受的风荷载

D. 排架结构、刚架结构和折板结构等均适用于单层厂房

28. 影响焊接钢构件疲劳强度的主要因素是：

A. 应力比　　　　B. 应力幅

C. 计算部位的最大拉应力　　　　D. 钢材强度等级

29. 提高钢结构工字形截面压弯构件腹板局部稳定性的有效措施是：

A. 限制翼缘板最大厚度　　　　B. 限制腹板最大厚度

C. 设置横向加劲肋　　　　D. 限制腹板高厚比

30. 与普通螺栓连接抗剪承载力无关的是：

A. 螺栓的抗剪强度

B. 连接板件的孔壁承压强度

C. 连接板件间的摩擦系数

D. 螺栓的受剪面数量

31. 施工阶段的新砌体，砂浆尚未硬化时，砌体的抗压强度：

A. 按砂浆强度为零确定

B. 按零计算

C. 按设计强度的 30％采用

D. 按设计强度的 50％采用

32.对于跨度较大的梁，应在其支承处的砌体上设置混凝土或钢筋混凝土垫块，但当墙中设有圈梁时，垫块与圈梁宜浇成整体，对砖砌体而言，现行规范规定的梁跨度限值是：

A. 6.0m　　　　B. 4.8m

C. 4.2m　　　　D. 3.6m

33.考虑抗震设防时，多层砌体房屋在墙中设置圈梁的目的是：

A. 提高墙体的抗剪承载能力

B. 增加房屋楼(屋)盖的水平刚度

C. 减少墙体的允许高厚比

D. 提高砌体的抗压强度

34.能用于估算和判断岩石的抗拉和抗压强度、各向异性和风化程度的力学指标是：

A. 点荷载强度　　　　B. 三轴抗压强度

C. RQD　　　　D. 模量比

35.岩体初始地应力主要包括：

A. 自重应力和温度应力

B. 构造应力和渗流荷载

C. 自重应力和成岩应力

D. 构造应力和自重应力

36.关于土的灵敏度，下面说法正确的是：

A. 灵敏度越大，表明土的结构性越强

B. 灵敏度越小，表明土的结构性越强

C. 灵敏度越大，表明土的强度越高

D. 灵敏度越小，表明土的强度越高

37.某饱和土体，土粒相对密度 $d_s=2.70$，含水率(含水量)$w=30\%$，取水的重度$\gamma_w=10kN/m^3$，则该土的饱和重度为：

A. 19.4kN/m^3

B. 20.2kN/m^3

C. 20.8kN/m^3

D. 21.2kN/m^3

38. 关于分层总和法计算沉降的基本假定，下列说法正确的是：

A. 假定土层只发生侧向变形，没有竖向变形

B. 假定土层只发生竖向变形，没有侧向变形

C. 假定土层中只存在竖向附加应力，不存在水平附加应力

D. 假定土层中只存在水平附加应力，不存在竖向附加应力

39. 直剪试验中快剪的试验结果最适用于下列哪种地基？

A. 快速加荷排水条件良好地基

B. 快速加荷排水条件不良地基

C. 慢速加荷排水条件良好地基

D. 慢速加荷排水条件不良地基

40. 对于图示挡土墙，墙背倾角为 α，墙后填土与挡土墙的摩擦角为 δ，墙后填土中水压力 E_w 的方向与水平面的夹角 Ψ 为：

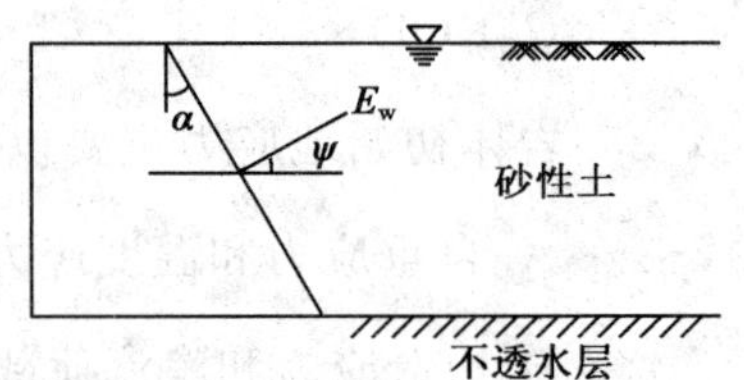

A. $\alpha+\delta$

B. $90°-(\alpha+\delta)$

C. α

D. δ

41. 沉积岩通常具有：

A. 层理构造　　B. 片理构造

C. 流纹构造　　D. 气孔构造

42. 下列岩石中，最容易遇水软化的是：

A. 石英砂岩　　B. 石灰岩

C. 黏土岩　　D. 白云岩

43. 某一地区出露的彼此平行的地层系列为 O_1、O_2、C_2、C_3，则 O_2 与 C_2 之间的接触关系为：

A. 整合接触　　B. 沉积接触

C. 假整合接触　　D. 角度不整合接触

44. 下列哪个地貌现象和地壳上升作用直接相关？

A. 牛轭湖　　B. 洪积扇

C. 滑坡台阶　　D. 基座阶地

45. 裂隙岩体的稳定性主要取决于：

A. 组成岩体的岩石的结构

B. 组成岩体的岩石的矿物成分

C. 岩体内的各种结构面的性质及对岩体的切割程度

D. 岩体内被切割的各岩块的力学性质

46. 岩浆岩的抗化学风化能力总体上讲比沉积岩：

A. 强　　B. 弱

C. 差不多　　D. 一样

47. 某种沉积物的组成砾石的成分复杂，有明显磨圆，具有上述特点的沉积物可能是：

A. 残积物　　B. 坡积物

C. 浅海沉积物　　D. 河流中上游冲积物

48. 下列物质中，最有可能构成隔水层的是：

A. 页岩　　B. 断裂破碎带

C. 石灰岩　　D. 玄武岩

49. 岩石工程勘察等级分为：

A. 2 级　　B. 3 级

C. 4 级　　D. 5 级

50. 确定地基土的承载力的方法中，下列哪个原位测试方法的结果最可靠？

A. 载荷试验　　B. 标准贯入试验

C. 轻型动力触探试验　　D. 旁压试验

51. 下列关于均匀岩质边坡应力分布的描述中，哪一个是错误的？

A. 愈接近于临空面，最大主应力方向愈接近平行于临空面，最小主应力方向愈接近垂直于临空面

B. 坡面附近出现应力集中，最大主应力方向垂直于坡脚，最小主应力方向垂直于坡顶

C. 临空面附近为双向应力状态，向内过渡为三向应力状态

D. 最大剪应力迹线为凹向临空面的弧形曲线

52. 岩石边坡内某一结构面上的最大、最小主应力分别为 σ_1 和 σ_3，当有地下水压力 p 作用时，其应力状态莫尔圆应该用下列哪个图示表示？

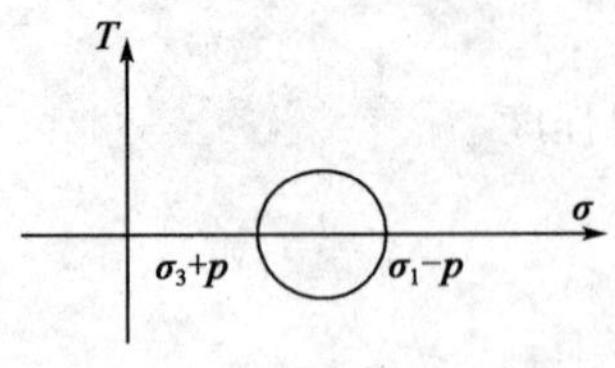

A.

B.

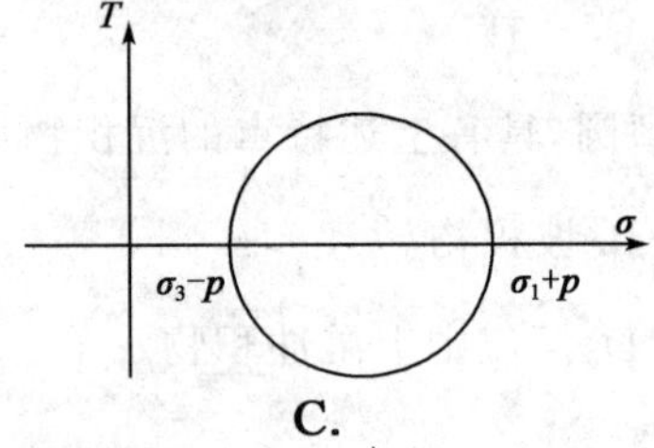

C.

D.

53. 不属于岩基常见的破坏形式是：

A. 沉降　　　　B. 开裂

C. 滑移　　　　D. 倾倒

54. 扩展基础的抗弯验算主要用于哪一项设计内容：

A. 控制基础的高度

B. 控制基础的宽度

C. 控制基础的长度

D. 控制基础的配筋

55. 关于地基承载力特征值的宽度修正公式 $\eta_b\gamma(b-3)$，下列说法不正确的是：

A. $\eta_b\gamma(b-3)$ 的最大值为 $3\eta_b\gamma$

B. $\eta_b\gamma(b-3)$ 总是大于或等于 0，不能为负值

C. η_b 可能等于 0

D. γ 取基底以上土的重度，地下水以下取浮重度

56. 下面哪一种措施无助于减小建筑物的沉降差？

A. 先修高的、重的建筑物，后修矮的、轻的建筑物

B. 进行地基处理

C. 采用桩基础

D. 建筑物建成后在周边均匀地堆土

57. 下面哪种情况对桩的竖向承载力有利？

A. 建筑物建成后在桩基附近堆土

B. 桩基周围的饱和土层发生固结沉降

C. 桥梁桩基周围发生淤积

D. 桩基施工完成后在桩周注浆

58. 经过深层搅拌法处理后的地基属于：

A. 天然地基

B. 人工地基

C. 桩基础

D. 其他深基础

59. 挤密桩的桩孔中，下面哪一种材料不能作为填料？

A. 黄土

B. 膨胀土

C. 水泥土

D. 碎石

60. 关于预压加固法，下面哪种情况有助于减小达到相同固结度所需的时间？

A. 增大上部荷载

B. 减小上部荷载

C. 增大井径比

D. 减小井径比

2012 年度全国勘察设计注册工程师执业资格考试基础考试(上)

试题解析及参考答案

1.解 $\lim\limits_{x\to 0^+}(x^2+1)=1,\lim\limits_{x\to 0^-}\left(\cos x+x\sin\dfrac{1}{x}\right)=1+0=1,$

$f(0)=(x^2+1)\Big|_{x=0}=1$,所以 $\lim\limits_{x\to 0^+}f(x)=\lim\limits_{x\to 0^-}f(x)=f(0)$。

答案:D

2.解 $\lim\limits_{x\to 0}\dfrac{1-\cos x}{2x^2}=\lim\limits_{x\to 0}\dfrac{\frac{1}{2}x^2}{2x^2}=\dfrac{1}{4}\neq 1$,当 $x\to 0,1-\cos x\sim\dfrac{1}{2}x^2$。

答案:D

3.解 $y=\ln\cos x,y'=\dfrac{-\sin x}{\cos x}=-\tan x,\mathrm{d}y=-\tan x\mathrm{d}x$

答案:C

4.解 $f(x)=(e^{-x^2})'=-2xe^{-x^2}$

$f'(x)=-2[e^{-x^2}+xe^{-x^2}(-2x)]=2e^{-x^2}(2x^2-1)$

答案:A

5.解 $\int f'(2x+1)\mathrm{d}x=\dfrac{1}{2}\int f'(2x+1)\mathrm{d}(2x+1)=\dfrac{1}{2}f(2x+1)+C$

答案:B

6.解 $\int_0^{\frac{1}{2}}\dfrac{1+x}{\sqrt{1-x^2}}\mathrm{d}x=\int_0^{\frac{1}{2}}\dfrac{1}{\sqrt{1-x^2}}\mathrm{d}x+\int_0^{\frac{1}{2}}\dfrac{x}{\sqrt{1-x^2}}\mathrm{d}x$

$$=\arcsin x\Big|_0^{\frac{1}{2}}+\int_0^{\frac{1}{2}}\frac{1}{\sqrt{1-x^2}}\mathrm{d}\left(\frac{1}{2}x^2\right)$$

$$=\arcsin\frac{1}{2}+\left(-\frac{1}{2}\right)\times\int_0^{\frac{1}{2}}\frac{1}{\sqrt{1-x^2}}\mathrm{d}(1-x^2)$$

$$=\frac{\pi}{6}+\left(-\frac{1}{2}\right)\times 2(1-x^2)^{\frac{1}{2}}\Big|_0^{\frac{1}{2}}$$

$$=\frac{\pi}{6}-\left(\frac{\sqrt{3}}{2}-1\right)=\frac{\pi}{6}+1-\frac{\sqrt{3}}{2}$$

答案:C

7. **解**　$D:\begin{cases}0\leqslant\theta<\dfrac{\pi}{4}\\0\leqslant r\leqslant\dfrac{1}{\cos\theta}\end{cases}$，因为 $x=1,r\cos\theta=1$（即 $r=\dfrac{1}{\cos\theta}$），

题 7 解图

等式 $=\int_0^{\frac{\pi}{4}}\mathrm{d}\theta\int_0^{\frac{1}{\cos\theta}}(r\cos\theta,r\sin\theta)r\mathrm{d}r$ 。

答案:B

8. **解**　$f'(x)>0$ 单增；$f''(x)<0$，凸。所以函数沿 x 轴正向是单增且凸的。

答案:C

9. **解**　$f(x)=x^{\frac{2}{3}}$ 在$[-1,1]$连续。$f'(x)=\dfrac{2}{3}x^{-\frac{1}{3}}=\dfrac{2}{3}\cdot\dfrac{1}{\sqrt[3]{x}}$ 在$(-1,1)$不可导[因为 $f'(x)$ 在 $x=0$ 导数不存在]，所以不满足拉格朗日定理的条件。

答案:B

10. **解**　$\sum\limits_{n=1}^{\infty}\left|\dfrac{(-1)^n}{n}\right|=\sum\limits_{n=1}^{\infty}\dfrac{1}{n}$，发散；

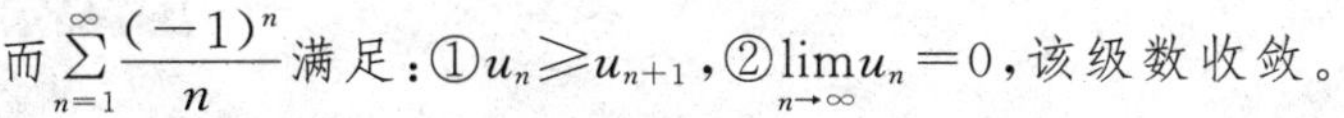

而 $\sum\limits_{n=1}^{\infty}\dfrac{(-1)^n}{n}$ 满足：①$u_n\geqslant u_{n+1}$，②$\lim\limits_{n\to\infty}u_n=0$，该级数收敛。

所以级数条件收敛。

答案:A

11. **解**　$|x|<\dfrac{1}{2}$，即 $-\dfrac{1}{2}<x<\dfrac{1}{2}$，$f(x)=\dfrac{1}{1+2x}$

已知：$\dfrac{1}{1+x}=1-x+x^2-x^3+\cdots+(-1)^nx^n+\cdots=\sum\limits_{n=0}^{\infty}(-1)^nx^n\quad(-1<x<1)$

则 $f(x)=\dfrac{1}{1+2x}=1-(2x)+(2x)^2-(2x)^3+\cdots+(-1)^n(2x)^n+\cdots$

$$=\sum_{n=0}^{\infty}(-1)^n(2x)^n=\sum_{n=0}^{\infty}(-2)^nx^n\left(-1<2x<1,即-\frac{1}{2}<x<\frac{1}{2}\right)$$

答案:B

12. **解**　$y'+p(x)y=q(x)$，$y_1(x)-y_2(x)$ 为对应齐次方程的解。

微分方程 $y'+p(x)y=q(x)$ 的通解为 $y=y_1+C(y_1-y_2)$。

答案:D

13. **解**　$y''+2y'-3y=0$，特征方程为 $r^2+2r-3=0$，得 $r_1=-3,r_2=1$。所以 $y_1=e^x$，$y_2=e^{-3x}$ 为选项 B 的特解，满足条件。

答案:B

14. **解**　$\dfrac{\mathrm{d}y}{\mathrm{d}x}=-\dfrac{x}{y}$，$y\mathrm{d}y=-x\mathrm{d}x$

两边积分：$\dfrac{1}{2}y^2=-\dfrac{1}{2}x^2+C$，$y^2=-x^2+2C$，$y^2+x^2=C_1$，这里常数 C_1 必须满足 $C_1\geqslant0$。

故方程的通解为 $x^2+y^2=C^2(C\in R)$。

答案:C

15.**解** 旋转体体积 $V=\int_0^{\pi}\pi[(\sin x)^{\frac{3}{2}}]^2\mathrm{d}x$

$$=\pi\int_0^{\pi}\sin^3 x\mathrm{d}x=\pi\int_0^{\pi}\sin^2 x\mathrm{d}(-\cos x)$$

$$=-\pi\int_0^{\pi}(1-\cos^2 x)\mathrm{d}\cos x$$

$$=-\pi\left(\cos x-\frac{1}{3}\cos^3 x\right)\Big|_0^{\pi}$$

$$=\frac{4}{3}\pi$$

答案:B

16.**解** 方程组 $\begin{cases}x^2+4y^2+z^2=4 & ①\\ x+z=a & ②\end{cases}$

消去字母 x

由②式得: $x=a-z$ ③

③式代入①式得:$(a-z)^2+4y^2+z^2=4$

则曲线在 yOz 平面上投影方程为 $\begin{cases}(a-z)^2+4y^2+z^2=4\\ x=0\end{cases}$

答案:A

17.**解** 方程 $x^2-\frac{y^2}{4}+z^2=1$,即 $x^2+z^2-\frac{y^2}{4}=1$,可由 xOy 平面上双曲线 $\begin{cases}x^2-\frac{y^2}{4}=1\\ z=0\end{cases}$ 绕 y 轴旋转得到,也可由 yOz 平面上双曲线 $\begin{cases}z^2-\frac{y^2}{4}=1\\ x=0\end{cases}$ 绕 y 轴旋转得到。

所以 $x^2+z^2-\frac{y^2}{4}=1$ 为旋转双曲面。

答案:A

18.**解** 直线 L 的方向向量 $\vec{s}=\begin{vmatrix}\vec{i} & \vec{j} & \vec{k}\\ 1 & 3 & 2\\ 2 & -1 & -10\end{vmatrix}=-28\vec{i}+14\vec{j}-7\vec{k}$,$\vec{s}=\{-28,14,-7\}$

平面 π:$4x-2y+z-2=0$

法线向量:$\vec{n}=\{4,-2,1\}$

$\vec{s}$,$\vec{n}$ 坐标成比例,$\frac{-28}{4}=\frac{14}{-2}=\frac{-7}{1}$,则 $\vec{s}//\vec{n}$,直线 L 垂直于平面 π。

答案:C

19. **解**　$\boldsymbol{A}$ 的特征值为 λ_0，$2\boldsymbol{A}$ 的特征值为 $2\lambda_0$，$(2\boldsymbol{A})^{-1}$ 的特征值为 $\frac{1}{2\lambda_0}$。

答案：C

20. **解**　已知 $\vec{\alpha_1}$，$\vec{\alpha_2}$，$\vec{\beta}$ 线性相关，$\vec{\alpha_2}$，$\vec{\alpha_3}$，$\vec{\beta}$ 线性无关。由性质可知：$\vec{\alpha_1}$，$\vec{\alpha_2}$，$\vec{\alpha_3}$，$\vec{\beta}$ 线性相关（部分相关，全体相关），$\vec{\alpha_2}$，$\vec{\alpha_3}$，$\vec{\beta}$ 线性无关。

故 $\vec{\alpha_1}$ 可用 $\vec{\alpha_2}$，$\vec{\alpha_3}$，$\vec{\beta}$ 线性表示。

答案：B

21. **解**　已知 $\boldsymbol{A}=\begin{bmatrix}1 & t & -1\\ t & 1 & 1\\ -1 & 1 & 2\end{bmatrix}$

由矩阵 $\boldsymbol{A}$ 正定的充分必要条件可知：$|1|>0$，$\begin{vmatrix}1 & t\\ t & 1\end{vmatrix}=1-t^2>0$，

$$\begin{vmatrix}1 & t & -1\\ t & 1 & 1\\ -1 & 1 & 2\end{vmatrix}\xlongequal[2c_1+c_3]{c_1+c_2}\begin{vmatrix}1 & t+1 & 1\\ t & t+1 & 1+2t\\ -1 & 0 & 0\end{vmatrix}=(-1)[(t+1)(1+2t)-(t+1)]=-2t(t+1)>0,$$

求解 $t^2<1$，得 $-1<t<1$；再求解 $-2t(t+1)>0$，得 $t(t+1)<0$，即 $-1<t<0$，则公共解 $-1<t<0$。

答案：B

22. **解**　A、B 互不相容时，$P(AB)=0$，$\overline{A}\,\overline{B}=\overline{A\cup B}$，

$P(\overline{A}\,\overline{B})=P(\overline{A\cup B})=1-P(A\cup B)$

$=1-[P(A)+P(B)-P(AB)]=1-(p+q)$

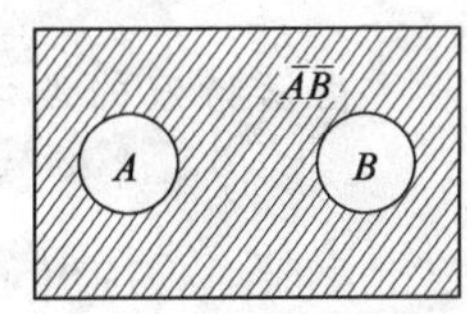

题 22 解图

或使用图示法（面积表示概率），见解图。

答案：C

23. **解**　X 与 Y 独立时，$E(XY)=E(X)E(Y)$，X 在 $[a,b]$ 上服从均匀分布时，$E(X)=\frac{a+b}{2}=1$，Y 服从参数为 λ 的指数分布时，$E(Y)=\frac{1}{\lambda}=\frac{1}{3}$，$E(XY)=\frac{1}{3}$。

答案：D

24. **解**　当 σ^2 未知时检验假设 $H_0:\mu=\mu_0$，应选取统计量 $T=\frac{\overline{x}-\mu_0}{s}\sqrt{n}$，$s^2=\frac{1}{n-1}\sum_{i=1}^{n}(x_i-\overline{x})^2=\frac{1}{n-1}Q^2$，$s=\frac{Q}{\sqrt{n-1}}$。当 $\mu_0=0$ 时，$T=\sqrt{n(n-1)}\,\frac{\overline{x}}{Q}$。

答案：A

25. **解**　①分子平均平动动能 $=\frac{3}{2}kT$，若平均平动动能相同，则温度相同。

②分子平均动能 =（平均平动动能 + 平均转动动能）$=\frac{i}{2}kT$。而氦分子为单原子分

子，没有转动动能，$i=3$；氮分子为双原子分子，$i=5$，故氦分子和氮分子的平均动能不同。

答案：B

26. **解** 麦克斯韦速率分布律，最概然速率定义。

答案：C

27. **解** 注意内能的增量 ΔE 只与系统的起始和终了状态有关，与系统所经历的过程无关。

$Q_{ab}=335=\Delta E_{ab}+126$，$\Delta E_{ab}=209\text{J}$，$Q'_{ab}=\Delta E_{ab}+42=251\text{J}$

答案：C

28. **解** 等体过程： $$Q_1=Q_v=\Delta E_1=\frac{m}{M}\frac{i}{2}R\Delta T \quad ①$$

等压过程： $$Q_2=Q_p=\Delta E_2+A=\frac{m}{M}\frac{i}{2}R\Delta T+A \quad ②$$

对于给定的理想气体，内能的增量只与系统的起始和终了状态有关，与系统所经历的过程无关，$\Delta E_1=\Delta E_2$。

比较①式和②式，注意到 $A>0$，显然 $Q_2>Q_1$。

答案：A

29. **解** 在 $t=0.25\text{s}$ 时刻，处于平衡位置，$y=0$

由简谐波的波动方程 $y=2\times10^{-2}\cos2\pi(10\times0.25-\frac{x}{5})=0$ 可知，

$$\cos2\pi(10\times0.25-\frac{x}{5})=0$$

则 $2\pi(10\times0.25-\frac{x}{5})=(2k+1)\frac{\pi}{2}$，$k=0,\pm1,\pm2,\cdots$，

由此可得 $2\frac{x}{5}=\frac{9}{2}-k$

当 $x=0$ 时，$k=4.5$，

所以 $k=4$，$x=1.25$ 或 $k=5$，$x=-1.25$ 时，与坐标原点 $x=0$ 最近。

答案：C

30. **解** 当初相位 $\phi=0$ 时，波动方程的表达式为 $y=A\cos\omega\left(t-\frac{x}{u}\right)$，利用 $\omega=2\pi\nu$，$\nu=\frac{1}{T}$，$u=\lambda\nu$，表达式 $y=A\cos\left[2\pi\nu\left(t-\frac{x}{\lambda\nu}\right)\right]=A\cos2\pi\left(\nu t-\frac{\nu x}{\lambda\nu}\right)=A\cos2\pi\left(\frac{t}{T}-\frac{x}{\lambda}\right)$，令 $A=0.02\text{m}$，$T=0.5\text{s}$，$\lambda=100\text{m}$，则 $y=0.02\cos\left(\frac{t}{\frac{1}{2}}-\frac{x}{100}\right)=0.02\cos2\pi(2t-0.01x)$。

答案：B

31. **解**　声强级 $L=10\lg\frac{I}{I_0}$dB，由题意得 $40=10\lg\frac{I}{I_0}$，即 $\frac{I}{I_0}=10^4$；同理 $\frac{I'}{I_0}=10^8$，$\frac{I'}{I}=10^4$。

答案：D

32. **解**　自然光 I_0 通过 P_1 偏振片后光强减半为 $\frac{I_0}{2}$，通过 P_2 偏振后光强为 $I=\frac{I_0}{2}\cos^2 90°=0$。

答案：A

33. **解**　布儒斯特定律，以布儒斯特角入射，反射光为完全偏振光。

答案：C

34. **解**　$(a+b)\sin\phi=\pm k\lambda\quad(k=0,1,2,\cdots)$

令 $\phi=90°$，$k=\frac{2000}{550}=3.63$，k 取小于此数的最大正整数，故 k 取 3。

答案：B

35. **解**　$a\sin\phi=(2k+1)\frac{\lambda}{2}$，即 $a\sin30°=3\times\frac{\lambda}{2}$

答案：D

36. **解**　$x_{明}=\pm k\frac{D\lambda}{a}$，$x_{暗}=(2k+1)\frac{D\lambda}{2a}$，间距 $=x_{暗}-x_{明}=\frac{D\lambda}{2a}$

答案：B

37. **解**　除 3d 轨道上的 7 个电子，其他轨道上的电子都已成对。3d 轨道上的 7 个电子填充到 5 个简并的 d 轨道中，按照洪特规则有 3 个未成对电子。

↑↓	↓↓	↑	↑	↑

答案：C

38. **解**　分子间力包括色散力、诱导力、取向力。分子间力以色散力为主。对同类型分子，色散力正比于分子量，所以分子间力正比于分子量。分子间力主要影响物质的熔点、沸点和硬度。对同类型分子，分子量越大，色散力越大，分子间力越大，物质的熔、沸点越高，硬度越大。

分子间氢键使物质熔、沸点升高，分子内氢键使物质熔、沸点减低。

HF 有分子间氢键，沸点最大。其他三个没有分子间氢键，HCl、HBr、HI 分子量逐渐增大，分子间力逐渐增大，沸点逐渐增大。

答案：D

39. **解**　HCl 溶于水既有物理变化也有化学变化。HCl 的微粒向水中扩散的过程是物理变化，HCl 的微粒解离生成氢离子和氯离子的过程是化学变化。

答案:C

40. **解**　系统与环境间只有能量交换,没有物质交换是封闭系统;既有物质交换,又有能量交换是敞开系统;没有物质交换,也没有能量交换是孤立系统。

答案:D

41. **解**　$K^{\Theta}=\dfrac{\dfrac{p_{PCl_5}}{p^{\Theta}}}{\dfrac{p_{PCl_3}}{p^{\Theta}}\dfrac{p_{Cl_2}}{p^{\Theta}}}=\dfrac{p_{PCl_5}}{p_{PCl_3}\cdot p_{Cl_2}}p^{\Theta}=\dfrac{p^{\Theta}}{p_{Cl_2}}, p_{Cl_2}=\dfrac{p^{\Theta}}{K^{\Theta}}=\dfrac{100\text{kPa}}{0.767}=130.38\text{kPa}$

答案:A

42. **解**　铜电极的电极反应为:$Cu^{2+}+2e^{-}=Cu$,氢离子没有参与反应,所以铜电极的电极电势不受氢离子影响。

答案:C

43. **解**　元素电势图的应用。

(1)判断歧化反应:对于元素电势图 A $\xrightarrow{E^{\theta}_{\text{左}}}$ B $\xrightarrow{E^{\theta}_{\text{右}}}$ C,若 $E^{\theta}_{\text{右}}$ 大于 $E^{\theta}_{\text{左}}$,B 即是电极电势大的电对的氧化型,可作氧化剂,又是电极电势小的电对的还原型,也可作还原剂,B 的歧化反应能够发生;若 $E^{\theta}_{\text{右}}$ 小于 $E^{\theta}_{\text{左}}$,B 的歧化反应不能发生。

(2)计算标准电极电势:根据元素电势图,可以从已知某些电对的标准电极电势计算出另一电对的标准电极电势。

从元素电势图可知,Au^{+} 可以发生歧化反应。由于 Cu^{2+} 达到最高氧化数,最不易失去电子,最稳定。

答案:A

44. **解**　系统命名法。

(1)链烃的命名

①选择主链:选择最长碳链或含有官能团的最长碳链为主链;

②主链编号:从距取代基或官能团最近的一端开始对碳原子进行编号;

③写出全称:将取代基的位置编号、数目和名称写在前面,将母体化合物的名称写在后面。

(2)衍生物的命名

①选择母体:选择苯环上所连官能团或带官能团最长的碳链为母体,把苯环视为取代基;

②编号:将母体中碳原子依次编号,使官能团或取代基位次具有最小值。

答案:B

45. **解**　含有不饱和键的有机物、含有醛基的有机物可使溴水褪色。

答案:D

46.**解** 信息素分子为含有 C=C 不饱和键的醛，C=C 不饱和键和醛基可以与溴发生加成反应；醛基可以发生银镜反应；一个分子含有两个不饱和键（C=C 双键和醛基），1mol 分子可以和 2mol H_2 发生加成反应；它是醛，不是乙烯同系物。

答案：B

47.**解** 根据力的可传性判断。

答案：A

48.**解** 主矢为三力的矢量和，对 O 点的主矩为三力分别对 O 点力矩的代数和。

答案：B

49.**解** 列两个平衡方程：$\sum F_x=0$；$\sum M_C(F)=0$。

答案：C

50.**解** 需视三链杆是否共点（含无穷远点）。

答案：D

51.**解** 根据公式：$2as=v_t^2-v_0^2$。

答案：D

52.**解** 根据转动刚体内一点的速度和加速度公式：$v=r\omega$；$a_n=r\omega^2$，且 $\omega=\dot{\varphi}$。

答案：A

53.**解** 木板的加速度与轮缘一点的切向加速度相等，而 $a_n=r\omega^2=\dfrac{v^2}{r}=\sqrt{a^2-a_t^2}$。

答案：A

54.**解** 根据牛顿第二定律。

答案：B

55.**解** 因为杆在水平方向受力为零，故水平方向质心运动守恒。

答案：C

56.**解** 因为 $\sum M_A(F)=0$，则对轮应用相对质心的动量矩定理：$J_A\alpha=0$。

答案：C

57.**解** 惯性力系的合力大小为 $F_I=ma_C$，而质心 C 有切向和法向加速度。

答案：B

58.**解** 干扰力的频率与系统固有频率相等时将发生共振。

答案：B

59.**解** 若将材料由低碳钢改为木材，则改变的只是弹性模量 E，而正应力计算公式 $\sigma=\dfrac{F_N}{A}$ 中没有 E，故正应力不变。但是轴向变形计算公式 $\Delta l=\dfrac{F_N l}{EA}$ 中，Δl 与 E 成反比，当木材的弹性模量减小时，轴向变形 Δl 增大。

答案：C

60.**解** 由杆的受力分析可知 A 截面受到一个约束反力为 F，方向向左，杆的轴力图如图所示：由于 BC 段杆轴力为零，没有变形，故杆中距离 A 端 1.5L 处横截面的轴向位移就等于 AB 段杆的伸长，$\Delta l=\dfrac{FL}{EA}$。

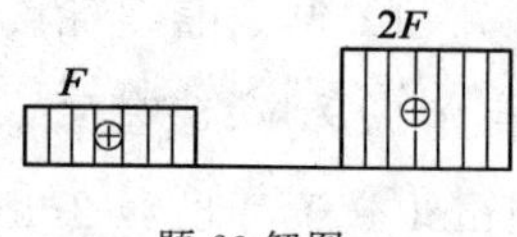

题 60 解图

答案：D

61. **解** 圆孔钢板冲断时的剪切面是一个圆柱面，其面积为 πdt，冲断条件是 $\tau_{\max}=\dfrac{F}{\pi dt}=\tau_b$，故 $d=\dfrac{F}{\pi t\tau_b}=\dfrac{300\pi\times10^3\text{N}}{\pi\times10\text{mm}\times300\text{MPa}}=100\text{mm}$。

答案：B

62. **解** 图示结构剪切面面积是 ab，挤压面面积是 hb。

剪切强度条件：
$$\tau=\frac{F}{ab}=[\tau] \quad ①$$

挤压强度条件：
$$\sigma_{bs}=\frac{F}{hb}=[\sigma_{bs}] \quad ②$$

由 $\dfrac{①}{②}=\dfrac{h}{a}=\dfrac{[\tau]}{[\sigma_{bs}]}$。

答案：A

63. **解** 由外力平衡可知左端的反力偶为 T，方向是由外向内转。再由各段扭矩计算可知：左段扭矩为 $+T$，中段扭矩为 $-T$，右段扭矩为 $+T$。

答案：D

64. **解** 由 $\phi_1=\dfrac{\phi}{2}$，即 $\dfrac{T}{GI_{p1}}=\dfrac{1}{2}\dfrac{T}{GI_p}$，得 $I_{p1}=2I_p$，所以 $\dfrac{\pi d_1^4}{32}=2\,\dfrac{\pi}{32}d^4$，故 $d_1=\sqrt[4]{2}\,d$。

答案：A

65. **解** 此题未说明梁的类型，有两种可能（见解图），简支梁时答案为 B，悬臂梁时答案为 D。

答案：B 或 D

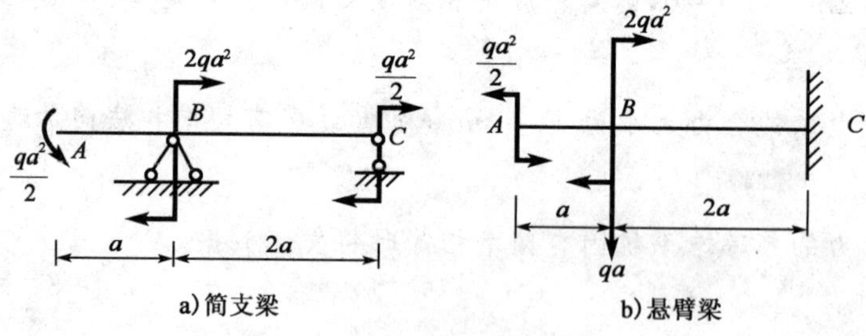

题 65 解图

66. **解** $I_z=\dfrac{\pi}{64}d^4-\dfrac{a^4}{12}$

答案：B

67. **解** 因为 $I_2=\dfrac{b(2a)^3}{12}=8\,\dfrac{ba^3}{12}=8I_1$，又 $f_1=f_2$，即 $\dfrac{M_1L^2}{2EI_1}=\dfrac{M_2L^2}{2EI_2}$，故 $\dfrac{M_2}{M_1}=\dfrac{I_2}{I_1}=8$。

答案:A

68.**解** 图示截面的弯曲中心是两个狭长矩形边的中线交点，形心主轴是 y' 和 z'，故无扭转，而有沿两个形心主轴 y'、z' 方向的双向弯曲。

答案:C

69.**解** 图示单元体 $\sigma_x=50\text{MPa}$，$\sigma_y=-50\text{MPa}$，$\tau_x=-30\text{MPa}$，$\alpha=45°$。

故 $\tau_\alpha=\dfrac{\sigma_x-\sigma_y}{2}\sin2\alpha+\tau_x\cos2\alpha=\dfrac{50-(-50)}{2}\sin90°-30\times\cos90°=50\text{MPa}$。

答案:B

70.**解** 图示细长压杆，$\mu=2$，$I_{\min}=I_y=\dfrac{hb^3}{12}$，$F_{\text{cr}}=\dfrac{\pi^2EI_{\min}}{(\mu L)^2}=\dfrac{\pi^2E}{(2L)^2}\left(\dfrac{hb^3}{12}\right)$。

答案:D

71.**解** 由连续介质假设可知。

答案:D

72.**解** 仅受重力作用的静止流体的等压面是水平面。

$$P_{\text{A}}+\rho_{\text{A}}gh_1=P_{\text{B}}+\rho_{\text{B}}gh_2+\rho_{\text{m}}g\Delta h$$

$$P_{\text{A}}-P_{\text{B}}=(-\rho_{\text{A}}h_1+\rho_{\text{B}}h_2+\rho_{\text{m}}\Delta h)g$$

答案:A

73.**解** 用连续方程求解。

$$v_3=\frac{v_1A_1+v_2A_2}{A_3}=\frac{4\times0.01+6\times0.005}{0.01}=7\text{m/s}$$

答案:C

74.**解** 由尼古拉兹阻力曲线图可知，在紊流粗糙区。

答案:D

75.**解** 薄壁小孔口与圆柱形外管嘴流量公式均可用，流量 $Q=\mu\cdot A\sqrt{2gH_0}$，根据面积 $A=\dfrac{\pi d^2}{4}$ 和题设两者的 H_0 及 Q 均相等，则有 $\mu_1d_1^2=\mu_2d_2^2$，而 $\mu_2>\mu_1(0.82>0.62)$，所以 $d_1>d_2$。

答案:A

76.**解** 明渠均匀流必须发生在顺坡渠道上。

答案:D

77.**解** 完全普通井流量公式：

$$Q=1.366\frac{k(H^2-h^2)}{\lg\dfrac{R}{r_0}}=1.366\times\frac{0.0005\times(15^2-10^2)}{\lg\dfrac{375}{0.3}}=0.0276\text{m}^3/\text{s}$$

答案:A

78.**解** 一个正确反映客观规律的物理方程中，各项的量纲是和谐的、相同的。

答案:C

79.**解** 静止的电荷产生静电场,运动电荷周围不仅存在电场,也存在磁场。

答案:A

80.**解** 用安培环路定律$\oint H\mathrm{d}L=\sum I$,这里电流是代数和,注意它们的方向。

答案:C

81.**解** 注意理想电压源和实际电压源的区别,该题是理想电压源$U_s=U$。

答案:C

82.**解** 利用等效电压源定理判断。在求等效电压源电动势时,将A、B两点开路后,电压源的两上方电阻和两下方电阻均为串联连接方式。

答案:B

83.**解** 对称三相交流电路中,任何时刻三相电流之和均为零。

答案:B

84.**解** 该电路为线性一阶电路,暂态过程依据公式$f(t)=f(\infty)+[f(t_{0+})-f(\infty)]e^{-t/\tau}$分析,这是三要素分析法。$f(t)$表示电路中任意电压和电流,其中$f(\infty)$是电量的稳态值,$f(t_{0+})$表示初始值,$\tau$表示电路的时间常数。在阻容耦合电路中$\tau=RC$。

答案:C

85.**解** 变压器的额定功率用视在功率表示,它等于变压器初级绕组或次级绕组中电压额定值与电流额定值的乘积,$S_N=U_{1N}I_{1N}=U_{2N}I_{2N}$。值得注意的是,次级绕阻电压是变压器空载时的电压,$U_{2N}=U_{20}$。可以认为变压器初级端的功率因数与次级端的功率因数相同。

答案:A

86.**解** 该电路为直流稳压电源电路。对于输出的直流信号,电容在电路中可视为断路。桥式整流电路中的二极管通过的电流平均值是电阻R中通过电流的一半。

答案:D

87.**解** 根据晶体三极管工作状态的判断条件,当晶体管处于饱和状态时,基极电流与集电极电流的关系是:

$$I_B > I_{BS}=\frac{1}{\beta}I_{CS}=\frac{1}{\beta}\left(\frac{U_{CC}-U_{CES}}{R_C}\right)$$

答案:A

88.**解** 根据等效的直流通道计算,在直流等效电路中电容断路。

答案:A

89.**解** 首先确定在不同输入电压下三个二极管的工作状态,依此确定输出端的电位U_Y;然后判断各电位之间的逻辑关系,当点电位高于2.4V时视为逻辑状态“1”,电位低于0.4V时视为逻辑状态“0”。

答案:A

90.**解** 该触发器为负边沿触发方式，即当时钟信号由高电平下降为低电平时刻输出端的状态可能发生改变。

答案:C

91.**解** 参看信号的分类，连续信号和离散信号部分。

答案:A

92.**解** 参看信号的分类，连续信号与模拟信号的区别。

答案:C

93.**解** $\delta(t)$只在$t=0$时刻存在，$\delta(t)=\delta(-t)$，所以是偶函数。

答案:B

94.**解** 常用模拟信号的描述，单位阶跃函数信号$\varepsilon(t)$与单位冲激信号$\delta(t)$的关系。

答案:A

95.**解** 周期信号的傅氏级数分析。

答案:B

96.**解** 根据二进制与十六进制的关系转换。

答案:A

97.**解** 系统总线又称内总线。因为该总线是用来连接微机各功能部件而构成一个完整微机系统的，所以称之为系统总线。计算机系统内的系统总线是计算机硬件系统的一个组成部分。

答案:A

98.**解** Microsoft Word 和国产字处理软件 WPS 都是目前广泛使用的文字处理软件。

答案:A

99.**解** 操作系统是用户与硬件交互的第一层系统软件，一切其他软件都要运行于操作系统之上(包括选项 A、C、D)。

答案:B

100.**解** 操作系统中采用虚拟存储技术是为了给用户提供更大的随机存取空间而采用的一种存储技术。它将内存与外存结合使用，好像有一个容量极大的内存储器，工作速度接近于主存，在整机形成多层次存储系统。

答案:B

101.**解** 二进制数是计算机所能识别的，由 0 和 1 两个数码组成，称为机器语言。

答案:C

102.**解** 四位二进制对应一位十六进制，A 表示 10，对应的二进制为 1010，E 表示 14，对应的二进制为 1110。

答案:B

103.**解** 传统加密技术、数字签名技术、对称加密技术和密钥加密技术都是常用的信息加密技术，而专用 ASCII 码加密技术是不常用的信息加密技术。

答案:D

104.**解** 广域网又称为远程网，它一般是在不同城市之间的 LAN(局域网)或者 MAN(城域网)网络互联，它所覆盖的地理范围一般从几十公里到几千公里。

答案:D

105.**解** 我国专家把计算机网络定义为：利用各种通信手段，把地理上分散的计算机连在一起，达到相互通信、共享软/硬件和数据等资源的系统。

答案:D

106.**解** 人们把计算机网络中实现网络通信功能的设备及其软件的集合称为网络的通信子网，而把网络中实现资源共享功能的设备及其软件的集合称为资源。

答案:B

107.**解** 年名义利率相同的情况下，一年内计息次数较多的，年实际利率较高。

答案:D

108.**解** 按建设期利息公式 $Q=\sum\left[P_{t-1}+\frac{A_t}{2}\cdot i\right]$ 计算。

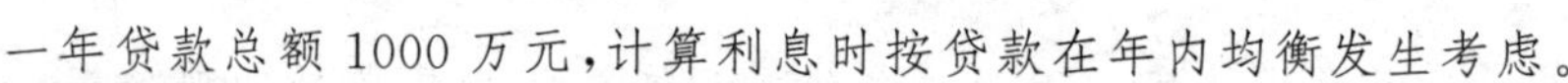

第一年贷款总额 1000 万元，计算利息时按贷款在年内均衡发生考虑。

$$Q_1=(1000/2)\times 6\%=30\ \text{万元}$$

$$Q_2=(1000+30)\times 6\%=61.8\ \text{万元}$$

$$Q=Q_1+Q_2=30+61.8=91.8\ \text{万元}$$

答案:D

109.**解** 按不考虑筹资费用的银行借款资金成本公式 $K_e=R_e(1-T)$ 计算。

$$K_e=R_e(1-T)=10\%\times(1-25\%)=7.5\%$$

答案:A

110.**解** 利用计算 IRR 的插值公式计算。

$$\text{IRR}=12\%+(14\%-12\%)\times(130)/(130+|-50|)=13.44\%$$

答案:D

111.**解** 利息备付率属于反映项目偿债能力的指标。

答案:B

112.**解** 可先求出盈亏平衡产量，然后乘以单位产品售价，即为盈亏平衡点销售收入。

$$\text{盈亏平衡点销售收入}=500\times\left(\frac{10\times 10^4}{500-300}\right)=2500\ \text{万元}$$

答案:D

113.**解** 寿命期相同的互斥方案可直接采用净现值法选优。

答案:C

114.**解** 价值指数等于 1 说明该部分的功能与其成本相适应。

答案:B

115.**解** 《中华人民共和国建筑法》第七条规定,建筑工程开工前,建设单位应当按照国家有关规定向工程所在地县级以上人民政府建设行政主管部门申请领取施工许可证;但是,国务院建设行政主管部门确定的限额以下的小型工程除外。

答案:D

116.**解** 《中华人民共和国安全生产法》第十七条第(一)款,B、C、D各条均和法律条文有出入。

答案:A

117.**解** 《中华人民共和国招标投标法》第十三条。

答案:B

118.**解** 《中华人民共和国合同法》第十条规定,当事人订立合同有书面形式、口头形式和其他形式。

答案:C

119.**解** 见《中华人民共和国行政许可法》第十二条第五款规定。选项A属于可以设定行政许可的内容,选项B、C、D均属于第十三条规定的可以不设行政许可的内容。

答案:A

120.**解** 原《建设工程质量管理条例》第十一条确实写的是"施工图设计文件报县级以上人民政府建设行政主管部门审查",所以原来答案应选A,但是2017年此条文改为"施工图设计文件审查的具体办法,由国务院建设行政主管部门、国务院其他有关部门制定"。

答案:无

2012年度全国勘察设计注册土木工程师(岩土)执业资格考试
基础考试(下)试题解析及参考答案

1.**解**　晶体结构的基本特征在于其内部质点按照一定的规则排列,即结构单元在三维空间规律性排列。晶体构造使晶体在适当的环境中能够自发地形成封闭的几何多面体,但是由于实际使用的晶体材料通常由众多细小晶粒杂乱排布而成,所以宏观晶体材料为各向同性,即材料的任一部分都具有完全相同的性质。晶体材料具有一定的熔点。非晶体材料没有固定的熔点。

答案:B

2.**解**　材料的孔隙率 $P_0=\dfrac{V_0-V}{V_0}\times 100\%$

$$=\left(1-\frac{\rho_0}{\rho}\right)\times 100\%$$

$$=(1-\frac{1.8}{2.4})\times 100\%=25\%$$

答案:B

3.**解**　普通硅酸盐水泥的代号为P.O,硅酸盐水泥的代号为P.I,粉煤灰硅酸盐水泥的代号为P.F,复合硅酸盐水泥的代号为P.C。

答案:D

4.**解**　测定混凝土强度时,由于环箍效应的影响,试件尺寸越大测得的强度值越小,所以试件尺寸的选择对测得混凝土强度有较大影响。

答案:C

5.**解**　减水剂能够使混凝土在保持相同坍落度的前提下,大幅减小其用水量,进而降低混凝土的水灰比(或水胶比),提高强度。

答案:B

6.**解**　珠光体是铁素体和渗碳体的机械混合物,含碳量较低;渗碳体是铁碳化合物,含碳量很高;铁素体是碳在α-Fe中的固溶体,含碳量小于0.02%;奥氏体是碳在γ-Fe中的固溶体,含碳量为0.8%～2.06%。当含碳量小于0.8%时,钢材的晶体组织主要为铁素体和珠光体;当含碳量大于0.8%时,钢材的晶体组织包含珠光体和渗碳体;当含碳量等于0.8%时,钢材的晶体组织全部是珠光体。

答案:A

7.**解**　胶合板是用数张(奇数张)由原木沿年轮方向旋切的薄片,使其纤维方向相互垂直叠放经热压而成的。

纤维板是以植物木纤维(如树皮、刨花、树枝等)为主要原料,经破碎浸泡,研磨成木浆,加入一定量的胶合剂经热压成型、干燥处理而成的。

刨花板是天然木材粉碎成颗料状后,再经黏合压制而成的。

细木工板,又称大芯板,是天然木条拼接而成的。

答案:B

8.**解**　高斯平面直角坐标系的定义,X 轴正向指北、Y 轴正向指东。

答案:D

9.**解**　水准仪的三个主要组成部分是望远镜、水准器和基座。

答案:B

10.**解**　$D=kL\cos^2\alpha=100\times0.365\times\cos^2(3°15'00'')=36.383\text{m}$

$$h=D\tan\alpha+i-v=36.383\times\tan(3°15'00'')+1.460-2.379$$

$$=1.147\text{m}\approx1.15\text{m}$$

答案:A

11.**解**　地形图是按一定比例,用规定的符号表示地物、地貌的平面位置和高程的正视投影图。

答案:B

12.**解**　等高线是地面上高程相同的相邻点连成的闭合曲线。等高线越密,则坡度越陡。

答案:B

13.**解**　《建设工程安全生产管理条例》第十三条规定:设计单位应当按照法律、法规和工程建设强制性标准进行设计,防止因设计不合理导致生产安全事故的发生。

设计单位应当考虑施工安全操作和防护需要,对涉及施工安全的重点部位和环节在设计文件中注明,并对防范生产安全事故提出指导意见。

采用新结构、新材料、新工艺的建设工程和特殊结构的建设工程,设计单位应当在设计中提出保障施工作业人员安全和预防生产安全事故的措施建议。

条文中不包括 D。

答案:D

14.**解**　《中华人民共和国著作权法》第十三条规定:两人以上合作创作的作品,著作权由合作作者共同享有。《中华人民共和国合同法》第三百四十条规定:合作开发完成的发明创造，除当事人另有约定的以外，申请专利的权利属于合作开发的当事人共有。

答案：B

15. **解**　见《建设工程质量管理条例》。

第七条　建设单位应当将工程发包给具有相应资质等级的单位。建设单位不得将建设工程肢解发包。

第九条　建设单位必须向有关的勘察、设计、施工、工程监理等单位提供与建设工程有关的原始资料。原始资料必须真实、准确、齐全。

第十条　建设工程发包单位不得迫使承包方以低于成本的价格竞标，不得任意压缩合理工期。建设单位不得明示或者暗示设计单位或者施工单位违反工程建设强制性标准，降低建设工程质量。

答案：A

16. **解**　《中华人民共和国建筑法》第二十七条规定：大型建筑工程或者结构复杂的建筑工程，可以由两个以上的承包单位联合共同承包。共同承包的各方对承包合同的履行承担连带责任。

两个以上不同资质等级的单位实行联合共同承包的，应当按照资质等级低的单位的业务许可范围承揽工程。

答案：A

17. **解**　反铲挖土机的挖土特点是后退向下，强制切土；正铲挖土机的挖土特点是前进向上，强制切土；抓铲、拉铲挖土机的挖土特点均是自重切土。

答案：A

18. **解**　任何跨度的悬挑构件拆除其底模时，同条件下养护的混凝土立方体试件抗压强度都至少应达到设计强度等级值的100%。

答案：D

19. **解**　工程网络计划方法与横道图进度计划方法相比，最大的优点是能够找到关键线路、关键工作及时差等参数，及时合理地指导工程。而横道图计划则不能。

答案：D

20. **解**　网络计划的工期优化的过程中，不得将关键工作直接压缩成非关键工作。否则，花了代价，工期并不能缩短。但允许在压缩其他工作时，某些关键工作被动地变为了非关键工作。

答案：B

21. **解**　流水施工的时间参数有流水节拍、流水步距、间歇时间(组织间歇和技术间歇，层间间歇和施工过程间歇）、平行搭接时间、流水工期，但不包括总工期，因为总工期是整个进度计划的工期。

答案:A

22. **解**　整体平衡$\sum X=0$，$H_A=15\text{kN}(\leftarrow)$

C左隔离体平衡$\sum Y=0$，$V_A=0$，$M_C=15\times3=45\text{kN}\cdot\text{m}$（下侧受拉）

答案:D

23. **解**　$\Delta_B^V=\dfrac{(2L)^3}{48EI}+\dfrac{1}{2}\dfrac{1}{2k}=\dfrac{L^3}{4EI}$

答案:C

24. **解**　$\alpha tL=\dfrac{HL}{EA}$，水平支座反力$H=\alpha tEA$。

答案:A

25. **解**　地震作用下，框架柱的破坏一般发生在柱的上下端，对于一般的框架结构，柱内弯矩以地震作用产生的弯矩为主，"强柱弱梁"就是为了防止柱先于梁进入受弯屈服，导致整体结构破坏。

答案:B

26. **解**　消压后构件即可视为普通钢筋混凝土，所以施加预应力对构件承载力没有提高作用。

答案:C

27. **解**　抗风柱是承受风荷载的主体构件，设置抗风柱间的圈梁只是为了提高结构的整体性。

答案:C

28. **解**　《钢结构设计标准》(GB 50017—2017)中，疲劳计算采用的是容许应力幅法，即构件或连接的应力幅值只要小于或等于容许应力幅，则满足疲劳强度的要求。

答案:B

29. **解**　《钢结构设计标准》(GB 50017—2017)第8.4.1条规定了工字形截面压弯构件腹板高厚比的限值。

答案:D

30. **解**　普通螺栓连接的抗剪承载力不考虑板件间的摩擦力。

答案:C

31. **解**　《砌体结构设计规范》(GB 50003—2011)第3.2.4条规定：施工阶段砂浆尚

未硬化的新砌体的强度和稳定性,可按砂浆强度为零进行验算。

答案:A

32. **解** 见《砌体结构设计规范》(GB 50003—2011)第6.2.7条。

答案:B

33. **解** 多层砌体房屋中设置圈梁是一种抗震构造措施,不考虑其对砌体承载力的提高作用,也不考虑对墙体允许高厚比的影响,但可以增加房屋的水平刚度。

答案:B

34. **解** 点荷载试验是一种适用于现场的简易快速试验方法,可快速获得岩石的点荷载强度指标,该指标可间接表征岩石坚硬程度和抗压、抗拉强度大小以及风化程度等力学性能,在工程中得到了广泛应用。

RQD只能反映岩体中的节理裂隙发育程度,并不能表征岩石的强度大小等力学性能。

三轴抗压强度和模量比也仅能反映岩石的某项力学性能,并不能据此估算岩石的其他强度大小。

答案:A

35. **解** 岩体中的初始地应力主要是由自重应力和构造应力构成,温度应力和封闭应力虽然也会影响岩体中的局部应力分布,但对整个初始地应力场的分布规律和大小影响有限。次生应力表示初始应力场受到工程扰动后的应力场,不属于初始地应力的范畴。

答案:D

36. **解** 土的灵敏度越高,其结构性越强,受扰动后土的强度降低就越多。

答案:A

37. **解** 土的三项比例指标换算,$\gamma_{sat}=\dfrac{d_e+\theta}{1+e}\gamma_w$,$e=\dfrac{wd_s}{S_r}$。饱和土体取 $S_r=1$,则 $e=27\times30\%=0.81$,$\gamma_{sat}=\dfrac{2.7+0.81}{1+0.81}\times10=19.4\text{kN/m}^3$。

答案:A

38. **解** 采用完全侧限条件下的压缩性指标计算沉降量。

答案:B

39. **解** 快剪是在试验施加垂直压力后,立即施加水平剪力。剪切过程是模拟不排水的排水条件。

答案:B

40. **解** 水压力同墙后填土与墙背之间的摩擦角无关,水在各个方向传递的压强相等，都是 $p_w=\gamma_w h_w$，合力为 $E_w=0.5\gamma_w h_w{}^2$，其中 h_w 为墙高，墙后填土中水压力方向(与墙背垂直的水压力合力)与水平面的夹角 Ψ 为 α。

答案:C

41.**解** 选项B为变质岩构造，选项C、D为岩浆岩构造。

答案:A

42.**解** 选项A、B、D岩石结构分别为碎屑结构、化学结构，对水不敏感；黏土岩为泥质结构，对水敏感，强度降低快。

答案:C

43.**解** O_1、O_2、C_2、C_3 地层系列由老到新，但缺失 O_3、C_1，为假整合的判断标准，故为假整合接触。

答案:C

44.**解** 选项A、B、C均与地壳上升无关。

答案:D

45.**解** 裂隙岩体的稳定性受控于结构面。

答案:C

46.**解** 岩石形成时与现今地表环境差距越大，其抗风化能力越差。

答案:B

47.**解** 磨圆、成分复杂、颗粒组成粒度大(砾石)，是河流上游沉积物的显著特征。

答案:D

48.**解** 页岩层薄、颗粒细、绝大部分为泥质胶结，故透水性弱，是良好的隔水层。

答案:A

49.**解** 《岩土工程勘察规范》(GB 50021—2001)(2009年版)第3.1.4条规定：岩土工程勘察等级分为甲、乙、丙三级。

答案:B

50.**解** 地基承载力确定的基准方法为载荷试验。

答案:A

51.**解** 本题应根据边坡中应力的分布特征来解答。由于边坡临空面的影响，临空面附近的主应力迹线均会明显发生偏转，表现为最大主应力与临空面近于平行，最小主应力与临空面近于正交，而且临空面上的法向应力为零，坡脚附近成为应力集中程度最严重的区域。同时，由于主应力方向的偏转，坡体内的最大剪应力迹线也发生变化，由原来的直线变为凹向临空面的弧线。选项B的描述不符合边坡的应力分布特点。

答案:B

52.**解** 岩体中的地下水水压属于各个方向等压的静水压力,作用在结构面上的水压力与结构面上的应力方向相反,有减小结构面上应力的作用效果。

答案:D

53.**解** 本题的关键是了解变形与破坏的区别,沉降一般指变形,与破坏有明显区别,其他三个答案均属于破坏。

答案:A

54.**解** 扩展基础的设计计算主要包括基础底面积确定(与无筋扩展基础相似)、抗冲切验算、抗弯验算、局部受压验算(当基础的混凝土强度等级小于柱的混凝土强度等级)。基础底板的配筋,应按抗弯计算确定。

答案:D

55.**解** 基础底面宽度,当基础宽度小于3m时,按3m取值;大于6m时,按6m取值。淤泥和淤泥质土、人工填土等$\eta_b\gamma$等于0,不进行宽度修正。γ取基底以下持力层土的重度,地下水以下取浮重度。

答案:D

56.**解** 建筑物建成后在周边均匀堆土可增加建筑物的绝对沉降量,无助于减小建筑物的沉降差。(沉降差是指相邻两基础沉降的差值)

答案:D

57.**解** 桩所承受的轴向荷载是通过作用于桩周土层的桩侧摩阻力和桩端地层的桩端阻力来支承的。桩基施工完成后在周边注浆可以增加桩侧摩阻力。

答案:D

58.**解** 天然地基如不能承受基础传递的全部荷载,需采用人工处理的方式对天然地基进行加固,经过加固处理后的天然地基称为人工地基。地基处理方法有换填法、预压法、强夯法、振冲法、砂石桩法、石灰桩法、柱锤冲扩桩法、土挤密桩法、水泥土搅拌法等(含深层搅拌法、粉体喷搅法。深层搅拌法简称湿法,粉体喷搅法简称干法)。

答案:B

59.**解** 膨胀土主要由亲水性强的黏土矿物组成,具有显著的吸水膨胀性和失水收缩性。

答案:B

60.**解** 预压加固法是对地下水位以下的天然地基或设置有砂井等竖向排水设施的地基,通过加载使地基土固结的方法。减小井径比有助于减小达到相同固结度所需的时间。

答案:D

2013年度全国勘察设计注册工程师执业资格考试试卷

基础考试（上）

二〇一三年九月

应考人员注意事项

1. 本试卷科目代码为“1”,考生务必将此代码填涂在答题卡“科目代码”相应的栏目内,否则,无法评分。
2. 书写用笔:**黑色或蓝色钢笔、签字笔或圆珠笔**;
   填涂答题卡用笔:**黑色 2B 铅笔**。
3. 必须用书写用笔将工作单位、姓名、准考证号填写在答题卡和试卷相应的栏目内。
4. 本试卷由 120 题组成,每题 1 分,满分 120 分,本试卷全部为单项选择题,每小题的四个备选项中只有一个正确答案,错选、多选、不选均不得分。
5. 考生作答时,必须**按题号在答题卡上**将相应试题所选选项对应的**字母用 2B 铅笔涂黑**。
6. 在答题卡上书写与题意无关的语言,或在答题卡上作标记的,均按违纪试卷处理。
7. 考试结束时,由监考人员当面将试卷、答题卡一并收回。
8. 草稿纸由各地统一配发,考后收回。

单项选择题(共 120 题,每题 1 分。每题的备选项中只有一个最符合题意。)

1. 已知向量 $\boldsymbol{\alpha}=(-3,-2,1)$,$\boldsymbol{\beta}=(1,-4,-5)$,则 $|\boldsymbol{\alpha}\times\boldsymbol{\beta}|$ 等于:

A. 0　　B. 6

C. $14\sqrt{3}$　　D. $14\boldsymbol{i}+16\boldsymbol{j}-10\boldsymbol{k}$

2. 若 $\lim\limits_{x\to1}\dfrac{2x^2+ax+b}{x^2+x-2}=1$,则必有:

A. $a=-1,b=2$　　B. $a=-1,b=-2$

C. $a=-1,b=-1$　　D. $a=1,b=1$

3. 若 $\begin{cases}x=\sin t\\y=\cos t\end{cases}$,则 $\dfrac{\mathrm{d}y}{\mathrm{d}x}$ 等于:

A. $-\tan t$　　B. $\tan t$

C. $-\sin t$　　D. $\cot t$

4. 设 $f(x)$ 有连续导数,则下列关系式中正确的是:

A. $\int f(x)\mathrm{d}x=f(x)$　　B. $[\int f(x)\mathrm{d}x]'=f(x)$

C. $\int f'(x)\mathrm{d}x=f(x)\mathrm{d}x$　　D. $[\int f(x)\mathrm{d}x]'=f(x)+C$

5. 已知 $f(x)$ 为连续的偶函数,则 $f(x)$ 的原函数中:

A. 有奇函数

B. 都是奇函数

C. 都是偶函数

D. 没有奇函数也没有偶函数

6. 设 $f(x)=\begin{cases}3x^2, & x\leqslant1\\4x-1, & x>1\end{cases}$,则 $f(x)$ 在点 $x=1$ 处:

A. 不连续　　B. 连续但左、右导数不存在

C. 连续但不可导　　D. 可导

7. 函数 $y=(5-x)x^{\frac{2}{3}}$ 的极值可疑点的个数是:

A. 0　　B. 1

C. 2　　D. 3

8.下列广义积分中发散的是：

A. $\int_0^{+\infty} e^{-x}\mathrm{d}x$　　B. $\int_0^{+\infty} \frac{1}{1+x^2}\mathrm{d}x$

C. $\int_0^{+\infty} \frac{\ln x}{x}\mathrm{d}x$　　D. $\int_0^{1} \frac{1}{\sqrt{1-x^2}}\mathrm{d}x$

9.二次积分 $\int_0^1 \mathrm{d}x\int_{x^2}^{x} f(x,y)\mathrm{d}y$ 交换积分次序后的二次积分是：

A. $\int_{x^2}^{x}\mathrm{d}y\int_0^1 f(x,y)\mathrm{d}x$　　B. $\int_0^1\mathrm{d}y\int_{y^2}^{y} f(x,y)\mathrm{d}x$

C. $\int_{y}^{\sqrt{y}}\mathrm{d}y\int_0^1 f(x,y)\mathrm{d}x$　　D. $\int_0^1\mathrm{d}y\int_{y}^{\sqrt{y}} f(x,y)\mathrm{d}x$

10.微分方程 $xy'-y\ln y=0$ 满足 $y(1)=e$ 的特解是：

A. $y=ex$　　B. $y=e^x$

C. $y=e^{2x}$　　D. $y=\ln x$

11.设 $z=z(x,y)$是由方程 $xz-xy+\ln(xyz)=0$ 所确定的可微函数，则$\frac{\partial z}{\partial y}=$

A. $\frac{-xz}{xz+1}$　　B. $-x+\frac{1}{2}$

C. $\frac{z(-xz+y)}{x(xz+1)}$　　D. $\frac{z(xy-1)}{y(xz+1)}$

12.正项级数 $\sum\limits_{n=1}^{\infty}a_n$ 的部分和数列 $\{S_n\}$（$S_n=\sum\limits_{i=1}^{n}a_i$）有上界是该级数收敛的：

A.充分必要条件

B.充分条件而非必要条件

C.必要条件而非充分条件

D.既非充分又非必要条件

13.若 $f(-x)=-f(x)(-\infty<x<+\infty)$，且在$(-\infty,0)$内 $f'(x)>0, f''(x)<0$，则$f(x)$在$(0,+\infty)$内是：

A. $f'(x)>0, f''(x)<0$　　B. $f'(x)<0, f''(x)>0$

C. $f'(x)>0, f''(x)>0$　　D. $f'(x)<0, f''(x)<0$

14.微分方程 $y''-3y'+2y=xe^x$ 的待定特解的形式是：

A. $y=(Ax^2+Bx)e^x$　　B. $y=(Ax+B)e^x$

C. $y=Ax^2e^x$　　D. $y=Axe^x$

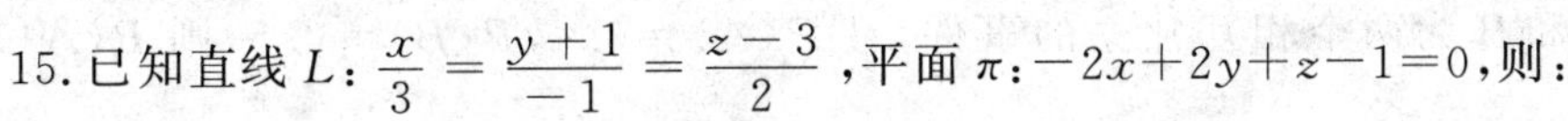

15. 已知直线 L：$\dfrac{x}{3}=\dfrac{y+1}{-1}=\dfrac{z-3}{2}$，平面 π：$-2x+2y+z-1=0$，则：

A. L 与 π 垂直相交　　B. L 平行于 π，但 L 不在 π 上

C. L 与 π 非垂直相交　　D. L 在 π 上

16. 设 L 是连接点 $A(1,0)$ 及点 $B(0,-1)$ 的直线段，则对弧长的曲线积分 $\int_L(y-x)\mathrm{d}s=$

A. -1　　B. 1

C. $\sqrt{2}$　　D. $-\sqrt{2}$

17. 下列幂级数中，收敛半径 $R=3$ 的幂级数是：

A. $\sum\limits_{n=0}^{\infty}3x^n$　　B. $\sum\limits_{n=0}^{\infty}3^nx^n$

C. $\sum\limits_{n=0}^{\infty}\dfrac{1}{3^{\frac{n}{2}}}x^n$　　D. $\sum\limits_{n=0}^{\infty}\dfrac{1}{3^{n+1}}x^n$

18. 若 $z=f(x,y)$ 和 $y=\varphi(x)$ 均可微，则 $\dfrac{\mathrm{d}z}{\mathrm{d}x}$ 等于：

A. $\dfrac{\partial f}{\partial x}+\dfrac{\partial f}{\partial y}$　　B. $\dfrac{\partial f}{\partial x}+\dfrac{\partial f}{\partial y}\dfrac{\mathrm{d}\varphi}{\mathrm{d}x}$

C. $\dfrac{\partial f}{\partial y}\dfrac{\mathrm{d}\varphi}{\mathrm{d}x}$　　D. $\dfrac{\partial f}{\partial x}-\dfrac{\partial f}{\partial y}\dfrac{\mathrm{d}\varphi}{\mathrm{d}x}$

19. 已知向量组 $\boldsymbol{\alpha}_1=(3,2,-5)^{\mathrm{T}}$，$\boldsymbol{\alpha}_2=(3,-1,3)^{\mathrm{T}}$，$\boldsymbol{\alpha}_3=\left(1,-\dfrac{1}{3},1\right)^{\mathrm{T}}$，$\boldsymbol{\alpha}_4=(6,-2,6)^{\mathrm{T}}$，则该向量组的一个极大线性无关组是：

A. $\boldsymbol{\alpha}_2,\boldsymbol{\alpha}_4$　　B. $\boldsymbol{\alpha}_3,\boldsymbol{\alpha}_4$

C. $\boldsymbol{\alpha}_1,\boldsymbol{\alpha}_2$　　D. $\boldsymbol{\alpha}_2,\boldsymbol{\alpha}_3$

20. 若非齐次线性方程组 $\boldsymbol{AX}=\boldsymbol{b}$ 中，方程的个数少于未知量的个数，则下列结论中正确的是：

A. $\boldsymbol{AX}=\boldsymbol{0}$ 仅有零解　　B. $\boldsymbol{AX}=0$ 必有非零解

C. $\boldsymbol{AX}=\boldsymbol{0}$ 一定无解　　D. $\boldsymbol{AX}=\boldsymbol{b}$ 必有无穷多解

21. 已知矩阵 $\boldsymbol{A}=\begin{bmatrix}1 & -1 & 1\\ 2 & 4 & -2\\ -3 & -3 & 5\end{bmatrix}$ 与 $\boldsymbol{B}=\begin{bmatrix}\lambda & 0 & 0\\ 0 & 2 & 0\\ 0 & 0 & 2\end{bmatrix}$ 相似，则 λ 等于：

A. 6　　B. 5　　C. 4　　D. 14

22. 设 A 和 B 为两个相互独立的事件，且 $P(A)=0.4$，$P(B)=0.5$，则 $P(A\cup B)$ 等于：

A. 0.9　　　　B. 0.8

C. 0.7　　　　D. 0.6

23. 下列函数中，可以作为连续型随机变量的分布函数的是：

A. $\Phi(x)=\begin{cases}0, & x<0\\ 1-e^{x}, & x\geqslant 0\end{cases}$　　　　B. $F(x)=\begin{cases}e^{x}, & x<0\\ 1, & x\geqslant 0\end{cases}$

C. $G(x)=\begin{cases}e^{-x}, & x<0\\ 1, & x\geqslant 0\end{cases}$　　　　D. $H(x)=\begin{cases}0, & x<0\\ 1+e^{-x}, & x\geqslant 0\end{cases}$

24. 设总体 $X\sim N(0,\sigma^2)$，$X_1,X_2,\cdots,X_n$ 是来自总体的样本，则 σ^2 的矩估计是：

A. $\frac{1}{n}\sum_{i=1}^{n}X_i$　　　　B. $n\sum_{i=1}^{n}X_i$

C. $\frac{1}{n^2}\sum_{i=1}^{n}X_i^2$　　　　D. $\frac{1}{n}\sum_{i=1}^{n}X_i^2$

25. 一瓶氦气和一瓶氮气，它们每个分子的平均平动动能相同，而且都处于平衡态。则它们：

A. 温度相同，氦分子和氮分子的平均动能相同

B. 温度相同，氦分子和氮分子的平均动能不同

C. 温度不同，氦分子和氮分子的平均动能相同

D. 温度不同，氦分子和氮分子的平均动能不同

26. 最概然速率 v_P 的物理意义是：

A. v_P 是速率分布中的最大速率

B. v_P 是大多数分子的速率

C. 在一定的温度下，速率与 v_P 相近的气体分子所占的百分率最大

D. v_P 是所有分子速率的平均值

27. 气体做等压膨胀，则：

A. 温度升高，气体对外做正功

B. 温度升高，气体对外做负功

C. 温度降低，气体对外做正功

D. 温度降低，气体对外做负功

28. 一定量理想气体由初态(p_1,V_1,T_1)经等温膨胀到达终态(p_2,V_2,T_1),则气体吸收的热量 Q 为:

A. $Q=p_1V_1\ln\frac{V_2}{V_1}$

B. $Q=p_1V_2\ln\frac{V_2}{V_1}$

C. $Q=p_1V_1\ln\frac{V_1}{V_2}$

D. $Q=p_2V_1\ln\frac{p_2}{p_1}$

29. 一横波沿一根弦线传播,其方程为 $y=-0.02\cos\pi(4x-50t)$ (SI),该波的振幅与波长分别为:

A. 0.02cm,0.5cm

B. −0.02m,−0.5m

C. −0.02m,0.5m

D. 0.02m,0.5m

30. 一列机械横波在 t 时刻的波形曲线如图所示,则该时刻能量处于最大值的媒质质元的位置是:

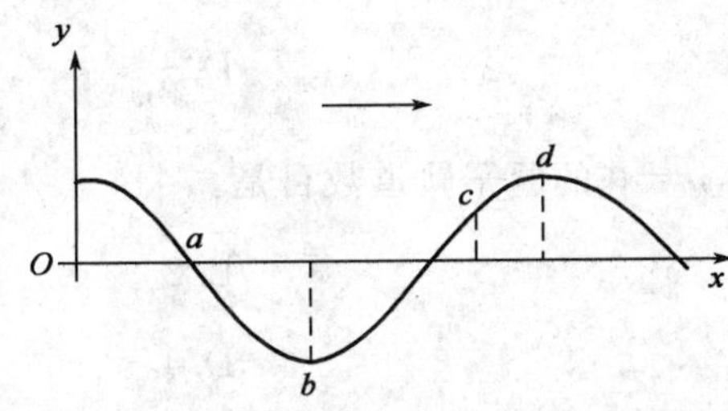

A. a

B. b

C. c

D. d

31. 在波长为 λ 的驻波中,两个相邻波腹之间的距离为:

A. $\lambda/2$

B. $\lambda/4$

C. $3\lambda/4$

D. λ

32. 两偏振片叠放在一起,欲使一束垂直入射的线偏振光经过两个偏振片后振动方向转过 90°,且使出射光强尽可能大,则入射光的振动方向与前后两偏振片的偏振化方向夹角分别为:

A. 45°和 90°

B. 0°和 90°

C. 30°和 90°

D. 60°和 90°

33. 光的干涉和衍射现象反映了光的:

A. 偏振性质

B. 波动性质

C. 横波性质

D. 纵波性质

34. 若在迈克耳逊干涉仪的可动反射镜 M 移动了 0.620mm 的过程中，观察到干涉条纹移动了 2300 条，则所用光波的波长为：

A. 269nm　　B. 539nm

C. 2690nm　　D. 5390nm

35. 在单缝夫琅禾费衍射实验中，屏上第三级暗纹对应的单缝处波面可分成的半波带的数目为：

A. 3　　B. 4

C. 5　　D. 6

36. 波长为 λ 的单色光垂直照射在折射率为 n 的劈尖薄膜上，在由反射光形成的干涉条纹中，第五级明条纹与第三级明条纹所对应的薄膜厚度差为：

A. $\frac{\lambda}{2n}$　　B. $\frac{\lambda}{n}$

C. $\frac{\lambda}{5n}$　　D. $\frac{\lambda}{3n}$

37. 量子数 $n=4, l=2, m=0$ 的原子轨道数目是：

A. 1　　B. 2

C. 3　　D. 4

38. PCl_3 分子空间几何构型及中心原子杂化类型分别为：

A. 正四面体，sp^3 杂化　　B. 三角锥型，不等性 sp^3 杂化

C. 正方形，dsp^2 杂化　　D. 正三角形，sp^2 杂化

39. 已知 $Fe^{3+}\underline{\ 0.771\ }Fe^{2+}\underline{\ -0.44\ }Fe$，则 $E^{\ominus}(Fe^{3+}/Fe)$ 等于：

A. 0.331V　　B. 1.211V

C. −0.036V　　D. 0.110V

40. 在 $BaSO_4$ 饱和溶液中，加入 $BaCl_2$，利用同离子效应使 $BaSO_4$ 的溶解度降低，体系中 $c(SO_4^{2-})$ 的变化是：

A. 增大　　B. 减小

C. 不变　　D. 不能确定

41. 催化剂可加快反应速率的原因。下列叙述正确的是：

A. 降低了反应的 $\Delta_r H_m^{\ominus}$　　B. 降低了反应的 $\Delta_r G_m^{\ominus}$

C. 降低了反应的活化能　　D. 使反应的平衡常数 $K^{\ominus}$ 减小

42. 已知反应 $C_2H_2(g)+2H_2(g) \rightleftharpoons C_2H_6(g)$ 的 $\Delta_r H_m < 0$，当反应达平衡后，欲使反应向右进行，可采取的方法是：

A. 升温，升压　　　　B. 升温，减压

C. 降温，升压　　　　D. 降温，减压

43. 向原电池(－)Ag，AgCl|Cl^- ‖ Ag^+|Ag(＋)的负极中加入 NaCl，则原电池电动势的变化是：

A. 变大　　　　B. 变小

C. 不变　　　　D. 不能确定

44. 下列各组物质在一定条件下反应，可以制得比较纯净的 1,2-二氯乙烷的是：

A. 乙烯通入浓盐酸中

B. 乙烷与氯气混合

C. 乙烯与氯气混合

D. 乙烯与卤化氢气体混合

45. 下列物质中，不属于醇类的是：

A. C_4H_9OH　　　　B. 甘油

C. $C_6H_5CH_2OH$　　　　D. C_6H_5OH

46. 人造象牙的主要成分是 $\lbrack CH_2-O \rbrack_n$，它是经加聚反应制得的。合成此高聚物的单体是：

A. $(CH_3)_2O$　　　　B. CH_3CHO

C. HCHO　　　　D. HCOOH

47. 图示构架由 AC、BD、CE 三杆组成，A、B、C、D 处为铰接，E 处光滑接触。已知：$F_p=2kN$，$\theta=45°$，杆及轮重均不计，则 E 处约束力的方向与 x 轴正向所成的夹角为：

A. 0°

B. 45°

C. 90°

D. 225°

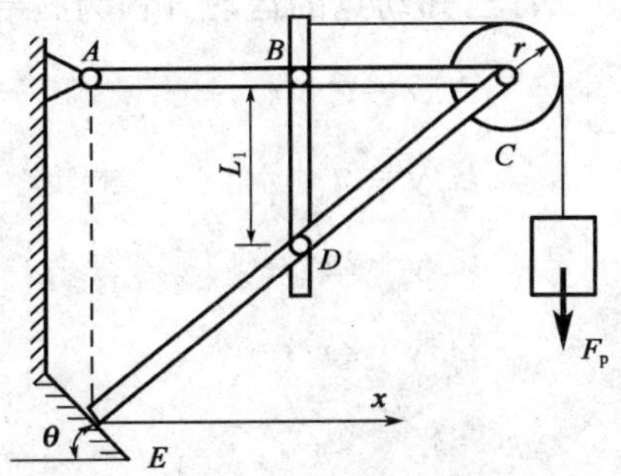

48. 图示结构直杆 BC，受载荷 F，q 作用，$BC=L$，$F=qL$，其中 q 为载荷集度，单位为 N/m，集中力以 N 计，长度以 m 计。则该主动力系数对 O 点的合力矩为：

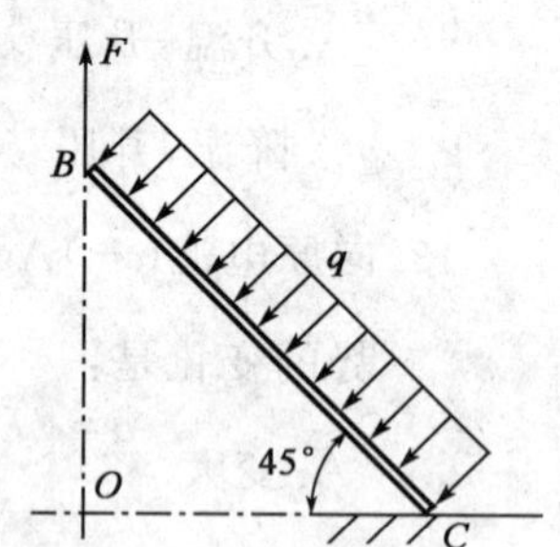

A. $M_O=0$

B. $M_O=\frac{qL^2}{2}$ N·m(↶)

C. $M_O=\frac{3qL^2}{2}$ N·m(↶)

D. $M_O=qL^2$ kN·m(↷)

49. 图示平面构架，不计各杆自重。已知：物块 M 重 F_p，悬挂如图示，不计小滑轮 D 的尺寸与质量，A、E、C 均为光滑铰链，$L_1=1.5$m，$L_2=2$m。则支座 B 的约束力为：

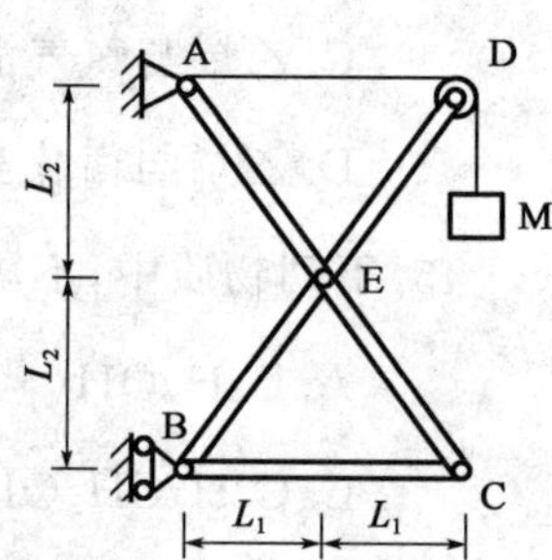

A. $F_B=3F_p/4$(→)

B. $F_B=3F_p/4$(←)

C. $F_B=F_p$(←)

D. $F_B=0$

50. 物体重为 W，置于倾角为 α 的斜面上，如图所示。已知摩擦角 $\varphi_m>\alpha$，则物块处于的状态为：

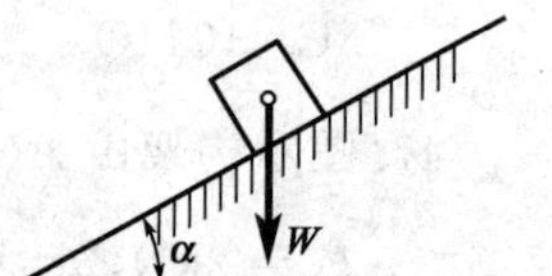

A. 静止状态

B. 临界平衡状态

C. 滑动状态

D. 条件不足，不能确定

51. 已知动点的运动方程为 $x=t$，$y=2t^2$。则其轨迹方程为：

A. $x=t^2-t$

B. $y=2t$

C. $y-2x^2=0$

D. $y+2x^2=0$

52. 一炮弹以初速度和仰角 α 射出。对于图所示直角坐标的运动方程为 $x=v_0\cos\alpha t$，$y=v_0\sin\alpha t-\frac{1}{2}gt^2$，则当 $t=0$ 时，炮弹的速度和加速度的大小分别为：

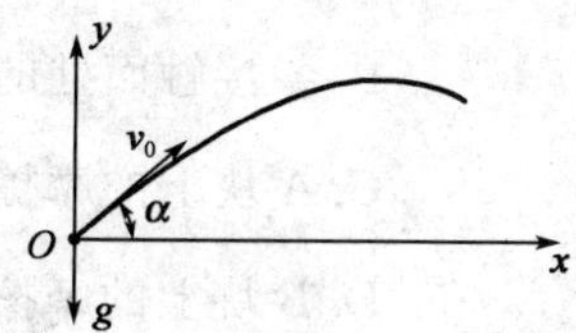

A. $v=v_0\cos\alpha, a=g$

B. $v=v_0, a=g$

C. $v=v_0\sin\alpha, a=-g$

D. $v=v_0, a=-g$

53. 两摩擦轮如图所示。则两轮的角速度与半径关系的表达式为：

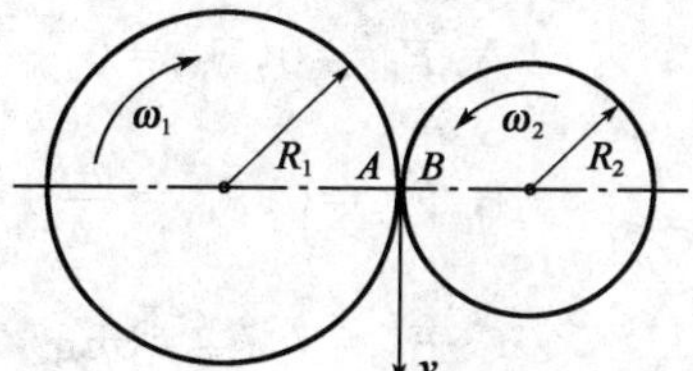

A. $\frac{\omega_1}{\omega_2}=\frac{R_1}{R_2}$

B. $\frac{\omega_1}{\omega_2}=\frac{R_2}{R_1^2}$

C. $\frac{\omega_1}{\omega_2}=\frac{R_1}{R_2^2}$

D. $\frac{\omega_1}{\omega_2}=\frac{R_2}{R_1}$

54. 质量为 m 的物块 A，置于与水平面成 θ 角的斜面 B 上，如图所示。A 与 B 间的摩擦系数为 f，为保持 A 与 B 一起以加速度 a 水平向右运动，则所需的加速度 a 至少是：

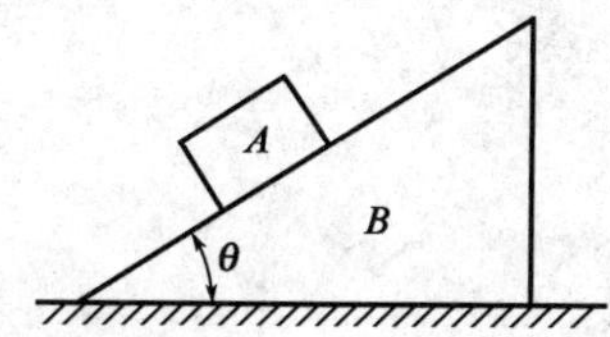

A. $a=\frac{g(f\cos\theta+\sin\theta)}{\cos\theta+f\sin\theta}$

B. $a=\frac{gf\cos\theta}{\cos\theta+f\sin\theta}$

C. $a=\frac{g(f\cos\theta-\sin\theta)}{\cos\theta+f\sin\theta}$

D. $a=\frac{gf\sin\theta}{\cos\theta+f\sin\theta}$

55. A 块与 B 块叠放如图所示，各接触面处均考虑摩擦。当 B 块受力 F 作用沿水平面运动时，A 块仍静止于 B 块上，于是：

A. 各接触面处的摩擦力都做负功

B. 各接触面处的摩擦力都做正功

C. A 块上的摩擦力做正功

D. B 块上的摩擦力做正功

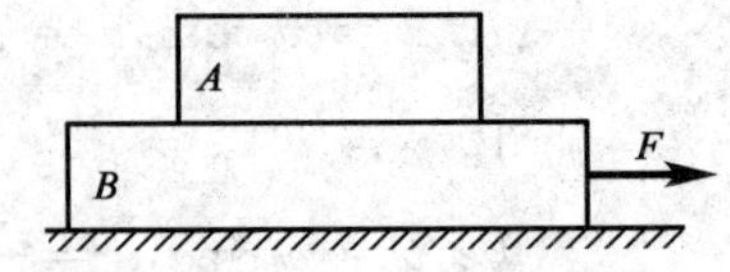

56. 质量为 m，长为 $2l$ 的均质杆初始位于水平位置，如图所示。A 端脱落后，杆绕轴 B 转动，当杆转到铅垂位置时，AB 杆 B 处的约束力大小为：

A. $F_{Bx}=0, F_{By}=0$

B. $F_{Bx}=0, F_{By}=\dfrac{mg}{4}$

C. $F_{Bx}=l, F_{By}=mg$

D. $F_{Bx}=0, F_{By}=\dfrac{5mg}{2}$

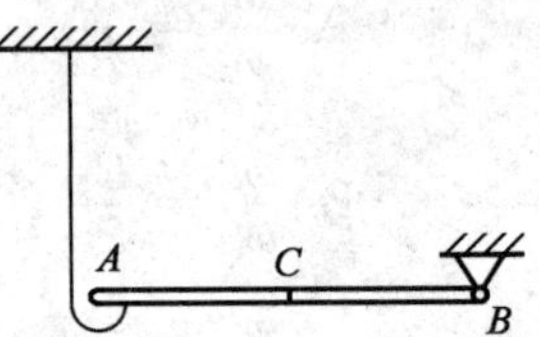

57. 质量为 m，半径为 R 的均质圆轮，绕垂直于图面的水平轴 O 转动，其角速度为 ω。在图示瞬时，角加速度为 0，轮心 C 在其最低位置，此时将圆轮的惯性力系向 O 点简化，其惯性力主矢和惯性力主矩的大小分别为：

A. $m\dfrac{R}{2}\omega^2, 0$

B. $mR\omega^2, 0$

C. $0, 0$

D. $0, \dfrac{1}{2}mR^2\omega^2$

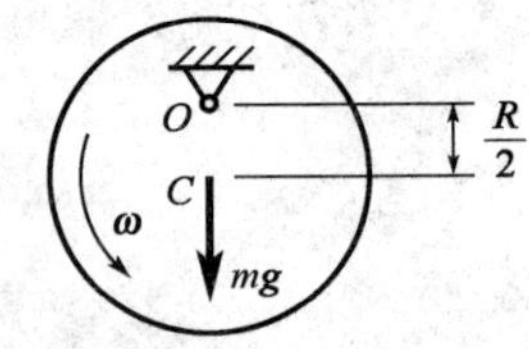

58. 质量为 110kg 的机器固定在刚度为 2×10^6N/m 的弹性基础上，当系统发生共振时，机器的工作频率为：

A. 66.7rad/s

B. 95.3rad/s

C. 42.6rad/s

D. 134.8rad/s

59. 图示结构的两杆面积和材料相同，在铅直力 F 作用下，拉伸正应力最先达到许用应力的杆是：

A. 杆 1

B. 杆 2

C. 同时达到

D. 不能确定

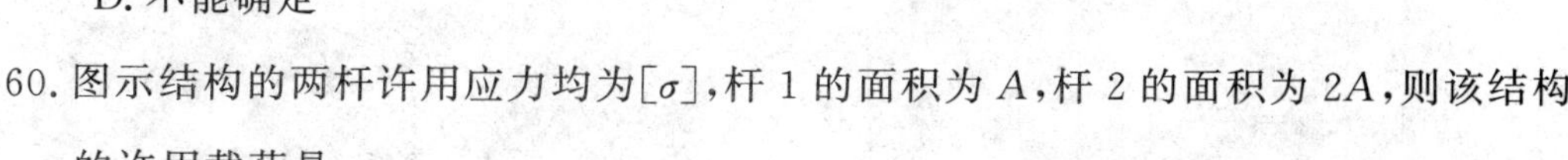
60. 图示结构的两杆许用应力均为$[\sigma]$，杆 1 的面积为 A，杆 2 的面积为 $2A$，则该结构的许用载荷是：

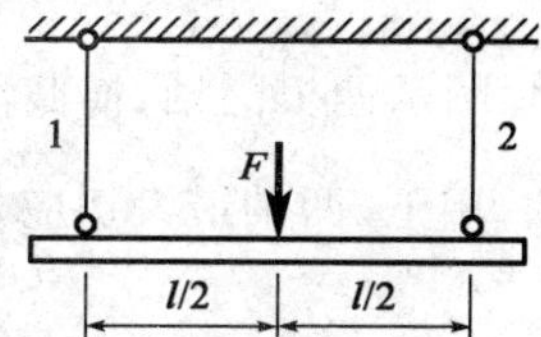

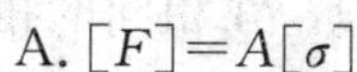
A. $[F]=A[\sigma]$

B. $[F]=2A[\sigma]$

C. $[F]=3A[\sigma]$

D. $[F]=4A[\sigma]$

61. 钢板用两个铆钉固定在支座上，铆钉直径为 d，在图示载荷作用下，铆钉的最大切应力是：

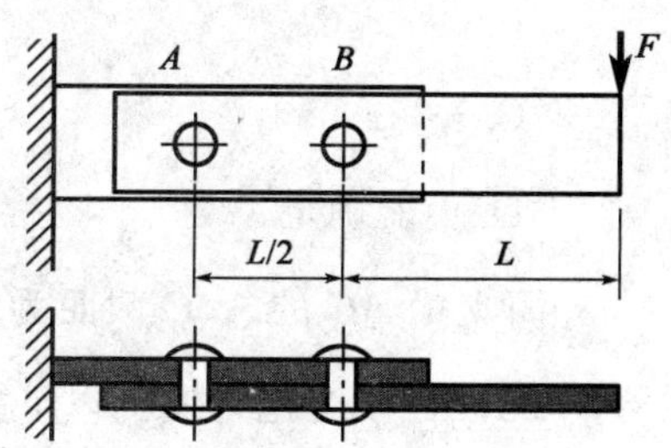

A. $\tau_{\max}=\dfrac{4F}{\pi d^2}$

B. $\tau_{\max}=\dfrac{8F}{\pi d^2}$

C. $\tau_{\max}=\dfrac{12F}{\pi d^2}$

D. $\tau_{\max}=\dfrac{2F}{\pi d^2}$

62. 螺钉承受轴向拉力 F，螺钉头与钢板之间的挤压应力是：

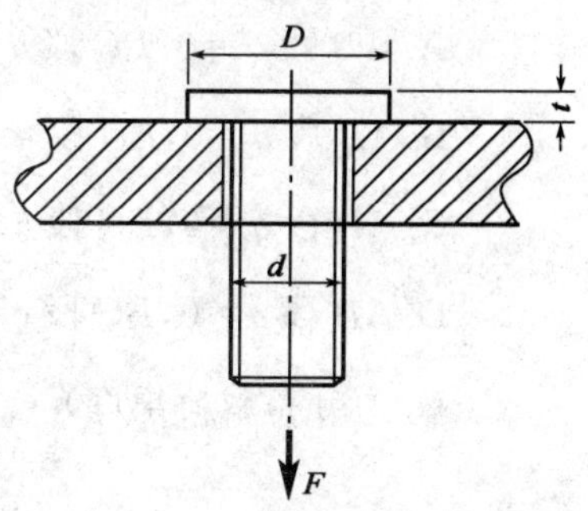

A. $\sigma_{bs}=\dfrac{4F}{\pi(D^2-d^2)}$

B. $\sigma_{bs}=\dfrac{F}{\pi dt}$

C. $\sigma_{bs}=\dfrac{4F}{\pi d^2}$

D. $\sigma_{bs}=\dfrac{4F}{\pi D^2}$

63. 圆轴直径为 d，切变模量为 G，在外力作用下发生扭转变形，现测得单位长度扭转角为 θ，圆轴的最大切应力是：

A. $\tau_{\max}=\frac{16\theta G}{\pi d^3}$

B. $\tau_{\max}=\theta G\frac{\pi d^3}{16}$

C. $\tau_{\max}=\theta Gd$

D. $\tau_{\max}=\frac{\theta Gd}{2}$

64. 图示两根圆轴，横截面面积相同，但分别为实心圆和空心圆。在相同的扭矩 T 作用下，两轴最大切应力的关系是：

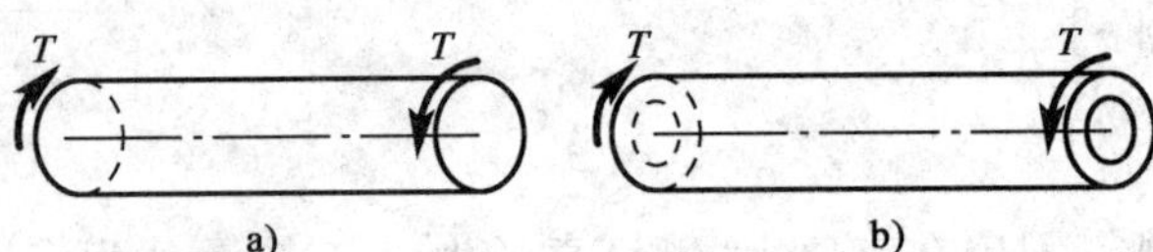

A. $\tau_a<\tau_b$

B. $\tau_a=\tau_b$

C. $\tau_a>\tau_b$

D. 不能确定

65. 简支梁 AC 的 A、C 截面为铰支端。已知的弯矩图如图所示，其中 AB 段为斜直线，BC 段为抛物线。以下关于梁上载荷的正确判断是：

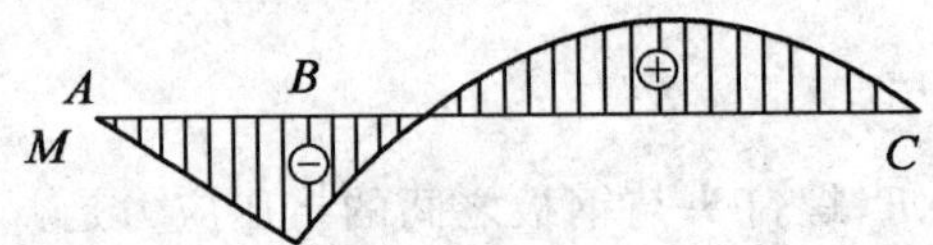

A. AB 段 $q=0$，BC 段 $q\neq0$，B 截面处有集中力

B. AB 段 $q\neq0$，BC 段 $q=0$，B 截面处有集中力

C. AB 段 $q=0$，BC 段 $q\neq0$，B 截面处有集中力偶

D. AB 段 $q\neq0$，BC 段 $q=0$，B 截面处有集中力偶

（q 为分布载荷集度）

66. 悬臂梁的弯矩如图所示，根据梁的弯矩图，梁上的载荷 F、m 的值应是：

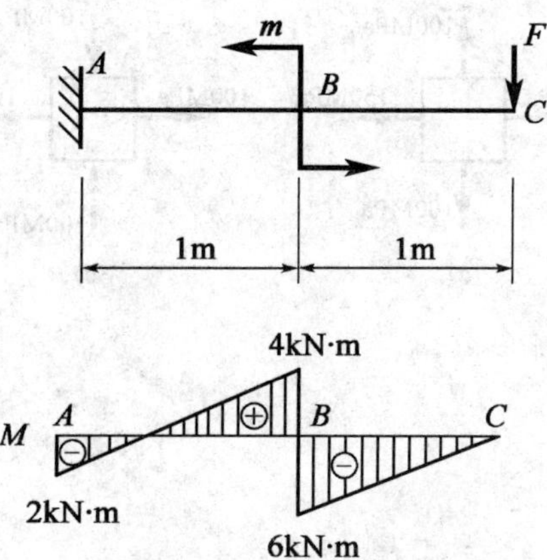

A. $F=6\text{kN}, m=10\text{kN}\cdot\text{m}$

B. $F=6\text{kN}, m=6\text{kN}\cdot\text{m}$

C. $F=4\text{kN}, m=4\text{kN}\cdot\text{m}$

D. $F=4\text{kN}, m=6\text{kN}\cdot\text{m}$

67. 承受均布荷载的简支梁如图 a)所示，现将两端的支座同时向梁中间移动 $l/8$，如图 b)所示，两根梁的中点$\left(\frac{l}{2}\text{处}\right)$弯矩之比$\frac{M_a}{M_b}$为：

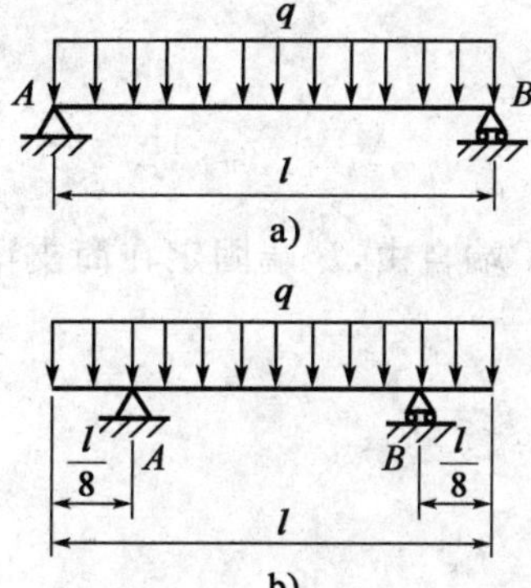

A. 16

B. 4

C. 2

D. 1

68. 按照第三强度理论，图示两种应力状态的危险程度是：

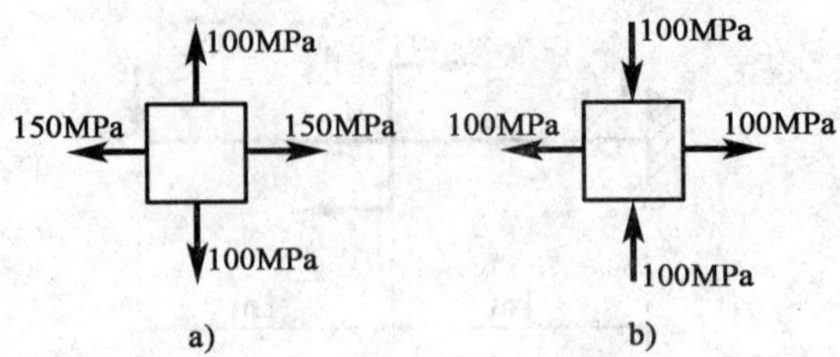

A. a)更危险

B. b)更危险

C. 两者相同

D. 无法判断

69. 两根杆粘合在一起，截面尺寸如图所示。杆 1 的弹性模量为 E_1，杆 2 的弹性模量为 E_2，且 $E_1=2E_2$。若轴向力 F 作用在截面形心，则杆件发生的变形是：

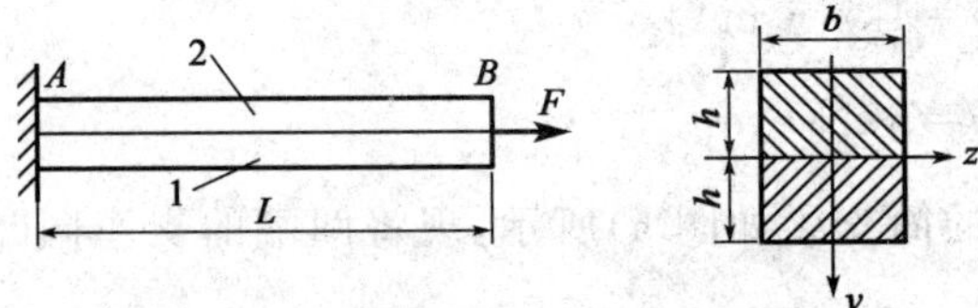

A. 拉伸和向上弯曲变形

B. 拉伸和向下弯曲变形

C. 弯曲变形

D. 拉伸变形

70. 图示细长压杆 AB 的 A 端自由，B 端固定在简支梁上。该压杆的长度系数 μ 是：

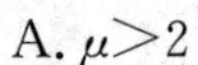

A. $\mu>2$

B. $2>\mu>1$

C. $1>\mu>0.7$

D. $0.7>\mu>0.5$

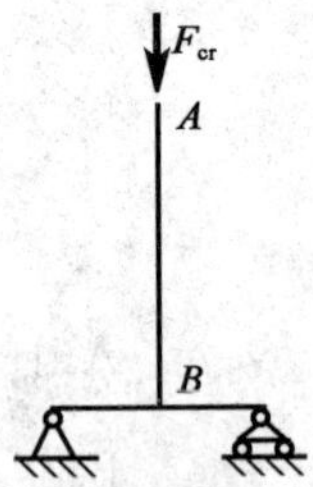

71. 半径为 R 的圆管中，横截面上流速分布为 $u=2\left(1-\frac{r^2}{R^2}\right)$，其中 r 表示到圆管轴线的距离，则在 $r_1=0.2R$ 处的黏性切应力与 $r_2=R$ 处的黏性切应力大小之比为：

A. 5

B. 25

C. 1/5

D. 1/25

72. 图示一水平放置的恒定变直径圆管流，不计水头损失，取两个截面标记为 1 和 2，当 $d_1 > d_2$ 时，则两截面形心压强关系是：

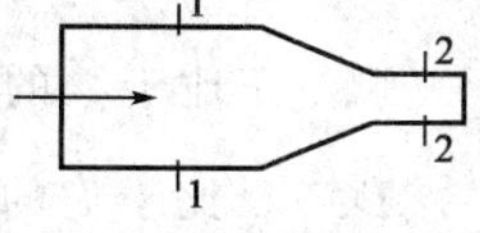

A. $p_1 < p_2$

B. $p_1 > p_2$

C. $p_1 = p_2$

D. 不能确定

73. 水由喷嘴水平喷出，冲击在光滑平板上，如图所示，已知出口流速为 50m/s，喷射流量为 $0.2\text{m}^3/\text{s}$，不计阻力，则平板受到的冲击力为：

A. 5kN

B. 10kN

C. 20kN

D. 40kN

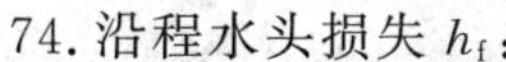

74. 沿程水头损失 h_f：

A. 与流程长度成正比，与壁面切应力和水力半径成反比

B. 与流程长度和壁面切应力成正比，与水力半径成反比

C. 与水力半径成正比，与流程长度和壁面切应力成反比

D. 与壁面切应力成正比，与流程长度和水力半径成反比

75. 并联压力管的流动特征是：

A. 各分管流量相等

B. 总流量等于各分管的流量和，且各分管水头损失相等

C. 总流量等于各分管的流量和，且各分管水头损失不等

D. 各分管测压管水头差不等于各分管的总能头差

76. 矩形水力最优断面的底宽是水深的：

A. 0.5 倍

B. 1 倍

C. 1.5 倍

D. 2 倍

77. 渗流流速 v 与水力坡度 J 的关系是：

A. v 正比于 J

B. v 反比于 J

C. v 正比于 J 的平方

D. v 反比于 J 的平方

78. 烟气在加热炉回热装置中流动，拟用空气介质进行实验。已知空气黏度 $\nu_{空气}=15\times10^{-6}\mathrm{m^2/s}$，烟气运动黏度 $\nu_{烟气}=60\times10^{-6}\mathrm{m^2/s}$，烟气流速 $v_{烟气}=3\mathrm{m/s}$，如若实际长度与模型长度的比尺 $\lambda_L=5$，则模型空气的流速应为：

A. 3.75m/s

B. 0.15m/s

C. 2.4m/s

D. 60m/s

79. 在一个孤立静止的点电荷周围：

A. 存在磁场，它围绕电荷呈球面状分布

B. 存在磁场，它分布在从电荷所在处到无穷远处的整个空间中

C. 存在电场，它围绕电荷呈球面状分布

D. 存在电场，它分布在从电荷所在处到无穷远处的整个空间中

80. 图示电路消耗电功率 2W，则下列表达式中正确的是：

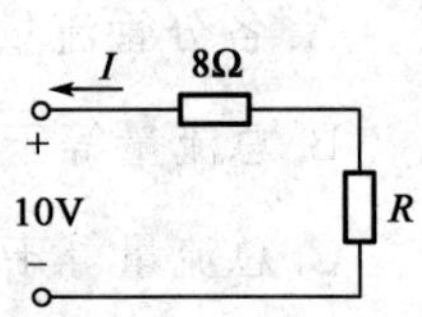

A. $(8+R)I^2=2,(8+R)I=10$

B. $(8+R)I^2=2,-(8+R)I=10$

C. $-(8+R)I^2=2,-(8+R)I=10$

D. $-(8+R)I=10,(8+R)I=10$

81. 图示电路中，a-b 端的开路电压 U_{abk} 为：

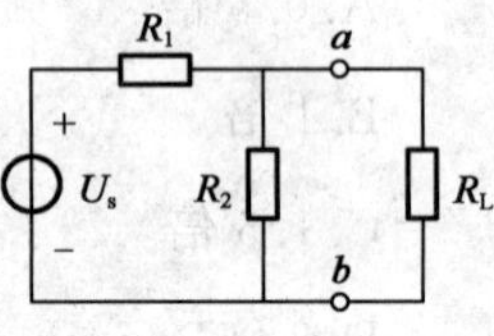

A. 0

B. $\dfrac{R_1}{R_1+R_2}U_s$

C. $\dfrac{R_2}{R_1+R_2}U_s$

D. $\dfrac{R_2 /\!/ R_L}{R_1+R_2 /\!/ R_L}U_s$

（注：$R_2 /\!/ R_L=\dfrac{R_2\cdot R_L}{R_2+R_L}$）

82. 在直流稳态电路中，电阻、电感、电容元件上的电压与电流大小的比值分别为：

A. R，0，0　　B. 0，0，∞

C. R，∞，0　　D. R，0，∞

83. 图示电路中，若 $u(t)=\sqrt{2}U\sin(\omega t+\varphi_u)$ 时，电阻元件上的电压为 0，则：

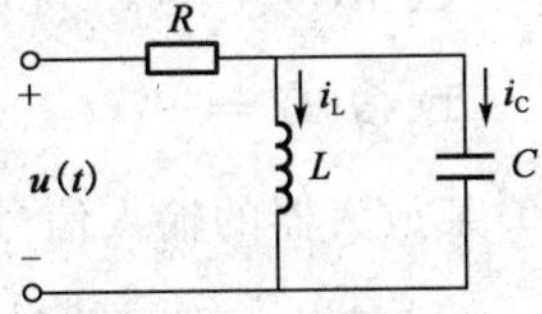

A. 电感元件断开了

B. 一定有 $I_L=I_C$

C. 一定有 $i_L=i_C$

D. 电感元件被短路了

84. 已知图示三相电路中三相电源对称，$Z_1=z_1\angle\varphi_1$，$Z_2=z_2\angle\varphi_2$，$Z_3=z_3\angle\varphi_3$，若 $U_{NN'}=0$，则 $z_1=z_2=z_3$，且：

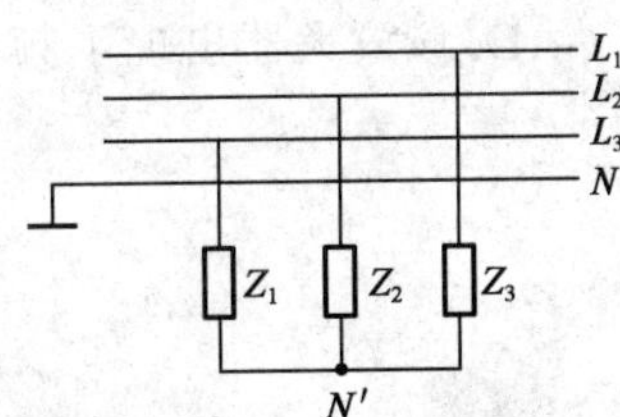

A. $\varphi_1=\varphi_2=\varphi_3$

B. $\varphi_1-\varphi_2=\varphi_2-\varphi_3=\varphi_3-\varphi_1=120°$

C. $\varphi_1-\varphi_2=\varphi_2-\varphi_3=\varphi_3-\varphi_1=-120°$

D. N' 必须被接地

85. 图示电路中，设变压器为理想器件，若 $u=10\sqrt{2}\sin\omega t$ V，则：

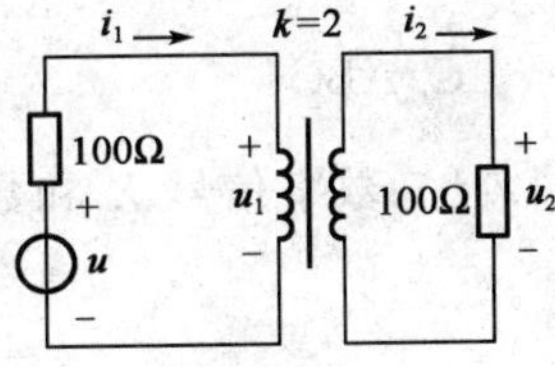

A. $U_1=\frac{1}{2}U$，$U_2=\frac{1}{4}U$

B. $I_1=0.01U$，$I_1=0$

C. $I_1=0.002U$，$I_2=0.004U$

D. $U_1=0$，$U_2=0$

86. 对于三相异步电动机而言，在满载起动情况下的最佳起动方案是：

A. Y-Δ 起动方案，起动后，电动机以 Y 接方式运行

B. Y-Δ 起动方案，起动后，电动机以 Δ 接方式运行

C. 自耦调压器降压起动

D. 绕线式电动机串转子电阻起动

87. 关于信号与信息，如下几种说法中正确的是：

A. 电路处理并传输电信号

B. 信号和信息是同一概念的两种表述形式

C. 用“1”和“0”组成的信息代码“1001”只能表示数量“5”

D. 信息是看得到的，信号是看不到的

88. 图示非周期信号 $u(t)$ 的时域描述形式是：[注：$l(t)$ 是单位阶跃函数]

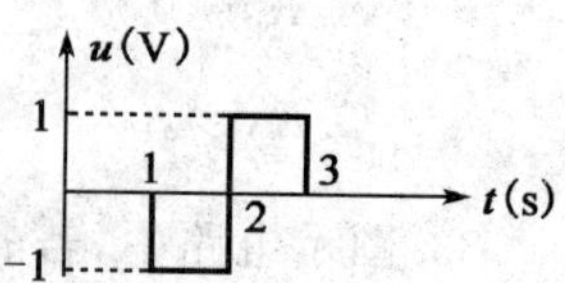

A. $u(t)=\begin{cases}1\text{V}, & t\leqslant 2\\ -1\text{V}, & t>2\end{cases}$

B. $u(t)=-l(t-1)+2\cdot l(t-2)-l(t-3)\text{V}$

C. $u(t)=l(t-1)-l(t-2)\text{V}$

D. $u(t)=-l(t+1)+l(t+2)-l(t+3)\text{V}$

89. 某放大器的输入信号 $u_1(t)$ 和输出信号 $u_2(t)$ 如图所示，则：

A. 该放大器是线性放大器

B. 该放大器放大倍数为 2

C. 该放大器出现了非线性失真

D. 该放大器出现了频率失真

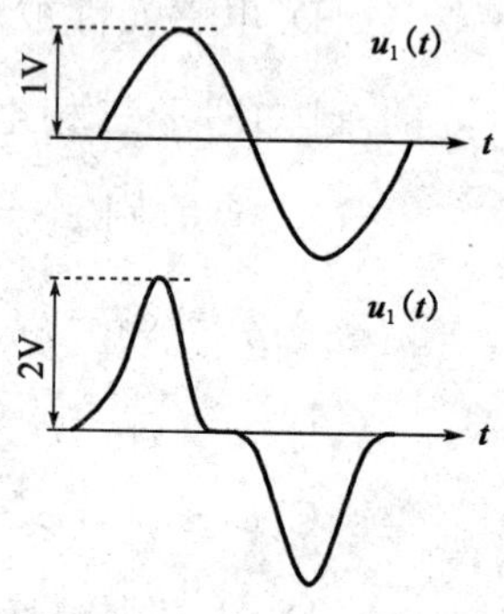

90. 对逻辑表达式 $\text{ABC}+\text{A}\,\overline{\text{BC}}+\text{B}$ 的化简结果是：

A. AB

B. A+B

C. ABC

D. $\text{A}\,\overline{\text{BC}}$

91. 已知数字信号 X 和数字信号 Y 的波形如图所示，

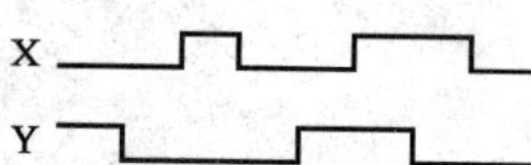

则数字信号 $\text{F}=\overline{\text{XY}}$ 的波形为：

A.

B.

C.

D.

92. 十进制数字 32 的 BCD 码为：

A. 00110010　　B. 00100000

C. 100000　　D. 00100011

93. 二级管应用电路如图所示，设二极管 D 为理想器件，$u_i = 10\sin\omega t$V，则输出电压 u_o 的波形为：

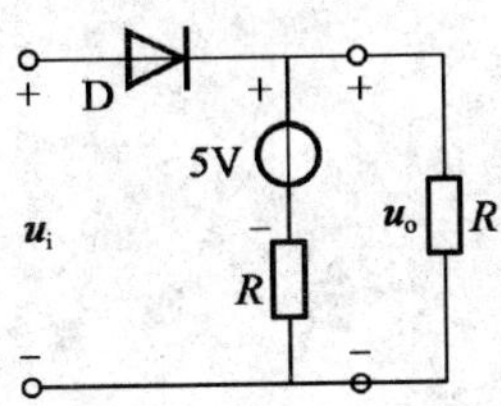

A. 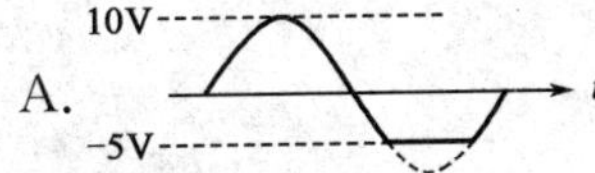

B. 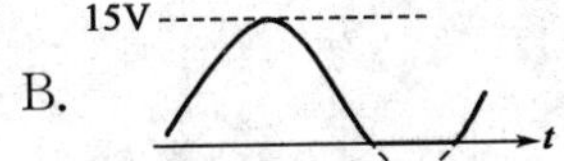

C. 10V　5V　2.5V　t

D. 10V　5V　t

94. 晶体三极管放大电路如图所示，在进入电容 C_E 之后：

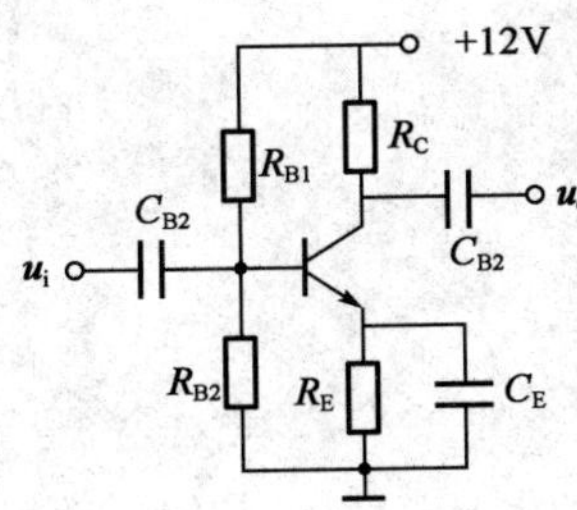

A. 放大倍数变小

B. 输入电阻变大

C. 输入电阻变小，放大倍数变大

D. 输入电阻变大，输出电阻变小，放大倍数变大

95. 图 a)所示电路中，复位信号 $\overline{R}_D$，信号 A 及时钟脉冲信号 cp 如图 b)所示，经分析可知，在第一个和第二个时钟脉冲的下降沿时刻，输出 Q 分别等于：

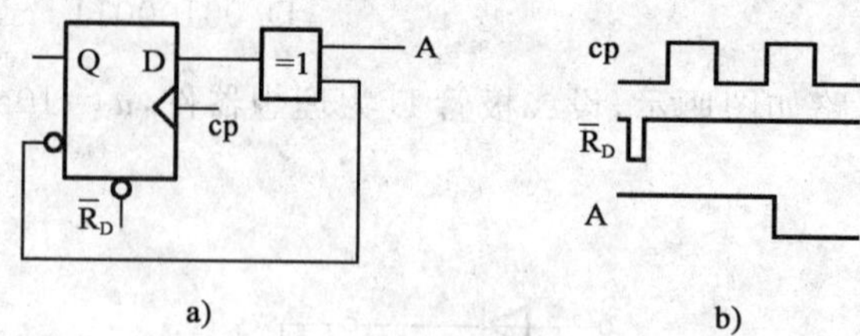

A. 0　0

B. 0　1

C. 1　0

D. 1　1

附：触发器的逻辑状态表为：

D	Q_{n+1}
0	0
1	1

96. 图 a)所示电路中，复位信号、数据输入及时钟脉冲信号如图 b)所示，经分析可知，在第一个和第二个时钟脉冲的下降沿过后，输出 Q 分别等于：

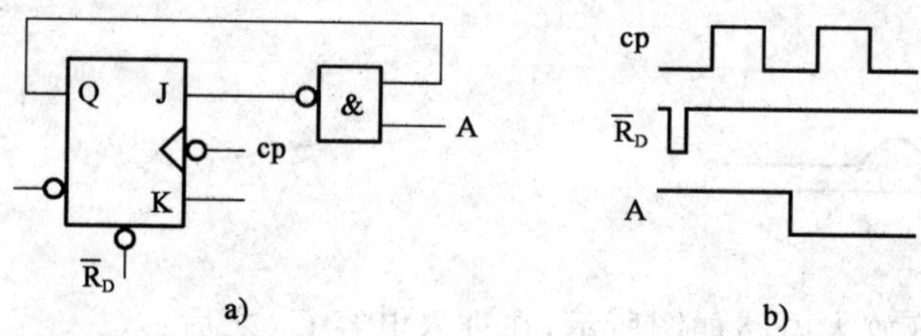

A. 0　0

B. 0　1

C. 1　0

D. 1　1

附：触发器的逻辑状态表为：

J	K	Q_{n+1}
0	0	Q_D
0	1	0
1	0	1
1	1	$\overline{Q}_D$

97. 现在全国都在开发三网合一的系统工程，即：

A. 将电信网、计算机网、通信网合为一体

B. 将电信网、计算机网、无线电视网合为一体

C. 将电信网、计算机网、有线电视网合为一体

D. 将电信网、计算机网、电话网合为一体

98. 在计算机的运算器上可以：

A. 直接解微分方程

B. 直接进行微分运算

C. 直接进行积分运算

D. 进行算数运算和逻辑运算

99. 总线中的控制总线传输的是：

A. 程序和数据

B. 主存储器的地址码

C. 控制信息

D. 用户输入的数据

100. 目前常用的计算机辅助设计软件是：

A. Microsoft Word

B. Auto CAD

C. Visual BASIC

D. Microsoft Access

101. 计算机中度量数据的最小单位是：

A. 数 0

B. 位

C. 字节

D. 字

102. 在下面列出的四种码中，不能用于表示机器数的一种是：

A. 原码

B. ASCII 码

C. 反码

D. 补码

103. 一幅图像的分辨率为 640×480 像素，这表示该图像中：

A. 至少由 480 个像素组成

B. 总共由 480 个像素组成

C. 每行由 640×480 个像素组成

D. 每列由 480 个像素组成

104. 在下面四条有关进程特征的叙述中，其中正确的一条是：

A. 静态性、并发性、共享性、同步性

B. 动态性、并发性、共享性、异步性

C. 静态性、并发性、独立性、同步性

D. 动态性、并发性、独立性、异步性

105. 操作系统的设备管理功能是对系统中的外围设备：

A. 提供相应的设备驱动程序，初始化程序和设备控制程序等

B. 直接进行操作

C. 通过人和计算机的操作系统对外围设备直接进行操作

D. 既可以由用户干预，也可以直接执行操作

106. 联网中的每台计算机：

A. 在联网之前有自己独立的操作系统，联网以后是网络中的某一个结点

B. 在联网之前有自己独立的操作系统，联网以后它自己的操作系统屏蔽

C. 在联网之前没有自己独立的操作系统，联网以后使用网络操作系统

D. 联网中的每台计算机有可以同时使用的多套操作系统

107. 某企业向银行借款，按季度计息，年名义利率为 8%，则年实际利率为：

A. 8%　　B. 8.16%

C. 8.24%　　D. 8.3%

108. 在下列选项中，应列入项目投资现金流量分析中的经营成本的是：

A. 外购原材料、燃料和动力费

B. 设备折旧

C. 流动资金投资

D. 利息支出

109. 某项目第 6 年累计净现金流量开始出现正值，第五年末累计净现金流量为 −60 万元，第 6 年当年净现金流量为 240 万元，则该项目的静态投资回收期为：

A. 4.25 年　　B. 4.75 年

C. 5.25 年　　D. 6.25 年

110. 某项目初期（第 0 年年初）投资额为 5000 万元，此后从第二年年末开始每年有相同的净收益，收益期为 10 年。寿命期结束时的净残值为零，若基准收益率为 15%，则要使该投资方案的净现值为零，其年净收益应为：[已知：$(P/A, 15\%, 10) = 5.0188$，$(P/F, 15\%, 1) = 0.8696$]

A. 574.98 万元

B. 866.31 万元

C. 996.25 万元

D. 1145.65 万元

111. 以下关于项目经济费用效益分析的说法中正确的是：

A. 经济费用效益分析应考虑沉没成本

B. 经济费用和效益的识别不适用“有无对比”原则

C. 识别经济费用效益时应剔出项目的转移支付

D. 为了反映投入物和产出物真实经济价值，经济费用效益分析不能使用市场价格

112. 已知甲、乙为两个寿命期相同的互斥项目，其中乙项目投资大于甲项目。通过测算得出甲、乙两项目的内部收益率分别为17%和14%，增量内部收益 ΔIRR(乙－甲)＝13%，基准收益率为14%，以下说法中正确的是：

A. 应选择甲项目　　　　B. 应选择乙项目

C. 应同时选择甲、乙两个项目　　　　D. 甲、乙两项目均不应选择

113. 以下关于改扩建项目财务分析的说法中正确的是：

A. 应以财务生存能力分析为主

B. 应以项目清偿能力分析为主

C. 应以企业层次为主进行财务分析

D. 应遵循“有无对比”原刚

114. 下面关于价值工程的论述中正确的是：

A. 价值工程中的价值是指成本与功能的比值

B. 价值工程中的价值是指产品消耗的必要劳动时间

C. 价值工程中的成本是指寿命周期成本，包括产品在寿命期内发生的全部费用

D. 价值工程中的成本就是产品的生产成本，它随着产品功能的增加而提高

115. 根据《中华人民共和国建筑法》规定，某建设单位领取了施工许可证，下列情节中，可能不导致施工许可证废止的是：

A. 领取施工许可证之日起三个月内因故不能按期开工，也未申请延期

B. 领取施工许可证之日起按期开工后又中止施工

C. 向发证机关申请延期开工一次，延期之日起三个月内，因故仍不能按期开工，也未申请延期

D. 向发证机关申请延期开工两次，超过6个月因故不能按期开工，继续申请延期

116. 某施工单位一个有职工 185 人的三级施工资质的企业，根据《安全生产法》规定，该企业下列行为中合法的是：

A. 只配备兼职的安全生产管理人员

B. 委托具有国家规定相关专业技术资格的工程技术人员提供安全生产管理服务，由其负责承担保证安全生产的责任

C. 安全生产管理人员经企业考核后即任职

D. 设置安全生产管理机构

117. 下列属于《中华人民共和国招标投标法》规定的招标方式是：

A. 公开招标和直接招标

B. 公开招标和邀请招标

C. 公开招标和协议招标

D. 公开招标和公开招标

118. 根据《中华人民共和国合同法》规定，下列行为不属于要约邀请的是：

A. 某建设单位发布招标公告

B. 某招标单位发出中标通知书

C. 某上市公司发出招标说明书

D. 某商场寄送的价目表

119. 根据《中华人民共和国行政许可法》的规定，除可以当场作出行政许可决定的外，行政机关应当自受理行政可之日起作出行政许可决定的时限是：

A. 5 日之内　　B. 7 日之内

C. 15 日之内　　D. 20 日之内

120. 某建设项目甲建设单位与乙施工单位签订施工总承包合同后，乙施工单位经甲建设单位认可，将打桩工程分包给丙专业承包单位，丙专业承包单位又将劳务作业分包给丁劳务单位，由于丙专业承包单位从业人员责任心不强，导致该打桩工程部分出现了质量缺陷，对于该质量缺陷的责任承担，以下说明正确的是：

A. 乙单位和丙单位承担连带责任

B. 丙单位和丁单位承担连带责任

C. 丙单位向甲单位承担全部责任

D. 乙、丙、丁三单位共同承担责任

2013 年度全国勘察设计注册土木工程师(岩土)

执业资格考试试卷

基础考试
(下)

二〇一三年九月

应考人员注意事项

1. 本试卷科目代码为“2”，考生务必将此代码填涂在答题卡“科目代码”相应的栏目内，否则，无法评分。
2. 书写用笔：**黑色或蓝色钢笔、签字笔或圆珠笔；**
   填涂答题卡用笔：**黑色 2B 铅笔**。
3. 必须用书写用笔将工作单位、姓名、准考证号填写在答题卡和试卷相应的栏目内。
4. 本试卷由 60 题组成，每题 2 分，满分 120 分，本试卷全部为单项选择题，每小题的四个备选项中只有一个正确答案，错选、多选、不选均不得分。
5. 考生作答时，必须**按题号在答题卡上**将相应试题所选选项对应的**字母用 2B 铅笔涂黑**。
6. 在答题卡上书写与题意无关的语言，或在答题卡上作标记的，均按违纪试卷处理。
7. 考试结束时，由监考人员当面将试卷、答题卡一并收回。
8. 草稿纸由各地统一配发，考后收回。

单项选择题(共 60 题,每题 2 分。每题的备选项中只有一个最符合题意。)

1. 两种元素化合形成离子化合物,其阴离子将:

A. 获得电子　　B. 失去电子

C. 既不获得电子也不失去电子　　D. 与别的阴离子共用自由电子

2. 在组成一定时,为使材料的导热系数降低,应:

A. 提高材料的孔隙率

B. 提高材料的含水率

C. 增加开口大孔的比例

D. 提高材料的密实度

3. 水泥颗粒的大小通常用水泥的细度来表征,水泥的细度是指:

A. 单位质量水泥占有的体积

B. 单位体积水泥的颗粒总表面积

C. 单位质量水泥的颗粒总表面积

D. 单位颗粒表面积的水泥质量

4. 混凝土强度是在标准养护条件下达到标准养护龄期后测量得到的,如实际工程中混凝土的环境温度比标准养护温度低了 10℃,则混凝土的最终强度与标准强度相比:

A. 一定较低　　B. 一定较高

C. 不能确定　　D. 相同

5. 在寒冷地区的混凝土发生冻融破坏时,如果表面有盐类作用,其破坏程度:

A. 会减轻　　B. 会加重

C. 与有无盐类无关　　D. 视盐类浓度而定

6. 衡量钢材塑性变形能力的技术指标为:

A. 屈服强度　　B. 抗拉强度

C. 断后伸长率　　D. 冲击韧性

7. 土的塑性指数越高,土的:

A. 黏聚性越高　　B. 黏聚性越低

C. 内摩擦角越大　　D. 粒度越粗

8.“从整体到局部、先控制后碎部”是测量工作应遵循的原则，遵循这个原则的目的包括下列何项？

A. 防止测量误差的积累　　B. 提高观测值精度

C. 防止观测值误差积累　　D. 提高控制点测量精度

9. 经纬仪有四条主要轴线，当竖轴铅垂，视准轴垂直于横轴时，但横轴不水平，此时望远镜绕横轴旋转时，则视准轴的轨迹是：

A. 一个圆锥面

B. 一个倾斜面

C. 一个竖直面

D. 一个不规则的曲面

10. 某双频测距仪设置的第一个调制频率为 15MHz，其光尺长度为 10m，设置的第二个调制频率为 150kHz，它的光尺长度为 1000m，若测距仪测相精度为 1∶1000，则测距仪的测尺精度可达到：

A. 1cm　　B. 100cm

C. 1m　　D. 10cm

11. 已知直线 AB 的方位角 $\alpha_{AB}=60°30'18''$，$\angle BAC=90°22'12''$，若 $\angle BAC$ 为左角，则直线 AC 的方位角 α_{AC} 等于：

A. 150°52′30″　　B. 29°51′54″

C. 89°37′48″　　D. 119°29′42″

12. 施工控制网一般采用建筑方格网，对于建筑方格的首级控制技术要求应符合《工程测量规范》的要求，其主要技术要求为：

A. 边长：100～300m，侧角中误差：5″，边长相对中误差：1/30000

B. 边长：150～350m，侧角中误差：8″，边长相对中误差：1/10000

C. 边长：100～300m，侧角中误差：6″，边长相对中误差：1/10000

D. 边长：800～200m，侧角中误差：7″，边长相对中误差：1/15000

13. 有关评标方法的描述，错误的是：

A. 最低投标价法适合没有特殊要求的招标项目

B. 综合评估法可用打分的方法或货币的方法评估各项标准

C. 最低投标价法通常用来恶性削价竞争，反而工程质量更为低落

D. 综合评估法适合没有特殊要求的招标项目

14. 建设项目对环境可能造成轻度影响的，应当编制：

A. 环境影响报告书

B. 环境影响报告表

C. 环境影响分析表

D. 环境影响登记表

15. 下列国家标准的编制工作顺序，正确的是：

A. 准备、征求意见、送审、报批

B. 征求意见、准备、送审、报批

C. 征求意见、报批、准备、送审

D. 准备、送审、征求意见、报批

16. 有关招标的叙述，错误的是：

A. 邀请招标，又称优先性招标

B. 邀请招标中，招标人应向 3 个以上的潜在招标人发出邀请

C. 国家重点项目应公开招标

D. 公开招标适合专业性较强的项目

17. 压实松土时，应采用：

A. 先用轻碾后用重碾

B. 先振动碾压后停振碾压

C. 先压中间再压边缘

D. 先快速后慢速

18. 混凝土施工缝宜留置在：

A. 结构受剪力较小且便于施工的位置

B. 遇雨停工处

C. 结构受弯矩较小且便于施工的位置

D. 结构受力复杂处

19. 在柱子吊装时，采用斜吊绑扎法的条件是：

A. 柱平卧起吊时抗弯承载力满足要求

B. 柱平卧起吊时抗弯承载力不满足要求

C. 柱混凝土强度达到设计强度 50%

D. 柱身较长，一点绑扎抗弯承载力不满足要求

20. 某土方工程总挖方量为1万m^3。预算单价45元/m^3，该工程总预算为45万元，计划用25天完成，每天完成400m^3。开工后第7天早晨刚上班时，经业主复核确定的挖方量为2000m^3，承包商实际付出累计12万元。应用挣值法(赢得值法)对项目进展进行评估，下列哪项评估结论不正确？

A. 进度偏差=−1.8万元，因此工期拖延

B. 进度偏差=1.8万元，因此工期超前

C. 费用偏差=−3万元，因此费用超支

D. 工期拖后1天

21. 下列关于单代号网络图表述正确的是：

A. 箭线表示工作及其进行的方向，节点表示工作之间的逻辑关系

B. 节点表示工作，箭线表示工作进行的方向

C. 节点表示工作，箭线表示工作之间的逻辑关系

D. 箭线表示工作及其进行的方向，节点表示工作的开始或结束

22. 图示静定三铰拱，拉杆AB的轴力等于：

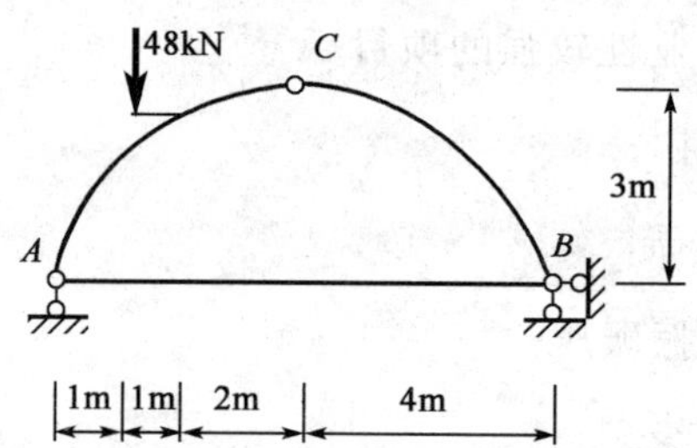

A. 6kN

B. 8kN

C. 10kN

D. 12kN

23. 图示梁AB，EI为常数，固支端A发生顺时针的支座转动θ，由此引起的B端转角为：

A. θ，顺时针

B. θ，逆时针

C. $\theta/2$，顺时针

D. $\theta/2$，逆时针

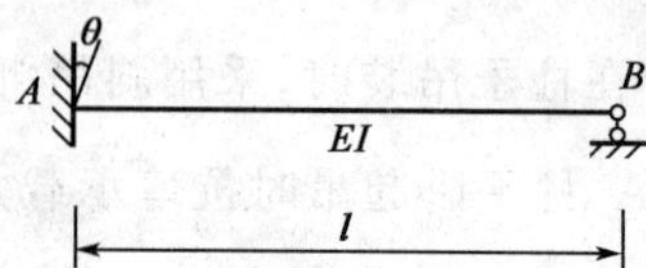

24. 用力矩分配法分析图示结构，先锁住节点 B，然后再放松，则传递到 C 支座的力矩为：

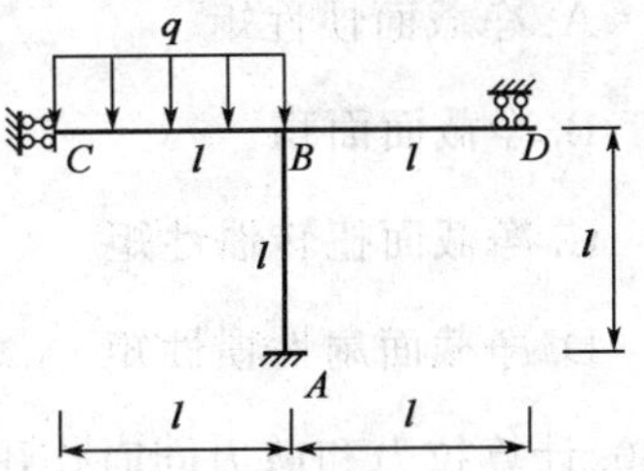

A. $ql^2/27$

B. $ql^2/54$

C. $ql^2/23$

D. $ql^2/46$

25. 若钢筋混凝土双筋矩形截面受弯构件的正截面受压区高度小于受压钢筋混凝土保护层厚度，表明：

A. 仅受拉钢筋未达到屈服

B. 仅受压钢筋未达到屈服

C. 受拉钢筋和受压钢筋均达到屈服

D. 受拉钢筋和受压钢筋均未达到屈服

26. 关于钢筋混凝土简支梁挠度验算的描述，不正确的是：

A. 作用荷载应取其标准值

B. 材料强度应取其标准值

C. 对带裂缝受力阶段的截面弯曲刚度按截面平均应变符合平截面假定计算

D. 对带裂缝受力阶段的截面弯曲刚度按截面开裂处的应变分布符合平截面假定计算

27. 钢筋混凝土结构中抗震设计要求“强柱弱梁”是为了防止出现的破坏模式是：

A. 梁中发生剪切破坏，从而造成结构倒塌

B. 柱先于梁进入受弯屈服，从而造成结构倒塌

C. 柱出现失稳破坏，从而造成结构倒塌

D. 柱出现剪切破坏，从而造成结构倒塌

28. 结构钢材的主要力学性能指标包括：

A. 屈服强度、抗拉强度和伸长率

B. 可焊性和耐候性

C. 碳、硫和磷含量

D. 冲击韧性和屈强比

29. 设计螺栓连接的槽钢柱间支撑时，应计算支撑构件的：

A. 净截面惯性矩

B. 净截面面积

C. 净截面扭转惯性矩

D. 净截面扇性惯性矩

30. 计算拉力和剪力同时作用的高强度螺栓承压型连接时，螺栓的：

A. 抗剪承载力设计值取 $N_v^b = 0.9 n_f \mu P$

B. 抗拉承载力设计值取 $N_t^b = 0.8P$

C. 承压承载力设计值取 $N_c^b = d \sum t f_c^b$

D. 预拉力设计值应进行折减

31. 砌体的抗拉强度主要取决于：

A. 块材的抗拉强度

B. 砂浆的抗压强度

C. 灰缝厚度

D. 块材的整齐程度

32. 在相同荷载、相同材料、相同几何条件下，用弹性方案、刚弹性方案和刚性方案计算砌体结构的柱(墙)底端弯矩，结果分别为 $M_{弹}$、$M_{刚弹}$ 和 $M_{刚}$，三者的关系是：

A. $M_{刚弹} > M_{刚} > M_{弹}$

B. $M_{弹} < M_{刚弹} < M_{刚}$

C. $M_{弹} > M_{刚弹} > M_{刚}$

D. $M_{刚弹} < M_{刚} < M_{弹}$

33. 图示砖砌体中的过梁(尺寸单位为 mm)，作用在过梁上的荷载为：

A. 20kN/m

B. 18kN/m

C. 17.5kN/m

D. 2.5kN/m

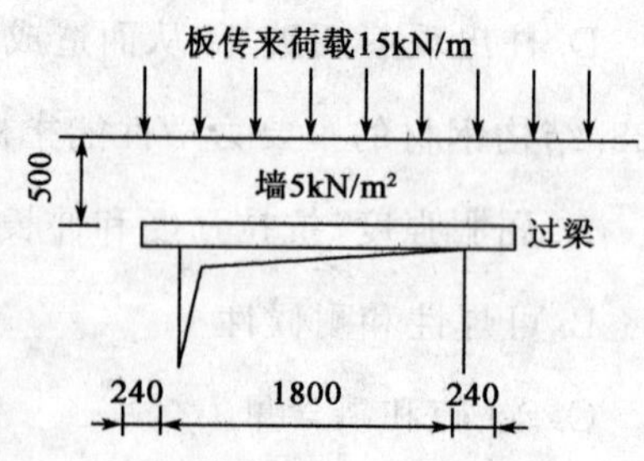

34. 能直接给出岩石的弹性模量和弹性抗力系数的现场试验是：

A. 承压板法试验

B. 狭缝法试验

C. 钻孔环向加压法试验

D. 双轴压缩法试验

35. 已知均质各项异性岩体呈水平状分布，其水平向与垂直向的弹模比为 2：1，岩石的泊松比为 0.3，岩石的重度为 γ，问深度 h 处的自重应力状态是：

A. $\sigma_x = \sigma_y = 0.25\sigma_z$

B. $\sigma_x = \sigma_y = 0.5\sigma_z$

C. $\sigma_x = \sigma_y = 1.0\sigma_z$

D. $\sigma_x = \sigma_y = 1.25\sigma_z$

36. 某土样液限 $w_L = 24.3\%$，塑限 $w_p = 15.4\%$，含水量 $w = 20.7\%$，可以得到其塑性指数 I_p 为：

A. $I_p = 0.089$

B. $I_p = 8.9$

C. $I_p = 0.053$

D. $I_p = 5.3$

37. 关于土的自重应力，下列说法正确的是：

A. 土的自重应力只发生在竖直方向上，在水平方向上没有自重应力

B. 均质饱和地基的自重应力为 $\gamma_{sat}h$，其中 γ_{sat} 为饱和重度，h 为计算位置到地表的距离

C. 表面水平的半无限空间弹性地基，土的自重应力计算与土的模量没有关系

D. 表面水平的半无限空间弹性地基，自重应力过大也会导致地基土的破坏

38. 关于有效应力原理，下列说法正确的是：

A. 土中的自重应力属于有效应力

B. 土中的自重应力属于总应力

C. 地基土层中水位上升不会引起有效应力的变化

D. 地基土层中水位下降不会引起有效应力的变化

39. 饱和砂土在振动下液化，主要原因是：

A. 振动中细颗粒流失

B. 振动中孔压升高，导致土的强度丧失

C. 振动中总应力大大增加，超过了土的抗剪强度

D. 在振动中孔隙水流动加剧，引起管涌破坏

40. 如果其他条件保持不变，墙后填土的下列哪些指标的变化，会引起挡土墙的主动土压力增大？

A. 填土的内摩擦角 φ 减小

B. 填土的重度 γ 减小

C. 填土的压缩模量 E 增大

D. 填土的黏聚力 c 增大

41. 与深成岩岩石相比，浅成岩岩石的：（原题为“与深成岩岩浆相比，浅成岩岩浆的”，题意不清，此为改编）

A. 颜色相对较浅

B. 颜色相对较深

C. 颗粒相对较粗

D. 颗粒相对较细

42. 陆地地表分布最多的岩石是：

A. 岩浆岩

B. 沉积岩

C. 变质岩

D. 石灰岩

43. 湿陷性黄土的形成年代主要是：

A. N、Q_1

B. Q_1、Q_2

C. Q_2、Q_3

D. Q_3、Q_4

44. 洪积扇发育的一个必要条件是：

A. 物理风化为主的山区

B. 化学风化为主的山区

C. 常年湿润的山区

D. 常年少雨的山区

45. 河流下游的地质作用主要表现为：

A. 下蚀和沉积

B. 侧蚀和沉积

C. 溯源侵蚀

D. 裁弯取直

46. 剪切裂隙的地质作用主要表现为：

A. 裂隙面平直光滑

B. 裂隙面曲折粗糙

C. 裂隙面倾角较大

D. 裂隙面张开

47. 最有利于化学风化的气候条件是：

A. 干热　　B. 湿热

C. 寒冷　　D. 冷热交替

48. 坡积物的结构特征具有：

A. 棱角分明　　B. 磨圆很好

C. 磨圆一般　　D. 分选较好

49. 每升地下水中以下成分的总量，称为地下水的总矿化度：(原题此处为“总矿物度”，有误)

A. 各种离子、分子与化合物　　B. 所有离子

C. 所有阳离子　　D. Ca^{2+}、Mg^{2+} 离子

50. 十字板剪切试验最适用的土层是：

A. 硬黏土　　B. 软黏土

C. 砂砾石　　D. 风化破解岩石

51. 已知岩石重度 γ、滑面黏聚力 c、内摩擦角 φ，当岩坡按某一平面滑动破坏时，其滑动体后部可能出现的张裂隙的深度为：

A. $z=\frac{2c}{\gamma}\tan\left(45°-\frac{\varphi}{2}\right)$　　B. $z=\frac{2c}{\gamma}\tan\left(45°+\frac{\varphi}{2}\right)$

C. $z=\frac{c}{\gamma}\tan\left(45°-\frac{\varphi}{2}\right)$　　D. $z=\frac{c}{\gamma}\tan\left(45°+\frac{\varphi}{2}\right)$

52. 工程开挖形成边坡后，由于卸荷作用，边坡的应力将重新分布，边坡周围主应力迹线发生明显偏转，在愈靠近临空面的位置，对于其主应力分布特征，下列各项中正确的是：

A. σ_1 愈接近平行于临空面，σ_2 则与之趋于正交

B. σ_1 愈接近平行于临空面，σ_3 则与之趋于正交

C. σ_2 愈接近平行于临空面，σ_3 则与之趋于正交

D. σ_3 愈接近平行于临空面，σ_1 则与之趋于正交

53. 在验算岩基抗滑稳定性时，下列哪一种滑移面不在假定范围内：

A. 圆弧滑面　　B. 水平滑面

C. 单斜滑面　　D. 双斜滑面

54. 无筋扩展基础需要验算下面哪一项？

A. 冲切验算　　B. 抗弯验算

C. 斜截面抗剪验算　　D. 刚性角

55. 关于地基承载力特征值的深度修正式 $\eta_d \gamma_m (d-0.5)$，下面说法不正确的是：

A. $\eta_d \gamma_m (d-0.5)$ 的最大值为 $5.5\eta_d \gamma_m$

B. $\eta_d \gamma_m (d-0.5)$ 总是大于或等于 0，不能为负值

C. η_d 总是大于或等于 1

D. γ_m 取基底以上土的重度，地下水以下取浮重度

56. 下面哪一种措施无助于减少不均匀沉降对建筑物的危害？

A. 增大建筑物的长高比

B. 增强结构的整体刚度

C. 设置沉降缝

D. 采用轻型结构

57. 下面哪种方法不能用于测试单桩竖向承载力？

A. 载荷试验　　B. 静力触探

C. 标准贯入试验　　D. 十字板剪切试验

58. 对软土地基采用真空预压法进行加固后，下面哪一项指标会增大？

A. 压缩系数　　B. 抗剪强度

C. 渗透系数　　D. 孔隙比

59. 挤密桩的桩孔中，下面哪一种可以作为填料？

A. 黄土　　B. 膨胀土

C. 含有有机质的黏性土　　D. 含有冰屑的黏性土

60. 关于堆载预压法加固地基，下面说法正确的是：

A. 砂井除了起加速固结的作用外，还作为复合地基提高地基的承载力

B. 在砂井长度相等的情况下，较大的砂井直径和较小的砂井间距都能够加速地基的固结

C. 堆载预压时控制堆载速度的目的是为了让地基发生充分的蠕变变形

D. 为了防止预压时地基失稳，堆载预压通常要求预压荷载小于基础底面的设计压力

2013 年度全国勘察设计注册工程师执业资格考试基础考试(上)试题解析及参考答案

1. 解　$\boldsymbol{\alpha}\times\boldsymbol{\beta}=\begin{vmatrix} \boldsymbol{i} & \boldsymbol{j} & \boldsymbol{k} \\ -3 & -2 & 1 \\ 1 & -4 & -5 \end{vmatrix}=14\boldsymbol{i}-14\boldsymbol{j}+14\boldsymbol{k}$

$|\boldsymbol{\alpha}\times\boldsymbol{\beta}|=\sqrt{14^2+14^2+14^2}=\sqrt{3\times 14^2}=14\sqrt{3}$

答案:C

2. 解　因为$\lim\limits_{x\to 1}(x^2+x-2)=0$,

故$\lim\limits_{x\to 1}(2x^2+ax+b)=0$,即 $2+a+b=0$,得 $b=-2-a$,代入原式:

$$\lim_{x\to 1}\frac{2x^2+ax-2-a}{x^2+x-2}=\lim_{x\to 1}\frac{2(x+1)(x-1)+a(x-1)}{(x+2)(x-1)}=\lim_{x\to 1}\frac{2\times 2+a}{3}=1$$

故 $4+a=3$,得 $a=-1,b=-1$。

答案:C

3. 解　$\dfrac{\mathrm{d}y}{\mathrm{d}x}=\dfrac{\frac{\mathrm{d}y}{\mathrm{d}t}}{\frac{\mathrm{d}x}{\mathrm{d}t}}=\dfrac{-\sin t}{\cos t}=-\tan t$

答案:A

4. 解　$[\int f(x)\mathrm{d}x]'=f(x)$

答案:B

5. 解　举例 $f(x)=x^2$,$\int x^2\mathrm{d}x=\dfrac{1}{3}x^3+C$

当 $C=0$ 时,为奇函数;

当 $C=1$ 时,$\int x^2\mathrm{d}x=\dfrac{1}{3}x^3+1$ 为非奇非偶函数。

答案:A

6. 解　$\lim\limits_{x\to 1^-}f(x)=\lim\limits_{x\to 1^-}3x^2=3$,$\lim\limits_{x\to 1^+}(4x-1)=3$,$f(1)=3$,函数 $f(x)$在 $x=1$ 处连续。

$f'_+(1)=\lim\limits_{x\to 1^+}\dfrac{4x-1-3\times 1}{x-1}=\lim\limits_{x\to 1^+}\dfrac{4(x-1)}{x-1}=4$,

$f'_{-}(1)=\lim\limits_{x\to 1^-}\dfrac{3x^2-3}{x-1}=\lim\limits_{x\to 1^-}\dfrac{3(x+1)(x-1)}{x-1}=6,$

$f'_{+}(1)\neq f'_{-}(1)$，在 $x=1$ 处不可导；

故 $f(x)$ 在 $x=1$ 处连续不可导。

答案：C

7.**解**　$y'=-1\cdot x^{\frac{2}{3}}+(5-x)\dfrac{2}{3}x^{-\frac{1}{3}}=-x^{\frac{2}{3}}+\dfrac{2}{3}\cdot\dfrac{5-x}{x^{\frac{1}{3}}}=\dfrac{-3x+2(5-x)}{3x^{\frac{1}{3}}}$

$$=\frac{-3x+10-2x}{3\cdot x^{\frac{1}{3}}}=\frac{5(2-x)}{3x^{\frac{1}{3}}}$$

可知 $x=0,x=2$ 为极值可疑点，所以极值可疑点的个数为 2。

答案：C

8.**解**　选项 A：$\int_0^{+\infty}e^{-x}\mathrm{d}x=-\int_0^{+\infty}e^{-x}\mathrm{d}(-x)=-e^{-x}\Big|_0^{+\infty}=-(\lim\limits_{x\to+\infty}e^{-x}-1)=1$

选项 B：$\int_0^{+\infty}\dfrac{1}{1+x^2}\mathrm{d}x=\arctan x\Big|_0^{+\infty}=\dfrac{\pi}{2}$

选项 C：$\int_0^{+\infty}\dfrac{\ln x}{x}\mathrm{d}x=\int_0^1\dfrac{\ln x}{x}\mathrm{d}x+\int_1^{+\infty}\dfrac{\ln x}{x}\mathrm{d}x=\int_0^1\ln x\mathrm{d}\ln x+\int_1^{+\infty}\ln x\mathrm{d}\ln x$

而 $\int_0^1\ln x\mathrm{d}\ln x=\dfrac{1}{2}(\ln x)^2\Big|_0^1=-\infty$，故广义积分发散。

（注：$\lim\limits_{x\to 0^+}\dfrac{\ln x}{x}=\infty$，$x=0$ 为无穷间断点）

选项 D：$\int_0^1\dfrac{1}{\sqrt{1-x^2}}\mathrm{d}x=\arcsin x\Big|_0^1=\dfrac{\pi}{2}$

注：$\lim\limits_{x\to 1^-}\dfrac{1}{\sqrt{1-x^2}}=+\infty$，$x=1$ 为无穷间断点。

答案：C

9.**解**　D：$0\leqslant y\leqslant 1, y\leqslant x\leqslant\sqrt{y}$；

$y=x$，即 $x=y$；$y=x^2$，得 $x=\sqrt{y}$；

所以二次积分交换积分顺序后为 $\int_0^1\mathrm{d}y\int_y^{\sqrt{y}}f(x,y)\mathrm{d}x$。

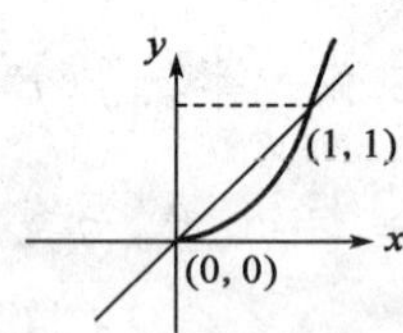

题 9 解图

答案：D

10.**解**　$x\dfrac{\mathrm{d}y}{\mathrm{d}x}=y\ln y,\dfrac{1}{y\ln y}\mathrm{d}y=\dfrac{1}{x}\mathrm{d}x,\ln\ln y=\ln x+\ln C$

$\ln y=Cx, y=e^{Cx}$，代入 $x=1,y=e$，有 $e=e^{1C}$，得 $C=1$

所以 $y=e^x$

答案：B

11. **解** $F(x,y,z)=xz-xy+\ln(xyz)$

$F_x=z-y+\frac{yz}{xyz}=z-y+\frac{1}{x},F_y=-x+\frac{xz}{xyz}=-x+\frac{1}{y},F_z=x+\frac{xy}{xyz}=x+\frac{1}{z}$

$$\frac{\partial z}{\partial y}=-\frac{F_y}{F_z}=-\frac{\frac{-xy+1}{y}}{\frac{xz+1}{z}}=-\frac{(1-xy)z}{y(xz+1)}=\frac{z(xy-1)}{y(xz+1)}$$

答案:D

12. **解** 正项级数 $\sum_{n=1}^{\infty}u_n$ 收敛的充分必要条件是,它的部分和数列$\{S_n\}$有界。

答案:A

13. **解** 已知 $f(-x)=-f(x)$,函数在$(-\infty,+\infty)$为奇函数。

可配合图形说明在$(-\infty,0)$,$f'(x)>0,f''(x)<0$,凸增。

故在$(0,+\infty)$为凹增,即在$(0,+\infty)$,$f'(x)>0,f''>0$。

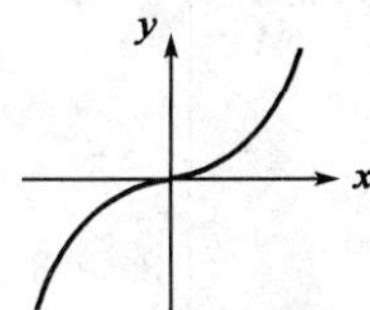

题 13 解图

答案:C

14. **解** 特征方程:$r^2-3r+2=0,r_1=1,r_2=2,f(x)=xe^x,r=1$为对应齐次方程的特征方程的单根,故特解形式 $y^*=x(Ax+B)\cdot e^x$。

答案:A

15. **解** $\vec{S}=\{3,-1,2\},\vec{n}=\{-2,2,1\},\vec{S}\cdot\vec{n}\neq 0,\vec{S}$与$\vec{n}$不垂直。

故直线L不平行于平面π,从而B、D不成立;又因为$\vec{S}$不平行于$\vec{n}$,所以L不垂直于平面π,A不成立;即直线L与平面π非垂直相交。

答案:C

16. **解** $L:y=x-1$,所以L的参数方程$\begin{cases}x=x\\y=x-1\end{cases},0\leqslant x\leqslant 1$

$\mathrm{d}s=\sqrt{1^2+1^2}\,\mathrm{d}x=\sqrt{2}\,\mathrm{d}x$

故$\int_L(y-x)\mathrm{d}s=\int_0^1(x-1-x)\sqrt{2}\,\mathrm{d}x=-\sqrt{2}\cdot 1=-\sqrt{2}$

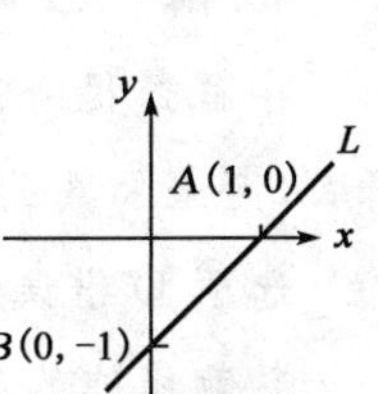

题 16 解图

答案:D

17. **解** $R=3$,则 $\rho=\frac{1}{3}$

选项 A:$\sum_{n=0}^{\infty}3x^n,\lim_{n\to\infty}\left|\frac{a_{n+1}}{a_n}\right|=1$

选项 B:$\sum_{n=1}^{\infty}3^nx^n,\lim_{n\to x}\frac{3^{n+1}}{3^n}=3$

选项 C:$\sum_{n=0}^{\infty}\frac{1}{3^{\frac{n}{2}}}x^n,\lim_{n\to\infty}\frac{\frac{1}{3^{\frac{n+1}{2}}}}{\frac{1}{3^{\frac{n}{2}}}}=\lim_{n\to\infty}\frac{1}{3^{\frac{n+1}{2}}}\cdot 3^{\frac{n}{2}}=\lim_{n\to\infty}3^{\frac{n}{2}-\frac{n+1}{2}}=3^{-\frac{1}{2}}$

选项 D：$\sum\limits_{n=0}^{\infty}\frac{1}{3^{n+1}}x^n$，$\lim\limits_{n\to\infty}\frac{\frac{1}{3^{n+2}}}{\frac{1}{3^{n+1}}}=\lim\limits_{n\to\infty}\frac{3^{n+1}}{3^{n+2}}=\frac{1}{3}$，$\rho=\frac{1}{3}$，$R=\frac{1}{\rho}=3$

答案：D

18. **解**　$z=f(x,y)$，$\begin{cases}x=x\\y=\varphi(x)\end{cases}$，则 $\frac{\mathrm{d}z}{\mathrm{d}x}=\frac{\partial f}{\partial x}\cdot 1+\frac{\partial f}{\partial y}\cdot\frac{\mathrm{d}\varphi}{\mathrm{d}x}$。

答案：B

19. **解**　以 $\boldsymbol{\alpha}_1$、$\boldsymbol{\alpha}_2$、$\boldsymbol{\alpha}_3$、$\boldsymbol{\alpha}_4$ 为列向量作矩阵 $\boldsymbol{A}$

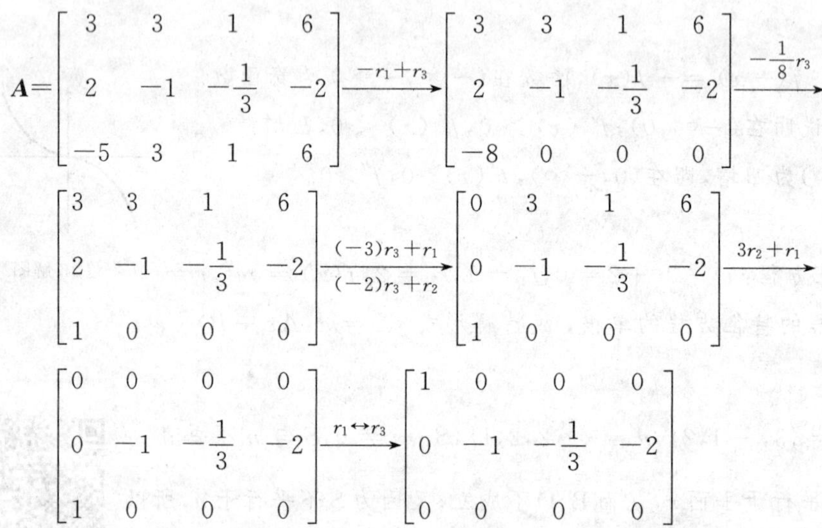

$$\boldsymbol{A}=\begin{bmatrix}3&3&1&6\\2&-1&-\frac{1}{3}&-2\\-5&3&1&6\end{bmatrix}\xrightarrow{-r_1+r_3}\begin{bmatrix}3&3&1&6\\2&-1&-\frac{1}{3}&-2\\-8&0&0&0\end{bmatrix}\xrightarrow{-\frac{1}{8}r_3}$$

$$\begin{bmatrix}3&3&1&6\\2&-1&-\frac{1}{3}&-2\\1&0&0&0\end{bmatrix}\xrightarrow[(-2)r_3+r_2]{(-3)r_3+r_1}\begin{bmatrix}0&3&1&6\\0&-1&-\frac{1}{3}&-2\\1&0&0&0\end{bmatrix}\xrightarrow{3r_2+r_1}$$

$$\begin{bmatrix}0&0&0&0\\0&-1&-\frac{1}{3}&-2\\1&0&0&0\end{bmatrix}\xrightarrow{r_1\leftrightarrow r_3}\begin{bmatrix}1&0&0&0\\0&-1&-\frac{1}{3}&-2\\0&0&0&0\end{bmatrix}$$

极大无关组为 $\boldsymbol{\alpha}_1$、$\boldsymbol{\alpha}_2$。

答案：C

20. **解**　$\boldsymbol{Ax}=\boldsymbol{0}$ 必有非零解。

在解方程组 $\boldsymbol{Ax}=\boldsymbol{0}$ 时，对系数矩阵进行行初等变换，设 $R(\boldsymbol{A})=r$，必有一非零的 r 阶子式，而未知数的个数为 n，$n>r$，基础解系的向量个数为 $n-r$，所以必有非零解。

选项 D 错误，因为对 $\boldsymbol{Ax}=\boldsymbol{b}$ 的增广矩阵进行行的初等变换后，增广矩阵的秩不一定等于系数矩阵的秩。

答案：B

21. **解**　矩阵相似有相同的特征多项式，有相同的特征值。

方法 1：

$$|\lambda\boldsymbol{E}-\boldsymbol{A}|=\begin{vmatrix}\lambda-1&1&-1\\-2&\lambda-4&2\\3&3&\lambda-5\end{vmatrix}\overset{(-3)r_1+r_3}{=\!=\!=}\begin{vmatrix}\lambda-1&1&-1\\-2&\lambda-4&2\\-3\lambda+6&0&\lambda-2\end{vmatrix}\overset{-(\lambda-4)r_1+r_2}{=\!=\!=}$$

$$\begin{vmatrix}\lambda-1&1&-1\\-\lambda^2+5\lambda-6&0&\lambda-2\\-3\lambda+6&0&\lambda-2\end{vmatrix}=(-1)^{1+2}\begin{vmatrix}-(\lambda-2)(\lambda-3)&\lambda-2\\-3(\lambda-2)&\lambda-2\end{vmatrix}$$

$$=(\lambda-2)(\lambda-2)\begin{vmatrix} +(\lambda-3) & 1 \\ 3 & 1 \end{vmatrix}=(\lambda-2)(\lambda-2)[+(\lambda-3)-3]$$

$$=(\lambda-2)(\lambda-2)(\lambda-6)$$

特征值为 2,2,6;矩阵 $\boldsymbol{B}$ 中 $\lambda=6$。

方法 2:因为 $\boldsymbol{A}\sim\boldsymbol{B}$,所以 $\boldsymbol{A}$ 与 $\boldsymbol{B}$ 有相同特征值,设为 $\lambda_1,\lambda_2,\lambda_3$,由性质可知:$\lambda_1+\lambda_2+\lambda_3=1+4+5=10$。故由 $\lambda_1+\lambda_2+\lambda_3=\lambda+2+2=10$,得 $\lambda=6$。

答案:A

22.**解** A、B 相互独立,则 $P(AB)=P(A)P(B)$,$P(A\cup B)=P(A)+P(B)-P(AB)=P(A)+P(B)-P(A)P(B)=0.7$ 或 $P(A\cup B)=1-P(\overline{A\cup B})=1-P(\overline{A}\,\overline{B})=1-P(\overline{A})P(\overline{B})=0.7$。

答案:C

23.**解** 分布函数[记为 $Q(x)$]性质为:①$0\leqslant Q(x)\leqslant 1$,$Q(-\infty)=0$,$Q(+\infty)=1$;②$Q(x)$是非减函数;③$Q(x)$是右连续的。

$\Phi(+\infty)=-\infty$;$F(x)$满足分布函数的性质①、②、③;

$G(-\infty)=+\infty$;$x\geqslant 0$ 时,$H(x)>1$。

答案:B

24.**解** 注意 $E(X)=0$,$\sigma^2=D(X)=E(X^2)-[E(X)]^2=E(X^2)$,$\sigma^2$ 也是 X 的二阶原点矩,σ^2 的矩估计量是样本的二阶原点矩。

说明:统计推断时要充分利用已知信息。当 $E(X)=\mu$ 已知时,估计 $D(X)=\sigma^2$,用 $\frac{1}{n}\sum_{i=1}^{n}(X_i-\mu)^2$ 比用 $\frac{1}{n}\sum_{i=1}^{n}(X_i-\overline{X})^2$ 效果好。

答案:D

25.**解** ①分子的平均动能 $=\frac{3}{2}kT$,若分子的平均平动动能相同,则温度相同。

②分子的平均动能=平均(平动动能+转动动能)$=\frac{i}{2}kT$。其中,i 为分子自由度,而 $i(\mathrm{He})=3$,$i(\mathrm{N_2})=5$,则氦分子和氮分子的平均动能不同。

答案:B

26.**解** 此题需要正确理解最概然速率的物理意义。

答案:C

27. **解**　画等压膨胀 p-V 图，由图知 $V_2>V_1$，故气体对外做正功。

由等温线知 $T_2>T_1$，温度升高。

答案：A

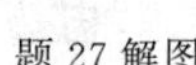

题 27 解图

28. **解**　$Q_T=\frac{m}{M}RT\ln\frac{V_2}{V_1}=p_1V_1\ln\frac{V_2}{V_1}$。

答案：A

29. **解**　①波动方程标准式：$y=A\cos\left[\omega\left(t-\frac{x-x_0}{u}\right)+\varphi_0\right]$

②本题方程：$y=-0.02\cos\pi(4x-50t)=0.02\cos[\pi(4x-50t)+\pi]$

$$=0.02\cos[\pi(50t-4x)+\pi]=0.02\cos\left[50\pi\left(t-\frac{4x}{50}\right)+\pi\right]$$

$$=0.02\cos\left[50\pi\left[t-\frac{x}{\frac{50}{4}}\right]+\pi\right]$$

故 $\omega=50\pi=2\pi\nu$，$\nu=25\text{Hz}$，$u=\frac{50}{4}$

波长 $\lambda=\frac{u}{\nu}=0.5\text{m}$，振幅 $A=0.02\text{m}$

答案：D

30. **解**　a、b、c、d 处质元都垂直于 x 轴上下振动。由图知，t 时刻 a 处质元位于振动的平衡位置，此时速率最大，动能最大，势能也最大。

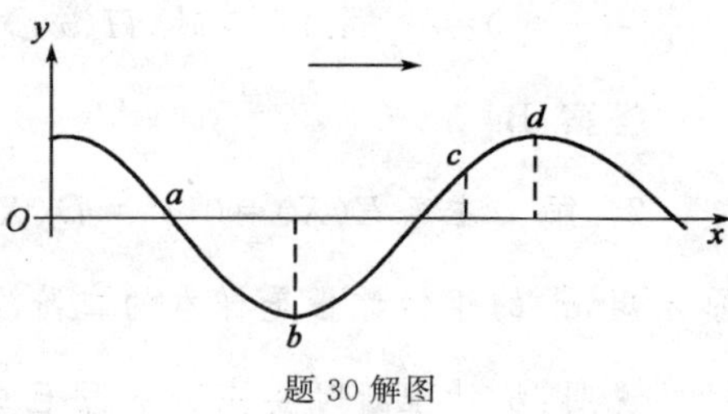

题 30 解图

答案：A

31. **解**　$x_{腹}=\pm k\frac{\lambda}{2}$，$k=0,1,2,\cdots$。相邻两波腹之间的距离为：$x_{k+1}-x_k=(k+1)\frac{\lambda}{2}-k\frac{\lambda}{2}=\frac{\lambda}{2}$。

答案：A

32. **解**　设线偏振光的光强为 I，线偏振光与第一个偏振片的夹角为 φ。因为最终线偏振光的振动方向要转过 90°，所以第一个偏振片与第二个偏振片的夹角为 $\frac{\pi}{2}-\varphi$。

根据马吕斯定律：

线偏振光通过第一块偏振片后的光强 $I_1=I\cos^2\varphi$

线偏振光通过第二块偏振片后的光强 $I_2=I_1\cos^2\left(\frac{\pi}{2}-\varphi\right)=\frac{I}{4}\sin^2 2\varphi$

要使透射光强达到最强，令 $\sin 2\varphi=1$，得 $\varphi=\frac{\pi}{4}$，透射光强的最大值为 $\frac{I}{4}$。

入射光的振动方向与前后两偏振片的偏振化方向夹角分别为45°和90°。

答案:A

33.**解** 光的干涉和衍射现象反映了光的波动性质,光的偏振现象反映了光的横波性质。

答案:B

34.**解** 注意到 $1\text{nm}=10^{-9}\text{m}=10^{-6}\text{mm}$。

由 $\Delta x=\Delta n\dfrac{\lambda}{2}$,有 $0.62=2300\dfrac{\lambda}{2}$,$\lambda=5.39\times10^{-4}\text{mm}=539\text{nm}$。

答案:B

35.**解** 对暗纹 $a\sin\varphi=k\lambda=2k\dfrac{\lambda}{2}$,今 $k=3$,故半波带数目为6。

答案:D

36.**解** 劈尖干涉明纹公式:$2nd+\dfrac{\lambda}{2}=k\lambda,k=1,2,\cdots$

对应的薄膜厚度差 $2nd_5-2nd_3=2\lambda$,故 $d_5-d_3=\dfrac{\lambda}{n}$。

答案:B

37.**解** 一组允许的量子数 n、l、m 取值对应一个合理的波函数,即可以确定一个原子轨道。量子数 $n=4,l=2,m=0$ 为一组合理的量子数,确定一个原子轨道。

答案:A

38.**解** P和N为同主族元素,PCl_3 中P的杂化类型与 NH_3 中的N原子杂化类型相同,为不等性 sp^3 杂化,四个杂化轨道呈四面体型,有一个杂化轨道被孤对电子占据,其余三个杂化轨道与三个Cl原子形成三个共价单键,分子为三角锥形。

答案:B

39.**解** 由已知条件可知 $Fe^{3+}\xrightarrow[z_1=1]{0.771}Fe^{2+}\xrightarrow[z_2=2]{-0.44}Fe$

$\underbrace{\qquad\qquad\qquad}_{z=3}$

即 $Fe^{3+}+z_1e=Fe^{2+}$

$+)Fe^{2+}+z_2e=Fe$

$Fe^{3+}+ze=Fe$

$$E^\ominus(Fe^{3+}/Fe)=\frac{z_1E^\ominus(Fe^{3+}/Fe^{2+})+z_2E^\ominus(Fe^{2+}/Fe)}{z}$$

$$=\frac{0.771+2\times(-0.44)}{3}\approx-0.036\text{V}$$

答案:C

40. **解**　在 $BaSO_4$ 饱和溶液中，存在 $BaSO_4 = Ba^{2+} + SO_4^{2-}$ 平衡，加入 $BaCl_2$，溶液中 Ba^{2+} 增加，平衡向左移动，SO_4^{2+} 的浓度减小。

答案：B

41. **解**　催化剂之所以加快反应的速率，是因为它改变了反应的历程，降低了反应的活化能，增加了活化分子百分数。

答案：C

42. **解**　此反应为气体分子数减小的反应，升压，反应向右进行；反应的 $\Delta_r H_m < 0$，为放热反应，降温，反应向右进行。

答案：C

43. **解**　负极　氧化反应：$Ag + Cl^- = AgCl + e$

正极　还原反应：$Ag^+ + e = Ag$

电池反应：$Ag^+ + Cl^- = AgCl$

原电池负极能斯特方程式为：$\varphi AgCl/Ag = \varphi^{\ominus} AgCl/Ag + 0.059\lg\dfrac{1}{c(Cl^-)}$。

由于负极中加入 NaCl，Cl^- 浓度增加，则负极电极电势减小，正极电极电势不变，因此电池的电动势增大。

答案：A

44. **解**　乙烯与氯气混合，可以发生加成反应：$C_2H_4 + Cl_2 = CH_2Cl-CH_2Cl$。

答案：C

45. **解**　羟基与烷基直接相连为醇，通式为 R—OH(R 为烷基)；羟基与芳香基直接相连为酚，通式为 Ar—OH(Ar 为芳香基)。

答案：D

46. **解**　由低分子化合物(单体)通过加成反应，相互结合成高聚物的反应称为加聚反应。加聚反应没有产生副产物，高聚物成分与单体相同，单体含有不饱和键。HCHO 为甲醛，加聚反应为：$nH_2C=O \rightarrow \left[CH_2-O\right]_n$。

答案：C

47. **解**　E 处为光滑接触面约束，根据约束的性质，约束力应垂直于支撑面，指向被约束物体。

答案：B

48. **解**　F 力和均布力 q 的合力作用线均通过 O 点，故合力矩为零。

答案:A

49. **解**　取构架整体为研究对象,列平衡方程:

$$\sum M_A(F)=0, F_B\cdot 2L_2-F_P\cdot 2L_1=0$$

答案:A

50. **解**　根据斜面的自锁条件,斜面倾角小于摩擦角时,物体静止。

答案:A

51. **解**　将 $t=x$ 代入 y 的表达式。

答案:C

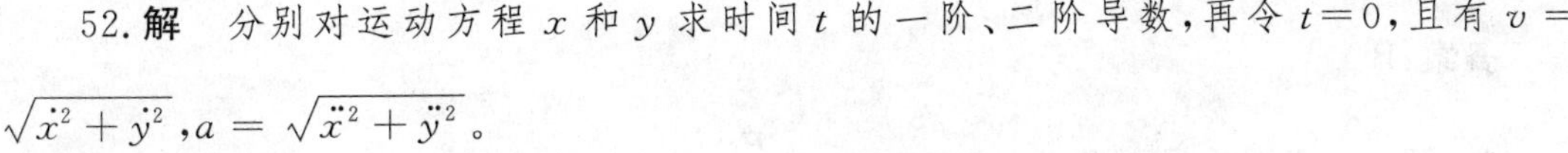

52. **解**　分别对运动方程 x 和 y 求时间 t 的一阶、二阶导数,再令 $t=0$,且有 $v=\sqrt{\dot{x}^2+\dot{y}^2}$, $a=\sqrt{\ddot{x}^2+\ddot{y}^2}$。

答案:B

53. **解**　两轮啮合点 A、B 的速度相同,且 $v_A=R_1\omega_1$, $v_B=R_2\omega_2$ 。

答案:D

54. **解**　可在 A 上加一水平向左的惯性力,根据达朗贝尔原理,物块 A 上作用的重力 mg、法向约束力 F_N、摩擦力 F 以及大小为 ma 的惯性力组成平衡力系,沿斜面列平衡方程,当摩擦力 $F=ma\cos\theta+mg\sin\theta\leqslant F_N f(F_N=mg\cos\theta-ma\sin\theta)$ 时可保证 A 与 B 一起以加速度 a 水平向右运动。

答案:C

55. **解**　物块 A 上的摩擦力水平向右,使其向右运动,故做正功。

答案:C

56. **解**　杆位于铅垂位置时有 $J_B\alpha=M_B=0$;故角加速度 $\alpha=0$;而角速度可由动能定理:$\frac{1}{2}J_B\omega^2=mgl$,得 $\omega^2=\frac{3g}{2l}$。则质心的加速度为:$a_{Cx}=0$, $a_{Cy}=l\omega^2$。根据质心运动定理,有 $ma_{Cx}=F_{Bx}$, $ma_{Cy}=F_{By}-mg$,便可得最后结果。

答案:D

57. **解**　根据定义,惯性力系主矢的大小为:$ma_C=m\frac{R}{2}\omega^2$;主矩的大小为:$J_O\alpha=0$。

答案:A

58. **解**　发生共振时,系统的工作频率与其固有频率相等。

$$\omega_0=\sqrt{\frac{k}{m}}=\sqrt{\frac{2\times10^6}{110}}=134.8\text{rad/s}$$

答案:D

59.**解**　取节点 C,画 C 点的受力图,如图所示。

$$\sum F_x = 0: F_1\sin45° = F_2\sin30°$$

$$\sum F_y = 0: F_1\cos45° + F_2\cos30° = F$$

题 59 解图

可得 $F_1=\dfrac{\sqrt{2}}{1+\sqrt{3}}F$, $F_2=\dfrac{2}{1+\sqrt{3}}F$

故 $F_2>F_1$,而 $\sigma_2=\dfrac{F_2}{A}>\sigma_1=\dfrac{F_1}{A}$

所以杆 2 最先达到许用应力。

答案:B

60.**解**　此题受力是对称的,故 $F_1=F_2=\dfrac{F}{2}$

由杆 1,得 $\sigma_1=\dfrac{F_1}{A_1}=\dfrac{\frac{F}{2}}{A}=\dfrac{F}{2A}\leqslant[\sigma]$,故 $F\leqslant 2A[\sigma]$

由杆 2,得 $\sigma_2=\dfrac{F_2}{A_2}=\dfrac{\frac{F}{2}}{2A}=\dfrac{F}{4A}\leqslant[\sigma]$,故 $F\leqslant 4A[\sigma]$

从两者取最小的,所以$[F]=2A[\sigma]$。

答案:B

61.**解**　把 F 力平移到铆钉群中心 O,并附加一个力偶 $m=F\cdot\dfrac{5}{4}L$,在铆钉上将产生剪力 Q_1 和 Q_2,其中 $Q_1=\dfrac{F}{2}$,而 Q_2 计算方法如下。

$\sum M_O=0$:　$Q_2\cdot\dfrac{L}{2}=F\cdot\dfrac{5}{4}L$, $Q_2=\dfrac{5}{2}F$

$Q=Q_1+Q_2=3F$, $\tau_{max}=\dfrac{Q}{\frac{\pi}{4}d^2}=\dfrac{12F}{\pi d^2}$

答案:C

62.**解**　螺钉头与钢板之间的接触面是一个圆环面,故挤压面 $A_{bs}=\dfrac{\pi}{4}(D^2-d^2)$。

$$\sigma_{bs}=\frac{F_{bs}}{A_{bs}}=\frac{F}{\frac{\pi}{4}(D^2-d^2)}$$

答案:A

63. **解**　圆轴的最大切应力 $\tau_{max}=\frac{T}{I_p}\cdot\frac{d}{2}$

圆轴的单位长度扭转角 $\theta=\frac{T}{GI_p}$

故 $\frac{T}{I_p}=\theta G$，代入得 $\tau_{max}=\theta G\frac{d}{2}$

答案：D

64. **解**　设实心圆直径为 d，空心圆外径为 D，空心圆内外径之比为 α，因两者横截面积相同，故有 $\frac{\pi}{4}d^2=\frac{\pi}{4}D^2(1-\alpha^2)$，即 $d=D(1-\alpha^2)^{\frac{1}{2}}$。

$$\frac{\tau_a}{\tau_b}=\frac{\dfrac{T}{\frac{\pi}{16}d^3}}{\dfrac{T}{\frac{\pi}{16}D^3(1-\alpha^4)}}=\frac{D^3(1-\alpha^4)}{d^3}=\frac{D^3(1-\alpha^2)(1+\alpha^2)}{D^3(1-\alpha^2)(1-\alpha^2)^{\frac{1}{2}}}=\frac{1+\alpha^2}{\sqrt{1-\alpha^2}}>1$$

答案：C

65. **解**　根据“零、平、斜”，“平、斜、抛”的规律，AB 段的斜直线，对应 AB 段 $q=0$；BC 段的抛物线，对应 BC 段 $q\neq0$，即应有 q。而 B 截面处有一个转折点，应对应于一个集中力。

答案：A

66. **解**　弯矩图中 B 截面的突变值为 10kN·m，故 $m=10$kN·m。

答案：A

67. **解**　$M_a=\frac{1}{8}ql^2$

M_b 的计算可用叠加法，如图所示。

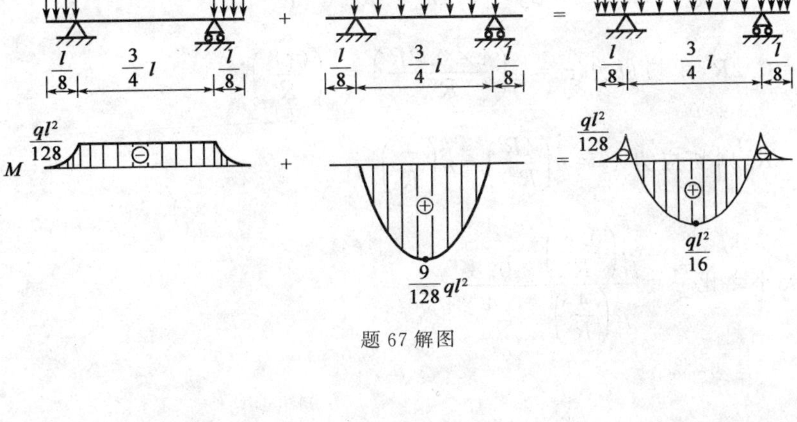

题 67 解图

$$\frac{M_a}{M_b}=\frac{\frac{ql^2}{8}}{\frac{ql^2}{16}}=2$$

答案:C

68.**解**　图 a)中 $\sigma_{r3}=\sigma_1-\sigma_3=150-0=150\text{MPa}$；

图 b)中 $\sigma_{r3}=\sigma_1-\sigma_3=100-(-100)=200\text{MPa}$；

显然图 b)σ_{r3}更大，更危险。

答案:B

69.**解**　设杆 1 受力为 F_1，杆 2 受力为 F_2，可见：

$$F_1+F_2=F \quad ①$$

$\Delta l_1=\Delta l_2$，即$\frac{F_1 l}{E_1 A}=\frac{F_2 l}{E_2 A}$

故

$$\frac{F_1}{F_2}=\frac{E_1}{E_2}=2 \quad ②$$

联立①、②两式，得到 $F_1=\frac{2}{3}F$，$F_2=\frac{1}{3}F$。

这结果相当于偏心受拉，如图所示，$M=\frac{F}{3}\cdot\frac{h}{2}=\frac{Fh}{6}$。

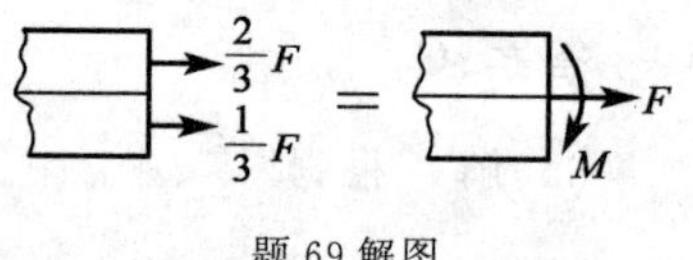

题 69 解图

答案:B

70.**解**　杆端约束越弱，μ越大，在两端固定($\mu=0.5$)，一端固定、一端铰支($\mu=0.7$)，两端铰支($\mu=1$)和一端固定、一端自由($\mu=2$)这四种杆端约束中，一端固定、一端自由的约束最弱，μ最大。而图示细长压杆 AB 一端自由、一端固定在简支梁上，其杆端约束比一端固定、一端自由($\mu=2$)时更弱，故 μ 比 2 更大。

答案:A

71.**解**　切应力 $\tau=\mu\frac{\mathrm{d}u}{\mathrm{d}y}$，而 $y=R-r$，$\mathrm{d}y=-\mathrm{d}r$，故 $\frac{\mathrm{d}u}{\mathrm{d}y}=-\frac{\mathrm{d}u}{\mathrm{d}r}$

题设流速 $u=2\left(1-\frac{r^2}{R^2}\right)$，故 $\frac{\mathrm{d}u}{\mathrm{d}y}=-\frac{\mathrm{d}u}{\mathrm{d}r}=\frac{2\times 2r}{R^2}=\frac{4r}{R^2}$

题设 $r_1=0.2R$，故切应力 $\tau_1=\mu\left(\frac{4\times 0.2R}{R^2}\right)=\mu\left(\frac{0.8}{R}\right)$

题设 $r_2=R$，则切应力 $\tau_2=\mu\left(\frac{4R}{R^2}\right)=\mu\left(\frac{4}{R}\right)$

切应力大小之比$\frac{\tau_1}{\tau_2}=\frac{\mu\left(\frac{0.8}{R}\right)}{\mu\left(\frac{4}{R}\right)}=\frac{0.8}{4}=\frac{1}{5}$

答案:C

72.**解**　对断面1-1及2-2中点写能量方程：$Z_1+\frac{p_1}{\rho g}+\frac{\alpha_1 v_1^2}{2g}=Z_2+\frac{p_2}{\rho g}+\frac{\alpha_2 v_2^2}{2g}$

题设管道水平，故 $Z_1=Z_2$；又因 $d_1>d_2$，由连续方程知 $v_1<v_2$。

代入上式后知：$p_1>p_2$。

答案：B

73.**解**　由动量方程可得：$\sum F_x=\rho Q v=1\ 000\text{kg/m}^3\times 0.2\text{m}^3/\text{s}\times 50\text{m/s}=10\text{kN}$。

答案：B

74.**解**　由均匀流基本方程知沿程损失 $h_f=\frac{\tau L}{\rho g R}$。

答案：B

75.**解**　由并联长管水头损失相等知：$h_{f1}=h_{f2}=h_{f3}=\cdots=h_f$，总流量 $Q=\sum_{i=1}^{n}Q_i$。

答案：B

76.**解**　矩形断面水力最佳宽深比 $\beta=2$，即 $b=2h$。

答案：D

77.**解**　由渗流达西公式知 $v=kJ$。

答案：A

78.**解**　按雷诺模型，$\frac{\lambda_v\lambda_L}{\lambda_\nu}=1$，流速比尺 $\lambda_v=\frac{\lambda_\nu}{\lambda_L}$

按题设 $\lambda_\nu=\frac{60\times10^{-6}}{15\times10^{-6}}=4$，长度比尺 $\lambda_L=5$，因此流速比尺 $\lambda_v=\frac{4}{5}=0.8$

$\lambda_v=\frac{v_{烟气}}{v_{空气}}$，$v_{空气}=\frac{v_{烟气}}{\lambda_v}=\frac{3\text{m/s}}{0.8}=3.75\text{m/s}$

答案：A

79.**解**　静止的电荷产生电场，不会产生磁场，并且电场是有源场，其方向从正电荷指向负电荷。

答案：D

80.**解**　电路的功率关系 $P=UI=I^2R$ 以及欧姆定律 $U=RI$，是在电路的电压电流的正方向一致时成立；当方向不一致时，前面增加“—”号。

答案：B

81.**解**　考查电路的基本概念：开路与短路，电阻串联分压关系。当电路中 a-b 开路时，电阻 R_1、R_2 相当于串联。

答案：C

82. **解**　在直流电源作用下电感等效于短路，电容等效于开路。

答案：D

83. **解**　根据已知条件（电阻元件的电压为 0），电路处于谐振状态，电感支路与电容支路的电流大小相等，方向相反，可以写成 $I_L = I_C$，或 $i_L = -i_C$。

答案：B

84. **解**　三相电路中，电源中性点与负载中点等电位，说明电路中负载也是对称负载，三相电路负载的阻抗相等条件为：$z_1 = z_2 = z_3$，即 $\begin{cases} |Z_1| = |Z_2| = |Z_3| \\ \varphi_1 = \varphi_2 = \varphi_3 \end{cases}$。

答案：A

85. **解**　理想变压器的三个变比关系的正确应用，在变压器的初级回路中电源内阻与变压器的折合阻抗串联。

答案：C

86. **解**　绕线式的三相异步电动机转子串电阻的方法适应于不同接法的电动机，并且可以起到限制启动电流、增加启动转矩以及调速的作用。

答案：D

87. **解**　信号是以一种特定的物理形式（声、光、电等）来传递信息的工具，信息是人们通过感官接收到的客观事物变化的情况，是受信者所要获得的有价值的消息。

答案：B

88. **解**　信号可以用函数来描述，此信号波形是伴有延时阶跃信号的叠加构成。

答案：B

89. **解**　输出信号的失真属于非线性失真，其原因是由于三极管输入特性死区电压的影响。

答案：C

90. **解**　根据逻辑函数的相关公式计算，即可证明：F＝A＋B。

答案：B

91. **解**　根据给定的 X、Y 波形，其与非门的图形可利用有“0”则“1”的原则确定为选项 D。

答案：D

92. **解**　BCD 码是用二进制数表示的十进制数，属于无权码，此题的 BCD 码是用四位二进制数表示的。

答案:A

93. **解** 此题为二极管限幅电路，分析二极管电路首先要将电路模型线性化，即将二极管断开后分析极性(对于理想二极管，如果是正向偏置将二极管短路，否则将二极管断路)，最后按照线性电路理论确定输入和输出信号关系。

即:该二极管截止后，求 $u_{阳}=u_i$，$u_{阴}=2.5\text{V}$，则 $u_i>2.5\text{V}$ 时，二极管导通，$u_o=u_i$；$u_i<2.5\text{V}$时，二极管截止，$u_o=2.5\text{V}$。

答案:C

94. **解** 根据三极管的微变等效电路分析可见，增加电容 C_E 以后，在动态信号作用下，发射极电阻被电容短路。放大倍数提高，输入电阻减小。

答案:C

95. **解** 此电路是组合逻辑电路(异或门)与时序逻辑电路(D 触发器)的组合应用，电路的初始状态由复位信号 $\overline{R}_D$ 确定，输出状态在时钟脉冲信号 cp 的上升沿触发。$D=A\oplus\overline{Q}$。

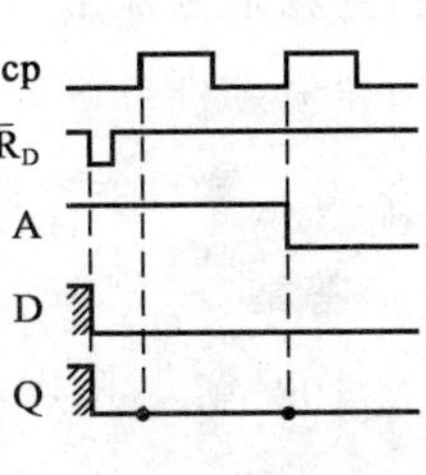

题 95 解图

答案:A

96. **解** 此题与上题类似，是组合逻辑电路(与非门)与时序逻辑电路(JK 触发器)的组合应用，输出状态在时钟脉冲信号 cp 的下降沿触发。$J=\overline{Q\cdot A}$，$K=1$。

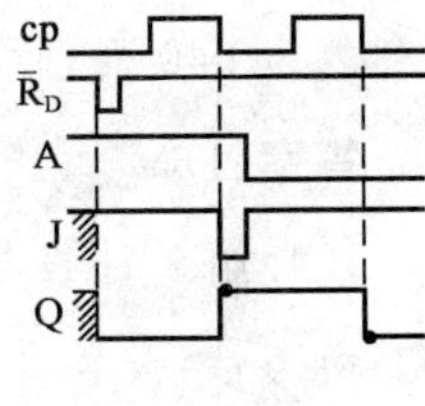

题 96 解图

答案:C

97. **解** "三网合一"是指在未来的数字信息时代，当前的数据通信网(俗称数据网、计算机网)将与电视网(含有线电视网)以及电信网合三为一，并且合并的方向是传输、接收和处理全部实现数字化。

答案:C

98. **解** 计算机运算器的功能是完成算术运算和逻辑运算，算数运算是完成加、减、乘、除的运算，逻辑运算主要包括与、或、非、异或等，从而完成低电平与高电平之间的切换，送出控制信号，协调计算机工作。

答案:D

99. **解** 计算机的总线可以划分为数据总线、地址总线和控制总线，数据总线用来传输数据、地址总线用来传输数据地址、控制总线用来传输控制信息。

答案:C

100. **解** Microsoft Word 是文字处理软件。Visual BASIC 简称 VB，是 Microsoft 公司推出的一种 Windows 应用程序开发工具。Microsoft Access 是小型数据库管理软件。Auto CAD 是专业绘图软件，主要用于工业设计中，被广泛用于民用、军事等各个领域。CAD 是 Computer Aided Design 的缩写，意思为计算机辅助设计。加上 Auto，指它可以应用于几乎所有跟绘图有关的行业,比如建筑、机械、电子、天文、物理、化工等。

答案:B

101.**解** 位也称为比特,记为 bit,是计算机最小的存储单位,是用 0 或 1 来表示的一个二进制位数。字节是数据存储中常用的基本单位,8 位二进制构成一个字节。字是由若干字节组成一个存储单元,一个存储单元中存放一条指令或一个数据。

答案:B

102.**解** 原码是机器数的一种简单的表示法。其符号位用 0 表示正号,用 1 表示负号,数值一般用二进制形式表示。机器数的反码可由原码得到。如果机器数是正数,则该机器数的反码与原码一样;如果机器数是负数,则该机器数的反码是对它的原码(符号位除外)各位取反而得到的。机器数的补码可由原码得到。如果机器数是正数,则该机器数的补码与原码一样;如果机器数是负数,则该机器数的补码是对它的原码(除符号位外)各位取反,并在末位加 1 而得到的。ASCII 码是将人在键盘上敲入的字符(数字、字母、特殊符号等)转换成机器能够识别的二进制数,并且每个字符唯一确定一个 ASCII 码,形象地说,它就是人与计算机交流时使用的键盘语言通过“翻译”转换成的计算机能够识别的语言。

答案:B

103.**解** 点阵中行数和列数的乘积称为图像的分辨率,若一个图像的点阵总共有 480 行,每行 640 个点,则该图像的分辨率为 $640 \times 480 = 307200$ 个像素。每一条水平线上包含 640 个像素点,共有 480 条线,即扫描列数为 640 列,行数为 480 行。

答案:D

104.**解** 进程与程序的的概念是不同的,进程有以下 4 个特征。

动态性:进程是动态的,它由系统创建而产生,并由调度而执行。

并发性:用户程序和操作系统的管理程序等,在它们的运行过程中,产生的进程在时间上是重叠的,它们同存在于内存储器中,并共同在系统中运行。

独立性:进程是一个能独立运行的基本单位,同时也是系统中独立获得资源和独立调度的基本单位,进程根据其获得的资源情况可独立地执行或暂停。

异步性:由于进程之间的相互制约,使进程具有执行的间断性。各进程按各自独立的、不可预知的速度向前推进。

答案:D

105.**解** 操作系统的设备管理功能是负责分配、回收外部设备,并控制设备的运行,是人与外部设备之间的接口。

答案:C

106.**解** 联网中的计算机都具有“独立功能”,即网络中的每台主机在没联网之前就有自己独立的操作系统,并且能够独立运行。联网以后,它本身是网络中的一个结点,可以平等地访问其他网络中的主机。

答案：A

107. 解　利用由年名义利率求年实际利率的公式计算：

$$i=\left(1+\frac{r}{m}\right)^m-1=\left(1+\frac{8\%}{4}\right)^4-1=8.24\%$$

答案：C

108. 解　经营成本包括外购原材料、燃料和动力费、工资及福利费、修理费等，不包括折旧、摊销费和财务费用。流动资金投资不属于经营成本。

答案：A

109. 解　根据静态投资回收期的计算公式：$P_t=6-1+\frac{|-60|}{240}=5.25$ 年。

答案：C

110. 解　该项目的现金流量图如解图所示。根据题意，有 $NPV=-5000+A(P/A,15\%,10)(P/F,15\%,1)=0$

解得 $A=5000\div(5.0188\times0.8696)=1145.65$ 万元。

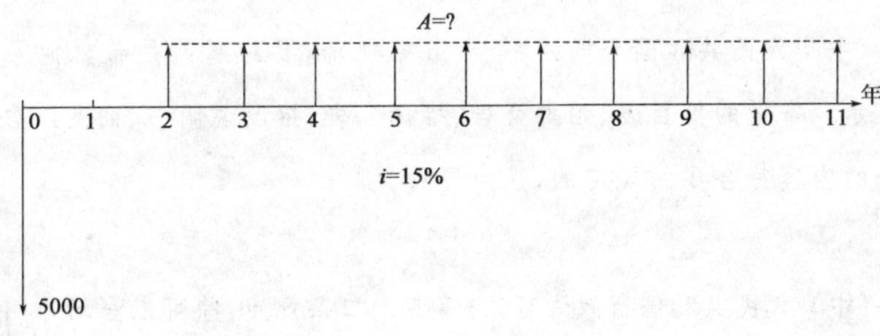

题 110 解图

答案：D

111. 解　项目经济效益和费用的识别应遵循剔除转移支付原则。

答案：C

112. 解　两个寿命期相同的互斥项目的选优应采用增量内部收益率指标，ΔIRR（乙－甲）为 13%，小于基准收益率 14%，应选择投资较小的方案。

答案：A

113. 解　“有无对比”是财务分析应遵循的基本原则。

答案：D

114. 解　根据价值工程中价值公式中成本的概念。

答案：C

115. 解　《中华人民共和国建筑法》第九条规定，建设单位应当自领取施工许可证之日起三个月内开工。因故不能按期开工的，应当向发证机关申请延期；延期以两次为限，每次不超过三个月。既不开工又不申请延期或者超过延期时限的，施工许可证自行废止。

答案：B

116. **解** 《中华人民共和国安全生产法》第十九条规定，矿山、建筑施工单位和危险物品的生产、经营、储存单位，应当设置安全生产管理机构或者配备专职安全生产管理人员。所以D为正确答案。A是不正确的，因为安全生产管理人员必须专职，不能兼职。B也是错误的，因为十九条还规定：生产经营单位依照前款规定委托工程技术人员提供安全生产管理服务的，保证安全生产的责任仍由本单位负责。C也是错误的，第二十条规定：危险物品的生产、经营、储存单位以及矿山、建筑施工单位的主要负责人和安全生产管理人员，应当由有关主管部门对其安全生产知识和管理能力考核合格后方可任职。

答案：D

117. **解** 《中华人民共和国招标投标法》第十条规定，招标分为公开招标和邀请招标。

答案：B

118. **解** 《中华人民共和国合同法》第十五条规定，要约邀请是希望他人向自己发出要约的意思表示。寄送的价目表、拍卖公告、招标公告、招股说明书、商业广告等为要约邀请。商业广告的内容符合要约规定的，视为要约。

答案：B

119. **解** 《中华人民共和国行政许可法》第四十二条规定，除可以当场作出行政许可决定的外，行政机关应当自受理行政许可申请之日起二十日内做出行政许可决定。二十日内不能做出决定的，经本行政机关负责人批准，可以延长十日，并应当将延长期限的理由告知申请人。但是，法律、法规另有规定的，依照其规定。

答案：D

120. **解** 《中华人民共和国建筑法》第二十九条规定，建筑工程总承包单位按照总承包合同的约定对建设单位负责；分包单位按照分包合同的约定对总承包单位负责。总承包单位和分包单位就分包工程对建设单位承担连带责任。

答案：A

2013年度全国勘察设计注册土木工程师(岩土)执业资格考试基础考试(下)试题解析及参考答案

1.**解**　两种元素化合物形成离子化合物,其阴离子获得电子,带负电荷。

答案:A

2.**解**　因为空气的导热系数为0.023W/(m·K),水的导热系数为0.58W/(m·K),在组成一定时,增加空气含量(即提高孔隙率,降低密实度)可以降低导热系数,如果孔隙中含水,则增大了导热系数,开口孔隙会形成对流传热效果,使导热能力增大。

答案:A

3.**解**　水泥的细度是指单位质量水泥的颗粒总表面积,单位是m^2/kg。

答案:C

4.**解**　混凝土的养护温度越低,其强度发展越慢,所以,当实际工程混凝土的环境温度低于标准氧化温度时,在相同的龄期时,混凝土的实际强度比标准强度低,但是一定的时间后,混凝土的最终强度会达到标准养护条件下的强度。

答案:D

5.**解**　在寒冷地区混凝土发生冻融破坏时,表面有盐类,除了冰冻破坏外,还会产生盐冻破坏,使破坏程度加重。

答案:B

6.**解**　断后伸长率反映了钢材塑性变形能力。屈服强度和抗拉强度反映了钢材的抗拉能力,冲击韧性反映了钢材抵抗冲击作用的能力。

答案:C

7.**解**　土的塑性指数是指液限与塑限的差值。塑性指数越大,表明土的颗粒越细,比表面积越大,土处在可塑状态的含水量变化范围就越大。因此土的内摩擦角越小,黏聚力越大。

答案:A

8.**解**　遵循测量工作的原则可防止测量误差的积累。

答案:A

9.**解**　此时,望远镜绕横轴旋转时形成圆锥面。

答案:A

10.**解**　取精测尺10m进行计算,$\Delta d=10\times0.001=0.01m=1cm$。

答案:A

11. **解**　根据方位角及左角定义可得：

$\alpha_{AC}=\alpha_{BA}+\beta_{左}-180°=\alpha_{AB}+180°+\beta_{左}-180°=\alpha_{AB}+\beta_{左}=60°30'18''+90°22'12''=150°52'30''$

答案:A

12. **解**　按《工程测量规范》，建筑方格网首级控制技术要求：边长100～300m；角中误差：5″；边长相对中误差小于1/30000。

答案:A

13. **解**　《评标委员会和评标方法暂行规定》第三十条：经评审的最低投标价法一般适用于具有通用技术、性能标准或者招标人对其技术、性能没有特殊要求的招标项目。所以选项A对。

第三十五条：根据综合评估法，最大限度地满足招标文件中规定的各项综合评价标准的投标，应当推荐为中标候选人。

衡量投标文件是否最大限度地满足招标文件中规定的各项评价标准，可以采取折算为货币的方法、打分的方法或者其他方法。需量化的因素及其权重应当在招标文件中明确规定。所以选项B也对。

选项D的说法和上述第三十条矛盾。

答案:D

14. **解**　见《中华人民共和国环境影响评价法》第十六条。

国家根据建设项目对环境的影响程度，对建设项目的环境影响评价实行分类管理。

建设单位应当按照下列规定组织编制环境影响报告书、环境影响报告表或者填报环境影响登记表(以下统称环境影响评价文件)：

(一)可能造成重大环境影响的，应当编制环境影响报告书，对产生的环境影响进行全面评价；

(二)可能造成轻度环境影响的，应当编制环境影响报告表，对产生的环境影响进行分析或者专项评价；

(三)对环境影响很小、不需要进行环境影响评价的，应当填报环境影响登记表。

建设项目的环境影响评价分类管理名录，由国务院环境保护行政主管部门制定并公布。

答案:B

15. **解**　《国家标准制定程序的阶段划分及代码》(GB/T 16733—1997)将我国国家标准制定程序阶段划分为9个阶段，即预阶段、立项阶段、起草阶段、征求意见阶段、审查阶段、批准阶段、出版阶段、复审阶段、废止阶段。

答案:A

16.**解** 《中华人民共和国招标投标法》第十七条:招标人采用邀请招标方式的,应当向三个以上具备承担招标项目的能力、资信良好的特定的法人或者其他组织发出投标邀请书。所以选项B对。

《中华人民共和国招标投标法实施条例》第八条规定:国有资金占控股或者主导地位的依法必须进行招标的项目,应当公开招标;但有下列情形之一的,可以邀请招标:

(一)技术复杂、有特殊要求或者受自然环境限制,只有少量潜在投标人可供选择;

(二)采用公开招标方式的费用占项目合同金额的比例过大。

从上述条文可见:只有在特殊情况下才能邀请招标,一般情况下均应公开招标。所以选项C对。

答案:D

17.**解** 先用轻碾,后用重碾的方法可避免土层强烈起伏而影响压实效率和效果。

答案:A

18.**解** 因施工缝会大大削弱混凝土的抗剪能力,所以《混凝土结构工程施工规范》(GB 50666—2011)第8.6.1条规定:施工缝和后浇带宜留设在结构受剪力较小且便于施工的位置。

答案:A

19.**解** 柱子常常用平卧预制。不进行翻身,直接绑扎为斜吊绑扎法。该法绑扎简单,但由于只能在上表面这一侧有吊索,进行起吊时柱子不可能立直,安装就位时需要牵拉扶正。由于起吊时受力截面高度较小,因此其起吊时的抗弯承载力一定要满足要求。

答案:A

20.**解** 用挣值法对项目进展进行评价:

进度偏差=已完工作预算费用-计划工作预算费用

$=2000\times45-400\times6\times45=90000-108000=-18000$ 元。负值,工期拖延,故选项A结论正确。

费用偏差=已完工作预算费用-已完工作实际费用

$=2000\times45-120000=-30000$ 元。负值,费用超支,故选项C结论正确。

工期拖后时间$=(400\times6-2000)/400=1$ 天,故选项D结论正确。

所以,选项B评估结论不正确。

答案:B

21. **解** 双代号网络图，是用两个节点的代号表示箭线一项工作，箭线是工作，节点表示工作的开始与结束。而单代号网络图恰恰相反，它是用一个代号的节点表示工作，箭线表示工作间的逻辑关系 。

答案:C

22. **解** $Y_B=6\text{kN}, N_{AB}=\frac{6\times4}{3}=8\text{kN}$

答案:B

23. **解** $M_{BA}=4i\theta_B+2i\theta=0, \theta_B=-\frac{\theta}{2}$(负号表示逆时针方向)

答案:D

24. **解** $\mu_{BC}=\frac{1}{9}, M_{BC}^{\mu}=\frac{1}{9}\left(-\frac{ql^2}{3}\right)=-\frac{ql^2}{27}, M_{CB}^{C}=\frac{ql^2}{27}$

答案:A

25. **解** 设计中规定，当混凝土受压区高度 x 小于 $2a_s'$时，取 $x=2a_s'$，其目的是为了满足破坏时受压区钢筋的应力等于其抗压强度设计值的假定。

答案:B

26. **解** 挠度验算为正常使用阶段，荷载和材料强度均应取标准值(荷载效应为荷载准永久组合)。对于带裂缝受力阶段的混凝土梁，裂缝截面处与裂缝间截面，受拉钢筋的拉应变与受压区边缘混凝土的压应变是不均匀的，截面的弯曲刚度 B_s 是根据各水平纤维的平均应变沿截面高度的变化符合平截面假定建立的。故不正确的选项应为 D。

答案:D

27. **解** 地震作用下，框架柱的破坏一般发生在柱的上下端，对于一般的框架结构，柱内弯矩以地震作用产生的弯矩为主，“强柱弱梁”就是为了防止柱先于梁进入受弯屈服，导致整体结构破坏。

答案:B

28. **解** 钢材的主要力学指标包括屈服强度、抗拉强度和伸长率。对于低温条件下的结构钢材，还应有冲击韧性的合格保证。

答案:A

29. **解** 支撑一般按拉杆设计，所以应取净截面面积计算其抗拉强度设计值。

答案:B

30. **解** 见《钢结构设计标准》(GB 50017—2017)第 11.4.3 条。承压型连接的高强度螺栓

的预拉力 P 与摩擦型连接相同，抗剪、抗拉和承压承载力设计值的计算方法与普通螺栓相同。

答案：C

31. **解** 见《砌体结构设计规范》(GB 50003—2011)第 3.2.2 条第 1 款，由表 3.2.2 可以看出，砌体的抗拉强度与砂浆的强度等级(抗压强度)有关。

答案：B

32. **解** 上端约束越小，变形越大，柱(墙)底弯矩越大。

答案：C

33. **解** 《砌体结构设计规范》(GB 50003—2011)第 7.2.2 条第 2 款规定：对砖砌体，当过梁上的墙体高度 $h_w < l_n/3$(l_n 为过梁净跨)时，应按墙体的均布自重采用；当墙体高度 $h_w \geqslant l_n/3$ 时，应按高度为 $l_n/3$ 墙体的均布自重采用。所以作用在过梁上的荷载为：$15 + 5 \times 0.5 = 17.5$kN/m。

答案：C

34. **解** 本题考查的是岩石弹性模量和抗力系数的测量方法，但四个选项全部是针对岩体变形特性的现场试验方法，若岩体的完整性非常好，可将岩体视作岩石。然而，工程中遇到的岩体大部分不同于岩石，所以此题不够严谨。

工程中通常采用径向液压枕法隧道变形试验(也叫径向荷载试验)或水压法隧道变形试验测量岩体的抗力系数，承压板法试验、狭缝法试验以及双轴压缩法试验则用于测量岩体的变形模量或弹性模量。考虑到钻孔环向加压法试验在加载方式上接近于径向液压枕法，选项 C 可作为本题最接近的答案。

答案：C

35. **解** 层状岩体中的自重应力计算方法为：

竖向应力：$\sigma_z = \sum \gamma_i h_i$

水平应力：$\sigma_x = \sigma_y = \lambda \sigma_z = \dfrac{\mu}{1-\mu}\sigma_z = \dfrac{0.3}{1-0.3}\sigma_z = 0.429\sigma_z$

选择最接近的答案 B。

答案：B

36. **解** $I_p = w_L - w_p = 24.3 - 15.4 = 8.9$。

答案：B

37. **解** A 项，土的自重应力不止发生在竖直方向，还有作用在水平方向上的自重应力；B 项，饱和地基土应采用浮重度计算其有效自重应力；C 项，土的自重应力计算与土的重度及地面以下深度有关，与土的模量无关；D项，土体在自重应力作用下，各点应力不会超过土体的抗剪强度。

答案:C

38.**解** B项，饱和土体中的总应力包括孔隙水压力和有效应力；C、D项，在计算有效应力时通常取用浮重度，故水位的上升、下降会引起有效应力的变化。

答案:A

39.**解** 饱和沙土在振动作用下，土中孔隙水压力增大，当孔隙水压力增大到与土的总应力相等时，土的有效应力为零，土颗粒处于悬浮状态，表现出类似水的性质而完全丧失其抗剪强度，土即发生液化。

答案:B

40.**解** 主动土压力强度$\sigma_a=\gamma z K_a-2c\sqrt{K_a}$，其中$K_a=\tan^2(45°-\frac{\varphi}{2})$，可知，填土内摩擦角$\varphi$减小，重度$\gamma$增大，黏聚力$c$减小，都会引起挡土墙的主动土压力增大；压缩模量对其没有影响。

答案:A

41.**解** 浅成岩由于位于地表以下较浅(小于3km)，岩浆冷凝成岩过程快，因此致使矿物结晶不充分，颗粒较细小；深成岩浆冷却速度缓慢，使得各类矿物均匀生长，颗粒相对较粗大。

答案:D

42.**解** 陆地表面由于地壳抬升，造成接受沉积的海洋底部出露，因此使得海洋沉积物固结成岩形成的沉积岩在地表分布面积大。

答案:B

43.**解** 黄土是第四纪的沉积物，早、中更新世(Q_1、Q_2)形成的黄土逐渐胶结硬化，不具备湿陷性。

答案:D

44.**解** 洪积扇位于山前山谷出口处，山谷坡面沟底分布的物理风化产物在强降雨形成的洪流冲出沟口后因水流失去沟壁的约束而散开，坡度和流速突然减小，搬运物迅速沉积下来形成的扇状堆积地形，称为洪积扇。因此物理风化的山区是形成洪积扇的一个重要条件。

答案:A

45. **解**　河流的下游河道坡度较缓，河流携带物质的能力降低，主要表现为侧蚀和沉积作用。

答案：B

46. **解**　剪切裂隙是岩石受剪切而破坏形成的，因此裂隙面表现出光滑平直的特点。

答案：A

47. **解**　温度较高、湿度较大的南方地区是化学风化作用占主导作用的地区，因此湿热环境是化学风化作用的最有利气候条件。

答案：B

48. **解**　坡积物是斜坡坡面流水携带到坡脚形成的沉积物，由于搬运距离近，磨圆度较差，其物质组成棱角明显，分选性较差。

答案：A

49. **解**　地下水中各种离子、分子与化合物的总量称矿化度，以 g/L 或 mg/L 为单位。

答案：A

50. **解**　十字板剪切试验是将十字板头插入软土中，以一定速率扭转，在土层中形成圆柱形破坏面，根据扭力大小确定软土的饱和不排水抗剪强度的一种试验方法。不适用于砂土、碎石类土及坚硬土体等。

答案：B

51. **解**　平面破坏边坡坡顶中垂直张裂缝的极限深度可用下式计算：

$$H = \frac{2c}{\gamma}\tan\left(45^\circ + \frac{\varphi}{2}\right)$$

答案：B

52. **解**　工程边坡形成后，临空面（包括坡顶和坡面以及坡底）附近的应力状态会发生明显变化，其中，最大主应力平行于临空面，最小主应力垂直于临空面。

答案：B

53. **解**　岩基抗滑稳定性验算时，一般假设岩基发生剪切破坏，并假设破坏面为平面（单平面或双平面），不考虑曲面的破坏面。

答案：A

54. **解**　无筋扩展基础即刚性基础，在设计时，基础尺寸如满足刚性角，则基础截面弯曲拉应力和剪应力不超过基础施工材料的强度限值，故不必对基础进行抗弯验算和斜截面抗剪验算，也不必进行抗冲切验算。

答案:D

55.**解** 《建筑地基与基础设计规范》规定:"d 为基础埋深,宜为室外地面标高算起"。规范中并未对基础埋深最大值作出限值。

答案:A

56.**解** A项,建筑物基础尺寸越长,刚度越小,不均匀沉降现象越严重;B、C、D项均有助于减少不均匀沉降对建筑物的危害。

答案:A

57.**解** 十字板剪切试验用于野外测定地基土抗剪强度。

答案:D

58.**解** 软土地基采用真空预压法进行加固后,其孔隙比减小,压缩系数减小,渗透系数减小,黏聚力增大,抗剪强度增加。

答案:B

59.**解** B项,膨胀土含有蒙脱石、伊利石等亲水性黏土矿物,有较强的胀缩性;C项,黏性土中含有有机质,会减弱桩与周围土体的黏结作用;D项,黏性土中含有冰屑时,将降低挤密桩的密实度。以上三种土质均不宜作为挤密桩桩孔中的填料。

答案:A

60.**解** A项,砂井仅起到加速固结的作用;C项,在预压过程中控制加载速率,可防止因加载速率过快而导致土体结构破坏;D项,堆载预压荷载的大小应根据设计要求确定,宜使得预压荷载下受压土层各点的有效竖向应力大于建筑物荷载引起的相应点的附加应力。

答案:B

2014年度全国勘察设计注册工程师

执业资格考试试卷

基础考试
(上)

二〇一四年九月

应考人员注意事项

1. 本试卷科目代码为“1”，考生务必将此代码填涂在答题卡“科目代码”相应的栏目内，否则，无法评分。
2. 书写用笔：**黑色或蓝色钢笔、签字笔或圆珠笔**；
   填涂答题卡用笔：**黑色 2B 铅笔**。
3. 必须用书写用笔将工作单位、姓名、准考证号填写在答题卡和试卷相应的栏目内。
4. 本试卷由 120 题组成，每题 1 分，满分 120 分，本试卷全部为单项选择题，每小题的四个备选项中只有一个正确答案，错选、多选、不选均不得分。
5. 考生作答时，必须**按题号在答题卡上**将相应试题所选选项对应的**字母用 2B 铅笔涂黑**。
6. 在答题卡上书写与题意无关的语言，或在答题卡上作标记的，均按违纪试卷处理。
7. 考试结束时，由监考人员当面将试卷、答题卡一并收回。
8. 草稿纸由各地统一配发，考后收回。

单项选择题(共 120 题,每题 1 分。每题的备选项中只有一个最符合题意。)

1. 若$\lim\limits_{x\to 0}(1-x)^{\frac{k}{x}}=2$,则常数 k 等于:

A. $-\ln 2$

B. $\ln 2$

C. 1

D. 2

2. 在空间直角坐标系中,方程 $x^2+y^2-z=0$ 所表示的图形是:

A. 圆锥面

B. 圆柱面

C. 球面

D. 旋转抛物面

3. 点 $x=0$ 是 $y=\arctan\dfrac{1}{x}$的:

A. 可去间断点

B. 跳跃间断点

C. 连续点

D. 第二类间断点

4. $\dfrac{\mathrm{d}}{\mathrm{d}x}\displaystyle\int_{2x}^{0}e^{-t^2}\mathrm{d}t$ 等于:

A. e^{-4x^2}

B. $2e^{-4x^2}$

C. $-2e^{-4x^2}$

D. e^{-x^2}

5. $\dfrac{\mathrm{d}(\ln x)}{\mathrm{d}\sqrt{x}}$等于:

A. $\dfrac{1}{2x^{3/2}}$

B. $\dfrac{2}{\sqrt{x}}$

C. $\dfrac{1}{\sqrt{x}}$

D. $\dfrac{2}{x}$

6. 不定积分$\displaystyle\int\frac{x^2}{\sqrt[3]{1+x^3}}\mathrm{d}x$ 等于:

A. $\dfrac{1}{4}(1+x^3)^{\frac{4}{3}}+C$

B. $(1+x^3)^{\frac{1}{3}}+C$

C. $\dfrac{3}{2}(1+x^3)^{\frac{2}{3}}+C$

D. $\dfrac{1}{2}(1+x^3)^{\frac{2}{3}}+C$

7. 设 $a_n=(1+\dfrac{1}{n})^n$,则数列$\{a_n\}$是:

A. 单调增而无上界

B. 单调增而有上界

C. 单调减而无下界

D. 单调减而有上界

8. 下列说法中正确的是：

A. 若 $f'(x_0)=0$，则 $f(x_0)$ 必是 $f(x)$ 的极值

B. 若 $f(x_0)$ 是 $f(x)$ 的极值，则 $f(x)$ 在 x_0 处可导，且 $f'(x_0)=0$

C. 若 $f(x)$ 在 x_0 处可导，则 $f'(x_0)=0$ 是 $f(x)$ 在 x_0 取得极值的必要条件

D. 若 $f(x)$ 在 x_0 处可导，则 $f'(x_0)=0$ 是 $f(x)$ 在 x_0 取得极值的充分条件

9. 设有直线 L_1：$\frac{x-1}{1}=\frac{y-3}{-2}=\frac{z+5}{1}$ 与 L_2：$\begin{cases}x=3-t\\y=1-t\\z=1+2t\end{cases}$，则 L_1 与 L_2 的夹角 θ 等于：

A. $\frac{\pi}{2}$　　B. $\frac{\pi}{3}$

C. $\frac{\pi}{4}$　　D. $\frac{\pi}{6}$

10. 微分方程 $xy'-y=x^2e^{2x}$ 通解 y 等于：

A. $x(\frac{1}{2}e^{2x}+C)$　　B. $x(e^{2x}+C)$

C. $x(\frac{1}{2}x^2e^{2x}+C)$　　D. $x^2e^{2x}+C$

11. 抛物线 $y^2=4x$ 与直线 $x=3$ 所围成的平面图形绕 x 轴旋转一周形成的旋转体体积是：

A. $\int_0^3 4x\mathrm{d}x$　　B. $\pi\int_0^3 (4x)^2\mathrm{d}x$

C. $\pi\int_0^3 4x\mathrm{d}x$　　D. $\pi\int_0^3 \sqrt{4x}\,\mathrm{d}x$

12. 级数 $\sum\limits_{n=1}^{\infty}(-1)^n\frac{1}{n^{p-1}}$：

A. 当 $1<p\leqslant 2$ 时条件收敛　　B. 当 $p>2$ 时条件收敛

C. 当 $p<1$ 时条件收敛　　D. 当 $p>1$ 时条件收敛

13. 函数 $y=C_1e^{-x+c_2}$（C_1，C_2 为任意常数）是微分方程 $y''-y'-2y=0$ 的：

A. 通解　　B. 特解

C. 不是解　　D. 解，既不是通解又不是特解

14. 设 L 为从点 $A(0,-2)$ 到点 $B(2,0)$ 的有向直线段，则对坐标的曲线积分 $\int_L \frac{1}{x-y}\mathrm{d}x+y\mathrm{d}y$ 等于：

A. 1

B. -1

C. 3

D. -3

15. 设方程 $x^2+y^2+z^2=4z$ 确定可微函数 $z=z(x,y)$，则全微分 $\mathrm{d}z$ 等于：

A. $\frac{1}{2-z}(y\mathrm{d}x+x\mathrm{d}y)$

B. $\frac{1}{2-z}(x\mathrm{d}x+y\mathrm{d}y)$

C. $\frac{1}{2+z}(\mathrm{d}x+\mathrm{d}y)$

D. $\frac{1}{2-z}(\mathrm{d}x-\mathrm{d}y)$

16. 设 D 是由 $y=x$，$y=0$ 及 $y=\sqrt{a^2-x^2}\ (x\geqslant 0)$ 所围成的第一象限区域，则二重积分 $\iint\limits_D \mathrm{d}x\mathrm{d}y$ 等于：

A. $\frac{1}{8}\pi a^2$

B. $\frac{1}{4}\pi a^2$

C. $\frac{3}{8}\pi a^2$

D. $\frac{1}{2}\pi a^2$

17. 级数 $\sum\limits_{n=1}^{\infty}\frac{(2x+1)^n}{n}$ 的收敛域是：

A. $(-1,1)$

B. $[-1,1]$

C. $[-1,0)$

D. $(-1,0)$

18. 设 $z=e^{xe^y}$，则 $\frac{\partial^2 z}{\partial x^2}$ 等于：

A. e^{xe^y+2y}

B. $e^{xe^y+y}(xe^y+1)$

C. e^{xe^y}

D. e^{xe^y+y}

19. 设 $\boldsymbol{A}$，$\boldsymbol{B}$ 为三阶方阵，且行列式 $|\boldsymbol{A}|=-\frac{1}{2}$，$|\boldsymbol{B}|=2$，$\boldsymbol{A}^*$ 是 $\boldsymbol{A}$ 的伴随矩阵，则行列式 $|2\boldsymbol{A}^*\boldsymbol{B}^{-1}|$ 等于：

A. 1

B. -1

C. 2

D. -2

20. 下列结论中正确的是：

A. 如果矩形 $\boldsymbol{A}$ 中所有顺序主子式都小于零，则 $\boldsymbol{A}$ 一定为负定矩形

B. 设 $\boldsymbol{A}=(a_{ij})_{m\times n}$，若 $a_{ij}=a_{ji}$，且 $a_{ij}>0(i,j=1,2,\cdots,n)$，则 $\boldsymbol{A}$ 一定为正定矩形

C. 如果二次型 $f(x_1,x_2,\cdots,x_n)$ 中缺少平方项，则它一定不是正定二次型

D. 二次型 $f(x_1,x_2,x_3)=x_1^2+x_2^2+x_3^2+x_1x_2+x_1x_3+x_2x_3$ 所对应的矩阵是 $\begin{bmatrix}1&1&1\\1&1&1\\1&1&1\end{bmatrix}$

21. 已知 n 元非齐次线性方程组 $\boldsymbol{Ax}=\boldsymbol{B}$，秩 $r(\boldsymbol{A})=n-2$，$\vec{\alpha}_1,\vec{\alpha}_2,\vec{\alpha}_3$ 为其线性无关的解向量，k_1,k_2 为任意常数，则 $\boldsymbol{Ax}=\boldsymbol{B}$ 通解为：

A. $\vec{x}=k_1(\vec{\alpha}_1-\vec{\alpha}_2)+k_2(\vec{\alpha}_1+\vec{\alpha}_3)+\vec{\alpha}_1$

B. $\vec{x}=k_1(\vec{\alpha}_1-\vec{\alpha}_3)+k_2(\vec{\alpha}_2+\vec{\alpha}_3)+\vec{\alpha}_1$

C. $\vec{x}=k_1(\vec{\alpha}_2-\vec{\alpha}_1)+k_2(\vec{\alpha}_2-\vec{\alpha}_3)+\vec{\alpha}_1$

D. $\vec{x}=k_1(\vec{\alpha}_2-\vec{\alpha}_3)+k_2(\vec{\alpha}_1+\vec{\alpha}_2)+\vec{\alpha}_1$

22. 设 A 与 B 是互不相容的事件，$p(A)>0$，$p(B)>0$，则下列式子一定成立的是：

A. $P(A)=1-P(B)$

B. $P(A|B)=0$

C. $P(A|\overline{B})=1$

D. $P(\overline{AB})=0$

23. 设(X,Y)的联合概率密度为 $f(x,y)=\begin{cases}k,0<x<1,0<y<x\\0,其他\end{cases}$，则数学期望$E(XY)$等于：

A. $\dfrac{1}{4}$

B. $\dfrac{1}{3}$

C. $\dfrac{1}{6}$

D. $\dfrac{1}{2}$

24. 设 $X_1, X_2, \cdots, X_n$ 与 $Y_1, Y_2, \cdots, Y_n$ 是来自正态总体 $X \sim N(\mu, \sigma^2)$ 的样本，并且相互独立，$\overline{X}$ 与 $\overline{Y}$ 分别是其样本均值，则 $\dfrac{\sum\limits_{i=1}^{n}(X_i-\overline{X})^2}{\sum\limits_{i=1}^{n}(Y_i-\overline{Y})^2}$ 服从的分布是：

A. $t(n-1)$　　B. $F(n-1, n-1)$

C. $\chi^2(n-1)$　　D. $N(\mu, \sigma^2)$

25. 在标准状态下，当氢气和氦气的压强与体积都相等时，氢气和氦气的内能之比为：

A. $\dfrac{5}{3}$　　B. $\dfrac{3}{5}$

C. $\dfrac{1}{2}$　　D. $\dfrac{3}{2}$

26. 速率分布函数 $f(v)$ 的物理意义是：

A. 具有速率 v 的分子数占总分子数的百分比

B. 速率分布在 v 附近的单位速率间隔中百分数占总分子数的百分比

C. 具有速率 v 的分子数

D. 速率分布在 v 附近的单位速率间隔中的分子数

27. 有 1mol 刚性双原子分子理想气体，在等压过程中对外做功 W，则其温度变化 ΔT 为：

A. $\dfrac{R}{W}$　　B. $\dfrac{W}{R}$

C. $\dfrac{2R}{W}$　　D. $\dfrac{2W}{R}$

28. 理想气体在等温膨胀过程中：

A. 气体做负功，向外界放出热量　　B. 气体做负功，从外界吸收热量

C. 气体做正功，向外界放出热量　　D. 气体做正功，从外界吸收热量

29. 一横波的波动方程是 $y=2\times10^{-2}\cos2\pi(10t-\dfrac{x}{5})$(SI)，$t=0.25$s 时，距离原点 $(x=0)$ 处最近的波峰位置为：

A. ±2.5m　　B. ±7.5m

C. ±4.5m　　D. ±5m

30. 一平面简谐波在弹性媒质中传播，在某一瞬时，某质元正处于其平衡位置，此时它的：

A. 动能为零，势能最大

B. 动能为零，势能为零

C. 动能最大，势能最大

D. 动能最大，势能为零

31. 通常人耳可听到的声波的频率范围是：

A. 20～200Hz

B. 20～2000Hz

C. 20～20000Hz

D. 20～200000Hz

32. 在空气中用波长为 λ 的单色光进行双缝干涉验时，观测到相邻明条纹的间距为 1.33mm，当把实验装置放入水中（水的折射率为 $n=1.33$）时，则相邻明条纹的间距变为：

A. 1.33mm

B. 2.66mm

C. 1mm

D. 2mm

33. 在真空中可见的波长范围是：

A. 400～760nm

B. 400～760mm

C. 400～760cm

D. 400～760m

34. 一束自然光垂直穿过两个偏振片，两个偏振片的偏振化方向成 45°。已知通过此两偏振片后光强为 I，则入射至第二个偏振片的线偏振光强度为：

A. I

B. $2I$

C. $3I$

D. $I/2$

35. 在单缝夫琅禾费衍射实验中，单缝宽度 $a=1\times10^{-4}$m，透镜焦距 $f=0.5$m。若用 $\lambda=400$nm 的单色平行光垂直入射，中央明纹的宽度为：

A. 2×10^{-3}m

B. 2×10^{-4}m

C. 4×10^{-4}m

D. 4×10^{-3}m

36. 一单色平行光垂直入射到光栅上，衍射光谱中出现了五条明纹，若已知此光栅的缝宽 a 与不透光部分 b 相等，那么在中央明纹一侧的两条明纹级次分别是：

A. 1 和 3

B. 1 和 2

C. 2 和 3

D. 2 和 4

37. 下列元素，电负性最大的是：

A. F

B. Cl

C. Br

D. I

38. 在 NaCl，$MgCl_2$，$AlCl_3$，$SiCl_4$ 四种物质中，离子极化作用最强的是：

A. NaCl　　　　B. $MgCl_2$

C. $AlCl_3$　　　　D. $SiCl_4$

39. 现有 100mL 浓硫酸，测得其质量分数为 98%，密度为 $1.84g \cdot mL^{-1}$，其物质的量浓度为：

A. $18.4mol \cdot L^{-1}$　　　　B. $18.8mol \cdot L^{-1}$

C. $18.0mol \cdot L^{-1}$　　　　D. $1.84mol \cdot L^{-1}$

40. 已知反应(1) $H_2(g)+S(s) \rightleftharpoons H_2S(g)$，其平衡常数为 $K_1^\ominus$，

(2) $S(s)+O_2(g) \rightleftharpoons SO_2(g)$，其平衡常数为 $K_2^\ominus$，则反应

(3) $H_2(g)+SO_2(s) \rightleftharpoons O_2(g)+H_2S(g)$ 的平衡常数为 $K_3^\ominus$ 是：

A. $K_1^\ominus+K_2^\ominus$　　　　B. $K_1^\ominus \cdot K_2^\ominus$

C. $K_1^\ominus-K_2^\ominus$　　　　D. $K_1^\ominus/K_2^\ominus$

41. 有原电池(－)Zn|$ZnSO_4(c_1)$||$CuSO_4(c_2)$|Cu(＋)，如向铜半电池中通入硫化氢，则原电池电动势变化趋势是：

A. 变大　　　　B. 变小

C. 不变　　　　D. 无法判断

42. 电解 NaCl 水溶液时，阴极上放电的离子是：

A. H^+　　　　B. OH^-

C. Na^+　　　　D. Cl^-

43. 已知反应 $N_2(g)+3H_2(g) \rightarrow 2NH_3(g)$ 的 $\Delta_r H_m<0$，$\Delta_r S_m<0$，则该反应为：

A. 低温易自发，高温不易自发　　　　B. 高温易自发，低温不易自发

C. 任何温度都易自发　　　　D. 任何温度都不易自发

44. 下列有机物中，对于可能处在同一平面上的最多原子数目的判断，正确的是：

A. 丙烷最多有 6 个原子处于同一平面上

B. 丙烯最多有 9 个原子处于同一平面上

C. 苯乙烯（$C_6H_5-CH=CH_2$）最多有 16 个原子处于同一平面上

D. $CH_3CH=CH-C\equiv C-CH_3$ 最多有 12 个原子处于同一平面上

45. 下列有机物中，既能发生加成反应和酯化反应，又能发生氧化反应的化合物是：

A. $CH_3CH=CHCOOH$

B. $CH_3CH=CHCOOC_2H_5$

C. $CH_3CH_2CH_2CH_2OH$

D. $HOCH_2CH_2CH_2CH_2OH$

46. 人造羊毛的结构简式为：$\left[CH_2-\underset{\displaystyle CN}{\underset{|}{C}}H\right]_n$，它属于：

①共价化合物、②无机化合物、③有机化合物、④高分子化合物、⑤离子化合物。

A. ②④⑤　　　　B. ①④⑤

C. ①③④　　　　D. ③④⑤

47. 将大小为 100N 的力 $\boldsymbol{F}$ 沿 x、y 方向分解，若 $\boldsymbol{F}$ 在 x 轴上的投影为 50N，而沿 x 方向的分力的大小为 200N，则 $\boldsymbol{F}$ 在 y 轴上的投影为：

A. 0

B. 50N

C. 200N

D. 100N

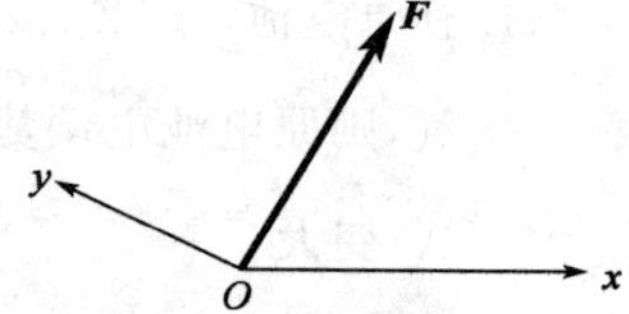

48. 图示边长为 a 的正方形物块 $OABC$，已知：力 $F_1=F_2=F_3=F_4=F$，力偶矩 $M_1=M_2=Fa$。该力系向 O 点简化后的主矢及主矩应为：

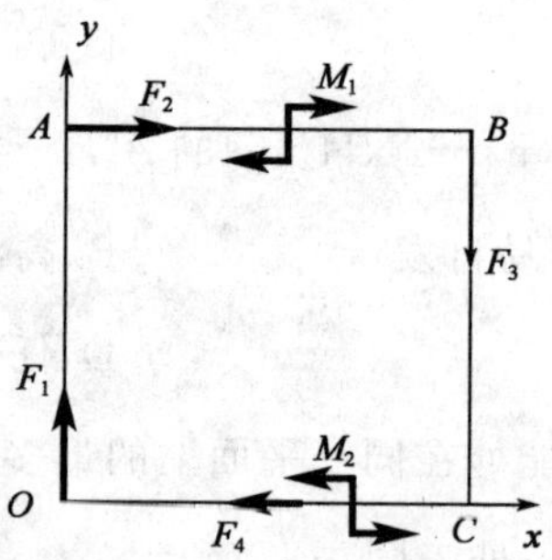

A. $F_R=0N, M_O=4Fa$(↻)

B. $F_R=0N, M_O=3Fa$(↺)

C. $F_R=0N, M_O=2Fa$(↺)

D. $F_R=0N, M_O=2Fa$(↻)

49. 在图示机构中，已知 F_p，$L=2m$，$r=0.5m$，$\theta=30°$，$BE=EG$，$CE=EH$，则支座 A 的约束力为：

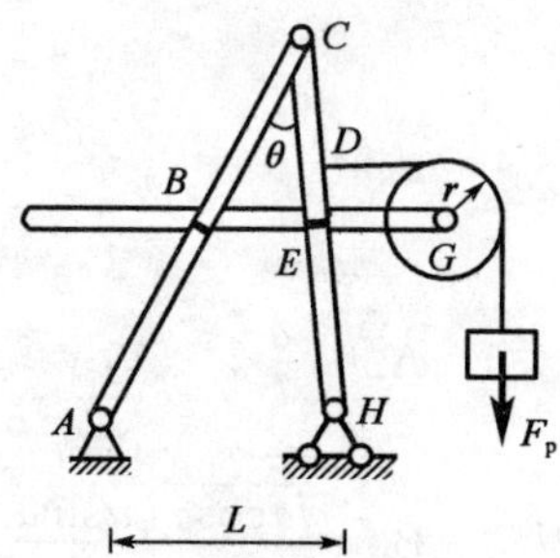

A. $F_{Ax}=F_p(\leftarrow)$，$F_{Ay}=1.75F_p(\downarrow)$

B. $F_{Ax}=0$，$F_{Ay}=0.75F_p(\downarrow)$

C. $F_{Ax}=0$，$F_{Ay}=0.75F_p(\uparrow)$

D. $F_{Ax}=F_p(\rightarrow)$，$F_{Ay}=1.75F_p(\uparrow)$

50. 图示不计自重的水平梁与桁架在 B 点铰接。已知：荷载 F_1、F 均与 BH 垂直，$F_1=8kN$，$F=4kN$，$M=6kN\cdot m$，$q=1kN/m$，$L=2m$。则杆件 1 的内力为：

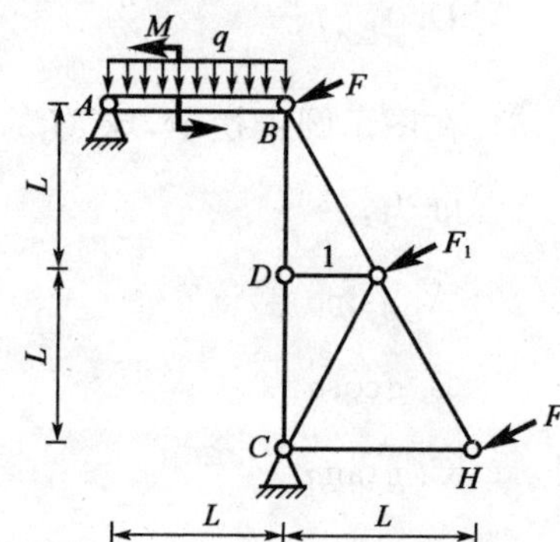

A. $F_1=0$

B. $F_1=8kN$

C. $F_1=-8kN$

D. $F_1=-4kN$

51. 动点 A 和 B 在同一坐标系中的运动方程分别为 $\begin{cases}x_A=t\\y_A=2t^2\end{cases}$，$\begin{cases}x_B=t^2\\y_B=2t^4\end{cases}$，其中 x、y 以 cm 计，t 以 s 计，则两点相遇的时刻为：

A. $t=1s$

B. $t=0.5s$

C. $t=2s$

D. $t=1.5s$

52. 刚体作平动时，某瞬时体内各点的速度与加速度为：

A. 体内各点速度不相同，加速度相同

B. 体内各点速度相同，加速度不相同

C. 体内各点速度相同，加速度也相同

D. 体内各点速度不相同，加速度也不相同

53. 杆 OA 绕固定轴 O 转动，长为 l，某瞬时杆端 A 点的加速度 a 如图所示。则该瞬时 OA 的角速度及角加速度为：

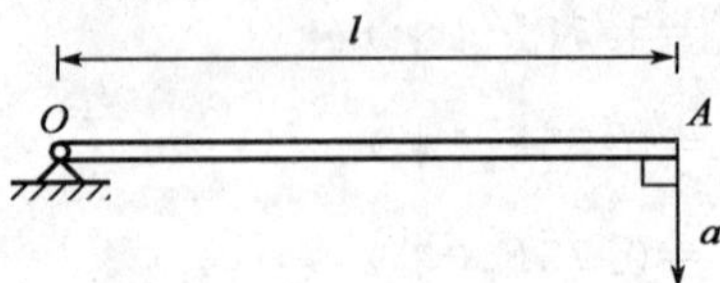

A. $0,\dfrac{a}{l}$

B. $\sqrt{\dfrac{a\cos\alpha}{l}},\dfrac{a\sin\alpha}{l}$

C. $\sqrt{\dfrac{a}{l}},0$

D. $0,\sqrt{\dfrac{a}{l}}$

54. 在图示圆锥摆中，球 M 的质量为 m，绳长 l，若 α 角保持不变，则小球的法向加速度为：

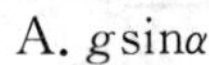

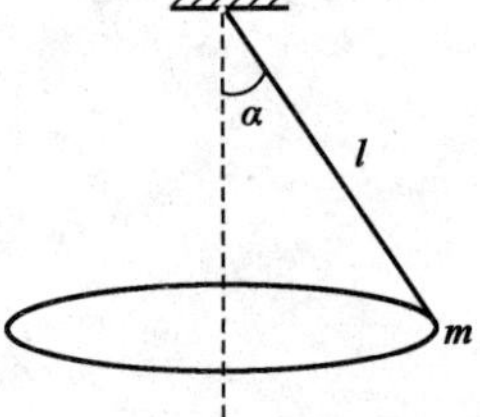

A. $g\sin\alpha$

B. $g\cos\alpha$

C. $g\tan\alpha$

D. $g\cot\alpha$

55. 图示均质链条传动机构的大齿轮以角速度 ω 转动，已知大齿轮半径为 R，质量为 m_1，小齿轮半径为 r，质量为 m_2，链条质量不计，则此系统的动量为：

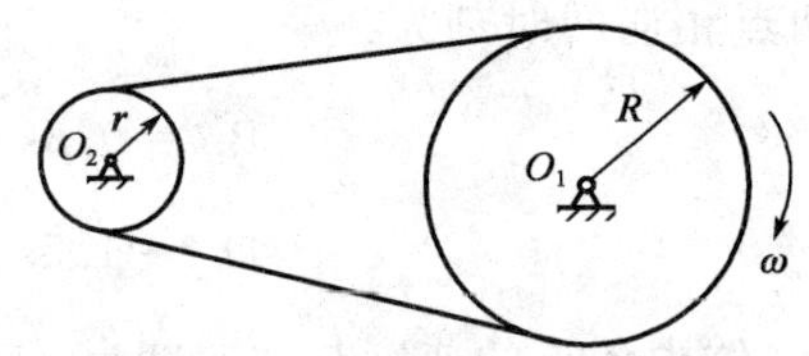

A. $(m_1+2m_2)v \rightarrow$

B. $(m_1+m_2)v \rightarrow$

C. $(2m_1-m_2)v \rightarrow$

D. 0

56. 均质圆柱体半径为 R，质量为 m，绕关于对纸面垂直的固定水平轴自由转动，初瞬时静止（G 在 O 轴的沿垂线上），如图所示，则圆柱体在位置 $\theta=90^\circ$ 时的角速度是：

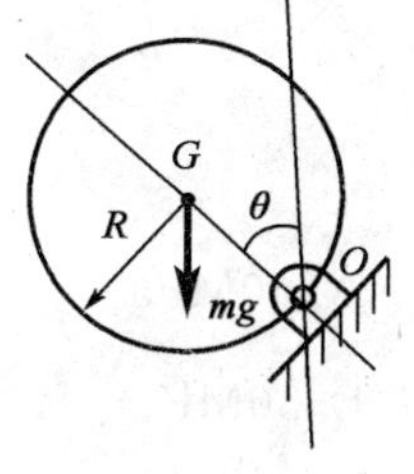

A. $\sqrt{\frac{g}{3R}}$ 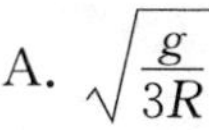

B. $\sqrt{\frac{2g}{3R}}$ 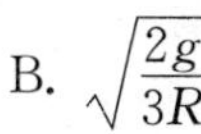

C. $\sqrt{\frac{4g}{3R}}$

D. $\sqrt{\frac{g}{2R}}$ 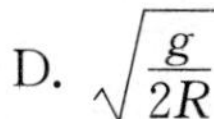

57. 质量不计的水平细杆 AB 长为 L，在沿垂图面内绕 A 轴转动，其另一端固连质量为 m 的质点 B，在图示水平位置静止释放。则此瞬时质点 B 的惯性力为：

A. $F_g=mg$

B. $F_g=\sqrt{2}mg$

C. 0

D. $F_g=\frac{\sqrt{2}}{2}mg$

58. 如图所示系统中，当物块振动的频率比为 1.27 时，k 的值是：

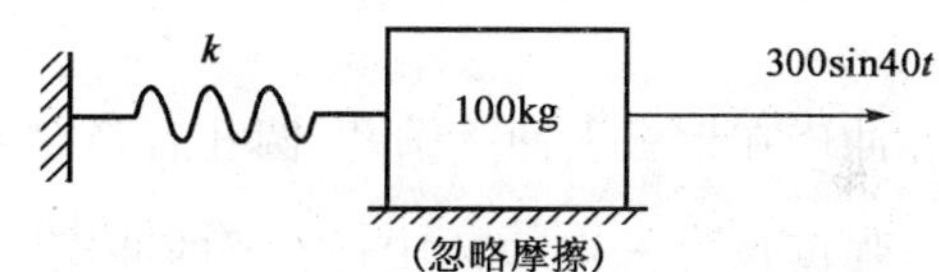

A. 1×10^5 N/m

B. 2×10^5 N/m

C. 1×10^4 N/m

D. 1.5×10^5 N/m

59. 图示结构的两杆面积和材料相同，在沿直向下的力 F 作用下，下面正确的结论是：

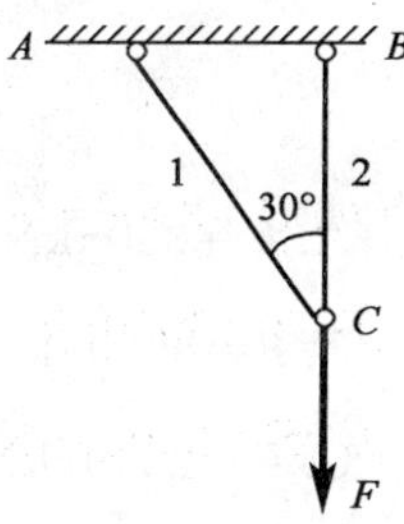

A. C 点位平放向下偏左，1 杆轴力不为零

B. C 点位平放向下偏左，1 杆轴力为零

C. C 点位平放铅直向下，1 杆轴力为零

D. C 点位平放向下偏右，1 杆轴力不为零

60. 图截面杆 ABC 轴向受力如图所示，已知 BC 杆的直径 $d=100\text{mm}$，AB 杆的直径为 $2d$，杆的最大拉应力是：

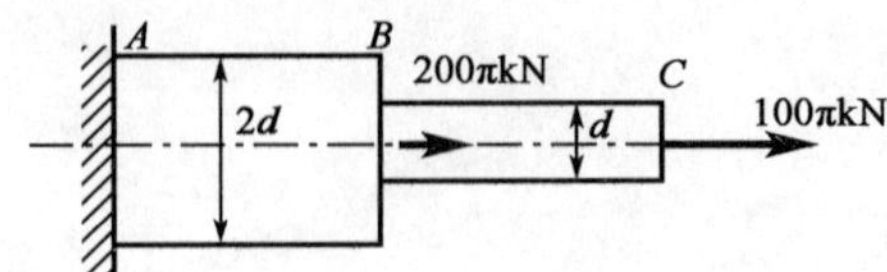

A. 40MPa

B. 30MPa

C. 80MPa

D. 120MPa

61. 桁架由 2 根细长直杆组成，杆的截面尺寸相同，材料分别是结构钢和普通铸铁，在下列桁架中，布局比较合理的是：

A.

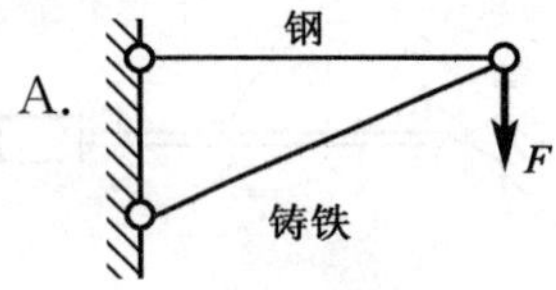

B.

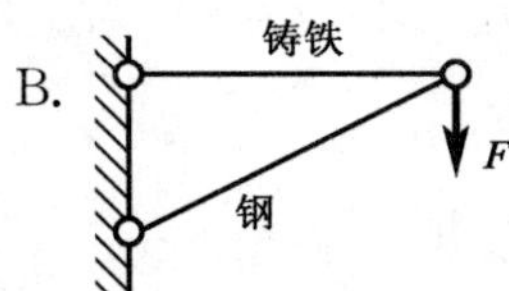

C.

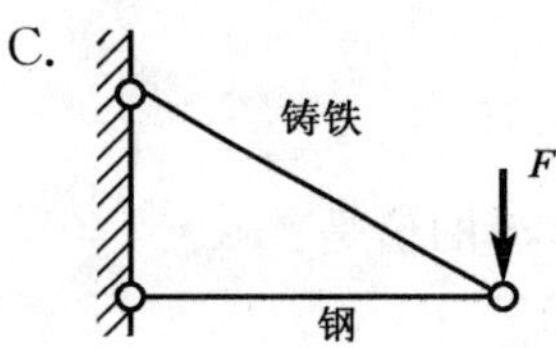

D.

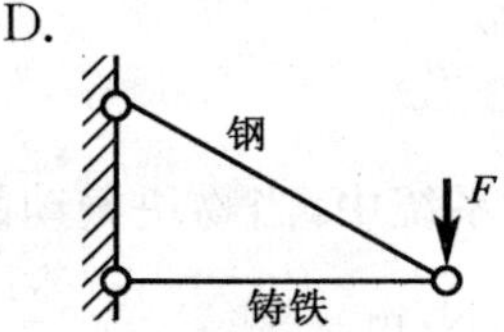

62. 冲床在钢板上冲一圆孔，圆孔直径 $d=100\text{mm}$，钢板的厚度 $t=10\text{mm}$ 钢板的剪切强度极限 $\tau_b=300\text{MPa}$，需要的冲压力 F 是：

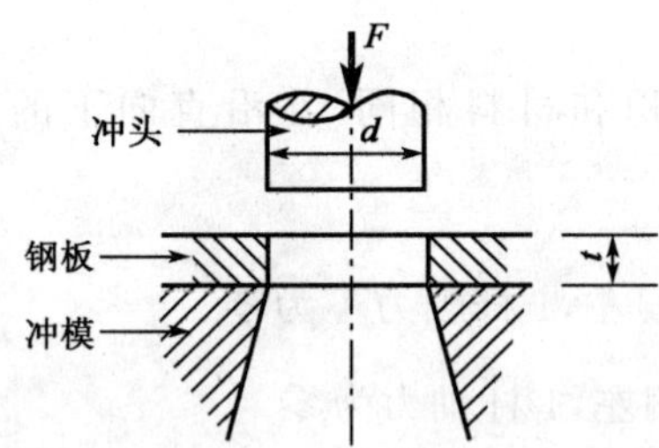

A. $F=300\pi\text{kN}$

B. $F=3000\pi\text{kN}$

C. $F=2500\pi\text{kN}$

D. $F=7500\pi\text{kN}$

63. 螺钉受力如图。已知螺钉和钢板的材料相同，拉伸许用应力$[\sigma]$是剪切许用应力$[\tau]$的 2 倍，即$[\sigma]=2[\tau]$，钢板厚度 t 是螺钉头高度 h 的 1.5 倍，则螺钉直径 d 的合理值是：

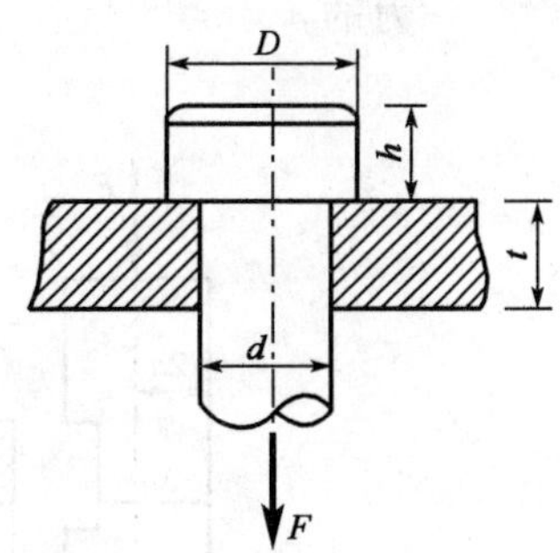

A. $d=2h$

B. $d=0.5h$

C. $d^2=2Dt$

D. $d^2=0.5Dt$

64. 图示受扭空心圆轴横截面上的切应力分布图，其中正确的是：

A. 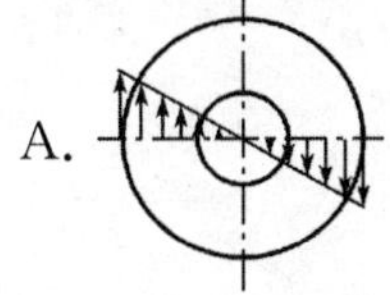

B. 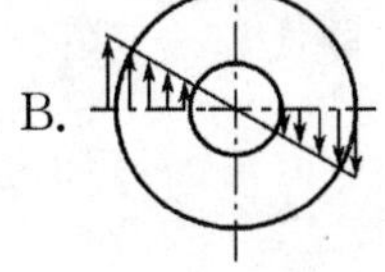

C. 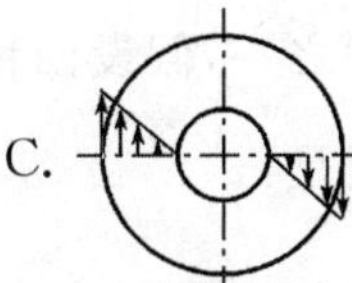

D. 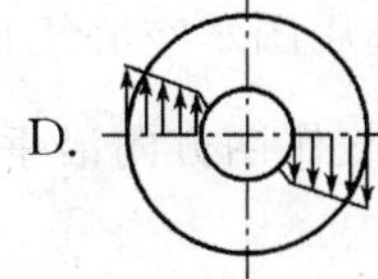

65. 在一套传动系统中，有多根圆轴，假设所有圆轴传递的功率相同，但转速不同，各轴所承受的扭矩与其转速的关系是：

A. 转速快的轴扭矩大

B. 转速慢的轴扭矩大

C. 各轴的扭矩相同

D. 无法确定

66. 梁的弯矩图如图所示，最大值在 B 截面。在梁的 A、B、C、D 四个截面中，剪力为零的截面是：

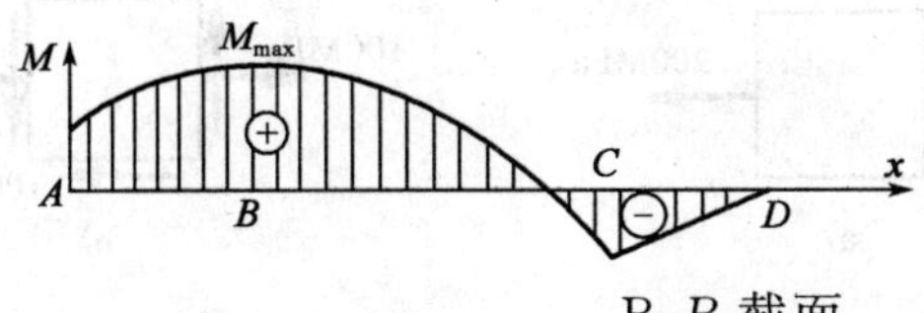

A. A 截面

B. B 截面

C. C 截面

D. D 截面

67. 图示矩形截面受压杆，杆的中间段右侧有一槽，如图 a）所示，若在杆的左侧，即槽的对称位置也挖出同样的槽（见图 b），则图 b）杆的最大压应力是图 a）最大压应力的：

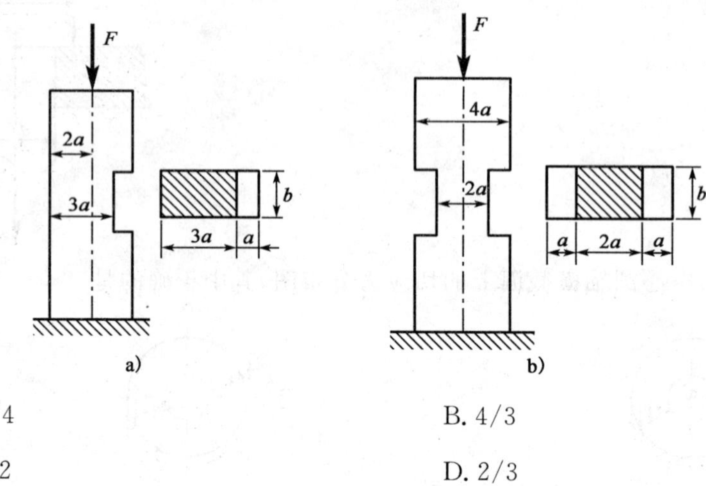

A. 3/4　　　　B. 4/3

C. 3/2　　　　D. 2/3

68. 梁的横截面可选用图示空心矩形、矩形、正方形和圆形四种之一，假设四种截面的面积均相等，荷载作用方向沿垂向下，承载能力最大的截面是：

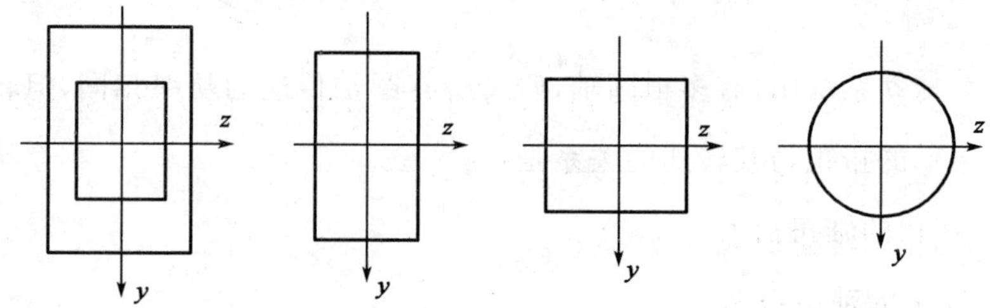

A. 空心矩形　　　　B. 实心矩形

C. 正方形　　　　D. 圆形

69. 按照第三强度理论，图示两种应力状态的危险程度是：

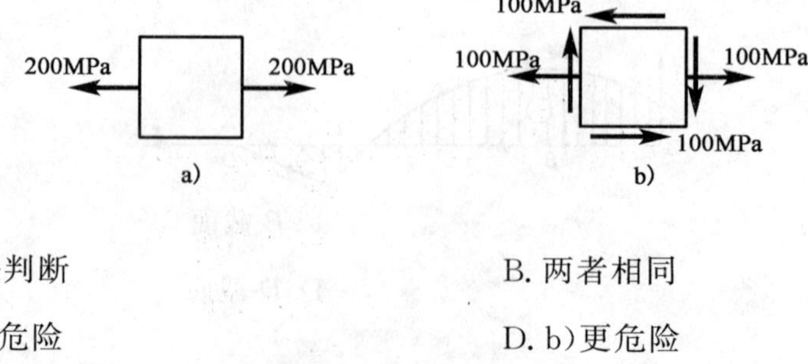

A. 无法判断　　　　B. 两者相同

C. a)更危险　　　　D. b)更危险

70. 正方形截面杆 AB，力 F 作用在 xoy 平面内，与 x 轴夹角 α，杆距离 B 端为 a 的横截面上最大正应力在 $\alpha=45°$ 时的值是 $\alpha=0$ 时值的：

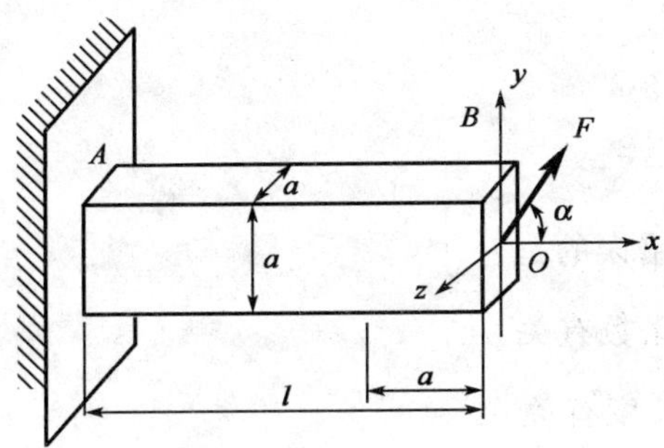

A. $\frac{7\sqrt{2}}{2}$倍

B. $3\sqrt{2}$倍

C. $\frac{5\sqrt{2}}{2}$倍

D. $\sqrt{2}$倍

71. 如图所示水下有一半径为 $R=0.1\mathrm{m}$ 的半球形侧盖，球心至水面距离 $H=5\mathrm{m}$，作用于半球盖上水平方向的静水压力是：

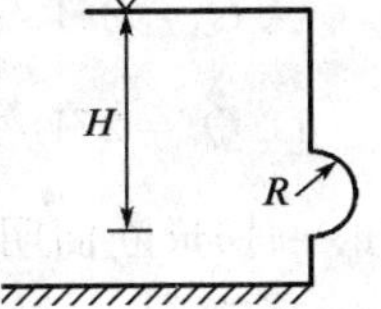

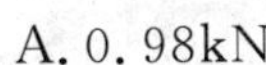
A. 0.98kN

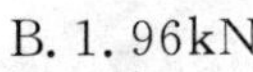
B. 1.96kN

C. 0.77kN

D. 1.54kN

72. 密闭水箱如图所示，已知水深 $h=2\mathrm{m}$，自由面上的压强 $p_0=88\mathrm{kN/m^2}$，当地大气压强 $p_a=101\mathrm{kN/m^2}$，则水箱底部 A 点的绝对压强与相对压强分别为：

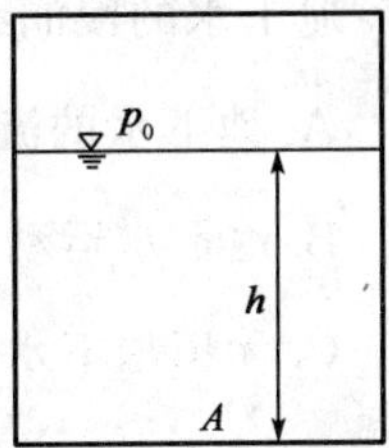

A. $107.6\mathrm{kN/m^2}$ 和 $-6.6\mathrm{kN/m^2}$

B. $107.6\mathrm{kN/m^2}$ 和 $6.6\mathrm{kN/m^2}$

C. $120.6\mathrm{kN/m^2}$ 和 $-6.6\mathrm{kN/m^2}$

D. $120.6\mathrm{kN/m^2}$ 和 $6.6\mathrm{kN/m^2}$

73. 下列不可压缩二维流动中，哪个满足连续方程：

A. $u_x=2x, u_y=2y$

B. $u_x=0, u_y=2xy$

C. $u_x=5x, u_y=-5y$

D. $u_x=2xy, u_y=-2xy$

74. 圆管层流中，下述错误的是：

A. 水头损失与雷诺数有关

B. 水头损失与管长度有关

C. 水头损失与流速有关

D. 水头损失与粗糙度有关

75. 主干管在 A、B 间是由两条支管组成的一个并联管路，两支管的长度和管径分别为$l_1=1800\text{m}, d_1=150\text{mm}, l_2=3000\text{m}, d_2=200\text{mm}$，两支管的沿程阻力系数 λ 均为 0.01，若主干管流量 $Q=39\text{L/s}$，则两支管流量分别为：

A. $Q_1=12\text{L/s}, Q_2=27\text{L/s}$

B. $Q_1=15\text{L/s}, Q_2=24\text{L/s}$

C. $Q_1=24\text{L/s}, Q_2=15\text{L/s}$

D. $Q_1=27\text{L/s}, Q_2=12\text{L/s}$

76. 一梯形断面明渠，水力半径 $R=0.8\text{m}$，底坡 $i=0.0006$，粗糙系数 $n=0.05$，则输水流速为：

A. 0.42m/s

B. 0.48m/s

C. 0.6m/s

D. 0.75m/s

77. 地下水的浸润线是指：

A. 地下水的流线

B. 地下水运动的迹线

C. 无压地下水的自由水面线

D. 土壤中干土与湿土的界限

78. 用同种流体，同一温度进行管道模型实验，按黏性力相似准则，已知模型管径 0.1m，模型流速 4m/s，若原型管径为 2m，则原型流速为：

A. 0.2m/s　　　　B. 2m/s

C. 80m/s　　　　D. 8m/s

79. 真空中有三个带电质点，其电荷分别为 q_1、q_2 和 q_3，其中，电荷为 q_1 和 q_3 的质点位置固定，电荷为 q_2 的质点可以自由移动，当三个质点的空间分布如图所示时，电荷为 q_2 的质点静止不动，此时如下关系成立的是：

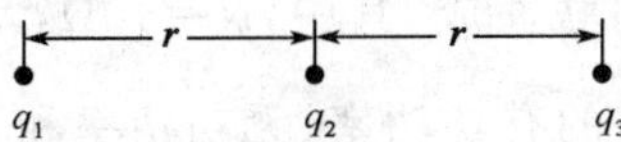

A. $q_1 = q_2 = 2q_3$

B. $q_1 = q_3 = |q_2|$

C. $q_1 = q_2 = -q_3$

D. $q_2 = q_3 = -q_1$

80. 在图示电路中，$I_1 = -4\text{A}$，$I_2 = -3\text{A}$，则 $I_3 =$

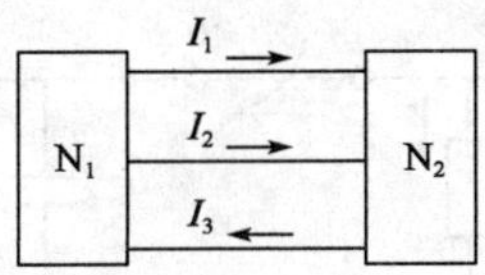

A. -1A　　　　B. 7A

C. -7A　　　　D. 1A

81. 已知电路如图所示，其中，响应电流 I 在电压源单独作用时的分量为：

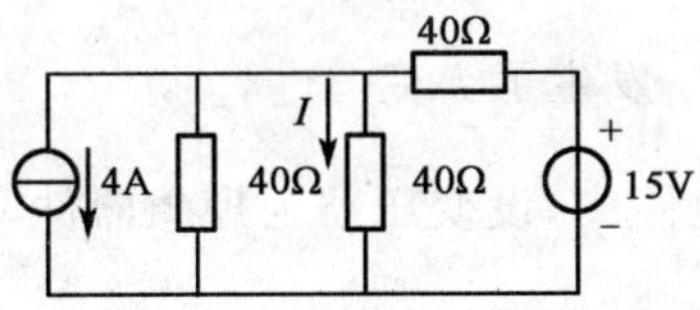

A. 0.375A　　　　B. 0.25A

C. 0.125A　　　　D. 0.1875A

82. 已知电流 $\dot{i}(t)=0.1\sin(\omega t+10°)$A，电压 $u(t)=10\sin(\omega t-10°)$V，则如下表述中正确的是：

A. 电流 $i(t)$ 与电压 $u(t)$ 呈反相关系

B. $\dot{I}=0.1\angle 10°$A，$\dot{U}=10\angle -10°$V

C. $\dot{I}=70.7\angle 10°$mA，$\dot{U}=-7.07\angle 10°$V

D. $\dot{I}=70.7\angle 10°$mA，$\dot{U}=7.07\angle -10°$V

83. 一交流电路由 R、L、C 串联而成，其中，$R=10\Omega$，$X_L=8\Omega$，$X_C=6\Omega$。通过该电路的电流为 10A，则该电路的有功功率、无功功率和视在功率分别为：

A. 1kW，1.6kvar，2.6kV·A

B. 1kW，200var，1.2kV·A

C. 100W，200var，223.6V·A

D. 1kW，200var，1.02kV·A

84. 已知电路如图所示，设开关在 $t=0$ 时刻断开，那么如下表述中正确的是：

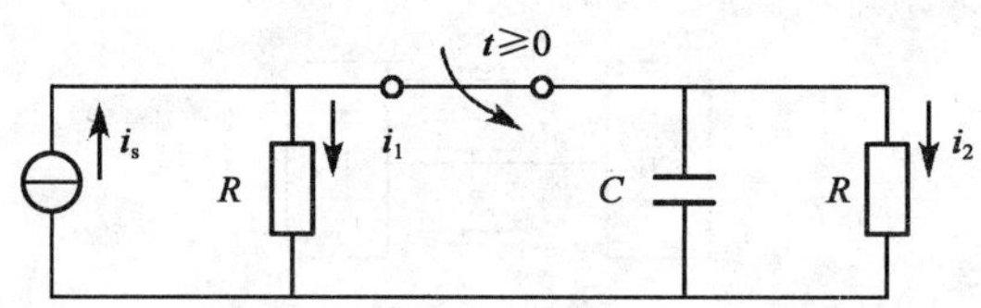

A. 电路的左右两侧均进入暂态过程

B. 电路 i_1 立即等于 i_s，电流 i_2 立即等于 0

C. 电路 i_2 由 $\frac{1}{2}i_s$ 逐步衰减到 0

D. 在 $t=0$ 时刻，电流 i_2 发生了突变

85. 图示变压器空载运行电路中，设变压器为理想器件，若 $u=\sqrt{2}U\sin\omega t$，则此时：

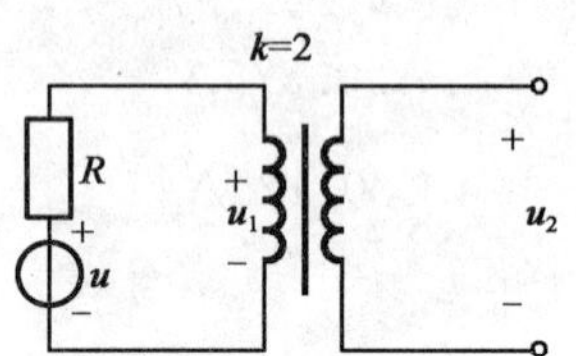

A. $U_1=\frac{\omega L\cdot U}{\sqrt{R^2+(\omega L)^2}}$，$U_2=0$

B. $u_1=u$，$U_2=\frac{1}{2}U_1$

C. $u_1\neq u$，$U_2=\frac{1}{2}U_1$

D. $u_1=u$，$U_2=2U_1$

86. 设某 Δ 接异步电动机全压起动时的起动电流 $I_u=30A$，起动转矩 $T_u=45N\cdot m$，若对此台电动机采用 Y-Δ 降压起动方案，则起电流和起动转矩分别为：

A. 17.32A，25.98N・m

B. 10A，15N・m

C. 10A，25.98N・m

D. 17.32A，15N・m

87. 图示电路的任意一个输出端，在任意时刻都只出现 0V 或 5V 这两个电压值(例如，在 $t=t_0$ 时刻获得的输出电压从上到下依次为 5V、0V、5V、0V)，那么该电路的输出电压：

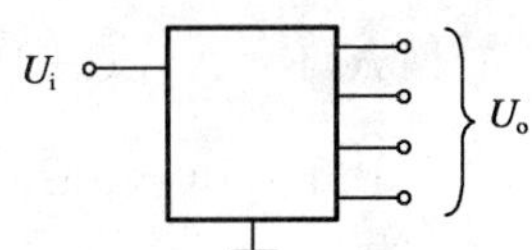

A. 是取值离散的连续时间信号

B. 是取值连续的离散时间信号

C. 是取值连续的连续时间信号

D. 是取值离散的离散时间信号

88. 图示非周期信号 $u(t)$ 如图所示，若利用单位阶跃函数 $\varepsilon(t)$ 将其写成时间函数表达式，则 $u(t)$ 等于：

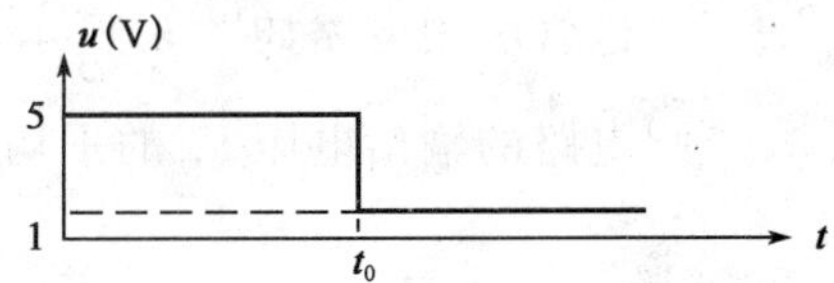

A. 5－1＝4V

B. $5\varepsilon(t)+\varepsilon(t-t_0)$V

C. $5\varepsilon(t)-4\varepsilon(t-t_0)$V

D. $5\varepsilon(t)-4\varepsilon(t+t_0)$V

89. 模拟信号经线性放大器放大后，信号中被改变的量是：

A. 信号的频率

B. 信号的幅值频谱

C. 信号的相位频谱

D. 信号的幅值

90. 逻辑表达式(A＋B)(A＋C)的化简结果是：

A. A

B. $A^2+AB+AC+BC$

C. A＋BC

D. (A＋B)(A＋C)

91. 已知数字信号 A 和数字信号 B 的波形如图所示，则数字信号 $F=\overline{AB}$的波形为：

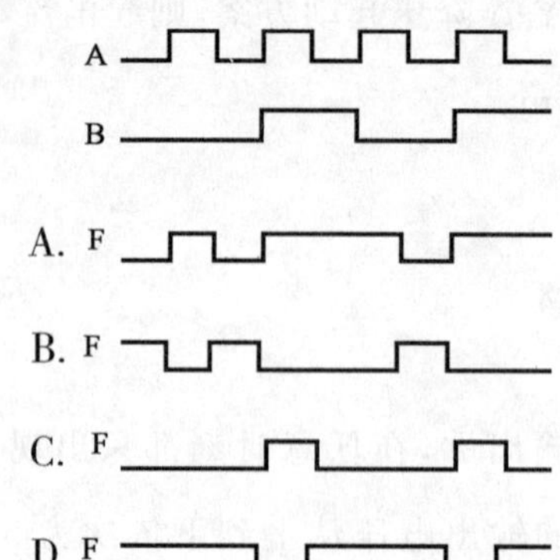

92. 逻辑函数 $F=f(A、B、C)$的真值表如图所示，由此可知：

A. $F=\overline{A}(\overline{B}C+B\overline{C})+A(\overline{B}\,\overline{C}+BC)$

B. $F=\overline{B}C+B\overline{C}$

C. $F=\overline{B}\,\overline{C}+BC$

D. $F=\overline{A}+\overline{B}+\overline{BC}$

A	B	C	F
0	0	0	1
0	0	1	0
0	1	0	0
0	1	1	1
1	0	0	1
1	0	1	0
1	1	0	0
1	1	1	1

93. 二极管应用电路如图 a)所示，电路的激励 u_i 如图 b)所示，设二极管为理想器件，则电路的输出电压 u_o 的平均值 $U_o=$

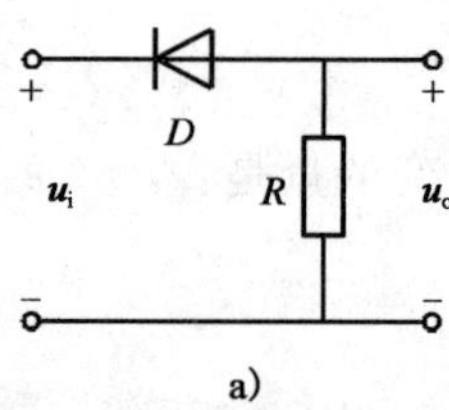

a)

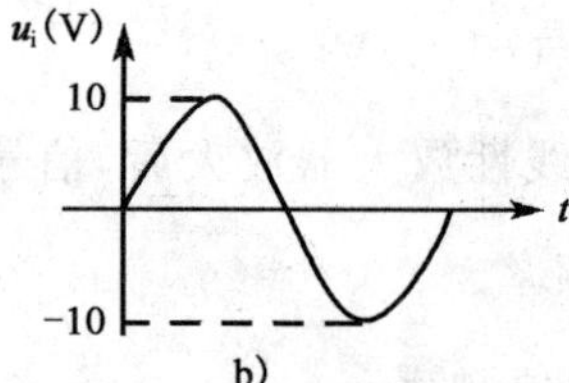

b)

A. $\frac{10}{\sqrt{2}}\times 0.45=3.18\text{V}$

B. $10\times 0.45=4.5\text{V}$

C. $-\frac{10}{\sqrt{2}}\times 0.45=-3.18\text{V}$

D. $-10\times 0.45=-4.5\text{V}$

94. 运算放大器应用电路如图所示，设运算放大器输出电压的极限值为±11V，如果将2V电压接入电路的“A”端，电路的“B”端接地后，测得输出电压为−8V，那么，如果将2V电压接入电路的“B”端，而电路的“A”端接地，则该电路的输出电压 u_o 等于：

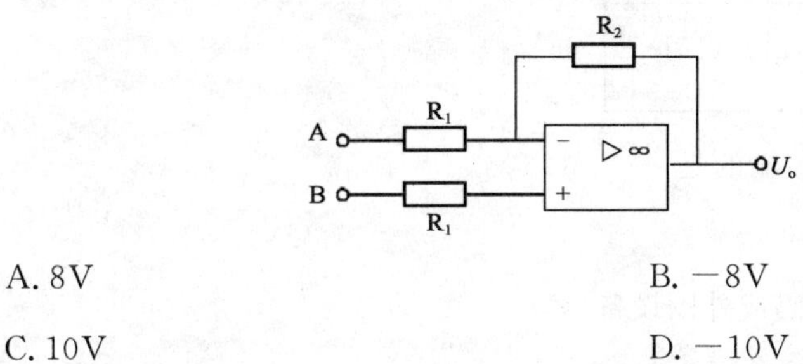

A. 8V　　　　B. −8V

C. 10V　　　　D. −10V

95. 图 a)所示电路中，复位信号 $\overline{R}_D$、信号 A 及时钟脉冲信号 cp 如图 b)所示，经分析可知，在第一个和第二个时钟脉冲的下降沿时刻，输出 Q 先后等于：

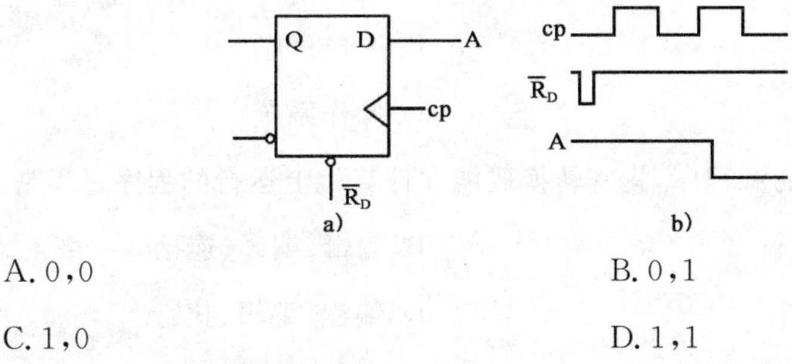

A. 0,0　　　　B. 0,1

C. 1,0　　　　D. 1,1

附：触发器的逻辑状态表为：

D	Q_{n+1}
0	0
1	1

96. 图 a)所示电路中，复位信号、数据输入及时钟脉冲信号如图 b)所示，经分析可知，在第一个和第二个时钟脉冲的下降沿过后，输出 Q 先后等于：

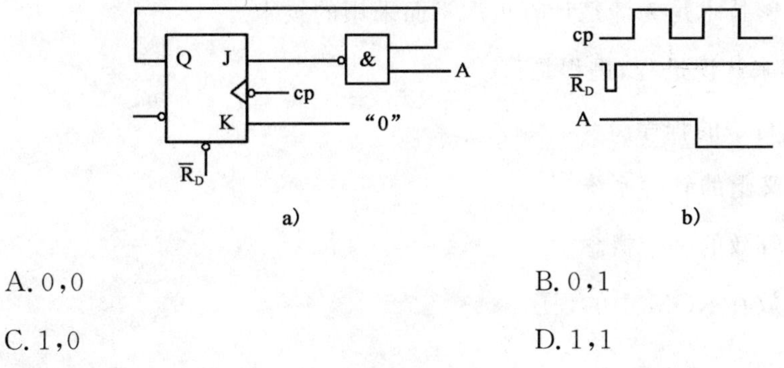

A. 0,0　　　　B. 0,1

C. 1,0　　　　D. 1,1

附：触发器的逻辑状态表为：

J	K	Q_{n+1}
0	0	Q_D
0	1	0
1	0	1
1	1	$\overline{Q}_D$

97. 总线中的地址总线传输的是：

A. 程序和数据

B. 主储存器的地址码或外围设备码

C. 控制信息

D. 计算机的系统命令

98. 软件系统中，能够管理和控制计算机系统全部资源的软件是：

A. 应用软件　　B. 用户程序

C. 支撑软件　　D. 操作系统

99. 用高级语言编写的源程序，将其转换成能在计算机上运行的程序过程是：

A. 翻译、连接、执行　　B. 编辑、编译、连接

C. 连接、翻译、执行　　D. 编程、编辑、执行

100. 十进制的数 256.625 用十六进制表示则是：

A. 110.B　　B. 200.C

C. 100.A　　D. 96.D

101. 在下面有关信息加密技术的论述中，不正确的是：

A. 信息加密技术是为提高信息系统及数据的安全性和保密性的技术

B. 信息加密技术是为防止数据信息被别人破译而采用的技术

C. 信息加密技术是网络安全的重要技术之一

D. 信息加密技术是为清楚计算机病毒而采用的技术

102. 可以这样来认识进程，进程是：

A. 一段执行中的程序

B. 一个名义上的软件系统

C. 与程序等效的一个概念

D. 一个存放在 ROM 中的程序

103.操作系统中的文件管理是：

A.对计算机的系统软件资源进行管理

B.对计算机的硬件资源进行管理

C.对计算机用户进行管理

D.对计算机网络进行管理

104.在计算机网络中，常将负责全网络信息处理的设备和软件称为：

A.资源子网　　B.通信子网

C.局域网　　D.广域网

105.若按采用的传输介质的不同，可将网络分为：

A.双绞线网、同轴电缆网、光纤网、无线网

B.基带网和宽带网

C.电路交换类、报文交换类、分组交换类

D.广播式网络、点到点式网络

106.一个典型的计算机网络系统主要是由：

A.网络硬件系统和网络软件系统组成

B.主机和网络软件系统组成

C.网络操作系统和若干计算机组成

D.网络协议和网络操作系统组成

107.如现在投资100万元，预计年利率为10%，分5年等额回收，每年可回收：[已知：$(A/P,10\%,5)=0.2638$，$(A/F,10\%,5)=0.1638$]

A.16.38万元　　B.26.38万元

C.62.09万元　　D.75.82万元

108.某项目投资中有部分资金源于银行贷款，该贷款在整个项目期间将等额偿还本息。项目预计年经营成本为5000万元，年折旧费和摊销为2000万元，则该项目的年总成本费用应：

A.等于5000万元　　B.等于7000万元

C.大于7000万元　　D.在5000万元与7000万元之间

109.下列财务评价指标中，反映项目盈利能力的指标是：

A.流动比率　　B.利息备付率

C.投资回收期　　D.资产负债率

110. 某项目第一年年初投资 5000 万元，此后从第一年年末开始每年年末有相同的净收益，收益期为 10 年。寿命期结束时的净残值为 100 万元，若基准收益率为 12%，则要使该投资方案的净现值为零，其年净收益应为：[已知：$(P/A,12\%,10)=5.6500$；$(P/F,12\%,10)=0.3220$]

A. 879.26 万元　　B. 884.96 万元

C. 890.65 万元　　D. 1610 万元

111. 某企业设计生产能力为年产某产品 40000t，在满负荷生产状态下，总成本为 30000 万元，其中固定成本为 10000 万元，若产品价格为 1 万元/t，则以生产能力利用率表示的盈亏平衡点为：

A. 25%　　B. 35%　　C. 40%　　D. 50%

112. 已知甲、乙为两个寿命期相同的互斥项目，通过测算得出：甲、乙两项目的内部收益率分别为 18% 和 14%，甲、乙两项目的净现值分别为 240 万元和 320 万元。假如基准收益率为 12%，则以下说法中正确的是：

A. 应选择甲项目

B. 应选择乙项目

C. 应同时选择甲、乙两个项目

D. 甲、乙项目均不应选择

113. 下列项目方案类型中，适于采用最小公倍数法进行方案比选的是：

A. 寿命期相同的互斥方案

B. 寿命期不同的互斥方案

C. 寿命期相同的独立方案

D. 寿命期不同的独立方案

114. 某项目整体功能的目标成本为 100 万元，在进行功能评价时，得出某一功能 F^* 的功能评价系数为 0.3，若其成本改进期望值为 −5000 元(即降低 5000 元)，则 F^* 的现实成本为：

A. 2.5 万元　　B. 3 万元　　C. 3.5 万元　　D. 4 万元

115. 根据《建筑法》规定，对从事建筑业的单位实行资质管理制度，将从事建活动的工程监理单位，划分为不同的资质等级。监理单位资质等级的划分条件可以不考虑：

A. 注册资本　　B. 法定代表人

C. 已完成的建筑工程业绩　　D. 专业技术人员

116. 某生产经营单位使用危险性较大的特种设备，根据《安全生产法》规定，该设备投入使用的条件不包括：

A. 该设备应由专业生产单位生产

B. 该设备应进行安全条件论证和安全评价

C. 该设备须经取得专业资质的检测、检验机构检测、检验合格

D. 该设备须取得安全使用证或者安全标志

117. 根据《中华人民共和国招标投标法》规定，某工程项目委托监理服务的招投标活动，应当遵循的原则是：

A. 公开、公平、公正、诚实信用

B. 公开、平等、自愿、公平、诚实信用

C. 公正、科学、独立、诚实信用

D. 全面、有效、合理、诚实信用

118. 根据《中华人民共和国合同法》规定，要约可以撤回和撤销。下列要约，不得撤销的是：

A. 要约到达受要约人

B. 要约人确定了承诺期限

C. 受要约人未发出承诺通知

D. 受要约人即将发出承诺通知

119. 下列情形中，作出行政许可决定的行政机关或者其上级行政机关，应当依法办理有关行政许可的注销手续的是：

A. 取得市场准入许可的被许可人擅自停业、歇业

B. 行政机关工作人员对直接关系生命财产安全的设施监督检查时，发现存在安全隐患的

C. 行政许可证件依法被吊销的

D. 被许可人未依法履行开发利用自然资源义务的

120. 某建设工程项目完成施工后，施工单位提出工程竣工验收申请，根据《建设工程质量管理条例》规定，该建设工程竣工验收应当具备的条件不包括：

A. 有施工单位提交的工程质量保证保证金

B. 有工程使用的主要建筑材料、建筑构配件和设备的进场试验报告

C. 有勘察、设计、施工、工程监理等单位分别签署的质量合格文件

D. 有完整的技术档案和施工管理资料

2014年度全国勘察设计注册土木工程师(岩土)执业资格考试试卷

基础考试

(下)

二〇一四年九月

应考人员注意事项

1. 本试卷科目代码为“2”，考生务必将此代码填涂在答题卡“科目代码”相应的栏目内，否则，无法评分。
2. 书写用笔：**黑色或蓝色钢笔、签字笔或圆珠笔；**
填涂答题卡用笔：**黑色 2B 铅笔**。
3. 必须用书写用笔将工作单位、姓名、准考证号填写在答题卡和试卷相应的栏目内。
4. 本试卷由 60 题组成，每题 2 分，满分 120 分，本试卷全部为单项选择题，每小题的四个备选项中只有一个正确答案，错选、多选、不选均不得分。
5. 考生作答时，必须**按题号在答题卡上**将相应试题所选选项对应的**字母用 2B 铅笔涂黑**。
6. 在答题卡上书写与题意无关的语言，或在答题卡上作标记的，均按违纪试卷处理。
7. 考试结束时，由监考人员当面将试卷、答题卡一并收回。
8. 草稿纸由各地统一配发，考后收回。

单项选择题(共 60 题,每题 2 分。每题的备选项中只有一个最符合题意。)

1. 弹性体受拉应力时,所受应力与纵向应变之比称为:

A. 弹性模量　　B. 泊松比

C. 体积模量　　D. 剪切模量

2. 材料在绝对密实状态下,单位体积的质量称为:

A. 密度　　B. 表观密度

C. 密实度　　D. 堆积密度

3. 普通硅酸盐水泥的水化反应为放热反应,并且有两个典型的放热峰,其中第二个放热峰对应:

A. 硅酸三钙的水化　　B. 硅酸二钙的水化

C. 铁铝酸四钙的水化　　D. 铝酸三钙的水化

4. 混凝土材料在单向受压条件下的应力-应变曲线呈现明显的非线性特征,在外部应力达到抗压强度的 30%左右时,图线发生弯曲,这时应力-应变关系的非线性主要是由于:

A. 材料出现贯穿裂缝　　B. 骨料被压碎

C. 界面过渡区裂缝的增长　　D. 材料中孔隙被压缩

5. 从工程角度,混凝土中钢筋防锈的最经济措施是:

A. 使用高效减水剂　　B. 使用钢筋阻锈剂

C. 使用不锈钢钢筋　　D. 增加混凝土保护层厚度

6. 地表岩石经长期风化、破碎后,在外力作用下搬运、堆积,再经胶结、压实等再造作用而形成的岩石称为:

A. 变质岩　　B. 沉积岩

C. 岩浆岩　　D. 火成岩

7. 钢材牌号(如 Q390)中的数值表示钢材的:

A. 抗拉强度　　B. 弹性模量

C. 屈服强度　　D. 疲劳强度

8. 经纬仪的操作步骤是：

A. 整平、对中、瞄准、读数

B. 对中、瞄准、精平、读数

C. 对中、整平、瞄准、读数

D. 整平、瞄准、读数、记录

9. 用视距测量方法求 A、B 两点间距离，通过观测得尺间距 $l=0.386\text{m}$，竖直角 $\alpha=6°42'$，则 A、B 两点间水平距离为：

A. 38.1m　　B. 38.3m

C. 38.6m　　D. 37.9m

10. 测量误差按其性质的不同可分为两类，它们是：

A. 读数误差和仪器误差

B. 观测误差和计算误差

C. 系统误差和偶然误差

D. 仪器误差和操作误差

11. 图根平面控制可以采用图根导线测量，对于图根导线作为首级控制时，其方位角闭合差应符合下列规定：

A. 小于 $40''\sqrt{n}$　　B. 小于 $45''\sqrt{n}$

C. 小于 $50''\sqrt{n}$　　D. 小于 $60''\sqrt{n}$

12. 沉降观测的基准点是观测建筑物垂直变形值的基准，为了相互校核并防止由于个别基准点的高程变动造成差错，沉降观测布设基准点一般不能少于：

A. 2 个　　B. 3 个

C. 4 个　　D. 5 个

13. 有关 ISO 9000 国标标准中的质量保证体系，下列正确的是：

A. ISO 9000：生产、安装和服务的质量保证模式

B. ISO 9004：最终检验和试验的质量保证模式

C. ISO 9001：仅设计与开发的质量保证模式

D. ISO 9003：业绩改进指南

14. 某超高层建筑施工中，一个塔吊分包商的施工人员因没有佩戴安全带加上作业疏忽而从高处坠落死亡。按我国《建筑工程安全生产管理条例》的规定，除工人本身的责任外，请问此意外的责任应：

A. 由分包商承担所有责任，总包商无需负责

B. 由总包商与分包商承担连带责任

C. 由总包商承担所有责任，分包商无需负责

D. 视分包合约的内容确定

15. 下列非我国城乡规划的要求的是：

A. 优先规划城市

B. 利用现有条件

C. 优先安排基础设施

D. 保护历史传统文化

16. 下列不属于招标人必须具备的条件是：

A. 招标人须有法可依的项目

B. 招标人有充足的专业人才

C. 招标人有与项目相应的资金来源

D. 招标人为法人或其他基本组织

17. 在锤击沉桩施工中，如发现桩锤经常回弹大，桩下沉量小，说明：

A. 桩锤太重　　B. 桩锤太轻

C. 落距小　　D. 落距大

18. 冬季施工时，混凝土的搅拌时间应比常温搅拌时间：

A. 缩短 25%　　B. 缩短 30%

C. 延长 50%　　D. 延长 75%

19. 某项工作有三项紧后工作，其持续时间分别为 4 天、5 天、6 天，其最迟完成时间分别为第 18 天、16 天、14 天末，本工作的最迟完成时间是第几天末：

A. 14　　B. 11

C. 8　　D. 6

20. 进行网络计划“资源有限，工期最短”优化时，前提条件不包括：

A. 任何工作不得中断

B. 网络计划一经确定，在优化过程中不得改变各工作的持续时间

C. 各工作每天的资源需要量为常数，而且是合理的

D. 在优化过程中不得改变网络计划的逻辑关系

21. 有关施工过程质量验收的内容正确的是：

A. 检验批可根据施工及质量控制和专业验收需要按楼层、施工段、变形缝等进行划分

B. 一个或若干个分项工程构成检验批

C. 主控项目可有不符合要求的检验结果

D. 分部工程是在所含分项验收基础上的简单相加

22. 图示刚架 M_{DC} 为(下侧受拉为正)：

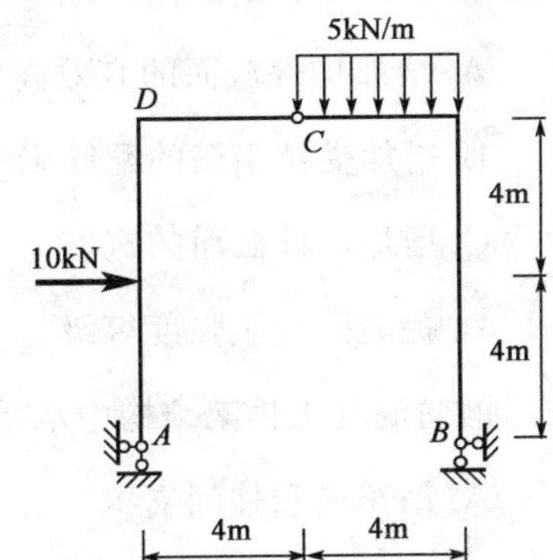

A. 0kN·m

B. 20kN·m

C. 40kN·m

D. 60kN·m

23. 图示桁架 a 杆轴力为：

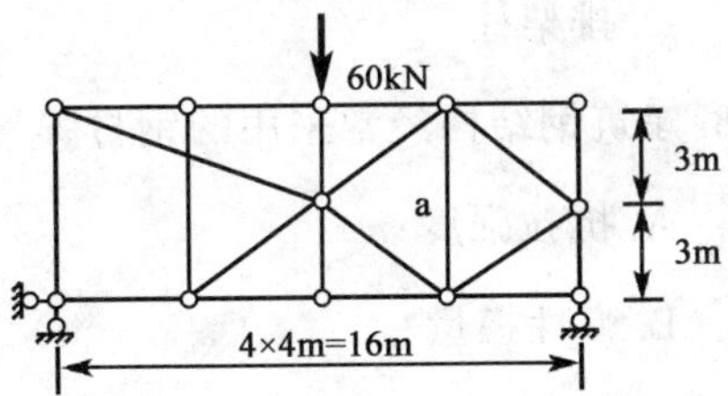

A. 15kN

B. 20kN

C. 25kN

D. 30kN

24. 图示梁 EI=常数，固定端 A 发生顺时针方向角位移 θ，则铰支端 B 的转角（以顺时针方向为正）为：

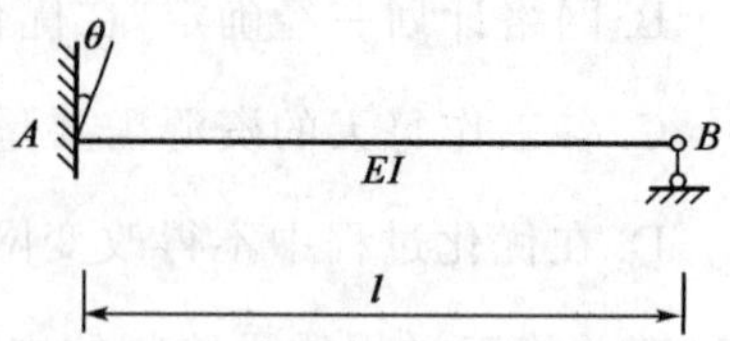

A. $\theta/2$

B. θ

C. $-\theta/2$

D. $-\theta$

25. 下列哪种情况是钢筋混凝土适筋梁达到承载能力极限状态时不具有的：

A. 受压混凝土被压溃

B. 受拉钢筋达到其屈服强度

C. 受拉区混凝土裂隙多而细

D. 受压区高度小于界限受压区高度

26. 提高钢筋混凝土矩形截面受弯构件的弯曲刚度最有效的措施是：

A. 增加构件截面的有效高度

B. 增加受拉钢筋的配筋率

C. 增加构件截面的宽度

D. 提高混凝土强度等级

27. 钢筋混凝土排架结构中承受和传递横向水平荷载的构件是：

A. 吊车梁和柱间支撑

B. 吊车梁和山墙

C. 柱间支撑和山墙

D. 排架柱

28. 建筑钢结构经常采用的钢材牌号是 Q345，其中 345 表示的是：

A. 抗拉强度

B. 弹性模量

C. 屈服强度

D. 合金含量

29. 设计一悬臂钢架，最合理的截面形式是：

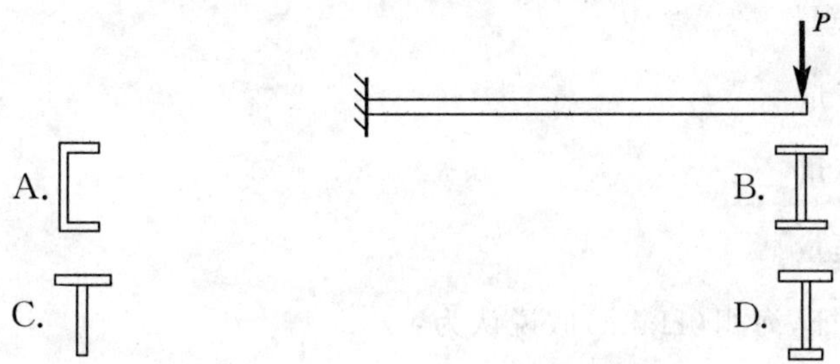

30. 钢框架柱拼接不常用的是：

A. 全部采用坡口焊缝

B. 全部采用高强度螺栓

C. 翼缘用焊缝而腹板用高强度螺栓

D. 翼缘用高强度螺栓而腹板用焊缝

31. 下列哪种情况对抗震不利？

A. 楼梯间设在房屋尽端

B. 采用纵横墙混合承重的结构布置方案

C. 纵横墙布置均匀对称

D. 高宽比为 1∶2

32. 对多层砌体房屋进行承载力验算时，“墙在每层高度范围内可近似视作两端铰支的竖向构件”所适用的荷载是：

A. 风荷载

B. 水平地震作用

C. 竖向荷载

D. 永久荷载

33. 砌体局部受压强度的提高，是因为：

A. 局部砌体处于三向受力状态

B. 非局部受压砌体有起拱作用而卸载

C. 非局部受压面积提供侧压力和力的扩散的综合影响

D. 非局部受压砌体参与受力

34. 下列哪种模量可以代表岩石的弹性模量和变形模量？

A. 切线模量和卸载模量

B. 平均模量和卸载模量

C. 切线模量和割线模量

D. 初始模量和平均模量

35. 关于地应力的分布特征，海姆(Haim)假说认为：

A. 构造应力为静水压力状态

B. 地应力为静水压力状态

C. 地表浅部的自重应力为静水压力状态

D. 地表深部的自重应力为静水压力状态

36. 某土样液限 $w_L=25.8\%$，塑限 $w_p=16.1\%$，含水率(含水量) $w=13.9\%$，可以得到其液性指数 I_L 为：

A. $I_L=0.097$

B. $I_L=1.23$

C. $I_L=0.23$

D. $I_L=-0.23$

37. 关于附加应力，下面说法正确的是：

A. 土中的附加应力会引起地基的压缩，但不会引起地基的失稳

B. 土中的附加应力除了与基础底面压力有关外，还与基础埋深等有关

C. 土中的附加应力主要发生在竖直方向，水平方向上则没有附加应力

D. 土中的附加应力一般小于土的自重应力

38. 饱和土中总应力为 200kPa，孔隙水压力为 50kPa，孔隙率 0.5，那么土中的有效应力为：

A. 100kPa

B. 25kPa

C. 150kPa

D. 175kPa

39. 关于湿陷性黄土，下列说法不正确的是：

A. 湿陷性黄土地基遇水后发生很大的沉降

B. 湿陷性特指黄土，其他种类的土不具有湿陷性

C. 湿陷性黄土的湿陷变形与所受到的应力也有关系

D. 将湿陷性黄土加密到一定密度后就可以消除其湿陷性

40. 对于下图的均质堤坝，上下游的边坡坡度相等，稳定渗流时哪一段边坡的安全系数最大？

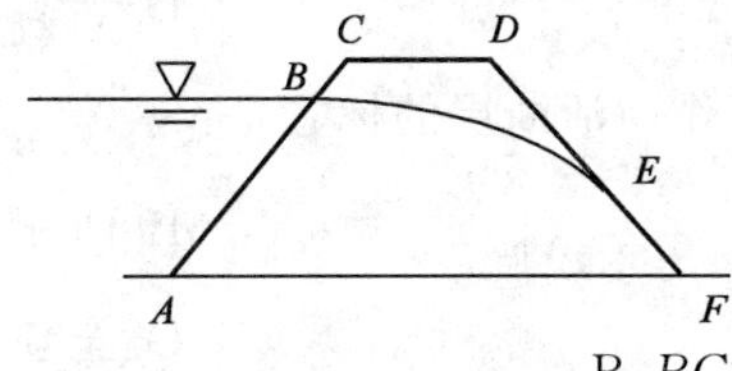

A. AB　　B. BC

C. DE　　D. EF

41. 石灰岩经热变质重结晶后变成：

A. 白云岩　　B. 大理岩

C. 辉绿岩　　D. 板岩

42. 上盘相对下降，下盘相对上升的断层是：

A. 正断层　　B. 逆断层

C. 平移断层　　D. 阶梯断层

43. 形成蘑菇石的主要地质营力是：

A. 冰川　　B. 风

C. 海浪　　D. 地下水

44. 张性裂隙通常具有以下特征：

A. 平行成组出现

B. 裂隙面平直光滑

C. 裂隙面曲折粗糙

D. 裂隙面闭合

45. 以下岩体结构条件，不利于边坡稳定的情况是：

A. 软弱结构面和坡面倾向相同，软弱结构面倾角小于坡角

B. 软弱结构面和坡面倾向相同，软弱结构面倾角大于坡角

C. 软弱结构面和坡面倾向相反，软弱结构面倾角小于坡角

D. 软弱结构面和坡面倾向相反，软弱结构面倾角大于坡角

46. 下列地质条件中，对风化作用影响最大的因素是：

A. 岩体中的断裂发育情况　　B. 岩石的硬度

C. 岩石的强度　　D. 岩石的形成时代

47. 下面几种现象中，能够作为活断层的标志是：

A. 强烈破碎的断裂带　　B. 两侧地层有牵引现象的断层

C. 河流凸岸内凹　　D. 全新世沉积物被错断

48. 下列地层中，能够形成含水层的是：

A. 红黏土层　　B. 黄土层

C. 河床沉积　　D. 牛轭湖沉积

49. 地下水按其埋藏条件可分为：

A. 包气带水、潜水和承压水三大类

B. 上层滞水、潜水和承压水三大类

C. 孔隙水、裂隙水和岩溶水三大类

D. 结合水、毛细管水、重力水三大类

50. 为取得原状土样，可采用下列哪种方法：

A. 标准贯入器　　B. 洛阳铲

C. 厚壁敞口取土器　　D. 探槽中刻取块状土样

51. 岩质边坡发生曲折破坏时，一般是在下列哪种情况下：

A. 岩层倾角大于坡面倾角　　B. 岩层倾角小于坡面倾角

C. 岩层倾角与坡面倾角相同　　D. 岩层是直立岩层

52. 对数百米陡倾的岩石高边坡进行工程加固时，下列措施中哪种是经济可行的？

A. 锚杆和锚索　　B. 灌浆和排水

C. 挡墙和抗滑桩　　D. 削坡减载

53. 在垂直荷载作用下，均质岩基内附加应力的影响深度一般情况是：

A. 1 倍的岩基宽度　　B. 2 倍的岩基宽度

C. 3 倍的岩基宽度　　D. 4 倍的岩基宽度

54. 如果无筋扩展基础不能满足刚性角的要求，可以采取以下哪种措施？

A. 增大基础高度　　B. 减小基础高度

C. 减小基础宽度　　D. 减小基础埋深

55. 对于相同的场地，下面哪种情况可以提高地基承载力并减少沉降？

A. 加大基础埋深，并加做一层地下室

B. 基底压力 p(kPa)不变，加大基础宽度

C. 建筑物建成后抽取地下水

D. 建筑物建成后，填高室外地坪

56. 先修高的、重的建筑物，后修矮的、轻的建筑物能够达到下面哪一种效果？

A. 减小建筑物的沉降量

B. 减小建筑物的沉降差

C. 改善建筑物的抗震性能

D. 减小建筑物以下土层的附加应力分布

57. 对混凝土灌注桩进行载荷试验，从成桩到开始试验的间歇时间为：

A. 7 天　　B. 15 天

C. 25 天　　D. 桩身混凝土达设计强度

58. 对软土地基采用真空预压法进行加固后，下面哪一项指标会减小？

A. 压缩系数　　B. 抗剪强度

C. 饱和度　　D. 土的重度

59. 复合地基中桩的直径为 0.36m，桩的间距（中心距）为 1.2m，当桩按梅花形（等边三角形）布置时，面积置换率为：

A. 12.25　　B. 0.082

C. 0.286　　D. 0.164

60. 采用堆载预压法加固地基时，如果计算表明在规定时间内达不到要求的固结度，加快固结进程时，不宜采取下面哪种措施？

A. 加快堆载速率　　B. 加大砂井直径

C. 减少砂井间距　　D. 减小井径比

2014年度全国勘察设计注册工程师执业资格考试基础考试(上)

试题解析及参考答案

1. 解　$\lim\limits_{x\to 0}(1-x)^{\frac{k}{x}}=2$

因 $\lim\limits_{x\to 0}(1-x)^{\frac{-k}{-x}}=\lim\limits_{x\to 0}\left[(1-x)^{\frac{1}{-x}}\right]^{-k}=e^{-k}$

所以 $e^{-k}=2,k=-\ln 2$

答案:A

2. 解　$x^2+y^2-z=0,z=x^2+y^2$ 为旋转抛物面。

答案:D

3. 解　$y=\arctan\dfrac{1}{x},x=0$,分母为零,该点为间断点。

因 $\lim\limits_{x\to 0^+}\arctan\dfrac{1}{x}=\dfrac{\pi}{2},\lim\limits_{x\to 0^-}\arctan\dfrac{1}{x}=-\dfrac{\pi}{2}$,所以 $x=0$ 为跳跃间断点。

答案:B

4. 解　$\dfrac{\mathrm{d}}{\mathrm{d}x}\displaystyle\int_{2x}^{0}e^{-t^2}\mathrm{d}t=-\dfrac{\mathrm{d}}{\mathrm{d}x}\displaystyle\int_{0}^{2x}e^{-t^2}\mathrm{d}t=-e^{-4x^2}\cdot 2=-2e^{-4x^2}$

答案:C

5. 解　$\dfrac{\mathrm{d}(\ln x)}{\mathrm{d}\sqrt{x}}=\dfrac{\dfrac{1}{x}\mathrm{d}x}{\dfrac{1}{2}\cdot\dfrac{1}{\sqrt{x}}\mathrm{d}x}=\dfrac{2}{\sqrt{x}}$

答案:B

6. 解　$\displaystyle\int\frac{x^2}{\sqrt[3]{1+x^3}}\mathrm{d}x=\frac{1}{3}\int\frac{1}{\sqrt[3]{1+x^3}}\mathrm{d}x^3=\frac{1}{3}\int\frac{1}{\sqrt[3]{1+x^3}}\mathrm{d}(1+x^3)$

$$=\frac{1}{3}\times\frac{3}{2}(1+x^3)^{\frac{2}{3}}+C=\frac{1}{2}(1+x^3)^{\frac{2}{3}}+C$$

答案:D

7. 解　$a_n=\left(1+\dfrac{1}{n}\right)^n$,数列 $\{a_n\}$ 是单调增而有上界。

答案:B

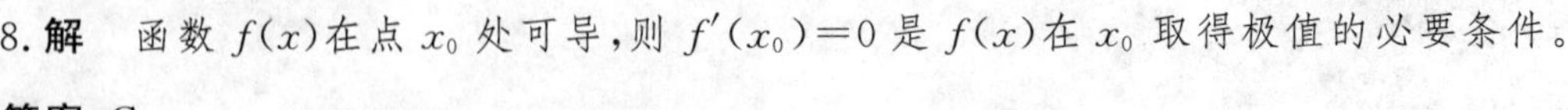

8. 解　函数 $f(x)$ 在点 x_0 处可导,则 $f'(x_0)=0$ 是 $f(x)$ 在 x_0 取得极值的必要条件。

答案:C

9. **解**

$$L_1: \frac{x-1}{1} = \frac{y-3}{-2} = \frac{z+5}{1}, S_1 = \{1, -2, 1\}$$

$$L_2: \frac{x-3}{-1} = \frac{y-1}{-1} = \frac{z-1}{2} = t, S_2 = \{-1, -1, 2\}$$

$$\cos\theta = \frac{S_1 \cdot S_2}{\sqrt{S_1} \cdot \sqrt{S_2}} = \frac{1}{2}, \theta = \frac{\pi}{3}$$

答案:B

10. **解** $xy' - y = x^2 e^{2x} \Rightarrow y' - \frac{1}{x}y = xe^{2x}$

$P(x) = -\frac{1}{x}, Q(x) = xe^{2x}$

$$y = e^{-\int(-\frac{1}{x})\mathrm{d}x}\left[\int xe^{2x}e^{\int(-\frac{1}{x})\mathrm{d}x}\mathrm{d}x + C\right]$$

$$= e^{\ln x}(\int xe^{2x}e^{-\ln x}\mathrm{d}x + C) = x(\int e^{2x}\mathrm{d}x + C)$$

$$= x\left(\frac{1}{2}e^{2x} + C\right)$$

答案:A

11. **解** $V = \int_0^3 \pi y^2 \mathrm{d}x = \int_0^3 \pi 4x \mathrm{d}x = \pi \int_0^3 4x \mathrm{d}x$

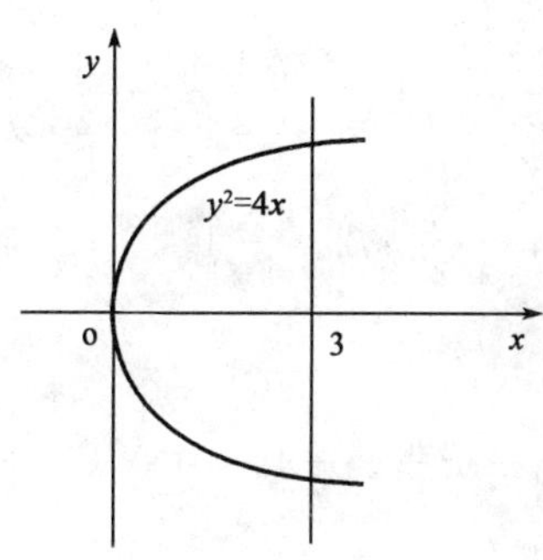

题 11 解图

答案:C

12. **解** $\sum\limits_{n=1}^{\infty}(-1)^n \frac{1}{n^{p-1}}$ 级数条件收敛应满足条件:①取绝对值后级数发散;②原级数收敛。

$\sum\limits_{n=1}^{\infty}\left|(-1)^n \frac{1}{n^{p-1}}\right| = \sum\limits_{n=1}^{\infty}\frac{1}{n^{p-1}}$,当 $0 < p-1 \leqslant 1$ 时,即 $1 < p \leqslant 2$,取绝对值后级数发散,原

级数$\sum_{n=1}^{\infty}(-1)^n \dfrac{1}{n^{p-1}}$为交错级数。

当 $p-1>0$ 时，即 $p>1$

满足：①$\dfrac{1}{n^{p-1}}>\dfrac{1}{(n+1)^{p-1}}$；②$\lim\limits_{n\to\infty}\dfrac{1}{n^{p-1}}=0$，故$\sum_{n=1}^{\infty}(-1)^n \dfrac{1}{n^{p-1}}$收敛。

综合以上结论，$1<p\leqslant 2$ 和 $p>1$，应为 $1<p\leqslant 2$。

答案：A

13.**解**　$y=C_1e^{-x+C_2}=C_1e^{C_2}e^{-x}$

$y'=-C_1e^{C_2}e^{-x}$，$y''=C_1e^{C_2}e^{-x}$

代入方程得 $C_1e^{C_2}e^{-x}-(-C_1e^{C_2}e^{-x})-2C_1e^{C_2}e^{-x}=0$

$y=C_1e^{-x+C_2}$是方程 $y''-y'-2y=0$ 的解，又因 $y=C_1e^{-x+C_2}=C_1e^{C_2}e^{-x}=C_3e^{-x}$（其中 $C_3=C_1e^{C_2}$）只含有一个独立的任意常数，所以 $y=C_1e^{-x+C_2}$，既不是方程的通解，也不是方程的特解。

答案：D

14.**解**　$L:\begin{cases}y=x-2\\x=x\end{cases}$，$x:0\to 2$，如解图所示。

注：从起点对应的参数积到终点对应的参数。

$$\int_L \frac{1}{x-y}dx+ydy=\int_0^2\frac{1}{x-(x-2)}dx+(x-2)dx$$

$$=\int_0^2\left(x-\frac{3}{2}\right)dx=\left(\frac{1}{2}x^2-\frac{3}{2}x\right)\bigg|_0^2$$

$$=\frac{1}{2}\times 4-\frac{3}{2}\times 2=-1$$

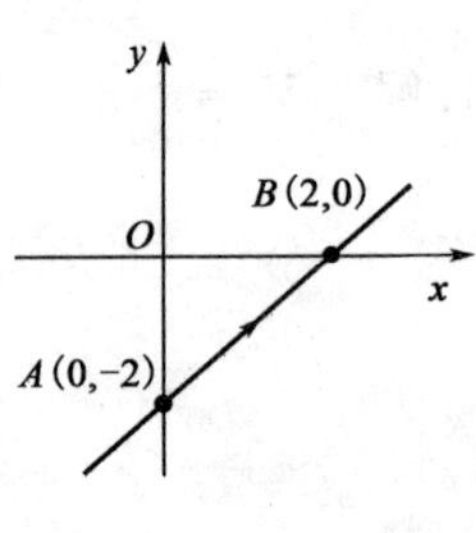

题 14 解图

答案：B

15.**解**　$x^2+y^2+z^2=4z$，$x^2+y^2+z^2-4z=0$

$F_x=2x$，$F_y=2y$，$F_z=2z-4$

$\dfrac{\partial z}{\partial x}=-\dfrac{F_x}{F_z}=-\dfrac{2x}{2z-4}=-\dfrac{x}{z-2}$，$\dfrac{\partial z}{\partial y}=-\dfrac{F_y}{F_z}=-\dfrac{2y}{2z-4}=-\dfrac{y}{z-2}$

$dz=\dfrac{\partial z}{\partial x}dx+\dfrac{\partial z}{\partial y}dy=-\dfrac{x}{z-2}dx-\dfrac{y}{z-2}dy=\dfrac{1}{2-z}(xdx+ydy)$

答案：B

16.**解**　$D:\begin{cases}0\leqslant\theta\leqslant\dfrac{\pi}{4}\\0\leqslant r\leqslant a\end{cases}$，如解图所示。

题 16 解图

$$\iint_D \mathrm{d}x\mathrm{d}y = \int_0^{\frac{\pi}{4}} \mathrm{d}\theta \int_0^a r\mathrm{d}r = \frac{\pi}{4} \times \frac{1}{2} r^2 \Big|_0^a = \frac{1}{8}\pi a^2$$

答案:A

17.**解**　设 $2x+1=z$,级数为 $\sum_{n=1}^{\infty}\frac{z^n}{n}$。

$$\lim_{n\to\infty}\left|\frac{a_{n+1}}{a_n}\right| = \lim_{n\to\infty}\frac{\frac{1}{n+1}}{\frac{1}{n}} = 1,\rho=1,R=\frac{1}{\rho}=1$$

当 $z=1$ 时,$\sum_{n=1}^{\infty}\frac{1}{n}$发散,当 $z=-1$ 时,$\sum_{n=1}^{\infty}\frac{(-1)^n}{n}$收敛,

所以 $-1\leqslant z<1$ 收敛,即 $-1\leqslant 2x+1<1$,$-1\leqslant x<0$。

答案:C

18.**解**　$z=e^{xe^y}$,$\frac{\partial z}{\partial x}=e^{xe^y}\cdot e^y=e^y\cdot e^{xe^y}$

$$\frac{\partial^2 z}{\partial x^2}=e^y\cdot e^{xe^y}\cdot e^y=e^{xe^y}\cdot e^{2y}=e^{xe^y+2y}$$

答案:A

19.**解**　方法 1:$|2\boldsymbol{A}^*\boldsymbol{B}^{-1}|=2^3|\boldsymbol{A}^*\boldsymbol{B}^{-1}|=2^3|\boldsymbol{A}^*|\cdot|\boldsymbol{B}^{-1}|$

$$\boldsymbol{A}^{-1}=\frac{1}{|\boldsymbol{A}|}\boldsymbol{A}^*,\boldsymbol{A}^*=|\boldsymbol{A}|\cdot\boldsymbol{A}^{-1}$$

$$\boldsymbol{A}\cdot\boldsymbol{A}^{-1}=\boldsymbol{E},|\boldsymbol{A}|\cdot|\boldsymbol{A}^{-1}|=1,|\boldsymbol{A}^{-1}|=\frac{1}{|\boldsymbol{A}|}=\frac{1}{-\frac{1}{2}}=-2$$

$$|\boldsymbol{A}^*|=\left||\boldsymbol{A}|\cdot\boldsymbol{A}^{-1}\right|=\left|-\frac{1}{2}\mathrm{A}^{-1}\right|=\left(-\frac{1}{2}\right)^3|\boldsymbol{A}^{-1}|=\left(-\frac{1}{2}\right)^3\times(-2)=\frac{1}{4}$$

$$\boldsymbol{B}\cdot\boldsymbol{B}^{-1}=\boldsymbol{E},|\boldsymbol{B}|\cdot|\boldsymbol{B}^{-1}|=1,|\boldsymbol{B}^{-1}|=\frac{1}{|\boldsymbol{B}|}=\frac{1}{2}$$

因此,$|2\boldsymbol{A}^*\boldsymbol{B}^{-1}|=2^3\times\frac{1}{4}\times\frac{1}{2}=1$

方法 2:直接用公式计算 $|\boldsymbol{A}^*|=|\boldsymbol{A}|^{n-1}$,$|\boldsymbol{B}^{-1}|=\frac{1}{|\boldsymbol{B}|}$,$|2\boldsymbol{A}^*\mathrm{B}^{-1}|=2^3|\boldsymbol{A}^*\boldsymbol{B}^{-1}|=$

$$2^3|\boldsymbol{A}^*||\boldsymbol{B}^{-1}|=2^3|\boldsymbol{A}|^{3-1}\cdot\frac{1}{|\boldsymbol{B}|}=2^3\cdot\left(-\frac{1}{2}\right)^2\cdot\frac{1}{2}=1$$

答案:A

20.**解**　选项 A,所有顺序主子式都小于零,不符合对称矩阵为负定的条件。对称矩阵为负定的充分必要条件是,奇数阶主子式为负,而偶数阶主子式为正,所以错误。

选项 B,实对称矩阵为正定矩阵的充分必要条件是所有特征值都大于零,选项 B 给出

的条件不能满足所有特征值都大于零的条件,所以错误。

选项D,给出的二次型所对应的对称矩阵为$\begin{bmatrix}1 & \frac{1}{2} & \frac{1}{2}\\ \frac{1}{2} & 1 & \frac{1}{2}\\ \frac{1}{2} & \frac{1}{2} & 1\end{bmatrix}$,所以错误。

选项C,由惯性定理可知,实二次型 $f(x_1,x_2,\cdots,x_n)=\bar{x}^{\mathrm{T}}\boldsymbol{AX}$ 经可逆线性变换(或配方法)化为标准型时,在标准型(或规范型)中,正、负平方项的个数是唯一确定的。对于缺少平方项的 n 元二次型的标准型(或规范型),正惯性指数不会等于未知数的个数 n,例如:

$f_{(}x_1,x_2)=x_1\cdot x_2$,无平方项,设$\begin{cases}x_1=y_1+y_2\\ x_2=y_1-y_2\end{cases}$,代入变形 $f=y_1^2-y_2^2$(标准型),其中惯性指数不全为正。所以二次型 $f(x_1,x_2)$ 不是正定二次型。

答案:C

21.**解** 已知 n 元非齐次线性方程组 $\boldsymbol{Ax}=\boldsymbol{B}$,$r(\boldsymbol{A})=n-2$,对应 n 元齐次线性方程组 $\boldsymbol{Ax}=\boldsymbol{0}$ 的基础解系的个数为 $n-(n-2)=2$,可验证 $\boldsymbol{\alpha}_2-\boldsymbol{\alpha}_1$,$\boldsymbol{\alpha}_2-\boldsymbol{\alpha}_3$ 为齐次线性方程组的解:$\boldsymbol{A}(\boldsymbol{\alpha}_2-\boldsymbol{\alpha}_1)=\boldsymbol{A\alpha}_2-\boldsymbol{A\alpha}_1=\boldsymbol{B}-\boldsymbol{B}=\boldsymbol{0}$,$\boldsymbol{A}(\boldsymbol{\alpha}_2-\boldsymbol{\alpha}_3)=\boldsymbol{A\alpha}_2-\boldsymbol{A\alpha}_3=\boldsymbol{B}-\boldsymbol{B}=\boldsymbol{0}$;还可验 $\boldsymbol{\alpha}_2-\boldsymbol{\alpha}_1$,$\boldsymbol{\alpha}_2-\boldsymbol{\alpha}_3$ 线性无关。

所以 $k_1(\boldsymbol{\alpha}_2-\boldsymbol{\alpha}_1)+k_2(\boldsymbol{\alpha}_2-\boldsymbol{\alpha}_3)$ 为 n 元齐次线性方程组 $\boldsymbol{Ax}=\boldsymbol{0}$ 的通解,而 $\boldsymbol{\alpha}_1$ 为 n 元非齐次线性方程组 $\boldsymbol{Ax}=\boldsymbol{B}$ 的一特解。

因此,$\boldsymbol{Ax}=\boldsymbol{B}$ 的通解为 $\boldsymbol{x}=k_1(\boldsymbol{\alpha}_2-\boldsymbol{\alpha}_1)+k_2(\boldsymbol{\alpha}_2-\boldsymbol{\alpha}_3)+\boldsymbol{\alpha}_1$。

答案:C

22.**解** A 与 B 互不相容,$P(AB)=0$,$P(A|B)=\dfrac{P(AB)}{P(B)}=0$。

答案:B

23.**解** $\int_{-\infty}^{+\infty}\int_{-\infty}^{+\infty}f(x,y)\mathrm{d}x\mathrm{d}y=\int_0^1\int_0^x k\mathrm{d}y\mathrm{d}x=\dfrac{k}{2}=1$,得 $k=2$

$E(XY)=\int_{-\infty}^{+\infty}\int_{-\infty}^{+\infty}xyf(x,y)\mathrm{d}x\mathrm{d}y=\int_0^1\int_0^x 2xy\,\mathrm{d}y\mathrm{d}x=\dfrac{1}{4}$。

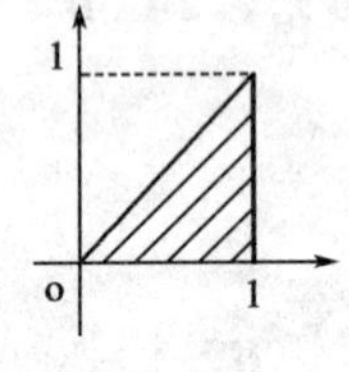

题23解图

答案:A

24.**解** 设 $S_1^2=\dfrac{1}{n-1}\sum\limits_{i=1}^{n}(X_i-\bar{X})^2$

因为总体 $X\sim N(\mu,\sigma^2)$

所以$\dfrac{\sum\limits_{i=1}^{n}(X_i-\bar{X})^2}{\sigma^2}=\dfrac{(n-1)S_1^2}{\sigma^2}\sim\chi^2(n-1)$,同理$\dfrac{\sum\limits_{i=1}^{n}(Y_i-\bar{Y})^2}{\sigma^2}\sim\chi^2(n-1)$

又因为两样本相互独立

所以 $\dfrac{\sum\limits_{i=1}^{n}(X_i-\bar{X})^2}{\sigma^2}$ 与 $\dfrac{\sum\limits_{i=1}^{n}(Y_i-\bar{Y})^2}{\sigma^2}$ 相互独立

$$\frac{\sum\limits_{i=1}^{n}(X_i-\bar{X})^2}{\sum\limits_{i=1}^{n}(Y_i-\bar{Y})^2}=\frac{\dfrac{\sum\limits_{i=1}^{n}(X_i-\bar{X})^2}{(n-1)\sigma^2}}{\dfrac{\sum\limits_{i=1}^{n}(Y_i-\bar{Y})^2}{(n-1)\sigma^2}}\sim F(n-1,n-1)$$

注意:解答选择题,有时抓住关键点就可判定。$\sum\limits_{i=1}^{n}(X_i-\overline{X})^2$ 与 χ^2 分布有关,$\dfrac{\sum\limits_{i=1}^{n}(X_i-\overline{X})^2}{\sum\limits_{i=1}^{n}(Y_i-\overline{Y})^2}$ 与 F 分布有关,只有选项 B 是 F 分布。

答案:B

25.**解** 由 $E=\dfrac{m}{M}\dfrac{i}{2}RT=\dfrac{i}{2}pV$,注意到氢为双原子分子,氦为单原子分子,

即 $i(\mathrm{H_2})=5$,$i(\mathrm{He})=3$,又 $p(\mathrm{H_2})=p(\mathrm{He})$,$V(\mathrm{H_2})=V(\mathrm{He})$

故 $\dfrac{E(\mathrm{H_2})}{E(\mathrm{He})}=\dfrac{i(\mathrm{H_2})}{i(\mathrm{He})}=\dfrac{5}{3}$

答案:A

26.**解** 由麦克斯韦速率分布函数定义可得。

答案:B

27.**解** 由 $W_{等压}=p\Delta V=\dfrac{m}{M}R\Delta T$,今 $\dfrac{m}{M}=1$,故 $\Delta T=\dfrac{W}{R}$。

答案:B

28.**解** 等温膨胀过程的特点是:理想气体从外界吸收的热量 Q,全部转化为气体对外做功 $A(A>0)$。

答案:D

29.**解** 所谓波峰,其纵坐标 $y=+2\times10^{-2}\mathrm{m}$,亦即要求 $\cos2\pi(10t-\dfrac{x}{5})=1$,即 $2\pi(10t-\dfrac{x}{5})=\pm2k\pi$;

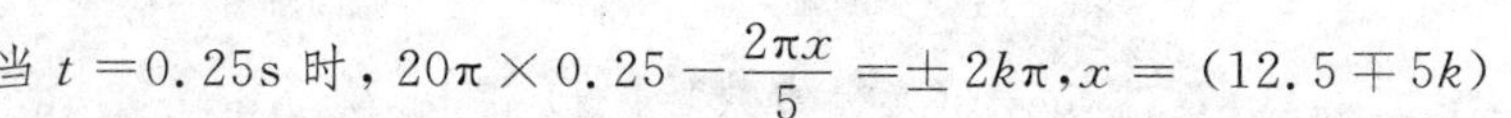

当 $t=0.25\mathrm{s}$ 时,$20\pi\times0.25-\dfrac{2\pi x}{5}=\pm2k\pi$,$x=(12.5\mp5k)$;

因为要取距原点最近的点(注意 $k=0$ 并非最小),逐一取 $k=0,1,2,3,\cdots$,其中 $k=2$,$x=2.5$;$k=3$,$x=-2.5$。

答案:A

30. **解**　质元处于平衡位置，此时速度最大，故质元动能最大，动能与势能是同相的，所以势能也最大。

答案:C

31. **解**　声波的频率范围为 20～20000Hz。

答案:C

32. **解**　由间距 $\Delta x = \frac{D\lambda}{nd}$ [D 为双缝到屏幕的垂直距离(如图)，d 为缝宽，n 为折射率]

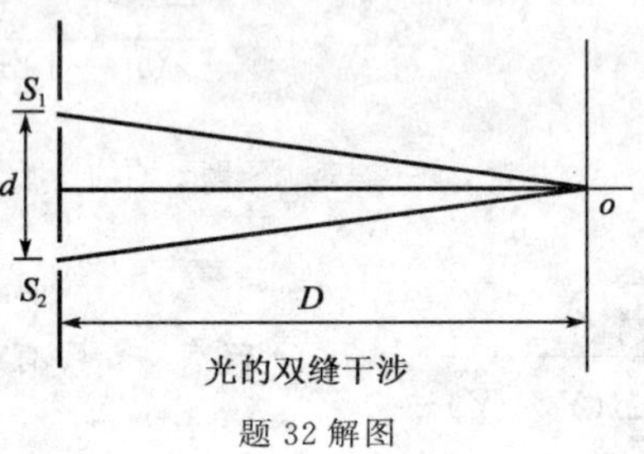

光的双缝干涉

题 32 解图

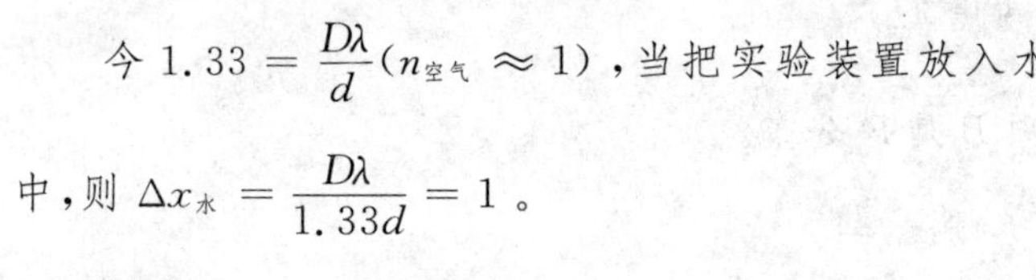

今 $1.33 = \frac{D\lambda}{d}$ ($n_{空气} \approx 1$)，当把实验装置放入水中，则 $\Delta x_{水} = \frac{D\lambda}{1.33d} = 1$ 。

答案:C

33. **解**　可见光的波长范围 400～760nm。

答案:A

34. **解**　自然光垂直通过第一个偏振片后，变为线偏振光，光强设为 I'，即入射至第二个偏振片的线偏振光强度。根据马吕斯定律，自然光通过两个偏振片后，$I = I'\cos^2 45° = \frac{I'}{2}$，$I' = 2I$ 。

答案:B

35. **解**　中央明纹的宽度由紧邻中央明纹两侧的暗纹($k=1$)决定。如图所示，通常衍射角 ϕ 很小，且 $D \approx f$(f 为焦距)，则 $x \approx \phi f$

由暗纹条件 $a\sin\phi = 1 \times \lambda (k = 1)$ (α 缝宽)，得 $\phi \approx \frac{\lambda}{a}$

第一级暗纹距中心 P_0 距离为 $x_1 = \phi f = \frac{\lambda}{a} f$

所以中央明纹的宽度 Δx(中央) $= 2x_1 = \frac{2\lambda f}{a}$

故 $\Delta x = \frac{2 \times 0.5 \times 400 \times 10^{-9}}{10^{-4}} = 400 \times 10^{-5}\,\text{m}$

$= 4 \times 10^{-3}\,\text{m}$

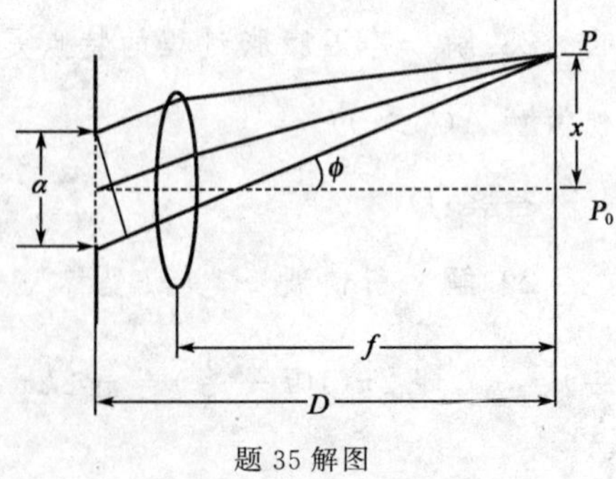

题 35 解图

答案:D

36. **解**　根据光栅的缺级理论，当 $\frac{a+b(\text{光栅常数})}{a(\text{缝宽})}$ = 整数时，会发生缺级现象，今 $\frac{a+b}{a} = \frac{2a}{a} = 2$，在光栅明纹中，将缺 $k = 2,4,6,\cdots$ 级。(此题超纲)

答案:A

37.**解** 周期表中元素电负性的递变规律:同一周期从左到右,主族元素的电负性逐渐增大;同一主族从上到下元素的电负性逐渐减小。

答案:A

38.**解** 离子在外电场或另一离子作用下,发生变形产生诱导偶极的现象叫离子极化。正负离子相互极化的强弱取决于离子的极化力和变形性。离子的极化力为某离子使其他离子变形的能力。极化力取决于:(1)离子的电荷。电荷数越多,极化力越强;(2)离子的半径。半径越小,极化力越强;(3)离子的电子构型。当电荷数相等、半径相近时,极化力的大小为:18 或 18+2 电子构型>9~17 电子构型>8 电子构型。每种离子都具有极化力和变形性,一般情况下,主要考虑正离子的极化力和负离子的变形性。离子半径的变化规律:同周期不同元素离子的半径随离子电荷代数值增大而减小。四个化合物中,$SiCl_4$ 为共价化合物,其余三个为离子化合物。三个离子化合物中阴离子相同,阳离子为同周期元素,离子半径逐渐减小,离子电荷的代数值逐渐增大,所以极化作用逐渐增大。离子极化的结果使离子键向共价键过渡。

答案:C

39.**解** 100mL 浓硫酸中 H_2SO_4 的物质的量 $n=\dfrac{100\times1.84\times0.98}{98}=1.84\text{mol}$

物质的量浓度 $c=\dfrac{1.84}{0.1}=18.4\text{mol}\cdot\text{L}^{-1}$

答案:A

40.**解** 多重平衡规则:当 n 个反应相加(或相减)得总反应时,总反应的 K 等于各个反应平衡常数的乘积(或商)。题中反应(3) =(1)-(2),所以$K_3^\ominus=\dfrac{K_1^\ominus}{K_2^\ominus}$。

答案:D

41.**解** 铜电极通入 H_2S,生成 CuS 沉淀,Cu^{2+} 浓度减小。

铜半电池反应为:$Cu^{2+}+2e^-=Cu$,根据电极电势的能斯特方程式

$\varphi=\varphi^\ominus+\dfrac{0.059}{2}\lg\dfrac{c_{氧化型}}{c_{还原型}}=\varphi^\ominus+\dfrac{0.059}{2}\lg C_{Cu^{2+}}$,$C_{Cu^{2+}}$ 减小,电极电势减小。原电池的电动势 $E=\varphi_正-\varphi_负$,$\varphi_正$ 减小,$\varphi_负$ 不变,则电动势 E 减小。

答案:B

42.**解** 电解产物析出顺序由它们的析出电势决定。析出电势与标准电极电势、离子

浓度、超电势有关。总的原则：析出电势代数值较大的氧化型物质首先在阴极还原；析出电势代数值较小的还原型物质首先在阳极氧化。

阴极：当 $\varphi^{\ominus} > \varphi^{\ominus}_{Al^{3+}/Al}$ 时，$M^{n+} + ne^- = M$

当 $\varphi^{\ominus} < \varphi^{\ominus}_{Al^{3+}/Al}$ 时，$2H^+ + 2e^- = H_2$

因 $\varphi^{\ominus}_{Na^+/Na} < \varphi^{\ominus}_{Al^{3+}/Al}$ 时，所以 H^+ 首先放电析出。

答案：A

43. **解** 由公式 $\Delta G = \Delta H - T\Delta S$ 可知，当 ΔH 和 ΔS 均小于零时，ΔG 在低温时小于零，所以低温自发，高温非自发。

答案：A

44. **解** 丙烷最多 5 个原子处于一个平面，丙烯最多 7 个原子处于一个平面，苯乙烯最多 16 个原子处于一个平面，$CH_3CH{=}CH{-}C{\equiv}C{-}CH_3$ 最多 10 个原子处于一个平面。

答案：C

45. **解** A 为丙烯酸，烯烃能发生加成反应和氧化反应，酸可以发生酯化反应。

答案：A

46. **解** 人造羊毛为聚丙烯腈，由单体丙烯腈通过加聚反应合成，为高分子化合物。分子中存在共价键，为共价化合物，同时为有机化合物。

答案：C

47. **解** 根据力的投影公式，$F_x = F\cos\alpha$，故 $\alpha = 60°$；而分力 F_x 的大小是力 F 大小的 2 倍，故力 F 与 y 轴垂直。（此题 2010 年考过）

答案：A

48. **解** M_1 与 M_2 等值反向，四个分力构成自行封闭的四边形，故合力为零，F_1 与 F_3、F_2 与 F_4 构成顺时针转向的两个力偶，其力偶矩的大小均为 Fa。

答案：D

49. **解** 对系统进行整体分析，外力有主动力 F_P，A、H 处约束力，由于 F_P 与 H 处约束力均为铅垂方向，故 A 处也只有铅垂方向约束力，列平衡方程 $\sum M_H(F) = 0$，便可得结果。

答案：B

50. **解** 分析节点 D 的平衡，可知 1 杆为零杆。

答案：A

51. **解** 只有当 $t = 1s$ 时两个点才有相同的坐标。

答案:A

52.**解**　根据平行移动刚体的定义和特点。(此题 2011 年考过)

答案:C

53.**解**　根据定轴转动刚体上一点加速度与转动角速度、角加速度的关系:$a_n=\omega^2 l$,$a_\tau=\alpha l$,此题 $a_n=0$,$\alpha=\dfrac{a_\tau}{l}=\dfrac{a}{l}$。

答案:A

54.**解**　在铅垂平面内垂直于绳的方向列质点运动微分方程(牛顿第二定律),有:

$$ma_n\cos\alpha=mg\sin\alpha$$

答案:C

55.**解**　两轮质心的速度均为零,动量为零,链条不计质量。

答案:D

56.**解**　根据动能定理:$T_2-T_1=W_{12}$,其中 $T_1=0$(初瞬时静止),$T_2=\dfrac{1}{2}\times\dfrac{3}{2}mR^2\omega^2$,$W_{12}=mgR$,代入动能定理可得结果。

答案:C

57.**解**　杆水平瞬时,其角速度为零,加在物块上的惯性力铅垂向上,列平衡方程 $\sum M_O(F)=0$,则有 $(F_g-mg)l=0$,所以 $F_g=mg$。

答案:A

58.**解**　已知频率比 $\dfrac{\omega}{\omega_0}=1.27$,且 $\omega=40\ \text{rad/s}$,$\omega_0=\sqrt{\dfrac{k}{m}}$ $(m=100\text{kg})$;

所以,$k=\left(\dfrac{40}{1.27}\right)^2\times100=9.9\times10^4\approx1\times10^5\text{N/m}$。

答案:A

59.**解**　首先取节点 C 为研究对象,根据节点 C 的平衡可知,杆 1 受力为零,杆 2 的轴力为拉力 F;再考虑两杆的变形,杆 1 无变形,杆 2 受拉伸长。由于变形后两根杆仍然要连在一起,因此 C 点变形后的位置,应该在以 A 点为圆心,以杆 1 原长为半径的圆弧,和以 B 点为圆心、以伸长后的杆 2 长度为半径的圆弧的交点 C' 上,如图所示。显然这个点在 C 点向下偏左的位置。

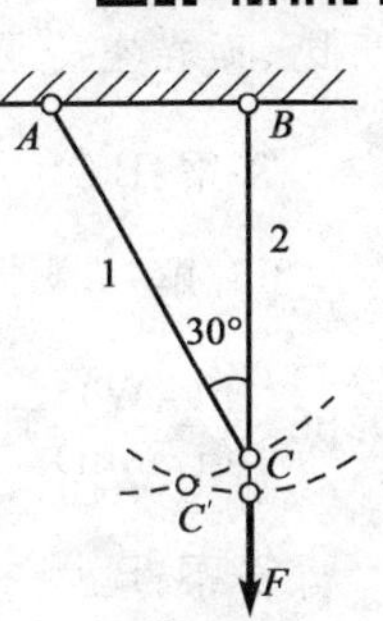

题 59 解图

答案:B

60. **解**　$\sigma_{AB}=\dfrac{F_{NAB}}{A_{AB}}=\dfrac{300\pi\times10^{3}\,N}{\dfrac{\pi}{4}\times200^{2}\,mm^{2}}=30MPa$

$\sigma_{BC}=\dfrac{F_{NBC}}{A_{BC}}=\dfrac{100\pi\times10^{3}\,N}{\dfrac{\pi}{4}\times100^{2}\,mm^{2}}=40MPa$

显然杆的最大拉应力是40MPa。

答案:A

61. **解**　A图、B图中节点的受力是图a),C图、D图中节点的受力是图b)。

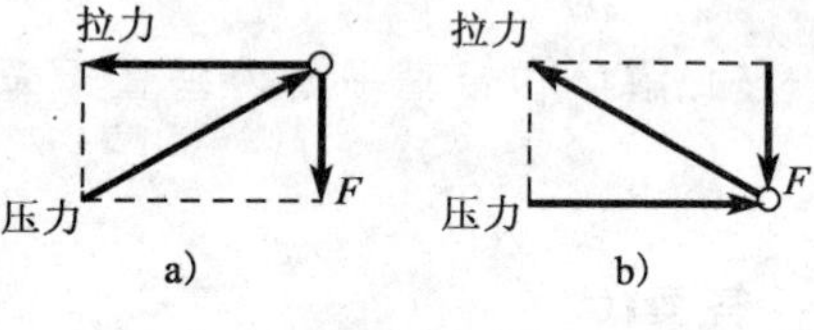

题61解图

为了充分利用铸铁抗压性能好的特点,应该让铸铁承受更大的压力,显然A图布局比较合理。

答案:A

62. **解**　被冲断的钢板的剪切面是一个圆柱面,其面积$A_Q=\pi dt$,根据钢板破坏的条件:

$$\tau_Q=\frac{Q}{A_Q}=\frac{F}{\pi dt}=\tau_b$$

可得$F=\pi dt\tau_b=\pi\times100mm\times10mm\times300MPa=300\pi\times10^{3}N=300\pi kN$。

答案:A

63. **解**　螺杆受拉伸,横截面面积是$\frac{\pi}{4}d^2$,由螺杆的拉伸强度条件,可得:

$$\sigma=\frac{F}{\frac{\pi}{4}d^2}=\frac{4F}{\pi d^2}=[\sigma] \qquad ①$$

螺母的内圆周面受剪切,剪切面面积是πdh,由螺母的剪切强度条件,可得:

$$\tau_Q=\frac{F_Q}{A_Q}=\frac{F}{\pi dh}=[\tau] \qquad ②$$

把①、②两式同时代入$[\sigma]=2[\tau]$,即有$\frac{4F}{\pi d^2}=2\cdot\frac{F}{\pi dh}$,化简后得$d=2h$。

答案:A

64. **解**　受扭空心圆轴横截面上各点的切应力应与其到圆心的距离成正比,而在空心圆部分因没有材料,故也不应有切应力,故正确的只能是B。

答案:B

65. **解**　根据外力矩(此题中即是扭矩)与功率、转速的计算公式:$M(kN\cdot m)=9.55\dfrac{p(kW)}{n(r/min)}$可知,转速小的轴,扭矩(外力矩)大。

答案:B

66. **解**　根据剪力和弯矩的微分关系$\frac{dm}{dx}=Q$可知,弯矩的最大值发生在剪力为零的截面，也就是弯矩的导数为零的截面，故选 B。

答案：B

67.**解** 题图 a)图是偏心受压，在中间段危险截面上，外力作用点 O 与被削弱的截面形心 C 之间的偏心距 $e=\frac{a}{2}$（如解图），产生的附加弯矩 $M=F\cdot\frac{a}{2}$，故题图 a)中的最大应力：

$$\sigma_a=-\frac{F_N}{A_a}-\frac{M}{W}=-\frac{F}{3ab}-\frac{F\frac{a}{2}}{\frac{b}{6}(3a)^2}=-\frac{2F}{3ab}$$

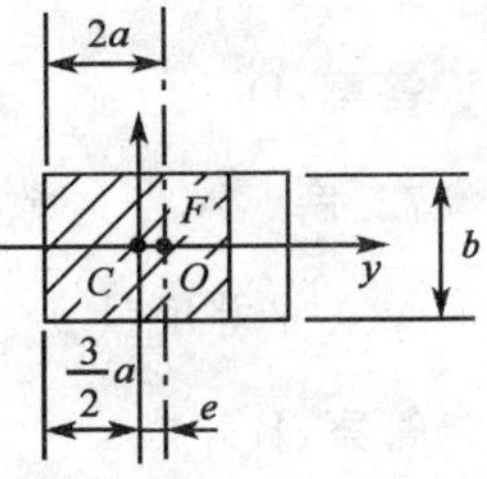

题 67 解图

题图 b)虽然截面面积小，但却是轴向压缩，其最大压应力：

$$\sigma_b=-\frac{F_N}{A_b}=-\frac{F}{2ab}$$

故 $\frac{\sigma_b}{\sigma_a}=\frac{3}{4}$。

答案：A

68.**解** 由梁的正应力强度条件：

$$\sigma_{max}=\frac{M_{max}}{I}\cdot y_{max}=\frac{M_{max}}{W}\leqslant[\sigma]$$

可知，梁的承载能力与梁横截面惯性矩 I（或 W）的大小成正比，当外荷载产生的弯矩 M_{max} 不变的情况下，截面惯性矩（或 W）越大，其承载能力也越大，显然相同面积制成的梁，矩形比圆形好，空心矩形的惯性矩（或 W）最大，其承载能力最大。

答案：A

69.**解** 图 a)中 $\sigma_1=200\text{MPa},\sigma_2=0,\sigma_3=0$

$\sigma_{r3}^a=\sigma_1-\sigma_3=200\text{MPa}$

图 b)中 $\sigma_1=\frac{100}{2}+\sqrt{(\frac{100}{2})^2+100^2}=161.8\text{MPa},\sigma_2=0$

$\sigma_3=\frac{100}{2}-\sqrt{(\frac{100}{2})^2+100^2}=-61.8\text{MPa}$

$\sigma_{r3}^b=\sigma_1-\sigma_3=223.6\text{MPa}$

故图 b)更危险。

答案：D

70.**解** 当 $\alpha=0°$ 时，杆是轴向受位：

$$\sigma_{max}^{0°}=\frac{F_N}{A}=\frac{F}{a^2}$$

当 $\alpha=45°$ 时，杆是轴向受拉与弯曲组合变形：

$$\sigma_{max}^{45°}=\frac{F_N}{A}+\frac{M_g}{W_g}=\frac{\frac{\sqrt{2}}{2}F}{a^2}+\frac{\frac{\sqrt{2}}{2}F\cdot a}{\frac{a^3}{6}}=\frac{7\sqrt{2}}{2}\frac{F}{a^2}$$

可得$\dfrac{\sigma_{\max}^{45^\circ}}{\sigma_{\max}^{0^\circ}}=\dfrac{\dfrac{7\sqrt{2}}{2}\dfrac{F}{a^2}}{\dfrac{F}{a^2}}=\dfrac{7\sqrt{2}}{2}$。

答案:A

71. **解**　水平静压力 $P_x=\rho g h_c \pi r^2=1\times 9.8\times 5\times \pi\times(0.1)^2=1.54\text{kN}$。

答案:D

72. **解**　A点绝对压强 $p'_A=p_0+\rho g h=88+1\times 9.8\times 2=107.6\text{kPa}$

A点相对压强 $p_A=p'_A-p_a=107.6-101=6.6\text{kPa}$。

答案:B

73. **解**　对二维不可压缩流体运动连续性微分方程式为:$\dfrac{\partial u_x}{\partial x}+\dfrac{\partial u_y}{\partial y}=0$,即$\dfrac{\partial u_x}{\partial x}=-\dfrac{\partial u_y}{\partial y}$。

对题中C项求偏导数可得$\dfrac{\partial u_x}{\partial x}=5$,$\dfrac{\partial u_y}{\partial y}=-5$,满足连续性方程。

答案:C

74. **解**　圆管层流中水头损失与管壁粗糙度无关。

答案:D

75. **解**　$Q_1+Q_2=39\text{L/s}$

$$\frac{Q_1}{Q_2}=\sqrt{\frac{S_2}{S_1}}=\sqrt{\frac{8\lambda L_2}{\pi^2 g d_2^5}\bigg/\frac{8\lambda L_1}{\pi^2 g d_1^5}}=\sqrt{\frac{L_2\cdot d_1^5}{L_1\cdot d_2^5}}=\sqrt{\frac{3000}{1800}\times\left(\frac{0.15}{0.20}\right)^5}=0.629$$

即 $0.629Q_2+Q_2=39\text{L/s}$,得 $Q_2=24\text{L/s}$,$Q_1=15\text{L/s}$。

答案:B

76. **解**　$v=C\sqrt{Ri}$,$C=\dfrac{1}{n}R^{\frac{1}{6}}=\dfrac{1}{0.05}(0.8)^{\frac{1}{6}}=19.27\sqrt{\text{m}}/\text{s}$

流速 $v=19.27\times\sqrt{0.8\times 0.0006}=0.42\text{m/s}$。

答案:A

77. **解**　地下水的浸润线是指无压地下水的自由水面线。

答案:C

78. **解**　按雷诺准则设计应满足比尺关系式$\dfrac{\lambda_v\cdot\lambda_L}{\lambda_\nu}=1$,则流速比尺$\lambda_v=\dfrac{\lambda_\nu}{\lambda_L}$,题设用相同温度、同种流体做试验,所以$\lambda_\nu=1$,$\lambda_v=\dfrac{1}{\lambda_L}$,而长度比尺$\lambda_L=\dfrac{2\text{m}}{0.1\text{m}}=20$,所以流速比尺$\lambda_v=\dfrac{1}{20}$,即$\dfrac{v_{原型}}{v_{模型}}=\dfrac{1}{20}$,$v_{原型}=\dfrac{4}{20}\text{m/s}=0.2\text{m/s}$。

答案:A

79. **解** 三个电荷处在同一直线上,且每个电荷均处于平衡状态,可建立电荷平衡方程:

$$\frac{kq_1q_2}{r^2}=\frac{kq_3q_2}{r^2}$$

则 $q_1=q_3=|q_2|$。

答案:B

80. **解** 根据节点电流关系:$\sum I=0$,即 $I_1+I_2-I_3=0$,得 $I_3=I_1+I_2=-7\text{A}$。

答案:C

81. **解** 根据叠加原理,写出电压源单独作用时的电路模型。

$$I'=\frac{15}{40+20}\times\frac{40}{40+40}=0.125\text{A}$$

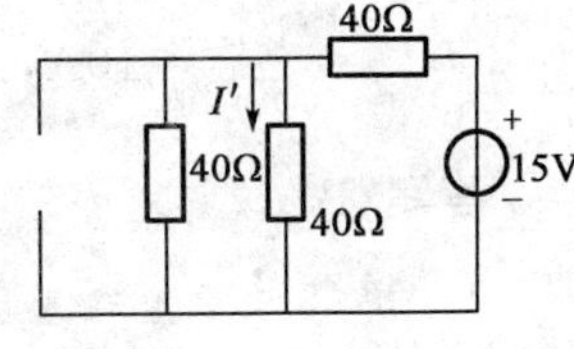

题81解图

答案:C

82. **解** ①$u_{(t)}$ 与 $i_{(t)}$ 的相位差 $\varphi=\psi_u-\psi_i=-20°$

②用有效值相量表示 $u_{(t)}$,$i_{(t)}$:

$$\dot{U}=U\angle\psi_u=\frac{10}{\sqrt{2}}\angle-10°=7.07\angle-10°\text{V}$$

$$\dot{I}=I\angle\psi_i=\frac{0.1}{\sqrt{2}}\angle10°=0.0707\angle10°\ \text{A}=70.7\angle10°\text{mA}$$

答案:D

83. **解** 交流电路的功率关系为:

$$S^2=P^2+Q^2$$

式中:S——视在功率反映设备容量;

P——耗能元件消耗的有功功率;

Q——储能元件交换的无功功率。

本题中:$P=I^2R=1000\text{W}$,$Q=I^2(X_L-X_C)=200\text{var}$

$S=\sqrt{P^2+Q^2}=1019\approx1020\text{V}\cdot\text{A}$

答案:D

84. **解** 开关打开以后电路如图所示。

左边电路中无储能元件,无暂态过程,右边电路中出现暂态过程,变化为:

$$I_{2(0+)}=\frac{U_{C(0+)}}{R}=\frac{U_{C(0-)}}{R}\neq0$$

$$I_{2(\infty)}=\frac{U_{C(\infty)}}{R}=0$$

答案:C

85. **解** 理想变压器空载运行 $R_L \to \infty$，则 $R'_L = K^2 R_L \to \infty$

$u_1 = u$

又有 $k = \dfrac{U_1}{U_2} = 2$

则 $U_1 = 2U_2$。

题 84 解图

答案:B

86. **解** 当正常运行为三角形接法的三相交流异步电动机起动时采用星形接法，电机为降压运行，起动电流和起动力矩均为正常运行的三分之一。

即 $I'_{st} = \dfrac{1}{3} I_{st} = 10\text{A}, T'_{st} = \dfrac{1}{3} T_{st} = 15\text{N} \cdot \text{m}$

答案:B

87. **解** 自变量在整个连续区间内都有定义的信号是连续信号或连续时间信号。图示电路的输出信号为时间连续数值离散的信号。

答案:A

88. **解** 图示的非周期信号利用可叠加，性质等效为两个阶跃信号：

$$u(t) = u_1(t) + u_2(t)$$

$$u_1(t) = 5\varepsilon(t)$$

$$u_2(t) = -4\varepsilon(t - t_0)$$

答案:C

89. **解** 放大电路是在输入信号控制下，将信号的幅值放大，而频率不变。

电路的传递函数定义为：

$$T(jw) = \frac{\dot{U}_o(jw)}{\dot{U}_i(jw)} = \left| \frac{\dot{U}_o(jw)}{\dot{U}_i(jw)} \right| \angle \psi_0 - \psi_i$$

其中：$\left| \dfrac{\dot{U}_o(jw)}{\dot{U}_i(jw)} \right| = T(w)$ 称为"放大器的幅频"，特性表为信号的幅值频谱。

答案:D

90. **解** 根据逻辑代数公式分析如下：

$(A+B)(A+C) = A \cdot A + A \cdot B + A \cdot C + B \cdot C = A(1+B+C) + BC = A + BC$

答案:C

91. **解** "与非门"电路遵循输入有"0"输出则"1"的原则，利用输入信号 A、B 的对应波形分析即可。

答案:D

92.**解**　根据真值表,写出函数的最小项表达式后进行化简即可:

$$F(A\cdot B\cdot C)=\overline{A}\overline{B}\overline{C}+\overline{A}BC+A\overline{B}\overline{C}+ABC$$
$$=(\overline{A}+A)\overline{B}\overline{C}+(\overline{A}+A)BC$$
$$=\overline{B}\overline{C}+BC$$

答案:C

93.**解**　由图示电路分析输出波形如图所示。

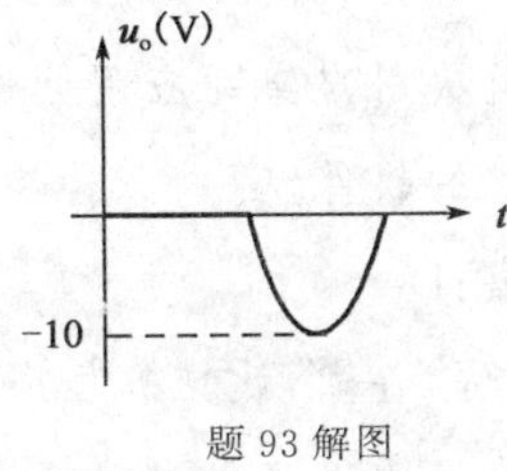

题 93 解图

$u_i>0$ 时,$u_o=0$;

$u_i<0$ 时,$u_o=u_i$ 为半波整流电路。

$u_o=0.45u_i=0.45\times\dfrac{-10}{\sqrt{2}}=-3.18\text{V}$

答案:C

94.**解**　①当 A 端接输入信号,B 端接地时,电路为反相比例放大电路:

$$u_o=-\frac{R_2}{R_1}u_i=-8=-\frac{R_2}{R_1}\times 2$$

得$\dfrac{R_2}{R_1}=4$

②如 A 端接地,B 端接输入信号为同相放大电路:

$$u_o=(1+\frac{R_2}{R_1})u_i=(1+4)\times 2=10\text{V}$$

答案:C

95.**解**　图示为 D 触发器,触发时刻为 cp 波形的上升沿,输入信号D=A,输出波形为 Q 所示,对应于第一和第二个脉冲的下降沿,Q 为高电平“1”。

答案:D

96.**解**　图示为 J K 触发器和与非门的组合,触发时刻为 cp 脉冲的下降沿,触发器输入信号为:$J=\overline{Q\cdot A}$,K=“0”

输出波形为 Q 所示。两个脉冲的下降沿后 Q 为高电平。

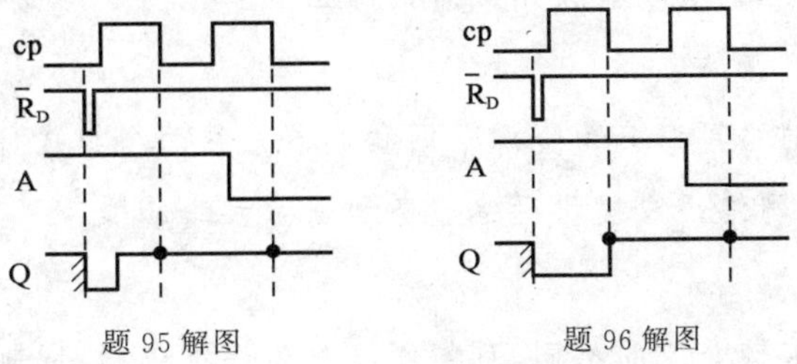

题 95 解图　　　题 96 解图

答案:D

97.**解**　根据总线传送信息的类别,可以把总线划分为数据总线、地址总线和控制总线，数据总线用来传送程序或数据；地址总线用来传送主存储器地址码或外围设备码；控制总线用来传送控制信息。

答案：B

98. **解**　为了使计算机系统所有软硬件资源有条不紊、高效、协调、一致地进行工作，需要由一个软件来实施统一管理和统一调度工作，这种软件就是操作系统，由它来负责管理、控制和维护计算机系统的全部软硬件资源以及数据资源。应用软件是指计算机用户为了利用计算机的软、硬件资源而开发研制出的那些专门用于某一目的的软件。用户程序是为解决用户实际应用问题而专门编写的程序。支撑软件是指支援其他软件的编写制作和维护的软件。

答案：D

99. **解**　一个计算机程序执行的过程可分为编辑、编译、连接和运行四个过程。用高级语言编写的程序成为编辑程序，编译程序是一种语言的翻译程序，翻译完的目标程序不能立即被执行，要通过连接程序将目标程序和有关的系统函数库以及系统提供的其他信息连接起来，形成一个可执行程序。

答案：B

100. **解**　先将十进制 256.625 转换成二进制数，整数部分 256 转换成二进制 100000000，小数部分 0.625 转换成二进制 0.101，而后根据四位二进制对应一位十六进制关系进行转换，转换后结果为 100.A。

答案：C

101. **解**　信息加密技术是为提高信息系统及数据的安全性和保密性的技术，是防止数据信息被别人破译而采用的技术，是网络安全的重要技术之一。不是为清除计算机病毒而采用的技术。

答案：D

102. **解**　进程是一段运行的程序，进程运行需要各种资源的支持。

答案：A

103. **解**　文件管理是对计算机的系统软件资源进行管理，主要任务是向计算机用户提供提供一种简便、统一的管理和使用文件的界面。

答案：A

104. **解**　计算机网络可以分为资源子网和通信子网两个组成部分。资源子网主要负责全网的信息处理，为网络用户提供网络服务和资源共享功能等。

答案：A

105. **解**　采用的传输介质的不同，可将网络分为双绞线网、同轴电缆网、光纤网、无线网；按网络的传输技术可以分为广播式网络、点到点式网络；按线路上所传输信号的不同又可分为基带网和宽带网。

答案:A

106.**解** 一个典型的计算机网络系统主要是由网络硬件系统和网络软件系统组成。网络硬件是计算机网络系统的物质基础，网络软件是实现网络功能不可缺少的软件环境。

答案:A

107.**解** 根据等额支付资金回收公式，每年可回收：

$$A=P(A/P,10\%,5)=100\times0.2638=26.38\text{ 万元}$$

答案:B

108.**解** 经营成本是指项目总成本费用扣除固定资产折旧费、摊销费和利息支出以后的全部费用。即，经营成本=总成本费用－折旧费－摊销费－利息支出。本题经营成本与折旧费、摊销费之和为 7000 万元，再加上利息支出，则该项目的年总成本费用大于 7000 万元。

答案:C

109.**解** 投资回收期是反映项目盈利能力的财务评价指标之一。

答案:C

110.**解** 该项目的现金流量图如解图所示。

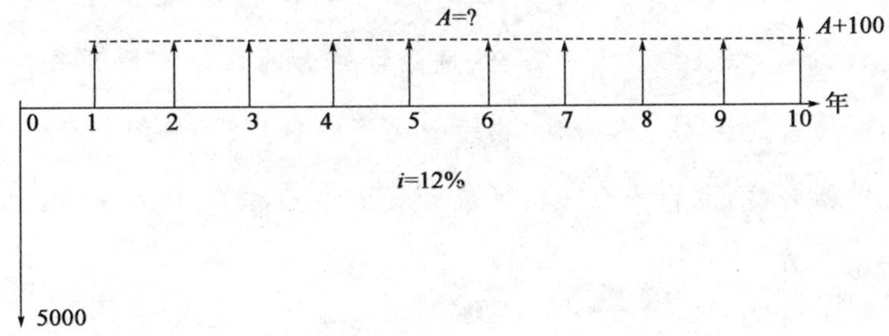

题 110 解图

根据题意有：$\text{NPV}=A(P/A,12\%,10)+100\times(P/F,12\%,10)-P=0$

因此，$A=[P-100\times(P/F,12\%,10)]\div(P/A,12\%,10)$

$=(5000-100\times0.3220)\div5.6500=879.26$ 万元

答案:A

111.**解** 根据题意，该企业单位产品变动成本为：

$$(30000-10000)\div40000=0.5\text{ 万元/t}$$

根据盈亏平衡点计算公式，盈亏平衡生产能力利用率为：

$$E^*=\frac{Q^*}{Q_c}\times100\%=\frac{C_f}{(P-C_v)Q_c}\times100\%=\frac{10000}{(1-0.5)\times40000}\times100\%=50\%$$

答案:D

112.**解** 两个寿命期相同的互斥方案只能选择其中一个方案，可采用净现值法、净年值法、差额内部收益率法等选优，不能直接根据方案的内部收益率选优。采用净现值法应选净现值大的方案。

答案:B

113.**解** 最小公倍数法适用于寿命期不等的互斥方案比选。

答案:B

114.**解** 功能 F^* 的目标成本为:10×0.3=3 万元;

功能 F^* 的现实成本为:3+0.5=3.5 万元。

答案:C

115.**解** 《中华人民共和国建筑法》第十三条规定,从事建筑活动的建筑施工企业、勘察单位、设计单位和工程监理单位,按照其拥有的注册资本、专业技术人员、技术装备和已完成的建筑工程业绩等资质条件,划分为不同的资质等级,经资质审查合格,取得相应等级的资质证书后,方可在其资质等级许可的范围内从事建筑活动。

答案:B

116.**解** 《中华人民共和国安全生产法》第三十四条规定,生产经营单位使用的危险物品的容器、运输工具,以及涉及人身安全、危险性较大的海洋石油开采特种设备和矿山井下特种设备,必须按照国家有关规定,由专业生产单位生产,并经具有专业资质的检测、检验机构检测、检验合格,取得安全使用证或者安全标志,方可投入使用。检测、检验机构对检测、检验结果负责。

答案:B

117.**解** 《中华人民共和国招标投标法》第五条规定,招标投标活动应当遵循公开、公平、公正和诚实信用的原则。

答案:A

118.**解** 《中华人民共和国合同法》第十九条规定,有下列情形之一的,要约不得撤销:

(一)要约人确定了承诺期限或者以其他形式明示要约不可撤销。

答案:B

119.**解** 《中华人民共和国行政许可法》第七十条规定,有下列情形之一的,行政机关应当依法办理有关行政许可的注销手续:

(一)行政许可有效期届满未延续的;

(二)赋予公民特定资格的行政许可,该公民死亡或者丧失行为能力的;

(三)法人或者其他组织依法终止的;

(四)行政许可依法被撤销、撤回,或者行政许可证件依法被吊销的;

(五)因不可抗力导致行政许可事项无法实施的;

(六)法律、法规规定的应当注销行政许可的其他情形。

答案:C

120.**解** 《建设工程质量管理条例》第十六条规定,建设单位收到建设工程竣工报告后,应当组织设计、施工、工程监理等有关单位进行竣工验收。建设工程竣工验收应当具备下列条件:

(一)完成建设工程设计和合同约定的各项内容;

(二)有完整的技术档案和施工管理资料;

(三)有工程使用的主要建筑材料、建筑构配件和设备的进场试验报告;

(四)有勘察、设计、施工、工程监理等单位分别签署的质量合格文件;

(五)有施工单位签署的工程保修书。

答案:A

2014年度全国勘察设计注册土木工程师(岩土)执业资格考试基础考试(下)试题解析及参考答案

1. **解** 弹性体受拉应力时,所受应力与纵向应变之比称为弹性模量。

答案:A

2. **解** 材料在绝对密实状态下,单位体积的质量称为密度;材料在自然状态下,单位体积的质量称为表观密度;散粒材料在堆积状态下,单位体积的质量称为堆积密度。材料中固体体积占自然状态体积的百分比称为密实度。

答案:A

3. **解** 普通硅酸盐水泥水化反应为放热反应,并且有两个典型的放热峰,其中第一个放热峰对应的是铝酸三钙水化的放热峰,第二个放热峰对应的是硅酸三钙水化的放热峰。

答案:A

4. **解** 混凝土材料在单向受压条件下的应力一应变曲线表现出明显的非线性特征,在外部应力达到抗拉强度的30%左右时,由于混凝土内部界面过渡区裂缝增长,使曲线发生弯曲。当外部应力达到抗拉强度的90%以上时,材料出现贯穿裂缝。

答案:C

5. **解** 混凝土中钢筋防锈的措施有:使用高效减水剂提高密实度,掺入阻锈剂,加厚保护层等。其中,最经济的措施是使用高效减水剂,其是现代工程混凝土中必掺的外加剂。

答案:A

6. **解** 岩石根据形成机理分为岩浆岩、沉积岩和变质岩三种。其中,地表岩石经长期风化、破碎后,在外力作用下搬运、堆积,再经胶结、压实等再造作用形成的岩石称为沉积岩。

答案:B

7. **解** 钢材牌号中的数字表示钢材的屈服强度。

答案:C

8. **解** 经纬仪操作步骤是:对中、整平、瞄准、读数。

答案: C

9. **解** 按视距测量水平距离计算公式:

$$D=kl\cos^2\alpha=100\times0.386\cos^2(6°42')=38.1\text{m}$$

答案:A

10.**解** 测量误差按性质主要分为两类:系统误差和偶然误差。

答案:C

11.**解** 根据《工程测量规范》,图根导线作为首级控制时,方位角闭合差应小于 $40''\sqrt{n}$。

答案:A

12.**解** 根据《工程测量规范》,变形监测水准基准点布设不少于3个。

答案:B

13.**解** 质量管理体系应包括从设计、开发、生产、安装、检验、服务、持续改进的全过程。

答案:A

14.**解** 《建设工程安全生产管理条例》第二十四条规定:建设工程实行施工总承包的,由总承包单位对施工现场的安全生产负总责。

总承包单位依法将建设工程分包给其他单位的,分包合同中应当明确各自的安全生产方面的权利、义务。总承包单位和分包单位对分包工程的安全生产承担连带责任。

分包单位应当服从总承包单位的安全生产管理,分包单位不服从管理导致生产安全事故的,由分包单位承担主要责任。

答案:B

15.**解** 《中华人民共和国城乡规划法》第四条规定:制定和实施城乡规划,应当遵循城乡统筹、合理布局、节约土地、集约发展和先规划后建设的原则,改善生态环境,促进资源、能源节约和综合利用,保护耕地等自然资源和历史文化遗产,保持地方特色、民族特色和传统风貌,防止污染和其他公害,并符合区域人口发展、国防建设、防灾减灾和公共卫生、公共安全的需要。该条文没有A的提法。

答案:A

16.**解** 《中华人民共和国招标投标法》第八条规定:招标人是依照本法规定提出招标项目、进行招标的法人或者其他组织。所以选项A、D对。

第九条:招标项目按照国家有关规定需要履行项目审批手续的,应当先履行审批手续,取得批准。招标人应当有进行招标项目的相应资金或者资金来源已经落实,并应当在招标文件中如实载明。所以选项C对。

第十二条:……招标人具有编制招标文件和组织评标能力的,可以自行办理招标事宜。

选项B中“充足人才”和《中华人民共和国招标投标法》的第十二条表述不一致，何为充足？很难界定，所以选项B的表述不合适。

答案:B

17.**解** 桩锤太轻冲击力小，且能量被桩吸收，造成桩不下沉，反而桩锤回弹。

答案:B

18.**解** 《混凝土结构工程施工规范》(GB 50666—2011)第10.2.6条第3款规定，冬季施工混凝土搅拌时间应比常温搅拌时间延长30～60s，即50%，以使小的冻粒融溶、温度均匀、外加剂掺匀。

答案:C

19.**解** 本工作的最迟完成时间应为其各项紧后工作最迟开始时间中取最小值，以保证不影响工期。

每项工作最迟开始时间＝工作最迟完成时间－该工作持续时间

三项紧后工作的最迟开始时间分别为：

$$18-4=14$$

$$16-5=11$$

$$14-6=8$$

在14、11、8中取小值为8，即本工作的最迟完成时间是第8天末。

答案:C

20.**解** 在资源优化的前提中，一般工作均应连续，不得中断，但若有规定可中断的工作除外。因此，“任何工作不得中断”的前提条件说法不准确。

答案:A

21.**解** 检验批可根据施工及质量控制和专业验收需要按楼层、施工段、变形缝进行划分，更能反映有关施工过程质量状况，也符合《建筑工程施工质量验收统一标准》(GB 50300—2013)第4.0.5条的规定。其他选项表述均不正确。

答案:A

22.**解** 由整体平衡可得：

$$Y_A=0$$

再由C左隔离体平衡(见解图)可得：$Q_C=0$，$M_{DC}=0$

答案:A

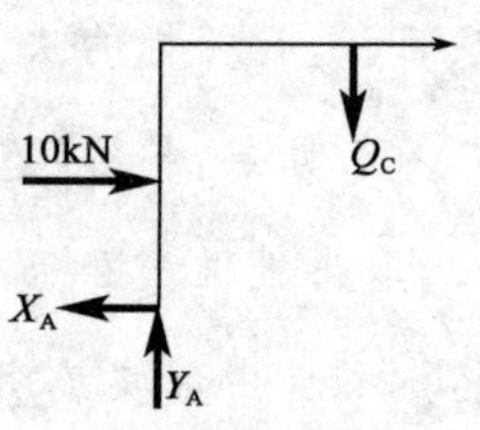

题22解图

23.**解** 见解图，判断零杆后由节点法可得：$N_a=30\text{kN}$(压)。

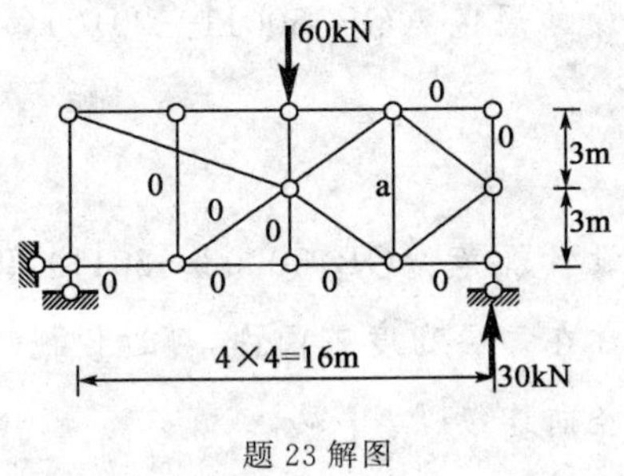

题 23 解图

答案:D

24.**解** $M_{BA}=4i\theta_B+2i\theta=0,\theta_B=-\dfrac{\theta}{2}$。

答案:C

25.**解** 当正截面混凝土受压区高度 $x\leqslant\xi_b h_0,\rho=\dfrac{A_s}{bh_0}\geqslant\rho_{min}$ 时,构件纵向受拉钢筋先达到屈服,然后受压区混凝土被压碎,呈塑性破坏,有明显的塑性变形和裂缝预示,这种破坏形态是适筋破坏。

答案:C

26.**解** 抗弯刚度与截面有效高度的平方成正比,因此增加构件截面的有效高度是提高混凝土受弯构件抗弯刚度最有效的措施。

答案:A

27.**解** 吊车梁承受吊车横向水平制动力,并传递纵向水平制动力;柱间支撑是为保证建筑结构整体稳定、提高侧向刚度和传递纵向水平力而在相邻两柱之间设置的连系杆件。承受和传递横向水平荷载的构件是排架柱。

答案:D

28.**解** 碳素结构钢的牌号由代表屈服点的字母、屈服强度、质量等级符号、脱氧方法四个部分组成。如 Q235-B.F,Q 为钢材屈服强度,235 为屈服点为 $235N/mm^2$,B 为质量等级,F 代表沸腾钢。

答案:C

29.**解** 根据悬臂梁的受力特点可知,上翼缘承受拉应力,下翼缘承受压应力,钢材的抗拉、抗压强度相同,故应选择上、下翼缘面积相同的截面形式。

答案:B

30.**解** 框架柱安装拼接接头宜采用高强螺栓和焊接组合节点或全焊缝节点。采用高强度螺栓和焊缝组合节点时,腹板应采用高强度螺栓连接,翼缘板应采用单面 V 形坡口加衬垫全焊透焊缝连接;采用全焊缝节点时,翼缘板应采用单面 V 形坡口加衬垫全焊透焊缝,腹板宜采用 K 形坡口双面部分焊透焊缝。

答案:D

31. **解**　根据《建筑抗震设计规范》(GB 50011—2010)第7.1.7条第4款，楼梯间不宜设在房屋的尽端或转角处。

答案:A

32. **解**　根据《砌体结构设计规范》(GB 50003—2011)第4.2.5条第2款，多层砌体房屋在竖向荷载作用下，墙、柱在每层高度范围内，可近似视作两端铰支的竖向构件；在水平荷载作用下，墙、柱可视作竖向连续梁。

答案:C

33. **解**　砌体的局部受压，按受力特点的不同，可以分为局部均匀受压和梁端局部受压两种。由于局部受压砌体有套箍作用及应力扩散的存在，所以砌体抵抗压力的能力有所提高，在计算砌体局部抗压承载力时，用局部抗压提高系数γ来修正。

答案:C

34. **解**　弹性模量表示材料的弹性变形特性，由于岩石并不是真正的弹性材料，变形曲线一般为非线性曲线，曲线上各点的切线斜率并不相同，无法根据弹性模量的定义确定弹性模量，因此，工程上通常用割线模量、切线模量或者平均模量表示岩石的弹性变形特性，而不采用卸载模量和初始模量。

答案:C

35. **解**　海姆假说认为地应力的铅直应力和水平应力相等，即处于静水压力状态。

答案:B

36. **解**　$I_L=\dfrac{w-w_p}{w_L-w_p}=\dfrac{13.9\%-16.1\%}{25.8\%-16.1\%}=-0.23$。

答案:D

37. **解**　A项，土中的附加应力是使地基产生变形、导致土体强度破坏和失去稳定的重要原因；C项，土的附加应力不只发生在竖直方向，还有作用在水平方向；D项，当上部荷载过大时，土中的附加应力将大于土的自重应力。

答案:B

38. **解**　$\sigma'=\sigma-u=200-50=150$kPa。

答案:C

39. **解**　黄土具有大孔结构和盐类胶结，在遇水后湿陷是其工程地质特性。但也有具有湿陷性的其他种类的土。

答案:B

40. **解**　AB段静水压力垂直于坡面，渗流方向和动水力有利于边坡稳定性，安全系数最高。BC、DE段渗流对边坡没有影响。EF段由于动水压力作用方向与边坡方向相同，不利于边坡稳定，安全系数最低。

答案:A

41. **解** 石灰岩经高温变质后形成大理岩，其成分不变。

答案:B

42. **解** 断层由断层面和其两侧的断盘构成，倾斜断层面之上断盘为上盘，倾斜断层面之下断盘为下盘。正断层指断层上盘相对下盘下降的断层，反之为逆断层。

答案:A

43. **解** 蘑菇石是风的地质作用的一种地貌和产物。

答案:B

44. **解** 张性裂隙是岩体受拉破坏后产生的破裂面，与剪切破坏面不同，由于没有受到挤压和相互错动，拉裂破坏面一般粗糙不平，而且呈张开状态。

答案:C

45. **解** 此题考查的是边坡的平面破坏条件，顺倾边坡的滑动破坏主要取决于边坡倾角、软弱结构面倾角以及结构面的摩擦角三者之间的大小关系，结构面倾角小于边坡倾角是边坡发生平面滑动破坏的基本条件之一，由此可见，应选择A。

答案:A

46. **解** 风化作用是使岩石机械破碎、物质成分和结构发生改变的过程，但岩石中的断裂发育使得各类风化营力(温度、水、生物等)更易使岩石风化进程加快。

答案:A

47. **解** 其他现象是断层存在的标志，全新活动断裂为全新世(一万年)以来有过活动的断裂，错断的全新世沉积物是活断层的重要标志。

答案:D

48. **解** 在正常水力梯度下，饱水、透水并能给出一定水量的岩土层称为含水层。含水层的形成必须具备以下条件：有较大且连通的空隙，与隔水层组合形成储水空间，以便地下水汇集不致流失；要有充分的补水来源。红黏土、牛轭湖沉积物空隙细小，是隔水层；黄土由于垂直裂隙发育不易形成储水空间；河床沉积物颗粒粗大，孔隙较大，富含水，可以形成含水层。

答案:C

49. **解** 地下水按埋藏性质分为包气带水、潜水和承压水三种类型。上层滞水是包气带中隔水层之上的局部饱水带；结合水、毛细管水、重力水是地下水存在的形式；岩体空隙分为裂隙、孔隙和溶隙，分别形成裂隙水、孔隙水和岩溶水。

答案:A

50. **解** 标准贯入器和洛阳铲取到的是扰动样，厚壁取土器取得的土样仍有一定的扰动。探槽中人工刻取土样可获得高质量的原状样。

答案:D

51. **解** 根据曲折破坏的特点可知，只有岩层平行于坡面时，才会发生曲折破坏，所以应选择 C。

答案:C

52.**解** 解答此题需要了解各类支挡结构或工程措施的适用条件。灌浆的目的在于提高岩体的完整性,不能完全改变边坡的下滑趋势;排水有利于边坡的稳定,但只能作为辅助措施;挡墙和抗滑桩原则上仅适用于高度有限、缓倾斜边坡;对于高边坡而言,全部采用削坡减载成本太高,不经济。因此,高边坡最常用的加固措施应为锚杆和锚索。

答案:A

53.**解** 此题与岩基的关系不大,考的是一般基础。地基沉降计算深度的下限,一般取地基附加应力等于自重应力的20%处。因此,根据竖向荷载作用下地基内附加应力的理论计算公式可以计算得出(也可根据附加应力系数分布表查找获得),满足这一条件的埋深约为基础宽度的2倍。

答案:B

54.**解** 刚性角可用 $\tan\alpha=b/h$ 表示(b 为基础挑出墙外宽度,h 为基础放宽部分高度),需满足 $\alpha<\alpha_{max}$,故当无筋扩展基础不能满足刚性角的要求时,可采取增大基础高度和减小基础挑出宽度来调整 α 大小,使其满足要求,其代替了抗弯验算。

答案:A

55.**解** A 项,增大基础埋深可减小基底附加应力,进而减小基础沉降,且由地基承载力特征值计算公式:$f_a=f_{ak}+\eta_b\gamma(b-3)+\eta_d\gamma_m(d-0.5)$ 可知,埋深 d 值增大,可适当提高地基承载力;B 项,加大基础宽度可提高地基承载力,但当基础宽度过大时,基础的沉降量会增加;C 项,抽取地下水会增大土的自重应力,进而增大基础沉降量;D 项,提高室外地坪,增大了基底附加应力,进而会增大基础沉降量。

答案:A

56.**解** 先修高的、重的建筑物,基础将产生较大的沉降量,再修矮的、轻的建筑物,则后者将产生较小的沉降量,对前者的影响也较小,从而减少两者的沉降差。但两者施工顺序的不同,对建筑物沉降量、建筑物的抗震性能及建筑物以下土层的附加应力分布无明显影响。

答案:B

57.**解** 《建筑地基基础设计规范》Q.0.4 规定开始试验的时间:预制桩在砂土中入土 7d 后。黏性土不得少于 15d。对于饱和软黏土不得少于 25d。灌注桩应在桩身混凝土达到设计强度后,才能进行。

答案:D

58.**解** 对软土地基进行真空预压法加固后,孔隙水排出,孔隙减小,其孔隙比减小,压缩系数减小,渗透系数减小,黏聚力增大,土的重度增大,抗剪强度增加。真空预压法主要是将孔隙中的水排出,土体固结所产生的沉降量主要是孔隙中水的体积减少引起的。

即使固结中饱和度有变化，但也很小，因为软土地基接近饱和。

答案：A

59. **解** 面积置换率 $m=\dfrac{\dfrac{\pi}{8}d^2}{\dfrac{\sqrt{3}}{4}s^2}=\dfrac{\dfrac{\pi}{8}\times 0.36^2}{\dfrac{\sqrt{3}}{4}\times 1.2^2}=0.082$。

答案：B

60. **解** 采用堆载法预压加固地基时，如果计算在规定时间内达不到要求的固结度，加快固结进程时，可采用减小砂井间距或增大砂井直径来减小井径比。加快堆载速率有可能造成土体因加载速率过快而发生结构破坏。

答案：A

2016年度全国勘察设计注册工程师

执业资格考试试卷

基础考试

（上）

二〇一六年九月

应考人员注意事项

1. 本试卷科目代码为“1”，考生务必将此代码填涂在答题卡“科目代码”相应的栏目内，否则，无法评分。
2. 书写用笔：**黑色或蓝色钢笔、签字笔或圆珠笔；**
   填涂答题卡用笔：**黑色 2B 铅笔**。
3. 必须用书写用笔将工作单位、姓名、准考证号填写在答题卡和试卷相应的栏目内。
4. 本试卷由 120 题组成，每题 1 分，满分 120 分，本试卷全部为单项选择题，每小题的四个备选项中只有一个正确答案，错选、多选、不选均不得分。
5. 考生作答时，必须**按题号在答题卡上**将相应试题所选选项对应的**字母用 2B 铅笔涂黑**。
6. 在答题卡上书写与题意无关的语言，或在答题卡上作标记的，均按违纪试卷处理。
7. 考试结束时，由监考人员当面将试卷、答题卡一并收回。
8. 草稿纸由各地统一配发，考后收回。

单项选择题(共 120 题,每题 1 分。每题的备选项中只有一个最符合题意。)

1. 下列极限式中,能够使用洛必达法则求极限的是:

A. $\lim\limits_{x\to 0}\dfrac{1+\cos x}{e^x-1}$

B. $\lim\limits_{x\to 0}\dfrac{x-\sin x}{\sin x}$

C. $\lim\limits_{x\to 0}\dfrac{x^2\sin\frac{1}{x}}{\sin x}$

D. $\lim\limits_{x\to \infty}\dfrac{x+\sin x}{x-\sin x}$

2. 设$\begin{cases}x=t-\arctan t\\ y=\ln(1+t^2)\end{cases}$,则$\left.\dfrac{\mathrm{d}y}{\mathrm{d}x}\right|_{t=1}$等于:

A. 1

B. -1

C. 2

D. $\dfrac{1}{2}$

3. 微分方程$\dfrac{\mathrm{d}y}{\mathrm{d}x}=\dfrac{1}{xy+y^3}$是:

A. 齐次微分方程

B. 可分离变量的微分方程

C. 一阶线性微分方程

D. 二阶微分方程

4. 若向量$\boldsymbol{\alpha},\boldsymbol{\beta}$满足$|\boldsymbol{\alpha}|=2,|\boldsymbol{\beta}|=\sqrt{2}$,且$\boldsymbol{\alpha}\cdot\boldsymbol{\beta}=2$,则$|\boldsymbol{\alpha}\times\boldsymbol{\beta}|$等于:

A. 2

B. $2\sqrt{2}$

C. $2+\sqrt{2}$

D. 不能确定

5. $f(x)$在点x_0处的左、右极限存在且相等是$f(x)$在点x_0处连续的:

A. 必要非充分的条件

B. 充分非必要的条件

C. 充分且必要的条件

D. 既非充分又非必要的条件

6. 设$\int_0^x f(t)\mathrm{d}t=\dfrac{\cos x}{x}$,则$f\left(\dfrac{\pi}{2}\right)$等于:

A. $\dfrac{\pi}{2}$

B. $-\dfrac{2}{\pi}$

C. $\dfrac{2}{\pi}$

D. 0

7. 若$\sec^2 x$是$f(x)$的一个原函数,则$\int xf(x)\mathrm{d}x$等于:

A. $\tan x+C$

B. $x\tan x-\ln|\cos x|+C$

C. $x\sec^2 x+\tan x+C$

D. $x\sec^2 x-\tan x+C$

8. yOz 坐标面上的曲线 $\begin{cases} y^2+z=1 \\ x=0 \end{cases}$ 绕 Oz 轴旋转一周所生成的旋转曲面方程是：

A. $x^2+y^2+z=1$

B. $x+y^2+z=1$

C. $y^2+\sqrt{x^2+z^2}=1$

D. $y^2-\sqrt{x^2+z^2}=1$

9. 若函数 $z=f(x,y)$ 在点 $P_0(x_0,y_0)$ 处可微，则下面结论中错误的是：

A. $z=f(x,y)$ 在 P_0 处连续

B. $\lim\limits_{\substack{x\to x_0\\ y\to y_0}} f(x,y)$ 存在

C. $f'_x(x_0,y_0)$，$f'_y(x_0,y_0)$ 均存在

D. $f'_x(x,y)$，$f'_y(x,y)$ 在 P_0 处连续

10. 若 $\int_{-\infty}^{+\infty}\frac{A}{1+x^2}\mathrm{d}x=1$，则常数 A 等于：

A. $\frac{1}{\pi}$

B. $\frac{2}{\pi}$

C. $\frac{\pi}{2}$

D. π

11. 设 $f(x)=x(x-1)(x-2)$，则方程 $f'(x)=0$ 的实根个数是：

A. 3

B. 2

C. 1

D. 0

12. 微分方程 $y''-2y'+y=0$ 的两个线性无关的特解是：

A. $y_1=x, y_2=e^x$

B. $y_1=e^{-x}, y_2=e^x$

C. $y_1=e^{-x}, y_2=xe^{-x}$

D. $y_1=e^x, y_2=xe^x$

13. 设函数 $f(x)$ 在 (a,b) 内可微，且 $f'(x)\neq 0$，则 $f(x)$ 在 (a,b) 内：

A. 必有极大值

B. 必有极小值

C. 必无极值

D. 不能确定有还是没有极值

14. 下列级数中，绝对收敛的级数是：

A. $\sum\limits_{n=1}^{\infty}(-1)^{n-1}\frac{1}{n}$

B. $\sum\limits_{n=1}^{\infty}(-1)^{n-1}\frac{1}{\sqrt{n}}$

C. $\sum\limits_{n=1}^{\infty}\frac{n^2}{1+n^2}$

D. $\sum\limits_{n=1}^{\infty}\frac{\sin\frac{3}{2}n}{n^2}$

15. 若 D 是由 $x=0, y=0, x^2+y^2=1$ 所围成在第一象限的区域，则二重积分 $\iint\limits_D x^2 y\mathrm{d}y\mathrm{d}y$ 等于：

A. $-\frac{1}{15}$

B. $\frac{1}{15}$

C. $-\frac{1}{12}$

B. $\frac{1}{12}$

16. 设 L 是抛物线 $y=x^2$ 上从点 $A(1,1)$ 到点 $O(0,0)$ 的有向弧线，则对坐标的曲线积分 $\int_L x\mathrm{d}x+y\mathrm{d}y$ 等于：

A. 0

B. 1

C. −1

D. 2

17. 幂级数 $\sum\limits_{n=0}^{\infty}\frac{(-1)^n}{2^n}x^n$ 在 $|x|<2$ 的和函数是：

A. $\frac{2}{2+x}$

B. $\frac{2}{2-x}$

C. $\frac{1}{1-2x}$

D. $\frac{1}{1+2x}$

18. 设 $z=\frac{3^{xy}}{x}+xF(u)$，其中 $F(u)$ 可微，且 $u=\frac{y}{x}$，则 $\frac{\partial z}{\partial y}$ 等于：

A. $3^{xy}-\frac{y}{x}F'(u)$

B. $\frac{1}{x}3^{xy}\ln3+F'(u)$

C. $3^{xy}+F'(u)$

D. $3^{xy}\ln3+F'(u)$

19. 若使向量组 $\boldsymbol{\alpha}_1=(6,t,7)^{\mathrm{T}}, \boldsymbol{\alpha}_2=(4,2,2)^{\mathrm{T}}, \boldsymbol{\alpha}_3=(4,1,0)^{\mathrm{T}}$ 线性相关，则 t 等于：

A. −5

B. 5

C. −2

D. 2

20. 下列结论中正确的是：

A. 矩阵 $\boldsymbol{A}$ 的行秩与列秩可以不等

B. 秩为 r 的矩阵中，所有 r 阶子式均不为零

C. 若 n 阶方阵 $\boldsymbol{A}$ 的秩小于 n，则该矩阵 $\boldsymbol{A}$ 的行列式必等于零

D. 秩为 r 的矩阵中，不存在等于零的 $r-1$ 阶子式

21. 已知矩阵 $A=\begin{bmatrix}5 & -3 & 2\\ 6 & -4 & 4\\ 4 & -4 & a\end{bmatrix}$ 的两个特征值为 $\lambda_1=1,\lambda_2=3$，则常数 a 和另一特征值 λ_3 为：

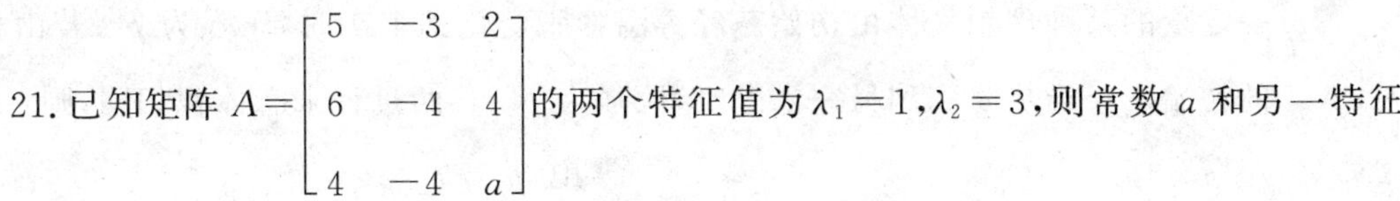

A. $a=1,\lambda_3=-2$　　B. $a=5,\lambda_3=2$

C. $a=-1,\lambda_3=0$　　D. $a=-5,\lambda_3=-8$

22. 设有事件 A 和 B，已知 $P(A)=0.8, P(B)=0.7$，且 $P(A|B)=0.8$，则下列结论中正确的是：

A. A 与 B 独立　　B. A 与 B 互斥

C. $B\supset A$　　D. $P(A\cup B)=P(A)+P(B)$

23. 某店有 7 台电视机，其中 2 台次品。现从中随机地取 3 台，设 X 为其中的次品数，则数学期望 $E(X)$ 等于：

A. $\frac{3}{7}$　　B. $\frac{4}{7}$　　C. $\frac{5}{7}$　　D. $\frac{6}{7}$

24. 设总体 $X\sim N(0,\sigma^2)$，$X_1,X_2,\cdots,X_n$ 是来自总体的样本，$\hat{\sigma}^2=\frac{1}{n}\sum_{i=1}^{n}X_i^2$，则下面结论中正确的是：

A. $\hat{\sigma}^2$ 不是 σ^2 的无偏估计量　　B. $\hat{\sigma}^2$ 是 σ^2 的无偏估计量

C. $\hat{\sigma}^2$ 不一定是 σ^2 的无偏估计量　　D. $\hat{\sigma}^2$ 不是 σ^2 的估计量

25. 假定氧气的热力学温度提高一倍，氧分子全部离解为氧原子，则氧原子的平均速率是氧分子平均速率的：

A. 4 倍　　B. 2 倍

C. $\sqrt{2}$ 倍　　D. $\frac{1}{\sqrt{2}}$ 倍

26. 容积恒定的容器内盛有一定量的某种理想气体，分子的平均自由程为 $\bar{\lambda}_0$，平均碰撞频率为 $\bar{Z}_0$，若气体的温度降低为原来的 $\frac{1}{4}$ 倍，则此时分子的平均自由程 $\bar{\lambda}$ 和平均碰撞频率 $\bar{Z}$ 为：

A. $\bar{\lambda}=\bar{\lambda}_0, \bar{Z}=\bar{Z}_0$　　B. $\bar{\lambda}=\bar{\lambda}_0, \bar{Z}=\frac{1}{2}\bar{Z}_0$

C. $\bar{\lambda}=2\bar{\lambda}_0, \bar{Z}=2\bar{Z}_0$　　D. $\bar{\lambda}=\sqrt{2}\,\bar{\lambda}_0, \bar{Z}=4\bar{Z}_0$

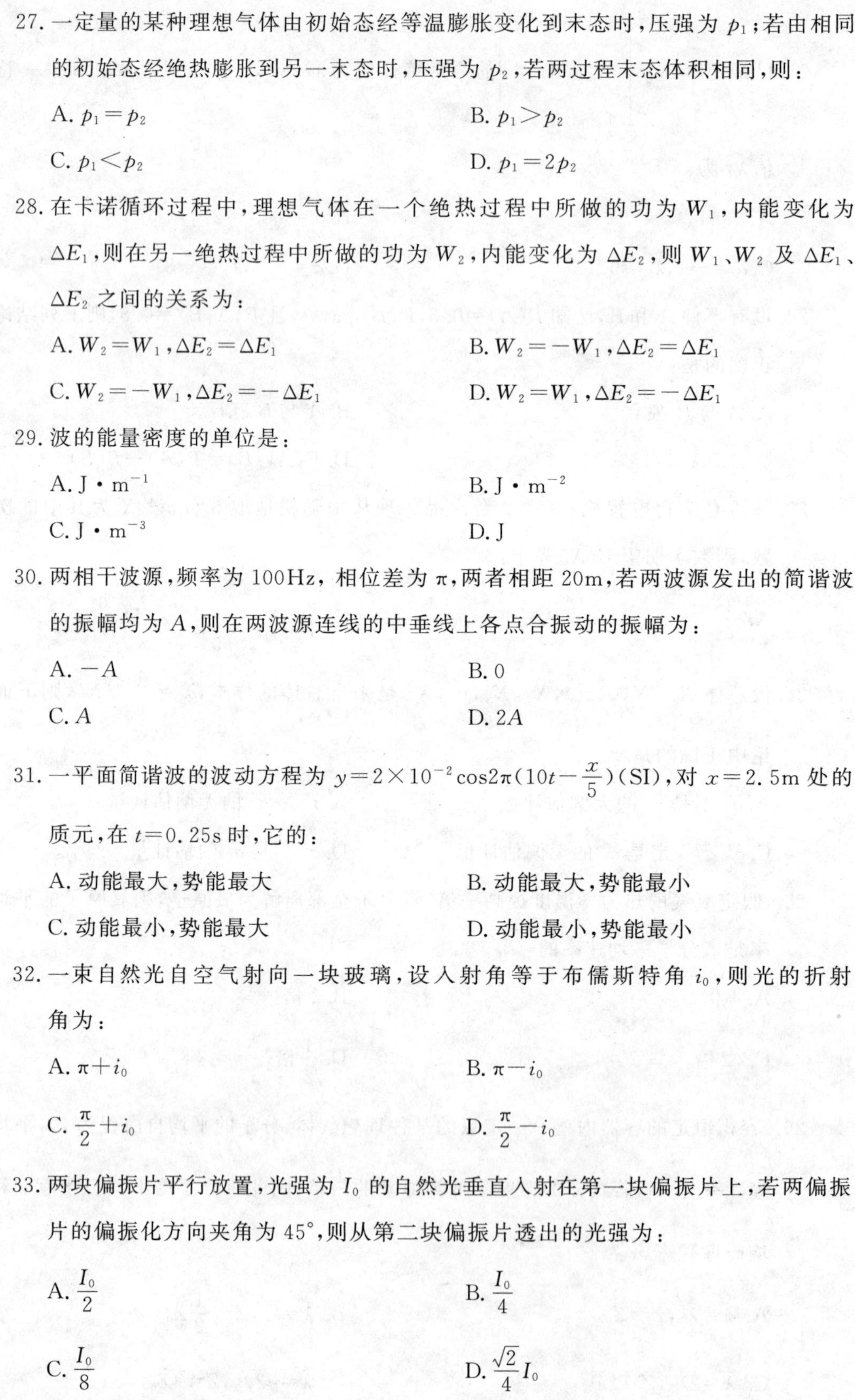

27. 一定量的某种理想气体由初始态经等温膨胀变化到末态时，压强为 p_1；若由相同的初始态经绝热膨胀到另一末态时，压强为 p_2，若两过程末态体积相同，则：

A. $p_1 = p_2$　　　　B. $p_1 > p_2$

C. $p_1 < p_2$　　　　D. $p_1 = 2p_2$

28. 在卡诺循环过程中，理想气体在一个绝热过程中所做的功为 W_1，内能变化为 ΔE_1，则在另一绝热过程中所做的功为 W_2，内能变化为 ΔE_2，则 W_1、W_2 及 ΔE_1、ΔE_2 之间的关系为：

A. $W_2 = W_1, \Delta E_2 = \Delta E_1$　　　　B. $W_2 = -W_1, \Delta E_2 = \Delta E_1$

C. $W_2 = -W_1, \Delta E_2 = -\Delta E_1$　　　　D. $W_2 = W_1, \Delta E_2 = -\Delta E_1$

29. 波的能量密度的单位是：

A. $J \cdot m^{-1}$　　　　B. $J \cdot m^{-2}$

C. $J \cdot m^{-3}$　　　　D. J

30. 两相干波源，频率为 100Hz，相位差为 π，两者相距 20m，若两波源发出的简谐波的振幅均为 A，则在两波源连线的中垂线上各点合振动的振幅为：

A. $-A$　　　　B. 0

C. A　　　　D. $2A$

31. 一平面简谐波的波动方程为 $y = 2\times10^{-2}\cos2\pi(10t - \frac{x}{5})$(SI)，对 $x = 2.5$m 处的质元，在 $t = 0.25$s 时，它的：

A. 动能最大，势能最大　　　　B. 动能最大，势能最小

C. 动能最小，势能最大　　　　D. 动能最小，势能最小

32. 一束自然光自空气射向一块玻璃，设入射角等于布儒斯特角 i_0，则光的折射角为：

A. $\pi + i_0$　　　　B. $\pi - i_0$

C. $\frac{\pi}{2} + i_0$　　　　D. $\frac{\pi}{2} - i_0$

33. 两块偏振片平行放置，光强为 I_0 的自然光垂直入射在第一块偏振片上，若两偏振片的偏振化方向夹角为 45°，则从第二块偏振片透出的光强为：

A. $\frac{I_0}{2}$　　　　B. $\frac{I_0}{4}$

C. $\frac{I_0}{8}$　　　　D. $\frac{\sqrt{2}}{4}I_0$

34. 在单缝夫琅禾费衍射实验中，单缝宽度为 a，所用单色光波长为 λ，透镜焦距为 f，则中央明条纹的半宽度为：

A. $\frac{f\lambda}{a}$　　B. $\frac{2f\lambda}{a}$

C. $\frac{a}{f\lambda}$　　D. $\frac{2a}{f\lambda}$

35. 通常亮度下，人眼睛瞳孔的直径约为 3mm，视觉感受到最灵敏的光波波长为 550nm（$1nm=1\times10^{-9}m$），则人眼睛的最小分辨角约为：

A. 2.24×10^{-3} rad　　B. 1.12×10^{-4} rad

C. 2.24×10^{-4} rad　　D. 1.12×10^{-3} rad

36. 在光栅光谱中，假如所有偶数级次的主极大都恰好在透射光栅衍射的暗纹方向上，因而出现缺级现象，那么此光栅每个透光缝宽度 a 和相邻两缝间不透光部分宽度 b 的关系为：

A. $a=2b$　　B. $b=3a$

C. $a=b$　　D. $b=2a$

37. 多电子原子中同一电子层原子轨道能级(量)最高的亚层是：

A. s 亚层　　B. p 亚层

C. d 亚层　　D. f 亚层

38. 在 CO 和 N_2 分子之间存在的分子间力有：

A. 取向力、诱导力、色散力　　B. 氢键

C. 色散力　　D. 色散力、诱导力

39. 已知 $K_b^\ominus(NH_3\cdot H_2O)=1.8\times10^{-5}$，$0.1mol\cdot L^{-1}$ 的 $NH_3\cdot H_2O$ 溶液的 pH 为：

A. 2.87　　B. 11.13

C. 2.37　　D. 11.63

40. 通常情况下，$K_a^\ominus$、$K_b^\ominus$、$K^\ominus$、$K_{sp}^\ominus$，它们的共同特性是：

A. 与有关气体分压有关　　B. 与温度有关

C. 与催化剂的种类有关　　D. 与反应物浓度有关

41. 下列各电对的电极电势与 H^+ 浓度有关的是：

A. Zn^{2+}/Zn　　B. Br_2/Br

C. AgI/Ag　　D. MnO_4^-/Mn^{2+}

42. 电解 Na_2SO_4 水溶液时，阳极上放电的离子是：

A. H^+　　B. OH^-

C. Na^+　　D. SO_4^{2-}

43. 某化学反应在任何温度下都可以自发进行，此反应需满足的条件是：

A. $\Delta_r H_m < 0, \Delta_r S_m > 0$

B. $\Delta_r H_m > 0, \Delta_r S_m < 0$

C. $\Delta_r H_m < 0, \Delta_r S_m < 0$

D. $\Delta_r H_m > 0, \Delta_r S_m > 0$

44. 按系统命名法，下列有机化合物命名正确的是：

A. 3-甲基丁烷　　B. 2-乙基丁烷

C. 2,2-二甲基戊烷　　D. 1,1,3-三甲基戊烷

45. 苯氨酸和山梨酸（$CH_3CH=CHCH=CHCOOH$）都是常见的食品防腐剂。下列物质中只能与其中一种酸发生化学反应的是：

A. 甲醇　　B. 溴水

C. 氢氧化钠　　D. 金属钾

46. 受热到一定程度就能软化的高聚物是：

A. 分子结构复杂的高聚物

B. 相对摩尔质量较大的高聚物

C. 线性结构的高聚物

D. 体型结构的高聚物

47. 图示结构由直杆 AC, DE 和直角弯杆 BCD 所组成，自重不计，受载荷 F 与 $M=F \cdot a$ 作用。则 A 处约束力的作用线与 x 轴正向所成的夹角为：

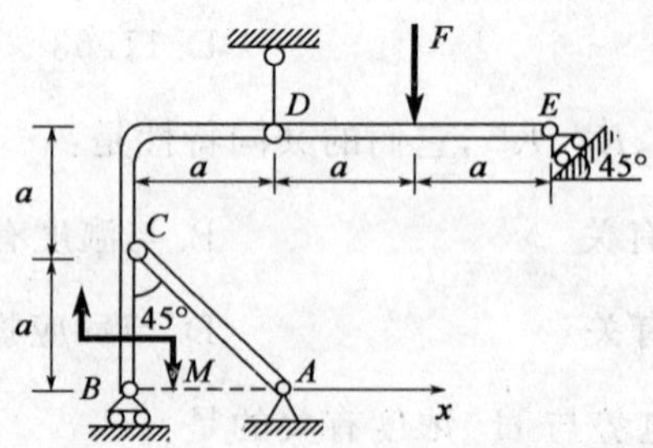

A. 135°　　B. 90°

C. 0°　　D. 45°

48. 图示平面力系中，已知 $q=10\text{kN/m}$，$M=20\text{kN}\cdot\text{m}$，$a=2\text{m}$。则该主动力系对 B 点的合力矩为：

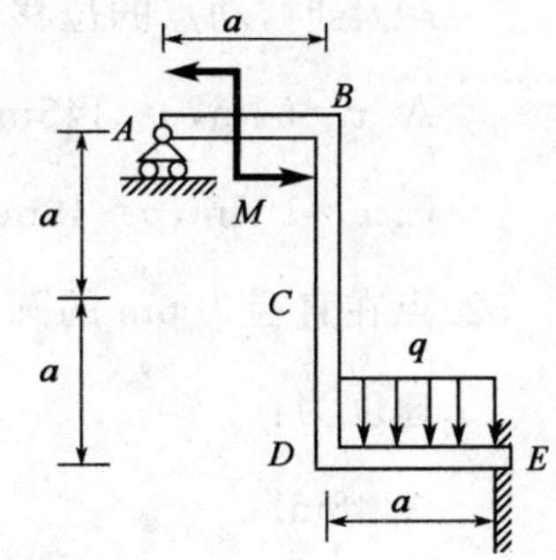

A. $M_B=0$

B. $M_B=20\text{kN}\cdot\text{m}$（逆时针）

C. $M_B=40\text{kN}\cdot\text{m}$（逆时针）

D. $M_B=40\text{kN}\cdot\text{m}$（顺时针）

49. 简支梁受分布荷载作用如图所示。支座 A、B 的约束力为：

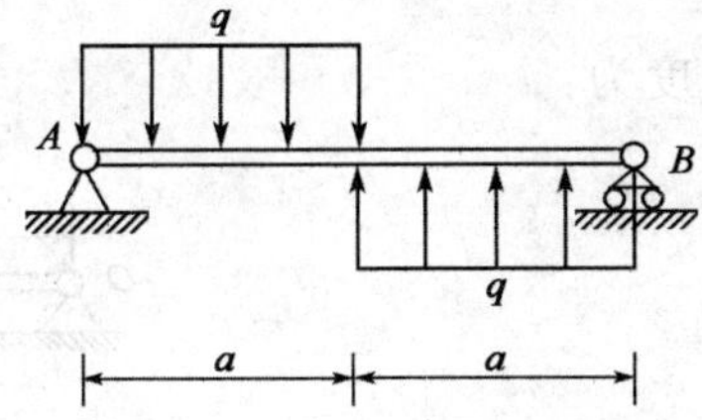

A. $F_A=0$，$F_B=0$

B. $F_A=\frac{1}{2}qa\uparrow$，$F_B=\frac{1}{2}qa\uparrow$

C. $F_A=\frac{1}{2}qa\uparrow$，$F_B=\frac{1}{2}qa\downarrow$

D. $F_A=\frac{1}{2}qa\downarrow$，$F_B=\frac{1}{2}qa\uparrow$

50. 重 W 的物块自由地放在倾角为 α 的斜面上如图示。且 $\sin\alpha=\frac{3}{5}$，$\cos\alpha=\frac{4}{5}$。物块上作用一水平力 F，且 $F=W$。若物块与斜面间的静摩擦系数 $f=0.2$，则该物块的状态为：

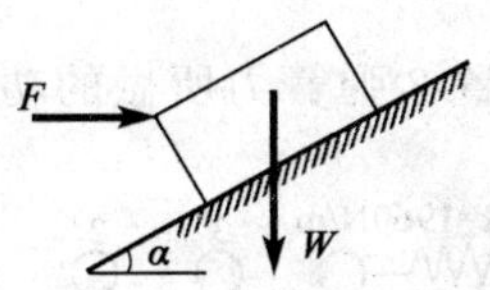

A. 静止状态　　B. 临界平衡状态

C. 滑动状态　　D. 条件不足，不能确定

51. 一动点沿直线轨道按照 $x=3t^3+t+2$ 的规律运动（x 以 m 计，t 以 s 计），则当 $t=4$s时，动点的位移、速度和加速度分别为：

A. $x=54\text{m}, v=145\text{m/s}, a=18\text{m/s}^2$　　B. $x=198\text{m}, v=145\text{m/s}, a=72\text{m/s}^2$

C. $x=198\text{m}, v=49\text{m/s}, a=72\text{m/s}^2$　　D. $x=192\text{m}, v=145\text{m/s}, a=12\text{m/s}^2$

52. 点在直径为 6m 的圆形轨迹上运动，走过的距离是 $s=3t^2$，则点在 2s 末的切向加速度为：

A. 48m/s^2　　B. 4m/s^2

C. 96m/s^2　　D. 6m/s^2

53. 杆 $OA=l$，绕固定轴 O 转动，某瞬时杆端 A 点的加速度 a 如图所示，则该瞬时杆 OA 的角速度及角加速度为：

A. $0, \frac{a}{l}$

B. $\sqrt{\frac{a\cos\alpha}{l}}, \frac{a\sin\alpha}{l}$

C. $\sqrt{\frac{a}{l}}, 0$

D. $0, \sqrt{\frac{a}{l}}$

54. 质量为 m 的物体 M 在地面附近自由降落，它所受的空气阻力的大小为 $F_R=Kv^2$，其中 K 为阻力系数，v 为物体速度，该物体所能达到的最大速度为：

A. $v=\sqrt{\frac{mg}{K}}$　　B. $v=\sqrt{mgK}$

C. $v=\sqrt{\frac{g}{K}}$　　D. $v=\sqrt{gK}$

55. 质点受弹簧力作用而运动，l_0 为弹簧自然长度，k 为弹簧刚度系数，质点由位置 1 到位置 2 和由位置 3 到位置 2 弹簧力所做的功为：

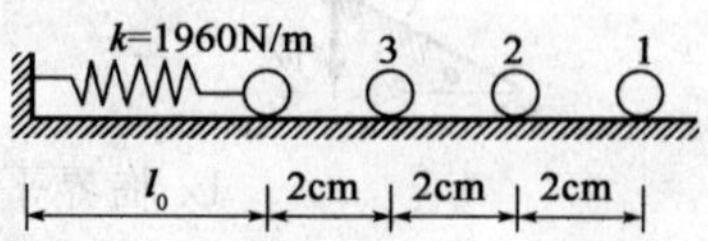

A. $W_{12}=-1.96\text{J}, W_{32}=1.176\text{J}$　　B. $W_{12}=1.96\text{J}, W_{32}=1.176\text{J}$

C. $W_{12}=1.96\text{J}, W_{32}=-1.176\text{J}$　　D. $W_{12}=-1.96\text{J}, W_{32}=-1.176\text{J}$

56. 如图所示圆环以角速度 ω 绕铅直轴 AC 自由转动，圆环的半径为 R，对转轴 z 的转动惯量为 I。在圆环中的 A 点放一质量为 m 的小球，设由于微小的干扰，小球离开 A 点。忽略一切摩擦，则当小球达到 B 点时，圆环的角速度为：

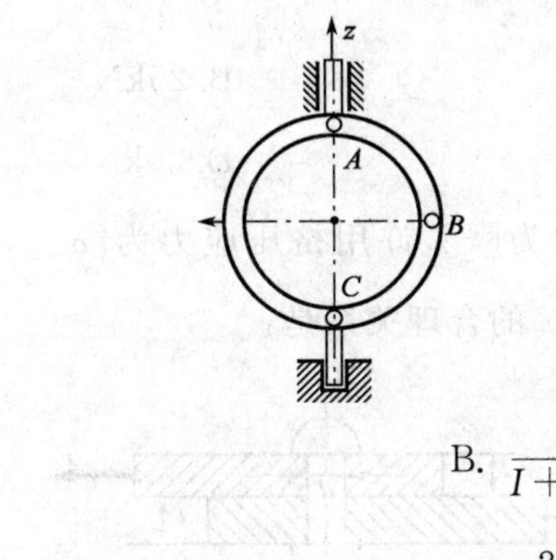

A. $\dfrac{mR^2\omega}{I+mR^2}$　　B. $\dfrac{I\omega}{I+mR^2}$

C. ω　　D. $\dfrac{2I\omega}{I+mR^2}$

57. 图示均质圆轮，质量为 m，半径为 r，在铅垂图面内绕通过圆盘中心 O 的水平轴转动，角速度为 ω，角加速度为 ε，此时将圆轮的惯性力系向 O 点简化，其惯性力主矢和惯性力主矩的大小分别为：

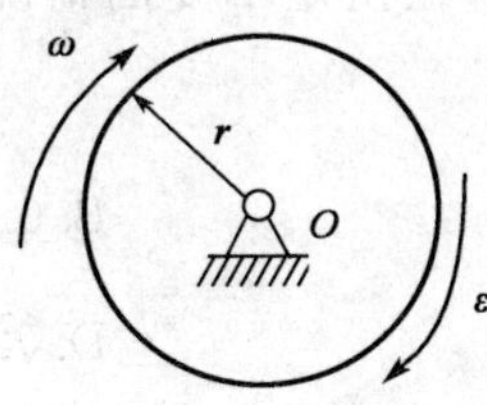

A. $0,0$　　B. $mr\varepsilon,\dfrac{1}{2}mr^2\varepsilon$

C. $0,\dfrac{1}{2}mr^2\varepsilon$　　D. $0,\dfrac{1}{4}mr^2\omega^2$

58. 5kg 质量块振动，其自由振动规律是 $x=X\sin\omega_n t$，如果振动的圆频率为 30rad/s，则此系统的刚度系数为：

A. 2500N/m　　B. 4500N/m

C. 180N/m　　D. 150N/m

59. 横截面直杆，轴向受力如图，杆的最大拉伸轴力是：

5kN 35kN 10kN

A. 10kN　　　　B. 25kN

C. 35kN　　　　D. 20kN

60. 已知铆钉的许用切应力为$[\tau]$，许用挤压应力为$[\sigma_{bs}]$，钢板的厚度为 t，则图示铆钉直径 d 与钢板厚度 t 的合理关系是：

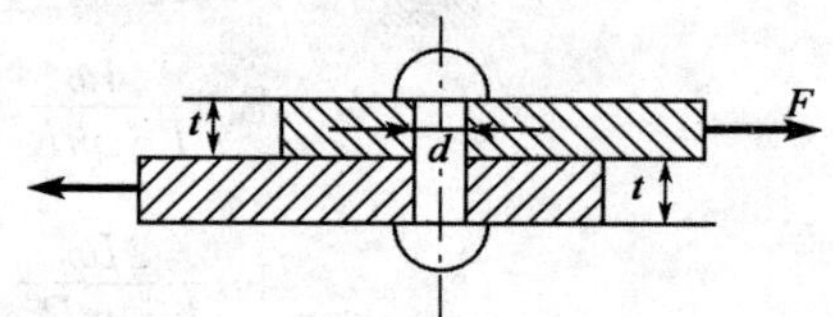

A. $d=\dfrac{8t[\sigma_{bs}]}{\pi[\tau]}$　　　　B. $d=\dfrac{4t[\sigma_{bs}]}{\pi[\tau]}$

C. $d=\dfrac{\pi[\tau]}{8t[\sigma_{bs}]}$　　　　D. $d=\dfrac{\pi[\tau]}{4t[\sigma_{bs}]}$

61. 直径为 d 的实心圆轴受扭，在扭矩不变的情况下，为使扭转最大切应力减小一半，圆轴的直径应改为：

A. $2d$　　　　B. $0.5d$

C. $\sqrt{2}d$　　　　D. $\sqrt[3]{2}d$

62. 在一套传动系统中，假设所有圆轴传递的功率相同，转速不同。该系统的圆轴转速与其扭矩的关系是：

A. 转速快的轴扭矩大

B. 转速慢的轴扭矩大

C. 全部轴的扭矩相同

D. 无法确定

63. 面积相同的三个图形如图示，对各自水平形心轴 z 的惯性矩之间的关系为：

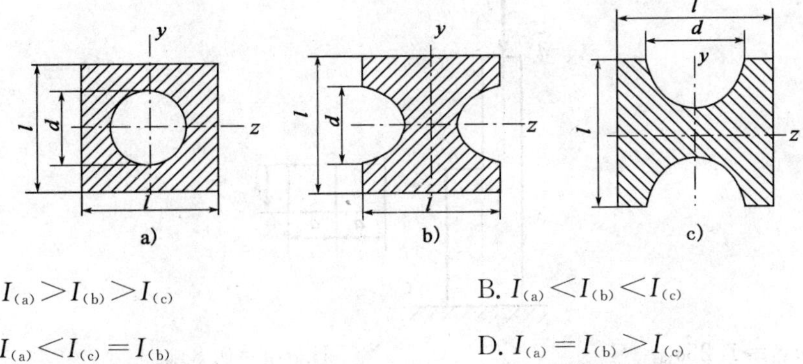

A. $I_{(a)}>I_{(b)}>I_{(c)}$　　B. $I_{(a)}<I_{(b)}<I_{(c)}$

C. $I_{(a)}<I_{(c)}=I_{(b)}$　　D. $I_{(a)}=I_{(b)}>I_{(c)}$

64. 悬臂梁的弯矩如图示，根据弯矩图推得梁上的载荷应为：

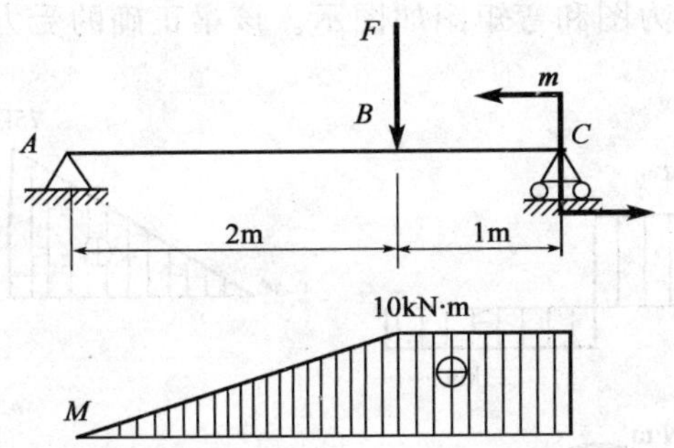

A. $F=10\text{kN}, m=10\text{kN}\cdot\text{m}$　　B. $F=5\text{kN}, m=10\text{kN}\cdot\text{m}$

C. $F=10\text{kN}, m=5\text{kN}\cdot\text{m}$　　D. $F=5\text{kN}, m=5\text{kN}\cdot\text{m}$

65. 在图示 xy 坐标系下，单元体的最大主应力 σ_1 大致指向：

A. 第一象限，靠近 x 轴

B. 第一象限，靠近 y 轴

C. 第二象限，靠近 x 轴

D. 第二象限，靠近 y 轴

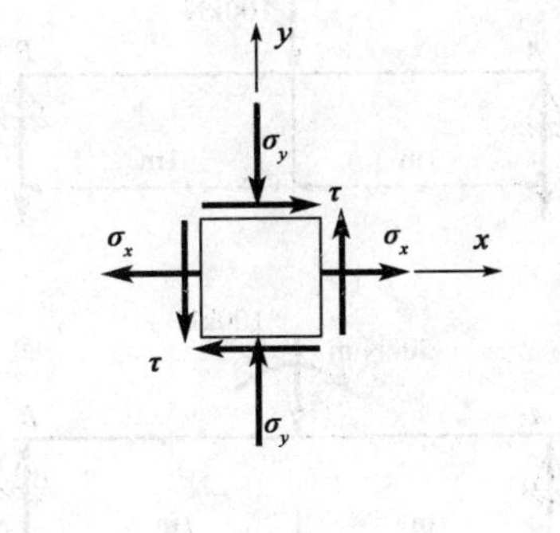

66. 图示变截面短杆，AB 段压应力 σ_{AB} 与 BC 段压应力 σ_{BC} 的关系是：

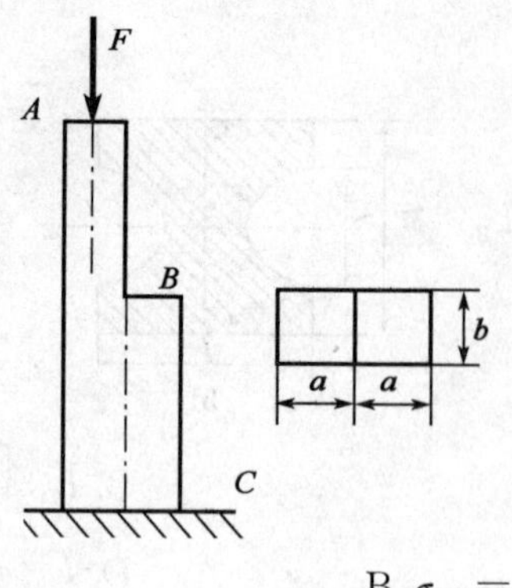

A. $\sigma_{AB}=1.25\sigma_{BC}$

B. $\sigma_{AB}=0.8\sigma_{BC}$

C. $\sigma_{AB}=2\sigma_{BC}$

D. $\sigma_{AB}=0.5\sigma_{BC}$

67. 简支梁 AB 的剪力图和弯矩图如图示。该梁正确的受力图是：

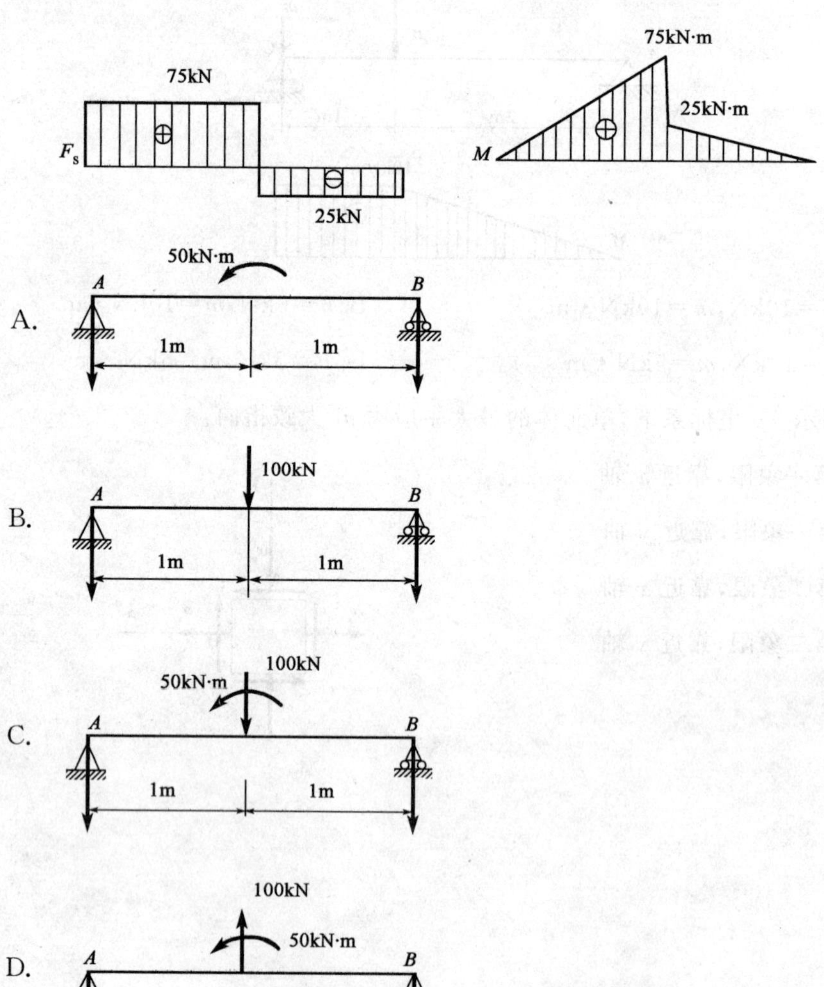

68. 矩形截面简支梁中点承受集中力 $F=100\text{kN}$。若 $h=200\text{mm}, b=100\text{mm}$，梁的最大弯曲正应力是：

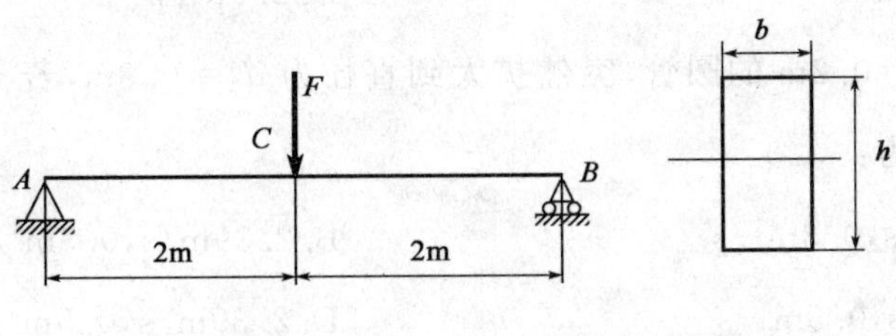

A. 75MPa　　B. 150MPa

C. 300MPa　　D. 50MPa

69. 图示槽形截面杆，一端固定，另端自由，作用在自由端角点的外力 F 与杆轴线平行。该杆将发生的变形是：

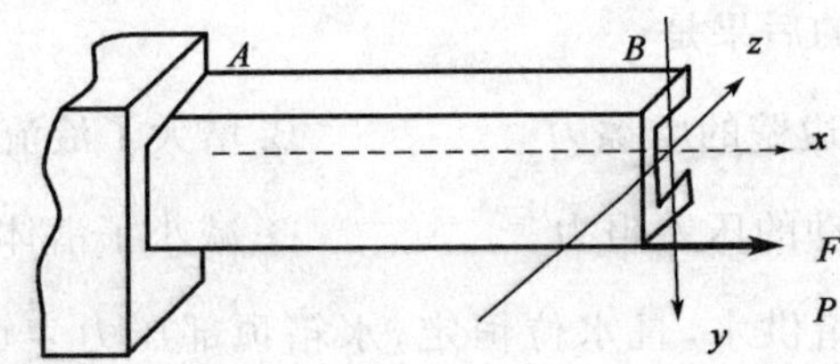

A. xy 平面 xz 平面内的双向弯曲

B. 轴向拉伸及 xy 平面和 xz 平面内的双向弯曲

C. 轴向拉伸和 xy 平面内的平面弯曲

D. 轴向拉伸和 xz 平面内的平面弯曲

70. 两端铰支细长（大柔度）压杆，在下端铰链处增加一个扭簧弹性约束，如图示。该压杆的长度系数 μ 的取值范围是：

A. $0.7<\mu<1$

B. $2>\mu>1$

C. $0.5<\mu<0.7$

D. $\mu<0.5$

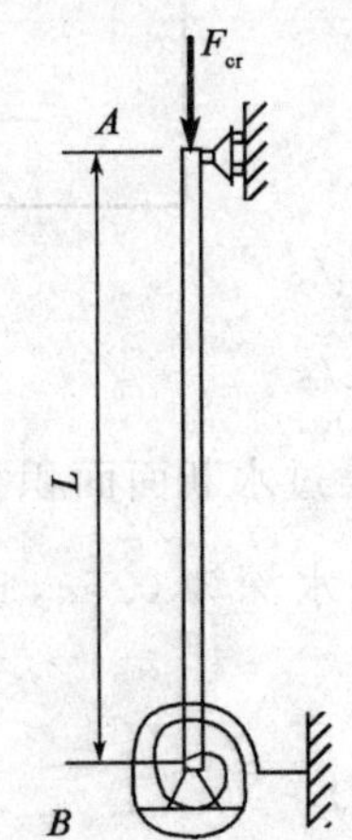

71. 标准大气压时的自由液面下 1m 处的绝对压强为：

A. 0.11MPa　　B. 0.12MPa

C. 0.15MPa　　D. 2.0MPa

72. 一直径 $d_1=0.2\text{m}$ 的圆管，突然扩大到直径为 $d_2=0.3\text{m}$，若 $v_1=9.55\text{m/s}$，则 v_2 与 Q 分别为：

A. 4.24m/s，0.3m³/s　　B. 2.39m/s，0.3m³/s

C. 4.24m/s，0.5m³/s　　D. 2.39m/s，0.5m³/s

73. 直径为 20mm 的管流，平均流速为 9m/s，已知水的运动黏性系数 $\nu=0.0114\text{cm}^2/\text{s}$，则管中水流的流态和水流流态转变的层流流速分别是：

A. 层流，19cm/s　　B. 层流，13cm/s

C. 紊流，19cm/s　　D. 紊流，13cm/s

74. 边界层分离现象的后果是：

A. 减小了液流与边壁的摩擦力　　B. 增大了液流与边壁的摩擦力

C. 增加了潜体运动的压差阻力　　D. 减小了潜体运动的压差阻力

75. 如图由大体积水箱供水，且水位恒定，水箱顶部压力表读数 19600Pa，水深 $H=2\text{m}$，水平管道长 $l=100\text{m}$，直径 $d=200\text{mm}$，沿程损失系数 0.02，忽略局部损失，则管道通过流量是：

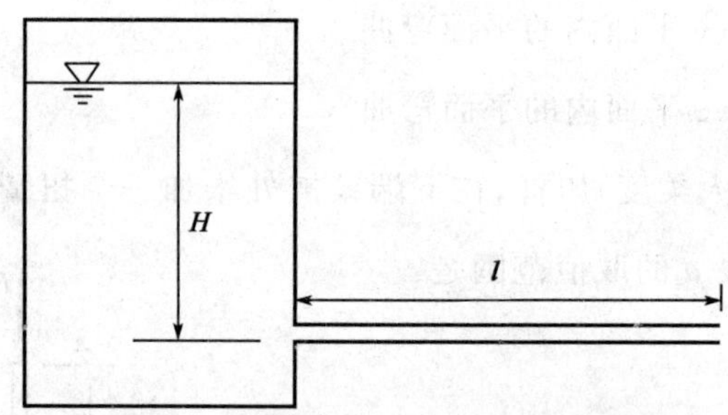

A. 83.8L/s　　B. 196.5L/s

C. 59.3L/s　　D. 47.4L/s

76. 两条明渠过水断面面积相等，断面形状分别为(1)方形，边长为 a；(2)矩形，底边宽为 $2a$，水深为 $0.5a$，它们的底坡与粗糙系数相同，则两者的均匀流流量关系式为：

A. $Q_1>Q_2$　　B. $Q_1=Q_2$

C. $Q_1<Q_2$　　D. 不能确定

77. 如图，均匀砂质土壤装在容器中，设渗透系数为 0.012cm/s，渗流流量为 $0.3\text{m}^3/\text{s}$，则渗流流速为：

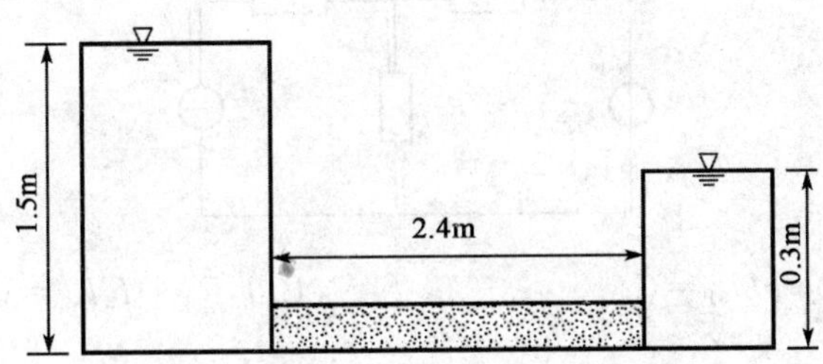

A. 0.003cm/s

B. 0.006cm/s

C. 0.009cm/s

D. 0.012cm/s

78. 雷诺数的物理意义是：

A. 压力与黏性力之比

B. 惯性力与黏性力之比

C. 重力与惯性力之比

D. 重力与黏性力之比

79. 真空中，点电荷 q_1 和 q_2 的空间位置如图所示，q_1 为正电荷，且 $q_2=-q_1$，则 A 点的电场强度的方向是：

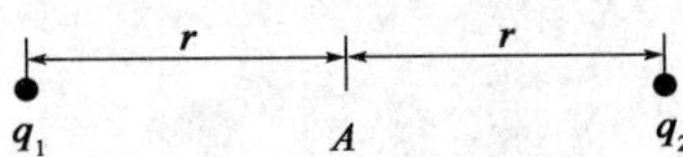

A. 从 A 点指向 q_1

B. 从 A 点指向 q_2

C. 垂直于 q_1q_2 连线，方向向上

D. 垂直于 q_1q_2 连线，方向向下

80. 设电阻元件 R、电感元件 L、电容元件 C 上的电压电流取关联方向，则如下关系成立的是：

A. $i_R=R\cdot u_R$

B. $u_C=C\dfrac{\mathrm{d}i_C}{\mathrm{d}t}$

C. $i_C=C\dfrac{\mathrm{d}u_C}{\mathrm{d}t}$

D. $u_L=\dfrac{1}{L}\int i_C\mathrm{d}t$

81. 用于求解图示电路的 4 个方程中，有一个错误方程，这个错误方程是：

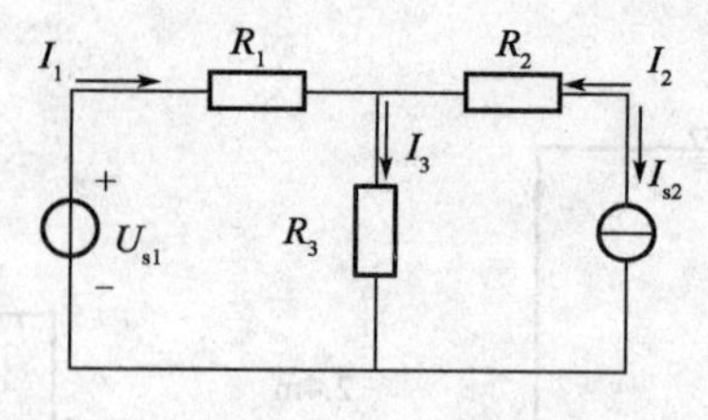

A. $I_1R_1+I_3R_3-U_{s1}=0$　　B. $I_2R_2+I_3R_3=0$

C. $I_1+I_2-I_3=0$　　D. $I_2=-I_{s2}$

82. 已知有效值为 10V 的正弦交流电压的相量图如图所示，则它的时间函数形式是：

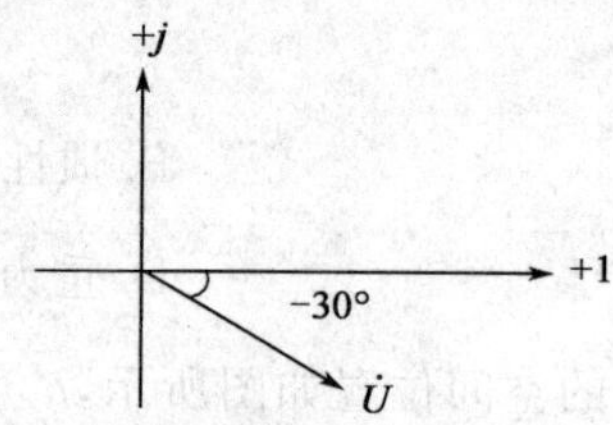

A. $u(t)=10\sqrt{2}\sin(\omega t-30°)$ V

B. $u(t)=10\sin(\omega t-30°)$ V

C. $u(t)=10\sqrt{2}\sin(-30°)$ V

D. $u(t)=10\cos(-30°)+10\sin(-30°)$ V

83. 图示电路中，当端电压 $\dot{U}=100\angle 0°$V 时，$\dot{I}$ 等于：

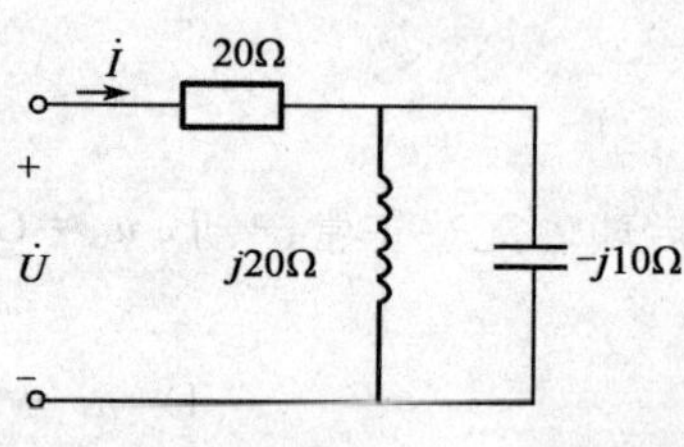

A. $3.5\angle -45°$A　　B. $3.5\angle 45°$A

C. $4.5\angle 26.6°$A　　D. $4.5\angle -26.6°$A

84. 在图示电路中，开关 S 闭合后：

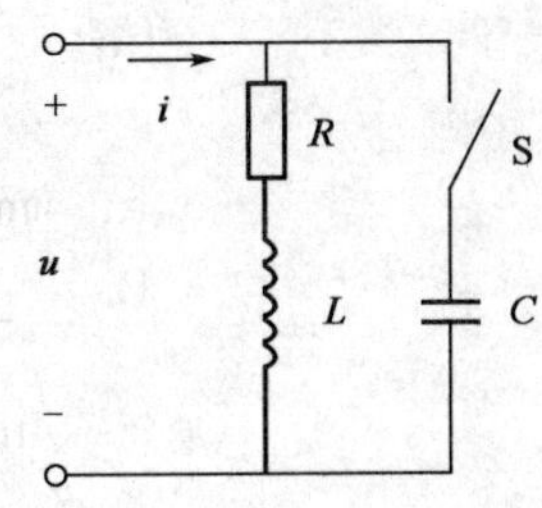

A. 电路的功率因数一定变大

B. 总电流减小时，电路的功率因数变大

C. 总电流减小时，感性负载的功率因数变大

D. 总电流减小时，一定出现过补偿现象

85. 图示变压器空载运行电路中，设变压器为理想器件，若 $u=\sqrt{2}U\sin\omega t$，则此时：

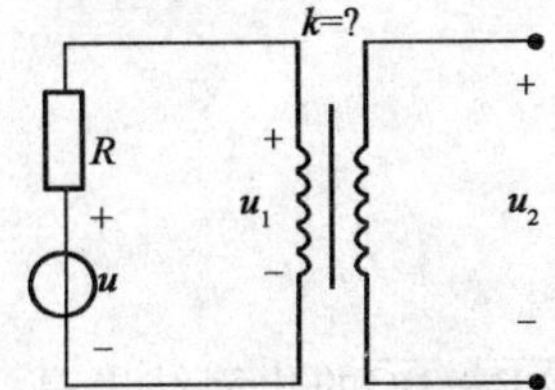

A. $\dfrac{U_2}{U_1}=2$

B. $\dfrac{U}{U_2}=2$

C. $u_2=0, u_1=0$

D. $\dfrac{U}{U_1}=2$

86. 设某△接三相异步电动机的全压起动转矩为 66Nm，当对其使用 Y-△降压起动方案时，当分别带 10Nm、20Nm、30Nm、40Nm 的负载起动时：

A. 均能正常起动

B. 均无法正常起动

C. 前两者能正常起动，后两者无法正常起动

D. 前三者能正常起动，后者无法正常起动

87. 图示电压信号 u_o 是：

A. 二进制代码信号

B. 二值逻辑信号

C. 离散时间信号

D. 连续时间信号

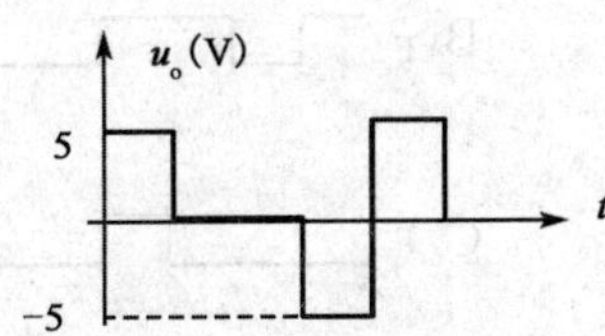

88. 信号 $u(t)=10\cdot 1(t)-10\cdot 1(t-1)$ V，其中，$1(t)$ 表示单位阶跃函数，则 $u(t)$ 应为：

A. 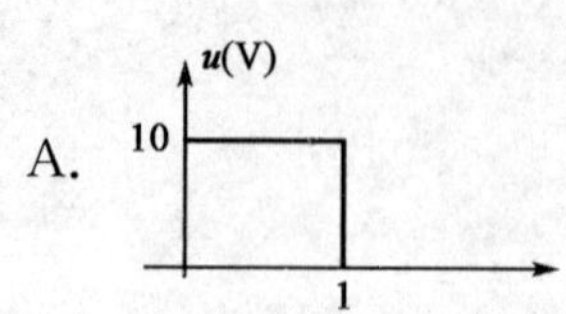

B. 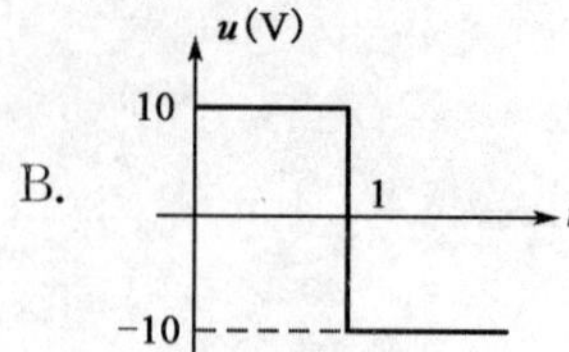

C. 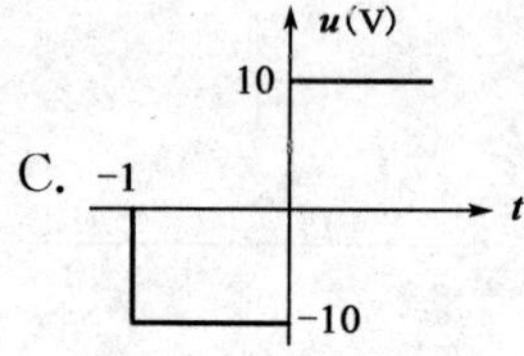

D. 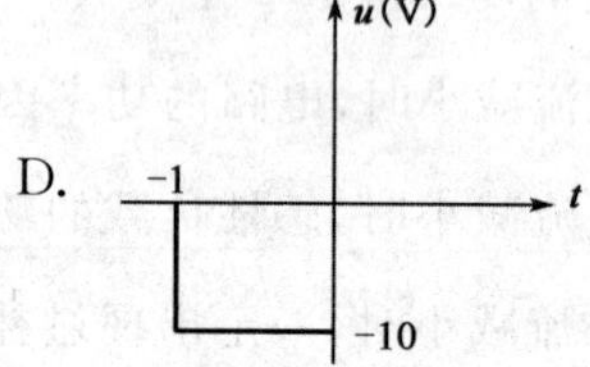

89. 一个低频模拟信号 $u_1(t)$ 被一个高频的噪声信号污染后，能将这个噪声滤除的装置是：

A. 高通滤波器　　B. 低通滤波器

C. 带通滤波器　　D. 带阻滤波器

90. 对逻辑表达式 $\overline{AB}+\overline{BC}$ 的化简结果是：

A. $\overline{A}+\overline{B}+\overline{C}$　　B. $\overline{A}+2\overline{B}+\overline{C}$

C. $\overline{A+C}+B$　　D. $\overline{A}+\overline{C}$

91. 已知数字信号 A 和数字信号 B 的波形如图所示，则数字信号 $F=A\overline{B}+\overline{A}B$ 的波形为：

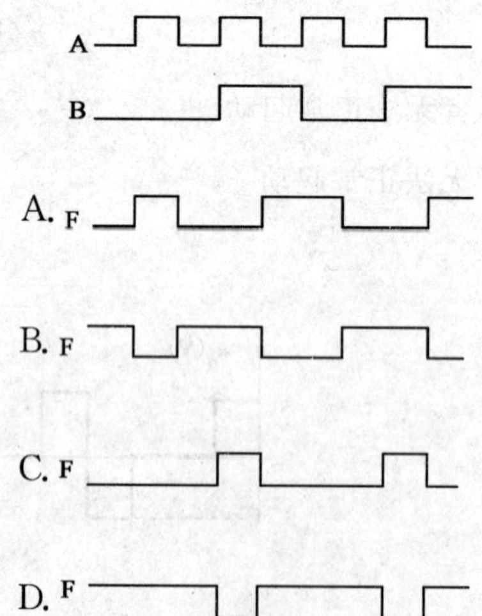

92. 十进制数字 10 的 BCD 码为：

A. 00010000　　　　B. 00001010

C. 1010　　　　D. 0010

93. 二极管应用电路如图所示，设二极管为理想器件，当 $u_1=10\sin\omega t$V 时，输出电压 u_o 的平均值 U_o 等于：

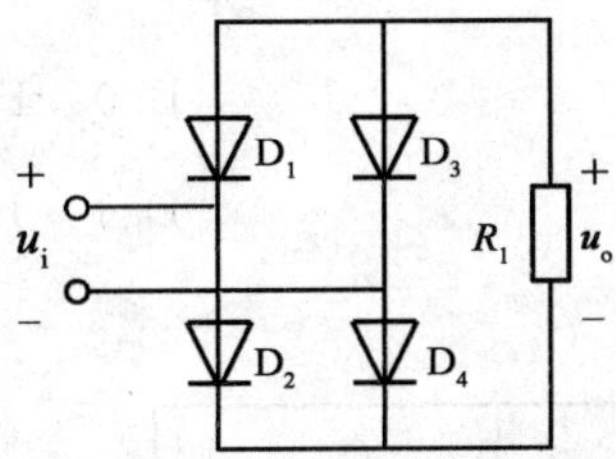

A. 10V　　　　B. $0.9\times10=9$V

C. $0.9\times\frac{10}{\sqrt{2}}=6.36$V　　　　D. $-0.9\times\frac{10}{\sqrt{2}}=-6.36$V

94. 运算放大器应用电路如图所示，设运算放大器输出电压的极限值为±11V。如果将−2.5V 电压接入"A"端，而"B"端接地后，测得输出电压为 10V，如果将−2.5V电压接入"B"端，而"A"端接地，则该电路的输出电压 u_o 等于：

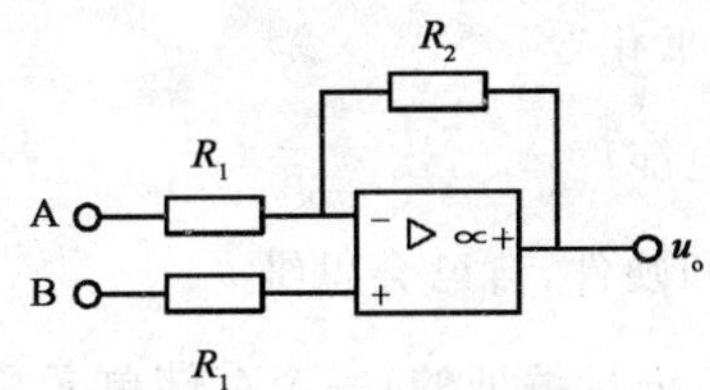

A. 10V　　　　B. −10V

C. −11V　　　　D. −12.5V

95. 图示逻辑门的输出 F_1 和 F_2 分别为：

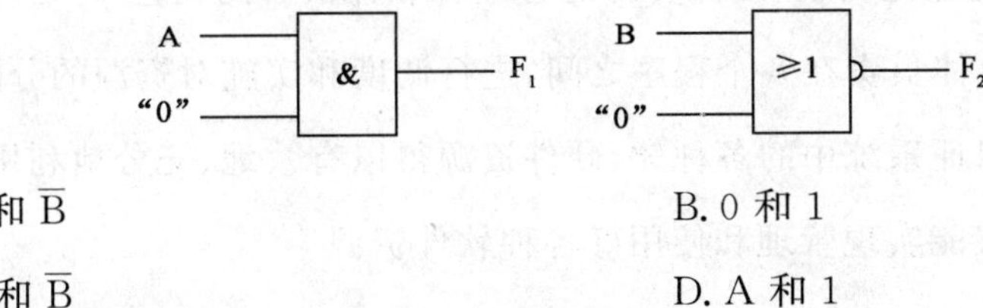

A. 0 和 $\overline{B}$　　　　B. 0 和 1

C. A 和 $\overline{B}$　　　　D. A 和 1

96. 图 a)所示电路中，时钟脉冲、复位信号及数模输入信号如图 b)所示。经分析可知，在第一个和第二个时钟脉冲的下降沿过后，输出 Q 先后等于：

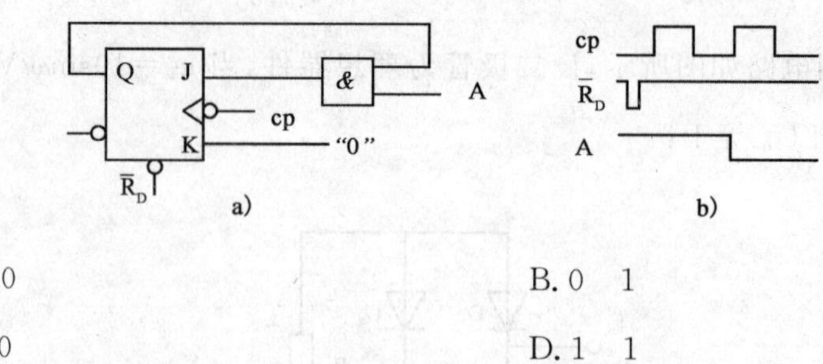

A. 0 0 B. 0 1

C. 1 0 D. 1 1

附：触发器的逻辑状态表为

J	K	Q_{n+1}
0	0	Q_n
0	1	0
1	0	1
1	1	$\overline{Q_n}$

97. 计算机发展的人性化的一个重要方面是：

A. 计算机的价格便宜

B. 计算机使用上的“傻瓜化”

C. 计算机使用不需要电能

D. 计算机不需要软件和硬件，自己会思维

98. 计算机存储器是按字节进行编址的，一个存储单元是：

A. 8 个字节 B. 1 个字节

C. 16 个二进制数位 D. 32 个二进制数位

99. 下面有关操作系统的描述中，其中错误的是：

A. 操作系统就是充当软、硬件资源的管理者和仲裁者的角色

B. 操作系统具体负责在各个程序之间，进行调度和实施对资源的分配

C. 操作系统保证系统中的各种软、硬件资源得以有效地、充分地利用

D. 操作系统仅能实现管理和使用好各种软件资源

100. 计算机的支撑软件是：

A. 计算机软件系统内的一个组成部分

B. 计算机硬件系统内的一个组成部分

C. 计算机应用软件内的一个组成部分

D. 计算机专用软件内的一个组成部分

101. 操作系统中的进程与处理器管理的主要功能是：

A. 实现程序的安装、卸载

B. 提高主存储器的利用率

C. 使计算机系统中的软硬件资源得以充分利用

D. 优化外部设备的运行环境

102. 影响计算机图像质量的主要参数有：

A. 存储器的容量、图像文件的尺寸、文件保存格式

B. 处理器的速度、图像文件的尺寸、文件保存格式

C. 显卡的品质、图像文件的尺寸、文件保存格式

D. 分辨率、颜色深度、图像文件的尺寸、文件保存格式

103. 计算机操作系统中的设备管理主要是：

A. 微处理器 CPU 的管理　　B. 内存储器的管理

C. 计算机系统中的所有外部设备的管理　　D. 计算机系统中的所有硬件设备的管理

104. 下面四个选项中，不属于数字签名技术的是：

A. 权限管理

B. 接收者能够核实发送者对报文的签名

C. 发送者事后不能对报文的签名进行抵赖

D. 接收者不能伪造对报文的签名

105. 实现计算机网络化后的最大好处是：

A. 存储容量被增大　　B. 计算机运行速度加快

C. 节省大量人力资源　　D. 实现了资源共享

106. 校园网是提高学校教学、科研水平不可缺少的设施，它是属于：

A. 局域网　　B. 城域网

C. 广域网　　D. 网际网

107. 某企业拟购买3年期一次到期债券，打算三年后到期本利和为300万元，按季复利计息，年名义利率为8%，则现在应购买债券：

A. 119.13万元　　B. 236.55万元

C. 238.15万元　　D. 282.70万元

108. 在下列费用中，应列入项目建设投资的是：

A. 项目经营成本　　B. 流动资金

C. 预备费　　D. 建设期利息

109. 某公司向银行借款2400万元，期限为6年，年利率为8%，每年年末付息一次，每年等额还本，到第6年末还完本息。请问该公司第4年年末应还的本息和是：

A. 432万元　　B. 464万元

C. 496万元　　D. 592万元

110. 某项目动态投资回收期刚好等于项目计算期，则以下说法中正确的是：

A. 该项目动态回收期小于基准回收期

B. 该项目净现值大于零

C. 该项目净现值小于零

D. 该项目内部收益率等于基准收益率

111. 某项目要从国外进口一种原材料，原始材料的CIF（到岸价格）为150美元/吨，美元的影子汇率为6.5，进口费用为240元/吨，请问这种原材料的影子价格是：

A. 735元人民币　　B. 975元人民币

C. 1215元人民币　　D. 1710元人民币

112. 已知甲、乙为两个寿命期相同的互斥项目，其中乙项目投资大于甲项目。通过测算得出甲、乙两项目的内部收益率分别为18%和14%，增量内部收益率$\Delta IRR_{(乙-甲)}=13\%$，基准收益率为11%，以下说法中正确的是：

A. 应选择甲项目　　B. 应选择乙项目

C. 应同时选择甲、乙两个项目　　D. 甲、乙两个项目均不应选择

113. 以下关于改扩建项目财务分析的说法中正确的是：

A. 应以财务生存能力分析为主

B. 应以项目清偿能力分析为主

C. 应以企业层次为主进行财务分析

D. 应遵循“有无对比”原则

114. 某工程设计有四个方案，在进行方案选择时计算得出：甲方案功能评价系数0.85，成本系数0.92；乙方案功能评价系数0.6，成本系数0.7；丙方案功能评价系数0.94，成本系数0.88；丁方案功能评价系数0.67，成本系数0.82。则最优方案的价值系数为：

A. 0.924　　B. 0.857

C. 1.068　　D. 0.817

115. 根据《中华人民共和国建筑法》的规定，有关工程发包的规定，下列理解错误的是：

A. 关于对建筑工程进行肢解发包的规定，属于禁止性规定

B. 可以将建筑工程的勘察、设计、施工、设备采购一并发包给一个工程总承包单位

C. 建筑工程实行直接发包的，发包单位可以将建筑工程发包给具有资质证书的承包单位

D. 提倡对建筑工程实行总承包

116. 根据《建设工程安全生产管理条例》的规定，施工单位实施爆破、起重吊装等施工时，应当安排现场的监督人员是：

A. 项目管理技术人员　　B 应急救援人员

C. 专职安全生产管理人员　　D. 专职质量管理人员

117. 某工程项目实行公开招标，招标人根据招标项目的特点和需要编制招标文件，其招标文件的内容不包括：

A. 招标项目的技术要求　　B. 对投标人资格审查的标准

C. 拟签订合同的时间　　D. 投标报价要求和评标标准

118. 某水泥厂以电子邮件的方式于2008年3月5日发出销售水泥的要约，要求2008年3月6日18:00前回复承诺。甲施工单位于2008年3月6日16:00对该要约发出承诺，由于网络原因，导致该电子邮件于2008年3月6日20:00到达水泥厂，此时水泥厂的水泥已经售完。下列关于该承诺如何处理的说法，正确的是：

A. 张厂长说邮件未能按时到达，可以不予理会

B. 李厂长说邮件是在期限内发出的，应该作为有效承诺，我们必须想办法给对方供应水泥

C. 王厂长说虽然邮件是在期限内发出的，但是到达晚了，可以认为是无效承诺

D. 赵厂长说我们及时通知对方，因承诺到达已晚，不接受就是了

119. 根据《中华人民共和国环境保护法》的规定，下列关于建设项目中防治污染的设施的说法中，不正确的是：

A. 防治污染的设施，必须与主体工程同时设计、同时施工、同时投入使用

B. 防治污染的设施不得擅自拆除

C. 防治污染的设施不得擅自闲置

D. 防治污染的设施经建设行政主管部门验收合格后方可投入生产或者使用

120. 根据《建设工程质量管理条例》的规定，监理单位代表建设单位对施工质量实施监理，并对施工质量承担监理责任，其监理的依据不包括：

A. 有关技术标准　　B. 设计文件

C. 工程承包合同　　D. 建设单位指令

2016年度全国勘察设计注册土木工程师（岩土）

执业资格考试试卷

基础考试
（下）

二〇一六年九月

应考人员注意事项

1. 本试卷科目代码为“2”，考生务必将此代码填涂在答题卡“科目代码”相应的栏目内，否则，无法评分。

2. 书写用笔：**黑色或蓝色钢笔、签字笔或圆珠笔**；

   填涂答题卡用笔：**黑色 2B 铅笔**。

3. 必须用书写用笔将工作单位、姓名、准考证号填写在答题卡和试卷相应的栏目内。

4. 本试卷由 60 题组成，每题 2 分，满分 120 分，本试卷全部为单项选择题，每小题的四个备选项中只有一个正确答案，错选、多选、不选均不得分。

5. 考生作答时，必须**按题号在答题卡上**将相应试题所选选项对应的**字母用 2B 铅笔涂黑**。

6. 在答题卡上书写与题意无关的语言，或在答题卡上作标记的，均按违纪试卷处理。

7. 考试结束时，由监考人员当面将试卷、答题卡一并收回。

8. 草稿纸由各地统一配发，考后收回。

单项选择题(共 60 题,每题 2 分。每题的备选项中只有一个最符合题意。)

1. 材料的孔隙率降低,则其:

A. 密度增大而强度提高

B. 表观密度增大而强度提高

C. 密度减小而强度降低

D. 表观密度减小而强度降低

2. 密度为 $2.6g/cm^3$ 的岩石具有 10%的孔隙率,其表观密度为:

A. $2340kg/m^3$

B. $2680kg/m^3$

C. $2600kg/m^3$

D. $2364kg/m^3$

3. 水泥中不同矿物的水化速率有较大差别,因此可以通过调节其在水泥中的相对含量来满足不同工程对水泥水化速率与凝结时间的要求。早强水泥要求水泥水化速度快,因此以下矿物含量较高的是:

A. 石膏

B. 铁铝酸四钙

C. 硅酸三钙

D. 硅酸二钙

4. 混凝土的干燥收缩和徐变的规律相似,而且最终变形量也相互接近,原因是两者具有相同的微观机理,均为:

A. 毛细孔的排水

B. 过渡区的变形

C. 骨料的吸水

D. 凝胶孔水分的移动

5. 描述混凝土用砂的粗细程度的指标是:

A. 细度模数

B. 级配曲线

C. 最大粒径

D. 最小粒径

6. 下列几种矿物粉料中,适合做沥青的矿物填充料的是:

A. 石灰石粉

B. 石英砂粉

C. 花岗岩粉

D. 滑石粉

7. 衡量钢材的塑性高低的技术指标为:

A. 屈服强度

B. 抗拉强度

C. 断后伸长率

D. 冲击韧性

8. 水准测量实际工作时，计算出每个测站的高差后，需要进行计算检核，如果$\sum h=\sum a-\sum b$算式成立，则说明：

A. 各测站高差计算正确

B. 前、后视读数正确

C. 高程计算正确

D. 水准测量成果合格

9. 经纬仪有四条主要轴线，如果视准轴不垂直于横轴，此时望远镜绕横轴旋转时，则视准轴的轨迹是：

A. 一个圆锥面　　B. 一个倾斜面

C. 一个竖直面　　D. 一个不规则的曲面

10. 设在三角形A、B、C中，直接观测了$\angle A$和$\angle B$。$m_A=\pm 4''$、$m_B=\pm 5''$，由$\angle A$、$\angle B$计算$\angle C$，则$\angle C$的中误差m_C：

A. $\pm 9''$　　B. $\pm 6.4''$

C. $\pm 3''$　　D. $\pm 4.5''$

11. 导线测量的外业工作在踏勘选点工作完成后，然后需要进行下列何项工作：

A. 水平角测量和竖直角测量

B. 方位角测量和距离测量

C. 高程测量和边长测量

D. 水平角测量和边长测量

12. 建筑场地高程测量，为了便于建(构)筑物的内部测设，在建(构)筑物内设± 0点，一般情况建(构)筑物的室内地坪高程作为± 0，因此，各个建(构)筑物的± 0应该是：

A. 同一高程　　B. 根据地形确定高程

C. 依据施工方便确定高程　　D. 不是同一高程

13. 有关我国招投标的一般规定，下列理解错误的是：

A. 采用书面合同

B. 禁止行贿受贿

C. 承包商必须有相应资质

D. 可肢解分包

14. 有关建设单位的工程质量责任与义务，下列理解错误的是：

A. 可将一个工程的各部位分包给不同的设计或施工单位

B. 发包给具有相应资质登记的单位

C. 领取施工许可证或者开工前，办理工程质量监督手续

D. 委托具有相应资质等级的工程监理单位进行监理

15. 国家规定的安全生产责任制度中，对单位主要负责人、施工项目经理、专职人员与从业人员的共同规定是：

A. 报告生产安全事故

B. 确保安全生产费用有效使用

C. 进行工伤事故统计、分析和报告

D. 由有关部门考试合格

16. 就下列叙述中，职工没有侵犯所属单位的知识产权的是：

A. 职工离职一年后将形成的知识产权视为已有或转让他人

B. 在职期间，职工未经许可将所属企业的勘察设计文件转让其他单位或个人

C. 职工在离开企业前复制技术资料

D. 将应属于职务发明创造的科技成果申请成非职务专利

17. 灌注桩的承载能力与施工方法有关，其承载能力由低到高的顺序依次为：

A. 钻孔桩、复打沉管桩、单打沉管桩、反插沉管桩

B. 钻孔桩、单打沉管桩、复打沉管桩、反插沉管桩

C. 钻孔桩、单打沉管桩、反插沉管桩、复打沉管桩

D. 单打沉管桩、反插沉管桩、复打沉管桩、钻孔桩

18. 影响混凝土受冻临界强度的因素是：

A. 水泥品种　　B. 骨料粒径

C. 水灰比　　D. 构件尺寸

19. 对平面呈板式的六层钢筋混凝土预制结构吊装时，宜采用：

A. 人字桅杆式起重机

B. 履带式起重机

C. 轨道式塔式起重机

D. 附着式塔式起重机

20. 在双代号时标网络计划中，若某项工作的箭线上没有波形线，则说明该工作：

A. 为关键工作

B. 自由时差为 0

C. 总时差等于自由时差

D. 自由时差不超过总时差

21. 施工单位的计划系统中，下列哪类计划是编制各种资源需要量计划和施工准备工作计划的依据？

A. 施工准备工作计划

B. 工程年度计划

C. 单位工程施工进度计划

D. 分部分项工程进度计划

22. 图示对称结构 C 点的水平位移 $\Delta_{CH}=\Delta(\rightarrow)$，若 AC 杆 EI 增大一倍，BC 杆 EI 不变，则 Δ_{CH} 变为：

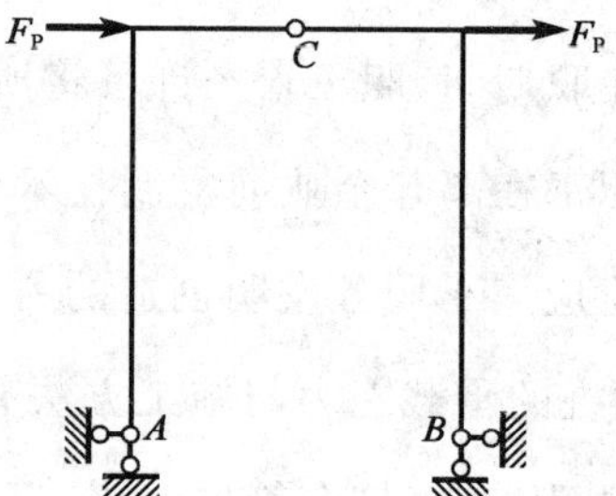

A. 2Δ

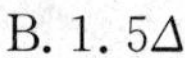
B. 1.5Δ

C. 0.5Δ

D. 0.75

23. 在图示结构中，若要使其自振频率 ω 增大，可以：

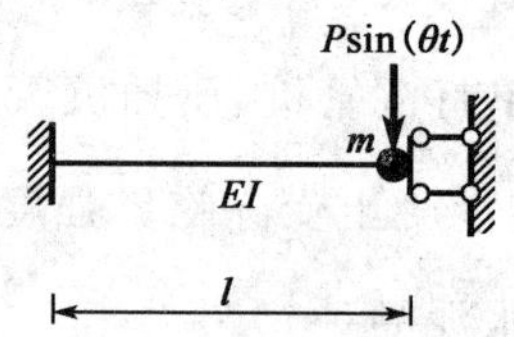

A. 增大 P

B. 增大 m

C. 增大 EI

D. 增大 l

24. 图示结构 M_{BA} 值的大小为：

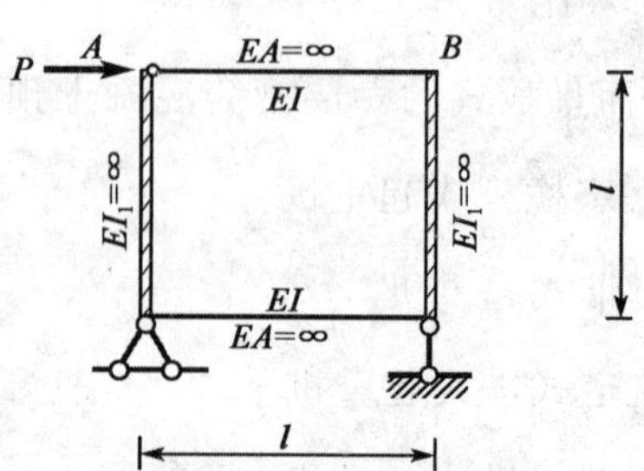

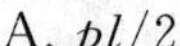
A. $pl/2$

B. $pl/3$

C. $pl/4$

D. $pl/5$

25. 钢筋混凝土受扭构件随受扭箍筋配筋率的增加，将发生的受扭破坏形态是：

A. 少筋破坏

B. 适筋破坏

C. 超筋破坏

D. 部分超筋破坏或超筋破坏

26. 关于预应力混凝土受弯构件的描述，正确的是：

A. 受压区设置预应力钢筋目的是增强该受压区的强度

B. 预应力混凝土受弯构件的界限相对受压区高度计算公式与钢筋混凝土受弯构件相同

C. 承载力极限状态时，受拉区预应力钢筋均能达到屈服，且受压区混凝土被压溃

D. 承载力极限状态时，受压区预应力钢筋一般未能达到屈服

27. 与钢筋混凝土框架-剪力墙结构相比，钢筋混凝土筒体结构所特有的规律是：

A. 弯曲型变形与剪切型变形叠加

B. 剪力滞后

C. 是双重抗侧力体系

D. 水平荷载作用下是延性破坏

28. 结构钢材牌号 Q345C 和 Q345D 的主要区别在于：

A. 抗拉强度不同

B. 冲击韧性不同

C. 含碳量不同

D. 冷弯角不同

29. 钢结构轴心受拉构件的刚度设计指标是：

A. 荷载标准值产生的轴向变形

B. 荷载标准值产生的挠度

C. 构件的长细比

D. 构件的自振频率

30. 计算图示高强度螺栓摩擦型连接节点时，假设螺栓 A 所受的拉力为：

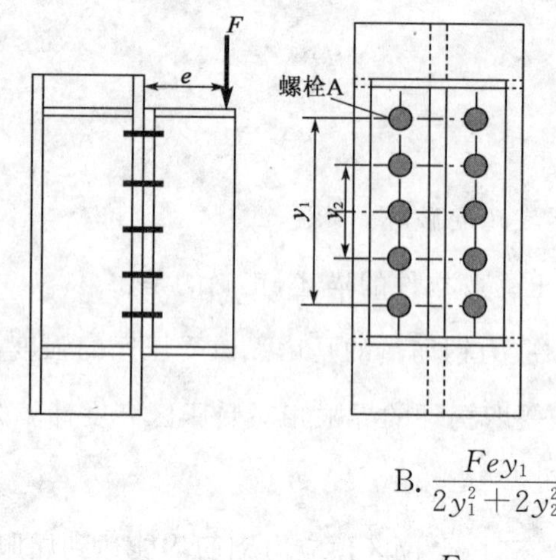

A. $\frac{Fey_1}{5.5y_1^2+y_2^2}$　　B. $\frac{Fey_1}{2y_1^2+2y_2^2}$

C. $\frac{F}{10}$　　D. $\frac{F}{5}$

31. 多层砖砌体房屋钢筋混凝土构造柱的说法，正确的是：

A. 设置构造柱是为了加强砌体构件抵抗地震作用时的承载力

B. 设置构造柱是为了提高墙体的延性、加强房屋的抗震能力

C. 构造柱必须在房屋每个开间的四个转角处设置

D. 设置构造柱后砌体墙体的抗侧刚度有很大的提高

32. 砌体结构房屋，当梁跨度大到一定程度时，在梁支承处宜加设壁柱。对砌块砌体而言，现行规范规定的该跨度限值是：

A. 4.8m　　B. 6.0m

C. 7.2m　　D. 9m

33. 影响砌体结构房屋空间工作性能的主要因素是下面哪一项：

A. 房屋结构所用块材和砂浆的强度等级

B. 外纵墙的高厚比和门窗洞口的开设是否超过规定

C. 圈梁和构造柱的设置是否满足规范的要求

D. 房屋屋盖、楼盖的类别和横墙的距离

34. 下列哪种现象可以代表岩石进入破坏状态？

A. 体积变小　　B. 体积增大

C. 应力变小　　D. 应力增大

35. 在均质各向同性的岩体内开挖一圆形洞室，当水平应力与垂向应力的比值为多少时，在围岩内会出现拉应力？

A. 1∶4　　B. 1∶3

C. 1∶2　　D. 1∶1

36. 关于土的塑性指数，下面说法正确的是：

A. 可以作为黏性土工程分类的依据之一

B. 可以作为砂土工程分类的依据之一

C. 可以反映黏性土的软硬情况

D. 可以反映砂土的软硬情况

37. 在相同的地基上，甲、乙两条形基础的埋深相等，基底附加压力相等，基础甲的宽度是基础乙的 2 倍。在基础中心以下相同深度 $Z(Z>0)$ 处基础甲的附加应力 σ_A 与基础乙的附加应力 σ_B 相比：

A. $\sigma_A>\sigma_B$，且 $\sigma_A>2\sigma_B$

B. $\sigma_A>\sigma_B$，且 $\sigma_A<2\sigma_B$

C. $\sigma_A>\sigma_B$，且 $\sigma_A=2\sigma_B$

D. $\sigma_A>\sigma_B$，但 σ_A 与 $2\sigma_B$ 的关系尚要根据深度 Z 与基础宽度的比值确定

38. 下面哪一个可以作为固结系数的单位？

A. 年/m　　B. m^2/年

C. 年　　D. m/年

39. 关于膨胀土，下列说法不正确的是：

A. 膨胀土遇水膨胀，失水收缩，两种情况的变形量都比较大

B. 膨胀土遇水膨胀量比较大，失水收缩的变形量则比较小，一般可以忽略

C. 对地基预浸水可以消除膨胀土的膨胀性

D. 反复浸水—失水后可以消除膨胀土的膨胀性

40. 无水情况的均质无黏性土边坡，不考虑摩擦角随应力的变化，滑动面形式一般为：

A. 深层圆弧滑动

B. 深层对数螺旋形滑动

C. 表面浅层滑动

D. 深层折线形滑动

41. 一种岩石，具有如下特征：灰色、结构细腻、硬度比钥匙大且比玻璃小，滴盐酸不起泡但其粉末滴盐酸微弱起泡。这种岩石是：

A. 白云岩　　B. 石灰岩

C. 石英岩　　D. 玄武岩

42. 具有交错层理的岩石通常是：

A. 砂岩　　B. 页岩

C. 燧石条带石灰岩　　D. 流纹岩

43. 上盘相对上升，下盘相对下降的断层是：

A. 正断层　　B. 逆断层

C. 平移断层　　D. 迭瓦式构造

44. 地质图上表现为中间新、两侧变老的对称分布地层，这种构造通常是：

A. 向斜　　B. 背斜

C. 正断层　　D. 逆断层

45. 典型冰川谷的剖面形态是：

A. U 形　　B. V 形

C. 蛇形　　D. 笔直

46. 一个产状接近水平的结构面在赤平面上的投影圆弧的位置：

A. 位于大圆和直径中间　　B. 靠近直径

C. 靠近大圆　　D. 不知道

47. 在荒漠地区，风化作用主要表现为：

A. 被风吹走　　B. 重结晶

C. 机械破碎　　D. 化学分解

48. 下列条件中不是岩溶发育的必需条件为：

A. 岩石具有可溶性　　B. 岩体具有透水结构面

C. 具有溶蚀能力的水　　D. 岩石具有软化性

49. 存在干湿交替作用时，侵蚀性地下水对混凝土的腐蚀强度比无干湿交替作用时：

A. 相对较低　　B. 相对较高

C. 不变　　D. 不一定

50. 关于黄土的湿陷性判断，下列哪个陈述是正确的？

A. 只能通过现场载荷试验

B. 不能通过现场载荷试验

C. 可以采用原状土样做室内湿陷性试验

D. 可以采用同样密度的扰动土样的室内试验

51. 在高应力条件下的岩石边坡开挖，最容易出现的破坏现象是：

A. 岩层弯曲
B. 岩层错动

C. 岩层倾倒
D. 岩层断裂

52. 排水对提高边坡的稳定性具有重要作用，主要是因为：

A. 增大抗滑力
B. 减小下滑力

C. 提高岩土体的抗剪强度
D. 增大抗滑力，减小下滑力

53. 对一水平的均质岩基，其上作用三角形分布的垂直外荷载，下列所述的岩基内附加应力分布中，哪一个叙述是不正确的？

A. 垂直应力分布均为压应力

B. 水平应力分布均为压应力

C. 水平应力分布既有压应力又有拉应力

D. 剪应力既有正值又有负值

54. 如果扩展基础的冲切验算不能满足要求，可以采取以下哪种措施？

A. 降低混凝土标号
B. 加大基础底板的配筋

C. 增大基础的高度
D. 减小基础宽度

55. 在相同的砂土地基上，甲、乙两基础的底面均为正方形，且埋深相同。基础甲的面积为基础乙的 2 倍，根据载荷试验得到的承载力进行深度和宽度修正后，有：

A. 基础甲的承载力大于基础乙

B. 基础乙的承载力大于基础甲

C. 两个基础的承载力相等

D. 根据基础宽度不同，基础甲的承载力可能大于或等于基础乙的承载力，但不会小于基础乙的承载力

56. 下面哪种措施有利于减轻不均匀沉降的危害？

A. 建筑物采用较大的长高比

B. 复杂的建筑物平面形状设计

C. 增强上部结构的整体刚度

D. 增大相邻建筑物的高差

57. 下面哪种情况下的群桩效应比较突出？

A. 间距较小的端承桩

B. 间距较大的端承桩

C. 间距较小的摩擦桩

D. 间距较大的摩擦桩

58. 在进行地基处理时，淤泥和淤泥质土的浅层处理宜采用下面哪种方法？

A. 换土垫层法

B. 砂石桩挤密法

C. 强夯法

D. 振冲挤密法

59. 复合地基中桩的直径为 0.36m，桩的间距(中心距)为 1.2m，当桩按正方形布置时，面积置换率为：

A. 0.142

B. 0.035

C. 0.265

D. 0.070

60. 采用真空预压法加固地基，计算表明在规定时间内达不到要求的固结度，加快固结进程时，下面哪种措施是正确的？

A. 增加预压荷载

B. 减小预压荷载

C. 减小井径比

D. 将真空预压法改为堆载预压

2016 年度全国勘察设计注册工程师执业资格考试基础考试(上)试题解析及参考答案

1. **解** $\lim\limits_{x\to 0}\dfrac{x-\sin x}{\sin x}\overset{\frac{0}{0}}{=}\lim\limits_{x\to 0}\dfrac{1-\cos x}{\cos x}=0$

答案:B

2. **解** 由$\begin{cases}x=t-\arctan t\\ y=\ln(1+t^2)\end{cases}$,知$\dfrac{\mathrm{d}x}{\mathrm{d}t}=\dfrac{t^2}{1+t^2}$,$\dfrac{\mathrm{d}y}{\mathrm{d}t}=\dfrac{2t}{1+t^2}$,则$\dfrac{\mathrm{d}y}{\mathrm{d}x}=\dfrac{\frac{\mathrm{d}y}{\mathrm{d}t}}{\frac{\mathrm{d}x}{\mathrm{d}t}}=\dfrac{2t}{t^2}$,$\dfrac{\mathrm{d}y}{\mathrm{d}x}\Big|_{t=1}=\dfrac{2}{t}\Big|_{t=1}=2$

答案:C

3. **解** $\dfrac{\mathrm{d}y}{\mathrm{d}x}=\dfrac{1}{xy+y^3}$,$\dfrac{\mathrm{d}x}{\mathrm{d}y}=xy+y^3$,$\dfrac{\mathrm{d}x}{\mathrm{d}y}-yx=y^3$,方程为关于$F(y,x,x')=0$的一阶线性微分方程。

答案:C

4. **解** $|\boldsymbol{\alpha}|=2$,$|\boldsymbol{\beta}|=\sqrt{2}$,$\boldsymbol{\alpha}\cdot\boldsymbol{\beta}=2$

由$\boldsymbol{\alpha}\cdot\boldsymbol{\beta}=|\boldsymbol{\alpha}||\boldsymbol{\beta}|\cos(\widehat{\boldsymbol{\alpha}\boldsymbol{\beta}})=2\cdot\sqrt{2}\cos(\widehat{\boldsymbol{\alpha}\boldsymbol{\beta}})=2$,知$\cos(\widehat{\boldsymbol{\alpha}\boldsymbol{\beta}})=\dfrac{\sqrt{2}}{2}$,$(\widehat{\boldsymbol{\alpha}\boldsymbol{\beta}})=\dfrac{\pi}{4}$

故$|\boldsymbol{\alpha}\times\boldsymbol{\beta}|=|\boldsymbol{\alpha}||\boldsymbol{\beta}|\sin(\widehat{\boldsymbol{\alpha}\boldsymbol{\beta}})=2\cdot\sqrt{2}\cdot\dfrac{\sqrt{2}}{2}=2$

答案:A

5. **解** $f(x)$在点x_0处的左、右极限存在且相等,是$f(x)$在点x_0连续的必要非充分条件。

答案:A

6. **解** 对$\int_0^x f(t)\mathrm{d}t=\dfrac{\cos x}{x}$两边求导,得$f(x)=\dfrac{-x\sin x-\cos x}{x^2}$

则$f(\dfrac{\pi}{2})=\dfrac{-\frac{\pi}{2}\cdot 1-0}{\frac{\pi^2}{4}}=-\dfrac{2}{\pi}$

答案:B

7. **解** $\int xf(x)\mathrm{d}x=\int x\mathrm{d}\sec^2 x=x\sec^2 x-\int\sec^2 x\mathrm{d}x=x\sec^2 x-\tan x+C$

答案:D

8. **解** $\begin{cases} y^2+z=1 \\ x=0 \end{cases}$ 表示在 yOz 平面上曲线绕 z 轴旋转，得曲面方程 $x^2+y^2+z=1$。

答案：A

9. **解** $f'_x(x_0,y_0)$，$f'_y(x_0,y_0)$在点$P_0(x_0,y_0)$处连续仅是函数$z=f(x,y)$在点$P_0(x_0,y_0)$可微的充分条件，反之不一定成立，即$z=f(x,y)$在点$P_0(x_0,y_0)$处可微，不能保证偏导$f'_x(x_0,y_0)$，$f'_y(x_0,y_0)$在点$P_0(x_0,y_0)$处连续。没有定理保证。

答案：D

10. **解**

$$\int_{-\infty}^{+\infty}\frac{A}{1+x^2}\mathrm{d}x=A\int_{-\infty}^{+\infty}\frac{1}{1+x^2}\mathrm{d}x=A\left[\int_{-\infty}^{0}\frac{1}{1+x^2}\mathrm{d}x+\int_{0}^{+\infty}\frac{1}{1+x^2}\mathrm{d}x\right]$$

$$=A\left(\arctan x\Big|_{-\infty}^{0}+\arctan x\Big|_{0}^{+\infty}\right)=A\left(\frac{\pi}{2}+\frac{\pi}{2}\right)=A\pi$$

由 $A\pi=1$，得 $A=\frac{1}{\pi}$

答案：A

11. **解** $f(x)=x(x-1)(x-2)$

$f(x)$在$[0,1]$连续，在$(0,1)$可导，且$f(0)=f(1)$

由罗尔定理可知，存在$f'(\zeta_1)=0$，ζ_1在$(0,1)$之间

$f(x)$在$[1,2]$连续，在$(1,2)$可导，且$f(1)=f(2)$

由罗尔定理可知，存在$f'(\zeta_2)=0$，ζ_2在$(1,2)$之间

因为$f'(x)=0$是二次方程，所以$f'(x)=0$的实根个数为2

答案：B

12. **解** $y''-2y'+y=0$，$r^2-2r+1=0$，$r=1$，二重根。

通解 $y=(C_1+C_2x)e^x$（其中 C_1，C_2 为任意常数）

线性无关的特解为 $y_1=e^x$，$y_2=xe^x$

答案：D

13. **解** $f(x)$在(a,b)内可微，且$f'(x)\neq 0$

由函数极值存在的必要条件，$f(x)$在(a,b)内可微，即$f(x)$在(a,b)内可导，且在x_0处取得极值，那么$f'(x_0)=0$

该题不符合此条件，所以必无极值。

答案：C

14. **解** 对$\sum\limits_{n=1}^{\infty}\frac{\sin\frac{3}{2}n}{n^2}$取绝对值，即$\sum\limits_{n=1}^{\infty}\left|\frac{\sin\frac{3}{2}n}{n^2}\right|$，而$\left|\frac{\sin\frac{3}{2}n}{n^2}\right|\leqslant\frac{1}{n^2}$

因为$\sum\limits_{n=1}^{\infty}\frac{1}{n^2}$，$p=2>1$，收敛，由比较法知$\sum\limits_{n=1}^{\infty}\left|\frac{\sin\frac{3}{2}n}{n^2}\right|$收敛，所以级数$\sum\limits_{n=1}^{\infty}\frac{\sin\frac{3}{2}n}{n^2}$绝对收敛。

答案:D

15. **解**　如解图所示，D:$\begin{cases}0\leqslant r\leqslant 1\\0\leqslant\theta\leqslant\frac{\pi}{2}\end{cases}$，

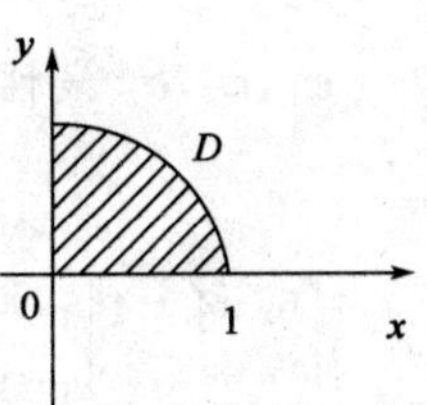

题 15 解图

$$\iint\limits_D x^2 y\mathrm{d}x\mathrm{d}y=\int_0^{\frac{\pi}{2}}\cos^2\theta\sin\theta\mathrm{d}\theta\int_0^1 r^4\mathrm{d}r$$

$$=\frac{1}{5}\int_0^{\frac{\pi}{2}}\cos^2\theta\ \sin\theta\mathrm{d}\theta=-\frac{1}{5}\int_0^{\frac{\pi}{2}}\cos^2\theta\mathrm{d}\cos\theta$$

$$=-\frac{1}{5}\cdot\frac{1}{3}\cos^3\theta\Big|_0^{\frac{\pi}{2}}=\frac{1}{15}$$

答案:B

16. **解**　如解图所示，L:$\begin{cases}y=x^2\\x=x\end{cases}$　$(x:1\to 0)$

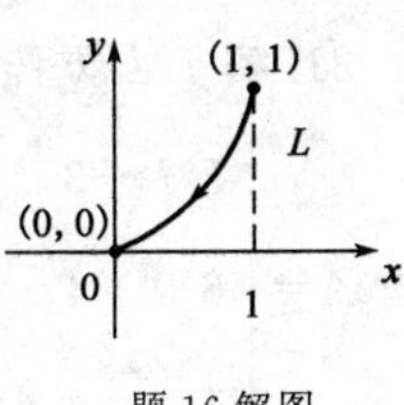

题 16 解图

$$\int_L x\mathrm{d}x+y\mathrm{d}y=\int_1^0 x\mathrm{d}x+x^2\cdot 2x\mathrm{d}x=-\int_0^1(x+2x^3)\mathrm{d}x$$

$$=-\left(\frac{1}{2}x^2+\frac{2}{4}x^4\right)\Big|_0^1$$

$$=-(\frac{1}{2}+\frac{1}{2})=-1$$

答案:C

17. **解**　$\sum\limits_{n=0}^{\infty}\frac{(-1)^n}{2^n}x^n=1-\frac{x}{2}+\left(\frac{x}{2}\right)^2-\left(\frac{x}{2}\right)^3+\cdots$

因为$|x|<2$，所以$\left|\frac{x}{2}\right|<1$，$q=-\frac{x}{2}$，$|q|=\left|\frac{x}{2}\right|<1$

级数的和函数 $S=\frac{a_1}{1-q}=\frac{1}{1-(-\frac{x}{2})}=\frac{2}{2+x}$

答案:A

18. **解**　$z=\frac{3^{xy}}{x}+xF(u)$，$u=\frac{y}{x}$

$$\frac{\partial z}{\partial y}=\frac{1}{x}3^{xy}\cdot\ln 3\cdot x+xF'(u)\frac{1}{x}=3^{xy}\ln 3+F'(u)$$

答案:D

19. **解**　$\boldsymbol{\alpha}_1=(6,t,7)^{\mathrm{T}}$，$\boldsymbol{\alpha}_2=(4,2,2)^{\mathrm{T}}$，$\boldsymbol{\alpha}_3=(4,1,0)^{\mathrm{T}}$

将 $\boldsymbol{\alpha}_1,\boldsymbol{\alpha}_2,\boldsymbol{\alpha}_3$ 组成矩阵 $\begin{bmatrix}6 & 4 & 4\\ t & 2 & 1\\ 7 & 2 & 0\end{bmatrix}$

由向量组线性相关和无关的重要性质可知，

$\boldsymbol{\alpha}_1,\boldsymbol{\alpha}_2,\boldsymbol{\alpha}_3$ 线性相关的充要条件 $\begin{vmatrix}6 & 4 & 4\\ t & 2 & 1\\ 7 & 2 & 0\end{vmatrix}=0$

$$\begin{vmatrix}6 & 4 & 4\\ \mathrm{t} & 2 & 1\\ 7 & 2 & 0\end{vmatrix}\xlongequal{r_2(-4)+r_1}\begin{vmatrix}6-4\mathrm{t} & -4 & 0\\ t & 2 & 1\\ 7 & 2 & 0\end{vmatrix}=1\cdot(-1)^{2+3}\begin{vmatrix}6-4t & -4\\ 7 & 2\end{vmatrix}$$

$=(-1)(12-8t+28)=-(-8t+40)=8t-40=0$，得 $t=5$

答案：B

20. **解** 若 n 阶方阵 $\boldsymbol{A}$ 的秩小于 n，则矩阵 $\boldsymbol{A}$ 的行列式必等于零。

答案：C

21. **解** 由方阵 $\boldsymbol{A}$ 的特征值和特征向量的重要性质

$A=\begin{bmatrix}5 & -3 & 2\\ 6 & -4 & 4\\ 4 & -4 & a\end{bmatrix}$，设方阵 $\boldsymbol{A}$ 的特征值为 $\lambda_1,\lambda_2,\lambda_3$

则 $\begin{cases}\lambda_1+\lambda_2+\lambda_3=a_{11}+a_{22}+a_{33} & ①\\ \lambda_1\cdot\lambda_2\cdot\lambda_3=|\boldsymbol{A}| & ②\end{cases}$

由①式可知 $1+3+\lambda_3=5+(-4)+a$

得 $\lambda_3-a=-3$

由②式可知 $1\cdot 3\cdot\lambda_3=\begin{vmatrix}5 & -3 & 2\\ 6 & -4 & 4\\ 4 & -4 & a\end{vmatrix}$

$$\text{得 } 3\lambda_3=2\begin{vmatrix}5 & -3 & 2\\ 3 & -2 & 2\\ 4 & -4 & a\end{vmatrix}\xlongequal{r_1(-1)+r_2}2\begin{vmatrix}5 & -3 & 2\\ -2 & 1 & 0\\ 4 & -4 & a\end{vmatrix}\xlongequal{2c_2+c_1}2\begin{vmatrix}-1 & -3 & 2\\ 0 & 1 & 0\\ -4 & -4 & a\end{vmatrix}$$

$$=2\cdot 1(-1)^{2+2}\begin{vmatrix}-1 & 2\\ -4 & a\end{vmatrix}$$

$=2(-a+8)=-2a+16$

解方程组 $\begin{cases}\lambda_3-a=-3\\3\lambda_3+2a=16\end{cases}$

得 $\lambda_3=2, a=5$

答案:B

22.解 因 $P(AB)=P(B)P(A|B)=0.7\times0.8=0.56$,而 $P(A)P(B)=0.8\times0.7=0.56$,故 $P(AB)=P(A)P(B)$,即 A 与 B 独立。因 $P(AB)=P(A)+P(B)-P(A\cup B)=1.5-P(A\cup B)>0$,选项 B 错。因 $P(A)>P(B)$,选项 C 错。因 $P(A)+P(B)=1.5>1$,选项 D 错。

答案:A

23.解

$$P(X=0)=\frac{C_5^3}{C_7^3}=\frac{\frac{5\times4\times3}{1\times2\times3}}{\frac{7\times6\times5}{1\times2\times3}}=\frac{2}{7}$$

$$P(X=1)=\frac{C_5^2C_2^1}{C_7^3}=\frac{\frac{5\times4}{1\times2}\times2}{\frac{7\times6\times5}{1\times2\times3}}=\frac{4}{7}$$

$$P(X=2)=\frac{C_5^1C_2^2}{C_7^3}=\frac{5}{\frac{7\times6\times5}{1\times2\times3}}=\frac{1}{7} \text{ 或 } P(X=2)=1-\frac{2}{7}-\frac{4}{7}=\frac{1}{7}$$

$$E(X)=0\times P(X=0)+1\times P(X=1)+2\times P(X=2)=\frac{6}{7}$$

[求 $E(X)$ 时,可以不求 $P(X=0)$]

答案:D

24.解 $X_1,X_2,\cdots,X_n$ 与总体 X 同分布,$E(\hat{\sigma}^2)=E\left(\frac{1}{n}\sum_{i=1}^{n}X_i^2\right)=\frac{1}{n}\sum_{i=1}^{n}E(X_i^2)=\frac{1}{n}\sum_{i=1}^{n}E(X^2)=E(X^2)=D(X)+[E(X)]^2=\sigma^2+0^2=\sigma^2$

答案:B

25.解 $\bar{v}=\sqrt{\frac{8RT}{\pi M}}$, $\bar{v}_{O_2}=\sqrt{\frac{8RT}{\pi M}}=\sqrt{\frac{8RT}{\pi\cdot32}}$

氧气的热力学温度提高一倍,氧分子全部离解为氧原子,$T_O=2T_{O_2}$

$\bar{v}_O=\sqrt{\frac{8RT_O}{\pi M_0}}=\sqrt{\frac{8R\cdot2T}{\pi\cdot16}}$,则 $\frac{\bar{v}_O}{\bar{v}_{O_2}}=\frac{\sqrt{\frac{8R\cdot2T}{\pi\cdot16}}}{\sqrt{\frac{8RT}{\pi\cdot32}}}=2$

答案:B

26.**解**　气体分子的平均碰撞频率 $Z_0=\sqrt{2}n\pi d^2\bar{v}=\sqrt{2}n\pi d^2\sqrt{\frac{8RT}{\pi M}}$

平均自由程为 $\bar{\lambda}_0=\frac{\bar{v}}{\bar{Z}_0}=\frac{1}{\sqrt{2}n\pi d^2}$

$$T'=\frac{1}{4}T,\bar{\lambda}=\bar{\lambda}_0,\bar{Z}=\frac{1}{2}\bar{Z}_0$$

答案:B

27.**解**　气体从同一状态出发做相同体积的等温膨胀或绝热膨胀,如解图所示。

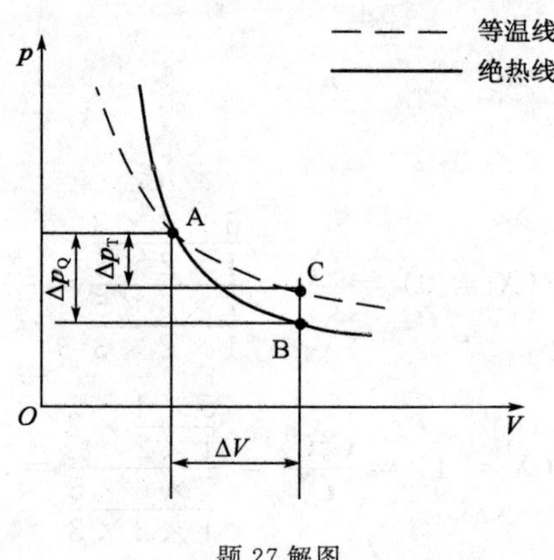

题 27 解图

绝热线比等温线陡,故 $p_1>p_2$。

答案:B

28.**解**　卡诺正循环由两个准静态等温过程和两个准静态绝热过程组成,如解图所示。

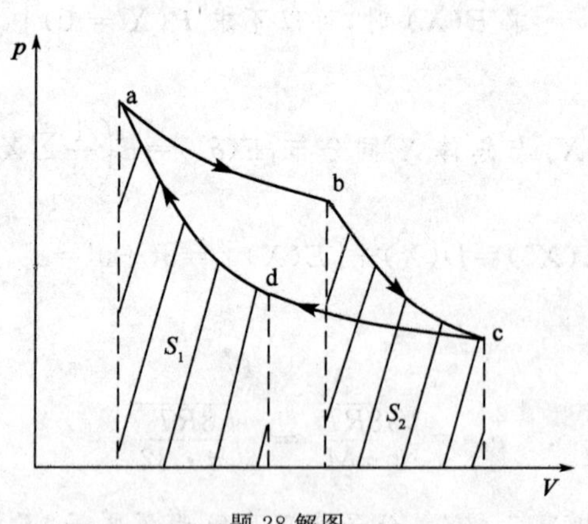

题 28 解图

由热力学第一定律:$Q=\Delta E+W$,绝热过程 $Q=0$,两个绝热过程高低温热源温度相同,温差相等,内能差相同。一个绝热过程为绝热膨胀,另一个绝热过程为绝热压缩,$W_2=-W_1$,一个内能增大,一个内能减小,$\Delta E_2=-\Delta E_1$。

答案:C

29.**解**　单位体积的介质中波所具有的能量称为能量密度。

$$w=\frac{\Delta W}{\Delta V}=\rho\,\omega^2 A^2\sin^2\left[\omega\left(t-\frac{x}{u}\right)\right]$$

答案:C

30.**解**　在中垂线上各点:波程差为零,初相差为 π,

$$\Delta\varphi=\alpha_2-\alpha_1-\frac{2\pi(r_2-r_1)}{\lambda}=\pi$$

符合干涉减弱条件,故振幅为 $A=A_2-A_1=0$

答案:B

31.**解**　简谐波在弹性媒质中传播时媒质质元的能量不守恒,任一质元 $W_p=W_k$,平衡位置时动能及势能均为最大,最大位移处动能及势能均为零。

将 $x=2.5\text{m}$,$t=0.25\text{s}$ 代入波动方程:

$$y=2\times10^{-2}\cos2\pi(10\times0.25-\frac{2.5}{5})=0.02\text{m}$$

为波峰位置,动能及势能均为零。

答案:D

32.**解**　当自然光以布儒斯特角 i_0 入射时,$i_0+\gamma=\frac{\pi}{2}$,故光的折射角为 $\frac{\pi}{2}-i_0$。

答案:D

33.**解**　此题考查的知识点为马吕斯定律。光强为 I_0 的自然光通过第一个偏振片光强为入射光强的一半,通过第二个偏振片光强为 $I=\frac{I_0}{2}\cos^2\frac{\pi}{4}=\frac{I_0}{4}$。

答案:B

34.**解**　单缝夫琅禾费衍射中央明条纹的宽度 $l_0=2x_1=\frac{2\lambda}{a}f$,半宽度 $\frac{f\lambda}{a}$。

答案:A

35.**解**　人眼睛的最小分辨角:

$$\theta=1.22\frac{\lambda}{D}=\frac{1.22\times550\times10^{-6}}{3}=2.24\times10^{-4}\,\text{rad}$$

答案:C

36.**解**　光栅衍射是单缝衍射和多缝干涉的和效果,当多缝干涉明纹与单缝衍射暗纹方向相同时,将出现缺级现象。

单缝衍射暗纹条件：$a\sin\varphi=k\lambda$

光栅衍射明纹条件：$(a+b)\sin\varphi=k'\lambda$

$$\frac{a\sin\varphi}{(a+b)\sin\varphi}=\frac{k\lambda}{k'\lambda}=\frac{1}{2},\frac{2}{4},\frac{3}{6},\cdots$$

$$2a=a+b,a=b$$

答案：C

37.**解**　多电子原子中原子轨道的能级取决于主量子数 n 和角量子数 l：主量子数 n 相同时，l 越大，能量越高；角量子数 l 相同时，n 越大，能量越高。n 决定原子轨道所处的电子层数，l 决定原子轨道所处亚层（$l=0$ 为 s 亚层，$l=1$ 为 p 亚层，$l=2$ 为 d 亚层，$l=3$ 为 f 亚层）。同一电子层中的原子轨道 n 相同，l 越大，能量越高。

答案：D

38.**解**　分子间力包括色散力、诱导力、取向力。极性分子与极性分子之间的分子间力有色散力、诱导力、取向力；极性分子与非极性分子之间的分子间力有色散力、诱导力；非极性分子与非极性分子之间的分子间力只有色散力。CO 为极性分子，N_2 为非极性分子，所以，CO 与 N_2 间的分子间力有色散力、诱导力。

答案：D

39.**解**　$NH_3\cdot H_2O$ 为一元弱碱，

$$C_{OH^-}=\sqrt{K_b\cdot C}=\sqrt{1.8\times10^{-5}\times0.1}\approx1.34\times10^{-3}\text{mol/L}$$

$$C_{H^+}=10^{-14}/C_{OH^-}\approx7.46\times10^{-12},\text{pH}=-\lg C_{H^+}\approx11.13$$

答案：B

40.**解**　它们都属于平衡常数，平衡常数是温度的函数，与温度有关，与分压、浓度、催化剂都没有关系。

答案：B

41.**解**　四个电对的电极反应分别为：

$$Zn^{2+}+2e=Zn;Br_2+2e^-=2Br^-$$

$$AgI+e=Ag+I^-$$

$$MnO_4^-+8H^++5e=Mn^{2+}+4H_2O$$

只有 MnO_4^-/Mn^{2+} 电对的电极反应与 H^+ 的浓度有关。

根据电极电势的能斯特方程式，MnO_4^-/Mn^{2+} 电对的电极电势与 H^+ 的浓度有关。

答案：D

42. **解**　如果阳极为惰性电极,阳极放电顺序:

①溶液中简单负离子如 I^-、Br^-、Cl^- 将优先 OH^- 离子在阳极上失去电子析出单质;

② 若溶液中只有含氧根离子(如 SO_4^{2-}、NO_3^-),则溶液中 OH^- 在阳极放电析出 O_2。

答案:B

43. **解**　由公式 $\Delta G=\Delta H-T\Delta S$ 可知,当 $\Delta H<0$ 和 $\Delta S>0$ 时,ΔG 在任何温度下都小于零,都能自发进行。

答案:A

44. **解**　系统命名法:

(1)链烃及其衍生物的命名

①选择主链:选择最长碳链或含有官能团的最长碳链为主链;

②主链编号:从距取代基或官能团最近的一端开始对碳原子进行编号;

③写出全称:将取代基的位置编号、数目和名称写在前面,将母体化合物的名称写在后面。

(2)其衍生物的命名

①选择母体:选择苯环上所连官能团或带官能团最长的碳链为母体,把苯环视为取代基;

②编号:将母体中碳原子依次编号,使官能团或取代基位次具有最小值。

答案:C

45. **解**　甲醇可以和两个酸发生酯化反应;氢氧化钠可以和两个酸发生酸碱反应;金属钾可以和两个酸反应生成苯氨酸钾和山梨酸钾;溴水只能和山梨酸发生加成反应。

答案:B

46. **解**　塑料一般分为热塑性塑料和热固性塑料。前者为线性结构的高分子化合物,这类化合物能溶于适当的有机溶剂,受热时会软化、熔融,加工成各种形状,冷后固化,可以反复加热成型;后者为体型结构的高分子化合物,具有热固性,一旦成型后不溶于溶剂,加热也不再软化、熔融,只能一次加热成型。

答案:C

47. **解**　首先分析杆 DE,E 处为活动铰链支座,约束力垂直于支撑面,如解图 a)所示,杆 DE 的铰链 D 处的约束力可按三力汇交原理确定;其次分析铰链 D,D 处铰接了杆 DE、直角弯杆 BCD 和连杆,连杆的约束力 F_D 沿杆为铅垂方向,杆 DE 作用在铰链 D 上的力为 $F'_{D右}$,按照铰链 D 的平衡,其受力图如解图 b)所示;最后分析直杆 AC 和直角弯杆 BCD,直杆 AC 为二力杆,A 处约束力沿杆方向,根据力偶的平衡,由 F_A 与 $F'_{D左}$ 组成的逆时针转向力偶与顺时针转向的主动力偶 M 组成平衡力系，故 A 处约束力的指向如解图 c)所示。

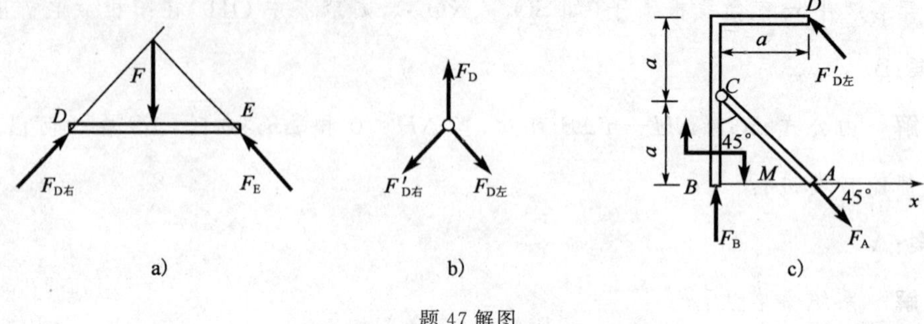

题 47 解图

答案:D

48.**解** 将主动力系对 B 点取矩求代数和：

$$M_B = M - qa^2/2 = 20 - 10 \times 2^2/2 = 0$$

答案:A

49.**解** 均布力组成了力偶矩为 qa^2 的逆时针转向力偶。A、B 处的约束力应沿铅垂方向组成顺时针转向的力偶。

答案:C （此题 2010 年考过）

50.**解** 如解图，若物块平衡沿斜面方向有：

$$F_f = F\cos\alpha - W\sin\alpha = 0.2F$$

而最大静摩擦力 $F_{fmax} = f \cdot F_N$

$$= f(F\sin\alpha + W\cos\alpha) = 0.28F$$

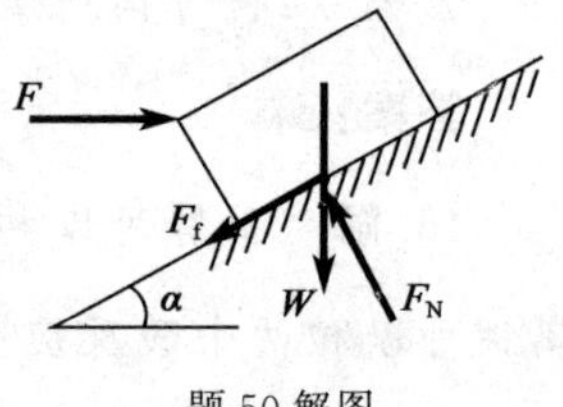

题 50 解图

因 $F_{fmax} > F_f$，所以物块静止。

答案:A

51.**解** 将 x 对时间 t 求一阶导数为速度，即：$v = 9t^2 + 1$；再对时间 t 求一阶导数为加速度，即 $a = 18t$，将 $t=4s$ 代入，可得：$x = 198m$，$v = 145m/s$，$a = 72m/s^2$。

答案:B

52.**解** 根据定义，切向加速度为弧坐标 s 对时间的二阶导数，即 $a_t = 6m/s^2$。

答案:D

53.**解** 根据定轴转动刚体上一点加速度与转动角速度、角加速度的关系：$a_n = \omega^2 l$，$a_t = \alpha l$，而题中 $a_n = a\cos\alpha = \omega^2 l$，所以 $\omega = \sqrt{\frac{a\cos\alpha}{l}}$，$a_t = a\sin\alpha = \alpha l$，所以 $\alpha = \frac{a\sin\alpha}{l}$。

此题2009 年考过。

答案:B

54.**解** 按照牛顿第二定律,在铅垂方向有 $ma = F_R - mg = Kv^2 - mg$,当 $a = 0$(速度 v 的导数为零)时有速度最大,为 $v = \sqrt{\dfrac{mg}{K}}$。

答案:A

55.**解** 根据弹簧力的功公式:

$$W_{12} = \frac{k}{2}(0.06^2 - 0.04^2) = 1.96\text{J}$$

$$W_{32} = \frac{k}{2}(0.02^2 - 0.04^2) = -1.176\text{J}$$

答案:C

56.**解** 系统在转动中对转动轴 z 的动量矩守恒,即:$I\omega = (I + mR^2)\omega_t$(设 ω_t 为小球达到 B 点时圆环的角速度),则 $\omega_t = \dfrac{I\omega}{I + mR^2}$。

答案:B

57.**解** 根据定轴转动刚体惯性力系的简化结果:惯性力主矢和主矩的大小分别为 $F_I = ma_C = 0$,$M_{IO} = J_O\alpha = \dfrac{1}{2}mr^2\varepsilon$。

答案:C (此题 2010 年考过)

58.**解** 由公式 $\omega_n^2 = k/m$,$k = m\omega_n^2 = 5\times30^2 = 4500\text{N/m}$。

答案:B

59.**解** 首先考虑整体平衡,可求出左端支座反力是水平向右的力,大小等于 20kN,分三段求出各段的轴力,画出轴力图如解图所示。

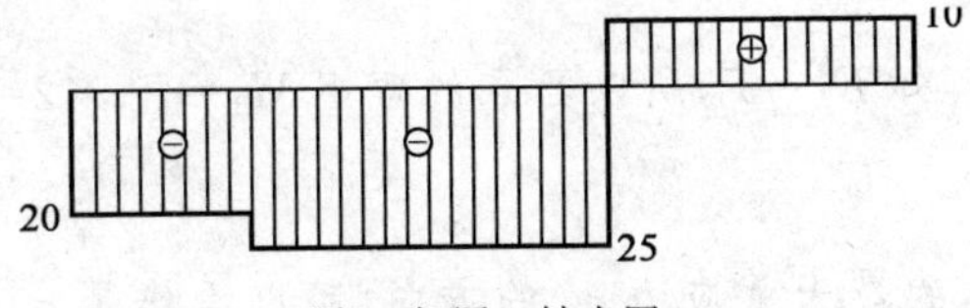

题 59 解图 轴力图

可以看到最大拉伸轴力是 10kN。

答案:A

60.**解** 由铆钉的剪切强度条件:

$$\tau = \frac{F_s}{A_s} = \frac{F}{\frac{\pi}{4}d^2} = [\tau],\text{可得:}\frac{4F}{\pi d^2} = [\tau] \qquad ①$$

由铆钉的挤压强度条件:

$$\sigma_{bs}=\frac{F_{bs}}{A_{bs}}=\frac{F}{dt}=[\sigma_{bs}]，可得：\frac{F}{dt}=[\sigma_{bs}] \quad ②$$

d 与 t 的合理关系应使两式同时成立，②式除以①式，得到 $\frac{\pi d}{4t}=\frac{[\sigma_{bs}]}{[\tau]}$，即 $d=\frac{4t[\sigma_{bs}]}{\pi[\tau]}$。

答案：B

61. **解** 设原直径为 d 时，最大切应力为 τ，最大切应力减小后为 τ_1，直径为 d_1。

则有

$$\tau=\frac{T}{\frac{\pi}{16}d^3},\tau_1=\frac{T}{\frac{\pi}{16}d_1^3}$$

因 $\tau_1=\frac{\tau}{2}$，则 $\frac{T}{\frac{\pi}{16}d_1^3}=\frac{1}{2}\cdot\frac{T}{\frac{\pi}{16}d^3}$，即 $d_1^3=2d^3$，所以 $d_1=\sqrt[3]{2}d$。

答案：D

62. **解** 根据外力偶矩（扭矩 T）与功率（P）和转速（n）的关系：

$$T=M_e=9550\frac{P}{n}$$

可见，在功率相同的情况下，转速慢（n 小）的轴扭矩 T 大。

答案：B

63. **解** 图(a)与图(b)面积相同，面积分布的位置到 z 轴的距离也相同，故惯性矩 $I_{z(a)}=I_{z(b)}$，而图(c)虽然面积与(a)、(b)相同，但是其面积分布的位置到 z 轴的距离小，所以惯性矩 $I_{z(c)}$ 也小。

答案：D

64. **解** 由于C端的弯矩就等于外力偶矩，所以 $m=10\text{kN}\cdot\text{m}$，又因为BC段弯矩图是水平线，属于纯弯曲，剪力为零，所以C点支反力为零。

题 64 解图

由梁的整体受力图可知 $F_A=F$，所以B点的弯矩 $M_B=F_A\times2=10\text{kN}\cdot\text{m}$，即 $F_A=5\text{kN}$。

答案：B

65. **解** 图示单元体的最大主应力 σ_1 的方向，可以看作是 σ_x 的方向（沿 x 轴）和纯剪切单元体的最大拉应力的主方向（在第一象限沿45°向上），叠加后的合应力的指向。

答案：A （此题2011年考过）

66. **解** AB 段是轴向受压，$\sigma_{AB}=\frac{F}{ab}$；

BC 段是偏心受压，$\sigma_{BC}=\frac{F}{2ab}+\frac{F\cdot\frac{a}{2}}{\frac{b}{6}(2a)^2}=\frac{5F}{4ab}$。

答案:B （此题 2011 年考过）

67.**解** 从剪力图看梁跨中有一个向下的突变，对应于一个向下的集中力，其值等于突变值 100kN；从弯矩图看梁的跨中有一个突变值 50kN·m，对应于一个外力偶矩 50kN·m，所以只能选 C 图。

答案:C

68.**解** 梁两端的支座反力为 $\frac{F}{2}=50\text{kN}$，梁中点最大弯矩 $M_{\max}=50\times2=100\text{kN}\cdot\text{m}$

最大弯曲正应力 $\sigma_{\max}=\frac{M_{\max}}{W_z}=\frac{M_{\max}}{\frac{bh^2}{6}}=\frac{100\times10^6\text{N}\cdot\text{mm}}{\frac{1}{6}\times100\times200^2\text{mm}^3}=150\text{MPa}$

答案:B

69.**解** 本题是一个偏心拉伸问题，由于水平力 F 对两个形心主轴 y、z 都有偏心距，所以可以把 F 力平移到形心轴 x 以后，将产生两个平面内的双向弯曲和 x 轴方向的轴向拉伸的组合变形。

答案:B

70.**解** 从常用的四种杆端约束的长度系数 μ 的值可看出，杆端约束越强，μ 值越小，而杆端约束越弱，则 μ 值越大。本题图中所示压杆的杆端约束比两端铰支压杆($\mu=1$)强，又比一端铰支、一端固定压杆($\mu=0.7$)弱，故 $0.7<\mu<1$。

答案:A

71.**解** 静水压力基本方程为 $p=p_0+\rho gh$，将题设条件代入可得：绝对压强 $p=101.325\text{kPa}+9.8\text{kPa/m}\times1\text{m}=111.125\text{kPa}\approx0.111\text{MPa}$。

答案:A

72.**解** 流速 $v_2=v_1\times\left(\frac{d_1}{d_2}\right)^2=9.55\times\left(\frac{0.2}{0.3}\right)^2=4.24\text{m/s}$

流量 $Q=v_1\times\frac{\pi}{4}{d_1}^2=9.55\times\frac{\pi}{4}(0.2)^2=0.3\text{m}^3/\text{s}$

答案:A

73.**解** 管中雷诺数 $\text{Re}=\frac{v\cdot d}{\nu}=\frac{2\times900}{0.0114}=157894.74\gg\text{Re}_\text{k}$，为紊流。

欲使流态转变为层流时的流速 $v_\text{k}=\frac{\text{Re}_\text{k}\cdot\nu}{d}=\frac{2300\times0.0114}{2}=13.1\text{cm/s}$。

答案:D

74.**解** 边界层分离增加了潜体运动的压差阻力。

答案:C

75.**解** 对水箱自由液面与管道出口写能量方程:

$$H+\frac{p}{\rho g}=\frac{v^2}{2g}+h_f=\frac{v^2}{2g}\left(1+\lambda\frac{L}{d}\right)$$

代入题设数据并化简:

$$2+\frac{19600}{9800}=\frac{v^2}{2g}\left(1+0.02\times\frac{100}{0.2}\right)$$

计算得流速 $v=2.67\text{m/s}$

流量 $Q=v\times\frac{\pi}{4}d^2=2.67\times\frac{\pi}{4}(0.2)^2=0.08384\text{m}^3/\text{s}=83.84\text{L/s}$

答案:A

76.**解** 由明渠均匀流谢才-曼宁公式 $Q=\frac{1}{n}R^{\frac{2}{3}}i^{\frac{1}{2}}A$ 可知:在题设条件下面积 A,粗糙系数 n,底坡 i 均相同,则流量 Q 的大小取决于水力半径 R 的大小。对于方形断面,其水力半径 $R_1=\frac{a^2}{3a}=\frac{a}{3}$,对于矩形断面,其水力半径为 $R_2=\frac{2a\times0.5a}{2a+2\times0.5a}=\frac{a^2}{3a}=\frac{a}{3}$,即 $R_1=R_2$。故 $Q_1=Q_2$。

答案:B

77.**解** 将题设条件代入达西定律 $v=kJ$,则有渗流速度 $v=0.012\text{cm/s}\times\frac{1.5-0.3}{2.4}=0.006\text{cm/s}$。

答案:B

78.**解** 雷诺数的物理意义为:惯性力与黏性力之比。

答案:B

79.**解** 点电荷 q_1、q_2 电场作用的方向分布为:始于正电荷(q_1),终止于负电荷(q_2)。

答案:B

80.**解** 电路中,如果取元件中电压电流正方向一致,则它们的电压电流关系如下:

电压:$u_L=L\frac{\mathrm{d}i_L}{\mathrm{d}t}$

电容:$i_C=C\frac{\mathrm{d}u_C}{\mathrm{d}t}$

电阻:$u_R=Ri_R$

答案:C

81. **解**　本题考查对电流源的理解和对基本KCL、KVL方程的应用。

需注意，电流源的端电压由外电路决定。

如解图所示，当电流源的端电压 U_{Is2} 与 I_{s2} 取一致方向时：

$$U_{Is2}=I_2R_2+I_3R_3\neq 0$$

题 81 解图

其他方程正确。

答案：B

82. **解**　本题注意正弦交流电的三个特征（大小、相位、速度）和描述方法，图中电压 $\dot{U}$ 为有效值相量。

由相量图可分析，电压最大值为 $10\sqrt{2}$V，初相位为$-30°$，角频率用 ω 表示，时间函数的正确描述为：

$$u(t)=10\sqrt{2}\sin(\omega t-30°)\text{V}$$

答案：A

83. **解**　用相量法。

$$\dot{I}=\frac{\dot{U}}{20+(j20//-j10)}=\frac{100\angle 0°}{20-j20}$$

$$=\frac{5}{\sqrt{2}}\angle 45°=3.5\angle 45°\text{A}$$

答案：B

84. **解**　电路中R-L串联支路为电感性质，右支路电容为功率因数补偿所设。

如图示，当电容量适当增加时电路功率因数提高。当 $\varphi=0$，$\cos\varphi=1$ 时，总电流 I 达到最小值。如果 I_c 继续增加出现过补偿（即电流 $\dot{I}$ 超前于电压 $\dot{U}$ 时），会使电路的功率因数降低。

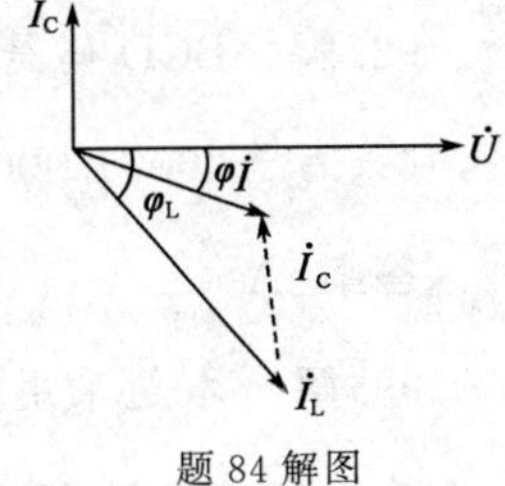

题 84 解图

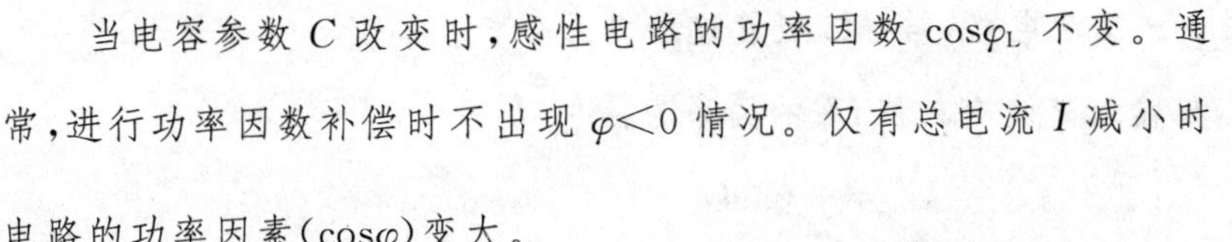

当电容参数 C 改变时，感性电路的功率因数 $\cos\varphi_L$ 不变。通常，进行功率因数补偿时不出现 $\varphi<0$ 情况。仅有总电流 I 减小时电路的功率因素（$\cos\varphi$）变大。

答案：B

85. **解**　理想变压器副边空载时，可以认为原边电流为零，则 $U=U_1$。根据电压变比关系可知：$\frac{U}{U_2}=2$。

答案:B

86.**解**　三相交流异步电动机正常运行采用三角形接法时，为了降低起动电流可以采用星形起动，即 Y-△起动。但随之带来的是起动转矩也是△接法的三分之一。

答案:C

87.**解**　本题信号波形在时间轴上连续，数值取值为+5、0、-5，是离散的。“二进制代码信号”、“二值逻辑信号”均不符合题义。只能认为是连续的时间信号。

答案:D

88.**解**　将图形用数学函数描述为：$u(t)=10\cdot 1(t)-10\cdot 1(t-1)$，这是两个阶跃信号的叠加。

答案:A

89.**解**　低通滤波器可以使低频信号畅通，而高频的干扰信号淹没。

答案:B

90.**解**　此题可以利用反演定理处理如下：

$$\overline{AB}+\overline{BC}=\overline{A}+\overline{B}+\overline{B}+\overline{C}=\overline{A}+\overline{B}+\overline{C}$$

答案:A

91.**解**　$F=A\overline{B}+\overline{A}B$ 为异或关系。

由输入量 A、B 和输出的波形分析可见：

当输入 A 与 B 相异时，输出 F 为“1”。

当输入 A 与 B 相同时，输出 F 为“0”。

答案:A

92.**解**　BCD 码是用二进制表示的十进制数，当用四位二进制数表示十进制的 10 时，可以写为“0001 0000”。

答案:A

93.**解**　本题采用全波整流电路，结合二极管连接方式分析。

输出直流电压 U_o 与输入交流有效值 U_i 的关系为：

$$U_o=-0.9U_i$$

本题 $U_i=\frac{10}{\sqrt{2}}$V，代入上式得 $U_o=-0.9\times\frac{10}{\sqrt{2}}=-6.36$V。

答案:D

94. **解**　将电路“A”端接入−2.5V的信号电压，“B”端接地，则构成如解图a)所示的反相比例运算电路。输出电压与输入的信号电压关系为：

$$u_o = -\frac{R_2}{R_1}u_i$$

可知：

$$\frac{R_2}{R_1} = -\frac{u_o}{u_i} = 4$$

当“A”端接地，“B”端接信号电压，就构成解图b)的同相比例电路，则输出u_o与输入电压u_i的关系为：

$$u_o = \left(1+\frac{R_2}{R_1}\right)u_i = -12.5\text{V}$$

考虑到运算放大器输出电压在−11～11V之间，可以确定放大器已经工作在负饱和状态，输出电压为负的极限值−11V。

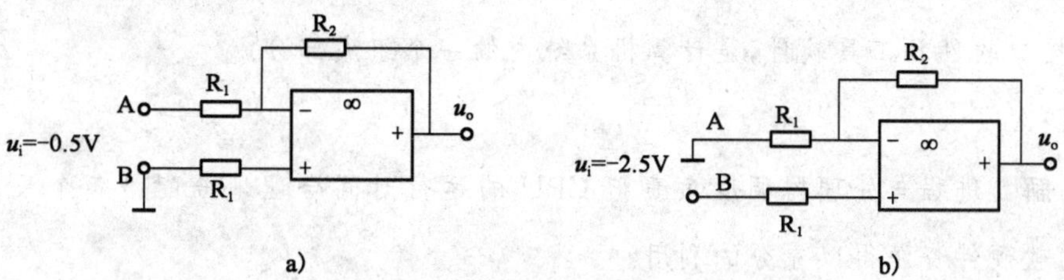

题94解图

答案：C

95. **解**　左侧电路为与门：$F_1 = A \cdot 0 = 0$，右侧电路为或非门：$F_2 = \overline{B+0} = \overline{B}$。

答案：A

96. **解**　本题为J-K触发器（脉冲下降沿动作）和与门构成的时序逻辑电路。其中J触发信号为$J = Q \cdot A$。（注：为波形分析方便，作者补充了J端的辅助波形，图中阴影表示该信号未知。）

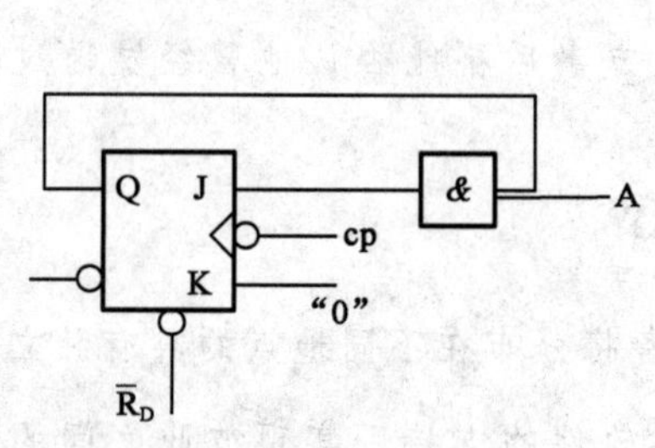

题96解图

答案：A

97. **解** 计算机发展的人性化的一个重要方面是“使用傻瓜化”。计算机要成为大众的工具,首先必须做到“使用傻瓜化”。要让计算机能听懂、能说话、能识字、能写文、能看图像、能现实场景等。

答案:B

98. **解** 计算机内的存储器是由一个个存储单元组成的,每一个存储单元的容量为8位二进制信息,称一个字节。

答案:B

99. **解** 操作系统是一个庞大的管理控制程序。通常,它是由进程与处理器调度、作业管理、存储管理、设备管理、文件管理等五大功能组成。

答案:D

100. **解** 支撑软件是指支援其他软件的编写制作和维护的软件,主要包括环境数据库、各种接口软件和工具软件,是计算机系统内的一个组成部分。

答案:A

101. **解** 进程与处理器调度负责把CPU的运行时间合理地分配给各个程序,以使处理器的软硬件资源得以充分的利用。

答案:C

102. **解** 影响计算机图像质量的主要参数有分辨率、颜色深度、图像文件的尺寸和文件保存格式等。

答案:D

103. **解** 计算机操作系统中的设备管理的主要功能是负责分配、回收外部设备,并控制设备的运行,是人与外部设备之间的接口。

答案:C

104. **解** 数字签名机制提供了一种鉴别方法,以解决伪造、抵赖、冒充和篡改等安全问题。接收方能够鉴别发送方所宣称的身份,发送方事后不能否认他曾经发送过数据这一事实。

答案:A

105. **解** 计算机网络是用通信线路和通信设备将分布在不同地点的具有独立功能的多个计算机系统互相连接起来,在功能完善的网络软件的支持下实现彼此之间的数据通信和资源共享的系统。

答案:D

106. **解**　局域网是指在一个较小地理范围内的各种计算机网络设备互连在一起的通信网络，可以包含一个或多个子网，通常其作用范围是一座楼房、一个学校或一个单位，地理范围一般不超过几公里。城域网的地理范围一般是一座城市。广域网实际上是一种可以跨越长距离，且可以将两个或多个局域网或主机连接在一起的网络。网际网实际上是多个不同的网络通过网络互联设备互联而成的大型网络。

答案：A

107. **解**　首先计算年实际利率：$i=(1+\frac{8\%}{4})^4-1=8.243\%$

根据一次支付现值公式：

$$P=\frac{F}{(1+i)^n}=\frac{300}{(1+8.24\%)^3}=236.55 \text{ 万元}$$

或季利率 $i=8\%/4=2\%$，三年共 12 个季度，按一次支付现值公式计算：

$$P=\frac{F}{(1+i)^n}=\frac{300}{(1+2\%)^{12}}=236.55 \text{ 万元}$$

答案：B

108. **解**　建设项目评价中的总投资包括建设投资、建设期利息和流动资金之和。建设投资由工程费用（建筑工程费、设备购置费、安装工程费）、工程建设其他费用和预备费（基本预备费和涨价预备费）组成。

答案：C

109. **解**　该公司借款偿还方式为等额本金法。每年应偿还的本金为 2400/6＝400 万元。

前 3 年已经偿还本金：400×3＝1200 万元

尚未还款本金：2400－1200＝1200 万元

第 4 年应还利息 $I_4=1200\times8\%=96$ 万元，本息和 $A_4=400+96=496$ 万元

或按等额本金法公式计算：

$$A_t=\frac{I_c}{n}+I_c\left(1-\frac{t-1}{n}\right)i=\frac{2400}{6}+2400\times\left(1-\frac{4-1}{6}\right)\times8\%=496 \text{ 万元}$$

答案：C

110. **解**　动态投资回收期 T^* 是指在给定的基准收益率（基准折现率）i_c 的条件下，用项目的净收益回收总投资所需要的时间。动态投资回收期的表达式为：

$$\sum_{t=0}^{T^*}(\mathrm{CI}-\mathrm{CO})_t(1+i_c)^{-t}=0$$

式中,i_c 为基准收益率。

内部收益率 IRR 是使一个项目在整个计算期内各年净现金流量的现值累计为零时的利率,表达式为:

$$\sum_{t=0}^{n}(\mathrm{CI}-\mathrm{CO})_t(1+\mathrm{IRR})^{-t}=0$$

式中,n 为项目计算期。如果项目的动态投资回收期 T 正好等于计算期 n,则该项目的内部收益率 IRR 等于基准收益率 i_c。

答案:D

111.**解** 直接进口原材料的影子价格(到厂价)=到岸价(CIF)×影子汇率+进口费用=150×6.5+240=1215 元人民币/t。

答案:C

112.**解** 对于寿命期相等的互斥项目,应依据增量内部收益率指标选优。如果增量内部收益率 ΔIRR 大于基准收益率 i_c,应选择投资额大的方案;如果增量内部收益率 ΔIRR 小于基准收益率 i_c,则应选择投资额小的方案。

答案:B

113.**解** 改扩建项目财务分析要进行项目层次和企业层次两个层次的分析。项目层次应进行盈利能力分析、清偿能力分析和财务生存能力分析,应遵循“有无对比”的原则。

答案:D

114.**解** 价值系数=功能评价系数/成本系数,本题各方案价值系数:

甲方案:0.85/0.92=0.924

乙方案:0.6/0.7=0.857

丙方案:0.94/0.88=1.068

丁方案:0.67/0.82=0.817

其中,丙方案价值系数 1.068,与 1 相差 6.8%,说明功能与成本基本一致,为四个方案中的最优方案。

答案:C

115.**解** 《中华人民共和国建筑法》第二十二条:发包单位应当将建筑工程发包给具有资质证书的承包单位。

答案:C

116.**解** 《中华人民共和国安全生产法》第四十条：生产经营单位进行爆破、吊装以及国务院安全生产监督管理部门会同国务院有关部门规定的其他危险作业，应当安排专门人员进行现场安全管理，确保操作规程的遵守和安全措施的落实。

答案：C

117.**解** 其招标文件要包括拟签订的合同条款，而不是签订时间。

《中华人民共和国招标投标法》第十九条：招标人应当根据招标项目的特点和需要编制招标文件。招标文件应当包括招标项目的技术要求、对投标人资格审查的标准、投标报价要求和评标标准等所有实质性要求和条件以及拟签订合同的主要条款。

答案：C

118.**解** 水泥厂只要求18:00之前回复，并没有写明是18:00点之前到达水泥厂，所以施工单位在约定的18:00之前发出的承诺是符合要求的。

答案：B

119.**解** 应由环保部门验收，不是建设行政主管部门验收，见《中华人民共和国环境保护法》。

《中华人民共和国环境保护法》第十条：国务院环境保护主管部门，对全国环境保护工作实施统一监督管理；县级以上地方人民政府环境保护主管部门，对本行政区域环境保护工作实施统一监督管理。

县级以上人民政府有关部门和军队环境保护部门，依照有关法律的规定对资源保护和污染防治等环境保护工作实施监督管理。

第四十一条：建设项目中防治污染的设施，应当与主体工程同时设计、同时施工、同时投产使用。防治污染的设施应当符合经批准的环境影响评价文件的要求，不得擅自拆除或者闲置。

（旧版《中华人民共和国环境保护法》第二十六条：建设项目中防治污染的措施，必须与主体工程同时设计、同时施工、同时投产使用。防治污染的设施必须经原审批环境影响报告书的环境保护行政主管部门验收合格后，该建设项目方可投入生产或者使用。）

答案：D

120.**解** 《中华人民共和国建筑法》第三十二条：建筑工程监理应当依照法律、行政法规及有关的技术标准、设计文件和建筑工程承包合同，对承包单位在施工质量、建设工期和建设资金使用等方面，代表建设单位实施监督。

答案：D

2016年度全国勘察设计注册土木工程师(岩土)执业资格考试基础考试(下)试题解析及参考答案

1.**解** 材料的密度是指材料在绝对密实状态下单位体积的质量。表观密度是指材料在自然状态下单位体积的质量。所以密度与孔隙率无关;孔隙率降低,即材料的密实度增大,表观密度增大,而强度提高。

答案:B

2.**解** 孔隙率 $P=1-\frac{\text{表观密度}}{\text{密度}}$

表观密度$=(1-P)\times$密度$=(1-10\%)\times 2.6=2.34\text{g/cm}^3=2340\text{kg/m}^3$

答案:A

3.**解** 早强水泥要求水泥水化速度快,早期强度高。硅酸盐水泥四种熟料矿物中,水化速度最快的是铝酸三钙,其次是硅酸三钙;早期强度最高的是硅酸三钙。所以早强水泥中硅酸三钙的含量较高。

答案:C

4.**解** 徐变是由于凝胶孔中的水分向毛细孔中迁移引起的。干燥收缩是由于湿度降低导致凝胶孔和毛细孔中的水分失去引起的。所以凝胶孔水分的移动是干燥收缩和徐变的共同机理。

答案:D

5.**解** 描述混凝土用砂粗细程度的指标是细度模数。

答案:A

6.**解** 在沥青中加入的矿物填充料的粉料主要有滑石粉。

答案:D

7.**解** 断后伸长率(即伸长率)是衡量钢材塑性变形的指标。屈服强度和抗拉强度是衡量钢材抗拉性能的指标,冲击韧性是衡量钢材抵抗冲击荷载作用能力的指标。

答案:C

8.**解** 如果$\sum h=\sum a-\sum b$,说明各测站高差计算正确。

答案:A

9.**解** 视准轴不垂直于横轴,望远镜绕横轴旋转形成一个圆锥面。

答案:A

10.**解** 按误差传播定律,$\angle C$ 的中误差计算公式为:

$$\angle C = 180° - \angle A - \angle C$$

$$m_C = \sqrt{m_A^2 + m_B^2} = \sqrt{4^2 + 5^2} = \sqrt{41} = \pm 6.4''$$

答案:B

11.**解** 导线测量外业工作在踏勘选点完成后,需要进行的测量工作是水平角测量和边长测量。

答案:D

12.**解** 在建(构)筑物内设置±0 点,是根据建(构)筑物的室内地坪设计高程确定的,通常±0 点是室内地坪的设计高程。由于不同建(构)筑物的室内地坪设计高程不一定相同,所以各建(构)筑物内的±0 点不是同一高程。

答案:D

13.**解** 《中华人民共和国建筑法》第二十四条规定:提倡对建筑工程实行总承包,禁止将建筑工程肢解发包。

答案:D

14.**解** 《中华人民共和国建筑法》第二十四条规定:提倡对建筑工程实行总承包,禁止将建筑工程肢解发包。

答案:A

15.**解** 《中华人民共和国安全生产法》第八十条规定:生产经营单位发生生产安全事故后,事故现场有关人员应当立即报告本单位负责人。

单位负责人接到事故报告后,应当迅速采取有效措施,组织抢救,防止事故扩大,减少人员伤亡和财产损失,并按照国家有关规定立即如实报告当地负有安全生产监督管理职责的部门,不得隐瞒不报、谎报或者迟报,不得故意破坏事故现场、毁灭有关证据。

答案:A

16.**解** 职工离职一年以后形成的知识产权已经不属于职务发明创造,所以可以转让。关于此点在《中华人民共和国专利法》第十二条中已有规定,条文如下:

专利法第六条所称执行本单位的任务所完成的职务发明创造,是指:

(一)在本职工作中做出的发明创造;

(二)履行本单位交付的本职工作之外的任务所做出的发明创造;

(三)退休、调离原单位后或者劳动、人事关系终止后一年内做出的,与其在原单位承担的本职工作或者原单位分配的任务有关的发明创造。

答案:A

17. **解**　钻孔柱为非挤土桩,而灌注桩为挤土桩,故在同等条件下钻孔柱承载力最低。沉管桩中,单打法的成桩断面不超过桩管的1.3倍,反插法可达到1.5倍,复打法可达到1.8倍左右。断面增加,外表面积也增加,承载力必然会增大。

答案:C

18. **解**　影响混凝土受冻临界强度的因素是水泥品种,不同水泥品种的水泥强度不同,水化反映产生的水化热不同,直接影响混凝土的温度及强度增长。故《混凝土结构施工规范》(GB 50666—2011)第10.2.12条第一款规定,采用硅酸盐水泥、普通硅酸盐水泥配制的混凝土,其受冻临界强度为设计混凝土强度等级值的30%;其他水泥为40%。

答案:A

19. **解**　桅杆式起重机移动困难,且控制范围小,不适合大面积的结构吊装;一般履带式起重机可吊装五层以下的结构;附着式塔式起重机适合高层塔楼的结构安装;轨道式起重机移动方便,控制范围大,一般适合十层以下板式结构吊装。故宜采用轨道式塔式起重机。

答案:C

20. **解**　双代号时标网络计划中,实箭线上的波形线代表该工作的自由时差,若无波形线,则其自由时差为0。关键工作自由时差、总时差都为0,但仅自由时差为0不一定是关键工作,即非关键工作也可以自由时差为0。所以没有波形线,只说明该工作自由时差为0。

答案:B

21. **解**　施工单位施工前应进行单位工程施工组织设计的编制,包括单位工程施工进度计划、各种资源需要量计划和施工准备工作计划等。其中,单位工程施工进度计划是关键,要优先编制,它是编制各种资源需要量计划和施工准备工作计划的重要依据。

答案:C

22. **解**　本题荷载弯矩图及求位移加单位力引起的弯矩图均为反对称图形,故图乘时可分左、右分别图乘然后相加。按题意,位移可表达为$\Delta_{CH}=\frac{1}{2}\Delta+\frac{1}{2}\Delta=\Delta$。

当AC杆刚度由EI变为$2EI$时,由于图乘时刚度在分母,故新的位移为$\Delta'_{CH}=\frac{1}{2}\frac{1}{2}\Delta+\frac{1}{2}\Delta=\frac{3}{4}\Delta$。

答案:D

23. **解**　根据频率计算公式$\omega=\sqrt{\frac{k}{m}}$可知,增大刚度可增大自振频率。

答案:C

24.**解** 用静力平衡条件求得反力后,利用对称性可作图示转化,从而求得 $M_{BA}=\dfrac{Pl}{2}$。

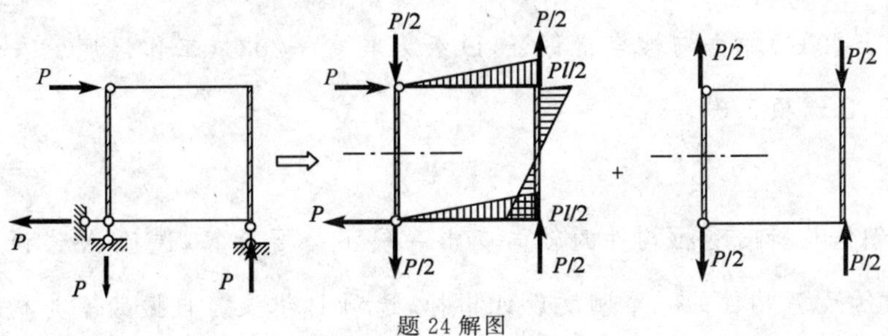

题 24 解图

答案:A

25.**解** 受扭钢筋包括受扭纵筋和受扭箍筋,当受扭纵筋与受扭箍筋的强度比值 $0.6\leqslant\zeta\leqslant1.7$ 时,两者应力均可以达到屈服强度,为延性破坏。随着箍筋的配筋率增加,可能导致破坏时箍筋达不到屈服,此类构件为部分超筋构件,也具有一定的延性。

答案:D

26.**解** 受压区(预拉区)设置预应力钢筋是为了减小预拉区的拉应力,减小构件的反拱值,选项 A 错误。

由于预压应力的存在,预应力混凝土受弯构件的相对界限受压区高度 ξ_b 的计算公式与普通钢筋混凝土受弯构件不同,选项 B 错误。

承载能力极限状态时,预应力混凝土受弯构件与钢筋混凝土受弯构件相似,当 $\xi\leqslant\xi_b$ 时,受拉区的预应力钢筋先达到屈服,而后受压区混凝土被压碎使构件破坏,当不满足 $\xi\leqslant\xi_b$ 时,选项 C 错误。

受压区的预应力钢筋初始应力为拉应力,承载能力极限状态时,预应力钢筋的应力为拉应力或压应力,但一般不能达到其受压屈服强度,选项 D 正确。

答案:D

27.**解** 钢筋混凝土筒体结构是由四片密柱深梁框架所组成的立体结构。在水平荷载作用下,四片框架同时参与工作。水平剪力主要由平行于荷载方向的“腹板框架”承担,倾覆力矩则由垂直于荷载方向的“翼缘框架”和“腹板框架”共同承担。由于“翼缘”和“腹板”是由密柱深梁的框架所组成,相当于墙面上布满洞口的空腹筒体。尽管深梁的跨度很小,截面高度很大,深梁的竖向弯剪刚度仍然是有限的,因此出现剪力滞后现象,使得柱的轴向力愈接近角柱愈大,框筒的“翼缘框架”和“腹板框架”的各柱轴向力分布均呈现曲线变化。

答案:B

28. **解** 钢材牌号最后的字母代表冲击韧性合格保证,其中A级为不要求V型冲击试验,B级为具有常温冲击韧性合格保证。对于Q235和Q345钢,C级为具有0℃(工作温度$-20℃<t\leqslant 0℃$)冲击韧性合格保证,D级为具有$-20℃$(工作温度$t\leqslant -20℃$)冲击韧性合格保证,B选项正确。

答案:B

29. **解** 钢结构轴心受拉构件的轴向变形一般不需要计算,选项A错误。荷载标准值产生的挠度为受弯构件的一个刚度设计指标,选项B错误。自振频率为构件的固有动态参数,选项D错误。钢结构轴心受拉构件除了应进行强度计算外,还应进行刚度验算,对不同的受拉构件,《钢结构设计标准》规定了构件的允许长细比来满足刚度要求。

答案:C

30. **解** 螺栓群的转动中心(形心)为中间一排螺栓,受力为零,形心以上螺栓受拉,形心以下螺栓受压。螺栓受力大小与其到形心的距离成正比,有$\dfrac{N_1}{y_1/2}=\dfrac{N_2}{y_2/2}$,则$N_2=\dfrac{N_1 y_2}{y_1}$。

根据弯矩平衡,有$Fe=2N_1 y_1+2N_2 y_2$

螺栓A所受的拉力$N_1=\dfrac{Fey_1}{2y_1^2+2y_2^2}$

答案:B

31. **解** 构造柱不能够提高砌体的承载能力,选项A错误。构造柱应按规范要求进行设置,但并不需要在房屋每个开间的四角处设置,选项C错误。设置构造柱后并不能较大提高砌体墙体的抗侧刚度,选项D错误。设置构造柱后可以提高墙体的延性,提高房屋的抗震能力,选项B正确。

答案:B

32. **解** 构造要求,见《砌体结构设计规范》(GB 50003—2011)第6.2.8条,对砌块、料石墙为4.8m。

答案:A

33. **解** 砌体结构房屋静力计算时,根据房屋的空间工作性能分为刚性方案、刚弹性方案和弹性方案。影响房屋空间工作性能的主要因素有屋盖或楼盖的类别和横墙的间距。见《砌体结构设计规范》(GB 50003—2011)第4.2.1条表4.2.1。

答案:D

34. **解** 由岩石在压应力作用下的变形与破坏规律和特征可知,当应力超过了岩石的弹性极限后，由于内部微裂纹的产生和扩展，岩石的体积开始增大(即扩容)，进入塑性变形阶段，这是岩石开始发生破坏的标志。

答案:B

35. **解** 地下隧洞围岩中的应力分布取决于隧洞的形状和初始地应力的大小，对于二向不等压下的均质各向同性岩体中的圆形隧洞而言，洞壁应力的计算公式如下：

$$\sigma_\theta = (1+\lambda)p_0 + 2(1-\lambda)p_0\cos2\theta$$

式中 λ 为侧压系数，等于水平应力与垂直应力的比值。

由上式可知，洞壁出现拉应力的条件为 $(1+\lambda)p_0 + 2(1-\lambda)p_0\cos2\theta < 0$

当 $\theta=0, \lambda>3$ 时，洞壁两侧帮出现拉应力。

当 $\theta=\frac{\pi}{2}, \lambda<\frac{1}{3}$ 时，洞壁顶底板出现拉应力。

因此，题中四个选项最接近准确答案的是选项 B。(本题考点为洞周应力分布状态，不在考试大纲范围内)

答案:B

36. **解** 细颗粒土可以按塑性指数分类。塑性指数 $I_p = w_L - w_P$。液限与塑限之差值(省去%)，反映在可塑状态下土的含水率变化范围，此值可作为黏性土分类的指标。

答案:A

37. **解** 根据土中附加应力计算公式：$\sigma_z = \alpha p_0$，基底附加应力 p_0 不变，只要比较两基础的土中附加应力系数 α_A 和 α_B 即可。

沿条形基础长度方向取 1m 作为研究对象，即 $b=1$m。由题意可知，基础埋深相同，即 $Z_A=Z_B$，故 $Z_A/b=Z_B/b$。根据矩形面积受均布荷载作用时角点下应力系数表，当 $l_A=2l_B$ 时，$(l_A/2)/b$ 与 Z_A/b 所确定的附加应力系数 α_A 小于 2 倍的附加应力系数 α_B[根据 $(l_B/2)/b$ 与 Z_B/b 所确定]，即 $\alpha_A<2\alpha_B$。

答案:B

38. **解** 一般使用单位为 cm^2/s，与选项 B 量纲相同。

答案:B

39. **解** 膨胀土中的膨胀性黏土矿物具有吸水膨胀性和失水收缩性。

答案:A

40. **解** 此题选项表述有问题。无水均质无黏性土不存在摩擦角随应力变化。这里无水均质无黏性土坡滑动面一般为平面。用排除法，选项 A、B、D 不对，按题意最接近的正确答案是选项C,表面浅层滑动。

答案:C

41.**解** 白云岩矿物成分主要以白云石为主,含少量方解石和黏土矿物,有时混有石膏等矿物,白云岩遇冷稀盐酸不起泡,但粉末会有微量方解石即碳酸钙成分,遇盐酸会微微起泡,选项A正确;石灰岩含大量方解石,遇盐酸会大量起泡,选项B错误;石英岩以石英为主要成分,玄武岩以辉石和斜长石为主要成分,它们遇酸均不会起泡,选项C、D均错误。

答案:A

42.**解** 砂岩属于沉积岩,沉积岩最主要的构造是层理构造,层理构造包括水平层理、单斜层理和交错层理,它是沉积岩区别于变质岩、火成岩的最主要标志,砂岩表明沉积时动水条件剧烈,特别是在海岸潮起潮落带,常形成交错层理,故选项A正确;页岩、燧石条带石灰岩尽管也为沉积岩,但反映出明显的静水沉积特征,故选项B、C不如选项A合适;流纹岩是火成岩,不会形成交错层理,选项D错误。

答案:A

43.**解** 断层按形态分类,分为正断层、逆断层和平移断层。正断层是指断层上盘沿断层面相对下移、下盘相对上移的断层;逆断层上、下盘的相对位移正好与正断层相反;平移断层是断层两盘沿断层走向相对平移运动。

答案:B

44.**解** 褶皱构造有背斜和向斜两种基本形态。背斜岩层向上拱起,核部的岩层时代较老,两侧的时代依次对称变新;向斜是岩层向下凹陷弯曲,核部岩层相对较新,两侧岩层依次对称变老。

答案:A

45.**解** 冰川移动的山谷称为冰川谷,或称为幽谷、槽谷,冰川下蚀和侧蚀力量巨大,使得幽谷两壁陡立,横剖面呈“U”字形,且具有明显的冰川擦痕及磨光面等特征。

答案:A

46.**解** 当结构面为水平时,在吴氏网赤平面上的投影正好落在大圆上,当结构面倾角逐渐增大时,其在吴氏网赤平面上的投影表现为逐渐由靠近大圆的圆弧向靠近大圆直径方向的圆弧发展,当岩层结构面直立时,为一通过圆心的直径线。

答案:C

47.**解** 风化作用类型分为物理风化作用、化学风化作用和生物化学风化作用。在荒漠地区，由于水分参与极少，气候干燥，温差变化大，因此化学分化和生物化学风化作用微弱或不发生，岩石主要由于温差变化带来的岩石热胀冷缩因其岩石的机械破碎的物理风化。风化作用与风的地质作用属于两个概念，不能混淆。

答案:C

48.**解** 具有可溶性岩石、可溶岩体具有透水性及具有循环交替的溶蚀能力的水是岩溶发育的三个必要条件。

答案:D

49.**解** 有干湿交替作用时，侵蚀性地下水对混凝土的腐蚀强度比无干湿交替作用时相对较高，反之则相对较低。

答案:B

50.**解** 黄土的湿陷性，主要是利用现场采集的不扰动土试样，通过室内浸水压缩试验求得的湿陷性系数，据以判定是否具有湿陷性或自重湿陷性。湿陷性土应采用现场载荷试验确定其湿陷性。黄土和湿陷性土是两类不同的土。

答案:C

51.**解** 岩石边坡开挖时常出现的破坏形式有顺层滑动破坏、楔形滑动破坏、倾倒破坏、圆弧滑动破坏。在高应力条件下，岩石容易发生变形和断裂。岩层弯曲指岩层倾角与坡面倾角相同的边坡开挖后坡面最前面岩层下滑弯曲的现象。因此，本题问的是破坏现象，高应力条件下的开挖破坏只有岩层断裂可选。

答案:D

52.**解** 排水后滑面上的静水压力消失，法向应力增大，抗滑力提高，同时下滑力减小。另一方面，排水后不仅滑面的抗剪强度提高，而且坡体内部岩土体的强度也会提高。

答案:D

53.**解** 当岩基上承受三角形垂直分布荷载时，岩基中坐标为 x，y 的任一点应力可由弹性力学中的公式给出：

$$\sigma_y=\frac{p_v}{\pi b}\left[(x-b)\arctan\frac{x-b}{y}-(x-b)\arctan\frac{x}{y}+\frac{bxy}{x^2+y^2}\right]$$

$$\sigma_x=\frac{p_v}{\pi b}\left\{(x-b)\arctan\frac{x-b}{y}-y\ln[(x-b)^2+y^2]-\right.$$

$$\left.(x-b)\arctan\frac{x}{y}+y\ln\left[(x^2+y^2)-\frac{bxy}{x^2+y^2}\right]\right\}$$

$$\tau_{xy}=\frac{p_v}{\pi b}\left[y\arctan\frac{x}{y}-y\arctan\frac{x-b}{y}-\frac{by^2}{x^2+y^2}\right]$$

式中：p_v——三角形垂直荷载中的最大荷载强度；

b——荷载分布宽度。

由上式分析可以看出，垂直应力均为压应力，水平应力和剪应力既有正值又有负值。

答案：B

54.**解**　增大基础高度即增大基础抗冲切面积。

答案：C

55.**解**　增大基础宽度和埋深可以提高地基承载力。根据《建筑地基基础设计规范》（GB 50007—2011），可对基础宽度在 3～6m 范围内的基础地基承载力进行提高修正。据题意，影响两基础地基承载力的因素只有基础宽度。

答案：D

56.**解**　增大建筑物上部结构的整体刚度有利于减轻不均匀沉降的危害。选项 A、B、D 都不利于减轻不均匀沉降的危害。

答案：C

57.**解**　当摩擦型群桩桩距较小时，群桩效应显著，破坏时接近实体基础破坏形式。

答案：C

58.**解**　换土垫层法主要应用于浅层地基处理。砂石桩挤密法适用于挤密松散砂土、粉土、黏性土、素填土、杂填土等地基。强夯法适用于处理碎石土、砂土、低饱和度的粉土与黏性土、湿陷性黄土、杂填土和素填土等地基。振冲挤密法适用于处理砂土和粉土等地基。

答案：A

59.**解**　圆形桩直径 $d=0.36\text{m}$，桩间距 $B=1.2\text{m}$

正方形布置时的等效直径：$d_e=1.13B=1.356\text{m}$

复合地基面积置换率：

$$m=\frac{A_p}{A_e}=\frac{\pi\left(\frac{d}{2}\right)^2}{\pi\left(\frac{{}_{e}}{2}\right)^2}=\frac{\pi\times0.18^2}{\pi\times0.678^2}=0.070$$

答案：D

60.**解**　井径比为砂井的有效排水直径 d_e 与砂井的直径 d_w 之比。加大砂井直径、增加砂井数量（即减少砂井间距）或减小井径比可加快地基固结进程。

答案：C

2017年度全国勘察设计注册工程师执业资格考试试卷

基础考试

（上）

二〇一七年九月

应考人员注意事项

1. 本试卷科目代码为“1”，考生务必将此代码填涂在答题卡“科目代码”相应的栏目内，否则，无法评分。
2. 书写用笔：**黑色或蓝色钢笔、签字笔或圆珠笔**；
   填涂答题卡用笔：**黑色 2B 铅笔**。
3. 必须用书写用笔将工作单位、姓名、准考证号填写在答题卡和试卷相应的栏目内。
4. 本试卷由 120 题组成，每题 1 分，满分 120 分，本试卷全部为单项选择题，每小题的四个备选项中只有一个正确答案，错选、多选、不选均不得分。
5. 考生作答时，必须**按题号在答题卡上**将相应试题所选选项对应的**字母用 2B 铅笔涂黑**。
6. 在答题卡上书写与题意无关的语言，或在答题卡上作标记的，均按违纪试卷处理。
7. 考试结束时，由监考人员当面将试卷、答题卡一并收回。
8. 草稿纸由各地统一配发，考后收回。

单项选择题(共 120 题,每题 1 分。每题的备选项中只有一个最符合题意。)

1. 要使得函数 $f(x)=\begin{cases}\dfrac{x\ln x}{1-x}, & x>0\\ a, & x=1\end{cases}$ 在(0,+∞)上连续,则常数 a 等于:

A. 0　　B. 1

C. −1　　D. 2

2. 函数 $y=\sin\dfrac{1}{x}$是定义域内的:

A. 有界函数　　B. 无界函数

C. 单调函数　　D. 周期函数

3. 设 $\boldsymbol{\alpha}$、$\boldsymbol{\beta}$ 均为非零向量,则下面结论正确的是:

A. $\boldsymbol{\alpha}\times\boldsymbol{\beta}=\mathbf{0}$ 是 $\boldsymbol{\alpha}$ 与 $\boldsymbol{\beta}$ 垂直的充要条件

B. $\boldsymbol{\alpha}\cdot\boldsymbol{\beta}=0$ 是 $\boldsymbol{\alpha}$ 与 $\boldsymbol{\beta}$ 平行的充要条件

C. $\boldsymbol{\alpha}\times\boldsymbol{\beta}=\mathbf{0}$ 是 $\boldsymbol{\alpha}$ 与 $\boldsymbol{\beta}$ 平行的充要条件

D. 若 $\boldsymbol{\alpha}=\lambda\boldsymbol{\beta}$($\lambda$ 是常数),则 $\boldsymbol{\alpha}\cdot\boldsymbol{\beta}=0$

4. 微分方程 $y'-y=0$ 满足 $y(0)=2$ 的特解是:

A. $y=2e^{-x}$　　B. $y=2e^{x}$

C. $y=e^{x}+1$　　D. $y=e^{-x}+1$

5. 设函数 $f(x)=\int_x^2\sqrt{5+t^2}\,dt$,$f'(1)$ 等于:

A. $2-\sqrt{6}$　　B. $2+\sqrt{6}$

C. $\sqrt{6}$　　D. $-\sqrt{6}$

6. 若 $y=g(x)$由方程 $e^y+xy=e$ 确定,则 $y'(0)$等于:

A. $-\dfrac{y}{e^y}$　　B. $-\dfrac{y}{x+e^y}$

C. 0　　D. $-\dfrac{1}{e}$

7. $\int f(x)dx=\ln x+C$,则$\int\cos xf(\cos x)dx$ 等于:

A. $\cos x+C$　　B. $x+C$

C. $\sin x+C$　　D. $\ln\cos x+C$

8. 函数 $f(x,y)$ 在点 $P_0(x_0,y_0)$ 处有一阶偏导数是函数在该点连续的：

A. 必要条件　　B. 充分条件

C. 充分必要条件　　D. 既非充分又非必要

9. 过点 $(-1,-2,3)$ 且平行于 z 轴的直线的对称方程是：

A. $\begin{cases} x=1 \\ y=-2 \\ z=-3t \end{cases}$　　B. $\frac{x-1}{0}=\frac{y+2}{0}=\frac{z-3}{1}$

C. $z=3$　　D. $\frac{x+1}{0}=\frac{y+2}{0}=\frac{z-3}{1}$

10. 定积分 $\int_1^2 \frac{1-\frac{1}{x}}{x^2}\mathrm{d}x$ 等于：

A. 0　　B. $-\frac{1}{8}$

C. $\frac{1}{8}$　　D. 2

11. 函数 $f(x)=\sin\left(x+\frac{\pi}{2}+\pi\right)$ 在区间 $[-\pi,\pi]$ 上的最小值点 x_0 等于：

A. $-\pi$　　B. 0

C. $\frac{\pi}{2}$　　D. π

12. 设 L 是椭圆 $\begin{cases} x=a\cos\theta \\ y=b\sin\theta \end{cases}$ $(a>0,b>0)$ 的上半椭圆周，沿顺时针方向，则曲线积分 $\int_L y^2\mathrm{d}x$ 等于：

A. $\frac{5}{3}ab^2$　　B. $\frac{4}{3}ab^2$

C. $\frac{2}{3}ab^2$　　D. $\frac{1}{3}ab^2$

13. 级数 $\sum_{n=1}^{\infty}\frac{(-1)^n}{a_n}$ $(a_n>0)$ 满足下列什么条件时收敛：

A. $\lim_{n\to\infty} a_n=\infty$　　B. $\lim_{n\to\infty}\frac{1}{a_n}=0$

C. $\sum_{n=1}^{\infty} a_n$ 发散　　D. a_n 单调递增且 $\lim_{n\to\infty} a_n=+\infty$

14. 曲线 $f(x)=xe^{-x}$ 的拐点是：

A. $(2,2e^{-2})$

B. $(-2,-2e^{2})$

C. $(-1,e)$

D. $(1,e^{-1})$

15. 微分方程 $y''+y'+y=e^x$ 的特解是：

A. $y=e^x$

B. $y=\frac{1}{2}e^x$

C. $y=\frac{1}{3}e^x$

D. $y=\frac{1}{4}e^x$

16. 若圆域 $D:x^2+y^2\leqslant 1$，则二重积分 $\iint\limits_D \frac{\mathrm{d}x\mathrm{d}y}{1+x^2+y^2}$ 等于：

A. $\frac{\pi}{2}$

B. π

C. $2\pi\ln 2$

D. $\pi\ln 2$

17. 幂级数 $\sum\limits_{n=1}^{\infty}\frac{x^n}{n!}$ 的和函数 $S(x)$ 等于：

A. e^x

B. e^x+1

C. e^x-1

D. $\cos x$

18. 设 $z=y\varphi\left(\frac{x}{y}\right)$，其中 $\varphi(u)$ 具有二阶连续导数，则 $\frac{\partial^2 z}{\partial x\partial y}$ 等于：

A. $\frac{1}{y}\varphi''\left(\frac{x}{y}\right)$

B. $-\frac{x}{y^2}\varphi''\left(\frac{x}{y}\right)$

C. 1

D. $\varphi''\left(\frac{x}{y}\right)-\frac{x}{y}\varphi'\left(\frac{x}{y}\right)$

19. 矩阵 $\mathbf{A}=\begin{bmatrix}0 & 0 & -2\\0 & 3 & 0\\1 & 0 & 0\end{bmatrix}$ 的逆矩阵是 $\mathbf{A}^{-1}$ 是：

A. $\begin{bmatrix}-\frac{1}{2} & 0 & 0\\0 & \frac{1}{3} & 0\\0 & 0 & 1\end{bmatrix}$

B. $\begin{bmatrix}0 & 0 & -\frac{1}{2}\\0 & \frac{1}{3} & 0\\1 & 0 & 0\end{bmatrix}$

C. $\begin{bmatrix}0 & 0 & 1\\0 & \frac{1}{3} & 0\\-\frac{1}{2} & 0 & 0\end{bmatrix}$

D. $\begin{bmatrix}0 & 0 & 6\\0 & 2 & 0\\3 & 0 & 0\end{bmatrix}$

20. 设 $\boldsymbol{A}$ 为 $m\times n$ 矩阵，则齐次线性方程组 $\boldsymbol{A}x=0$ 有非零解的充分必要条件是：

A. 矩阵 $\boldsymbol{A}$ 的任意两个列向量线性相关

B. 矩阵 $\boldsymbol{A}$ 的任意两个列向量线性无关

C. 矩阵 $\boldsymbol{A}$ 的任一列向量是其余列向量的线性组合

D. 矩阵 $\boldsymbol{A}$ 必有一个列向量是其余列向量的线性组合

21. 设 $\lambda_1=6,\lambda_2=\lambda_3=3$ 为三阶实对称矩阵 $\boldsymbol{A}$ 的特征值，属于 $\lambda_2=\lambda_3=3$ 的特征向量为 $\xi_2=(-1,0,1)^{\mathrm{T}},\xi_3=(1,2,1)^{\mathrm{T}}$，则属于 $\lambda_1=6$ 的特征向量是：

A. $(1,-1,1)^{\mathrm{T}}$ B. $(1,1,1)^{\mathrm{T}}$

C. $(0,2,2)^{\mathrm{T}}$ D. $(2,2,0)^{\mathrm{T}}$

22. 有 A、B、C 三个事件，下列选项中与事件 A 互斥的事件是：

A. $\overline{B\cup C}$ B. $\overline{A\cup B\cup C}$

C. $\overline{A}B+A\overline{C}$ D. $A(B+C)$

23. 设二维随机变量(X,Y)的概率密度为 $f(x,y)=\begin{cases}e^{-2ax+by}, & x>0,y>0\\ 0, & \text{其他}\end{cases}$，则常数 a,b 应满足的条件是：

A. $ab=-\dfrac{1}{2}$，且 $a>0,b<0$ B. $ab=\dfrac{1}{2}$，且 $a>0,b>0$

C. $ab=-\dfrac{1}{2}$，$a<0,b>0$ D. $ab=\dfrac{1}{2}$，且 $a<0,b<0$

24. 设 $\hat{\theta}$ 是参数 θ 的一个无偏估计量，又方差 $D(\hat{\theta})>0$，下面结论中正确的是：

A. $(\hat{\theta})^2$ 是 θ^2 的无偏估计量

B. $(\hat{\theta})^2$ 不是 θ^2 的无偏估计量

C. 不能确定$(\hat{\theta})^2$ 是不是 θ^2 的无偏估计量

D. $(\hat{\theta})^2$ 不是 θ^2 的估计量

25．有两种理想气体，第一种的压强为 p_1，体积为 V_1，温度为 T_1，总质量为 M_1，摩尔质量为 μ_1；第二种的压强为 p_2，体积为 V_2，温度为 T_2，总质量为 M_2，摩尔质量为 μ_2。当 $V_1=V_2$，$T_1=T_2$，$M_1=M_2$ 时，则$\frac{\mu_1}{\mu_2}$：

A. $\frac{\mu_1}{\mu_2}=\sqrt{\frac{p_1}{p_2}}$

B. $\frac{\mu_1}{\mu_2}=\frac{p_1}{p_2}$

C. $\frac{\mu_1}{\mu_2}=\sqrt{\frac{p_2}{p_1}}$

D. $\frac{\mu_1}{\mu_2}=\frac{p_2}{p_1}$

26. 在恒定不变的压强下，气体分子的平均碰撞频率 $\overline{Z}$ 与温度 T 的关系是：

A. $\overline{Z}$ 与 T 无关

B. $\overline{Z}$ 与 $\sqrt{T}$ 无关

C. $\overline{Z}$ 与 $\sqrt{T}$ 成反比

D. $\overline{Z}$ 与 $\sqrt{T}$ 成正比

27. 一定量的理想气体对外做了 500J 的功，如果过程是绝热的，则气体内能的增量为：

A. 0J

B. 500J

C. -500J

D. 250J

28. 热力学第二定律的开尔文表述和克劳修斯表述中，下述正确的是：

A. 开尔文表述指出了功热转换的过程是不可逆的

B. 开尔文表述指出了热量由高温物体传到低温物体的过程是不可逆的

C. 克劳修斯表述指出通过摩擦而做功变成热的过程是不可逆的

D. 克劳修斯表述指出气体的自由膨胀过程是不可逆的

29. 已知平面简谐波的方程为 $y=A\cos(Bt-Cx)$，式中 A、B、C 为正常数，此波的波长和波速分别为：

A. $\frac{B}{C}$，$\frac{2\pi}{C}$

B. $\frac{2\pi}{C}$，$\frac{B}{C}$

C. $\frac{\pi}{C}$，$\frac{2B}{C}$

D. $\frac{2\pi}{C}$，$\frac{C}{B}$

30. 对平面简谐波而言，波长 λ 反映：

A. 波在时间上的周期性　　B. 波在空间上的周期性

C. 波中质元振动位移的周期性　　D. 波中质元振动速度的周期性

31. 在波的传播方向上，有相距为 3m 的两质元，两者的相位差为 $\frac{\pi}{6}$，若波的周期为 4s，则此波的波长和波速分别为：

A. 36m 和 6m/s　　B. 36m 和 9m/s

C. 12m 和 6m/s　　D. 12m 和 9m/s

32. 在双缝干涉实验中，入射光的波长为 λ，用透明玻璃纸遮住双缝中的一条缝(靠近屏的一侧)，若玻璃纸中光程比相同厚度的空气的光程大 2.5λ，则屏上原来的明纹处：

A. 仍为明条纹　　B. 变为暗条纹

C. 既非明条纹也非暗条纹　　D. 无法确定是明纹还是暗纹

33. 一束自然光通过两块叠放在一起的偏振片，若两偏振片的偏振化方向间夹角由 α_1 转到 α_2，则前后透射光强度之比为：

A. $\frac{\cos^2\alpha_2}{\cos^2\alpha_1}$　　B. $\frac{\cos\alpha_2}{\cos\alpha_1}$

C. $\frac{\cos^2\alpha_1}{\cos^2\alpha_2}$　　D. $\frac{\cos\alpha_1}{\cos\alpha_2}$

34. 若用衍射光栅准确测定一单色可见光的波长，在下列各种光栅常数的光栅中，选用哪一种最好：

A. 1.0×10^{-1}mm　　B. 5.0×10^{-1}mm

C. 1.0×10^{-2}mm　　D. 1.0×10^{-3}mm

35. 在双缝干涉实验中，光的波长 600nm，双缝间距 2mm，双缝与屏的间距为 300cm，则屏上形成的干涉图样的相邻明条纹间距为：

A. 0.45mm　　B. 0.9mm

C. 9mm　　D. 4.5mm

36. 一束自然光从空气投射到玻璃板表面上，当折射角为 30°时，反射光为完全偏振光，则此玻璃的折射率为：

A. 2　　B . 3

C. $\sqrt{2}$　　D. $\sqrt{3}$

37. 某原子序数为 15 的元素，其基态原子的核外电子分布中，未成对电子数是：

A. 0　　B. 1

C. 2　　D. 3

38. 下列晶体中熔点最高的是：

A. NaCl　　B. 冰

C. SiC　　D. Cu

39. 将 0.1mol・L^{-1}的 HOAc 溶液冲稀一倍，下列叙述正确的是：

A. HOAc 的电离度增大　　B. 溶液中有关离子浓度增大

C. HOAc 的电离常数增大　　D. 溶液的 pH 值降低

40. 已知 $K_b(NH_3 \cdot H_2O)=1.8\times10^{-5}$，将 0.2mol・$L^{-1}$的 $NH_3 \cdot H_2O$ 溶液和 0.2mol・L^{-1}的 HCl 溶液等体积混合，其混合溶液的 pH 值为：

A. 5.12　　B. 8.87

C. 1.63　　D. 9.73

41. 反应 A(S)+B(g)⇌C(g)的 $\Delta H<0$，欲增大其平衡常数，可采取的措施是：

A. 增大 B 的分压　　B. 降低反应温度

C. 使用催化剂　　D. 减小 C 的分压

42. 两个电极组成原电池，下列叙述正确的是：

A. 作正极的电极的 $E_{(+)}$ 值必须大于零

B. 作负极的电极的 $E_{(-)}$ 值必须小于零

C. 必须是 $E^{\ominus}_{(+)}>E^{\ominus}_{(-)}$

D. 电极电势 E 值大的是正极，E 值小的是负极

43. 金属钠在氯气中燃烧生成氯化钠晶体，其反应的熵变是：

A. 增大　　B. 减少

C. 不变　　D. 无法判断

44. 某液体烃与溴水发生加成反应生成 2,3-二溴-2-甲基丁烷，该液体烃是：

A. 2-丁烯　　B. 2-甲基-1-丁烷

C. 3-甲基-1-丁烷　　D. 2-甲基-2-丁烯

45. 下列物质中与乙醇互为同系物的是：

A. $CH_2=CHCH_2OH$

B. 甘油

C. $\langle\bigcirc\rangle$—CH_2OH

D. $CH_3CH_2CH_2CH_2OH$

46. 下列有机物不属于烃的衍生物的是：

A. $CH_2=CHCl$

B. $CH_2=CH_2$

C. $CH_3CH_2NO_2$

D. CCl_4

47. 结构如图所示，杆 DE 的点 H 由水平闸拉住，其上的销钉 C 置于杆 AB 的光滑直槽中，各杆自重均不计，已知 $F_P=10kN$。销钉 C 处约束力的作用线与 x 轴正向所成的夹角为：

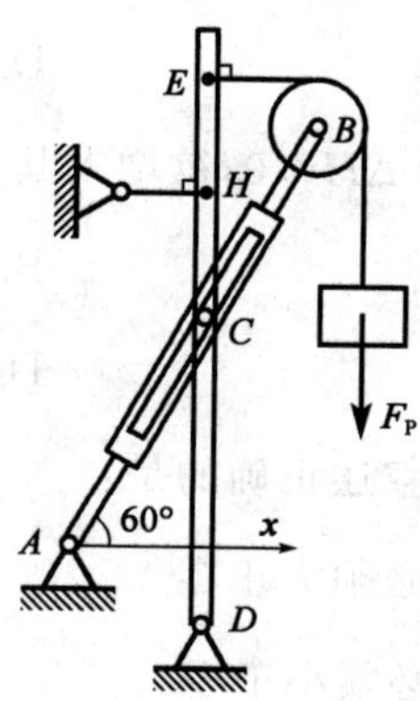

A. 0°

B. 90°

C. 60°

D. 150°

48. 力 F_1、F_2、F_3、F_4 分别作用在刚体上同一平面内的 A、B、C、D 四点，各力矢首尾相连形成一矩形如图所示。该力系的简化结果为：

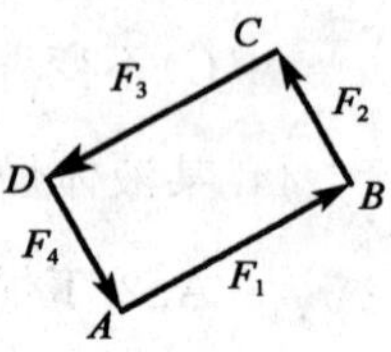

A. 平衡

B. 一合力

C. 一合力偶

D. 一力和一力偶

49. 均质圆柱体重力为 P，直径为 D，置于两光滑的斜面上。设有图示方向力 F 作用，当圆柱不移动时，接触面 2 处的约束力 F_{N2} 的大小为：

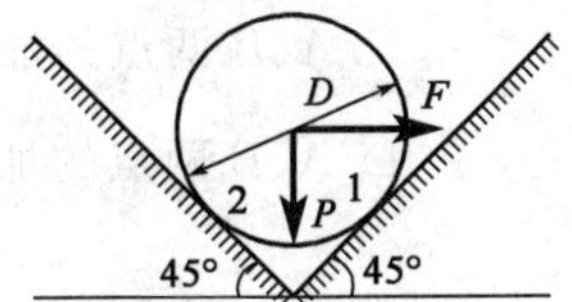

A. $F_{N2}=\dfrac{\sqrt{2}}{2}(P-F)$

B. $F_{N2}=\dfrac{\sqrt{2}}{2}F$

C. $F_{N2}=\dfrac{\sqrt{2}}{2}P$

D. $F_{N2}=\dfrac{\sqrt{2}}{2}(P+F)$

50. 如图所示，杆 AB 的 A 端置于光滑水平面上，AB 与水平面夹角为 30°，杆重力大小为 P，B 处有摩擦，则杆 AB 平衡时，B 处的摩擦力与 x 方向的夹角为：

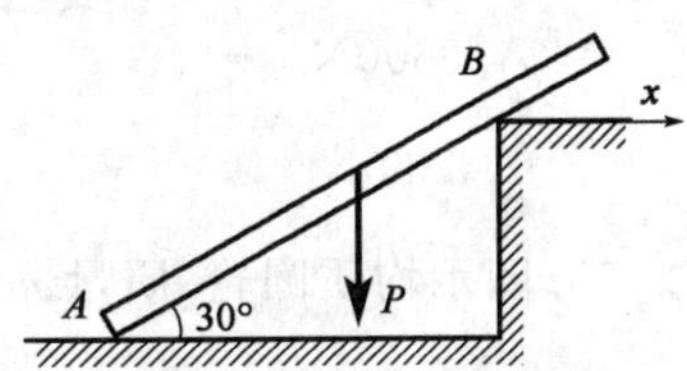

A. 90°

B. 30°

C. 60°

D. 45°

51. 点沿直线运动，其速度 $v=20t+5$，已知：当 $t=0$ 时，$x=5\text{m}$，则点的运动方程为：

A. $x=10t^2+5t+5$

B. $x=20t+5$

C. $x=10t^2+5t$

D. $x=20t^2+5t+5$

52. 杆 $OA=l$，绕固定轴 O 转动，某瞬时杆端 A 点的加速度 a 如图所示，则该瞬时杆 OA 的角速度及角加速度为：

A. $0,\ \dfrac{a}{l}$

B. $\sqrt{\dfrac{a}{l}},\ \dfrac{a}{l}$

C. $\sqrt{\dfrac{a}{l}},\ 0$

D. $0,\ \sqrt{\dfrac{a}{l}}$

53. 如图所示，一绳缠绕在半径为 r 的鼓轮上，绳端系一重物 M，重物 M 以速度 v 和加速度 a 向下运动，则绳上两点 A、D 和轮缘上两点 B、C 的加速度是：

A. A、B 两点的加速度相同，C、D 两点的加速度相同

B. A、B 两点的加速度不相同，C、D 两点的加速度不相同

C. A、B 两点的加速度相同，C、D 两点的加速度不相同

D. A、B 两点的加速度不相同，C、D 两点的加速度相同

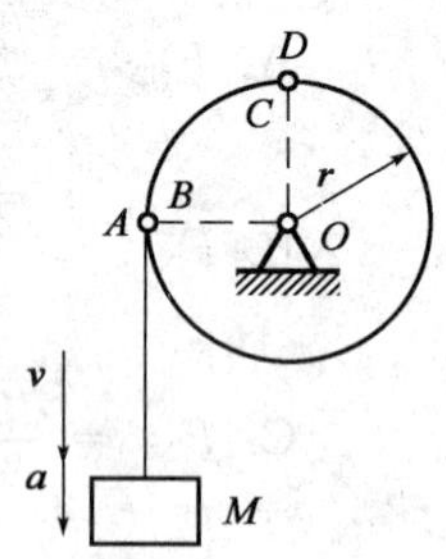

54. 汽车重力大小为 $W=2800\text{N}$，并以匀速 $v=10\text{m/s}$ 的行驶速度驶入刚性洼地底部，洼地底部的曲率半径 $\rho=5\text{m}$，取重力加速度 $g=10\text{m/s}^2$，则在此处地面给汽车约束力的大小为：

A. 5600N

B. 2800N

C. 3360N

D. 8400N

55. 图示均质圆轮，质量 m，半径 R，由挂在绳上的重力大小为 W 的物块使其绕 O 运动。设物块速度为 v，不计绳重，则系统动量、动能的大小为：

A. $\dfrac{W}{g}\cdot v$；$\dfrac{1}{2}\cdot\dfrac{v^2}{g}\left(\dfrac{1}{2}mg+W\right)$

B. mv；$\dfrac{1}{2}\cdot\dfrac{v^2}{g}\left(\dfrac{1}{2}mg+W\right)$

C. $\dfrac{W}{g}\cdot v+mv$；$\dfrac{1}{2}\cdot\dfrac{v^2}{g}\left(\dfrac{1}{2}mg-W\right)$

D. $\dfrac{W}{g}\cdot v-mv$；$\dfrac{W}{g}\cdot v+mv$

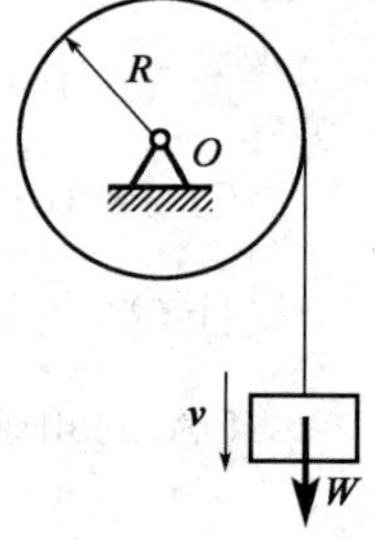

56. 边长为 L 的均质正方形平板，位于铅垂平面内并置于光滑水平面上，在微小扰动下，平板从图示位置开始倾倒，在倾倒过程中，其质心 C 的运动轨迹为：

A. 半径为 $L/\sqrt{2}$ 的圆弧

B. 抛物线

C. 铅垂直线

D. 椭圆曲线

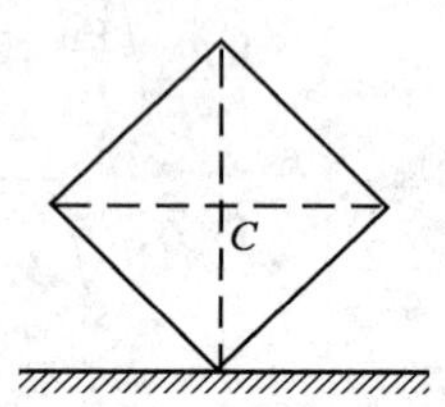

57. 如图所示，均质直杆 OA 的质量为 m，长为 l，以匀角速度 ω 绕 O 轴转动。此时将 OA 杆的惯性力系向 O 点简化，其惯性力主矢和惯性力主矩的大小分别为：

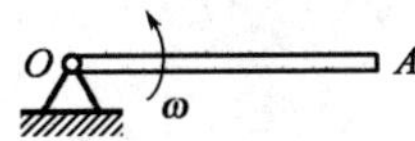

A. 0，0

B. $\frac{1}{2}ml\omega^2$，$\frac{1}{3}ml^2\omega^2$

C. $ml\omega^2$，$\frac{1}{2}ml^2\omega^2$

D. $\frac{1}{2}ml\omega^2$，0

58. 如图所示，重力大小为 W 的质点，由长为 l 的绳子连接，则单摆运动的固有频率为：

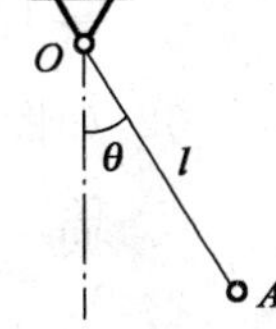

A. $\sqrt{\frac{g}{2l}}$

B. $\sqrt{\frac{W}{l}}$

C. $\sqrt{\frac{g}{l}}$

D. $\sqrt{\frac{2g}{l}}$

59. 已知拉杆横截面积 $A=100\text{mm}^2$，弹性模量 $E=200\text{GPa}$，横向变形系数 $\mu=0.3$，轴向拉力 $F=20\text{kN}$，则拉杆的横向应变 ε' 是：

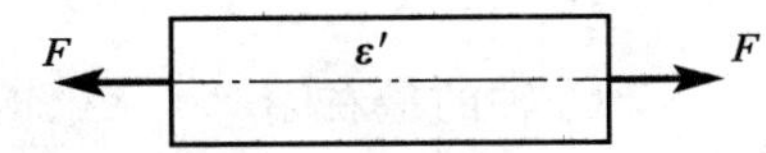

A. $\varepsilon'=0.3\times10^{-3}$

B. $\varepsilon'=-0.3\times10^{-3}$

C. $\varepsilon'=10^{-3}$

D. $\varepsilon'=-10^{-3}$

60. 图示两根相同的脆性材料等截面直杆，其中一根有沿横截面的微小裂纹。在承受图示拉伸荷载时，有微小裂纹的杆件的承载能力比没有裂纹杆件的承载能力明显降低，其主要原因是：

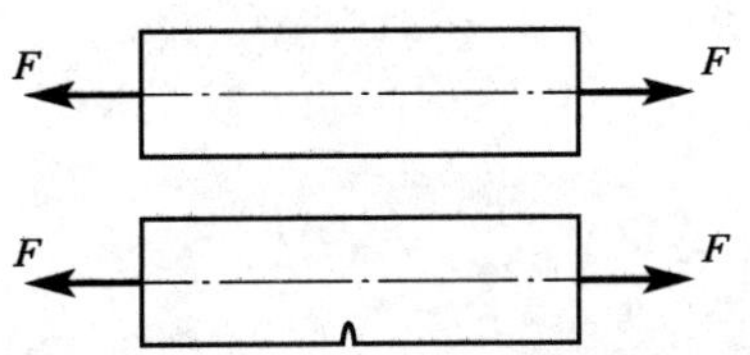

A. 横截面积小

B. 偏心拉伸

C. 应力集中

D. 稳定性差

61. 已知图示杆件的许用拉应力$[\sigma]$＝120MPa，许用剪应力$[\tau]$＝90MPa，许用挤压应力$[\sigma_{bs}]$＝240MPa，则杆件的许用拉力$[P]$等于：

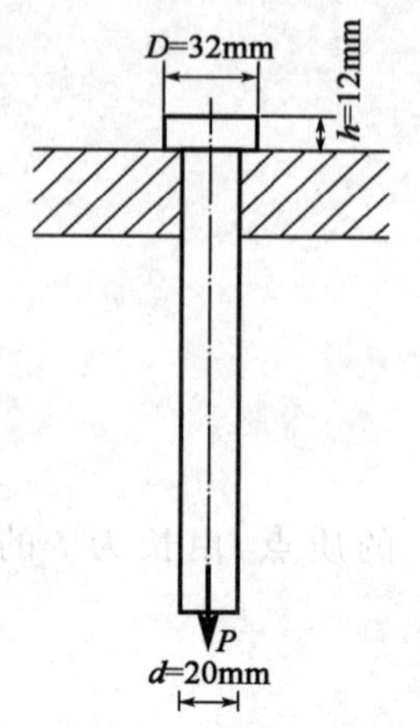

A. 18.8kN

B. 67.86kN

C. 117.6kN

D. 37.7kN

62. 如图所示，等截面传动轴，轴上安装 a、b、c 三个齿轮，其上的外力偶矩的大小和转向一定，但齿轮的位置可以调换。从受力的观点来看，齿轮 a 的位置应放置在下列选项中的何处？

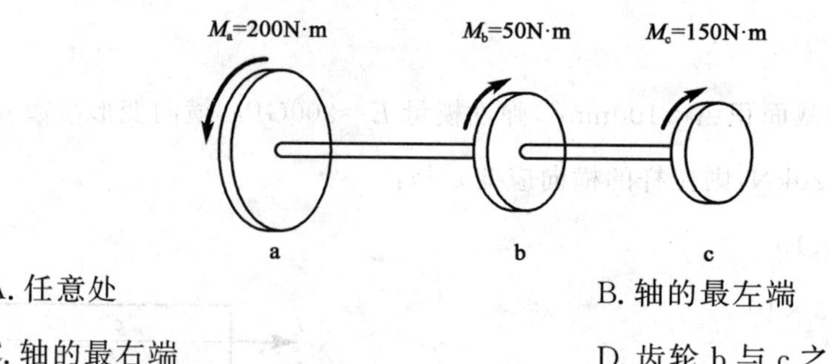

A. 任意处

B. 轴的最左端

C. 轴的最右端

D. 齿轮 b 与 c 之间

63. 梁 AB 的弯矩图如图所示，则梁上荷载 F、m 的值为：

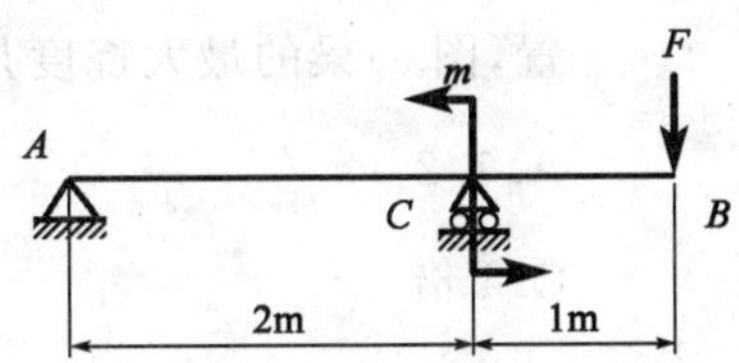

A. $F=8\text{kN}$，$m=14\text{kN}\cdot\text{m}$

B. $F=8\text{kN}$，$m=6\text{kN}\cdot\text{m}$

C. $F=6\text{kN}$，$m=8\text{kN}\cdot\text{m}$

D. $F=6\text{kN}$，$m=14\text{kN}\cdot\text{m}$

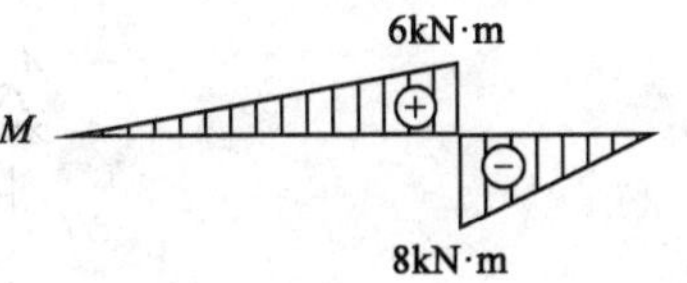

64. 悬臂梁 AB 由三根相同的矩形截面直杆胶合而成，材料的许用应力为$[\sigma]$，在力 F 的作用下，若胶合面完全开裂，接触面之间无摩擦力，假设开裂后三根杆的挠曲线相同，则开裂后的梁强度条件的承载能力是原来的：

A. 1/9　　B. 1/3

C. 两者相同　　D. 3 倍

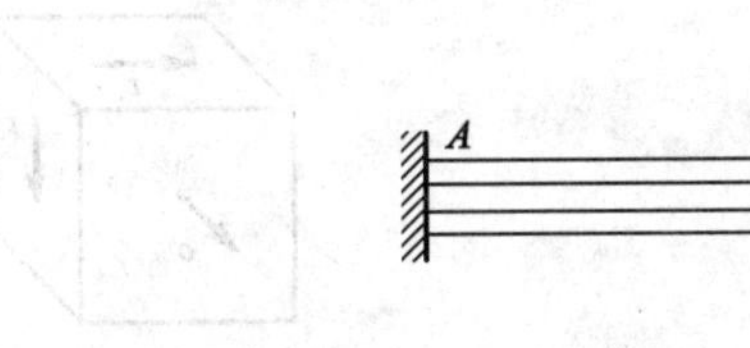

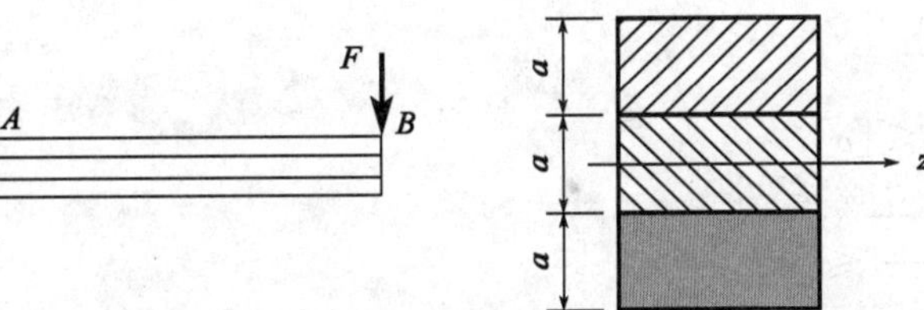

65. 梁的横截面为图示薄壁工字型，z 轴为截面中性轴，设截面上的剪力竖直向下，则该截面上的最大弯曲切应力在：

A. 翼缘的中性轴处 4 点

B. 腹板上缘延长线与翼缘相交处的 2 点

C. 左侧翼缘的上端 1 点

D. 腹板上边缘的 3 点

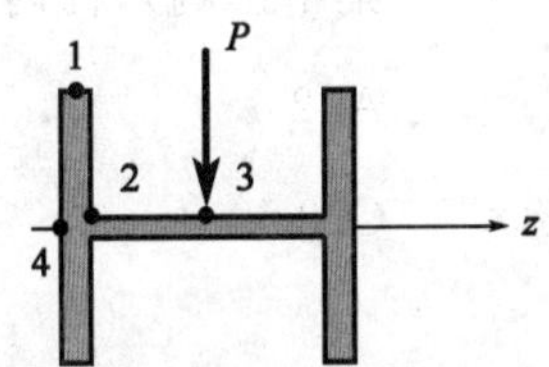

66. 图示悬臂梁自由端承受集中力偶 m_g。若梁的长度减少一半，梁的最大挠度是原来的：

A. 1/2

B. 1/4

C. 1/8

D. 1/16

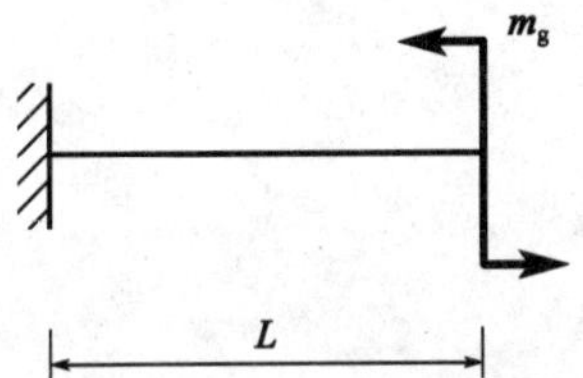

67. 矩形截面简支梁梁中点承受集中力 F，若 $h=2b$，若分别采用图 a)、b) 两种方式放置，图 a) 梁的最大挠度是图 b) 的：

A. 1/2　　　　B. 2 倍

C. 4 倍　　　　D. 6 倍

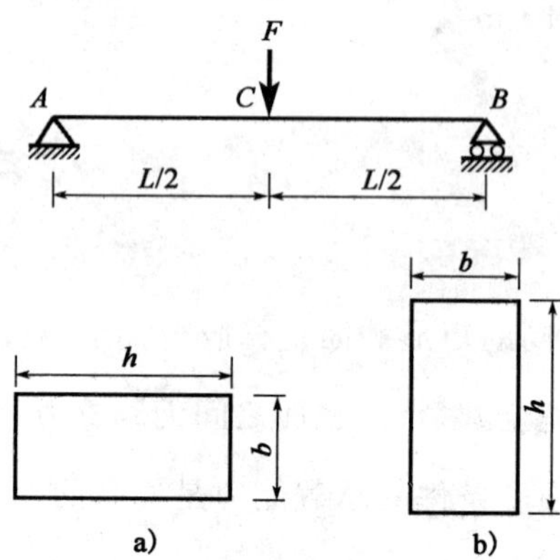

68. 已知图示单元体上的 $\sigma>\tau$，则按第三强度理论，其强度条件为：

A. $\sigma-\tau\leqslant[\sigma]$

B. $\sigma+\tau\leqslant[\sigma]$

C. $\sqrt{\sigma^2+4\tau^2}\leqslant[\sigma]$

D. $\sqrt{\left(\frac{\sigma}{2}\right)^2+\tau^2}\leqslant[\sigma]$

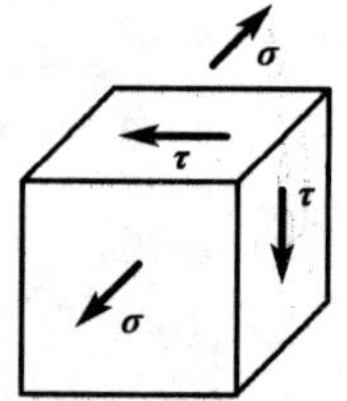

69. 图示矩形截面拉杆中间开一深为 $\frac{h}{2}$ 的缺口，与不开缺口时的拉杆相比（不计应力集中影响），杆内最大正应力是不开口时正应力的多少倍？

A. 2　　　　B. 4

C. 8　　　　D. 16

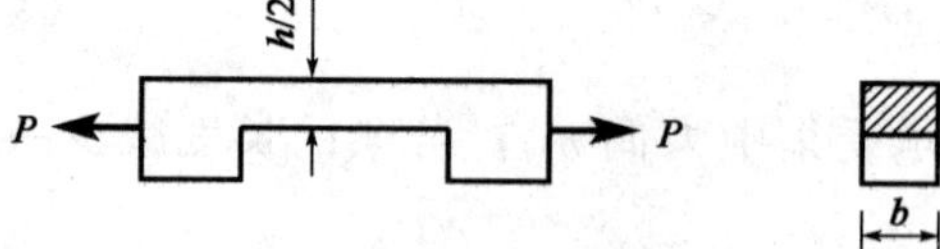

70. 一端固定另一端自由的细长(大柔度)压杆,长度为 L(图 a),当杆的长度减少一半时(图 b),其临界载荷是原来的:

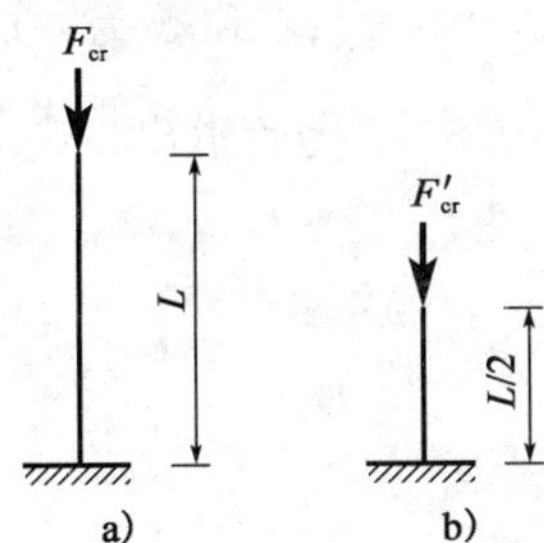

A. 4 倍　　B. 3 倍

C. 2 倍　　D. 1 倍

71. 水的运动黏性系数随温度的升高而:

A. 增大　　B. 减小

C. 不变　　D. 先减小然后增大

72. 密闭水箱如图所示,已知水深 $h=1\text{m}$,自由面上的压强 $p_0=90\text{kN/m}^2$,当地大气压 $p_a=101\text{kN/m}^2$,则水箱底部 A 点的真空度为:

A. -1.2kN/m^2

B. 9.8kN/m^2

C. 1.2kN/m^2

D. -9.8kN/m^2

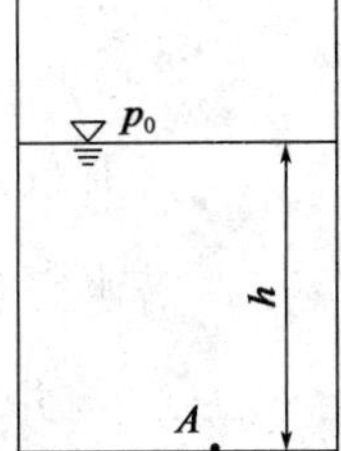

73. 关于流线,错误的说法是:

A. 流线不能相交

B. 流线可以是一条直线,也可以是光滑的曲线,但不可能是折线

C. 在恒定流中,流线与迹线重合

D. 流线表示不同时刻的流动趋势

74. 如图所示，两个水箱用两段不同直径的管道连接，1～3 管段长 $l_1=10\text{m}$，直径 $d_1=200\text{mm}$，$\lambda_1=0.019$；3～6 管段长 $l_2=10\text{m}$，直径 $d_2=100\text{mm}$，$\lambda_2=0.018$，管道中的局部管件：1 为入口（$\xi_1=0.5$）；2 和 5 为 90°弯头（$\xi_2=\xi_5=0.5$）；3 为渐缩管（$\xi_3=0.024$）；4 为闸阀（$\xi_4=0.5$）；6 为管道出口（$\xi_6=1$）。若输送流量为 40L/s，则两水箱水面高度差为：

A. 3.501m

B. 4.312m

C. 5.204m

D. 6.123m

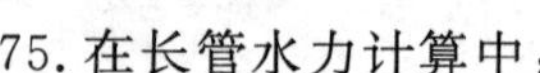

75. 在长管水力计算中：

A. 只有速度水头可忽略不计

B. 只有局部水头损失可忽略不计

C. 速度水头和局部水头损失均可忽略不计

D. 两断面的测压管水头差并不等于两断面间的沿程水头损失

76. 矩形排水沟，底宽 5m，水深 3m，则水力半径为：

A. 5m　　B. 3m

C. 1.36m　　D. 0.94m

77. 潜水完全井抽水量大小与相关物理量的关系是：

A. 与井半径成正比

B. 与井的影响半径成正比

C. 与含水层厚度成正比

D. 与土体渗透系数成正比

78. 合力 F、密度 ρ、长度 l、速度 v 组合的无量纲数是：

A. $\frac{F}{\rho v l}$　　B. $\frac{F}{\rho v^2 l}$

C. $\frac{F}{\rho v^2 l^2}$　　D. $\frac{F}{\rho v l^2}$

79. 由图示长直导线上的电流产生的磁场：

A. 方向与电流方向相同

B. 方向与电流方向相反

C. 顺时针方向环绕长直导线（自上向下俯视）

D. 逆时针方向环绕长直导线（自上向下俯视）

80. 已知电路如图所示，其中电流 I 等于：

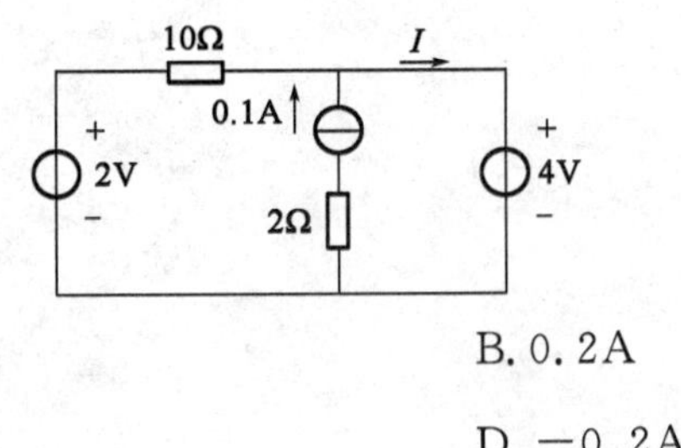

A. 0.1A　　　　B. 0.2A

C. −0.1A　　　　D. −0.2A

81. 已知电路如图所示，其中响应电流 I 在电流源单独作用时的分量为：

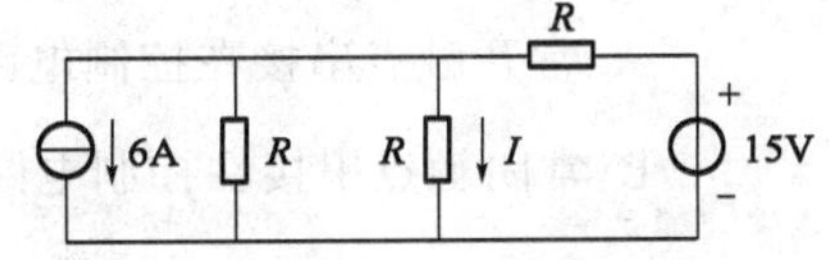

A. 因电阻 R 未知，故无法求出

B. 3A

C. 2A

D. −2A

82. 用电压表测量图示电路 $u(t)$ 和 $i(t)$ 的结果是 10V 和 0.2A，设电流 $i(t)$ 的初相位为 10°，电压与电流呈反相关系，则如下关系成立的是：

A. $\dot{U}=10\angle-10°\text{V}$

B. $\dot{U}=-10\angle-10°\text{V}$

C. $\dot{U}=10\sqrt{2}\angle-170°\text{V}$

D. $\dot{U}=10\angle-170°\text{V}$

83. 测得某交流电路的端电压 u 和电流 i 分别为 110V 和 1A，两者的相位差为 30°，则该电路的有功功率、无功功率和视在功率分别为：

A. 95.3W，55var，110V · A

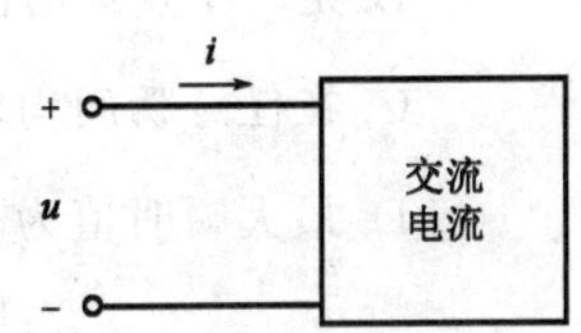

B. 55W，95.3var，110V · A

C. 110W，110var，110V · A

D. 95.3W，55var，150.3V · A

84. 已知电路如图所示，设开关在 $t=0$ 时刻断开，那么：

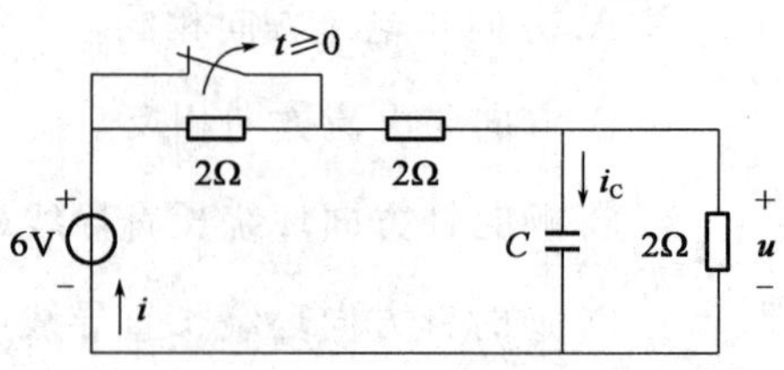

A. 电流 i_C 从 0 逐渐增长，再逐渐衰减为 0

B. 电压从 3V 逐渐衰减到 2V

C. 电压从 2V 逐渐增长到 3V

D. 时间常数 $\tau=4C$

85. 图示变压器为理想变压器，且 $N_1=100$ 匝，若希望 $I_1=1\text{A}$ 时，$P_{R2}=40\text{W}$，则 N_2 应为：

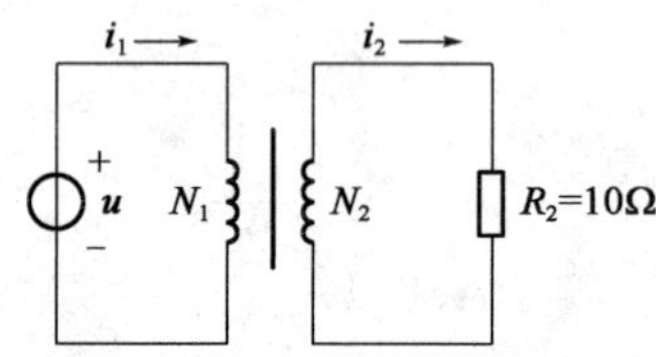

A. 50 匝

B. 200 匝

C. 25 匝

D. 400 匝

86. 为实现对电动机的过载保护，除了将热继电器的热元件串接在电动机的供电电路中外，还应将其：

A. 常开触点串接在控制电路中

B. 常闭触点串接在控制电路中

C. 常开触点串接在主电路中

D. 常闭触点串接在主电路中

87. 通过两种测量手段测得某管道中液体的压力和流量信号如图中曲线 1 和曲线 2 所示，由此可以说明：

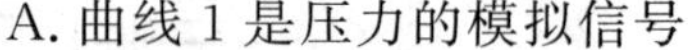

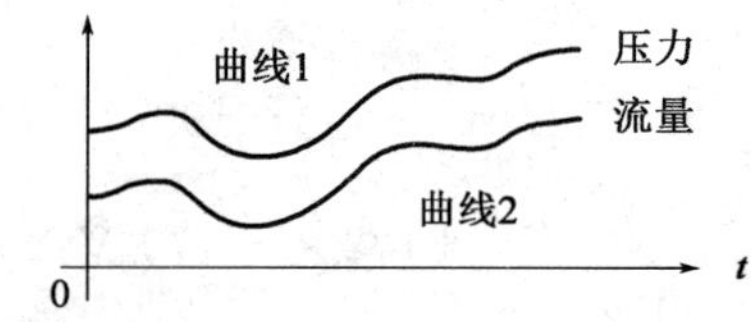

A. 曲线 1 是压力的模拟信号

B. 曲线 2 是流量的模拟信号

C. 曲线 1 和曲线 2 均为模拟信号

D. 曲线 1 和曲线 2 均为连续信号

88. 设周期信号 $u(t)$ 的幅值频谱如图所示，则该信号：

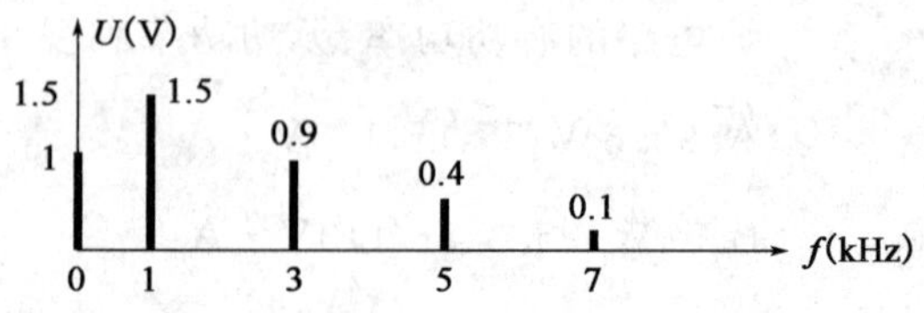

A. 是一个离散时间信号

B. 是一个连续时间信号

C. 在任意瞬间均取正值

D. 最大瞬时值为 1.5V

89. 设放大器的输入信号为 $u_1(t)$，放大器的幅频特性如图所示，令 $u_1(t)=\sqrt{2}u_1\sin2\pi ft$，且 $f>f_H$，则：

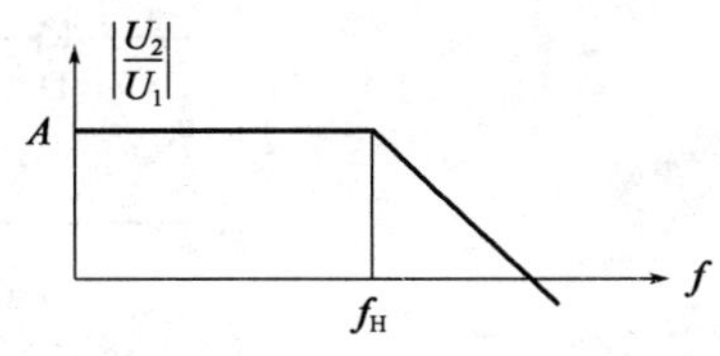

A. $u_2(t)$的出现频率失真

B. $u_2(t)$的有效值 $U_2=AU_1$

C. $u_2(t)$的有效值 $U_2<AU_1$

D. $u_2(t)$的有效值 $U_2>AU_1$

90. 对逻辑表达式 $AC+DC+\overline{AD}\cdot C$ 的化简结果是：

A. C　　　　B. A+D+C

C. AC+DC　　　　D. $\overline{A}+\overline{C}$

91. 已知数字信号 A 和数字信号 B 的波形如图所示，则数字信号 $F=\overline{A+B}$的波形为：

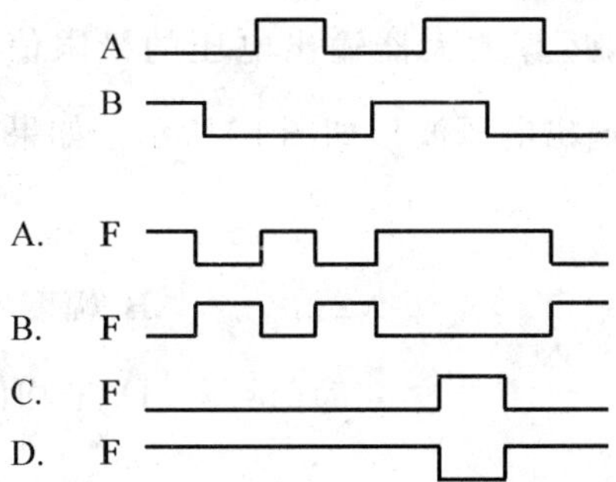

92. 十进制数字 88 的 BCD 码为：

A. 00010001　　　　B. 10001000

C. 01100110　　　　D. 01000100

93. 二极管应用电路如图 a)所示，电路的激励 u_f 如图 b)所示，设二极管为理想器件，则电路输出电压 u_o 的波形为：

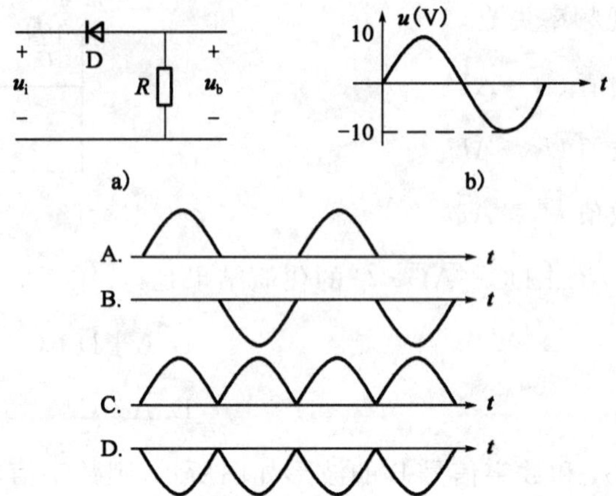

94. 图 a)所示的电路中，运算放大器输出电压的极限值为 $\pm U_{oM}$，当输入电压 $u_{i1}=1V$，$u_{i2}=2\sin at$ 时，输出电压波形如图 b)所示。如果将 u_{i1} 从 1V 调至 1.5V，将会使输出电压的：

A. 频率发生改变　　　　B. 幅度发生改变

C. 平均值升高　　　　D. 平均值降低

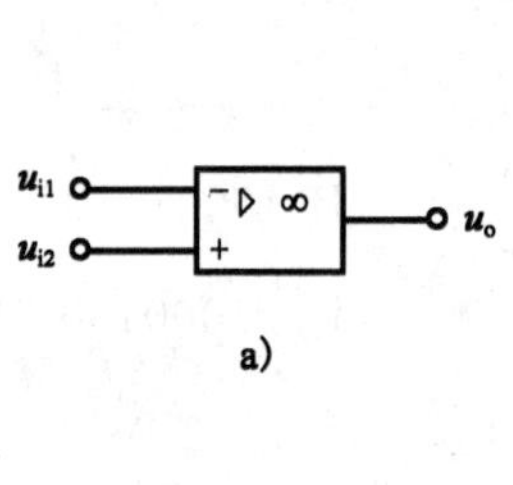

a)

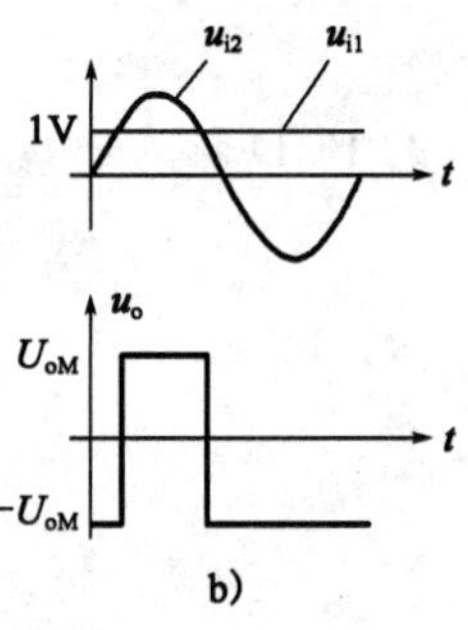

b)

95. 图 a)所示的电路中，复位信号 $\overline{R}_D$、信号 A 及时钟脉冲信号 cp 如图 b)所示，经分析可知，在第一个和第二个时钟脉冲的下降沿时刻，输出 Q 先后等于：

A. 0　0　　　　　　　　　　　　　　　B. 0　1

C. 1　0　　　　　　　　　　　　　　　D. 1　1

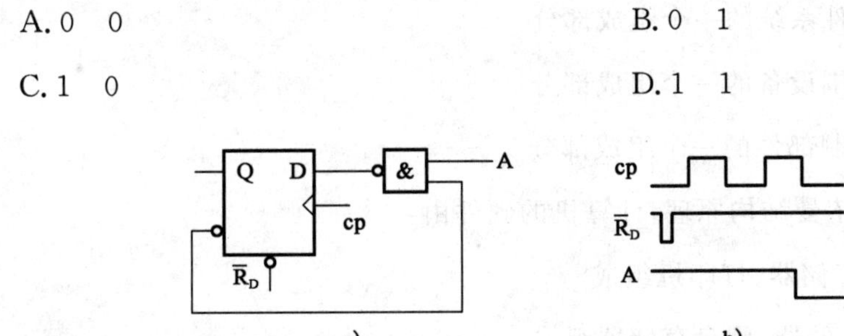

附：触发器的逻辑状态表为：

D	Q_{n+1}
0	0
1	1

96. 图示时序逻辑电路是一个：

A. 左移寄存器

B. 右移寄存器

C. 异步三位二进制加法计数器

D. 同步六进制计数器

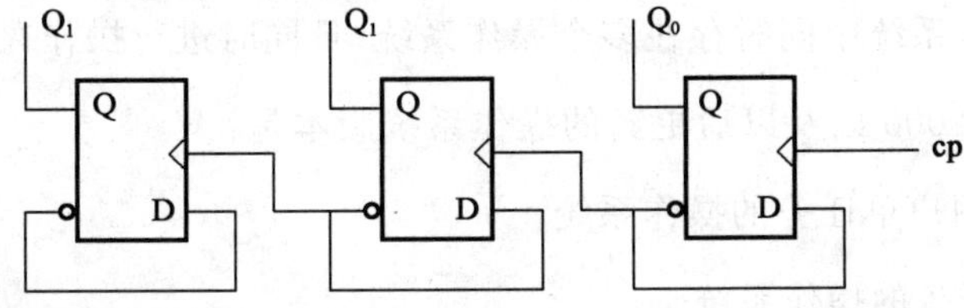

附：触发器的逻辑状态表为：

D	Q_{n+1}
0	0
1	1

97. 计算机系统的内存存储器是：

A. 计算机软件系统的一个组成部分

B. 计算机硬件系统的一个组成部分

C. 隶属于外围设备的一个组成部分

D. 隶属于控制部件的一个组成部分

98. 根据冯·诺依曼结构原理，计算机的硬件由：

A. 运算器、存储器、打印机组成

B. 寄存器、存储器、硬盘存储器组成

C. 运算器、控制器、存储器、I/O 设备组成

D. CPU、显示器、键盘组成

99. 微处理器与存储器以及外围设备之间的数据传送操作通过：

A. 显示器和键盘进行　　B. 总线进行

C. 输入/输出设备进行　　D. 控制命令进行

100. 操作系统的随机性指的是：

A. 操作系统的运行操作是多层次的

B. 操作系统与单个用户程序共享系统资源

C. 操作系统的运行是在一个随机的环境中进行的

D. 在计算机系统中同时存在多个操作系统，且同时进行操作

101. Windows 2000 以及以后更新的操作系统版本是：

A. 一种单用户单任务的操作系统

B. 一种多任务的操作系统

C. 一种不支持虚拟存储器管理的操作系统

D. 一种不适用于商业用户的营组系统

102. 十进制的数 256.625，用八进制表示则是：

A. 412.5　　B. 326.5

C. 418.8　　D. 400.5

103. 计算机的信息数量的单位常用 kB、MB、GB、TB 表示，它们中表示信息数量最大的一个是：

A. kB　　B. MB

C. GB　　D. TB

104. 下列选项中，不是计算机病毒特点的是：

A. 非授权执行性、复制传播性

B. 感染性、寄生性

C. 潜伏性、破坏性、依附性

D. 人机共患性、细菌传播性

105. 按计算机网络作用范围的大小，可将网络划分为：

A. X.25 网、ATM 网

B. 广域网、有线网、无线网

C. 局域网、城域网、广域网

D. 环形网、星形网、树形网、混合网

106. 下列选项中不属于局域网拓扑结构的是：

A. 星形　　B. 互联形

C. 环形　　D. 总线型

107. 某项目借款 2000 万元，借款期限 3 年，年利率为 6%，若每半年计复利一次，则实际年利率会高出名义利率多少：

A. 0.16%　　B. 0.25%

C. 0.09%　　D. 0.06%

108. 某建设项目的建设期为 2 年，第一年贷款额为 400 万元，第二年贷款额为 800 万元，贷款在年内均衡发生，贷款年利率为 6%，建设期内不支付利息，则建设期贷款利息为：

A. 12 万元　　B. 48.72 万

C. 60 万元　　D. 60.72 万元

109. 某公司发行普通股筹资 8000 万元，筹资费率为 3%，第一年股利率为 10%，以后每年增长 5%，所得税率为 25%，则普通股资金成本为：

A. 7.73%　　B. 10.31%

C. 11.48%　　D. 15.31%

110. 某投资项目原始投资额为200万元，使用寿命为10年，预计净残值为零，已知该项目第10年的经营净现金流量为25万元，回收营运资金20万元，则该项目第10年的净现金流量为：

A. 20万元　　　　B. 25万元

C. 45万元　　　　D. 65万元

111. 以下关于社会折现率的说法中，不正确的是：

A. 社会折现率可用作经济内部收益率的判别基准

B. 社会折现率可用作衡量资金时间经济价值

C. 社会折现率可用作不同年份之间资金价值转化的折现率

D. 社会折现率不能反映资金占用的机会成本

112. 某项目在进行敏感性分析时，得到以下结论：产品价格下降10%，可使NPV=0；经营成本上升15%，NPV=0；寿命期缩短20%，NPV=0；投资增加25%，NPV=0。则下列因素中，最敏感的是：

A. 产品价格　　　　B. 经营成本

C. 寿命期　　　　D. 投资

113. 现有两个寿命期相同的互斥投资方案A和B，B方案的投资额和净现值都大于A方案，A方案的内部收益率为14%，B方案的内部收益率为15%，差额的内部收益率为13%，则使A、B两方案优劣相等时的基准收益率应为：

A. 13%　　　　B. 14%

C. 15%　　　　D. 13%至15%之间

114. 某产品共有五项功能F_1、F_2、F_3、F_4、F_5，用强制确定法确定零件功能评价体系时，其功能得分分别为3、5、4、1、2，则F_5的功能评价系数为：

A. 0.20　　B. 0.13　　C. 0.27　　D. 0.33

115. 根据《中华人民共和国建筑法》规定，施工企业可以将部分工程分包给其他具有相应资质的分包单位施工，下列情形中不违反有关承包的禁止性规定的是：

A. 建筑施工企业超越本企业资质等级许可的业务范围或者以任何形式用其他建筑施工企业的名义承揽工程

B. 承包单位将其承包的全部建筑工程转包给他人

C. 承包单位将其承包的全部建筑工程肢解以后以分包的名义分别转包给他人

D. 两个不同资质等级的承包单位联合共同承包

116. 根据《中华人民共和国安全生产法》规定，从业人员享有权利并承担义务，下列情形中属于从业人员履行义务的是：

A. 张某发现直接危及人身安全的紧急情况时禁止作业撤离现场

B. 李某发现事故隐患或者其他不安全因素，立即向现场安全生产管理人员或者本单位负责人报告

C. 王某对本单位安全生产工作中存在的问题提出批评、检举、控告

D. 赵某对本单位的安全生产工作提出建议

117. 某工程实行公开招标，招标文件规定，投标人提交投标文件截止时间为 3 月 22 日下午 5 点整。投标人 D 由于交通拥堵于 3 月 22 日下午 5 点 10 分送达投标文件，其后果是：

A. 投标保证金被没收

B. 招标人拒收该投标文件

C. 投标人提交的投标文件有效

D. 由评标委员会确定为废标

118. 在订立合同是显失公平的合同时，当事人可以请求人民法院撤销该合同，其行使撤销权的有效期限是：

A. 自知道或者应当知道撤销事由之日起五年内

B. 自撤销事由发生之日一年内

C. 自知道或者应当知道撤销事由之日起一年内

D. 自撤销事由发生之日五年内

119. 根据《建设工程质量管理条例》规定，下列有关建设工程质量保修的说法中，正确的是：

A. 建设工程的保修期，自工程移交之日起计算

B. 供冷系统在正常使用条件下，最低保修期限为 2 年

C. 供热系统在正常使用条件下，最低保修期限为 2 年采暖期

D. 建设工程承包单位向建设单位提交竣工结算资料时，应当出具质量保修书

120. 根据《建设工程安全生产管理条例》规定，建设单位确定建设工程安全作业环境及安全施工措施所需费用的时间是：

A. 编制工程概算时　　B. 编制设计预算时

C. 编制施工预算时　　D. 编制投资估算时

2017年度全国勘察设计注册土木工程师(岩土)

执业资格考试试卷

基础考试

(下)

二〇一七年九月

应考人员注意事项

1. 本试卷科目代码为“2”，考生务必将此代码填涂在答题卡“科目代码”相应的栏目内，否则，无法评分。

2. 书写用笔：**黑色或蓝色钢笔、签字笔或圆珠笔**；
   填涂答题卡用笔：**黑色 2B 铅笔**。

3. 必须用书写用笔将工作单位、姓名、准考证号填写在答题卡和试卷相应的栏目内。

4. 本试卷由 60 题组成，每题 2 分，满分 120 分，本试卷全部为单项选择题，每小题的四个备选项中只有一个正确答案，错选、多选、不选均不得分。

5. 考生作答时，必须**按题号在答题卡上**将相应试题所选选项对应的**字母用 2B 铅笔涂黑**。

6. 在答题卡上书写与题意无关的语言，或在答题卡上作标记的，均按违纪试卷处理。

7. 考试结束时，由监考人员当面将试卷、答题卡一并收回。

8. 草稿纸由各地统一配发，考后收回。

单项选择题(共60题,每题2分。每题的备选项中只有一个最符合题意。)

1. 土木工程中使用的大量无机非金属材料,叙述错误的是:

A. 亲水性材料

B. 脆性材料

C. 主要用于承压构件

D. 完全弹性材料

2. 材料孔隙中可能存在三种介质,水、空气、冰,其导热能力顺序为:

A. 水>冰>空气

B. 冰>水>空气

C. 空气>水>冰

D. 空气>冰>水

3. 硬化水泥浆体中的孔隙分为水化硅酸钙凝胶的层间孔隙、毛细孔隙和气孔,其中对材料耐久性产生主要影响的是毛细孔隙,其尺寸的数量级为:

A. nm

B. μm

C. mm

D. cm

4. 从工程角度,混凝土中钢筋防锈的最经济有效措施是:

A. 使用高效减水剂

B. 使用环氧树脂涂刷钢筋表面

C. 使用不锈钢钢筋

D. 增加混凝土保护层厚度

5. 我国使用立方体试件来测定混凝土的抗压强度,其标准立方体试件的边长为:

A. 100mm

B. 125mm

C. 150mm

D. 200mm

6. 下列木材中适宜做装饰材料的是:

A. 松木

B. 杉木

C. 水曲柳

D. 柏木

7. 石油沥青的针入度指标反映了石油沥青的:

A. 黏滞性

B. 温度敏感性

C. 塑性

D. 大气稳定性

8. 测量中的竖直角是指在同一竖直面内,某一方向线与下列何项之间的夹角:

A. 坐标纵轴

B. 仪器横轴

C. 正北方向

D. 水平线

9. 精密量距时，对钢尺量距的结果需要进行下列何项改正，才能达到距离测量精度的要求：

A. 尺长改正，温度改正和倾斜改正

B. 尺长改正，拉力改正和温度改正

C. 温度改正，读数改正和拉力改正

D. 定线改正，倾斜改正和温度改正

10. 有一长方形水池，独立地观测得其边长 $a=30.000\text{m}\pm0.004\text{m}$，$b=25.000\text{m}\pm0.003\text{m}$，则该水池的面积 S 及面积测量的精度 m_s 为：

A. $750\text{m}^2\pm0.134\text{m}^2$

B. $750\text{m}^2\pm0.084\text{m}^2$

C. $750\text{m}^2\pm0.025\text{m}^2$

D. $750\text{m}^2\pm0.142\text{m}^2$

11. 进行三、四等水准测量，通常是使用双面水准尺，对于三等水准测量红黑面高差之差的限差是：

A. 3mm

B. 5mm

C. 2mm

D. 4mm

12. 由地形图上量得某草坪面积为 632mm^2，若此地形图的比例尺为 1∶500，则该草坪实地面积 S 为：

A. $316\ \text{m}^2$

B. 31.6m^2

C. $158\ \text{m}^2$

D. 15.8m^2

13. 土地使用权人可对下列房地产进行转让的是：

A. 依法收回使用权的土地

B. 共有的房地产却未经所有共有人书面同意

C. 办理登记但尚未领取所有权证书

D. 取得土地使用权证书，并已支付全部土地使用权出让金

14. 下列关于开标流程的叙述正确的是：

A. 开标时间应定于提交投标文件后 15 日

B. 招标人应邀请最有竞争力的投标人参加开标

C. 开标时，由推选代表确认每一投标文件为密封，由工作人员当场拆封

D. 投标文件拆封后即可立即进入评标程序

15. 有关企业质量体系认证与产品质量认证的比较，下列错误的是：

A. 企业质量认证的证书与标记都不能在产品上使用，产品质量认证标志可用于产品

B. 国家对企业认证实行强制性的原则，对产品认证实行自愿的原则

C. 企业质量体系认证依据的标准为《质量管理标准》，产品质量认证依据的标准为《产品标准》

D. 产品认证分为安全认证与合格认证，而企业认证则无此分别

16. 某学校与某建筑公司签订一份学生公寓建设合同，其中约定：采用总价合同形式，工程全部费用于验收合格后一次付清，保修期限为6个月等。而竣工验收时，学校发现承重墙体有较多裂缝，但建筑公司认为不影响使用而拒绝修复。8个月后，该学生公寓内的承重墙倒塌而造成1人死亡3人受伤致残。基于法律规定，下列合同条款认定与后续处理选项正确的是：

A. 双方的质量期限条款无效，故建筑公司无需赔偿受害者

B. 事故发生时已超过合同质量期限条款，故建筑公司无需赔偿受害者

C. 双方质量期限条款无效，建筑公司应当向受害者承担赔偿责任

D. 虽然事故发生时已超过合同质量管理期限，但人命关天，故建筑公司必须赔偿死者而非伤者

17. 在沉桩前进行现场定位放线时，需设置的水准点应不少于：

A. 1个

B. 2个

C. 3个

D. 4个

18. 现浇框架结构中，厚度为150mm的多跨连续预应力混凝土楼板，其预应力施工宜采用：

A. 先张法

B. 铺设无黏结预应力筋的后张法

C. 预埋螺旋管留孔道的后张法

D. 钢管抽芯预留孔道的后张法

19. 下列选项中，不是选用履带式起重机时要考虑的因素为：

A. 起重量

B. 起重动力设备

C. 起重高度

D. 起重半径

20. 在进行网络计划工期—费用优化时，如果被压缩对象的直接费用率等于工程间接费用率时：

A. 应压缩关键工作的持续时间　　B. 应压缩非关键工作的持续时间

C. 停止压缩关键工作的持续时间　　D. 停止压缩非关键工作的持续时间

21. 检验批验收的项目包括：

A. 主控项目和一般项目　　B. 主控项目和合格项目

C. 主控项目和允许偏差项目　　D. 优良项目和合格项目

22. 图示对称结构 $M_{AD}=ql^2/36$(左拉)，$F_{NAD}=5ql/12$(压)，则 M_{BC} 为(以下侧受拉为正)：

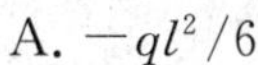

A. $-ql^2/6$

B. $ql^2/6$

C. $-ql^2/9$

D. $ql^2/9$

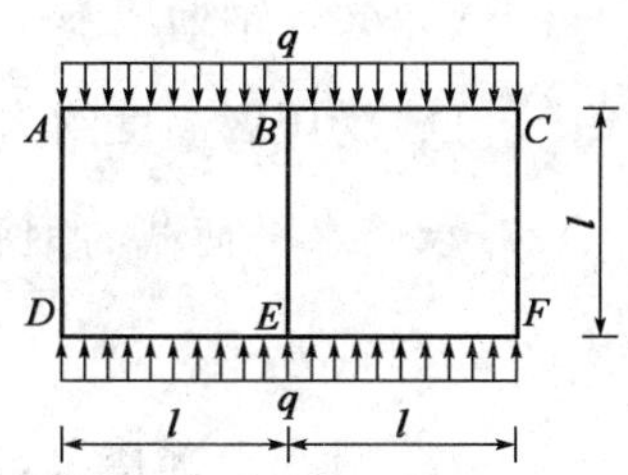

23. 图示结构 EI=常数，在给定荷载作用下，水平反力 H_A 为：

A. P

B. $2P$

C. $3P$

D. $4P$

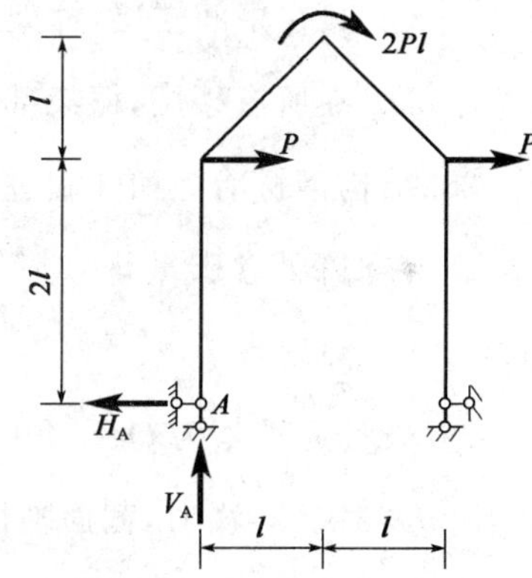

24. 图示梁的抗弯刚度为 EI，长度为 l，欲使梁中点 C 弯矩为零，则弹性支座刚度 k 的取值应为：

A. $3EI/l^3$　　B. $6EI/l^3$

C. $9EI/l^3$　　D. $12EI/l^3$

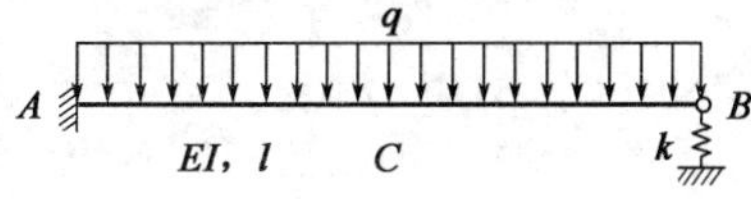

25. 关于混凝土局部受压强度，下列描述中正确的是：

A. 不小于非局部受压时的强度

B. 一定比非局部受压时强度要大

C. 与局部受压时强度相同

D. 一定比非局部受压时强度要小

26. 关于钢筋混凝土受弯构件正截面即将开裂时的描述，下列哪个不正确：

A. 截面受压区混凝土应力沿截面高度呈线性分布

B. 截面受拉区混凝土应力沿截面高度近似均匀分布

C. 受拉钢筋应力很小，远未达其屈服强度

D. 受压区高度约为截面高度的 1/3

27. 承受水平荷载的钢筋混凝土框架剪力墙结构中，框架和剪力墙协同工作，但两者之间：

A. 只在上部楼层，框架部分拉住剪力墙部分，使其变形减小

B. 只在下部楼层，框架部分拉住剪力墙部分，使其变形减小

C. 只在中间楼层，框架部分拉住剪力墙部分，使其变形减小

D. 在所有楼层，框架部分拉住剪力墙部分，使其变形减小

28. 结构钢材冶炼和轧制过程中可提高强度的方法是：

A. 降低含碳量　　B. 镀锌或镀铝

C. 热处理　　D. 减少脱氧剂

29. 设计起重量为 $Q=100\text{t}$ 的钢结构焊接工字形截面吊车梁且应力变化的循环次数 $n\geqslant 5\times 10^4$ 次时，截面塑性发展系数取：

A. 1.05　　B. 1.2

C. 1.15　　D. 1.0

30. 焊接 T 形截面构件中，腹板和翼缘相交处的纵向焊接残余应力为：

A. 压应力　　B. 拉应力

C. 剪应力　　D. 零

31. 下列砌体结构抗震设计的概念，正确的是：

A. 6 度设防，多层砌体结构既不需做承载力抗震验算，也不需考虑抗震构造措施

B. 6 度设防，多层砌体结构不需做承载力抗震验算，但要满足抗震构造措施

C. 8 度设防，多层砌体结构需进行薄弱处抗震弹性变形验算

D. 8 度设防，多层砌体结构需进行薄弱处抗震弹塑性变形验算

32. 设计多层砌体房屋时，受工程地质条件的影响，预期房屋中部的沉降比两端大，为防止地基不均匀沉降对房屋的影响，最宜采取的措施是：

A. 设置构造柱

B. 在檐口处设置圈梁

C. 在基础顶面设置圈梁

D. 采用配筋砌体结构

33. 砌体局部承载力验算时，局部抗压强度提高系数 γ 受到限制的原因是：

A. 防止构件失稳破坏

B. 防止砌体发生劈裂破坏

C. 防止局部受压面积以外的砌体破坏

D. 防止砌体过早发生局部破坏

34. 按照莫尔-库仑强度理论，若岩石强度曲线是一条直线，则岩石破坏时破裂面与最大主应力面的夹角为：

A. 45°

B. $45°-\frac{\varphi}{2}$

C. $45°+\frac{\varphi}{2}$

D. 60°

35. 在均质各向同性的岩体内开挖地下洞室，当洞室的宽高比在 1.5～2 时，从围岩应力有利的角度，应选择何种形状的洞室：

A. 圆形

B. 椭圆形

C. 矩形

D. 城门洞形

36. 计算砂土相对密实度 D_r 的公式是：

A. $D_r=\frac{e_{\max}-e}{e_{\max}-e_{\min}}$

B. $D_r=\frac{e-e_{\min}}{e_{\max}-e_{\min}}$

C. $D_r=\frac{\rho_{\mathrm{dmax}}}{\rho_{\mathrm{d}}}$

D. $D_r=\frac{\rho_{\mathrm{d}}}{\rho_{\mathrm{dmax}}}$

37. 利用土的侧限压缩试验不能得到的指标是：

A. 压缩系数　　B. 侧限变形模量

C. 体积压缩系数　　D. 泊松比

38. 土的强度指标 c、φ 涉及下面的哪一种情况：

A. 一维固结　　B. 地基土的渗流

C. 地基承载力　　D. 黏性土的压密

39. 下面哪一项不属于盐渍土的主要特点：

A. 溶陷性　　B. 盐胀性

C. 腐蚀性　　D. 遇水膨胀，失水收缩

40. 下面哪一项关于地基承载力的计算中假定基底存在刚性核：

A. 临塑荷载的计算

B. 临界荷载的计算

C. 太沙基关于极限承载力的计算

D. 普朗德尔-瑞斯纳关于极限承载力的计算

41. 下列岩石中，最容易遇水软化的是：

A. 黏土岩　　B. 石英砂岩

C. 石灰岩　　D. 白云岩

42. 与年代地层"纪"相应的岩石地层单位是：

A. 代　　B. 系

C. 统　　D. 层

43. 河流冲积物二元结构与河流的下列作用有关的是：

A. 河流的裁弯取直　　B. 河流的溯源侵蚀

C. 河床的竖向侵蚀　　D. 河床的侧向迁移

44. 在构造结构面中，充填以下何种物质成分时的抗剪强度最高？

A. 泥质　　B. 砂质

C. 钙质　　D. 硅质

45. 岩体剪切裂隙通常具有以下特征：

A. 裂隙面倾角较大　　B. 裂隙面曲折

C. 平行成组出现　　D. 发育在褶皱的转折端

46. 在相同岩性与水文地质条件下，有利于溶洞发育的构造条件是：

A. 气孔状构造　　B. 层理构造

C. 褶皱构造　　D. 断裂构造

47. 下列现象中，不是滑坡造成的是：

A. 双沟同源地貌　　B. 直线状分布的泉水

C. 马刀树　　D. 醉汉林

48. 每升地下水中以下成分的总量，称为地下水的总矿化度：

A. 各种离子、分子与化合物　　B. 所有离子

C. 所有阳离子　　D. Ca^{2+}、Mg^{2+}

49. 利用指示剂或示踪剂来测试地下水流速时，要求钻孔附近的地下水流符合下述条件：

A. 水力坡度较大　　B. 水力坡度较小

C. 呈层流运动的稳定流　　D. 腐蚀性较弱

50. 标准贯入试验适用的地层是：

A. 弱风化至强风化岩石　　B. 砂土、粉土和一般黏性土

C. 卵砾石和碎石类　　D. 软土和淤泥

51. 对岩石边坡，从岩层面与坡面的关系上，下列哪种边坡形式最易滑动：

A. 顺向边坡，且坡面陡于岩层面

B. 顺向边坡，且岩层面陡于坡面

C. 反向边坡，且坡面较陡

D. 斜交边坡，且岩层较陡

52. 利用锚杆加固岩质边坡时，锚杆的锚固段不应小于：

A. 2m　　B. 3m

C. 5m　　D. 8m

53. 在确定岩基极限承载力时，从理论上看，下列哪一项是核心指标：

A. 岩基深度　　B. 岩基形状

C. 荷载方向　　D. 抗剪强度

54. 在保证安全可靠的前提下，浅基础深埋设计时应考虑：

A. 尽量浅埋　　B. 尽量埋在地下水位以下

C. 尽量埋在冻结深度以上　　D. 尽量采用人工地基

55. 下面哪种情况不能提高地基承载力：

A. 加大基础宽度　　B. 增加基础埋深

C. 降低地下水　　D. 增加基础材料的强度

56. 断桩现象最容易发生在下面哪种桩？

A. 预制桩　　B. 灌注桩

C. 旋喷桩　　D. 水泥土桩

57. 均质地基，承台上承受均布荷载，正常工作状态下下面哪根桩的受力最大？

A. 桩 A

B. 桩 B

C. 桩 C

D. 桩 D

A B C D

58. 下面哪一种属于深层挤密法？

A. 振冲法　　B. 深层搅拌法

C. 机械压密法　　D. 高压喷射注浆法

59. 已知复合地基中桩的面积置换率为 0.15，桩土应力比为 5。复合地基承受的已知上部荷载为 P(kN)，其中由桩间土承受的荷载大小为：

A. $0.47P$　　B. $0.53P$

C. $0.09P$　　D. $0.10P$

60. 下面哪一种土工合成材料不能作为加筋材料？

A. 土工格栅　　B. 有纺布

C. 无纺布　　D. 土工膜

2017 年度全国勘察设计注册工程师执业资格考试基础考试(上)试题解析及参考答案

1. **解** 本题考查分段函数的连续性问题。

要求在分段点处函数的左右极限要相等且等于该点的函数值，故有：

$$\lim_{x\to1}\frac{x\ln x}{1-x}\overset{\frac{0}{0}\text{型}}{=\!=}\lim_{x\to1}\frac{(x\ln x)'}{(1-x)'}=\lim_{x\to1}\frac{1\cdot\ln x+x\cdot\dfrac{1}{x}}{-1}=-1$$

而 $\lim_{x\to1}\frac{x\ln x}{1-x}=f(1)=a\Rightarrow a=-1$

答案:C

2. **解** 本题考查复合函数在定义域内的性质。

就 $\sin t$ 而言，无论如何取值，三角函数均是有界的，且值域为$[-1,1]$，故选项 A 正确，选项 B 错误。

当 $x\to0$ 时，$\frac{1}{x}\to\infty$，此时 $\sin\frac{1}{x}$ 的取值是震荡的，故选项 C、D 错误。

答案:A

3. **解** 本题考查空间向量的相关性质，注意“点乘”和“叉乘”对向量运算的几何意义。

选项 A、C 中，$|\boldsymbol{\alpha}\times\boldsymbol{\beta}|=|\boldsymbol{\alpha}|\cdot|\boldsymbol{\beta}|\cdot\sin(\boldsymbol{\alpha},\boldsymbol{\beta})$，若 $\boldsymbol{\alpha}\times\boldsymbol{\beta}=\mathbf{0}$，且 $\boldsymbol{\alpha},\boldsymbol{\beta}$ 非零，则有 $\sin(\boldsymbol{\alpha},\boldsymbol{\beta})=0$，故 $\boldsymbol{\alpha}/\!/\boldsymbol{\beta}$，选项 A 错误，C 正确。

选项 B 中，$\boldsymbol{\alpha}\cdot\boldsymbol{\beta}=|\boldsymbol{\alpha}|\cdot|\boldsymbol{\beta}|\cdot\cos(\boldsymbol{\alpha},\boldsymbol{\beta})$，若 $\boldsymbol{\alpha}\cdot\boldsymbol{\beta}=0$，且 $\boldsymbol{\alpha},\boldsymbol{\beta}$ 非零，则有 $\cos(\boldsymbol{\alpha},\boldsymbol{\beta})=0$，故 $\boldsymbol{\alpha}\perp\boldsymbol{\beta}$，选项 B 错误。

选项 D 中，若 $\boldsymbol{\alpha}=\lambda\boldsymbol{\beta}$，则 $\boldsymbol{\alpha}/\!/\boldsymbol{\beta}$，此时 $\boldsymbol{\alpha}\cdot\boldsymbol{\beta}=\lambda\,\boldsymbol{\beta}\cdot\boldsymbol{\beta}=\lambda|\boldsymbol{\beta}||\boldsymbol{\beta}|\cos0°\neq0$，选项 D 错误。

答案:C

4. **解** 本题考查一阶线性微分方程的特解形式，本题采用公式法和代入法均能得到结果。

方法 1:公式法，一阶线性微分方程的一般形式为：$y'+P(x)y=Q(x)$

其通解为 $y=e^{-\int P(x)\mathrm{d}x}[\int Q(x)e^{\int P(x)\mathrm{d}x}\mathrm{d}x+C]$

本题中，$P(x)=-1$，$Q(x)=0$，有 $y=e^{-\int -1\mathrm{d}x}[0+C]=Ce^{x}$

由 $y(0)=2 \Rightarrow Ce^0=2$，即 $C=2$，故 $y=2e^x$

方法 2：利用可分离变量方程计算。

方法 3：代入法，将选项 A 中 $y=2e^{-x}$ 代入 $y'-y=0$ 中，不满足方程。同理，选项 C、D 也不满足。

答案：B

5. **解**　本题考查变限定积分求导的问题。

对于下限在变化的定积分求导，可先转化为上限变化的定积分求导问题，交换上下限的位置之后，增加一个负号，再利用公式即可：

$$f(x)=\int_x^2 \sqrt{5+t^2}\,\mathrm{d}t=-\int_2^x \sqrt{5+t^2}\,\mathrm{d}t$$

$$f'(x)=-\sqrt{5+x^2}$$

$$f'(1)=-\sqrt{6}$$

答案：D

6. **解**　本题考查隐函数求导的问题。

方法 1：方程两边对 x 求导，注意 y 是 x 的函数：

$$e^y+x'y=e$$

$$(e^y)'+(xy)'=e'$$

$$e^y \cdot y'+(y+xy')=0$$

解出 $y'=\dfrac{-y}{x+e^y}$

当 $x=0$ 时，有 $e^y=e \Rightarrow y=1, y'(0)=-\dfrac{1}{e}$

方法 2：利用二元方程确定的隐函数导数的计算方法计算。

$$e^y+xy=e, e^y+xy-e=0$$

设 $F(x,y)=e^y+xy-e$

$$F'_y(x,y)=e^y+x, F'_x(x,y)=y$$

所以 $\dfrac{\mathrm{d}y}{\mathrm{d}x}=-\dfrac{F'_x(x,y)}{F'_y(x,y)}=-\dfrac{y}{e^y+x}$

当 $x=0$ 时，$y=1$，代入得

$\left.\dfrac{\mathrm{d}y}{\mathrm{d}x}\right|_{x=0}=-\dfrac{1}{e}$

注：本题易错选B项，选B则是没有看清题意，题中所求是 $y'(0)$ 而并非 $y'(x)$。

答案：D

7. **解**　本题考查不定积分的相关内容。

已知 $\int f(x)\mathrm{d}x = \ln x + C$，可知 $f(x) = \dfrac{1}{x}$

则 $f(\cos x) = \dfrac{1}{\cos x}$，即 $\int \cos x f(\cos x)\mathrm{d}x = \int \cos x \cdot \dfrac{1}{\cos x}\mathrm{d}x = x + C$

注：本题不适合采用凑微分的形式。

答案：B

8. **解**　本题考查多元函数微分学的概念性问题，涉及多元函数偏导数与多元函数连续等概念，需记忆下图的关系式方可快速解答：

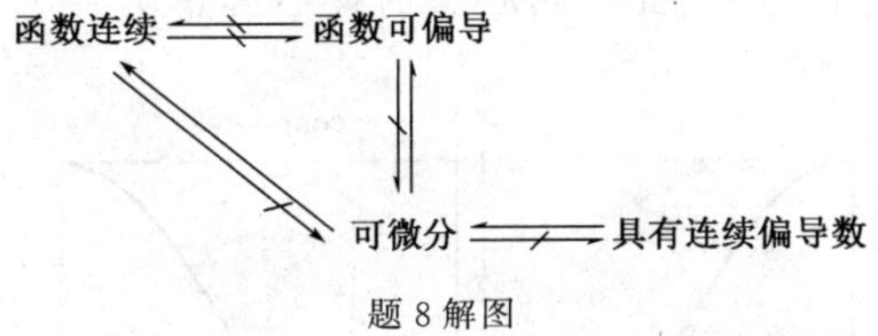

题8解图

$f(x,y)$ 在点 $P_0(x_0,y_0)$ 有一阶偏导数，不能推出 $f(x,y)$ 在 $P_0(x_0,y_0)$ 连续。

同样，$f(x,y)$ 在 $P_0(x_0,y_0)$ 连续，不能推出 $f(x,y)$ 在 $P_0(x_0,y_0)$ 有一阶偏导数。

可知，函数可偏导与函数连续之间的关系是不能相互导出的。

答案：D

9. **解**　本题考查空间解析几何中对称直线方程的概念。

对称式直线方程的特点是连等号的存在，故而选项A和C可直接排除，且选项A和C并不是直线的表达式。由于所求直线平行于 z 轴，取 z 轴的方向向量为所求直线的方向向量。

$\vec{S}_{z轴} = \{0,0,1\}$，$M_0(-1,-2,3)$

利用点向式写出对称式方程：

$$\frac{x+1}{0} = \frac{y+2}{0} = \frac{z-3}{1}$$

答案：D

10. 本题考查定积分的计算。对于定积分的计算，首选凑微分和分部积分。

对本题，观察分子中有 $\dfrac{1}{x}$，而 $\left(\dfrac{1}{x}\right)' = -\dfrac{1}{x^2}$，故适合采用凑微分解答：

$$原式=\int_1^2-\left(1-\frac{1}{x}\right)\mathrm{d}\left(\frac{1}{x}\right)=\int_1^2\left(\frac{1}{x}-1\right)\mathrm{d}\left(\frac{1}{x}\right)=\int_1^2\frac{1}{x}\mathrm{d}\left(\frac{1}{x}\right)-\int_1^2 1\mathrm{d}\left(\frac{1}{x}\right)$$

$$=\frac{1}{2}\left(\frac{1}{x}\right)^2\Big|_1^2-\frac{1}{x}\Big|_1^2=\frac{1}{8}$$

答案:B

11.**解** 本题考查了三角函数的基本性质,可以采用求导的方法直接求出。

方法 1:$f(x)=\sin\left(x+\frac{\pi}{2}+\pi\right)=-\cos x$

$x\in[-\pi,\pi]$

$f'(x)=\sin x$,$f'(x)=0$,即 $\sin x=0$,$x=0,-\pi,\pi$ 为驻点

则 $f(0)=-\cos 0=-1$,$f(-\pi)=-\cos(-\pi)=1$,$f(\pi)=-\cos\pi=1$

所以 $x=0$,函数取得最小值,最小值点 $x_0=0$

方法 2:通过作图,可以看出在$[-\pi,\pi]$上的最小值点 $x_0=0$。

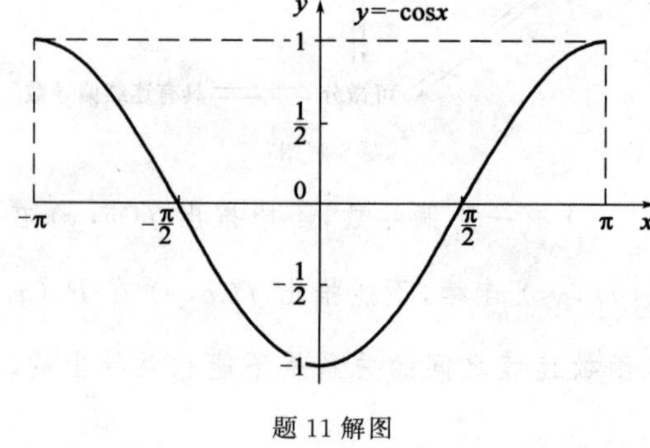

题 11 解图

答案:B

12.**解** 本题考查了参数方程形式的对坐标的曲线积分(也称第二类曲线积分),注意绕行方向为顺时针。

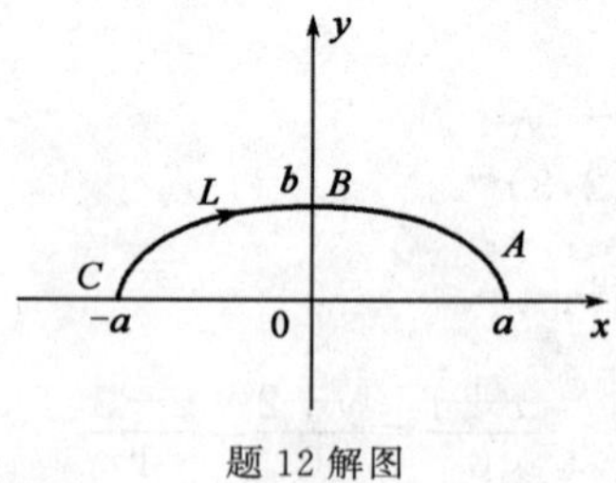

题 12 解图

如解图所示,上半椭圆 ABC 是由参数方程$\begin{cases}x=a\cos\theta\\y=b\sin\theta\end{cases}$ $(a>0,b>0)$画出的。本题积分路径 L 为沿上半椭圆顺时针方向,从 C 到 B,再到 A,θ 变化范围由 π 变化到 0,具体计算可由方程 $x=a\cos\theta$ 得到。起点为 $C(-a,0)$,把 $-a$ 代入方程中的 x,得$\theta=\pi$。终点为

$A(a,0)$，把 a 代入方程中的 x，得 $\theta=0$，因此参数 θ 的变化为从 $\theta=\pi$ 变化到 $\theta=0$，即 $\theta:\pi\to 0$。

由 $x=a\cos\theta$ 可知，$dx=-a\sin\theta d\theta$，因此原式有：

$$\int_L y^2 dx=\int_\pi^0 (b\sin\theta)^2(-a\sin\theta)d\theta=\int_0^\pi ab^2\sin^3\theta d\theta=ab^2\int_0^\pi \sin^2\theta d(-\cos\theta)$$

$$=-ab^2\int_0^\pi(1-\cos^2\theta)d(\cos\theta)=\frac{4}{3}ab^2$$

注：对坐标的曲线积分应注意积分路径的方向，然后写出积分变量的上下限，本题若取逆时针为绕行方向，则 θ 的范围应从 0 到 π。简单作图即可观察和验证。

答案：B

13. **解** 本题考查级数收敛的充分条件。

注意本题有 $(-1)^n$，显然 $\sum\limits_{n=1}^{\infty}\frac{(-1)^n}{a_n}(a_n>0)$ 是一个交错级数。

交错级数收敛，即 $\sum\limits_{n=1}^{\infty}(-1)^n a_n$ 只要满足：①$a_n>a_{n+1}$，②$a_n\to 0(n\to\infty)$ 即可。

在选项 D 中，已知 a_n 单调递增，即 $a_n<a_{n+1}$，所以 $\frac{1}{a_n}>\frac{1}{a_{n+1}}$

又知 $\lim\limits_{n\to\infty}a_n=+\infty$，所以 $\lim\limits_{n\to\infty}\frac{1}{a_n}=0$

故级数 $\sum\limits_{n=1}^{\infty}\frac{(-1)^n}{a_n}(a_n>0)$ 收敛

其他选项均不符合交错级数收敛的判别方法。

答案：D

14. **解** 本题考查函数拐点的求法。

求解函数拐点即求函数的二阶导数为 0 的点，因此有：

$$f'(x)=e^{-x}-xe^{-x}$$

$$f''(x)=xe^{-x}-2e^{-x}=(x-2)e^{-x}$$

令 $f''(x)=0$，解出 $x=2$

当 $x\in(-\infty,2)$ 时，$f''(x)<0$

当 $x\in(2,+\infty)$ 时，$f''(x)>0$

所以拐点为 $(2,2e^{-2})$

答案：A

15. **解** 本题考查二阶常系数线性非齐次方程的特解问题。

严格说来本题有点超纲，大纲要求是求解二阶常系数线性齐次微分方程，对于非齐次方程并不做要求。因此本题可采用代入法求解，考虑到 $e^x=(e^x)'=(e^x)''$，观察各选项，易知选项C符合要求。

具体解析过程如下：

$y''+y'+y=e^x$ 对应的齐次方程为 $y''+y'+y=0$

$r^2+r+1=0 \Rightarrow r_{1,2}=\dfrac{-1\pm\sqrt{3}i}{2}$

所以 $\lambda=1$ 不是特征方程的根

设二阶非齐次线性方程的特解 $y^*=Ax^0e^x=Ae^x$

$(y^*)'=Ae^x,(y^*)''=Ae^x$

代入，得 $Ae^x+Ae^x+Ae^x=e^x$

$3Ae^x=e^x,3A=1,A=\dfrac{1}{3}$，所以特解为 $y^*=\dfrac{1}{3}e^x$

答案：C

16. 解 本题考查二重积分在极坐标下的运算规则。

注意到在二重积分的极坐标中有 $x=r\cos\theta,y=r\sin\theta$，故 $x^2+y^2=r^2$，因此对于圆域有 $0\leqslant r^2\leqslant 1$，也即 $r:0\to 1$，整个圆域范围内有 $\theta:0\to 2\pi$，如解图所示，同时注意二重积分中面积元素 $\mathrm{d}x\mathrm{d}y=r\mathrm{d}r\mathrm{d}\theta$，故：

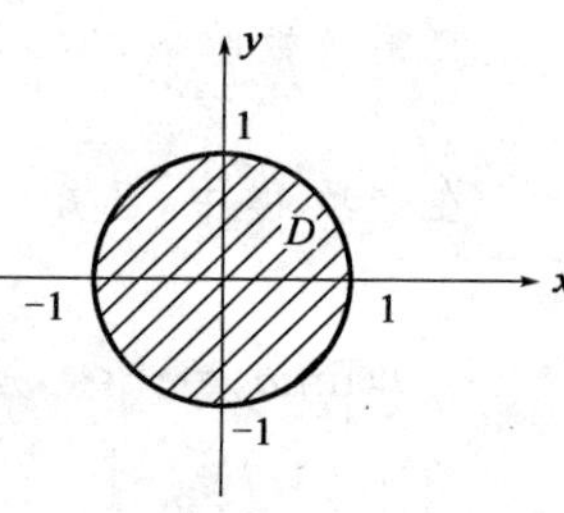

题16解图

$$\iint_D \frac{\mathrm{d}x\mathrm{d}y}{1+x^2+y^2}=\int_0^{2\pi}\mathrm{d}\theta\int_0^1\frac{1}{1+r^2}r\mathrm{d}r \xrightarrow[\text{对 } r \text{ 凑微分}]{\theta\text{ 和 } r \text{ 无关直接积分，}} 2\pi\int_0^1\frac{1}{2}\frac{1}{1+r^2}\mathrm{d}(1+r^2)$$

$$=\pi\ln(1+r^2)\Big|_0^1=\pi\ln 2$$

答案：D

17. 解 本题考查幂级数的和函数的基本运算。

级数 $\sum\limits_{n=1}^{\infty}\dfrac{x^n}{n!}=\dfrac{x}{1!}+\dfrac{x^2}{2!}+\dfrac{x^3}{3!}+\cdots+\dfrac{x^n}{n!}+\cdots$

已知 $e^x=1+\dfrac{x}{1!}+\dfrac{x^2}{2!}+\cdots+\dfrac{x^n}{n!}+\cdots \quad (-\infty,+\infty)$

所以级数 $\sum\limits_{n=1}^{\infty}\dfrac{x^n}{n!}$ 的和函数 $S(x)=e^x-1$

注：考试中常见的幂级数展开式有：

$\dfrac{1}{1-x}=1+x+x^2+\cdots+x^k+\cdots=\sum\limits_{k=0}^{\infty}x^k,|x|<1$

$$\frac{1}{1+x}=1-x+x^2-\cdots+(-1)^k x^k+\cdots=\sum_{k=0}^{\infty}(-1)^k x^k,|x|<1$$

$$e^x=1+x+\frac{x^2}{2!}+\cdots+\frac{x^k}{k!}+\cdots=\sum_{k=0}^{\infty}\frac{x^k}{k!},(-\infty,+\infty)$$

答案:C

18.**解** 本题考查多元抽象函数偏导数的运算,及多元复合函数偏导数的计算方法。

$$z=y\varphi\left(\frac{x}{y}\right)$$

$$\frac{\partial z}{\partial x}=y\cdot\varphi'\left(\frac{x}{y}\right)\cdot\frac{1}{y}=\varphi'\left(\frac{x}{y}\right)$$

$$\frac{\partial^2 z}{\partial x\partial y}=\varphi''\left(\frac{x}{y}\right)\cdot\left(\frac{x}{y}\right)'=\varphi''\left(\frac{x}{y}\right)\cdot\left(\frac{x}{-y^2}\right)$$

注:复合函数的链式法则为 $f'(g(x))=f'\cdot g'$,读者应注意题目中同时含有抽象函数与具体函数的求导规则,抽象函数求导就直接加一撇,具体函数求导则利用求导公式。

答案:B

19.**解** 本题考查逆矩阵的求法。

方法 1:利用初等行变换求解如下:

由 $[\boldsymbol{A}\mid\boldsymbol{E}]\xrightarrow{\text{初等行变换}}[\boldsymbol{E}\mid\boldsymbol{A}^{-1}]$

得:$\left[\begin{array}{ccc|ccc}0&0&-2&1&0&0\\0&3&0&0&1&0\\1&0&0&0&0&1\end{array}\right]\xrightarrow{r_1\leftrightarrow r_2}\left[\begin{array}{ccc|ccc}1&0&0&0&0&1\\0&3&0&0&1&0\\0&0&-2&1&0&0\end{array}\right]\xrightarrow{\frac{1}{3}r_2,-\frac{1}{2}r_3}$

$$\left[\begin{array}{ccc|ccc}1&0&0&0&0&1\\0&1&0&0&\frac{1}{3}&0\\0&0&1&-\frac{1}{2}&0&0\end{array}\right]$$

故 $\boldsymbol{A}^{-1}=\begin{bmatrix}0&0&1\\0&\frac{1}{3}&0\\-\frac{1}{2}&0&0\end{bmatrix}$

方法 2:逐项代入法,与矩阵 $\boldsymbol{A}$ 乘积等于 $\boldsymbol{E}$,即为正确答案。验证选项 C,计算过程如下:

$$\begin{bmatrix}0&0&-2\\0&3&0\\1&0&0\end{bmatrix}\begin{bmatrix}0&0&1\\0&\frac{1}{3}&0\\-\frac{1}{2}&0&0\end{bmatrix}=\begin{bmatrix}1&0&0\\0&1&0\\0&0&1\end{bmatrix}$$

方法 3:利用求方程的逆矩阵方法

$$A^{-1}=\frac{A^*}{|A|}=\frac{1}{|A|}\begin{bmatrix}A_{11} & A_{21} & A_{31}\\ A_{12} & A_{22} & A_{32}\\ A_{13} & A_{23} & A_{33}\end{bmatrix}$$

答案:C

20.**解** 本题考查线性齐次方程组解的基本知识,矩阵的秩和矩阵列向量组的线性相关性。

已知齐次线性方程组 $\boldsymbol{Ax}=\boldsymbol{0}$(其中 $\boldsymbol{A}$ 为 $m\times n$ 矩阵),有非零解的充分必要条件是:

设 $R(\boldsymbol{A})=r$,当 $r<n$ 时,齐次线性方程组有无穷多解,即有非零解,也即 $R(\boldsymbol{A})<n$,矩阵的秩小于矩阵的列数。

由此可推出矩阵的列向量构成的向量组线性相关,即存在一组不全为零的数 λ_1、λ_2、λ_3、…、λ_n,使 $\lambda_1\alpha_1+\lambda_2\alpha_2+\cdots+\lambda_n\alpha_n=0$,若 $\lambda_1\neq 0$,则 $\lambda_1\alpha_1=-\lambda_2\alpha_2-\lambda_3\alpha_3\cdots-\lambda_n\alpha_n$,$\alpha_1=-\frac{\lambda_2}{\lambda_1}\alpha_2-\frac{\lambda_3}{\lambda_1}\alpha_3-\cdots-\frac{\lambda_n}{\lambda_1}\alpha_n$。矩阵 $\boldsymbol{A}$ 的列向量整体是线性相关的,但并不能说明 $\boldsymbol{A}$ 的任意两个列向量也是线性相关的。可举一例:$\boldsymbol{A}=\begin{bmatrix}1 & 0 & 0\\ 0 & 1 & 1\\ 0 & 0 & 0\end{bmatrix}$,这个矩阵对应的齐次方程组就有无穷多解,因为 $R(\boldsymbol{A})=2<3$,然而矩阵中第一列和第二列或者第三列线性无关,第二列和第三列线性相关,所以选项 A、B 和 C 错误。

答案:D

21.**解** 本题考查特征值与特征向量的相关计算性质。

已知重要结论:实对称矩阵属于不同特征值的特征向量必然正交。

方法 1:设对应 $\lambda_1=6$ 的特征向量 $\boldsymbol{\xi}_1=(x_1\quad x_2\quad x_3)^T$,由于 $\boldsymbol{A}$ 是实对称矩阵,故 $\boldsymbol{\xi}_1^{\mathrm{T}}\cdot\boldsymbol{\xi}_2=0$,$\boldsymbol{\xi}_1^{\mathrm{T}}\cdot\boldsymbol{\xi}_3=0$,即

$$\begin{cases}(x_1\quad x_2\quad x_3)\begin{pmatrix}-1\\0\\1\end{pmatrix}=0\\ (x_1\quad x_2\quad x_3)\begin{pmatrix}1\\2\\3\end{pmatrix}=0\end{cases}\Rightarrow\begin{cases}-x_1+x_3=0\\ x_1+2x_2+x_3=0\end{cases}$$

$$\begin{pmatrix}-1 & 0 & 1\\ 1 & 2 & 1\end{pmatrix}\rightarrow\begin{pmatrix}1 & 0 & -1\\ 1 & 2 & 1\end{pmatrix}\rightarrow\begin{pmatrix}1 & 0 & -1\\ 0 & 2 & 2\end{pmatrix}\rightarrow\begin{pmatrix}1 & 0 & -1\\ 0 & 1 & 1\end{pmatrix}$$

该同解方程组为$\begin{cases}x_1-x_3=0\\x_2+x_3=0\end{cases}\Rightarrow\begin{cases}x_1=x_3\\x_2=-x_3\end{cases}$

当 $x_3=1$ 时,$x_1=1,x_2=-1$

方程组的基础解系 $\boldsymbol{\xi}=(1\quad -1\quad 1)^{\mathrm{T}}$,取 $\boldsymbol{\xi}_1=(1\quad -1\quad 1)^{\mathrm{T}}$

方法 2:采用代入法,对四个选项进行验证,对于选项 A:

$$(1\quad -1\quad 1)\begin{pmatrix}-1\\0\\1\end{pmatrix}=0,(1\quad -1\quad 1)\begin{pmatrix}1\\2\\1\end{pmatrix}=0,\text{可知正确。}$$

答案:A

22.**解** $A(\overline{B\cup C})=A\overline{B}\,\overline{C}$可能发生,选项 A 错。

$A(\overline{A\cup B\cup C})=A\overline{A}\,\overline{B}\,\overline{C}=\varnothing$,选项 B 对。

或见解图,图 a)$\overline{B\cup C}$(斜线区域)与 A 有交集,图 b)$\overline{A\cup B\cup C}$(斜线区域)与 A 无交集。

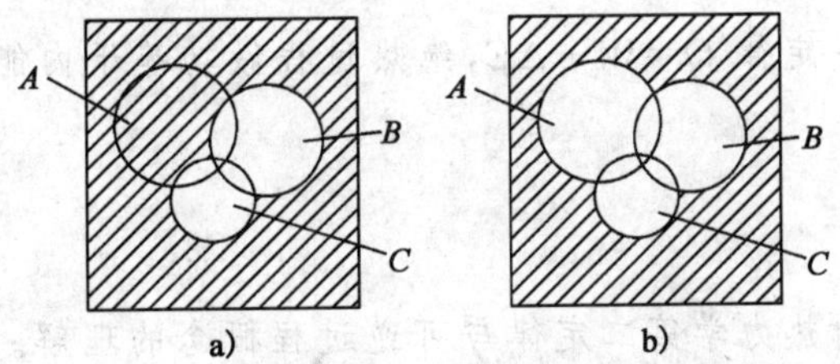

题 22 解图

答案:B

23.**解** 本题考查概率密度的性质:$\int_{-\infty}^{+\infty}\int_{-\infty}^{+\infty}f(x,y)\mathrm{d}x\mathrm{d}y=1$

方法 1:$\int_0^{+\infty}\int_0^{+\infty}e^{-2ax+by}\mathrm{d}y\mathrm{d}x=\int_0^{+\infty}e^{-2ax}\mathrm{d}x\cdot\int_0^{+\infty}e^{by}\mathrm{d}y=1$

当 $a>0$ 时,$\int_0^{+\infty}e^{-2ax}\mathrm{d}x=\frac{-1}{2a}e^{-2ax}\Big|_0^{+\infty}=\frac{1}{2a}$

当 $b<0$ 时,$\int_0^{+\infty}e^{by}\mathrm{d}y=\frac{1}{b}e^{by}\Big|_0^{+\infty}=\frac{-1}{b}$

$\frac{1}{2a}\cdot\frac{-1}{b}=1,ab=-\frac{1}{2}$

方法 2:当 $x>0,y>0$ 时,$f(x,y)=e^{-2ax+by}=2ae^{-2ax}\cdot(-b)e^{by}\cdot\frac{-1}{2ab}$

当$\frac{-1}{2ab}=1$,即 $ab=-\frac{1}{2}$时,X 与 Y 相互独立。

X 服从参数 $\lambda=2a(a>0)$的指数分布,Y 服从参数 $\lambda=-b(b<0)$的指数分布。

答案:A

24. **解** 因为 $\hat{\theta}$ 是 θ 的无偏估计量,即 $E(\hat{\theta})=\theta$,

所以 $E[(\hat{\theta})^2]=D(\hat{\theta})+[E(\hat{\theta})]^2=D(\hat{\theta})+\theta^2$

又因为 $D(\hat{\theta})>0$,所以 $E[(\hat{\theta})^2]>\theta^2$,$(\hat{\theta})^2$ 不是 θ^2 的无偏估计量。

答案:B

25. **解** 理想气体状态方程 $pV=\frac{M}{\mu}RT$,因为 $V_1=V_2$,$T_1=T_2$,$M_1=M_2$,所以$\frac{\mu_1}{\mu_2}=\frac{p_2}{p_1}$。

答案:D

26. **解** 气体分子的平均碰撞频率:$\overline{Z}=\sqrt{2}n\pi d^2\overline{v}$,已知 $\overline{v}=1.6\sqrt{\frac{RT}{M}}$,$p=nkT$,则:

$$\overline{Z}=\sqrt{2}n\pi d^2\overline{v}=\sqrt{2}\frac{p}{kT}\pi d^2\cdot 1.6\sqrt{\frac{RT}{M}}\propto\frac{1}{\sqrt{T}}$$

答案:C

27. **解** 热力学第一定律 $Q=W+\Delta E$,绝热过程做功等于内能增量的负值,即 $\Delta E=-W=-500\text{J}$。

答案:C

28. **解** 此题考查对热力学第二定律与可逆过程概念的理解。开尔文表述的是关于热功转换过程中的不可逆性,克劳修斯表述则指出热传导过程中的不可逆性。

答案:A

29. **解** 此题考查波动方程基本关系。

$$y=A\cos(Bt-Cx)=A\cos B\left(t-\frac{x}{B/C}\right)$$

$$u=\frac{B}{C},\omega=B,T=\frac{2\pi}{\omega}=\frac{2\pi}{B}$$

$$\lambda=u\cdot T=\frac{B}{C}\cdot\frac{2\pi}{B}=\frac{2\pi}{C}$$

答案:B

30. **解** 波长 λ 反映的是波在空间上的周期性。

答案:B

31. **解** 由描述波动的基本物理量之间的关系得:

$$\frac{\lambda}{3}=\frac{2\pi}{\pi/6},\lambda=36$$

$$u=\frac{\lambda}{T}=\frac{36}{4}=9$$

答案:B

32.**解**　光的干涉,光程差变化为半波长的奇数倍时,原明纹处变为暗条纹。

答案:B

33.**解**　此题考查马吕斯定律。

$I=I_0\cos^2\alpha$,光强为 I_0 的自然光通过第一个偏振片,光强为入射光强的一半,通过第二个偏振片,光强为 $I=\frac{I_0}{2}\cos^2\alpha$,则

$$\frac{I_1}{I_2}=\frac{\frac{1}{2}I_0\cos^2\alpha_1}{\frac{1}{2}I_0\cos^2\alpha_2}=\frac{\cos^2\alpha_1}{\cos^2\alpha_2}$$

答案:C

34.**解**　光栅公式 $d\sin\theta=k\lambda$,对同级条纹,光栅常数小,衍射角大,选光栅常数小的。

答案:D

35.**解**　由双缝干涉条纹间距公式计算:

$$\Delta x=\frac{D}{d}\lambda=\frac{3000}{2}\times600\times10^{-6}=0.9\text{mm}$$

答案:B

36.**解**　由布儒斯特定律,折射角为 30°时,入射角为 60°, $\tan60°=\frac{n_2}{n_1}=\sqrt{3}$。

答案:D

37.**解**　原子序数为 15 的元素,原子核外有 15 个电子,基态原子的核外电子排布式为 $1s^2\,2s^2\,2p^6\,3s^2\,3p^3$,根据洪特规则,$3p^3$ 中 3 个电子分占三个不同的轨道,并且自旋方向相同。所以原子序数为 15 的元素,其基态原子核外电子分布中,有 3 个未成对电子。

答案:D

38.**解**　NaCl 是离子晶体,冰是分子晶体,SiC 是原子晶体,Cu 是金属晶体。所以 SiC 的熔点最高。

答案:C

39.**解**　根据稀释定律 $\alpha=\sqrt{K_a/C}$,一元弱酸 HOAc 的浓度越小,解离度越大。所以 HOAc 浓度稀释一倍,解离度增大。

注:HOAc 一般写为 HAc,普通化学书中常用 HAc。

答案:A

40. **解**　将 0.2 mol·L^{-1} 的 $NH_3 \cdot H_2O$ 与 0.2mol·L^{-1} 的 HCl 溶液等体积混合生成 0.1mol·L^{-1} 的 NH_4Cl 溶液，NH_4Cl 为强酸弱碱盐，可以水解，溶液 $C_{H^+} = \sqrt{C \cdot K_W / K_b} = \sqrt{0.1 \times \frac{10^{-14}}{1.8 \times 10^{-5}}} \approx 7.5 \times 10^{-6}$，$pH = -\lg C_{H^+} = 5.12$。

答案:A

41. **解**　此反应为放热反应。平衡常数只是温度的函数，对于放热反应，平衡常数随着温度升高而减小。相反，对于吸热反应，平衡常数随着温度的升高而增大。

答案:B

42. **解**　电对的电极电势越大，其氧化态的氧化能力越强，越易得电子发生还原反应，做正极；电对的电极电势越小，其还原态的还原能力越强，越易失电子发生氧化反应，做负极。

答案:D

43. **解**　反应方程式为 $2Na(s) + Cl_2(g) = 2NaCl(s)$。气体分子数增加的反应，其熵值增大；气体分子数减小的反应，熵值减小。

答案:B

44. **解**　加成反应生成 2,3-二溴-2-甲基丁烷，所以在 2,3 位碳碳间有双键，所以该烃为 2-甲基-2-丁烯。

答案:D

45. **解**　同系物是指结构相似、分子组成相差若干个$-CH_2-$原子团的有机化合物。

答案:D

46. **解**　烃类化合物是碳氢化合物的统称，是由碳与氢原子所构成的化合物，主要包含烷烃、环烷烃、烯烃、炔烃、芳香烃。烃分子中的氢原子被其他原子或者原子团所取代而生成的一系列化合物称为烃的衍生物。

答案:B

47. **解**　销钉 C 处为光滑接触约束，约束力应垂直于 AB 光滑直槽，由于 $\boldsymbol{F}_P$ 的作用，直槽的左上侧与销钉接触，故其约束力的作用线与 x 轴正向所成的夹角为 150°。

答案:D

48. **解**　根据力系简化结果分析，分力首尾相连组成自行封闭的力多边形，则简化后的主矢为零，而 $\boldsymbol{F}_1$ 与 $\boldsymbol{F}_3$、$\boldsymbol{F}_2$ 与 $\boldsymbol{F}_4$ 分别组成逆时针转向的力偶，合成后为一合力偶。

答案:C

49.**解** 以圆柱体为研究对象,沿1、2接触点的法线方向有约束力 $\boldsymbol{F}_{N1}$ 和 $\boldsymbol{F}_{N2}$,受力如解图所示。对圆柱体列 $\boldsymbol{F}_{N2}$ 方向的平衡方程:

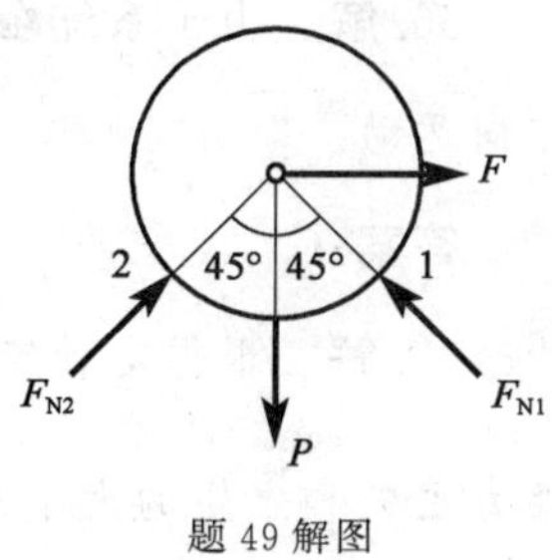

题49解图

$\sum F_2=0, F_{N2}-P\cos45°+F\sin45°=0$

$F_{N2}=\dfrac{\sqrt{2}}{2}(P-F)$

答案:A

50.**解** 在重力作用下,杆 A 端有向左侧滑动的趋势,故 B 处摩擦力应沿杆指向右上方向。

答案:B

51.**解** 因为速度 $v=\dfrac{\mathrm{d}x}{\mathrm{d}t}$,积一次分,即:$\int_5^x \mathrm{d}x=\int_0^t(20t+5)\mathrm{d}t, x-5=10t^2+5t$。

答案:A

52.**解** 根据定轴转动刚体上一点加速度与转动角速度、角加速度的关系:$a_n=\omega^2 l$,$a_\tau=\alpha l$,而题中 $a_n=a=\omega^2 l$,所以 $\omega=\sqrt{\dfrac{a}{l}}$,$a_\tau=0=\alpha l$,所以 $\alpha=0$。

答案:C

53.**解** 绳上各点的加速度大小均为 a,而轮缘上各点的加速度大小为 $\sqrt{a^2+\left(\dfrac{v^2}{r}\right)^2}$。

答案:B

54.**解** 汽车运动到洼地底部时加速度的大小为 $a=a_n=\dfrac{v^2}{\rho}$,其运动及受力如解图所示,按照牛顿第二定律,在铅垂方向有 $ma=F_N-W$,$\boldsymbol{F}_N$ 为地面给汽车的合约束,力 $F_N=\dfrac{W}{g}\cdot\dfrac{v^2}{\rho}+W=\dfrac{2800}{10}\times\dfrac{10^2}{5}+2800=8400\text{N}$。

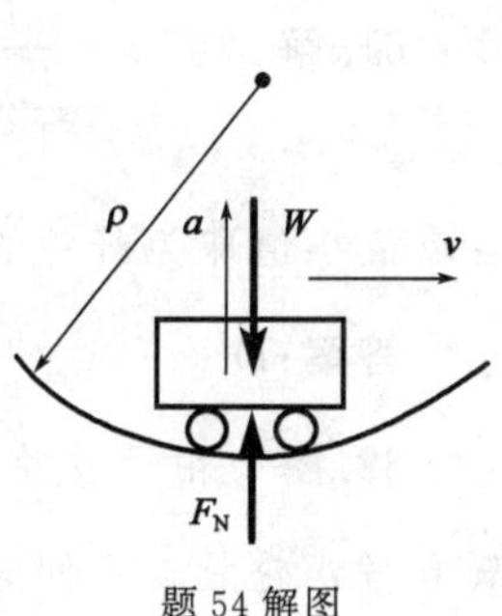

题54解图

答案:D

55.**解** 根据动量的公式:$p=mv_C$,则圆轮质心速度为零,动量为零,故系统的动量只有物块的 $\dfrac{W}{g}\cdot v$;又根据动能的公式:圆轮的动能为 $\dfrac{1}{2}\cdot\dfrac{1}{2}mR^2\omega^2=\dfrac{1}{4}mR^2\left(\dfrac{v}{R}\right)^2\Big|=\dfrac{1}{4}mv^2$,物块的动能为 $\dfrac{1}{2}\cdot\dfrac{W}{g}v^2$,两者相加为 $\dfrac{1}{2}\cdot\dfrac{v^2}{g}\left(\dfrac{1}{2}mg+W\right)$。

答案:A

56.**解**　由于系统在水平方向受力为零,故在水平方向有质心守恒,即质心只沿铅垂方向运动。

答案:C

57.**解**　根据定轴转动刚体惯性力系的简化结果分析,匀角速度转动($\alpha=0$)刚体的惯性力主矢和主矩的大小分别为:$F_{\mathrm{I}}=ma_{\mathrm{C}}=\frac{1}{2}ml\omega^2$,$M_{\mathrm{IO}}=J_{\mathrm{O}}\alpha=0$。

答案:D

58.**解**　单摆运动的固有频率公式:$\omega_n=\sqrt{\frac{g}{l}}$。

答案:C

59.**解**　$\varepsilon'=-\mu\varepsilon=-\mu\frac{\sigma}{E}=-\mu\frac{F_{\mathrm{N}}}{AE}$

$$=-0.3\times\frac{20\times10^3\mathrm{N}}{100\mathrm{mm}^2\times200\times10^3\mathrm{MPa}}=-0.3\times10^{-3}$$

答案:B

60.**解**　由于沿横截面有微小裂纹,使得横截面的形心有变化,杆件由原来的轴向拉伸变成了偏心拉伸,其应力$\sigma=\frac{F_{\mathrm{N}}}{A}+\frac{M_z}{W_z}$明显变大,故有裂纹的杆件比没有裂纹杆件的承载能力明显降低。

答案:B

61.**解**　由$\sigma=\frac{P}{\frac{1}{4}\pi d^2}\leqslant[\sigma]$,$\tau=\frac{P}{\pi dh}\leqslant[\tau]$,$\sigma_{\mathrm{bs}}=\frac{P}{\frac{\pi}{4}(D^2-d^2)}\leqslant[\sigma_{\mathrm{bs}}]$分别求出$[P]$,然后取最小值即为杆件的许用拉力。

答案:D

62.**解**　由于a轮上的外力偶矩M_{a}最大,当a轮放在两端时轴内将产生较大扭矩;只有当a轮放在中间时,轴内扭矩才较小。

答案:D

63.**解**　由最大负弯矩为8kN·m,可以反推:$M_{\max}=F\times1\mathrm{m}$,故$F=8\mathrm{kN}$

再由支座C处(即外力偶矩M作用处)两侧的弯矩的突变值是14kN·m,可知外力偶矩=14kN·m

答案:A

64. 解 开裂前，由整体梁的强度条件 $\sigma_{\max}=\dfrac{M}{W_z}\leqslant[\sigma]$，可知：

$$M\leqslant[\sigma]W_z=[\sigma]\frac{b(3a)^2}{6}=\frac{3}{2}ba^2[\sigma]$$

胶合面开裂后，每根梁承担总弯矩 M_1 的 $\dfrac{1}{3}$，由单根梁的强度条件 $\sigma_{1\max}=\dfrac{M_1}{W_{z1}}=\dfrac{\frac{M_1}{3}}{W_{z1}}=\dfrac{M_1}{3W_{z1}}\leqslant[\sigma]$，可知：

$$M_1\leqslant3[\sigma]W_{z1}=3[\sigma]\frac{ba^2}{6}=\frac{1}{2}ba^2[\sigma]$$

故开裂后每根梁的承载能力是原来的 $\dfrac{1}{3}$。

答案：B

65. 解 矩形截面切应力的分布是一个抛物线形状，最大切应力在中性轴 z 上，图示梁的横截面可以看作是一个中性轴附近梁的宽度 b 突然变大的矩形截面。根据弯曲切应力的计算公式：

$$\tau=\frac{QS_z^*}{bI_z}$$

在 b 突然变大的情况下，中性轴附近的 τ 突然变小，切应力分布图沿 y 方向的分布如解图所示，所以最大切应力在 2 点。

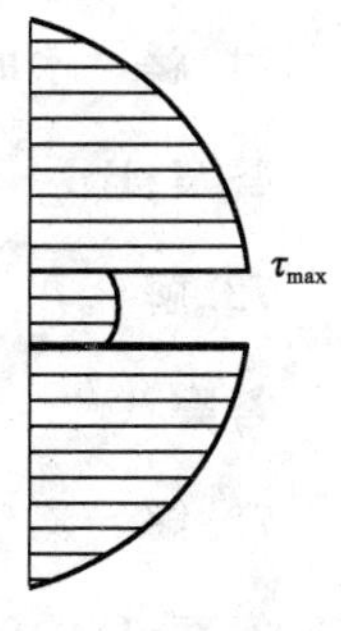

题 65 解图

答案：B

66. 解 由悬臂梁的最大挠度计算公式 $f_{\max}=\dfrac{m_g L^2}{2EI}$，可知 $f_{\max}$ 与 L^2 成正比，故有

$$f'_{\max}=\frac{m_g\left(\dfrac{L}{2}\right)^2}{2EI}=\frac{1}{4}f_{\max}$$

答案：B

67. 解 由跨中受集中力 F 作用的简支梁最大挠度的公式 $f_c=\dfrac{Fl^3}{48EI}$，可知最大挠度与截面对中性轴的惯性矩成反比。

因为 $I_a=\dfrac{b^2h}{12}=\dfrac{b^3}{6}$，而 $I_b=\dfrac{bh^2}{12}=\dfrac{2b^3}{3}$，所以 $\dfrac{f_a}{f_b}=\dfrac{I_b}{I_a}=\dfrac{\frac{2}{3}b^3}{\frac{b^3}{6}}=4$

答案：C

68. 解 首先求出三个主应力：$\sigma_1=\sigma$，$\sigma_2=\tau$，$\sigma_3=-\tau$，再由第三强度理论得 $\sigma_{r3}=\sigma_1-\sigma_3=\sigma+\tau\leqslant[\sigma]$。

答案：B

69. **解**　开缺口的截面是偏心受拉，偏心距为$\frac{h}{4}$，由公式$\sigma_{\max}=\frac{P}{A}+\frac{P\cdot\frac{h}{4}}{W_z}$可求得结果。

答案:C

70. **解**　由一端固定、另一端自由的细长压杆的临界力计算公式$F_{cr}=\frac{\pi^2EI}{(2L)^2}$，可知$F_{cr}$与$L^2$成反比，故有

$$F'_{cr}=\frac{\pi^2EI}{\left(2\cdot\frac{L}{2}\right)^2}=4\frac{\pi^2EI}{(2L)^2}=4F_{cr}$$

答案:A

71. **解**　水的运动黏性系数随温度的升高而减小。

答案:B

72. **解**　真空度$p_v=p_a-p'=101-(90+9.8)=1.2\text{kN/m}^2$

答案:C

73. **解**　流线表示同一时刻的流动趋势。

答案:D

74. **解**　对两水箱水面写能量方程可得：$H=h_w=h_{w_1}+h_{w_2}$

1～3管段中的流速$v_1=\frac{Q}{\frac{\pi}{4}d_1^2}=\frac{0.04}{\frac{\pi}{4}\times(0.2)^2}=1.27\text{m/s}$

$$h_{w_1}=\left(\lambda_1\frac{l_1}{d_1}+\sum\zeta_1\right)\frac{v_1^2}{2g}=\left(0.019\times\frac{10}{0.2}+0.5+0.5+0.024\right)\times\frac{1.27^2}{2\times9.8}=0.162\text{m}$$

3～6管段中的流速$v_2=\frac{Q}{\frac{\pi}{4}d_2^2}=\frac{0.04}{\frac{\pi}{4}\times0.1^2}=5.1\text{m/s}$

$$h_{w_2}=\left(\lambda_2\frac{l_2}{d_2}+\sum\zeta_2\right)\frac{v_2^2}{2g}=\left(0.018\times\frac{10}{0.1}+0.5+0.05+1\right)\times\frac{5.1^2}{2\times9.8}=5.042\text{m}$$

$H=h_{w_1}+h_{w_2}=0.162+5.042=5.204\text{m}$

答案:C

75. **解**　在长管水力计算中，速度水头和局部损失均可忽略不计。

答案:C

76. **解**　矩形排水管水力半径$R=\frac{A}{\chi}=\frac{5\times3}{5+2\times3}=1.36\text{m}$。

答案:C

77.**解** 潜水完全井流量$Q=1.36k\dfrac{H^2-h^2}{\lg\dfrac{R}{r}}$,因此$Q$与土体渗透数$k$成正比。

答案:D

78.**解** 无量纲量即量纲为1的量,$\dim\dfrac{F}{\rho v^2 l^2}=\dfrac{\rho v^2 l^2}{\rho v^2 l^2}=1$

答案:C

79.**解** 电流与磁场的方向可以根据右手螺旋定则确定,即让右手大拇指指向电流的方向,则四指的指向就是磁感线的环绕方向。

答案:D

80.**解** 见解图,设2V电压源电流为I',

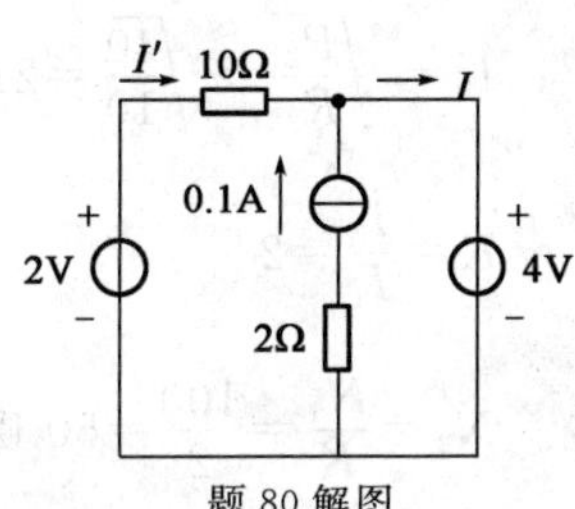

题80解图

则:$I=I'+0.1$

$10I'=2-4=-2\text{V}$

$I'=-0.2\text{A}$

$I=-0.2+0.1=-0.1\text{A}$

答案:C

81.**解** 电流源单独作用时,15V的电压源做短路处理,则

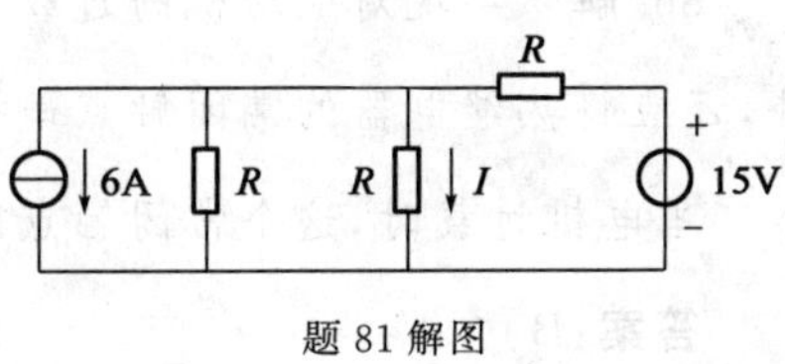

题81解图

$$I=\frac{1}{3}\times(-6)=-2\text{A}$$

答案:D

82.**解** 画相量图分析(见解图),电压表和电流表读数为有效值。

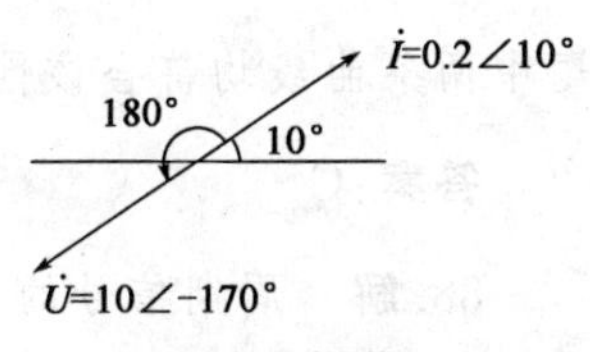

题82解图

答案:D

83.**解** $P=UI\cos\varphi$

$=110\times1\times\cos30°=95.3\text{W}$

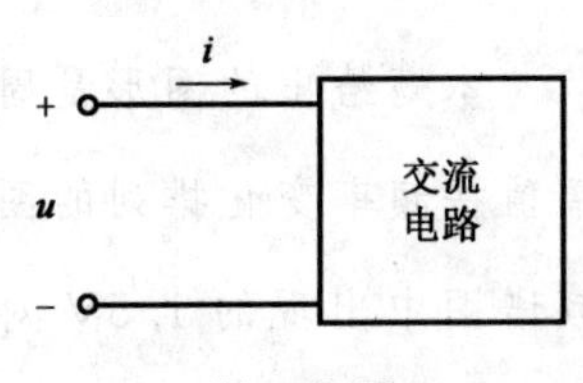

题83解图

$Q=UI\sin\varphi$

$=110\times1\times\sin30°=55\text{W}$

$S=UI=110\times1=110\text{V}\cdot\text{A}$

答案:A

84. 解 在直流稳态电路中电容作开路处理。

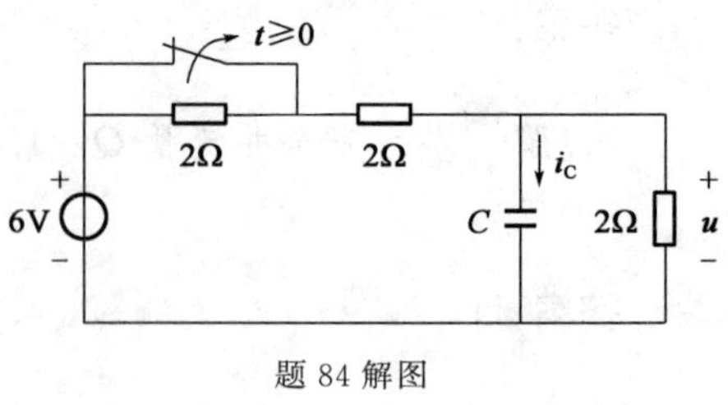

题 84 解图

开关未动作前，$u=U_{C(0-)}$

电容为开路状态时，$U_{C(0-)}=\frac{1}{2}\times 6=3V$

电源充电进入新的稳态时

$$U_{C(\infty)}=\frac{1}{3}\times 6=2V$$

因此换路电容电压逐步衰减到 2V。电路的时间常数 $\tau=RC$，本题中 C 值没给出，是不能确定 τ 的数值的。

答案：B

85. 解 如解图所示，根据理想变压器关系有

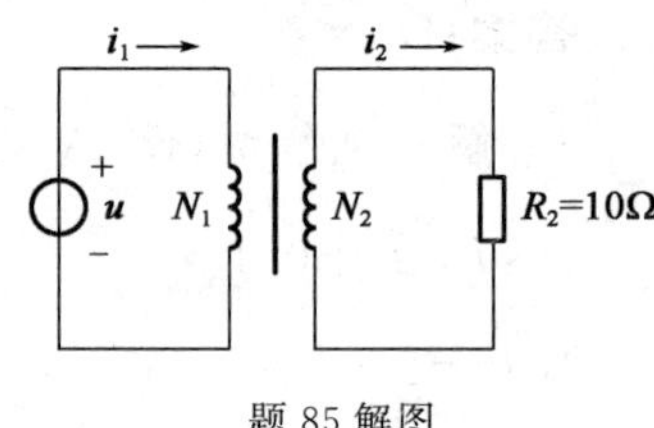

题 85 解图

$$I_2=\sqrt{\frac{P_2}{R_2}}=\sqrt{\frac{40}{10}}=2A$$

$$K=\frac{I_2}{I_1}=2$$

$$N_2=\frac{N_1}{K}=\frac{100}{2}=50\text{ 匝}$$

答案：A

86. 解 实现对电动机的过载保护，除了将热继电器的热元件串联在电动机的主电路外，还应将热继电器的常闭触点串接在控制电路中。

当电机过载时，这个常闭触点断开，控制电路供电通路断开。

答案：B

87. 解 模拟信号与连续时间信号不同，模拟信号是幅值连续变化的连续时间信号。题中两条曲线均符合该性质。

答案：C

88. 解 周期信号的幅值频谱是离散且收敛的。这个周期信号一定是时间上的连续信号。

本题给出的图形是周期信号的频谱图。频谱图是非正弦信号中不同正弦信号分量的幅值按频率变化排列的图形，其大小是表示各次谐波分量的幅值，用正值表示。例如本题频谱图中出现的 1.5V 对应于 1kHz 的正弦信号分量的幅值，而不是这个周期信号的幅值。因此本题选项 C 或 D 都是错误的。

答案：B

89. 解 放大器的输入为正弦交流信号。但 $u_1(t)$ 的频率过高，超出了上限频率 f_H，

放大倍数小于 A,因此输出信号 u_2 的有效值 $U_2<AU_1$。

答案:C

90. **解** $AC+DC+\overline{AD}\cdot C$

$$=(A+D+\overline{AD})\cdot C$$

$$=(A+D+\overline{A}+\overline{D})\cdot C$$

$$=1\cdot C=C$$

答案:A

91. **解** $\overline{\mathrm{A}+\mathrm{B}}=\mathrm{F}$

F 是个或非关系,可以用“有 1 则 0”的口诀处理。

答案:B

92. **解** 本题各选项均是用八位二进制 BCD 码表示的十进制数,即是以四位二进制表示一位十进制。

十进制数字 88 的 BCD 码是 10001000。

答案:B

93. **解** 图示为二极管的单相半波整流电路。

当 $u_i>0$ 时,二极管截止,输出电压 $u_o=0$;当 $u_i<0$ 时,二极管导通,输出电压 u_o 与输入电压 u_i 相等。

答案:B

94. **解** 本题为用运算放大器构成的电压比较电路,波形分析如下:

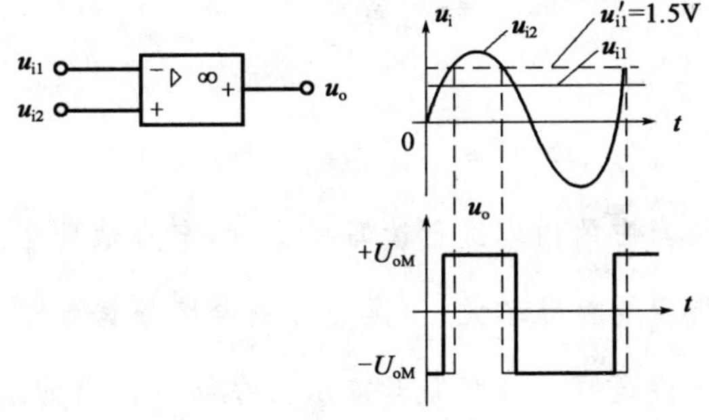

题 94 解图

当 $u_{i1}<u_{i2}$ 时,$u_o=+U_{oM}$

当 $u_{i1}>u_{i2}$ 时,$u_o=-U_{oM}$

当 u_{i1} 升高到 1.5V 时,u_o 波形的正向面积减小,反向面积增加,电压平均值降低(如解图中虚线波形所示)。

答案:D

95. **解** 题图为一个时序逻辑电路,由解图可以看出,第一个和第二个时钟的下降沿时刻,输出 Q 均等于 0。

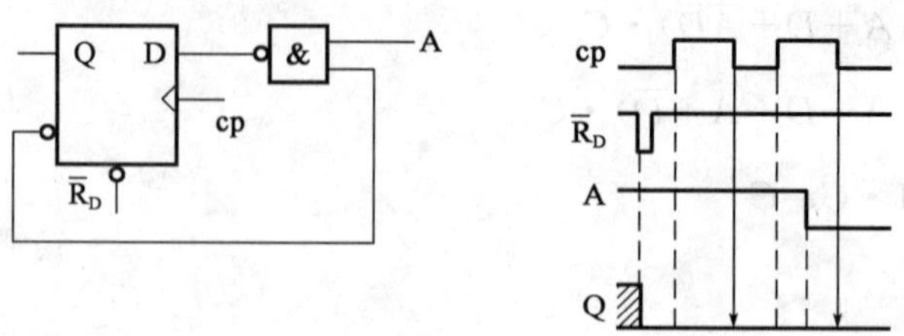

题 95 解图

答案:A

96. **解** 图示为三位的异步二进制加法计数器,波形图分析如下。

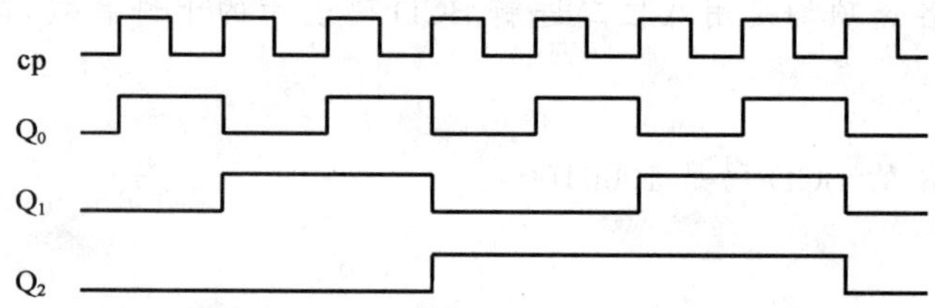

答案:C

97. **解** 计算机硬件的组成包括输入/输出设备、存储器、运算器、控制器。内存储器是主机的一部分,属于计算机的硬件系统。

答案:B

98. **解** 根据冯·诺依曼结构原理,计算机硬件是由运算器、控制器、存储器、I/O 设备组成。

答案:C

99. **解** 当要对存储器中的内容进行读写操作时,来自地址总线的存储器地址经地址译码器译码之后,选中指定的存储单元,而读写控制电路根据读写命令实施对存储器的存取操作,数据总线则用来传送写入内存储器或从内存储器读出的信息。

答案:B

100. **解** 操作系统的运行是在一个随机的环境中进行的,也就是说,人们不能对于所运行的程序的行为以及硬件设备的情况做任何的假定,一个设备可能在任何时候向微处理器发出中断请求。人们也无法知道运行着的程序会在什么时候做了些什么事情,也无法确切的知道操作系统正处于什么样的状态之中,这就是随机性的含义。

答案:C

101.**解** 多任务操作系统是指可以同时运行多个应用程序。比如:在操作系统下,在打开网页的同时还可以打开QQ进行聊天,可以打开播放器看视频等。目前的操作系统都是多任务的操作系统。

答案:B

102.**解** 先将十进制数转换为二进制数(100000000+0.101=100000000.101),而后三位二进制数对应于一位八进制数。

答案:D

103.**解** $1kB=2^{10}B=1024B$,$1MB=2^{20}B=1024kB$,$1GB=2^{30}B=1024MB=1024\times1024kB$,$1TB=2^{40}B=1024GB=1024\times1024MB$。

答案:D

104.**解** 计算机病毒特点包括非授权执行性、复制传染性、依附性、寄生性、潜伏性、破坏性、隐蔽性、可触发性。

答案:D

105.**解** 通常人们按照作用范围的大小,将计算机网络分为三类:局域网、城域网和广域网。

答案:C

106.**解** 常见的局域网拓扑结构分为星形网、环形网、总线网,以及它们的混合型。

答案:B

107.**解** 年实际利率为:

$$i=\left(1+\frac{r}{m}\right)^{m}-1=\left(1+\frac{6\%}{2}\right)^{2}-1=6.09\%$$

年实际利率高出名义利率:6.09%−6%=0.09%

答案:C

108.**解** 第一年贷款利息:400/2×6%=12万元

第二年贷款利息:(400+800/2+12)×6%=48.72万元

建设期贷款利息:12+48.72=60.72万元

答案:D

109.**解** 由于股利必须在企业税后利润中支付,因而不能抵减所得税的缴纳。普通股资金成本为:

$$K_s=\frac{8000\times10\%}{8000\times(1-3\%)}+5\%=15.31\%$$

答案:D

110.**解** 回收营运资金为现金流入,故项目第10年的净现金流量为25+20=45万元。

答案:C

111.**解** 社会折现率是用以衡量资金时间经济价值的重要参数,代表资金占用的机会成本,并且用作不同年份之间资金价值换算的折现率。

答案:D

112.**解** 题目给出的影响因素中,产品价格变化较小就使得项目净现值为零,故该因素最敏感。

答案:A

113.**解** 差额投资内部收益率是两个方案各年净现金流量差额的现值之和等于零时的折现率。差额内部收益率等于基准收益率时,两方案的净现值相等,即两方案的优劣相等。

答案:A

114.**解** F_3的功能系数为:$F_3=\frac{4}{3+5+4+1+2}=0.27$

答案:C

115.**解** 《中华人民共和国建筑法》第二十七条规定,大型建筑工程或者结构复杂的建筑工程,可以由两个以上的承包单位联合共同承包。共同承包的各方对承包合同的履行承担连带责任。

两个以上不同资质等级的单位实行联合共同承包的,应当按照资质等级低的单位的业务许可范围承揽工程。

答案:D

116.**解** 选项B属于义务,其他几条属于权利。

答案:B

117.**解** 《中华人民共和国招标投标法》第二十八条规定,投标人应当在招标文件要求提交投标文件的截止时间前,将投标文件送达投标地点。招标人收到投标文件后,应当签收保存,不得开启。投标人少于三个的,招标人应当依照本法重新招标。在招标文件要求提交投标文件的截止时间后送达的投标文件,招标人应当拒收。

答案:B

118.**解** 《中华人民共和国合同法》第五十四条规定,下列合同,当事人一方有权请求人民法院或者仲裁机构变更或者撤销:

(一)因重大误解订立的;

(二)在订立合同时显失公平的。

……

第五十五条 有下列情形之一的,撤销权消灭:

(一)具有撤销权的当事人自知道或者应当知道撤销事由之日起一年内没有行使撤销权。

……

答案:C

119.**解** 《建筑工程质量管理条例》第三十九条规定,建设工程实行质量保修制度。建设工程承包单位在向建设单位提交工程竣工验收报告时,应当向建设单位出具质量保修书。质量保修书中应当明确建设工程的保修范围、保修期限和保修责任等。

建设工程的保修期,自竣工验收合格之日起计算。

国务院规定的保修年限没有“最低”这个限制词,所以选项B和C都不对。

答案:D

120.**解** 《建设工程安全生产管理条例》第八条规定,建设单位在编制工程概算时,应当确定建设工程安全作业环境及安全施工措施所需费用。

答案:A

2017年度全国勘察设计注册土木工程师(岩土)执业资格考试基础考试(下)试题解析及参考答案

1.**解** 无机非金属材料为容易被水润湿,为亲水性材料;不能承受冲击荷载作用,为脆性材料,故适合于做承压构件;不是完全弹性材料。

答案:D

2.**解** 空气的导热系数为0.023W/(m·K),水的导热系数为0.58W/(m·K),冰的导热系数为2.20W/(m·K),故三种介质的导热能力顺序为:冰>水>空气,所以保温材料要保持干燥,防潮。

答案:B

3.**解** 水化硅酸钙凝胶的层间孔隙尺寸为1~5nm;毛细孔尺寸为10~1000nm,大小取决于水泥浆体的水化程度和水灰比,多数为100nm左右;而气孔尺寸为几毫米。

答案:A

4.**解** 以上措施均可以提高钢筋混凝土中钢筋的防锈效果。使用环氧树脂涂刷钢筋和使用不锈钢钢筋都会大幅度增加成本,增加混凝土保护层厚度会增加混凝土用量,减小有效使用面积,不经济,所以比较而言,通过使用高效减水剂提高混凝土的密实度是最经济有效的措施。

答案:A

5.**解** 我国使用立方体试件来测定混凝土的抗压强度,其标准立方体试件的边长为150mm。

答案:C

6.**解** 木材分为针叶树和阔叶树。针叶树(又称软木树)的树干通直高大,纹理平顺,材质均匀,表观密度和胀缩变形小,耐腐蚀性较强,材质较软,多用作承重构件,有松、杉、柏。阔叶树(又称硬木树)强度较高,纹理漂亮,胀缩翘曲变形较大,易开裂,较难加工,适合作装饰,有水曲柳、桦木、椴木、柚木、樟木、榉木、榆木等。

答案:C

7.**解** 石油沥青的针入度反映其黏滞性(也称黏性)的大小,针入度越大,黏滞性越小。

答案:A

8.**解** 竖直角是在同一竖直面内,某一方向与水平线的夹角。

答案:D

9.**解** 钢尺精密量距需进行尺长改正、温度改正及倾斜(高差)改正。

答案:A

10.**解** $S=a\times b=30.000\times 25.000=750.000\text{m}^2$

$\frac{\partial S}{\partial a}=b, \frac{\partial S}{\partial b}=a$

$$m_s=\pm\sqrt{b^2\cdot m_a^2+a^2\cdot m_b^2}$$

$$=\pm\sqrt{25.000^2\times 0.004^2+30.000^2\times 0.003^2}$$

$$=\pm 0.134\text{m}^2$$

$S=750.000\text{m}^2\pm 0.134\text{m}^2$

答案:A

11.**解** 三等水准测量红黑面高差之差的限值是±3mm,详见《国家三、四等水准测量规范》(GB/T 12898—2009)。

答案:A

12.**解** $S_{实地}=S_{图}\times 500^2=1.58\times 10^8\text{mm}^2=158.00\text{m}^2$

答案:C

13.**解** 《中华人民共和国城市房地产管理法》第三十八条规定,下列房地产,不得转让:

(一)以出让方式取得土地使用权的,不符合本法第三十九条规定的条件的;

(二)司法机关和行政机关依法裁定、决定查封或者以其他形式限制房地产权利的;

(三)依法收回土地使用权的;

(四)共有房地产,未经其他共有人书面同意的;

(五)权属有争议的;

(六)未依法登记领取权属证书的;

(七)法律、行政法规规定禁止转让的其他情形。

按照上述条文规定,题目中的选项A、B、C均属于不得转让的情形,所以选项D正确。

答案:D

14. **解** 《中华人民共和国招投标法》第三十四条规定，开标应当在招标文件确定的提交投标文件截止时间的同一时间公开进行。所以选项A错误。

第三十五条规定，开标由招标人主持，邀请所有投标人参加。所以选项B错误。

选项C没有明确是谁来推举代表，所以表述也是不准确的，按照第三十六条的规定：开标时，由投标人或者其推选的代表检查投标文件的密封情况，也可以由招标人委托的公证机构检查并公证；经确认无误后，由工作人员当众拆封，宣读投标人名称、投标价格和投标文件的其他主要内容。

评标要在保密的情况下进行，开标后尽快评标有利于保密，所以选项D正确。

答案:D

15. **解** 国家推行企业质量体系的认证，但不是强制性的，但是对某些产品是要求强制性的认证制度的。

《中华人民共和国认证认可条例》第二十八条规定，为了保护国家安全、防止欺诈行为、保护人体健康或者安全、保护动植物生命或者健康、保护环境，国家规定相关产品必须经过认证的，应当经过认证并标注认证标志后，方可出厂、销售、进口或者在其他经营活动中使用。所以选项B的说法错误，正好说反了。

答案:B

16. **解** 《中华人民共和国合同法》第二百八十二条规定，因承包人的原因致使建设工程在合理使用期限内造成人身和财产损害的，承包人应当承担损害赔偿责任。

保修期限是国务院规定的，企业自定期限不能小于国家规定。

答案:C

17. **解** 为了保证施工质量，沉桩施工前应布置测量控制网、水准基点，按平面图进行测量放线。设置的控制点和水准点的数量不得少于2个，并应设在受打桩影响范围以外。

答案:B

18. **解** 先张法不能用于现浇结构。在多跨连续结构构件中预应力筋需曲线形设置，而楼板较薄，难以留设孔道，故宜采用铺设无黏结预应力筋的后张法施工。

答案:B

19. **解** 起重机型号选择需依据其技术性能参数，使其均满足起重作业需要。起重机的主要技术性能参数包括起重量、起重高度和起重半径。因此选用履带式起重机时，“起重动力设备”不是选用履带式起重机时要考虑的因素。

答案:B

20. **解**　工期—费用优化是通过压缩直接费率较低的关键工作的持续时间，使工期缩短，但直接费用将增加；而随着工期缩短，工程的间接费用会降低；通过两者叠加比较，即可求出工程费用最低时的相应最优工期。因此优化时，在确定了一个压缩方案后，必须将被压缩工作的直接费用率与间接费用率进行比较，如果直接费用率小于间接费用率，则需继续压缩；如果直接费用率已大于间接费用率，则在此之前的直接费用率小于间接费用率的压缩方案即为优化方案。如果直接费用率已等于间接费用率，则已得到优化方案，应停止压缩关键工作的持续时间。

答案：C

21. **解**　《建筑工程施工质量验收统一标准》(GB 50300—2013)第3.0.6条第3款规定，检验批的质量应按主控项目和一般项目验收。

答案：A

22. **解**　此结构为双轴对称结构承受对称荷载，其内力分布对称，可知杆 AD 及 CF 的中点剪力为零。

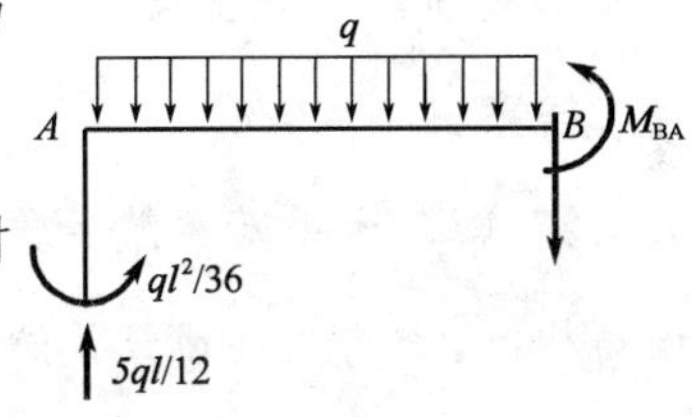

题22解图

通过杆 AD 中点及点 B 作截面取出隔离体(见解图)，对 B 取矩得：

$$M_{BA}=\frac{5ql}{12}l-\frac{ql^2}{36}-ql\frac{l}{2}=-\frac{ql^2}{9}$$

由于对称，故 $M_{BC}=M_{BA}=-\dfrac{ql^2}{9}$

答案：C

23. **解**　结构对称荷载反对称，其反力及内力必为反对称，可知两个水平反力等值同向，设方向向左，根据结构整体平衡有

$$\sum X=0, H_A+H_B=2H_A=P+P$$

$$H_A=P$$

答案：A

24. **解**　设弹簧压缩量为 Δ，按题意由 CB 段的平衡可知：

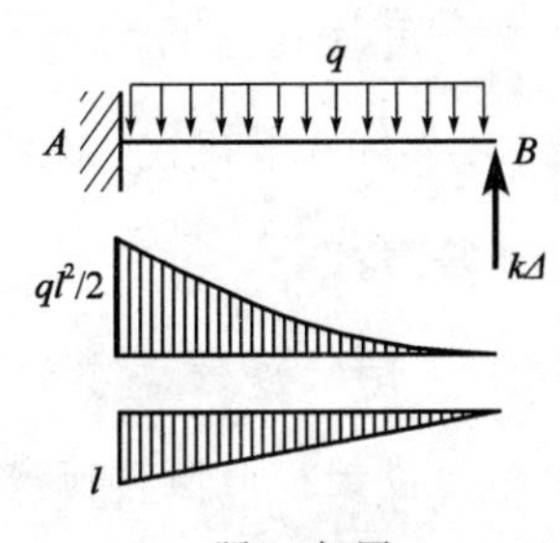

题24解图

$$k\Delta=\frac{ql}{4}$$

按解图，可建立力法方程：

$$\frac{l^2}{2EI}\cdot\frac{2l}{3}\cdot k\Delta-\frac{1}{3EI}\cdot\frac{ql^2}{2}\cdot l\cdot\frac{3l}{4}=-\Delta$$

联立以上两式，解得 $$k=\frac{6EI}{l^3}$$

答案：B

25.**解** 混凝土局部受压时的强度提高系数 $\beta_l=\sqrt{A_b/A_l}$。其中，A_l 为混凝土局部受压面积，A_b 为局部受压计算底面积。当构件处于边角局部受压时，$A_b=A_l$，即 $\beta_l=1.0$。

见《混凝土结构设计规范》(GB 50010—2010)第6.6.1条、第6.6.2条。

答案：A

26.**解** 钢筋混凝土受弯构件正截面即将开裂时，受压区混凝土基本处于弹性工作性质，受压区应力图形接近三角形(线性分布)。由于混凝土抗拉能力远较抗压能力弱，此时受拉区混凝土表现出明显的塑性性质(应力沿截面高度近似均匀分布)；由于黏结力的存在，受拉钢筋的应变与同一水平处混凝土拉应变相等，钢筋的拉应力处于较低的水平。对于矩形截面的混凝土梁，此时其受压区高度约为截面高度的1/2。

答案：D

27.**解** 水平荷载单独作用于框架结构时，结构侧移曲线呈剪切型，单独作用于剪力墙结构时，结构侧移曲线呈弯曲型。所以，在结构的底部，框架结构的侧向变形较剪力墙结构大，在结构的顶部，剪力墙结构的侧向变形较框架结构大。二者协同工作后，在上部楼层，框架部分拉住剪力墙部分，使其变形减小。

答案：A

28.**解** ①含碳量增加，钢材的强度提高，但塑性和韧性下降。②镀锌或镀铝的目的是防止钢材表面被氧化而发生锈蚀。③钢在冶炼过程中，脱氧程度取决于脱氧剂的数量和种类，脱氧剂的多少与钢材的强度没有直接关系。④钢材通过热处理(调质处理)，可以获得不同的金相组织，从而改变其力学性能，提高强度。

答案：C

29.**解** 《钢结构设计标准》(GB 50017—2017)第16.1.1条规定，直接承受动力荷载重复作用的钢结构构件，当应力变化的循环次数 $n\geqslant 5\times 10^4$ 次时，应进行疲劳计算；第6.1.2条第3款规定，对需要计算疲劳的梁，其截面塑性发展系数宜取1.0。

答案：D

30.**解** 焊接T形截面构件，腹板与翼缘用焊缝顶接，翼缘与腹板相交处因焊缝收缩受到两边钢板的阻碍而产生纵向拉应力。

答案：B

31. **解** 《砌体结构设计规范》(GB 50003—2011)第 10.1.7 条第 1 款规定,抗震设防烈度为 6 度时,规则的砌体结构房屋构件,应允许不进行抗震验算,但应有符合现行国家标准的抗震构造措施。

答案:B

32. **解** 为了防止地基不均匀沉降,可在多层砌体房屋的基础顶面和檐口处各设一道圈梁。当房屋中部沉降较两端为大时,基础顶面的圈梁作用大;当房屋两端沉降较中部为大时,则檐口处的圈梁作用大。

答案:C

33. **解** 砌体局部抗压强度提高系数 $\gamma=1+0.35\sqrt{A_0/A_l-1}$,其中第一项为局部受压面积本身砌体的抗压强度,第二项是非局部受压面积(A_0-A_l)的套箍作用与应力扩散作用对抗压强度的综合影响。为了避免 A_0/A_l 大于某一限值时会出现危险的劈裂破坏,《砌体结构设计规范》(GB 50003—2011)对 γ 规定了上限值。

答案:B

34. **解** 莫尔-库仑强度理论假设受压下岩石的破坏属于剪切破坏,破坏面的方向取决于两个主应力的大小关系和材料的内摩擦角。理论上,剪切破坏面与最大主应力作用面之间的夹角为 $45°+\frac{\varphi}{2}$,所以正确答案应为 C。

注意:此题中的最大主应力面并非标准用词,应为最大主应力作用面或最大主平面。

答案:C

35. **解** 地下洞室设计时应该以洞周应力均匀分布和不产生拉应力为原则,主要指的是洞周切向应力。均质岩体中洞周应力取决于洞室的形状和地应力场的分布状态。竖向和水平向的地应力比值越大,洞周应力分布越不均匀;洞周曲率半径越小,附近应力梯度越大,应力分布越不均匀,洞室形状越平顺,应力分布越均匀。此题没有告诉地应力场的分布情况,仅告诉了洞室为扁平状,因此,正确答案只能选择椭圆形,圆形断面利用率低,矩形和城门洞型含有直角,不宜考虑。**此题内容超出了考试大纲范围。**

答案:B

36. **解** 相对密实度公式为 $D_r=\frac{e_{max}-e}{e_{max}-e_{min}}$。

答案:A

37. **解** 通过土的侧限压缩试验能得到的压缩性指标分别为压缩系数、侧限压缩模量、体积压缩系数。

答案:D

38. **解** 各选项中只有地基承载力与黏聚力(c)和内摩擦角(φ)有关。

答案:C

39. **解** 盐渍土特点:溶陷性、盐胀性、腐蚀性。

答案:D

40. **解** 太沙基极限承载力(整体剪切破坏)理论假定:条形浅基础荷载作用,基础底面以下的土楔体为弹性压密区(即Ⅰ区),它与基础底面一起移动。

答案:C

41. **解** 泥岩,成分以黏土矿物为主,常呈厚层状,遇水作用易软化。因此,选项B、C、D均不正确。

答案:A

42. **解** 地质时代单位划分为宙、代、纪、世,相应的地层单位划分为宇、界、系、统。因此,地质时代“纪”对应的地层单位为“系”。

答案:B

43. **解** 河流冲积物二元结构反映的是,河漫滩堆积物的下层是河床相冲积物粗砂和砾石,上部是河漫滩相细沙和黏土,构成了河漫滩的二元结构,反映了河流横向环流作用特征,即河床侧向迁移的结果。

答案:D

44. **解** 结构面的抗剪强度大小与结构面的起伏情况和充填物质紧密相关,充填物抗剪强度高低的顺序为:硅质>钙质>砂质>泥质。

答案:D

45. **解** 剪切节理裂隙是岩石受剪应力作用形成的破裂面,一般形成“X”形共轭节理。剪节理常成组成对出现,一般发育较密,节理间距较小。

答案:C

46. **解** 断层和裂隙是地下水在岩层中流动的良好通道,特别是断裂和区域性断裂,对岩溶发育起控制性作用。气孔状构造为喷出岩浆岩构造,层理构造属于沉积岩层构造。褶皱构造相较断裂构造对岩溶发育的控制性相对较弱。

答案:D

47. **解** 滑坡变形、滑动及破坏过程中,其在地形地貌上和地表植物分布特征上,常表现为后缘的拉裂造成的滑坡台阶和圈椅状滑坡后壁、两侧冲沟的侵蚀同源、滑坡弧形前缘(滑坡舌)的地下泉水出露、滑坡体蠕动形成的地表醉汉林及马刀树、滑坡体前部地表形成的鼓胀裂隙等。直线状分布的泉水是断层发育的地表现象。

答案:B

48. **解** 地下水中各种离子、分子、化合物(不含气体)的总含量称为总矿化度;地下水的硬度由水中 Ca^{2+}、Mg^{2+} 离子的含量决定。

答案:A

49. **解** 当地下水呈层流运动的稳定流时,流速较慢,指示剂或示踪剂沿着地下水流方向均匀扩散,浓度较高,利于取样观察和分析。

答案:C

50. **解** 标准贯入试验可适用于砂土、粉土和一般黏性土。圆锥动力触探试验适用于弱风化至强风化岩石、卵砾石、碎石类土及一般类土。软土和淤泥一般采用十字板剪切试验测试土的抗剪强度。

答案:B

51. **解** 此题考查的是层状岩质边坡破坏的条件,此类边坡破坏主要类型包括顺倾边坡的平面滑动破坏和反倾边坡的倾倒破坏。前者必须满足边坡的倾角大于岩层倾角的条件,后者则发生在岩层较陡的反倾岩质边坡中。此题除选项 A 外,其余三个选项均不是层状岩质边坡的破坏条件。

答案:A

52. **解** 锚杆的锚固力主要由锚固段提供,锚固段越长,锚固力越大,因此,为了保证锚杆能够提供需要的锚固力,锚固段长度一般不应小于某个最小值。《建筑边坡工程技术规范》(GB 50330—2013)第 8.4.1 条第 2 款规定,岩石锚杆的锚固段长度不应小于 3.0m。

答案:B

53. **解** 岩基的破坏主要为剪切破坏。因此,从理论上看,极限承载力应该主要取决于岩体和结构面的抗剪强度。

答案:D

54. **解** 浅基础,如条件允许,宜尽量浅埋。

答案:A

55. **解** 根据地基承载力计算公式 $f_a = f_{ak} + \eta_b \gamma (b-3) + \eta_d \gamma_m (d-0.5)$,增加基础

材料强度与地基承载力无关。

答案:D

56.**解** 灌注桩浇筑混凝土施工过程中,因钻孔护壁达不到效果或混凝土灌注不及时出现塌孔,才容易出现断桩现象。

答案:B

57.**解** 群桩中中桩位置地基出现应力叠加现象,桩的沉降规律与其相同,中间大,两边小,故中间桩受力较小,边桩受力较大。(此题假定条件没给全)

答案:A

58.**解** 振冲法对深层土有挤密作用。

答案:A

59.**解** 设基础面积为 A,则桩面积为 $0.15A$,桩承载力为 $5f$,桩间土体承载力为 f,故桩间土的应力为:

$$P\times\frac{0.85Af}{0.85Af+0.15A\times5f}=0.53P$$

答案:B

60.**解** 土工膜由聚氯乙烯和聚乙烯等制成,它们是一种高分子化学柔性材料,相对密度较小,延伸性较强,适应变形能力高,耐腐蚀,耐低温,抗冻性能好。土工膜一般用于防渗,其他材料对路基有加筋作用。

答案:D

2018年度全国勘察设计注册工程师

执业资格考试试卷

基础考试

（上）

二〇一八年十月

应考人员注意事项

1. 本试卷科目代码为“1”，考生务必将此代码填涂在答题卡“科目代码”相应的栏目内，否则，无法评分。
2. 书写用笔：**黑色或蓝色钢笔、签字笔或圆珠笔**；

   填涂答题卡用笔：**黑色 2B 铅笔**。
3. 必须用书写用笔将工作单位、姓名、准考证号填写在答题卡和试卷相应的栏目内。
4. 本试卷由 120 题组成，每题 1 分，满分 120 分，本试卷全部为单项选择题，每小题的四个备选项中只有一个正确答案，错选、多选、不选均不得分。
5. 考生作答时，必须按**题号在答题卡上**将相应试题所选选项对应的**字母用 2B 铅笔涂黑**。
6. 在答题卡上书写与题意无关的语言，或在答题卡上作标记的，均按违纪试卷处理。
7. 考试结束时，由监考人员当面将试卷、答题卡一并收回。
8. 草稿纸由各地统一配发，考后收回。

单项选择题(共 120 题,每题 1 分。每题的备选项中只有一个最符合题意。)

1. 下列等式中不成立的是:

A. $\lim\limits_{x\to 0}\dfrac{\sin x^2}{x^2}=1$

B. $\lim\limits_{x\to \infty}\dfrac{\sin x}{x}=1$

C. $\lim\limits_{x\to 0}\dfrac{\sin x}{x}=1$

D. $\lim\limits_{x\to \infty}x\sin\dfrac{1}{x}=1$

2. 设 $f(x)$为偶函数,$g(x)$为奇函数,则下列函数中为奇函数的是:

A. $f[g(x)]$

B. $f[f(x)]$

C. $g[f(x)]$

D. $g[g(x)]$

3. 若 $f'(x_0)$存在,则$\lim\limits_{x\to x_0}\dfrac{xf(x_0)-x_0f(x)}{x-x_0}=$:

A. $f'(x_0)$

B. $-x_0f'(x_0)$

C. $f(x_0)-x_0f'(x_0)$

D. $x_0f'(x_0)$

4. 已知 $\varphi(x)$可导,则 $\dfrac{\mathrm{d}}{\mathrm{d}x}\int_{\varphi(x^2)}^{\varphi(x)}e^{t^2}\,\mathrm{d}t$ 等于:

A. $\varphi'(x)e^{[\varphi(x)]^2}-2x\varphi'(x^2)e^{[\varphi(x^2)]^2}$

B. $e^{[\varphi(x)]^2}-e^{[\varphi(x^2)]^2}$

C. $\varphi'(x)e^{[\varphi(x)]^2}-\varphi'(x^2)e^{[\varphi(x^2)]^2}$

D. $\varphi'(x)e^{\varphi(x)}-2x\varphi'(x^2)e^{\varphi(x^2)}$

5. 若 $\int f(x)\mathrm{d}x=F(x)+C$,则$\int xf(1-x^2)\mathrm{d}x$ 等于:

A. $F(1-x^2)+C$

B. $-\dfrac{1}{2}F(1-x^2)+C$

C. $\dfrac{1}{2}F(1-x^2)+C$

D. $-\dfrac{1}{2}F(x)+C$

6. 若 $x=1$ 是函数 $y=2x^2+ax+1$ 的驻点,则常数 a 等于:

A. 2

B. −2

C. 4

D. −4

7. 设向量 $\boldsymbol{\alpha}$ 与向量 $\boldsymbol{\beta}$ 的夹角 $\theta=\dfrac{\pi}{3}$,$|\boldsymbol{\alpha}|=1$,$|\boldsymbol{\beta}|=2$,则 $|\boldsymbol{\alpha}+\boldsymbol{\beta}|$ 等于:

A. $\sqrt{8}$

B. $\sqrt{7}$

C. $\sqrt{6}$

D. $\sqrt{5}$

8. 微分方程 $y''=\sin x$ 的通解 y 等于：

A. $-\sin x+C_1+C_2$
B. $-\sin x+C_1x+C_2$
C. $-\cos x+C_1x+C_2$
D. $\sin x+C_1x+C_2$

9. 设函数 $f(x)$，$g(x)$ 在 $[a,b]$ 上均可导（$a<b$），且恒正，若 $f'(x)g(x)+f(x)g'(x)>0$，则当 $x\in(a,b)$ 时，下列不等式中成立的是：

A. $\frac{f(x)}{g(x)}>\frac{f(a)}{g(b)}$
B. $\frac{f(x)}{g(x)}>\frac{f(b)}{g(b)}$
C. $f(x)g(x)>f(a)g(a)$
D. $f(x)g(x)>f(b)g(b)$

10. 由曲线 $y=\ln x$，y 轴与直线 $y=\ln a$，$y=\ln b$（$b>a>0$）所围成的平面图形的面积等于：

A. $\ln b-\ln a$
B. $b-a$
C. e^b-e^a
D. e^b+e^a

11. 下列平面中，平行于且非重合于 yOz 坐标面的平面方程是：

A. $y+z+1=0$
B. $z+1=0$
C. $y+1=0$
D. $x+1=0$

12. 函数 $f(x,y)$ 在点 $P_0(x_0,y_0)$ 处的一阶偏导数存在是该函数在此点可微分的：

A. 必要条件
B. 充分条件
C. 充分必要条件
D. 既非充分条件也非必要条件

13. 下列级数中，发散的是：

A. $\sum_{n=1}^{\infty}\frac{1}{n(n+1)}$
B. $\sum_{n=1}^{\infty}\frac{1}{n^{3/2}}$
C. $\sum_{n=1}^{\infty}\left(\frac{n}{2n+1}\right)^2$
D. $\sum_{n=1}^{\infty}(-1)^n\frac{1}{\sqrt{n}}$

14. 在下列微分方程中，以函数 $y=C_1e^{-x}+C_2e^{4x}$（C_1，C_2 为任意常数）为通解的微分方程是：

A. $y''+3y'-4y=0$
B. $y''-3y'-4y=0$
C. $y''+3y'+4y=0$
D. $y''+y'-4y=0$

15. 设 L 是从点 $A(0,1)$ 到点 $B(1,0)$ 的直线段，则对弧长的曲线积分 $\int_L \cos(x+y)\mathrm{d}s$ 等于：

A. $\cos1$

B. $2\cos1$

C. $\sqrt{2}\cos1$

D. $\sqrt{2}\sin1$

16. 若正方形区域 $D:|x|\leqslant1,|y|\leqslant1$，则二重积分 $\iint_D (x^2+y^2)\mathrm{d}x\mathrm{d}y$ 等于：

A. 4

B. $\frac{8}{3}$

C. 2

D. $\frac{2}{3}$

17. 函数 $f(x)=a^x(a>0,a\neq1)$ 的麦克劳林展开式中的前三项是：

A. $1+x\ln a+\frac{x^2}{2}$

B. $1+x\ln a+\frac{\ln a}{2}x^2$

C. $1+x\ln a+\frac{(\ln a)^2}{2}x^2$

D. $1+\frac{x}{\ln a}+\frac{x^2}{2\ln a}$

18. 设函数 $z=f(x^2y)$，其中 $f(u)$ 具有二阶导数，则 $\frac{\partial^2 z}{\partial x\partial y}$ 等于：

A. $f''(x^2y)$

B. $f'(x^2y)+x^2f''(x^2y)$

C. $2x[f'(x^2y)+xf''(x^2y)]$

D. $2x[f'(x^2y)+x^2yf''(x^2y)]$

19. 设 $\boldsymbol{A}$、$\boldsymbol{B}$ 均为三阶矩阵，且行列式 $|\boldsymbol{A}|=1$，$|\boldsymbol{B}|=-2$，$\boldsymbol{A}^{\mathrm{T}}$ 为 $\boldsymbol{A}$ 的转置矩阵，则行列式 $|-2\boldsymbol{A}^{\mathrm{T}}\boldsymbol{B}^{-1}|$ 等于：

A. -1

B. 1

C. -4

D. 4

20. 要使齐次线性方程组 $\begin{cases}ax_1+x_2+x_3=0\\x_1+ax_2+x_3=0\\x_1+x_2+ax_3=0\end{cases}$，有非零解，则 a 应满足：

A. $-2<a<1$

B. $a=1$ 或 $a=-2$

C. $a\neq-1$ 且 $a\neq-2$

D. $a>1$

21. 矩阵 $\boldsymbol{A}=\begin{pmatrix}1 & -1 & 0\\ -1 & 3 & 0\\ 0 & 0 & 0\end{pmatrix}$ 所对应的二次型的标准型是：

A. $f=y_1^2-3y_2^2$　　B. $f=y_1^2-2y_2^2$

C. $f=y_1^2+2y_2^2$　　D. $f=y_1^2-y_2^2$

22. 已知事件 $\boldsymbol{A}$ 与 $\boldsymbol{B}$ 相互独立，且 $P(\overline{A})=0.4$，$P(\overline{B})=0.5$，则 $P(A\cup B)$ 等于：

A. 0.6　　B. 0.7

C. 0.8　　D. 0.9

23. 设随机变量 X 的分布函数为 $F(x)=\begin{cases}0 & x\leqslant 0\\ x^3 & 0<x\leqslant 1\\ 1 & x>1\end{cases}$，则数学期望 $E(X)$ 等于：

A. $\int_0^1 3x^2\,\mathrm{d}x$　　B. $\int_0^1 3x^3\,\mathrm{d}x$

C. $\int_0^1 \frac{x^4}{4}\,\mathrm{d}x+\int_1^{+\infty} x\,\mathrm{d}x$　　D. $\int_0^{+\infty} 3x^3\,\mathrm{d}x$

24. 若二维随机变量 (X,Y) 的分布规律为：

$y \backslash x$	1	2	3
1	$\frac{1}{6}$	$\frac{1}{9}$	$\frac{1}{18}$
2	$\frac{1}{3}$	$\boldsymbol{\beta}$	$\boldsymbol{\alpha}$

且 X 与 Y 相互独立，则 α、β 取值为：

A. $\alpha=\frac{1}{6}$，$\beta=\frac{1}{6}$　　B. $\alpha=0$，$\beta=\frac{1}{3}$

C. $\alpha=\frac{2}{9}$，$\beta=\frac{1}{9}$　　D. $\alpha=\frac{1}{9}$，$\beta=\frac{2}{9}$

25. 1mol 理想气体（刚性双原子分子），当温度为 T 时，每个分子的平均平动动能为：

A. $\frac{3}{2}RT$　　B. $\frac{5}{2}RT$

C. $\frac{3}{2}kT$　　D. $\frac{5}{2}kT$

26. 一密闭容器中盛有 1mol 氦气（视为理想气体），容器中分子无规则运动的平均自由程仅取决于：

A. 压强 P　　B. 体积 V

C. 温度 T　　D. 平均碰撞频率 $\overline{Z}$

27. “理想气体和单一恒温热源接触做等温膨胀时，吸收的热量全部用来对外界做功。”对此说法，有以下几种讨论，其中正确的是：

A. 不违反热力学第一定律，但违反热力学第二定律

B. 不违反热力学第二定律，但违反热力学第一定律

C. 不违反热力学第一定律，也不违反热力学第二定律

D. 违反热力学第一定律，也违反热力学第二定律

28. 一定量的理想气体，由一平衡态（p_1, V_1, T_1）变化到另一平衡态（p_2, V_2, T_2），若 $V_2 > V_1$，但 $T_2 = T_1$，无论气体经历怎样的过程：

A. 气体对外做的功一定为正值　　B. 气体对外做的功一定为负值

C. 气体的内能一定增加　　D. 气体的内能保持不变

29. 一平面简谐波的波动方程为 $y=0.01\cos10\pi(25t-x)$（SI），则在 $t=0.1$s 时刻，$x=2$m 处质元的振动位移是：

A. 0.01cm　　B. 0.01m

C. −0.01m　　D. 0.01mm

30. 一平面简谐波的波动方程为 $y=0.02\cos\pi(50t+4x)$（SI），此波的振幅和周期分别为：

A. 0.02m，0.04s　　B. 0.02m，0.02s

C. −0.02m，0.02s　　D. 0.02m，25s

31. 当机械波在媒质中传播，一媒质质元的最大形变量发生在：

A. 媒质质元离开其平衡位置的最大位移处

B. 媒质质元离开其平衡位置的 $\frac{\sqrt{2}}{2}A$ 处（A 为振幅）

C. 媒质质元离开其平衡位置的 $\frac{A}{2}$ 处

D. 媒质质元在其平衡位置处

32. 双缝干涉实验中，若在两缝后（靠近屏一侧）各覆盖一块厚度均为 d，但折射率分别为 n_1 和 n_2（$n_2 > n_1$）的透明薄片，则从两缝发出的光在原来中央明纹初相遇时，光程差为：

A. $d(n_2-n_1)$　　B. $2d(n_2-n_1)$

C. $d(n_2-1)$　　D. $d(n_1-1)$

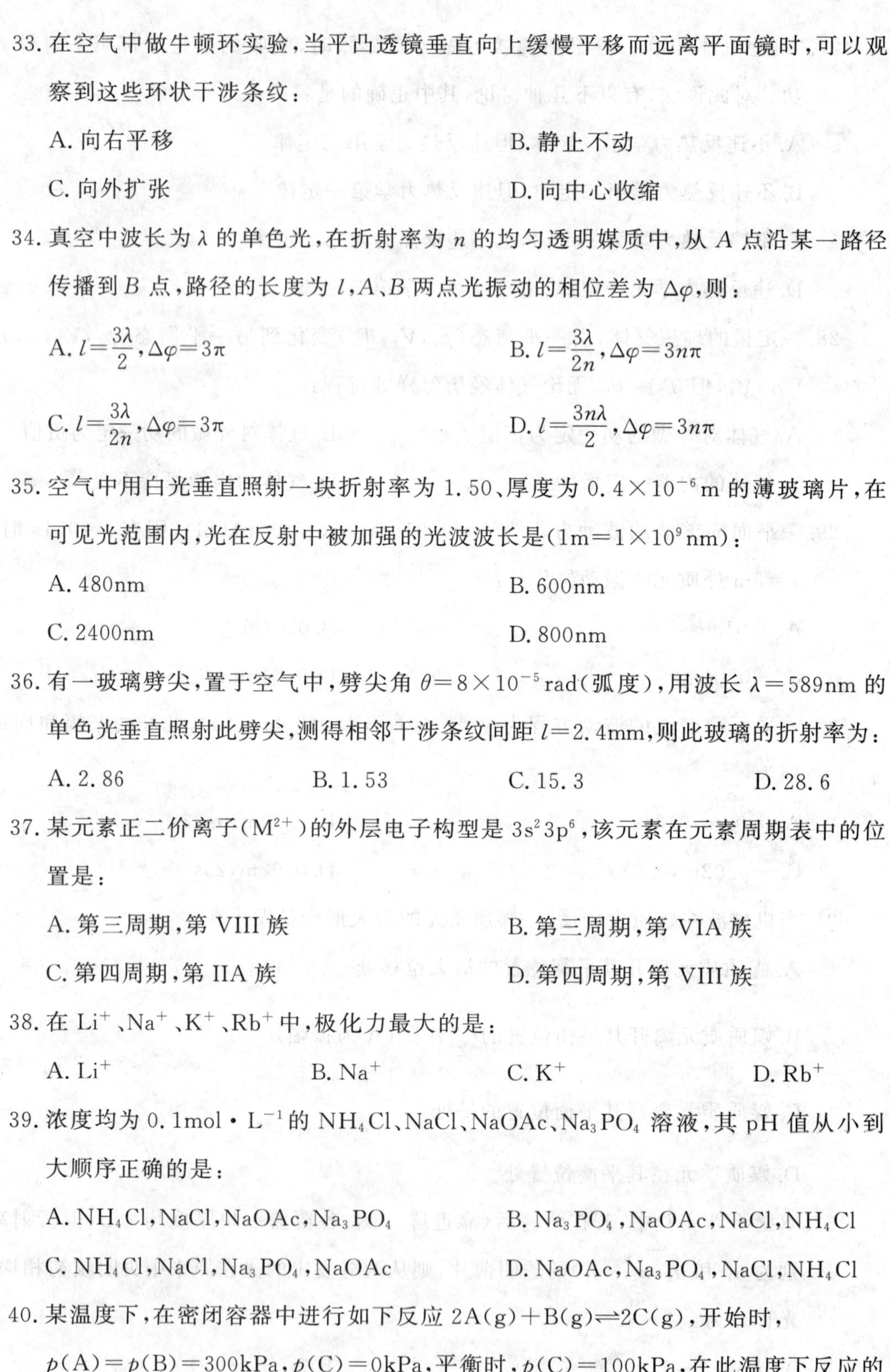

33. 在空气中做牛顿环实验，当平凸透镜垂直向上缓慢平移而远离平面镜时，可以观察到这些环状干涉条纹：

A. 向右平移　　B. 静止不动

C. 向外扩张　　D. 向中心收缩

34. 真空中波长为 λ 的单色光，在折射率为 n 的均匀透明媒质中，从 A 点沿某一路径传播到 B 点，路径的长度为 l，A、B 两点光振动的相位差为 $\Delta\varphi$，则：

A. $l=\frac{3\lambda}{2},\Delta\varphi=3\pi$　　B. $l=\frac{3\lambda}{2n},\Delta\varphi=3n\pi$

C. $l=\frac{3\lambda}{2n},\Delta\varphi=3\pi$　　D. $l=\frac{3n\lambda}{2},\Delta\varphi=3n\pi$

35. 空气中用白光垂直照射一块折射率为 1.50、厚度为 0.4×10^{-6} m 的薄玻璃片，在可见光范围内，光在反射中被加强的光波波长是($1\text{m}=1\times10^{9}\text{nm}$)：

A. 480nm　　B. 600nm

C. 2400nm　　D. 800nm

36. 有一玻璃劈尖，置于空气中，劈尖角 $\theta=8\times10^{-5}$ rad(弧度)，用波长 $\lambda=589\text{nm}$ 的单色光垂直照射此劈尖，测得相邻干涉条纹间距 $l=2.4\text{mm}$，则此玻璃的折射率为：

A. 2.86　　B. 1.53　　C. 15.3　　D. 28.6

37. 某元素正二价离子(M^{2+})的外层电子构型是 $3s^2 3p^6$，该元素在元素周期表中的位置是：

A. 第三周期，第 VIII 族　　B. 第三周期，第 VIA 族

C. 第四周期，第 IIA 族　　D. 第四周期，第 VIII 族

38. 在 Li^+、Na^+、K^+、Rb^+ 中，极化力最大的是：

A. Li^+　　B. Na^+　　C. K^+　　D. Rb^+

39. 浓度均为 $0.1\text{mol}\cdot L^{-1}$ 的 NH_4Cl、$NaCl$、$NaOAc$、Na_3PO_4 溶液，其 pH 值从小到大顺序正确的是：

A. NH_4Cl，$NaCl$，$NaOAc$，Na_3PO_4　　B. Na_3PO_4，$NaOAc$，$NaCl$，NH_4Cl

C. NH_4Cl，$NaCl$，Na_3PO_4，$NaOAc$　　D. $NaOAc$，Na_3PO_4，$NaCl$，NH_4Cl

40. 某温度下，在密闭容器中进行如下反应 $2A(g)+B(g)\rightleftharpoons 2C(g)$，开始时，$p(A)=p(B)=300\text{kPa}$，$p(C)=0\text{kPa}$，平衡时，$p(C)=100\text{kPa}$，在此温度下反应的标准平衡常数 $K^{\ominus}$ 是：

A. 0.1　　B. 0.4　　C. 0.001　　D. 0.002

41. 在酸性介质中，反应 $MnO_4^- + SO_3^{2-} + H^+ \rightarrow Mn^{2+} + SO_4^{2-}$，配平后，$H^+$ 的系数为：

A. 8　　B. 6　　C. 0　　D. 5

42. 已知：酸性介质中，$E^\ominus(ClO_4^-/Cl^-)=1.39V$，$E^\ominus(ClO_3^-/Cl^-)=1.45V$，$E^\ominus(HClO/Cl^-)=1.49V$，$E^\ominus(Cl_2/Cl^-)=1.36V$，以上各电对中氧化型物质氧化能力最强的是：

A. ClO_4^-　　B. ClO_3^-　　C. HClO　　D. Cl_2

43. 下列反应的热效应 $\Delta_f H_m^\ominus$ 等于 $CO_2(g)$ 的是：

A. C(金刚石)$+O_2(g)\rightarrow CO_2(g)$　　B. $CO(g)+\frac{1}{2}O_2(g)\rightarrow CO_2(g)$

C. C(石墨)$+O_2(g)\rightarrow CO_2(g)$　　D. 2C(石墨)$+2O_2(g)\rightarrow 2CO_2(g)$

44. 下列物质在一定条件下不能发生银镜反应的是：

A. 甲醛　　B. 丁醛

C. 甲酸甲酯　　D. 乙酸乙酯

45. 下列物质一定不是天然高分子的是：

A. 蔗糖　　B. 塑料

C. 橡胶　　D. 纤维素

46. 某不饱和烃催化加氢反应后，得到$(CH_3)_2CHCH_2CH_3$，该不饱和烃是：

A. 1-戊炔　　B. 3-甲基-1-丁炔

C. 2-戊炔　　D. 1,2-戊二烯

47. 设力 $\boldsymbol{F}$ 在 x 轴上的投影为 F，则该力在与 x 轴共面的任一轴上的投影：

A. 一定不等于零　　B. 不一定不等于零

C. 一定等于零　　D. 等于 F

48. 在图示边长为 a 的正方形物块 $OABC$ 上作用一平面力系，已知：$F_1=F_2=F_3=10N$，$a=1m$，力偶的转向如图所示，力偶矩的大小为 $M_1=M_2=10N\cdot m$，则力系向 O 点简化的主矢、主矩为：

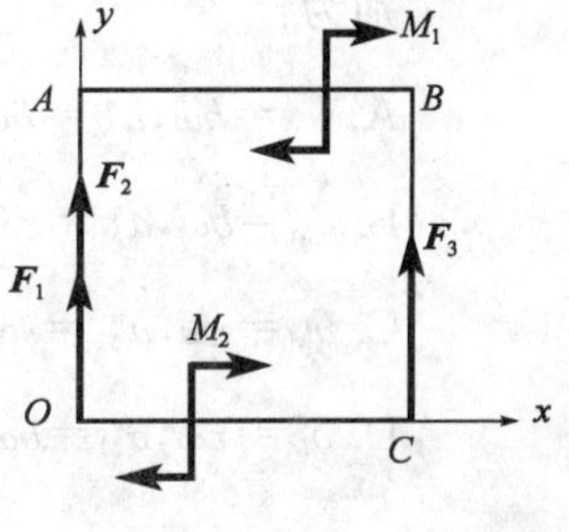

A. $F_R=30N$(方向铅垂向上)，$M_O=10N\cdot m(\rightarrow)$

B. $F_R=30N$(方向铅垂向上)，$M_O=10N\cdot m(\leftarrow)$

C. $F_R=50N$(方向铅垂向上)，$M_O=30N\cdot m(\rightarrow)$

D. $F_R=10N$(方向铅垂向上)，$M_O=10N\cdot m(\leftarrow)$

49. 在图示结构中，已知 $AB=AC=2r$，物重 F_p，其余质量不计，则支座 A 的约束力为：

A. $F_A=0$

B. $F_A=\frac{1}{2}F_P(\leftarrow)$

C. $F_A=\frac{1}{2}\cdot 3F_P(\rightarrow)$

D. $F_A=\frac{1}{2}\cdot 3F_P(\leftarrow)$

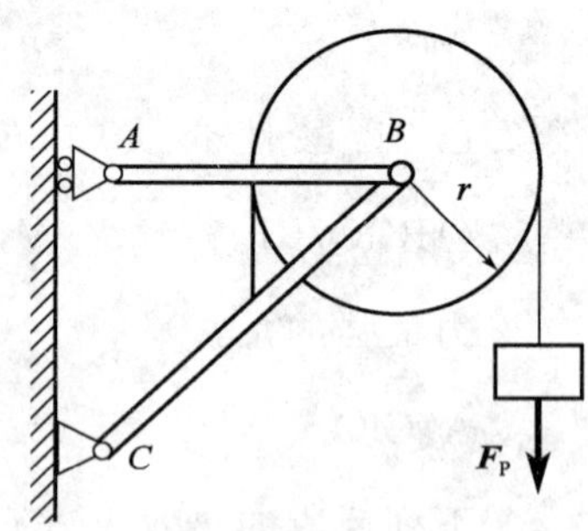

50. 图示平面结构，各杆自重不计，已知 $q=10\text{kN/m}$，$F_P=20\text{kN}$，$F=30\text{kN}$，$L_1=2\text{m}$，$L_2=5\text{m}$，B、C 处为铰链连接，则 BC 杆的内力为：

A. $F_{BC}=-30\text{kN}$

B. $F_{BC}=30\text{kN}$

C. $F_{BC}=10\text{kN}$

D. $F_{BC}=0$

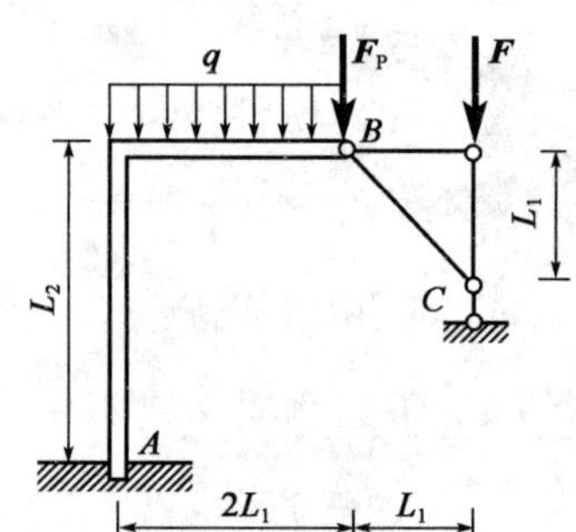

51. 点的运动由关系式 $S=t^4-3t^3+2t^2-8$ 决定（S 以 m 计，t 以 s 计），则 $t=2\text{s}$ 时的速度和加速度为：

A. $-4\text{m/s}, 16\text{m/s}^2$

B. $4\text{m/s}, 12\text{m/s}^2$

C. $4\text{m/s}, 16\text{m/s}^2$

D. $4\text{m/s}, -16\text{m/s}^2$

52. 质点以匀速度 15m/s 绕直径为 10m 的圆周运动，则其法向加速度为：

A. 22.5m/s^2

B. 45m/s^2

C. 0

D. 75m/s^2

53. 四连杆机构如图所示，已知曲柄O_1A 长为 r，且 $O_1A=O_2B$，$O_1O_2=AB=2b$，角速度为 ω，角加速度为 α，则杆 AB 的中点 M 的速度、法向和切向加速度的大小分别为：

A. $v_M=b\omega, a_M^n=b\omega^2, a_M^t=b\alpha$

B. $v_M=b\omega, a_M^n=r\omega^2, a_M^t=r\alpha$

C. $v_M=r\omega, a_M^n=r\omega^2, a_M^t=r\alpha$

D. $v_M=r\omega, a_M^n=b\omega^2, a_M^t=b\alpha$

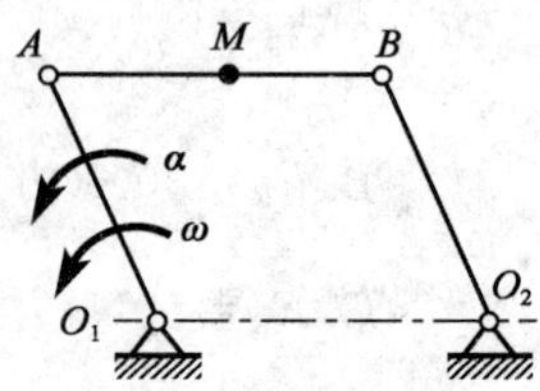

54. 质量为 m 的小物块在匀速转动的圆桌上，与转轴的距离为 r，如图所示。设物块与圆桌之间的摩擦系数为 μ，为使物块与桌面之间不产生相对滑动，则物块的最大速度为：

A. $\sqrt{\mu g}$

B. $2\sqrt{\mu gr}$

C. $\sqrt{\mu gr}$

D. $\sqrt{\mu r}$

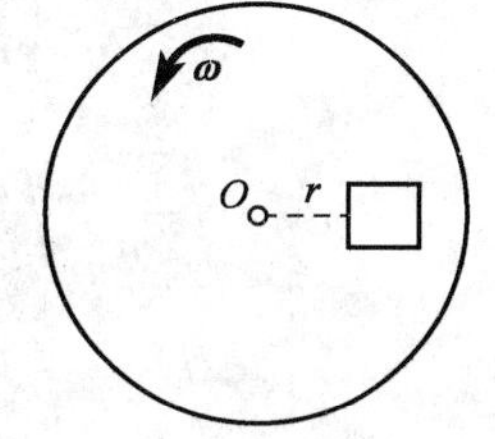

55. 重 10N 的物块沿水平面滑行 4m，如果摩擦系数是 0.3，则重力及摩擦力各做的功是：

A. 40N·m，40N·m　　B. 0，40N·m

C. 0，12N·m　　D. 40N·m，12N·m

56. 质量 m_1 与半径 r 均相同的三个均质滑轮，在绳端作用有力或挂有重物，如图所示。已知均质滑轮的质量为 $m_1=2\text{kN}\cdot\text{s}^2/\text{m}$，重物的质量分别为 $m_2=0.2\text{kN}\cdot\text{s}^2/\text{m}$，$m_3=0.1\text{kN}\cdot\text{s}^2/\text{m}$，重力加速度按 $g=10\text{m/s}^2$ 计算，则各轮转动的角加速度 α 间的关系是：

A. $\alpha_1=\alpha_3>\alpha_2$　　B. $\alpha_1<\alpha_2<\alpha_3$

C. $\alpha_1>\alpha_3>\alpha_2$　　D. $\alpha_1\neq\alpha_2=\alpha_3$

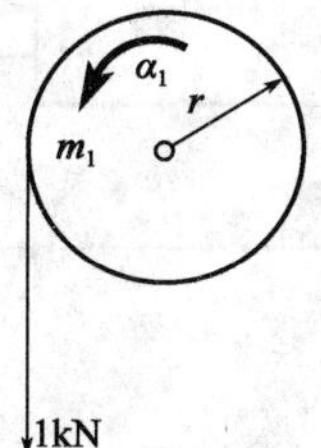

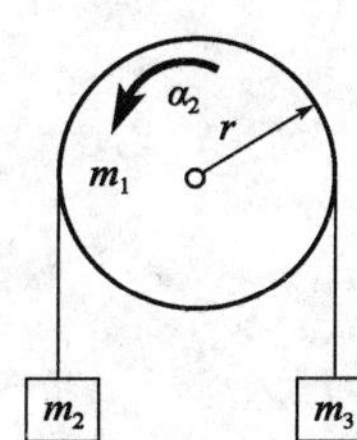

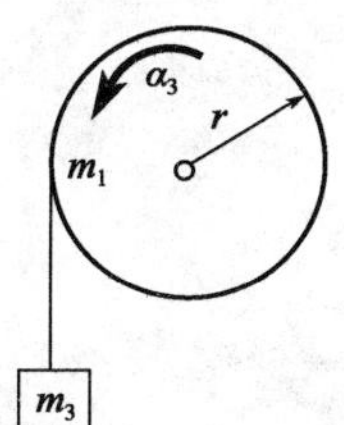

57. 均质细杆 OA，质量为 m，长 l。在如图所示水平位置静止释放，释放瞬时轴承 O 施加于杆 OA 的附加动反力为：

A. $3mg\uparrow$

B. $3mg\downarrow$

C. $\frac{3}{4}mg\uparrow$

D. $\frac{3}{4}mg\downarrow$

58. 图示两系统均做自由振动，其固有圆频率分别为：

A. $\sqrt{\frac{2k}{m}}$，$\sqrt{\frac{k}{2m}}$

B. $\sqrt{\frac{k}{m}}$，$\sqrt{\frac{m}{2k}}$

C. $\sqrt{\frac{k}{2m}}$，$\sqrt{\frac{k}{m}}$

D. $\sqrt{\frac{k}{m}}$，$\sqrt{\frac{k}{2m}}$

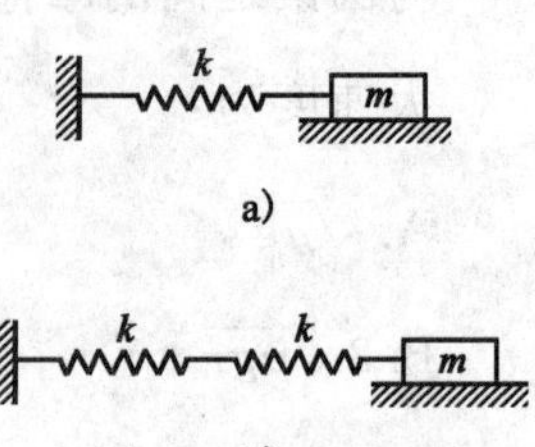

59. 等截面杆，轴向受力如图所示，则杆的最大轴力是：

A. 8kN

B. 5kN

C. 3kN

D. 13kN

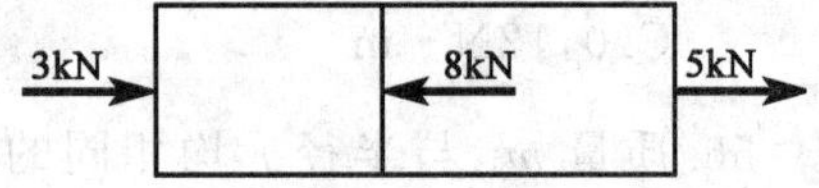

60. 变截面杆 AC 受力如图所示。已知材料弹性模量为 E，杆 BC 段的截面积为 A，杆 AB 段的截面积为 $2A$，则杆 C 截面的轴向位移是：

A. $\frac{FL}{2EA}$

B. $\frac{FL}{EA}$

C. $\frac{2FL}{EA}$

D. $\frac{3FL}{EA}$

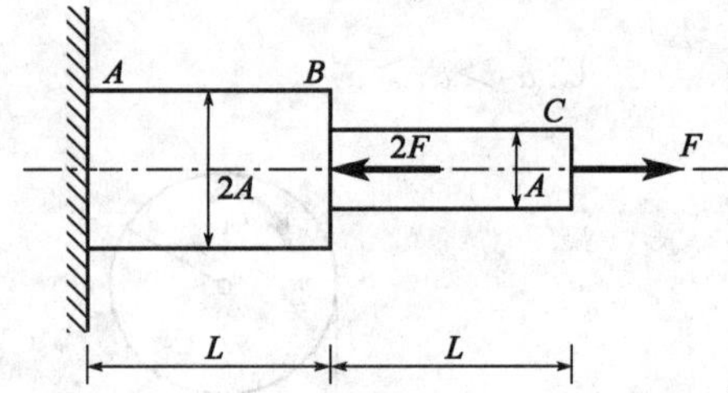

61. 直径 d=0.5m 的圆截面立柱，固定在直径 D=1m 的圆形混凝土基座上，圆柱的轴向压力 F=1000kN，混凝土的许用应力[τ]=1.5MPa。假设地基对混凝土板的支反力均匀分布，为使混凝土基座不被立柱压穿，混凝土基座所需的最小厚度 t 应是：

A. 159mm

B. 212mm

C. 318mm

D. 424mm

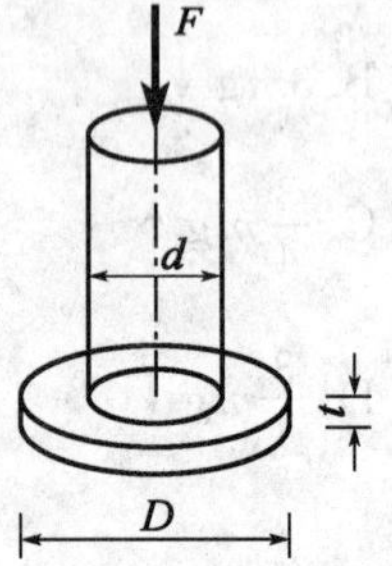

62. 实心圆轴受扭，若将轴的直径减小一半，则扭转角是原来的：

A. 2 倍　　B. 4 倍

C. 8 倍　　D. 16 倍

63. 图示截面对 z 轴的惯性矩 I_z 为：

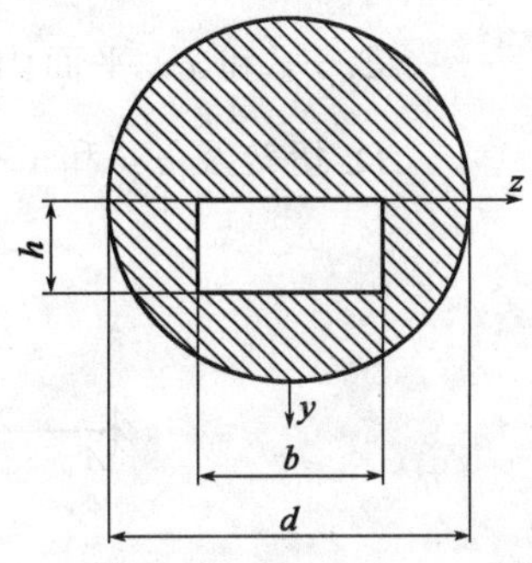

A. $I_z=\frac{\pi d^4}{64}-\frac{bh^3}{3}$

B. $I_z=\frac{\pi d^4}{64}-\frac{bh^3}{12}$

C. $I_z=\frac{\pi d^4}{32}-\frac{bh^3}{6}$

D. $I_z=\frac{\pi d^4}{64}-\frac{13bh^3}{12}$

64. 图示圆轴的抗扭截面系数为 W_T，切变模量为 G。扭转变形后，圆轴表面 A 点处截取的单元体互相垂直的相邻边线改变了 γ 角，如图所示。圆轴承受的扭矩 T 是：

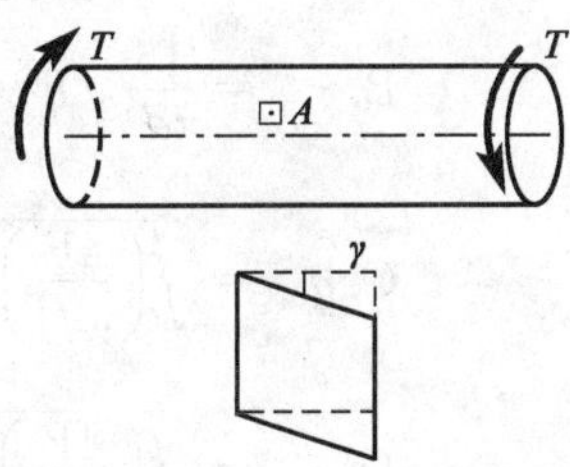

A. $T=G\gamma W_T$

B. $T=\frac{G\gamma}{W_T}$

C. $T=\frac{\gamma}{G}W_T$

D. $T=\frac{W_T}{G\gamma}$

65. 材料相同的两根矩形截面梁叠合在一起，接触面之间可以相对滑动且无摩擦力。设两根梁的自由端共同承担集中力偶 m，弯曲后两根梁的挠曲线相同，则上面梁承担的力偶矩是：

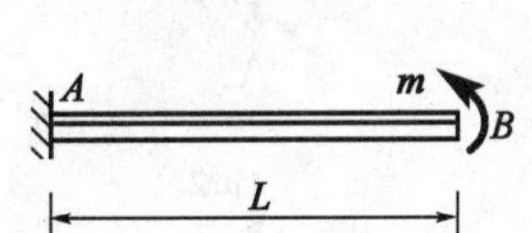

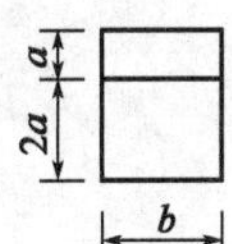

A. $m/9$

B. $m/5$

C. $m/3$

D. $m/2$

66. 图示等边角钢制成的悬臂梁 AB，C 点为截面形心，x 为该梁轴线，y'、z' 为形心主轴。集中力 $\boldsymbol{F}$ 竖直向下，作用线过形心，则梁将发生以下哪种变化：

A. xy 平面内的平面弯曲

B. 扭转和 xy 平面内的平面弯曲

C. xy' 和 xz' 平面内的双向弯曲

D. 扭转及 xy' 和 xz' 平面内的双向弯曲

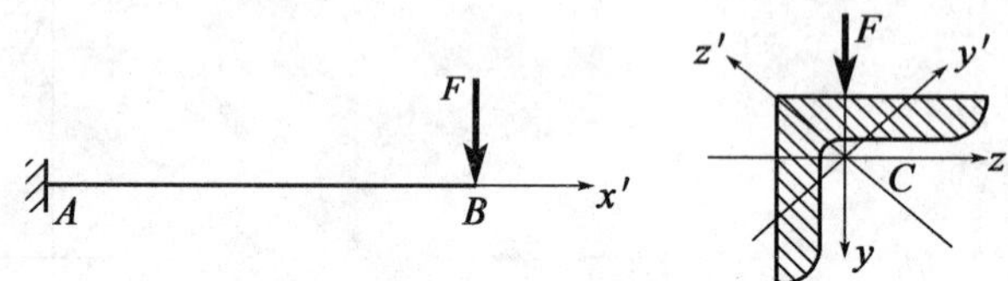

67. 图示直径为 d 的圆轴，承受轴向拉力 $\boldsymbol{F}$ 和扭矩 $\boldsymbol{T}$。按第三强度理论，截面危险的相当应力 σ_{eq3} 为：

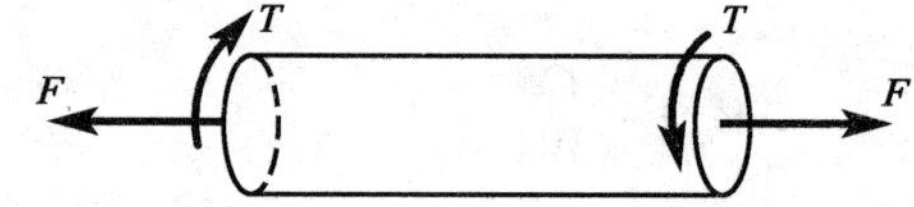

A. $\sigma_{eq3}=\dfrac{32}{\pi d^3}\sqrt{F^2+T^2}$

B. $\sigma_{eq3}=\dfrac{16}{\pi d^3}\sqrt{F^2+T^2}$

C. $\sigma_{eq3}=\sqrt{\left(\dfrac{4F}{\pi d^2}\right)^2+4\left(\dfrac{16T}{\pi d^3}\right)^2}$

D. $\sigma_{eq3}=\sqrt{\left(\dfrac{4F}{\pi d^2}\right)^2+4\left(\dfrac{32T}{\pi d^3}\right)^2}$

68. 在图示 4 种应力状态中，最大切应力 τ_{max} 数值最大的应力状态是：

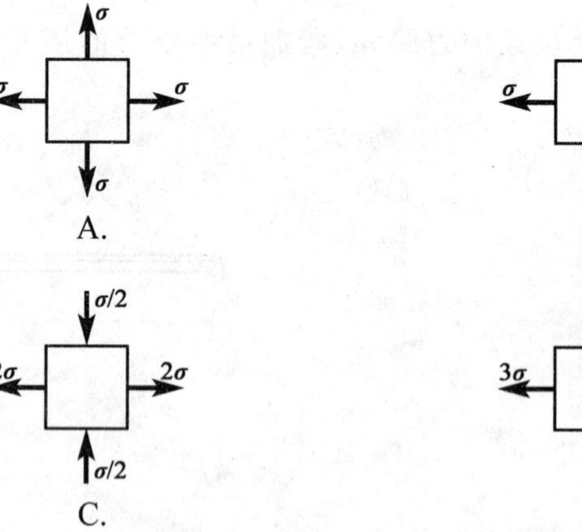

69. 图示圆轴固定端最上缘 A 点单元体的应力状态是：

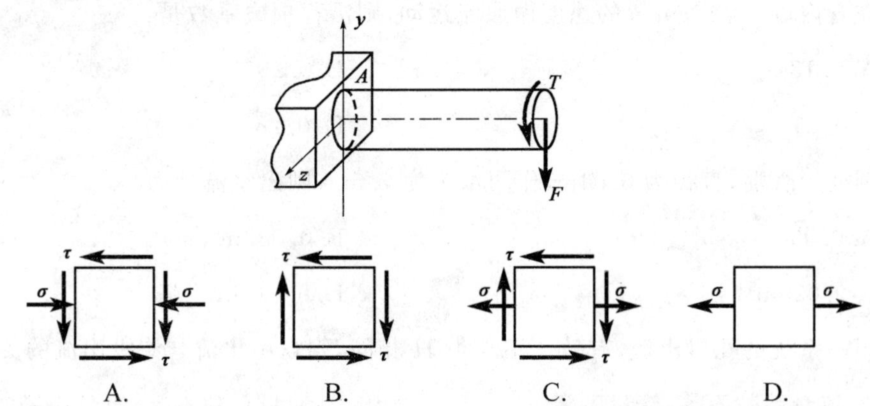

70. 图示三根压杆均为细长(大柔度)压杆，且弯曲刚度为 EI。三根压杆的临界荷载 F_{cr} 的关系为：

A. $F_{cra}>F_{crb}>F_{crc}$　　B. $F_{crb}>F_{cra}>F_{crc}$

C. $F_{crc}>F_{cra}>F_{crb}$　　D. $F_{crb}>F_{crc}>F_{cra}$

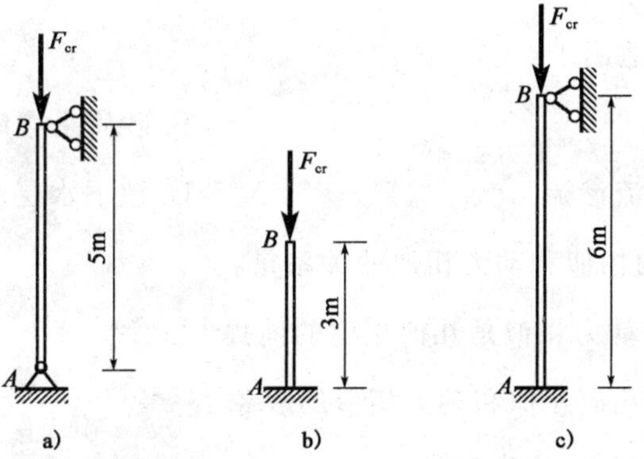

71. 压力表测出的压强是：

A. 绝对压强　　B. 真空压强

C. 相对压强　　D. 实际压强

72. 有一变截面压力管道，测得流量为 15L/s，其中一截面的直径为 100mm，另一截面处的流速为 20m/s，则此截面的直径为：

A. 29mm　　B. 31mm

C. 35mm　　D. 26mm

73. 一直径为 50mm 的圆管，运动黏滞系数 $\nu=0.18\text{cm}^2/\text{s}$、密度 $\rho=0.85\text{g/cm}^3$ 的油在管内以 $v=10\text{cm/s}$ 的速度做层流运动，则沿程损失系数是：

A. 0.18　　B. 0.23

C. 0.20　　D. 0.26

74. 圆柱形管嘴，直径为 0.04m，作用水头为 7.5m，则出水流量为：

A. $0.008\text{m}^3/\text{s}$　　B. $0.023\text{m}^3/\text{s}$

C. $0.020\text{m}^3/\text{s}$　　D. $0.013\text{m}^3/\text{s}$

75. 同一系统的孔口出流，有效作用水头 H 相同，则自由出流与淹没出流的关系为：

A. 流量系数不等，流量不等　　B. 流量系数不等，流量相等

C. 流量系数相等，流量不等　　D. 流量系数相等，流量相等

76. 一梯形断面明渠，水力半径 $R=1\text{m}$，底坡 $i=0.0008$，粗糙系数 $n=0.02$，则输水流速度为：

A. 1m/s　　B. 1.4m/s

C. 2.2m/s　　D. 0.84m/s

77. 渗流达西定律适用于：

A. 地下水渗流　　B. 砂质土壤渗流

C. 均匀土壤层流渗流　　D. 地下水层流渗流

78. 几何相似、运动相似和动力相似的关系是：

A. 运动相似和动力相似是几何相似的前提

B. 运动相似是几何相似和动力相似的表象

C. 只有运动相似，才能几何相似

D. 只有动力相似，才能几何相似

79. 图示为环线半径为 r 的铁芯环路，绕有匝数为 N 的线圈，线圈中通有直流电流 I，磁路上的磁场强度 H 处处均匀，则 H 值为：

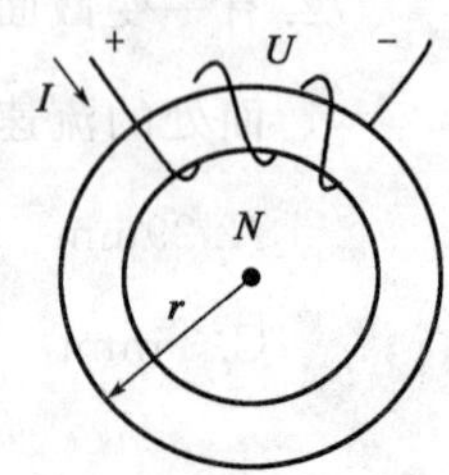

A. $\dfrac{NI}{r}$，顺时针方向

B. $\dfrac{NI}{2\pi r}$，顺时针方向

C. $\dfrac{NI}{r}$，逆时针方向

D. $\dfrac{NI}{2\pi r}$，逆时针方向

80. 图示电路中，电压 $U=$

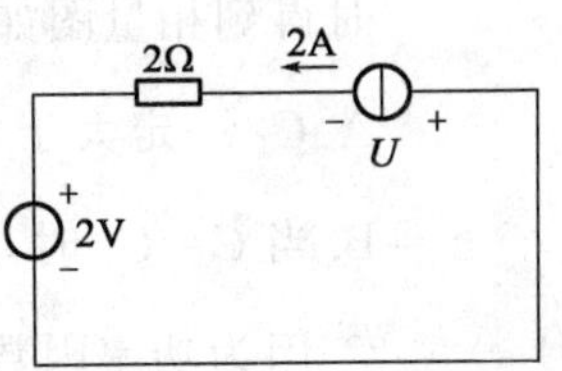

A. 0V

B. 4V

C. 6V

D. -6V

81. 对于图示电路，可以列写 a、b、c、d 4 个结点的 KCL 方程和①、②、③、④、⑤5 个回路的 KVL 方程。为求出 6 个未知电流 $I_1 \sim I_6$，正确的求解模型应该是：

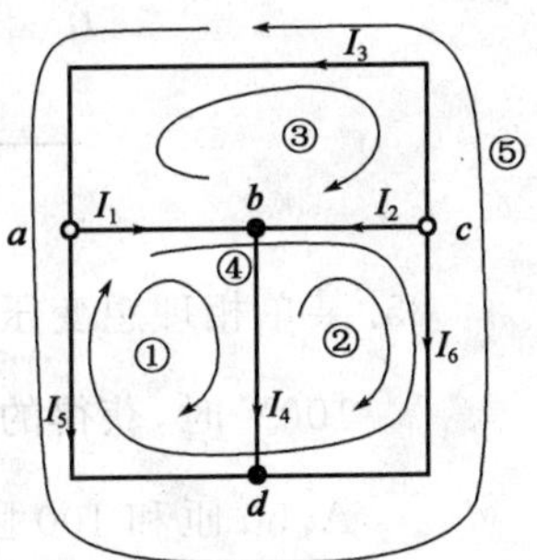

A. 任选 3 个 KCL 方程和 3 个 KVL 方程

B. 任选 3 个 KCL 方程和①、②、③ 3 个回路的 KVL 方程

C. 任选 3 个 KCL 方程和①、②、④ 3 个回路的 KVL 方程

D. 写出 4 个 KCL 方程和任意 2 个 KVL 方程

82. 已知交流电流 $i(t)$ 的周期 $T=1\text{ms}$，有效值 $I=0.5\text{A}$，当 $t=0$ 时，$i=0.5\sqrt{2}\text{A}$，则它的时间函数描述形式是：

A. $i(t)=0.5\sqrt{2}\sin 1000t\text{A}$

B. $i(t)=0.5\sin 2000\pi t\text{A}$

C. $i(t)=0.5\sqrt{2}\sin(2000\pi t+90°)\text{A}$

D. $i(t)=0.5\sqrt{2}\sin(1000\pi t+90°)\text{A}$

83. 图 a)滤波器的幅频特性如图 b)所示，当 $u_i=u_{i1}=10\sqrt{2}\sin 100t\text{V}$ 时，输出 $u_o=u_{o1}$，当 $u_i=u_{i2}=10\sqrt{2}\sin 10^4 t\text{V}$ 时，输出 $u_o=u_{o2}$，则可以算出：

A. $U_{o1}=U_{o2}=10\text{V}$

B. $U_{o1}=10\text{V}$，U_{o2} 不能确定，但小于 10V

C. $U_{o1}<10\text{V}$，$U_{o2}=0$

D. $U_{o1}=10\text{V}$，$U_{o2}=1\text{V}$

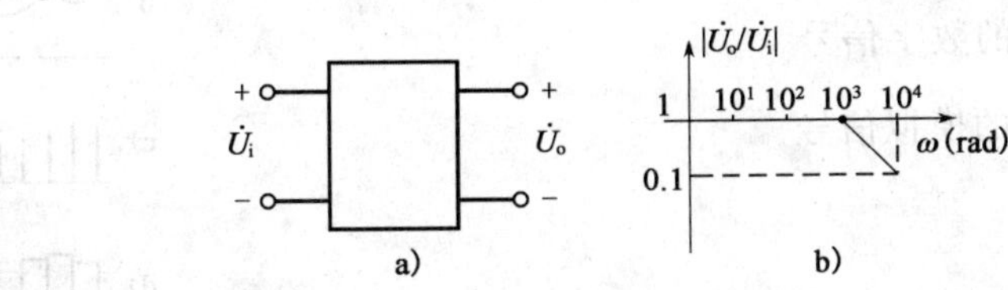

a)　　b)

84. 如图 a)所示功率因数补偿电路中，当 $C=C_1$ 时得到相量图如图 b)所示，当 $C=C_2$ 时得到相量图如图 c)所示，则：

A. C_1 一定大于 C_2

B. 当 $C=C_1$ 时，功率因数$\lambda|_{C_1}=-0.866$；当 $C=C_2$ 时，功率因数$\lambda|_{C_2}=0.866$

C. 因为功率因数$\lambda|_{C_1}=\lambda|_{C_2}$，所以采用两种方案均可

D. 当 $C=C_2$ 时，电路出现过补偿，不可取

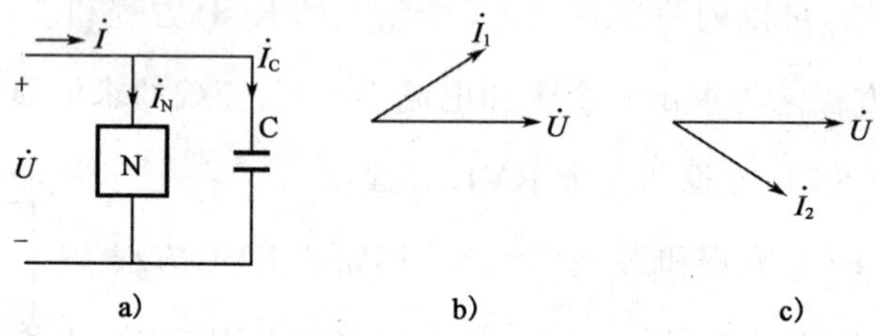

85. 某单相理想变压器，其一次线圈为 550 匝，有两个二次线圈。若希望一次电压为 100V 时，获得的二次电压分别为 10V 和 20V，则$N_2|_{10V}$和$N_2|_{20V}$应分别为：

A. 50 匝和 100 匝　　B. 100 匝和 50 匝

C. 55 匝和 110 匝　　D. 110 匝和 55 匝

86. 为实现对电动机的过载保护，除了将热继电器的常闭触点串接在电动机的控制电路中外，还应将其热元件：

A. 也串接在控制电路中

B. 再并接在控制电路中

C. 串接在主电路中

D. 并接在主电路中

87. 某温度信号如图 a)所示，经温度传感器测量后得到图 b)波形，经采样后得到图 c)波形，再经保持器得到图 d)波形，则：

A. 图 b)是图 a)的模拟信号

B. 图 a)是图 b)的模拟信号

C. 图 c)是图 b)的数字信号

D. 图 d)是图 a)的模拟信号

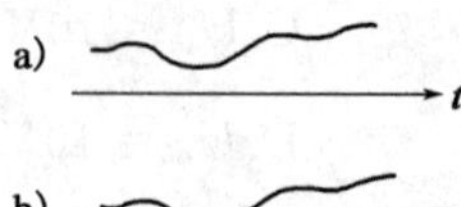

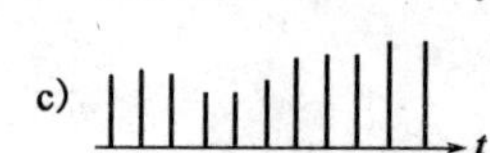

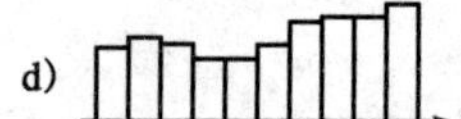

88. 若某周期信号的一次谐波分量为 $5\sin 10^3 t$V，则它的三次谐波分量可表示为：

A. $U\sin 3\times 10^3 t, U>5$V

B. $U\sin 3\times 10^3 t, U<5$V

C. $U\sin 10^6 t, U>5$V

D. $U\sin 10^6 t, U<5$V

89. 设放大器的输入信号为 $u_1(t)$，放大器的幅频特性如图所示，令 $u_1(t)=\sqrt{2}U_1\sin 2\pi ft$，则 $U_1\sin 2\pi ft$，且 $f>f_H$，则：

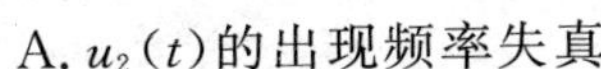

A. $u_2(t)$的出现频率失真

B. $u_2(t)$的有效值 $U_2=AU_1$

C. $u_2(t)$的有效值 $U_2<AU_1$

D. $u_2(t)$的有效值 $U_2>AU_1$

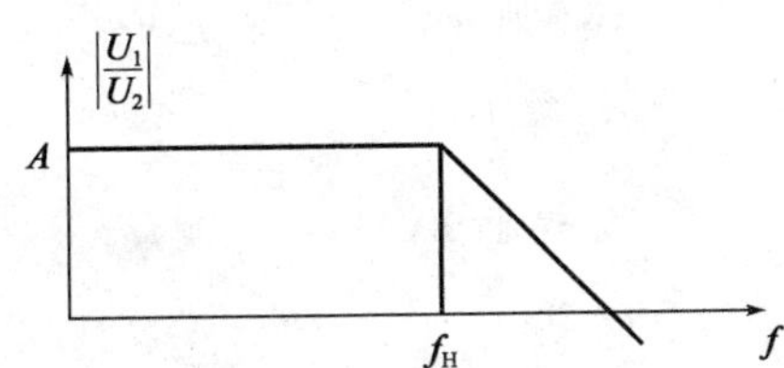

90. 对逻辑表达式 $\overline{AD+\overline{A}\,\overline{D}}$ 的化简结果是：

A. 0

B. 1

C. $\overline{A}D+A\overline{D}$

D. $\overline{AD}+AD$

91. 已知数字信号 A 和数字信号 B 的波形如图所示，则数字信号 $F=\overline{A+B}$ 的波形为：

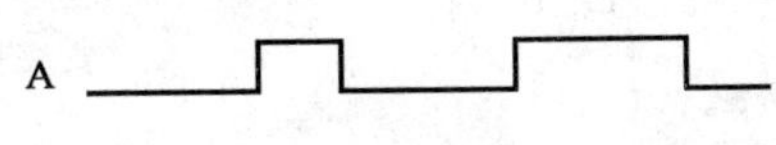

A. F

B. F

C. F

D. F

92. 十进制数字 16 的 BCD 码为：

A. 00010000

B. 00010110

C. 00010100

D. 00011110

93. 二极管应用电路如图所示，$U_A=1V$，$U_B=5V$，设二极管为理想器件，则输出电压U_F：

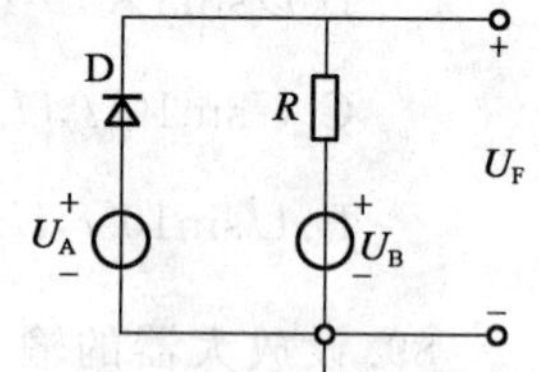

A. 等于 1V

B. 等于 5V

C. 等于 0V

D. 因 R 未知，无法确定

94. 运算放大器应用电路如图所示，其中 $C=1\mu F$，$R=1M\Omega$，$U_{OM}=\pm10V$，若 $u_1=1V$，则 u_o：

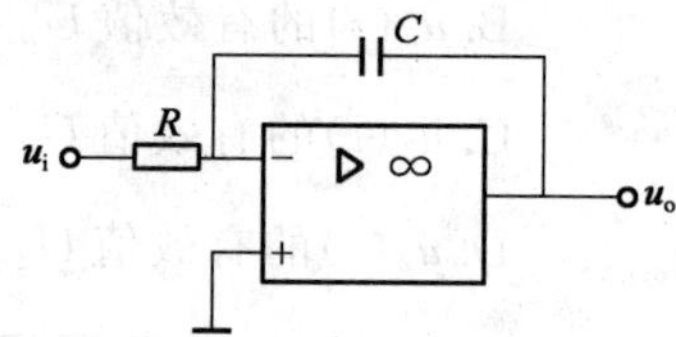

A. 等于 0V

B. 等于 1V

C. 等于 10V

D. $t<10s$ 时，为 $-t$；$t\geqslant10s$ 后，为 $-10V$

95. 图 a) 所示电路中，复位信号$\overline{R}_D$、信号 A 及时钟脉冲信号 cp 如图 b) 所示，经分析可知，在第一个和第二个时钟脉冲的下降沿时刻，输出 Q 先后等于：

A. 0　0　　B. 0　1

C. 1　0　　D. 1　1

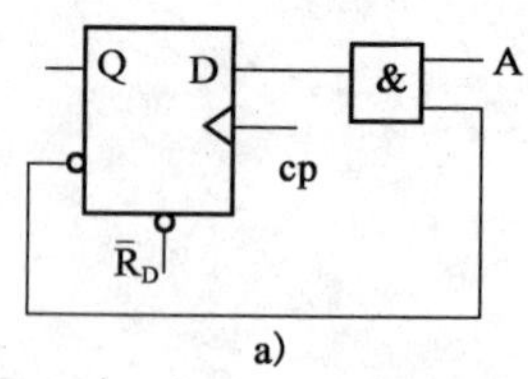

a)

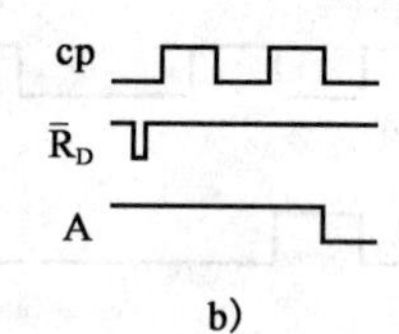

b)

附：触发器的逻辑状态表

D	Q_{n+1}
0	0
1	1

96. 图示电路为：

A. 左移的三位移位寄存器，寄存数据是 010

B. 右移的三位移位寄存器，寄存数据是 010

C. 左移的三位移位寄存器，寄存数据是 000

D. 右移的三位移位寄存器，寄存数据是 010

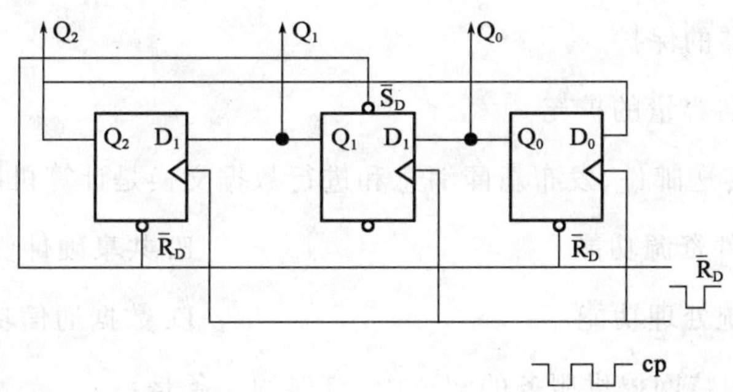

97. 计算器按用途可分为：

A. 专业计算器和通用计算器 B. 专业计算器和数字计算器

C. 通用计算器和模拟计算器 D. 数字计算器和现代计算器

98. 当前微机所配备的内存储器大多是：

A. 半导体存储器 B. 磁介质存储器

C. 光线(纤)存储器 D. 光电子存储器

99. 批处理操作系统的功能是将用户的一批作业有序地排列起来：

A. 在用户指令的指挥下、顺序地执行作业流

B. 计算机系统会自动地、顺序地执行作业流

C. 由专门的计算机程序员控制作业流的执行

D. 由微软提供的应用软件来控制作业流的执行

100. 杀毒软件应具有的功能是：

A. 消除病毒 B. 预防病毒

C. 检查病毒 D. 检查并消除病毒

101. 目前，微机系统中普遍使用的字符信息编码是：

A. BCD 编码 B. ASCII 编码

C. EBCDIC 编码 D. 汉字字型码

102. 下列选项中，不属于 Windows 特点的是：

A. 友好的图形用户界面　　B. 使用方便

C. 多用户单任务　　D. 系统稳定可靠

103. 操作系统中采用虚拟存储技术，是为了对：

A. 外为存储空间的分配

B. 外存储器进行变换

C. 内存储器的保护

D. 内存储器容量的扩充

104. 通过网络传送邮件、发布新闻消息和进行数据交换是计算机网络的：

A. 共享软件资源功能　　B. 共享硬件资源功能

C. 增强系统处理功能　　D. 数据通信功能

105. 下列有关因特网提供服务的叙述中，错误的一条是：

A. 文件传输服务、远程登录服务

B. 信息搜索服务、WWW 服务

C. 信息搜索服务、电子邮件服务

D. 网络自动连接、网络自动管理

106. 若按网络传输技术的不同，可将网络分为：

A. 广播式网络、点到点式网络

B. 双绞线网、同轴电缆网、光纤网、无线网

C. 基带网和宽带网

D. 电路交换类、报文交换类、分组交换类

107. 某企业准备 5 年后进行设备更新，到时所需资金估计为 600 万元，若存款利率为 5%，从现在开始每年年末均等额存款，则每年应存款：

[已知：$(A/F, 5\%, 5) = 0.18097$]

A. 78.65 万元　　B. 108.58 万元

C. 120 万元　　D. 165.77 万元

108. 某项目投资于邮电通信业，运营后的营业收入全部来源于对客户提供的电信服务，则在估计该项目现金流时不包括：

A. 企业所得税　　B. 增值税

C. 城市维护建设税　　D. 教育税附加

109. 某公司向银行借款 150 万元，期限为 5 年，年利率为 8%，每年年末等额还本付息一次（即等额本息法），到第五年末还完本息。则该公司第 2 年年末偿还的利息为：

[已知：$(A/P, 8\%, 5) = 0.2505$]

A. 9.954 万元　　　　B. 12 万元

C. 25.575 万元　　　　D. 37.575 万元

110. 以下关于项目内部收益率指标的说法正确的是：

A. 内部收益率属于静态评价指标

B. 项目内部收益率就是项目的基准收益率

C. 常规项目可能存在多个内部收益率

D. 计算内部收益率不必事先知道准确的基准收益率 i_c

111. 影子价格是商品或生产要素的任何边际变化对国家的基本社会经济目标所做贡献的价值，因而影子价格是：

A. 目标价格

B. 反映市场供求状况和资源稀缺程度的价格

C. 计划价格

D. 理论价格

112. 在对项目进行盈亏平衡分析时，各方案的盈亏平衡点生产能力利用率有如下四种数据，则抗风险能力较强的是：

A. 30%　　　　B. 60%

C. 80%　　　　D. 90%

113. 甲、乙为两个互斥的投资方案。甲方案现时点的投资为 25 万元，此后从第一年年末开始，年运行成本为 4 万元，寿命期为 20 年，净残值为 8 万元；乙方案现时点的投资额为 12 万元，此后从第一年年末开始，年运行成本为 6 万元，寿命期也为 20 年，净残值 6 万元。若基准收益率为 20%，则甲、乙方案费用现值分别为：

[已知：$(P/A, 20\%, 20) = 4.8696$，$(P/F, 20\%, 20) = 0.02608$]

A. 50.80 万元，－41.06 万元　　　　B. 54.32 万元，41.06 万元

C. 44.27 万元，41.06 万元　　　　D. 50.80 万元，44.27 万元

114. 某产品的实际成本为 10000 元，它由多个零部件组成，其中一个零部件的实际成本为 880 元，功能评价系数为 0.140，则该零部件的价值指数为：

A. 0.628　　B. 0.880

C. 1.400　　D. 1.591

115. 某工程项目甲建设单位委托乙监理单位对丙施工总承包单位进行监理，有关监理单位的行为符合规定的是：

A. 在监理合同规定的范围内承揽监理业务

B. 按建设单位委托，客观公正地执行监理任务

C. 与施工单位建立隶属关系或者其他利害关系

D. 将工程监理业务转让给具有相应资质的其他监理单位

116. 某施工企业取得了安全生产许可证后，在从事建筑施工活动中，被发现已经不具备安全生产条件，则正确的处理方法是：

A. 由颁发安全生产许可证的机关暂扣或吊销安全生产许可证

B. 由国务院建设行政主管部门责令整改

C. 由国务院安全管理部门责令停业整顿

D. 吊销安全生产许可证，5 年内不得从事施工活动

117. 某工程项目进行公开招标，甲乙两个施工单位组成联合体投标该项目，下列做法中，不合法的是：

A. 双方商定以一个投标人的身份共同投标

B. 要求双方至少一方应当具备承担招标项目的相应能力

C. 按照资质等级较低的单位确定资质等级

D. 联合体各方协商签订共同投标协议

118. 某建设工程总承包合同约定，材料价格按照市场价履约，但具体价款没有明确约定，结算时应当依据的价格是：

A. 订立合同时履行地的市场价格

B. 结算时买方所在地的市场价格

C. 订立合同时签约地的市场价格

D. 结算工程所在地的市场价格

119. 某城市计划对本地城市建设进行全面规划，根据《中华人民共和国环境保护法》的规定，下列城乡建设行为不符合《中华人民共和国环境保护法》规定的是：

A. 加强在自然景观中修建人文景观

B. 有效保护植被、水域

C. 加强城市园林、绿地园林

D. 加强风景名胜区的建设

120. 根据《建设工程安全生产管理条例》规定，施工单位主要负责人应当承担的责任是：

A. 落实安全生产责任制度、安全生产规章制度和操作规程

B. 保证本单位安全生产条件所需资金的投入

C. 确保安全生产费用的有效使用

D. 根据工程的特点组织特定安全施工措施

2018 年度全国勘察设计注册土木工程师(岩土)

执业资格考试试卷

基础考试
(下)

二〇一八年十月

应考人员注意事项

1. 本试卷科目代码为“2”，考生务必将此代码填涂在答题卡“科目代码”相应的栏目内，否则，无法评分。
2. 书写用笔：**黑色或蓝色钢笔、签字笔或圆珠笔**；
   填涂答题卡用笔：**黑色 2B 铅笔**。
3. 必须用书写用笔将工作单位、姓名、准考证号填写在答题卡和试卷相应的栏目内。
4. 本试卷由 60 题组成，每题 2 分，满分 120 分，本试卷全部为单项选择题，每小题的四个备选项中只有一个正确答案，错选、多选、不选均不得分。
5. 考生作答时，必须**按题号在答题卡上**将相应试题所选选项对应的**字母用 2B 铅笔涂黑**。
6. 在答题卡上书写与题意无关的语言，或在答题卡上作标记的，均按违纪试卷处理。
7. 考试结束时，由监考人员当面将试卷、答题卡一并收回。
8. 草稿纸由各地统一配发，考后收回。

单项选择题(共 60 题,每题 2 分。每题的备选项中只有一个最符合题意。)

1. 脆性材料的断裂强度取决于:

A. 材料中的最大裂纹长度　　B. 材料中的最小裂纹长度

C. 材料中的裂纹数量　　D. 材料中的裂纹密度

2. 一般来说,同一组成、不同表观密度的无机非金属材料,表观密度大者的:

A. 强度高　　B. 强度低

C. 孔隙率大　　D. 空隙率大

3. 水泥中掺入的活性混合材料能够与水泥水化产生的氢氧化钙发生反应,生成水化硅酸钙的水化产物,该反应被称为:

A. 火山灰反应　　B. 沉淀反应

C. 碳化反应　　D. 钙矾石延迟生成反应

4. 混凝土的碱—骨料反应是内部碱性孔隙溶液和骨料中的活性成分发生了反应,因此以下措施中对于控制工程中碱—骨料反应最为有效的是:

A. 控制环境温度　　B. 控制环境湿度

C. 降低混凝土含碱量　　D. 改善骨料级配

5. 根据混凝土的劈裂强度可推断出其:

A. 抗压强度　　B. 抗剪强度

C. 抗拉强度　　D. 弹性模量

6. 衡量钢材均匀变形时的塑性变形能力的技术指标为:

A. 冷弯性能　　B. 抗拉强度

C. 伸长率　　D. 冲击韧性

7. 土的性能指标中,一部分可通过试验直接测定,其余需要由试验数据算得到。下列指标中,需要换算得到的是:

A. 土的密度　　B. 土粒密度

C. 土的含水率　　D. 土的孔隙率

8. 使用经纬仪观测水平角时，若照准同一竖直面内不同高度的两个目标点，分别读取水平度盘读数，此时两个目标点的水平度盘读数理论上应该是：

A. 相同的　　B. 不相同的

C. 不一定相同　　D. 在特殊情况下相同

9. 进行三、四等水准测量，视线长度和前后视距差都有一定的要求，对于四等水准测量的前后视距差限差是：

A. 10m　　B. 3m

C. 8m　　D. 12m

10. 某城镇需测绘地形图，要求在图上能反映地面上 0.2m 的精度，则采用的测图比例尺不得小于：

A. 1∶500　　B. 1∶1000

C. 1∶2000　　D. 1∶100

11. 微倾式水准仪轴线之间应满足相应的几何条件，其中满足的主要条件是下列哪项？

A. 圆水准器轴平行于仪器竖轴

B. 十字丝横丝垂直于仪器竖轴

C. 视准轴平行于水准管轴

D. 水准管轴垂直于圆水准器轴

12. 同一张地形图上等高距是相等的，则地形图上陡坡的等高线是：

A. 汇合的　　B. 密集的

C. 相交的　　D. 稀疏的

13.《工程建设项目报建管理办法》属于我国建设法规体系的：

A. 法律　　B. 行政法规

C. 部门法规　　D. 地方性规章

14.《中华人民共和国城乡规划法》中城镇总体规划没有对以下定额指标进行要求的是：

A. 用水量　　B. 人口

C. 生活用地　　D. 公共绿地

15. 下列关于项目选址意见书的叙述，正确的是：

A. 内容包含建设项目基本情况、规划选址的主要依据、选址用地范围与具体规划要求

B. 以划拨方式提供国有土地使用权的建设项目，建设单位应向人民政府行政主管部门申请核发选址意见书

C. 由城市规划行政主管部门审批项目选址意见书

D. 大、中型限额以上的项目由项目所在地县市人民政府核发选址意见书

16. 城乡规划的原则不包含：

A. 关注民生　　B. 可持续发展

C. 城乡统筹　　D. 公平、公正、公开

17. 最适合在狭窄现场施工的成孔方式是：

A. 沉管成孔　　B. 泥浆护壁钻孔

C. 人工挖孔　　D. 螺旋钻成孔

18. 采用钢管抽芯法留设孔道时，抽管时间应为混凝土：

A. 初凝前　　B. 初凝后、终凝前

C. 终凝后　　D. 达到 30％设计强度

19. 下列关于工程网络计划中关键工作的说法不正确的是：

A. 总时差为零的工作为关键工作

B. 关键线路上不能有虚工作

C. 关键线路上的工作，其总持续时间最长

D. 关键线路上的工作都是关键工作

20. 施工组织总设计的编制，需要进行：①编制资源需求量计划、②编制施工总进度计划、③拟定施工方案等多项工作。仅就上述三项工作而言，其正确的顺序为：

A. ①—②—③　　B. ②—③—①

C. ③—①—②　　D. ③—②—①

21. 当采用匀速进展横道图比较工作的实际进度与计划进度时，如果表示实际进度的横道线右端落在检查日期的右侧，这表明：

A. 实际进度超前

B. 实际进度拖后

C. 实际进度与进度计划一致

D. 无法说明实际进度与计划进度的关系

22. 图示结构中的反力 $\boldsymbol{F}_{\mathrm{H}}$ 等于：

A. M/L

B. $-M/L$

C. $2M/L$

D. $-2M/L$

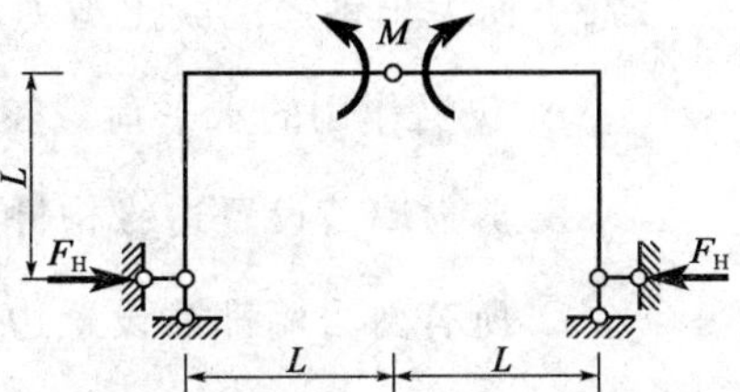

23. 有阻尼单自由度体系受简谐荷载作用，当简谐荷载频率等于结构自振频率时，与外荷载平衡的力是：

A. 惯性力　　B. 阻尼力

C. 弹性力　　D. 弹性力＋惯性力

24. 图示两桁架温度均匀降低时，则温度改变引起的结构内力状况为：

A. a)无，b)有　　B. a)有，b)无

C. 两者均有　　D. 两者均无

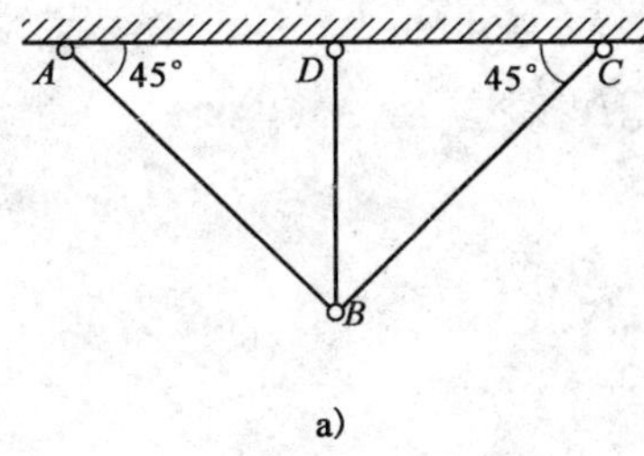

a)

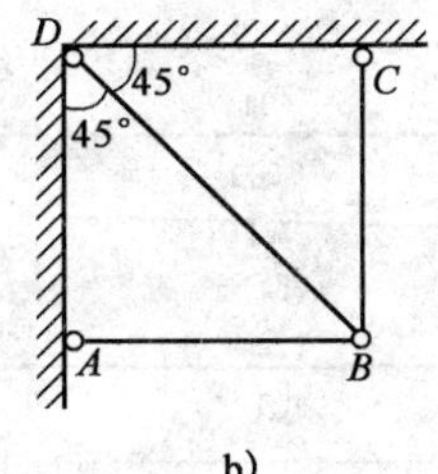

b)

25. 对于双筋矩形截面钢筋混凝土受弯构件，为使配置 HRB335 级受压钢筋达到其屈服强度，应满足下列哪种条件：

A. 仅需截面受压区高度≥$2a'_{\mathrm{s}}$（$2a'_{\mathrm{s}}$ 为受压钢筋合力点到截面受压面边缘的距离）

B. 仅需截面受压区高度≤$2a'_{\mathrm{s}}$

C. 需截面受压区高度≥$2a'_{\mathrm{s}}$，且钢筋满足一定的要求

D. 需截面受压区高度≤$2a'_{\mathrm{s}}$，且钢筋满足一定的要求

26. 一个钢筋混凝土矩形截面偏心受压短柱，当作用的轴向荷载 N 和弯矩 M 分别为 3000kN 和 350kN·m 时，该构件纵向受拉钢筋达到屈服的同时，受压区混凝土也被压溃。试问下列哪组轴向荷载 N 和弯矩 M 作用下该柱一定处于安全状态？

A. N=3200kN，M=350kN·m

B. N=2800kN，M=350kN·m

C. N=0kN，M=300kN·m

D. N=3000kN，M=300kN·m

27. 下面关于钢筋混凝土剪力墙结构中边缘构件的说法中正确的是：

A. 仅当作用的水平荷载较大时，剪力墙才设置边缘构件

B. 剪力墙若设置边缘构件，必须为约束边缘构件

C. 所有剪力墙都需设置边缘构件

D. 剪力墙只需设置构造边缘构件即可

28. 设计我国东北地区露天运行的钢结构焊接吊车梁时宜选用的钢材牌号为：

A. Q235A　　B. Q345B

C. Q235B　　D. Q345C

29. 图中所示工形截面简支梁的跨度、截面尺寸和约束条件均相同，根据弯矩图（$|M_1|>|M_2|$），可判断整体稳定性最好的是：

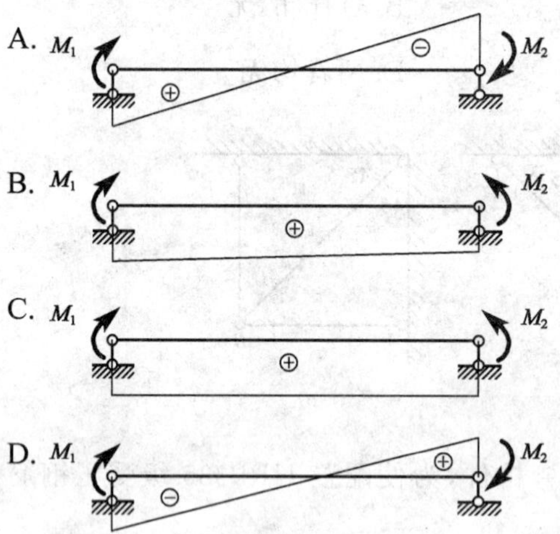

30. 计算拉力和剪力同时作用的普通螺栓连接时，螺栓：

A. 抗剪承载力设计值取 $N_v^b=0.9n_f\mu P$

B. 承压承载力设计值取 $N_c^b=d\sum tf_c^b$

C. 抗拉承载力设计值取 $N_t^b=0.8P$

D. 预拉力设计应进行折减

31. 抗震设防烈度 8 度、设计地震基本加速度为 0.20g 的地区，对普通砖砌体多层房屋的总高度、总层数和层高的限值是：

A. 总高 15m，总层数 5 层，层高 3m

B. 总高 18m，总层数 6 层，层高 3m

C. 总高 18m，总层数 6 层，层高 3.6m

D. 总高 21m，总层数 7 层，层高 3.6m

32. 多层砖砌体房屋顶部墙体有八字缝产生，较低层都没有，估计产生这类裂缝的原因是：

A. 墙体承载力不足

B. 墙承载较大的局部压力

C. 房屋有过大的不均匀沉降

D. 温差和墙体干燥

33. 下列有关墙梁的说法中正确的是：

A. 托梁在施工阶段的承载力不需要验算

B. 墙梁的受力机制相当于“有拉杆的拱”

C. 墙梁墙体中可无约束地开门窗

D. 墙体两侧的翼墙对墙梁的受力没有什么影响

34. 在描述岩石蠕变理论模型中，用弹性模量进行并联时，能描述出下列哪种蠕变阶段：

A. 瞬时变形

B. 初期蠕变

C. 等速蠕变

D. 加速蠕变

35. 在地下某深度对含有地下水的较完整体进行应力测量，一般应选择下列哪种测试方法？

A. 孔壁应变法

B. 孔径变形法

C. 孔底应变法

D. 表面应变法

36. 关于土的密实程度,下列说法正确的是:

A. 同一种土,土的孔隙比越大,表明土越密实

B. 同一种土,土的干密度越大,表明土越密实

C. 同一种土,土的相对密度越小,表明土越密实

D. 同一种土,标准贯入试验的锤击数越小,表明土越密实

37. 已知甲土的压缩系数为 0.1MPa^{-1},乙土的压缩系数为 0.6MPa^{-1},关于两种土的压缩性比较,下列说法正确的是:

A. 甲土比乙土的压缩性大

B. 甲土比乙土的压缩性小

C. 不能判断,需要补充两种土的泊松比

D. 不能判断,需要补充两种土的强度指标

38. 下列哪种试验不能测试强度指标?

A. 三轴试验　　B. 直剪试验

C. 十字板剪切试验　　D. 载荷试验

39. 直立光滑挡土墙,其主动土压力分布为两级平行线,如图所示,其中 $c_1=c_2=0$,则两层土参数的正确关系为:

A. $\varphi_2>\varphi_1,\gamma_1 K_{a1}=\gamma_2 K_{a2}$

B. $\varphi_2<\varphi_1,\gamma_1 K_{a1}=\gamma_2 K_{a2}$

C. $\varphi_2<\varphi_1,\gamma_1=\gamma_2$

D. $\varphi_2>\varphi_1,\gamma_1>\gamma_2$

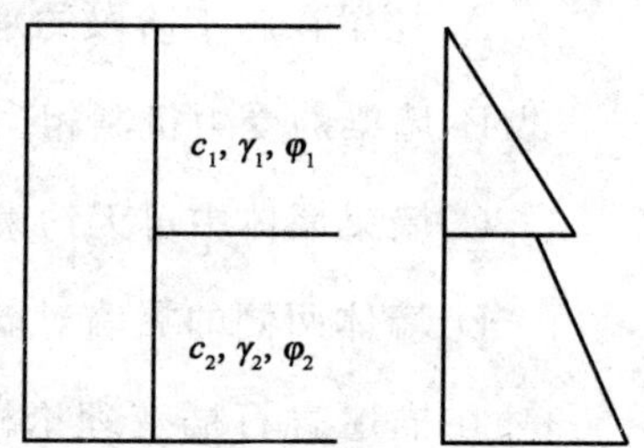

40. 地基极限承载力计算公式 $p_v=\frac{1}{2}\gamma BN_\gamma+qN_q+cN_c$ 中,系数 N_c 主要取决于:

A. 土的黏聚力为 c　　B. 土的内摩擦角 φ

C. 基础两线荷载 q　　D. 基础以下土的重度 γ

41. 下列岩石中,最容易遇水软化的是:

A. 白云岩　　B. 混积岩

C. 石灰岩　　D. 硅质页岩

42. 下列构造中,不属于沉积岩的构造是:

A. 片理

B. 结核

C. 斜层理

D. 波痕

43. 岩浆岩和沉积岩之间最常见的接触关系是:

A. 侵入接触

B. 沉积接触

C. 不整合接触

D. 断层接触

44. 距离现代河床越高的古阶地的特点是:

A. 结构越粗

B. 结构越细

C. 年代越新

D. 年代越老

45. 地球岩体中的主要结构面类型是:

A. 剪裂隙

B. 张裂隙

C. 层间裂隙

D. 风化裂隙

46. 黏土矿物产生于:

A. 岩浆作用

B. 风化作用

C. 沉积作用

D. 变质作用

47. 群发性岩溶地面塌陷通常与下列哪项条件有关?

A. 地震

B. 煤矿无序开采

C. 过度开采承压水

D. 潜水位大幅下降

48. 粉质黏土层的渗透系数一般在:

A. 1cm/s 左右

B. 10^{-2}cm/s 左右

C. 10^{-4}cm/s 左右

D. 10^{-5}cm/s 左右

49. 通过压水试验可以确定地下岩土的:

A. 含水性

B. 给水性

C. 透水性

D. 吸水性

50. 若需对土样进行颗粒分析试验和含水率试验,则土样的扰动程度最差可以控制到:

A. 不扰动土

B. 轻微扰动土

C. 显著扰动土

D. 完全扰动土

51. 地震条件下的岩石边坡失稳，下列哪种现象最为普遍：

A. 开裂与崩塌　　B. 岩层倾倒

C. 坡体下滑　　D. 坡体错落

52. 通过设置挡墙、抗滑桩、锚杆（索）等支护措施，可改善斜坡力学平衡条件，其原因是：

A. 提高了地基承载力

B. 提高了岩土体的抗剪强度

C. 减小了斜坡下滑力

D. 增大了斜坡抗滑力

53. 某岩基作用有竖向荷载，岩基的重度 $\gamma=25\text{kN/m}^3$，$c=50\text{kPa}$，$\varphi=35°$，当条形基础的宽度为 2m，且无附加应力时，其极限承载力是：

A. 2675kPa　　B. 3590kPa

C. 4636kPa　　D. 3965kPa

54. 季节性冻土的设计冻深 z_d 与标准冻深 z_0 相比有：

A. $z_d \geqslant z_0$

B. $z_d \leqslant z_0$

C. $z_d = z_0$

D. 两者不存在总是大或总是小的关系，需要根据影响系数具体计算确定

55. 软弱下卧层验算公式 $p_z + p_{cz} \leqslant f_{az}$，其中 p_{cz} 为软弱下卧层顶面处土的自重应力值，下列说法正确的是：

A. p_{cz} 的计算应当从地表算起

B. p_{cz} 的计算应当从基础顶面算起

C. p_{cz} 的计算应当从基础底面算起

D. p_{cz} 的计算应当从地下水位算起

56. 基坑工程中的悬臂式护坡桩受到的主要荷载是：

A. 竖向荷载，方向向下　　B. 竖向荷载，方向向上

C. 水平荷载　　D. 复合受力

57. 均质地基,承台上承受均布荷载,正常工作状态下下面哪根桩的受力最小:

A. 桩 A

B. 桩 B

C. 桩 C

D. 桩 D

58. 下列地基中,最适合使用振冲法处理的是:

A. 饱和黏性土

B. 松散的砂土

C. 中密的砂土

D. 密实砂土

59. 已知复合地基中桩的面积置换率为 0.15,桩土抗力比为 5,基础压力为 p(kPa),其中桩的压力为:

A. $5.13p$

B. $0.63p$

C. $0.62p$

D. $1.53p$

60. 下面哪一种土工合成材料可以作为防渗材料:

A. 土工格栅

B. 有纺布

C. 无纺布

D. 土工合成材料黏土衬垫

2018 年度全国勘察设计注册工程师执业资格考试基础考试(上)
试题解析及参考答案

1. **解** 本题考查基本极限公式以及无穷小量的性质。

选项 A 和 C 都是基本极限公式,成立。

选项 B,$\lim\limits_{x\to\infty}\frac{\sin x}{x}=\lim\limits_{x\to\infty}\frac{1}{x}\sin x$,其中$\frac{1}{x}$是无穷小,$\sin x$ 是有界函数,无穷小乘以有界函数的值为无穷小量,也就是 0,故选项 B 不成立。

选项 D,只要令 $t=\frac{1}{x}$,则可化为选项 C 的结果。

答案:B

2. **解** 本题考查奇偶函数的性质。当 $f(-x)=-f(x)$ 时,$f(x)$ 为奇函数;当 $f(-x)=f(x)$ 时,$f(x)$ 为偶函数。

方法 1:

选项 D,设 $H(x)=g[g(x)]$,则

$$H(-x)=g[g(-x)]\xlongequal[\text{奇函数}]{g(x)\text{为}}g[-g(x)]=-g[g(x)]=-H(x)$$

故 $g[g(x)]$为奇函数。

方法 2:

采用特殊值法,题中 $f(x)$是偶函数,$g(x)$是奇函数,可设 $f(x)=x^2$,$g(x)=x$,则选项 A、B、C 均是偶函数,错误。

答案:D

3. **解** 本题考查导数的定义计算,需要熟练拼凑相应的形式。

根据导数定义:$f'(x_0)=\lim\limits_{x\to x_0}\frac{f(x)-f(x_0)}{x-x_0}$,与题中所给形式类似,故进行拼凑:

$$\lim_{x\to x_0}\frac{xf(x_0)-x_0f(x)}{x-x_0}=\lim_{x\to x_0}\frac{xf(x_0)-x_0f(x)+x_0f(x_0)-x_0f(x_0)}{x-x_0}$$

$$=\lim_{x\to x_0}\left[\frac{-x_0f(x)+x_0f(x_0)}{x-x_0}+\frac{xf(x_0)-x_0f(x_0)}{x-x_0}\right]$$

$$=-x_0f'(x_0)+f(x_0)$$

答案:C

4. **解**　本题考查变限定积分求导的基本概念。

变限定积分求导的完整形式如下：

$$\frac{\mathrm{d}\left(\int_{\psi(x)}^{\varphi(x)} f(t)\mathrm{d}t\right)}{\mathrm{d}x}=\varphi'(x)f(\varphi(x))-\psi'(x)f(\psi(x))$$

将上下限的函数分别代入 $f(t)$ 即可，别忘记乘以它们各自对 x 的导数，易知正确答案为 A。

逐步计算如下：

$$\frac{\mathrm{d}}{\mathrm{d}x}\int_{\varphi(x^2)}^{\varphi(x)} e^{t^2}\mathrm{d}t$$

$$=\frac{\mathrm{d}}{\mathrm{d}x}\left[\int_{\varphi(x^2)}^{a} e^{t^2}\mathrm{d}t+\int_{a}^{\varphi(x)} e^{t^2}\mathrm{d}t\right](a\text{ 为常数})$$

$$=\frac{\mathrm{d}}{\mathrm{d}x}\left[-\int_{a}^{\varphi(x^2)} e^{t^2}\mathrm{d}t+\int_{a}^{\varphi(x)} e^{t^2}\mathrm{d}t\right]$$

$$=-e^{[\varphi(x^2)]^2}\varphi'(x^2)\cdot 2x+e^{[\varphi(x)]^2}\cdot\varphi'(x)$$

$$=\varphi'(x)e^{[\varphi(x)]^2}-2x\varphi'(x^2)e^{[\varphi(x^2)]^2}$$

答案：A

5. **解**　本题考查不定积分的基本计算技巧：凑微分。

$$\int xf(1-x^2)\mathrm{d}x=-\frac{1}{2}\int f(1-x^2)\mathrm{d}(1-x^2)\xlongequal[\int f(x)\mathrm{d}x=F(x)+C]{\text{已知}}-\frac{1}{2}F(1-x^2)+C$$

答案：B

6. **解**　本题考查一阶导数的应用。

驻点是函数的导数为 0 或者导数不存在的点，本题中函数明显是光滑连续的，所以对函数求导，有 $y'=4x+a$，将 $x=1$ 代入得到 $y'(1)=4+a=0$，解出 $a=-4$。

答案：D

7. **解**　本题考查向量代数的基本运算。

方法 1：

$$(\boldsymbol{\alpha}+\boldsymbol{\beta})\cdot(\boldsymbol{\alpha}+\boldsymbol{\beta})=|\boldsymbol{\alpha}+\boldsymbol{\beta}|\cdot|\boldsymbol{\alpha}+\boldsymbol{\beta}|\cdot\cos 0=|\boldsymbol{\alpha}+\boldsymbol{\beta}|\times|\boldsymbol{\alpha}+\boldsymbol{\beta}|=|\boldsymbol{\alpha}+\boldsymbol{\beta}|^2$$

所以 $|\boldsymbol{\alpha}+\boldsymbol{\beta}|^2=(\boldsymbol{\alpha}+\boldsymbol{\beta})\cdot(\boldsymbol{\alpha}+\boldsymbol{\beta})=\boldsymbol{\alpha}\cdot\boldsymbol{\alpha}+\boldsymbol{\beta}\cdot\boldsymbol{\alpha}+\boldsymbol{\alpha}\cdot\boldsymbol{\beta}+\boldsymbol{\beta}\cdot\boldsymbol{\beta}$

$$=\boldsymbol{\alpha}\cdot\boldsymbol{\alpha}+2\boldsymbol{\alpha}\cdot\boldsymbol{\beta}+\boldsymbol{\beta}\cdot\boldsymbol{\beta}$$

$$\xlongequal[\theta=\frac{\pi}{3}]{|\boldsymbol{\alpha}|=1,|\boldsymbol{\beta}|=2}1\times1\times\cos\theta+2\times1\times2\times\cos\frac{\pi}{3}+2\times2\times\cos 0$$

$$=7$$

$|\boldsymbol{\alpha}+\boldsymbol{\beta}|=\sqrt{7}$

方法 2:可通过作图来辅助求解。

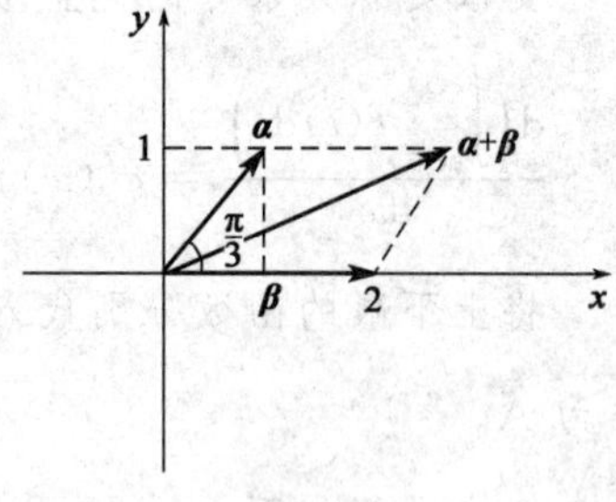

题 7 解图

如解图所示:若设 $\boldsymbol{\beta}=(2,0)$,由于 $\boldsymbol{\alpha}$ 和 $\boldsymbol{\beta}$ 的夹角为 $\frac{\pi}{3}$,

则 $\boldsymbol{\alpha}=\left(1\cdot\cos\frac{\pi}{3},1\cdot\sin\frac{\pi}{3}\right)$

$\boldsymbol{\alpha}+\boldsymbol{\beta}=\left(2+\cos\frac{\pi}{3},\sin\frac{\pi}{3}\right)$

$$|\boldsymbol{\alpha}+\boldsymbol{\beta}|=\sqrt{\left(2+\cos\frac{\pi}{3}\right)^2+\sin^2\frac{\pi}{3}}$$

$$=\sqrt{4+2\times2\times\cos\frac{\pi}{3}+\cos^2\frac{\pi}{3}+\sin^2\frac{\pi}{3}}=\sqrt{7}$$

答案:B

8.**解** 本题考查简单的二阶常微分方程求解,这是最简单的形式,直接进行两次积分即可。

$y''=\sin x$,则 $y'=\int\sin x\mathrm{d}x=-\cos x+C_1$

再次对 x 进行积分,有:

$$y=\int(-\cos x+C_1)\mathrm{d}x=-\sin x+C_1x+C_2$$

答案:B

9.**解** 本题考查导数的基本应用与计算。

已知 $f(x),g(x)$ 在 $[a,b]$ 上均可导,且恒正,

设 $H(x)=f(x)g(x)$,则

已知 $f'(x)g(x)+f(x)g'(x)>0$,所以函数 $H(x)=f(x)g(x)$ 在 $x\in(a,b)$ 时单调增加,因此有 $H(a)<H(x)<H(b)$,即 $f(a)g(a)<f(x)g(x)<f(b)g(b)$。

答案:C

10.**解** 本题考查定积分的基本几何应用。注意积分区间是选择 x 轴方便,还是选择 y 轴方便。

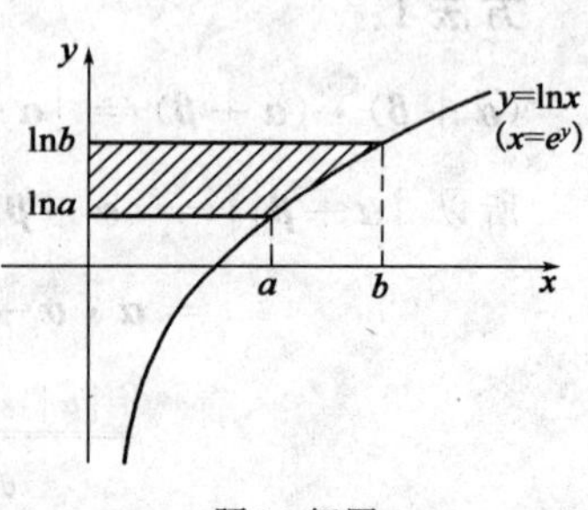

题 10 解图

如解图所示,本题所求图形面积即为阴影图形面积,此时选择积分区间为 y 轴较方便。

$$A=\int_{\ln a}^{\ln b}\varphi(y)\mathrm{d}y$$

因为 $y=\ln x$，则 $x=\varphi(y)=e^y$，故：

$$A=\int_{\ln a}^{\ln b} e^y \mathrm{d}y = e^y \Big|_{\ln a}^{\ln b} = e^{\ln b}-e^{\ln a}=b-a$$

答案：B

11.**解** 本题考查空间解析几何中平面的基本性质和运算。

若某平面 π 平行于 yOz 坐标面，则平面 π 的法向量平行于 x 轴，可取 $\boldsymbol{n}=(1,0,0)$，利用平面 $Ax+By+Cz+D=0$ 所对应的法向量 $\boldsymbol{n}=(A,B,C)$ 可知，选项 D 正确。

答案：D

12.**解** 本题考查多元函数微分学的概念性问题，涉及多元函数偏导数与多元函数连续等概念，需记忆下图的关系式方可快速解答：

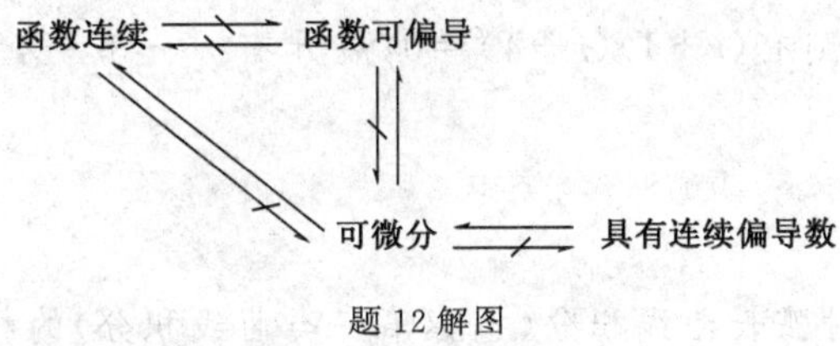

题 12 解图

可知，函数可微不能推出一阶偏导数存在，而函数一阶偏导数存在可以推出函数可微，故而是必要条件。

答案：A

13.**解** 本题考查级数中常数项级数的敛散性。

判断此类问题应注意和调和级数比较，以及 p 级数的相关性质。

选项 A，$\sum\limits_{n=1}^{\infty}\frac{1}{n(n+1)}=\sum\limits_{n=1}^{\infty}\left(\frac{1}{n}-\frac{1}{n+1}\right)=1-\frac{1}{2}+\frac{1}{2}-\frac{1}{3}+\cdots+\frac{1}{n}-\frac{1}{n+1}=1-\frac{1}{n+1}=1$，级数收敛。

选项 B，可利用 p 级数的敛散性判断。

p 级数 $\sum\limits_{n=1}^{\infty}\frac{1}{n^p}$（$p>0$，实数），当 $p>1$ 时，p 级数收敛；当 $p\leqslant 1$ 时，p 级数发散。

本选项 $p=\frac{3}{2}>1$，故级数收敛。

选项 D，可利用交错级数的莱布尼茨定理判断。

设交错级数 $\sum(-1)^{k+1}a_k$，其中 $a_k>0$，只要：

①级数项的量值非增（对大于某个指标 N 的所有 k，$0<a_{k+1}\leqslant a_k$），

②$\lim\limits_{k\to\infty}a_k=0$，

$\sum(-1)^{k+1}a_k$ 就收敛。

本选项$\frac{1}{\sqrt{n}}$单调减小，且$\lim\limits_{n\to\infty}\frac{1}{\sqrt{n}}=0$，故级数收敛。

选项 C，对于级数$\sum\limits_{n=1}^{\infty}\left(\frac{n}{2n+1}\right)^2$，

$$\lim_{n\to\infty}u_n=\lim_{n\to\infty}\left(\frac{n}{2n+1}\right)^2=\left(\frac{1}{2}\right)^2=\frac{1}{4}\neq 0$$

级数收敛的必要条件是$\lim\limits_{n\to\infty}u_n=0$，而本选项$\lim\limits_{n\to\infty}u_n\neq 0$，故级数发散。

答案：C

14. **解**　本题考查二阶常系数微分方程解的基本结构。

已知函数 $y=C_1e^{-x}+C_2e^{4x}$ 是某微分方程的通解，则该微分方程拥有的特征方程的解分别为 $r_1=1$，$r_2=-4$，则有 $(r+1)(r-4)=0$，展开有 $r^2-3r-4=0$，故对应的微分方程为 $y''-3y'-4y=0$。

答案：B

15. **解**　本题考查对弧长曲线积分(也称第一类曲线积分)的相关计算。

依据题意，作解图，知 $L=-x+1$

L 的参数方程为$\begin{cases}x=x\\y=-x+1\end{cases}\quad(0\leqslant x\leqslant 1)$

题 15 解图

$$\mathrm{d}S=\sqrt{1^2+(-1)^2}\,\mathrm{d}x=\sqrt{2}\,\mathrm{d}x$$

$$\int_L\cos(x+y)\mathrm{d}S=\int_0^1\cos[x+(-x+1)]\sqrt{2}\,\mathrm{d}x$$

$$=\int_0^1\sqrt{2}\cos 1\mathrm{d}x=\sqrt{2}\cos 1\cdot x\Big|_0^1=\sqrt{2}\cos 1$$

注：写出直线 L 的方程后，需判断 x 的取值范围，从方程中看可知 x：0→1，若考查对坐标的曲线积分(也称第二类曲线积分)，则应特别注意路径行走方向，以便判断 x 的上下限。

答案：C

16. **解**　本题考查直角坐标系下的二重积分计算问题。

根据题中所给正方形区域可作图，其中，D：$|x|\leqslant 1$，$|y|\leqslant 1$，即 $-1<x<1$，$-1<y<1$。

有$\iint\limits_D(x^2+y^2)\mathrm{d}x\mathrm{d}y=\int_{-1}^1\mathrm{d}x\int_{-1}^1(x^2+y^2)\mathrm{d}y=\int_{-1}^1\left(x^2y+\frac{y^3}{3}\right)\Big|_{-1}^1\mathrm{d}x$

$$=\int_{-1}^{1}\left(2x^2+\frac{2}{3}\right)\mathrm{d}x=\left(\frac{2}{3}x^3+\frac{2}{3}x\right)\Big|_{-1}^{1}=\frac{8}{3}$$

或利用对称性，$D=4D_1$，则

$$\iint_D(x^2+y^2)\mathrm{d}x\mathrm{d}y \xlongequal{\text{利用对称性}} 4\iint_{D_1}(x^2+y^2)\mathrm{d}x\mathrm{d}y$$

$$=4\int_0^1\mathrm{d}x\int_0^1(x^2+y^2)\mathrm{d}y-4\int_0^1\left(x^2y+\frac{1}{3}y^3\right)\Big|_0^1\mathrm{d}x$$

$$=4\int_0^1\left(x^2+\frac{1}{3}\right)\mathrm{d}x=4\times\left[\frac{1}{3}x^3+\frac{1}{3}x\right]_0^1$$

$$=4\times\left(\frac{1}{3}+\frac{1}{3}\right)=\frac{8}{3}$$

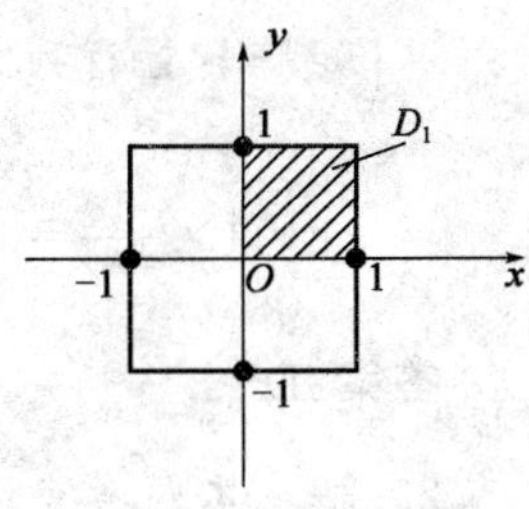

题 16 解图

答案:B

17.**解** 本题考查麦克劳林展开式的基本概念。

麦克劳林展开式的一般形式为

$$f(x)=f(0)+f'(0)x+\frac{f''(0)}{2!}x^2+\cdots+\frac{f^{(n)}(0)}{n!}x^n+R_n(x)$$

其中 $R_n(x)=\frac{f^{(n+1)}(\xi)}{(n+1)!}x^{n+1}$，这里 ξ 是介于 0 与 x 之间的某个值。

$f'(x)=a^x\ln a$，$f''(x)=a^x(\ln a)^2$，故 $f'(0)=\ln a$，$f''(0)=(\ln a)^2$，$f(0)=1$，

$$f(x)=1+x\ln a+\frac{(\ln a)^2}{2}x^2$$

答案:C

18.**解** 本题考查多元函数的混合偏导数求解。

函数 $z=f(x^2y)$

$$\frac{\partial z}{\partial x}=2xyf'(x^2y)$$

$$\frac{\partial^2 z}{\partial x\partial y}=2x[f'(x^2y)+yf''(x^2y)x^2]$$

$$=2x[f'(x^2y)+x^2yf''(x^2y)]$$

答案:D

19.**解** 本题考查矩阵和行列式的基本计算。

因为 $\boldsymbol{A}$、$\boldsymbol{B}$ 均为三阶矩阵，则

$$|-2\boldsymbol{A}^{\mathrm{T}}\boldsymbol{B}^{-1}|$$

$$=(-2)^3|\boldsymbol{A}^{\mathrm{T}}\boldsymbol{B}^{-1}|$$

$=(-8)|\boldsymbol{A}^{\mathrm{T}}|\cdot|\boldsymbol{B}^{-1}|$（矩阵乘积的行列式性质）

$=(-8)|\boldsymbol{A}|\cdot\dfrac{1}{|\boldsymbol{B}|}$

$\left(矩阵转置行列式性质，|\boldsymbol{B}\boldsymbol{B}^{-1}|=\boldsymbol{E},|\boldsymbol{B}|\cdot|\boldsymbol{B}^{-1}|=1,|\boldsymbol{B}^{-1}|=\dfrac{1}{|\boldsymbol{B}|}\right)$

$=-8\times1\times\dfrac{1}{-2}=4$

答案：D

20.**解** 本题考查线性方程组解的结构，判断方程组有解、无解、有无穷多解、有唯一解等的条件应灵活掌握。

方程组 $\begin{cases}ax_1+x_2+x_3=0\\x_1+ax_2+x_3=0\\x_1+x_2+ax_3=0\end{cases}$ 有非零解，则 $\begin{vmatrix}a&1&1\\1&a&1\\1&1&a\end{vmatrix}=0$

$$\begin{vmatrix}a&1&1\\1&a&1\\1&1&a\end{vmatrix}\xlongequal{(-1)c_3+c_2}\begin{vmatrix}a&0&1\\1&a-1&1\\1&1-a&a\end{vmatrix}\xlongequal{(-a)c_3+c_1}\begin{vmatrix}0&0&1\\1-a&a-1&1\\1-a^2&1-a&a\end{vmatrix}$$

$$=\begin{vmatrix}1-a&a-1\\1-a^2&1-a\end{vmatrix}=(1-a)^2\begin{vmatrix}1&-1\\1+a&1\end{vmatrix}=(1-a)^2(2+a)=0$$

所以 $a=1$ 或 -2。

答案：B

21.**解** 本题考查利用配方法求二次型的标准型，考查的知识点较偏。

由矩阵 $\boldsymbol{A}$ 可写出二次型为 $f(x_1,x_2,x_3)=x_1^2-2x_1x_2+3x_2^2$，利用配方法得到：

$f(x_1,x_2,x_3)=x_1^2-2x_1x_2+x_2^2+2x_2^2=(x_1-x_2)^2+2x_2^2$

令 $x_1-x_2=y_1,x_2=y_2$

可得 $f=y_1^2+2y_2^2$

答案：C

22.**解** 本题考查古典概型的基本计算，是概率论考查范围的基本题型，应重点掌握。

因为 A 与 B 独立，所以 $\overline{A}$ 与 $\overline{B}$ 独立。

$P(A\cup B)=1-P(\overline{A\cup B})=1-P(\overline{A}\,\overline{B})=1-P(\overline{A})P(\overline{B})$

或者 $P(A\cup B)=P(A)+P(B)-P(AB)$

由于 A 与 B 相互独立，则 $P(AB)=P(A)P(B)$

而 $P(A)=1-P(\overline{A})=0.6, P(B)=1-P(\overline{B})=0.5$

故 $P(A\cup B)=0.6+0.5-0.6\times0.5=0.8$

答案:C

23.**解** 本题考查概率分布函数,概率密度函数与数学期望的性质与计算,属于次重点题目。

数学期望 $E(X)=\int_{-\infty}^{+\infty}xf(x)\mathrm{d}x$,其中称 $f(x)$ 为概率密度函数,且

$$f(x)=F'(x)=\begin{cases}3x^2, 0<x<1\\0,\text{其他}\end{cases}$$

$$E(X)=\int_0^1 x\cdot 3x^2\mathrm{d}x$$

答案:B

24.**解** 本题考查二维随机变量的分布律的特点,考查的知识点较偏。

二维随机变量的边缘分布律见解表:

题 24 解表

Y \ X	1	2	3	$P\{Y=j\}$
1	$\frac{1}{6}$	$\frac{1}{9}$	$\frac{1}{18}$	$\frac{1}{3}$
2	$\frac{1}{3}$	β	α	$\frac{1}{3}+\alpha+\beta$
$P\{X=i\}$	$\frac{1}{2}$	$\frac{1}{9}+\beta$	$\frac{1}{18}+\alpha$	1

利用性质 $\sum P_{ij}=1$,X 与 Y 独立的充分必要条件 $P_{ij}=P_i\cdot P_j$,建立两个方程,解出 α 和 β。

$\frac{1}{6}+\frac{1}{9}+\frac{1}{18}+\frac{1}{3}+\beta+\alpha=1$,即 $\alpha+\beta=\frac{1}{3}$

$P(x=2,y=1)=P(x=2)P(y=1)$

即 $\frac{1}{9}=\left(\frac{1}{9}+\beta\right)\left(\frac{1}{6}+\frac{1}{9}+\frac{1}{18}\right)$,$\beta=\frac{2}{9}$

$\alpha=\frac{1}{3}-\frac{2}{9}=\frac{1}{9}$

答案:D

25.**解** 分子的平均平动动能公式 $\overline{\omega}=\frac{3}{2}kT$,分子的平均动能公式 $\overline{\varepsilon}=\frac{i}{2}kT$,刚性双原

子分子自由度 $i=5$,但此题问的是每个分子的平均平动动能而不是平均动能,故正确选项为C。

答案:C

26. **解**　分子无规则运动的平均自由程公式 $\lambda=\frac{\overline{v}}{\overline{Z}}=\frac{1}{\sqrt{2}\pi d^2 n}$,气体定了,$d$ 就定了,所以容器中分子无规则运动的平均自由程仅取决于 n,即单位体积的分子数。此题给定1mol氦气,分子总数定了,故容器中分子无规则运动的平均自由程仅取决于体积 V。

答案:B

27. **解**　理想气体和单一恒温热源做等温膨胀时,吸收的热量全部用来对外界做功,既不违反热力学第一定律,也不违反热力学第二定律。因为等温膨胀是一个单一的热力学过程而非循环过程。

答案:C

28. **解**　理想气体的功和热量是过程量。内能是状态量,是温度的单值函数。此题给出 $T_2=T_1$,无论气体经历怎样的过程,气体的内能保持不变。而因为不知气体变化过程,故无法判断功的正负。

答案:D

29. **解**　将 $t=0.1\text{s}$,$x=2\text{m}$ 代入方程,即

$$y=0.01\cos10\pi(25t-x)=0.01\cos10\pi(2.5-2)=-0.01$$

答案:C

30. **解**　$A=0.02\text{m}$,$T=\frac{2\pi}{\omega}=\frac{2\pi}{50\pi}=\frac{1}{25}=0.04\text{s}$

答案:A

31. **解**　机械波在媒质中传播,一媒质质元的最大形变量发生在平衡位置,此位置动能最大,势能也最大,总机械能亦最大。

答案:D

32. **解**　上下缝各覆盖一块厚度为 d 的透明薄片,则从两缝发出的光在原来中央明纹初相遇时,光程差为:

$$\delta=r-d+n_2d-(r-d+n_1d)=d(n_2-n_1)$$

答案:A

33. **解**　牛顿环的环状干涉条纹为等厚干涉条纹,当平凸透镜垂直向上缓慢平移而远离平面镜时,原 k 级条纹向环中心移动,故这些环状干涉条纹向中心收缩。

答案:D

34. 解 $\Delta\varphi=\frac{2\pi}{\lambda}\delta=\frac{2\pi}{\lambda}nl=3\pi, l=\frac{3\lambda}{2n}$

答案:C

35. 解 反射光的光程差加强条件 $\delta=2nd+\frac{\lambda}{2}=k\lambda$

可见光范围 $\lambda(400\sim760\text{nm})$,取 $\lambda=400\text{nm}, k=3.5$;取 $\lambda=760\text{nm}, k=2.1$

k 取整数,$k=3, \lambda=480\text{nm}$

答案:A

36. 解 玻璃劈尖相邻干涉条纹间距公式为:$l=\frac{\lambda}{2n\theta}$

此玻璃的折射率为:$n=\frac{\lambda}{2l\theta}=1.53$

答案:B

37. 解 当原子失去电子成为正离子时,一般是能量较高的最外层电子先失去,而且往往引起电子层数的减少。某元素正二价离子(M^{2+})的外层电子构型是 $3s^2 3p^6$,所以该元素原子基态核外电子构型为 $1s^2 2s^2 2p^6 3s^2 3p^6 4s^2$。该元素基态核外电子最高主量子数为 4,为第四周期元素;价电子构型为 $4s^2$,为 s 区元素,IIA 族元素。

答案:C

38. 解 离子的极化力是指某离子使其他离子变形的能力。极化率(离子的变形性)是指某离子在电场作用下电子云变形的程度。每种离子都具有极化力与变形性,一般情况下,主要考虑正离子的极化力和负离子的变形性。极化力与离子半径有关,离子半径越小,极化力越强。

答案:A

39. 解 NH_4Cl 为强酸弱碱盐,水解显酸性;NaCl 不水解;NaOAc 和 Na_3PO_4 均为强碱弱酸盐,水解显碱性,因为 $K_a(HAc)>K_{a3}(H_3PO_4)$,所以 Na_3PO_4 的水解程度更大,碱性更强。

答案:A

40. 解 根据 $2A(g)+B(g)\rightleftharpoons 2C(g)$ 可知,平衡时 $p(A)=200\text{kPa}, p(B)=250\text{kPa}$,

$$K^\ominus=\frac{\left(\frac{p(C)}{p^\ominus}\right)^2}{\left(\frac{p(A)}{p^\ominus}\right)^2\left(\frac{p(B)}{p^\ominus}\right)}=\frac{\left(\frac{100}{100}\right)^2}{\left(\frac{200}{100}\right)^2\left(\frac{250}{100}\right)}=0.1$$

答案:A

41. **解** 根据氧化还原反应配平原则,还原剂失电子总数等于氧化剂得电子总数,配平后的方程式为:$2MnO_4^- + 5SO_3^{2-} + 6H^+ = 2Mn^{2+} + 5SO_4^{2-} + 3H_2O$。

答案:B

42. **解** 电极电势的大小,可以判断氧化剂与还原剂的相对强弱。电极电势越大,表示电对中氧化态的氧化能力越强。所以题中氧化剂氧化能力最强的是 HClO。

答案:C

43. **解** 标准状态时,由指定单质生成单位物质的量的纯物质 B 时反应的焓变(反应的热效应),称为标准摩尔焓变,记作 $\Delta_f H_m^\ominus$。指定单质通常指标准压力和该温度下最稳定的单质,如 C 的指定单质为石墨(s)。选项 A 中 C(金刚石)不是指定单质,选项 D 中不是生成单位物质的量的 CO_2(g)。

答案:C

44. **解** 发生银镜反应的物质要含有醛基(—CHO),所以甲醛、乙醛、乙二醛等各种醛类、甲酸及其盐(如 HCOOH、HCOONa)、甲酸酯(如甲酸甲酯 $HCOOCH_3$、甲酸丙酯 $HCOOC_3H_7$ 等)和葡萄糖、麦芽糖等分子中含醛基的糖与银氨溶液在适当条件下可以发生银镜反应。

答案:D

45. **解** 塑料、橡胶、纤维素都是天然高分子,蔗糖($C_{12}H_{22}O_{11}$)不是。

答案:A

46. **解** 1-戊炔、2-戊炔、1,2-戊二烯催化加氢后产物均为戊烷,3-甲基-1-丁炔催化加氢后产物为 2-甲基丁烷,结构式为$(CH_3)_2CHCH_2CH_3$。

答案:B

47. **解** 根据力的投影公式,$\boldsymbol{F}_x = \boldsymbol{F}\cos\alpha$,故只有当 $\alpha = 0°$ 时 $\boldsymbol{F}_x = \boldsymbol{F}$,即力 $\boldsymbol{F}$ 与 x 轴平行;而除力 $\boldsymbol{F}$ 在与 x 轴垂直的 y 轴($\alpha = 90°$)上投影为 0 外,在其余与 x 轴共面轴上的投影均不为 0。

答案:B

48. **解** 主矢 $\boldsymbol{F}_R = \boldsymbol{F}_1 + \boldsymbol{F}_2 + \boldsymbol{F}_3 = 30\boldsymbol{j}$N 为三力的矢量和;对 O 点的主矩为各力向 O 点取矩及外力偶矩的代数和,即 $M_O = F_3 a - M_1 - M_2 = -10$N·m(顺时针)。

答案:A

49. **解** 取整体为研究对象,受力如解图所示。

列平衡方程：

$\sum m_C(F)=0, F_A \cdot 2r - F_P \cdot 3r = 0$

$F_A = \dfrac{3}{2}F_P$

答案:D

题 49 解图

50.**解** 分析节点 C 的平衡，可知 BC 杆为零杆。

答案:D

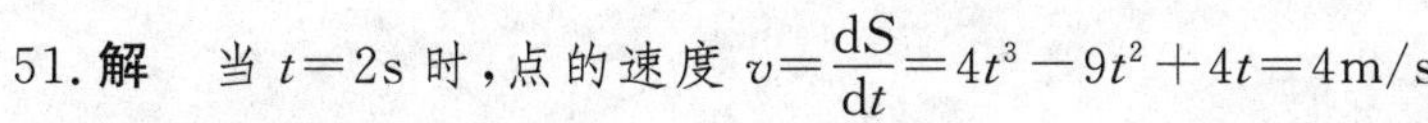

51.**解** 当 $t=2\text{s}$ 时，点的速度 $v=\dfrac{\mathrm{d}S}{\mathrm{d}t}=4t^3-9t^2+4t=4\text{m/s}$

点的加速度 $a=\dfrac{\mathrm{d}^2S}{\mathrm{d}t^2}=12t^2-18t+4=16\text{m/s}^2$

答案:C

52.**解** 根据点做曲线运动时法向加速度的公式：$a_n=\dfrac{v^2}{\rho}=\dfrac{15^2}{5}=45\text{m/s}^2$。

答案:B

53.**解** 因为点 A、B 两点的速度、加速度方向相同，大小相等，根据刚体做平行移动时的特性，可判断杆 AB 的运动形式为平行移动，因此，平行移动刚体上 M 点和 A 点有相同的速度和加速度，即：$v_M=v_A=r\omega, a_M^n=a_A^n=r\omega^2, a_M^t=a_A^t=r\alpha$。

答案:C

54.**解** 物块与桌面之间最大的摩擦力 $F=\mu mg$

根据牛顿第二定律：$ma=F$

即 $m\dfrac{v^2}{r}=F=\mu mg$，则得 $v=\sqrt{\mu gr}$

答案:C

55.**解** 重力与水平位移相垂直，故做功为零，摩擦力 $F=10\times0.3=3\text{N}$，所做之功 $W=3\times4=12\text{N}\cdot\text{m}$。

答案:C

56.**解** 根据动量矩定理：$J\alpha_1=1\times r$（J 为滑轮的转动惯量）；$J\alpha_2+m_2r^2\alpha_2+m_3r^2\alpha_2=(m_2g-m_3g)r=1\times r$；$J\alpha_3+m_3r^2\alpha_3=m_3gr=1\times r$。

则 $\alpha_1=\dfrac{1\times r}{J}$；$\alpha_2=\dfrac{1\times r}{J+m_2r^2+m_3r^2}$；$\alpha_3=\dfrac{1\times r}{J+m_3r^2}$

答案:C

57.**解**　如解图所示，杆释放瞬时，其角速度为零，根据动量矩定理：$J_O\alpha = mg\dfrac{l}{2}$，$\dfrac{1}{3}ml^2\alpha = mg\dfrac{l}{2}$，$\alpha = \dfrac{3g}{2l}$；施加于杆 OA 上的附加动反力为 $ma_C = m\dfrac{3g}{2l}\cdot\dfrac{l}{2} = \dfrac{3}{4}mg$，方向与质心加速度 a_C 方向相反。

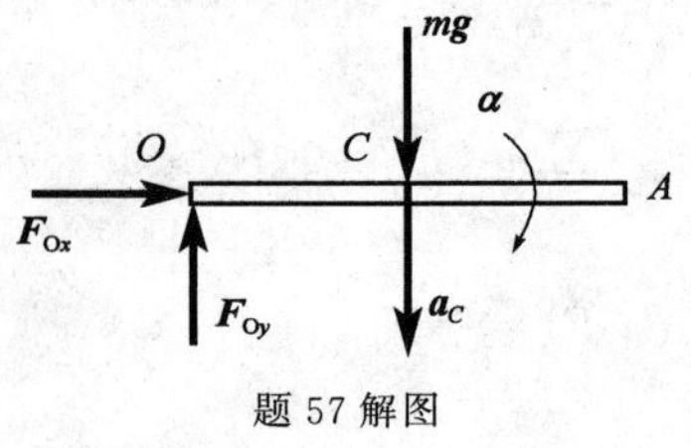

题 57 解图

答案：C

58.**解**　根据单自由度质点直线振动固有频率公式，

a)系统：$\omega_a = \sqrt{\dfrac{k}{m}}$；

b)系统：等效的弹簧刚度为 $\dfrac{k}{2}$，$\omega_b = \sqrt{\dfrac{k}{2m}}$。

答案：D

59.**解**　用直接法求轴力，可得：左段杆的轴力是 −3kN，右段杆的轴力是 5kN。所以杆的最大轴力是 5kN。

答案：B

60.**解**　用直接法求轴力，可得：$N_{AB} = -F$，$N_{BC} = F$

杆 C 截面的位移是：

$$\delta_C = \Delta l_{AB} + \Delta l_{BC} = \frac{-F\cdot l}{E\cdot 2A} + \frac{Fl}{EA} = \frac{Fl}{2EA}$$

答案：A

61.**解**　混凝土基座与圆截面立柱的交接面，即圆环形基座板的内圆柱面即为剪切面（如解图所示）：

$$A_Q = \pi dt$$

圆形混凝土基座上的均布压力（面荷载）为：

$$q = \frac{1000\times10^3\,\text{N}}{\frac{\pi}{4}\times1000^2\,\text{mm}^2} = \frac{4}{\pi}\text{MPa}$$

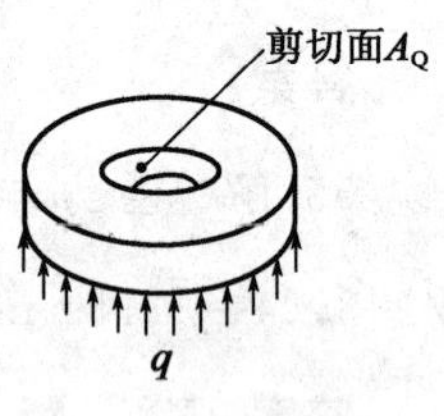

题 61 解图

作用在剪切面上的剪力为：

$$Q = q\cdot\frac{\pi}{4}(1000^2 - 500^2) = 750\text{kN}$$

由剪切强度条件：$\tau = \dfrac{Q}{A_Q} = \dfrac{Q}{\pi dt} \leqslant [\tau]$

可得：$t \geqslant \frac{Q}{\pi d[\tau]} = \frac{750 \times 10^3 \text{N}}{\pi \times 500\text{mm} \times 1.5\text{MPa}} = 318.3\text{mm}$

答案：C

62. **解** 设实心圆轴直径为 d，则：

$$\phi = \frac{Tl}{GI_{\text{p}}} = \frac{Tl}{G\,\frac{\pi}{32}d^4} = 32\,\frac{Tl}{\pi d^4 G}$$

若实心圆轴直径减小为 $d_1 = \frac{d}{2}$，则：

$$\phi_1 = \frac{Tl}{GI_{\text{p1}}} = \frac{Tl}{G\,\frac{\pi}{32}\left(\frac{d}{2}\right)^4} = 16\,\frac{32Tl}{\pi d^4 G} = 16\phi$$

答案：D

63. **解** 图示截面对 z 轴的惯性矩等于圆形截面对 z 轴的惯性矩减去矩形对 z 轴的惯性矩。

$$I_z^{\text{矩}} = \frac{bh^3}{12} + \left(\frac{h}{2}\right)^2 \cdot bh = \frac{bh^3}{3}$$

$$I_z = I_z^{\text{圆}} - I_z^{\text{矩}} = \frac{\pi d^4}{64} - \frac{bh^3}{3}$$

答案：A

64. **解** 圆轴表面 A 点的剪应力 $\tau = \frac{T}{W_{\text{T}}}$

根据胡克定律 $\tau = G\gamma$

因此 $T = \tau W_{\text{T}} = G\gamma W_{\text{T}}$

答案：A

65. **解** 上下梁的挠曲线曲率相同，故有：

$$\rho = \frac{M_1}{EI_1} = \frac{M_2}{EI_2}$$

所以 $\frac{M_1}{M_2} = \frac{I_1}{I_2} = \frac{\frac{ba^3}{12}}{\frac{b(2a)^3}{12}} = \frac{1}{8}$

即 $M_2 = 8M_1$

又有 $M_1 + M_2 = m$，因此 $M_1 = \frac{m}{9}$

答案：A

66. **解**　图示截面的弯曲中心是两个狭长矩形边的中线交点，形心主轴是 y' 和 z'，因为外力 $\boldsymbol{F}$ 作用线没有通过弯曲中心，故无扭转，还有沿两个形心主轴 y'、z' 方向的双向弯曲。

答案：D

67. **解**　本题是拉扭组合变形，轴向拉伸产生的正应力 $\sigma=\dfrac{F}{A}=\dfrac{4F}{\pi d^2}$

扭转产生的剪应力 $\tau=\dfrac{T}{W_T}=\dfrac{16T}{\pi d^3}$

$$\sigma_{eq3}=\sqrt{\sigma^2+4\tau^2}=\sqrt{\left(\frac{4F}{\pi d^2}\right)^2+4\left(\frac{16T}{\pi d^3}\right)^2}$$

答案：C

68. **解**　A 图：$\sigma_1=\sigma,\sigma_2=\sigma,\sigma_3=0$

$$\tau_{\max}=\frac{\sigma-0}{2}=\frac{\sigma}{2}$$

B 图：$\sigma_1=\sigma,\sigma_2=0,\sigma_3=-\sigma$

$$\tau_{\max}=\frac{\sigma-(-\sigma)}{2}=\sigma$$

C 图：$\sigma_1=2\sigma,\sigma_2=0,\sigma_3=-\dfrac{\sigma}{2}$

$$\tau_{\max}=\frac{2\sigma-\left(-\dfrac{\sigma}{2}\right)}{2}=\frac{5}{4}\sigma$$

D 图：$\sigma_1=3\sigma,\sigma_2=\sigma,\sigma_3=0$

$$\tau_{\max}=\frac{3\sigma-0}{2}=\frac{3}{2}\sigma$$

答案：D

69. **解**　图示圆轴是弯扭组合变形，力 F 作用下产生的弯矩在固定端最上缘 A 点引起拉伸正应力 σ，外力偶 T 在 A 点引起扭转切应力 τ，故 A 点单元体的应力状态是选项 C。

答案：C

70. **解**　A 图：$\mu l=1\times5=5$

B 图：$\mu l=2\times3=6$

C 图：$\mu l=0.7\times6=4.2$

根据压杆的临界荷载公式 $F_{cr}=\dfrac{\pi^2EI}{(\mu l)^2}$

可知：μl 越大，临界荷载越小；μl 越小，临界荷载越大。

所以 F_{crc} 最大，而 F_{crb} 最小。

答案：C

71. **解** 压力表测出的是相对压强。

答案：C

72. **解** 设第一截面的流速为 $v_1=\frac{Q}{\frac{\pi}{4}d_1^2}=\frac{0.015\text{m}^3/\text{s}}{\frac{\pi}{4}(0.1)^2\text{m}^2}=1.91\text{m/s}$

另一截面流速 $v_2=20\text{m/s}$，待求直径为 d_2，由连续方程可得：

$d_2=\sqrt{\frac{v_1}{v_2}d_1^2}=\sqrt{\frac{1.91}{20}(0.1)^2}=0.031\text{m}=31\text{mm}$

答案：B

73. **解** 层流沿程损失系数 $\lambda=\frac{64}{\text{Re}}$，而雷诺数 $\text{Re}=\frac{vd}{\nu}$

代入题设数据，得：$\text{Re}=\frac{10\times5}{0.18}=278$

沿程损失系数 $\lambda=\frac{64}{278}=0.23$

答案：B

74. **解** 圆柱形管嘴出水流量 $Q=\mu A\sqrt{2gH_0}$

代入题设数据，得：$Q=0.82\times\frac{\pi}{4}(0.04)^2\sqrt{2\times9.8\times7.5}=0.0125\text{m}^3/\text{s}\approx0.013\text{m}^3/\text{s}$

答案：D

75. **解** 在题设条件下，则自由出流孔口与淹没出流孔口的关系应为：流量系数相等、流量相等。

答案：D

76. **解** 由明渠均匀流谢才公式知流速 $v=C\sqrt{Ri}$，$C=\frac{1}{n}R^{\frac{1}{6}}$

代入题设数据，得：$C=\frac{1}{0.02}(1)^{\frac{1}{6}}=50\sqrt{\text{m}}/\text{s}$

流速 $v=50\sqrt{1\times0.0008}=1.41\text{m/s}$

答案：B

77. **解** 达西渗流定律适用于均匀土壤层流渗流。

答案：C

78. **解** 运动相似是几何相似和动力相似的表象。

答案:B

79.**解** 根据恒定磁路的安培环路定律:$\sum HL=\sum NI$

得:$H=\dfrac{NI}{L}=\dfrac{NI}{2\pi\gamma}$

磁场方向按右手螺旋关系判断为顺时针方向。

答案:B

80.**解** $U=-2\times2-2=-6\mathrm{V}$

答案:D

81.**解** 该电路具有6条支路,为求出6个独立的支路电流,所列方程数应该与支路数相等,即要列出6阶方程。

正确的列写方法是:

KCL 独立节点方程=节点数－1=4－1=3

KVL 独立回路方程(网孔数)=支路数－独立节点数=6－3=3

"网孔"为内部不含支路的回路。

答案:B

82.**解** $i(t)=I_{\mathrm{m}}\sin(\omega t+\psi_{\mathrm{i}})\mathrm{A}$

$t=0$ 时,$i(t)=I_{\mathrm{m}}\sin\psi_{\mathrm{i}}=0.5\sqrt{2}\mathrm{A}$

$$\begin{cases}\sin\psi_{\mathrm{i}}=1,\psi_{\mathrm{i}}=90^{\circ}\\ I_{\mathrm{m}}=0.5\sqrt{2}\mathrm{A}\\ \omega=2\pi f=2\pi\dfrac{1}{T}=2000\pi\end{cases}$$

$i(t)=0.5\sqrt{2}\sin(2000\pi t+90^{\circ})\mathrm{A}$

答案:C

83.**解** U_{i1} 与 U_{i2} 的频率不同,它们的放大倍数是不一样的。

可以从幅频特性曲线查出:

$U_{\mathrm{o1}}/U_{\mathrm{i1}}=1\Rightarrow U_{\mathrm{o1}}=U_{\mathrm{i1}}=10\mathrm{V}\Rightarrow U_{\mathrm{o2}}/U_{\mathrm{i2}}=0.1\Rightarrow U_{\mathrm{o2}}=0.1\times U_{\mathrm{i2}}=1\mathrm{V}$

答案:D

84.**解** 画相量图分析,如解图所示。

$\dot{I}_2=\dot{I}_{\mathrm{N}}+\dot{I}_{\mathrm{C2}}$

$\dot{I}_1=\dot{I}_{\mathrm{N}}+\dot{I}_{\mathrm{C1}}$

$|\dot{I}_{C1}|>|\dot{I}_{C2}|$

$$I_C=\frac{U}{X_C}=\frac{U}{\frac{1}{\omega C}}=U\omega C\propto C$$

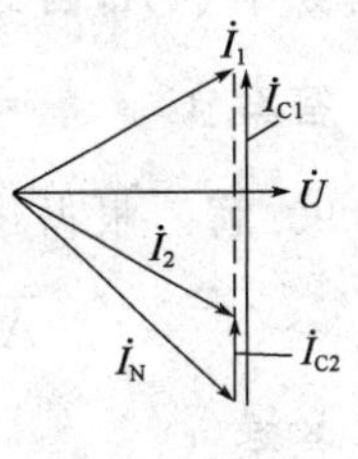

题 84 解图

有 $I_{C1}>I_{C2}$，所以 $C_1>C_2$

并且功率因数在 $\lambda|_{C_1}=-0.866$ 时电路出现过补偿，呈容性性质，一般不采用。

答案：A

85. **解** 如解图所示，由题意可知：

$N_1=550$ 匝

当 $U_1=100\text{V}$ 时，$U_{21}=10\text{V}$，$U_{22}=20\text{V}$

$$\frac{N_1}{N_{2|20\text{V}}}=\frac{U_1}{U_{21}},N_{2|10\text{V}}=N_1\cdot\frac{U_{21}}{U_1}=550\times\frac{10}{100}=55\text{ 匝}$$

$$\frac{N_1}{N_{2|20\text{V}}}=\frac{U_1}{U_{22}},N_{2|20\text{V}}=N_1\cdot\frac{U_{22}}{U_1}=550\times\frac{20}{100}=110\text{ 匝}$$

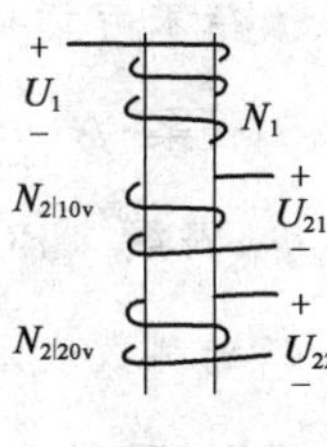

题 85 解图

答案：C

86. **解** 为实现对电动机的过载保护，热继电器的热元件串联在电动机的主电路中，测量电动机的主电流，同时将热继电器的常闭触点接在控制电路中，一旦电动机过载，则常闭触点断开，切断电机的供电电路。

答案：C

87. **解** “模拟”是指把某一个量用与它相对应的连续的物理量（电压）来表示；图 d)不是模拟信号，图 c)是采样信号，而非数字信号。对本题的分析可见，图 b)是图 a)的模拟信号。

答案：A

88. **解** 周期信号频谱是离散的频谱，信号的幅度随谐波次数的增高而减小。针对本题情况可知该周期信号的一次谐波分量为：

$u_1=U_{1m}\sin\omega_1 t=5\sin10^3 t$

$U_{1m}=5\text{V},\omega_1=10^3$

$u_3=U_{3m}\sin3\omega t$

$\omega_3=3\omega_1=3\times10^3$

$U_{3m}<U_{1m}$

答案：B、C(因功率因数 $|\lambda|_{C_1}|=|\lambda|_{C_2}|$，所以这两种方案均可以采用)

89. **解** 放大器的输入为正弦交流信号，但 $u_1(t)$ 的频率过高，超出了上限频率 f_H，放

大倍数小于 A，因此输出信号 u_2 的有效值 $U_2 < AU_1$。

答案：C

90. 解 根据逻辑电路的反演关系，对公式变化可知结果

$$\overline{AD+\overline{A}\,\overline{D}}=\overline{AD}\cdot\overline{\overline{A}\,\overline{D}}=(\overline{A}+\overline{D})\cdot(A+D)=\overline{A}D+A\overline{D}$$

答案：C

91. 解 本题输入信号 A、B 与输出信号 F 为或非逻辑关系，$F=\overline{A+B}$（输入有 1 输出则 0），对齐相位画输出波形如解图所示。

题 91 解图

结果与选项 A 的图形一致。

答案：A

92. 解 BCD 码是用二进制数表示十进制数。有两种常用形式，压缩 BCD 码，用 4 位二进制数表示 1 位十进制数；非压缩 BCD 码，用 8 位二进制数表示 1 位十进制数，本题的 BCD 码形式属于第一种。

选项 B，0001 表示十进制的 1，0110 表示十进制的 6，即 $(16)_{BCD}=(0001\ 0110)_B$，正确。

答案：B

93. 解 设二极管 D 截止，可以判断：

$U_{D阳}=1V$

$U_{D阴}=5V$

D 为反向偏置状态，可见假设成立，$U_F=U_B=5V$

答案：B

94. 解 该电路为运算放大器的积分运算电路。

$$u_o=-\frac{1}{RC}\int u_i \mathrm{d}t$$

当 $u_i=1V$ 时，$u_o=-\frac{1}{RC}t$

当 $t<10s$ 时，$u_o=-t$

$t \geqslant 10s$ 后，电路出现反向饱和，$u_o=-10V$

答案：D

95. 解 输出 Q 与输入信号 A 的关系：$Q_{n+1}=D=A\cdot\overline{Q}_n$

输入信号 Q 在时钟脉冲的上升沿触发。

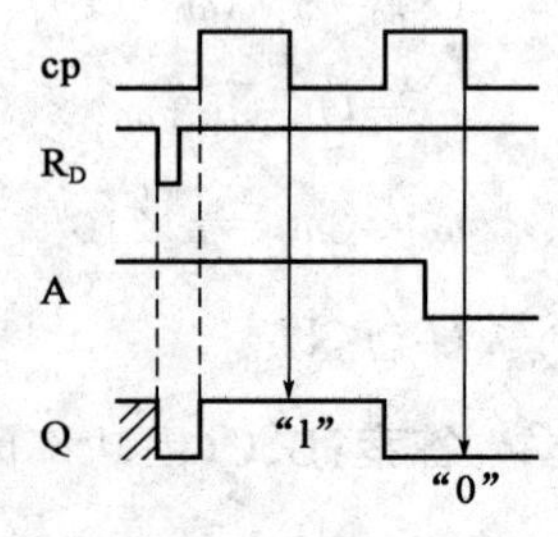

题 95 解图

如解图所示，可知 cp 脉冲的两个下降沿时刻 Q 的状态分别是 1　0。

答案:C

96. **解**　由题图可见该电路由 3 个 D 触发器组成，在时钟脉冲的作用下，存储数据依次向左循环移位。

当 $\overline{R}_D=0$ 时，系统初始化：$Q_2=0, Q_1=1, Q_0=0$

即存储数据是"010"。

答案:A

97. **解**　计算机按用途可分为专业计算机和通用计算机。专业计算机是为解决某种特殊问题而设计的计算机，针对具体问题能显示出有效、快速和经济的特性，但它的适应性较差，不适用于其他方面的应用。在导弹和火箭上使用的计算机很大部分就是专业计算机。通用计算机适应性很强，应用范围很广，如应用于科学计算、数据处理和实时控制等领域。

答案:A

98. **解**　当前计算机的内存储器多数是半导体存储器。半导体存储器从使用功能上分，有随机存储器(Random Access Memory，简称 RAM，又称读写存储器)，只读存储器(Read Only Memory，简称 ROM)。

答案:A

99. **解**　批处理操作系统是指将用户的一批作业有序地排列在一起，形成一个庞大的作业流。计算机指令系统会自动地顺序执行作业流，以节省人工操作时间和提高计算机的使用效率。

答案:B

100. **解**　杀毒软件能防止计算机病毒的入侵，及时有效地提醒用户当前计算机的安全状况，可以对计算机内的所有文件进行检查，发现病毒时可清除病毒，有效地保护计算机内的数据安全。

答案:D

101. **解**　ASCII 码是"美国信息交换标准代码"的简称，是目前国际上最为流行的字符信息编码方案。在这种编码中每个字符用 7 个二进制位表示。这样，从 0000000 到 1111111 可以给出 128 种编码，可以用来表示 128 个不同的字符，其中包括 10 个数字、大小写字母各 26 个、算术运算符、标点符号及专用符号等。

答案:B

102. **解**　Windows 特点的是使用方便、系统稳定可靠、有友好的用户界面、更高的可移动性，笔记本用户可以随时访问信息等。

答案：C

103.**解** 虚拟存储技术实际上是在一个较小的物理内存储器空间上，来运行一个较大的用户程序。它利用大容量的外存储器来扩充内存储器的容量，产生一个比内存空间大得多、逻辑上的虚拟存储空间。

答案：D

104.**解** 通信和数据传输是计算机网络主要功能之一，用来在计算机系统之间传送各种信息。利用该功能，地理位置分散的生产单位和业务部门可通过计算机网络连接在一起进行集中控制和管理。也可以通过计算机网络传送电子邮件，发布新闻消息和进行电子数据交换，极大地方便了用户，提高了工作效率。

答案：D

105.**解** 因特网提供的服务有电子邮件服务、远程登录服务、文件传输服务、WWW服务、信息搜索服务。

答案：D

106.**解** 按采用的传输介质不同，可将网络分为双绞线网、同轴电缆网、光纤网、无线网；按网络传输技术不同，可将网络分为广播式网络和点到点式网络；按线路上所传输信号的不同，又可将网络分为基带网和宽带网两种。

答案：A

107.**解** 根据等额支付偿债基金公式（已知 F，求 A）：

$$A=F\left[\frac{i}{(1+i)^n-1}\right]=F(A/F,i,n)$$

$$=600\times(A/F,5\%,5)=600\times0.18097=108.58\text{ 万元}$$

答案：B

108.**解** 从企业角度进行投资项目现金流量分析时，可不考虑增值税，因为增值税是价外税，不进入企业成本也不进入销售收入。执行新的《中华人民共和国增值税暂行条例》以后，为了体现固定资产进项税抵扣导致企业应纳增值税的降低进而致使净现金流量增加的作用，应在现金流入中增加销项税额，同时在现金流出中增加进项税额以及应纳增值税。

答案：B

109.**解** 注意题目问的是第2年年末偿还的利息（不包括本金）。

等额本息法每年还款的本利和相等，根据等额支付资金回收公式（已知 P 求 A），每年年末还本付息金额为：

$$A=P\left[\frac{i(1+i)^n}{(1+i)^n-1}\right]$$

$$=P(A/P,8\%,5)=150\times0.2505=37.575\text{ 万元}$$

则第 1 年末偿还利息为 150×8%=12 万元，偿还本金为 37.575−12=25.575 万元；

第 1 年已经偿还本金 25.575 万元，尚未偿还本金为 150−25.575=124.425 万元；

第 2 年年末应偿还利息为(150−25.575)×8%=9.954 万元

答案:A

110.**解**　内部收益率是指项目在计算期内各年净现金流量现值累计等于零时的收益率，属于动态评价指标。计算内部收益率不需要事先给定基准收益率 i_c，计算出内部收益率后，再与项目的基准收益率 i_c 比较，以判定项目财务上的可行性。

常规项目投资方案是指除了建设期初或投产期初的净现金流量为负值外，以后年份的净现金流量均为正值，计算期内净现金流量由负到正只变化一次，这类项目只要累计净现金流量大于零，内部收益率就有唯一解，即项目的内部收益率。

答案:D

111.**解**　影子价格是能够反映资源真实价值和市场供求关系的价格。

答案:B

112.**解**　生产能力利用率的盈亏平衡点指标数值越低，说明较低的生产能力利用率即可达到盈亏平衡，也即说明企业经营抗风险能力较强。

答案:A

113.**解**　由于残值可以回收，并没有真正形成费用消耗，故应从费用中将残值减掉。

甲方案的费用现值：

$$P=4(P/A,20\%,20)+25-8(P/F,20\%,20)$$

$$=4\times4.8696+25-8\times0.02608=44.27\text{ 万元}$$

乙方案的费用现值：

$$P=6(P/A,20\%,20)+12-6(P/F,20\%,20)$$

$$=6\times4.8696+12-6\times0.02608=41.06\text{ 万元}$$

答案:C

114.**解**　该零件的成本系数为：

$$C=880\div10000=0.088$$

该零部件的价值指数为：

$$0.088\div0.140=0.628$$

答案:A

115.**解** 《中华人民共和国建筑法》第三十四条规定，工程监理单位应当根据建设单位的委托，客观、公正地执行监理任务。

选项C和D明显错误。选项A也是错误的，因为监理单位承揽监理业务的范围是根据其单位资质决定的，而不是和甲方签订的合同所决定的。

答案:B

116.**解** 《中华人民共和国安全法》第六十条规定，负有安全生产监督管理职责的部门依照有关法律、法规的规定，对涉及安全生产的事项需要审查批准(包括批准、核准、许可、注册、认证、颁发证照等，下同)或者验收的，必须严格依照有关法律、法规和国家标准或者行业标准规定的安全生产条件和程序进行审查；不符合有关法律、法规和国家标准或者行业标准规定的安全生产条件的，不得批准或者验收通过。对未依法取得批准或者验收合格的单位擅自从事有关活动的，负责行政审批的部门发现或者接到举报后应当立即予以取缔，并依法予以处理。对已经依法取得批准的单位，负责行政审批的部门发现其不再具备安全生产条件的，应当撤销原批准。

答案:A

117.**解** 《中华人民共和国建筑法》第二十七条规定，大型建筑工程或者结构复杂的建筑工程，可以由两个以上的承包单位联合共同承包。共同承包的各方对承包合同的履行承担连带责任。

两个以上不同资质等级的单位实行联合共同承包的，应当按照资质等级低的单位的业务许可范围承揽工程。

答案:B

118.**解** 《中华人民共和国合同法》第六十二条第二款规定，价款或者报酬不明确的，按照订立合同时履行地的市场价格履行。

答案:A

119.**解** 《中华人民共和国环境保护法》第三十五条规定，城乡建设应当结合当地自然环境的特点，保护植被、水域和自然景观，加强城市园林、绿地和风景名胜区的建设与管理。

答案:A

120.**解** 《中华人民共和国安全法》第十八条规定,生产经营单位的主要负责人对本单位安全生产工作负有下列职责:

(一)建立、健全本单位安全生产责任制;

(二)组织制定本单位安全生产规章制度和操作规程;

(三)组织制定并实施本单位安全生产教育和培训计划;

(四)保证本单位安全生产投入的有效实施;

(五)督促、检查本单位的安全生产工作,及时消除生产安全事故隐患;

(六)组织制定并实施本单位的生产安全事故应急救援预案;

(七)及时、如实报告生产安全事故。

答案:A

2018 年度全国勘察设计注册土木工程师(岩土)执业资格考试基础考试(下)试题解析及参考答案

1.**解** 断裂力学说明材料的断裂是裂缝扩展的结果,所以脆性材料的断裂强度不取决于裂缝的数量,而是取决于裂缝的大小,即材料中最大裂缝的长度。

答案:A

2.**解** 密度是指材料在绝对密实状态下,单位体积的质量,与材料的孔隙无关,与材料的组成有关,所以当材料的组成相同时,其密度也相同。表观密度是指材料在自然状态下,单位体积的质量,与材料的孔隙率有关。材料的孔隙率指材料在自然状态下,孔隙的体积占总体积的百分率。空隙率是指散粒材料在堆积状态下,空隙的体积占总体积的百分率。所以,对于同一组成、不同表观密度的无机非金属材料,由于密度相同,表观密度越大,材料的孔隙率越小,即密实度越高,强度也越高。

答案:A

3.**解** 水泥中掺入的活性混合材料能够与水泥水化产生的氢氧化钙发生反应,生成水化硅酸钙等水化产物,该反应称为火山灰反应。碳化反应指氢氧化钙(来自生石灰或水泥水化产物)在潮湿条件下与二氧化碳反应生成碳酸钙的反应。钙钒石生成反应指水泥混凝土中的水化铝酸钙与二水硫酸钙(即石膏)反应生成三硫型水化硫铝酸钙(即钙钒石)的反应,该反应会导致水泥混凝土体积显著膨胀。延迟钙钒石反应是指在已经硬化的混凝土中发生生成钙钒石的反应,因为体积膨胀,所以会导致混凝土开裂,甚至破坏。

答案:A

4.**解** 混凝土的碱—骨料反应是内部碱性孔隙溶液和骨料中的活性成分发生了反应,因此控制工程中碱—骨料反应的措施包括:①降低混凝土中的含碱量;②控制活性骨料的使用;③采用活性掺和料(如粉煤灰、矿渣粉等);④加入碱—骨料反应抑制剂等。四个选项中,控制碱—骨料反应的最有效措施为降低混凝土含碱量。

答案:C

5.**解** 国家标准《普通混凝土力学性能试验方法标准》(GB/T 50081—2002)规定,采用边长 150mm 的立方体试件,在规定的劈裂试验装置上测定混凝土的劈裂破坏荷载,按照以下公式推导出混凝土的劈裂抗拉强度。

$$f_{ts}=\frac{2F}{\pi A}=0.637\frac{F}{A}$$

式中，F为破坏荷载，单位为N；A为试件的劈裂面积，单位为mm^2。

所以，可以根据混凝土的劈裂强度推导出其抗拉强度。

答案：C

6. **解** 冷弯性能指钢材在常温下抵抗弯曲变形的能力，反映钢材在非均匀受力变形时的塑性变形能力。抗拉强度反映钢材在拉力作用下所能承受的极限荷载。伸长率是指钢材在拉力作用下，拉断时伸长的长度占初始标距长度的百分比，是衡量钢材均匀变形时塑性变形能力的技术指标。冲击韧性指钢材抵抗冲击荷载作用的能力。

答案：C

7. **解** 土是固体颗粒、水和空气的混合物。土的密度是指土的单位体积质量，一般分为天然密度、干密度、饱和密度和有效密度，可以通过试验直接测定，比如环刀法适宜测定不含骨料的黏性土的密度；灌砂法适宜测定细粒土、砂类土和砾类土的密度，一般在室外采用。土粒密度是指土壤中固体颗粒的密度，可以采用比重瓶法直接测定。土的含水率是指土中所含水的质量占土干燥质量的百分比，即通过测定土样在105～110℃温度下烘干至恒重时所失去的水的质量和恒重时干土质量计算其含水率。土的孔隙率是指土中孔隙的体积占土总体积的百分率，需要通过土的密度和土粒密度换算得到。所以土的指标中，土的密度、土粒密度和土的含水率可以通过试验直接测定，而土的孔隙率则需要通过换算得到。

答案：D

8. **解** 经纬仪照准同一竖直面内不同高度的两个目标点，水平角读数理论上应相等。

答案：A

9. **解** 四等水准测量的前后视距差限差是3m。

答案：B

10. **解** 按比例尺的精度定义可知，1∶2000地形图比例尺的精度为0.2m，所以该地形图测图比例尺不得低于1∶2000。

答案：C

11. **解** 微倾式水准仪轴线之间应满足的主要条件是视准轴平行于水准管轴。

答案：C

12. **解** 同一张地形图上，等高线越密集，坡度越陡。

答案:B

13. **解** 《工程建设项目报建管理办法》是住建部制定的部门法规。

答案:C

14. **解** 原国家建设委员会和城市建设部于1958年联合颁发的《关于城市规划几项控制指标的通知》,是我国第一个有关城市规划定额指标的文件。1980年原国家基本建设委员会对上项文件做了修订,改为《城市规划定额指标暂行规定》。这个暂行规定给出的总体规划定额指标,是城市发展的控制性指标,作为编制城市总体规划的依据。主要内容有:

①城市人口规模的划分和规划期人口的计算。提出不同规模和类别的城市基本人口、服务人口和被抚养人口各自占城市总人口比例的参考数值。

②生活居住用地指标。指居住用地、公共建筑用地、公共绿地、道路广场等四项用地的人均用地指标(近期的和远期的)。规定城市每一居民占有生活居住用地,近期为24～35m^2、远期为40～58m^2。

③道路分类和宽度。城市道路按设计车速分为四级,并分别规定了各级道路的总宽度、不同性质和规模的城市采用不同等级的道路,还规定了干道间距、密度和停车场的用地等。

④城市公共建筑用地。规定分为市级、居住区级和居住小区级三级。居住区人口规模一般按4万～5万人、小区按1万人左右考虑;每一居民占有城市公共建筑用地的指标,近期为6～8m^2,远期为9～13m^2。

⑤城市公共绿地。也规定分为市级、居住区级和居住小区级三级。每一居民占有城市公共绿地的指标,近期为3～5m^2,远期为7～11m^2。

这其中不包括具体用水量,所以选项A正确。

答案:A

15. **解** 《中华人民共和国城乡规划法》第三十六条规定,按照国家规定需要有关部门批准或者核准的建设项目,以划拨方式提供国有土地使用权的,建设单位在报送有关部门批准或者核准前,应当向城乡规划主管部门申请核发选址意见书。

选项A的内容不全,选项B的表述与第三十六条不符,选项D大中型项目不能由所在地县市人民政府核发选址意见书,故均错误。

答案:C

16. **解** 《中华人民共和国城乡规划法》第四条规定,制定和实施城乡规划,应当遵循城乡统筹、合理布局、节约土地、集约发展和先规划后建设的原则，改善生态环境，促进资源、能源节约和综合利用，保护耕地等自然资源和历史文化遗产，保护地方特色、民族特色和传统风貌，防止污染和其他公害，并符合区域人口发展、国防建设、防灾减灾和公共卫生、公共安全的需要。条文中“改善生态环境”和“防止污染和其他公害”等内容就是“关注民生”；“促进资源、能源节约和综合利用”和“符合区域人口发展、国防建设、防灾减灾和公共卫生、公共安全的需要”等内容就是“可持续发展”；条文中还提到了城乡统筹。

答案:D

17.**解** 灌注桩施工采用人工挖孔成孔时仅需使用小型机具，占用场地小，故适合在狭窄现场施工。而其他选项的成孔方法均需较大型的沉管或钻孔机械，其中泥浆护壁钻孔还需要泥浆制备、存储、输送、滤渣等设备。

答案:C

18.**解** 制作预应力结构构件，采用钢管抽芯法留设孔道时，混凝土浇筑后应每隔10～15min转动钢管，以避免与混凝土黏结；当混凝土初凝后、终凝前，将钢管边旋转边抽出。

答案:B

19.**解** 网络计划中，关键线路就是总持续时间最长的线路，它决定了工期，因此关键线路上的每项工作都是关键工作；一般情况下(计划工期等于计算工期)，总时差为零的工作为关键工作；而关键线路上可能有虚工作。

答案:B

20.**解** 施工组织总设计的编制程序主要为：拟定施工部署与施工方案→编制施工进度计划→编制资源配置计划(需要量计划)→编制施工准备计划→设计施工平面图。施工部署与施工方案是编制进度计划和施工平面图的依据，而进度计划是编制资源计划、施工准备计划等各种计划的依据。

答案:D

21.**解** 采用匀速进展横道图比较法检查进度状况时，实际进度线右端若落在检查日期位置的左侧，则表明实际进度拖后；若二者重合，则表明实际进度与进度计划一致；若落在检查日期的右侧，则表明实际进度超前。

答案:A

22.**解** 由对底铰力矩平衡，可知两个竖向反力为零，再由对顶铰力矩平衡，可得：

$$F_H L + M = 0 \Rightarrow F_H = -\frac{M}{L}$$

答案:B

23.**解** 有阻尼单自由度体系受简谐荷载作用，当荷载频率接近结构自振频率(接近共振)时，位移与荷载相差的相位角接近90°。故当荷载值为最大时，位移和加速度接近于零，因而弹性力和惯性力都接近于零，这时动荷载主要由阻尼力平衡。共振时阻尼起重要作用不容忽视。

答案:B

24.**解** 设想撤去铰 B，当经历温度均匀降低时，若竖杆缩短量为 Δ，则斜杆缩短量为 $\sqrt{2}\Delta$，如解图所示，这时每杆下端可以上端铰为圆心、以缩短后的杆长为半径画弧(现为小变形用切线代替)寻找联结点。在图b)中三切线共同交于 B' 点，在此点重新用铰联结，既满足零内力平衡又满足变形协调，即为真实状态。而图a)中三切线没有共同交点，即零内力无法满足变形协调，只有杆件受力才能变形协调用铰联结。

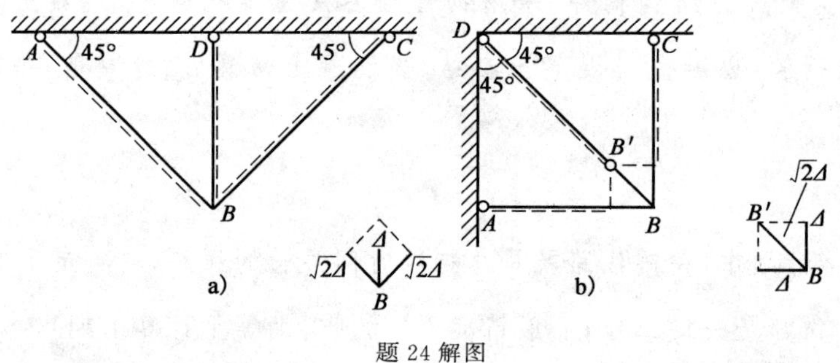

题24解图

答案:B

25.**解** 为保证能充分利用受压区钢筋的强度(达到其屈服强度)，混凝土受压区高度应符合 $x \geqslant 2a'_s$，见《混凝土结构设计规范》(GB 50010—2010)公式(6.2.10-4)。

答案:A

26.**解** 此荷载组合为大、小偏心受压构件的界限破坏状态($\xi=\xi_b$)，此时构件达到最大的抗弯承载能力 M_{max}。对于选项D，轴向荷载相等，且弯矩小于构件的最大抗弯承载能力 M_{max}，因此该荷载组合作用下，柱一定处于安全状态。

答案:D

27.**解** 《混凝土结构设计规范》(GB 50010—2010)第11.7.17条规定，剪力墙两端及洞口两侧应设置边缘构件。当边缘构件的轴压比不大于表11.7.17规定时，可按规范规定设置构造边缘构件；当墙肢底截面轴压比大于表11.7.17规定时，应按规范规定设置约束边缘构件。

答案:C

28. **解**　该吊车梁的工作温度低于-20℃，根据《钢结构设计标准》(GB 50017—2017)第4.3.3条第2款，需要验算疲劳的焊接结构用钢材，当工作温度不高于-20℃时，Q235钢和Q345钢不应低于D级(选项中无D级钢，可将B选项改为Q345D)。

答案：B

29. **解**　两端支承，且无横向荷载作用，由《钢结构设计标准》(GB 50017—2017)公式(8.2.1-5)：

等效弯矩系数 $\beta_{mx}=0.6+0.4\dfrac{M_2}{M_1}$

式中 M_1、M_2 为端弯矩，构件无反弯点时取同号，有反弯点时取异号。

由平面内稳定性计算公式(8.2.1-1)：

$$\frac{N}{Q_x Af}+\frac{\beta_{mx}M_x}{\gamma_x W_{1x}\left(1-0.8\dfrac{N}{N_{Ex}^1}\right)f}\leqslant 1.0$$

可知，其他参数相同的情况下，β_{mx}越大，稳定性越差。

比较各弯矩图，选项C的β_{mx}值最大。

答案：C

30. **解**　选项A、C是高强度螺栓摩擦型连接的计算公式。普通螺栓连接的承压承载力设计值按选项B的公式计算，见《钢结构设计标准》(GB 50017—2017)公式(11.4.1-3)：

$$N_c^b=d\sum tf_c^b$$

答案：B

31. **解**　由《砌体结构设计规范》(GB 50003—2011)表10.1.2可知，对普通砖砌体多层房屋的总高度为18m，总层数为6层；第10.1.4条第1款规定，多层砌体结构房屋的层高不应超过3.6m。

答案：C

32. **解**　产生该种裂缝的原因一般为温度变形和砌体干缩变形。

答案：D

33. **解**　《砌体结构设计规范》(GB 50003—2011)第7.3.5条规定，墙梁应进行托梁使用阶段正截面承载力和斜截面承载力计算，以及施工阶段承载力验算，选项A错误。第7.3.2条对墙梁上开洞口做了明确的规定，选项C错误。根据第7.3.9条，墙梁的墙体受剪承载力验算，考虑了翼墙的影响，选项D错误。

无洞口墙梁主压力迹线呈拱形，作用于墙梁顶面的荷载通过墙体的拱作用向支座传递。托梁主要承受拉力，两者组成一拉杆拱受力机构。

答案:B

34. 解 本题考查的是岩石的流变模型，流变模型一般由三种基本原件组合而成，分别是描述弹性体的弹簧、描述塑性体的滑块以及描述黏性体的黏缸，其中弹性体和塑性体在力作用下产生的变形都是瞬时变形，与时间无关，只有黏性体才会产生与时间相关的变形。题中的弹性模量的本意应该是指弹簧，不论将其与其他两个元件并联还是串联，都只能表现弹性变形。因此，从四个选项中可以看出，只有选项A所指的瞬时变形才是弹性变形，其余的都是蠕变。

答案:A

35. 解 四个选项都是地应力测量方法，其中孔壁应变法和孔底应变法以及表面应变法都需要在岩体表面上粘贴应变片，但在含有地下水的岩体表面粘贴应变片比较困难，无法保证测量质量。相反，孔径应变法是利用引伸计测量钻孔直径的变形，不受地下水的影响。

答案:B

36. 解 一般土的干密度越大，孔隙比、孔隙率均越小，标准贯入试验的锤击数越高，土体越密实。

答案:B

37. 解 土的压缩系数是反映土体压缩性大小的指标，是压缩试验所得到的 e-p 曲线上某一压力段的割线（或切线）的斜率。斜率越小，压缩系数越小，土的压缩性越小。

答案:B

38. 解 土的抗剪强度指标是 c、φ 值，载荷试验不能测得土的抗剪强度指标。

答案:D

39. 解 基于无黏性土朗肯主动土压力计算公式，$p_a=\gamma z\tan^2\left(45°+\dfrac{\varphi}{2}\right)$，在土层分界面土压力上大下小是因为 $\varphi_1<\varphi_2$ 所致，第二层土中土压力分布曲线斜率变大是由于 $\gamma_2<\gamma_1$ 所致。

答案:D

40. 解 N_c 是与黏聚力 c 相关的承载力系数。

答案:A

41. 解 白云岩、石灰岩为碳酸盐岩，前者遇水不易溶解，后者易溶解；硅质页岩由于为硅质胶结的页岩，遇水不易软化；混积岩是陆源碎屑和碳酸盐颗粒及灰泥混合在一起的沉积岩，属于陆源碎屑岩和碳酸盐岩之间的过渡类型，遇水易软化。

答案：B

42.**解**　沉积岩中常有圆形或不规则的与周围岩石成分、颜色、结构不同、大小不一的无机物包裹体，称为结核。波痕是沉积过程中，沉积物由于受风力或水流的波浪作用，在沉积岩层面上遗留下来的波浪的痕迹。沉积岩层中当层理与层面斜交时，称为斜层理。片理是变质岩中在定向挤压应力的长期作用下，岩石中含有大量片状、板状、纤维状矿物互相平行排列形成的构造。

答案：A

43.**解**　侵入接触指沉积层形成在先，后来岩浆岩侵入其中。沉积接触指侵入岩先形成，之后地壳上升受风化剥蚀，然后地壳又下降接受新的沉积。不整合接触也称角度不整合接触，是指上下地层间有明显的沉积间断，且上下地层产状不同，以一定角度相交。断层接触为断层两侧岩石的接触关系。

答案：A

44.**解**　河流阶地，是指河谷内河流侵蚀或沉积作用形成的阶梯状地形，又称为阶地或台地，阶地的划分，是由现代河床由低到高依次命名为一级阶地、二级阶地、三级阶地等。因此，距离现代河床越高的古阶地的特点是年代越老。各阶地的物质组成各异，不是越老阶地物质成分和结构就一定越粗。

答案：D

45.**解**　层间裂隙是沉积岩层层间错动的产物。风化裂隙是地表风化营力造成岩体破裂形成，一般不规则，由地表向内部逐渐减少直至消失。岩体内剪裂隙和张裂隙分别是由构造剪切应力和张拉应力形成的，岩体中的剪裂隙分布最为普遍。

答案：A

46.**解**　岩浆从形成、运动、演化直至冷凝成岩的全过程，称为岩浆作用，形成的岩石为岩浆岩。沉积作用是被运动介质搬运的物质到达适宜的场所后，由于条件发生改变而发生沉淀、堆积的过程，经固结硬化形成沉积岩。地球内力引起岩石产生结构、构造以及矿物成分改变而形成新岩石的过程称为变质作用，形成的岩石称为变质岩。地壳表层的岩石，在太阳辐射、大气、水和生物等风化营力的作用下，发生物理和化学变化，使岩石崩解破碎以致逐渐分解而在原地形成松散堆积物的过程，称为风化作用，黏土矿物是风化作用形成的新矿物。

答案:B

47.**解** 地震、煤矿无序开采造成的地面塌陷不属于岩溶地面塌陷。过度开采承压水会造成地面沉降。岩溶区地下水位即潜水位的大幅下降将会造成覆盖性岩溶地区的地面形成群发性地面塌陷。

答案:D

48.**解** 各类岩土层的渗透系数差异巨大,而黏土层、粉质黏土层渗透系数小,一般在10^{-5}cm/s左右;粉土渗透系数一般在10^{-4}cm/s左右;中砂渗透系数一般在10^{-2}cm/s左右;卵砾石、漂石渗透系数一般在1cm/s左右。

答案:D

49.**解** 含水性是指岩土介质含有水的性能,用含水量表示。给水性是饱水岩土在重力作用下能自由排出水的能力,可用给水度表示。吸水性是指岩土通过毛细管孔隙吸收并保持其水分的性质,可用吸水率表示。透水性是指岩土允许水透过的能力,评价岩土透水性的指标是渗透系数。

压水试验是在现场进行确定地下岩土渗透性和渗透系数的试验方法。

答案:C

50.**解** 现场采集的土试样质量分为I级不扰动土、II级轻微扰动土、III级显著扰动土和IV级完全扰动土。I级不扰动土土样可以进行土类定名、含水率、密度、强度和固结试验,II级轻微扰动土土样可以进行土类定名、含水率和密度试验,III级显著扰动土土样可以进行土类定名和含水率试验,IV级完全扰动土土样仅可以进行土类定名。

答案:C

51.**解** 地震对边坡的作用包括:①给边坡施加水平或竖向地震惯性力;②给边坡施加强烈的震动荷载。前者会加大边坡的下滑力,增大边坡的下滑趋势;后者会导致边坡岩体松动、开裂。因此,从以上对地震作用的分析可以判断,选项B、D应该不在考虑范围,只能从选项A、C中选择更准确的答案。其中,两个作用的叠加效应会导致边坡开裂与崩塌,实际上,山区的大地震都伴随有大量崩塌、落石的产生。因此,应选A。

答案:A

52.**解** 挡墙、抗滑桩属于支挡结构,其作用是提高斜坡的抗滑力,阻止坡体下滑。锚杆由于给滑面上施加了一个法向压力,所以也能显著提高斜坡的抗滑力。因此,四个选项中,选项D最恰当。

答案:D

53.**解** 条形基础的岩基承载力理论计算公式为：

$$q_f = 0.5\gamma b N_r + cN_c + qN_q$$

其中，

$$N_r = \tan^6\left(45° + \frac{\varphi}{2}\right) - 1$$

$$N_c = 5\tan^4\left(45° + \frac{\varphi}{2}\right)$$

$$N_q = \tan^6\left(45° + \frac{\varphi}{2}\right)$$

式中，N_r、N_c、N_q 称为承载力系数；γ、c 分别为岩体的重度和黏聚力；q 为岩基上的竖向均布荷载。

将以上参数值代入以上公式可得：

$$N_r = \tan^6\left(45° + \frac{\varphi}{2}\right) - 1 = \tan^6\left(45° + \frac{35°}{2}\right) - 1 = 49.25$$

$$N_c = 5\tan^4\left(45° + \frac{\varphi}{2}\right) = 5\tan^4\left(45° + \frac{35°}{2}\right) = 68.09$$

本题中，$q=0$，因此：

$$\begin{aligned} q_f &= 0.5\gamma b N_r + cN_c + qN_q \\ &= 0.5 \times 25 \times 49.25 + 50 \times 68.09 = 4020.13\text{kPa} \end{aligned}$$

上述计算结果与选项D最接近。

答案:D

54.**解** 季节冻土的基础埋置深度中采用的设计冻深，是由标准冻深经修正后得到计算值。土的类别、土的冻胀性和环境都对标准冻深的修正结果有影响。

答案:D

55.**解** p_{cz}的计算应当从原地面算起。

答案:A

56.**解** 原状土体基本固结，护坡桩主要受水平荷载作用。

答案:C

57.**解** 由于群桩作用，中桩桩端土存在应力叠加现象，桩间正摩阻力减弱，单桩承载力降低较多。

答案:D

58.**解** 地基处理是以达到土体密实、提高承载力为目的的。可以通过振冲法减小松散砂土的孔隙，挤密土颗粒，越松散的砂土处理效果越好，但该方法对密实砂土就会起到相反作用。黏性土有黏聚力，通过振冲法达不到使其密实的效果。

答案：B

59.**解** 设基础面积为 A，则桩面积为 $0.15A$，桩间土体承载力为 f，桩承载力为 $5f$，故桩间土的应力为：

$$p\times\frac{0.85Af}{0.85Af+0.15A\times5f}+p=1.53p$$

答案：D

60.**解** 土工合成材料黏土衬垫有较好的防渗性能。

土工格栅、无纺布、有纺布在防渗透方面，或不具有防渗透性，或防渗透性达不到要求。

答案：D